Springer-Lehrbuch

Jürgen Kremer

Portfoliotheorie, Risikomanagement und die Bewertung von Derivaten

Zweite, vollständig überarbeitete und erweiterte Auflage

Prof. Dr. Jürgen Kremer
RheinAhrCampus Remagen
Südalle 2
53424 Remagen
Deutschland
kremer@rheinahrcampus.de

Die erste Auflage ist unter dem Titel *Einführung in die Diskrete Finanzmathematik*, 978-3-540-25394-5, Springer-Verlag Berlin Heidelberg 2006 erschienen

ISSN 0937-7433
ISBN 978-3-642-20867-6 e-ISBN 978-3-642-20868-3
DOI 10.1007/978-3-642-20868-3
Springer Heidelberg Dordrecht London New York

Die Deutsche Nationalbibliothek verzeichnet diese Publikation in der Deutschen Nationalbibliografie; detaillierte bibliografische Daten sind im Internet über http://dnb.d-nb.de abrufbar.

Mathematics Subject Classification (2010): 91B02, 91B24, 91B26, 91B28

Einbandentwurf: WMXDesign GmbH, Heidelberg

Gedruckt auf säurefreiem Papier

Springer ist Teil der Fachverlagsgruppe Springer Science+Business Media (www.springer.com)

Für Ulrike, Alexander
und für meine Eltern

Vorwort

Das Buch bietet eine Einführung in grundlegende Konzepte, Modelle und Methoden der Finanzmathematik und wendet sich in erster Linie an finanz- und wirtschaftsmathematisch orientierte Studenten und Absolventen von Fachhochschulen und Universitäten.

Der Text ist in zwei Teile gegliedert. Ein Schwerpunkt und eine Besonderheit des ersten Teils ist die algebraische, nicht-wahrscheinlichkeitstheoretische Darstellung der Bewertung zustandsabhängiger zukünftiger Auszahlungen in allgemeinen Ein- und Mehr-Perioden-Modellen in den Kapiteln 1 und 3. Die seit Black, Scholes und Merton grundlegende Bewertungsidee besteht in der Replikation dieser Auszahlungen durch selbstfinanzierende Handelsstrategien in arbitragefreien Marktmodellen, und der Preis eines Auszahlungsprofils ist der Anfangswert einer die Auszahlung replizierenden Handelsstrategie. Diese Vorgehensweise kann insofern als deterministisch bezeichnet werden, als dass eine Auszahlung in jedem möglichen Zustand mit Hilfe einer Handelsstrategie nachgebildet wird und die Eintrittswahrscheinlichkeiten von Zuständen dabei keine Rolle spielen. Diese Wahrscheinlichkeiten müssen nicht einmal modelliert werden. Wenn aber die Bewertungsstrategie im Kern nicht wahrscheinlichkeitstheoretisch ist, dann sollte sie – alleine schon zur Vermeidung irreführender Interpretationen – auch nicht ohne Not so formuliert werden.

Der algebraische Zugang zur Bewertung von Derivaten lässt sich finanzmathematisch als verallgemeinerte Diskontierung zukünftiger zustandsabhängiger Zahlungsströme interpretieren. So ist beispielsweise in arbitragefreien Ein-Perioden-Modellen der Preis einer zustandsabhängigen, replizierbaren Auszahlung $c \in \mathbb{R}^K$ durch ein Skalarprodukt $c_0 = \langle \psi, c \rangle$ gegeben, wobei $\psi \gg 0$ einen Zustandsvektor des Modells bezeichnet. Wir werden sehen, dass alle Komponenten von $\psi \in \mathbb{R}^K$ aufgrund der Arbitragefreiheit des Modells größer als Null sind. Daher ist $Q := \frac{\psi}{d}$, wobei $d := \sum_{i=1}^K \psi_i > 0$, formal ein Wahrscheinlichkeitsmaß, und es kann $c_0 = d\mathbf{E}^Q[c]$ geschrieben werden. Da d als Diskontfaktor interpretiert werden kann, ist der Preis c_0 von c damit als abdiskontierter Erwartungswert in einer durch das Wahrscheinlichkeitsmaß

Q definierten „risikoneutralen Welt" umgeschrieben worden, aber die Bewertungsstrategie hat mit Wahrscheinlichkeitstheorie nichts zu tun.

Im Rahmen unserer Interpretation sagen wir dagegen, dass durch $c_0 = \langle \psi, c \rangle$ die zustandsabhängige zukünftige Auszahlung c in einem verallgemeinerten Sinn auf den aktuellen Zeitpunkt 0 abdiskontiert wird und dann den Wert c_0 besitzt. Ist c zustandsunabhängig, gilt also $c(\omega_i) = z \in \mathbb{R}$ für alle $i = 1, \ldots, K$, so folgt $c_0 = \langle \psi, c \rangle = \left(\sum_{i=1}^{K} \psi_i \right) z = d \cdot z$, und wir erhalten die klassische Diskontierungsformel für den zukünftigen Zahlungsbetrag z.

Eine weitere Besonderheit des vorliegenden Textes besteht darin, dass das Capital Asset Pricing Model (CAPM) in Kapitel 2 in mathematisch präziser Form aus der Theorie der arbitragefreien Ein-Perioden-Modelle entwickelt wird, und dass mit Hilfe dieser Ideen auch die Theorie und die Ergebnisse der klassischen Portfolio-Optimierung abgeleitet werden.

In Kapitel 4 werden die in den Kapiteln 1 und 3 vorgestellten Bewertungskonzepte auf Binomialbaum-Modelle und auf praxisrelevante Finanzinstrumente angewendet. Insbesondere wird die Bewertung von Standard-Optionen unter Berücksichtigung von Dividendenzahlungen der Underlyings während der Laufzeit der Derivate dargestellt. Durch Grenzübergang werden ferner aus den Binomialbaum-Gleichungen für Call- und Put-Optionen die Black-Scholes-Formeln abgeleitet.

Bestandteil des ersten Teils dieses Buches ist auch eine ausführliche Darstellung des Risikokonzepts Value at Risk in Kapitel 5. Das Delta-Normal-Verfahren zur näherungsweisen Berechnung des Value at Risk wird so formuliert, dass es sich leicht objektorientiert implementieren lässt. Darüber hinaus wird in diesem Kapitel auch eine Einführung in kohärente Risikomaße gegeben, und der prominenteste Vertreter dieser Maße, der Expected Shortfall, wird detailliert als kohärent nachgewiesen.

Der heute übliche Zugang zur Finanzmathematik in stetiger Zeit wird mit Hilfe von Methoden der stochastischen Analysis entwickelt. Im zweiten Teil des vorliegenden Buches werden grundlegende Konzepte, wie etwa die bedingte Erwartung, Martingale, das stochastische Integral, die Itô-Formel, der Martingal-Darstellungssatz oder der Satz von Girsanov, in Kapitel 6 zunächst im Rahmen endlicher, zeitdiskreter Modelle vorgestellt. Der Vorteil der Konzentration auf diese Modellklasse besteht darin, dass die wesentlichen Begriffsbildungen in großer Allgemeinheit und ohne aufwendigen technischen Apparat dargestellt werden können.

In Kapitel 7 werden die im vorherigen Kapitel eingeführten Konzepte und Zusammenhänge der stochastischen Analysis auf die Bewertung von Derivaten in Binomialbaum-Modellen angewendet. Die Vorgehensweise ist dabei ganz analog zur Bewertung von Optionen innerhalb der stetigen Finanzmathematik, aber sie lässt sich in den diskreten Modellen mit erheblich geringerem technischen Aufwand durchführen.

Im letzten Kaptitel 8 wird schließlich eine Einführung in die stetige Finanzmathematik gegeben. Obwohl die stochastische Analysis hier nicht streng und vollständig entwickelt wird, sind die vorgestellten Begriffsbildungen dennoch aus den beiden vorangegangenen Kapiteln vertraut. Als wesentliche Anwendung werden die Black-Scholes-Formeln in diesem stetigen Rahmen hergeleitet.

Im Text werden Code-Fragmente für die Implementierung von Binomialbaum-Verfahren und Black-Scholes-Formeln, auch unter Berücksichtigung von Dividendenzahlungen, angegeben. Eine vollständige Java-Anwendung mit grafischer Oberfläche, von der aus diese Bewertungsverfahren aufgerufen werden, können einschließlich aller Quelltexte von der Homepage des Autors heruntergeladen werden[1].

Frau Agnes Herrmann und Herrn Clemens Heine vom Springer Verlag danke ich herzlich für ihre Unterstützung und für die ausgezeichnete Zusammenarbeit.

Ich möchte an dieser Stelle auch meinen wissenschaftlichen Lehrern danken, von denen ich sowohl persönlich als auch fachlich sehr viel gelernt habe und denen ich viel verdanke.

Insbesondere bedanke ich mich bei Herrn Prof. Dr. Dietmar Arlt, der während meines Studiums in Bonn sein umfassendes Wissen mit ansteckender Begeisterung und hohem persönlichen Einsatz vermittelte.

Weiter danke ich Herrn Prof. Dr. Alfred K. Louis, der sich stets mit großem Engagement für seine Mitarbeiter einsetzte, in dessen Arbeitsgruppe an der Technischen Universität Berlin eine Vielfalt interessanter Themen vertreten war und in der eine ausgezeichnete persönliche und fachliche Atmosphäre herrschte.

Dann danke ich Herrn Prof. Dr. Hans Föllmer, der mir als damaligem Mitarbeiter der Bankgesellschaft Berlin die Möglichkeit gab, seine Vorlesungen und Seminare an der Humboldt-Universität Berlin zu besuchen.

Ein Dank gilt weiter meinen Studenten, deren Fragen und Kommentare an vielen Stellen zu Verbesserungen des Manuskriptes führten. Meinen Kollegen Herrn Prof. Dr. Claus Neidhardt und Herrn Prof. Dr. Jochen Wolf danke ich für ihre Unterstützung und für manche fachliche Diskussion. Schließlich danke ich meinem Sohn Alexander für die Erstellung der schönen Abbildungen.

Daun *Jürgen Kremer*
Mai 2011

[1] www.rheinahrcampus.de/kremer

Inhaltsverzeichnis

Teil I

Teil I

1

Ein-Perioden-Wertpapiermärkte

Die Aktienkurse zum aktuellen Zeitpunkt sind bekannt, nicht aber diejenigen in einem Jahr. Damit ist auch ungewiss, was ein Derivat, etwa eine Call-Option, in einem Jahr wert sein wird. Eine Call-Option beinhaltet das Recht, eine bestimmte Aktie zu einem bereits heute festgelegten Preis K zu einem zukünftigen Zeitpunkt T kaufen zu dürfen. Es liegt im Ermessen des Eigentümers der Call-Option, sein Kaufrecht auszuüben oder nicht. Wird das Optionsrecht nicht ausgeübt, so verfällt die Option und wird wertlos. Besitzt die Aktie zum Zeitpunkt T einen Marktwert von $S > K$, so kann der Inhaber der Option sie mit Hilfe seines Optionsrechts zum Preis K kaufen und anschließend an der Börse zum Preis S wieder veräußern. Auf diese Weise erzielt er einen Gewinn von $S - K > 0$. Liegt der Marktwert der Aktie zum Zeitpunkt T dagegen unterhalb von K, gilt also $S < K$, so kann er das Optionsrecht nicht sinnvoll nutzen, und die Option ist in diesem Fall wertlos. In jedem Fall hängt der Wert der Option zum Zeitpunkt T vom Aktienkurs zu diesem Zeitpunkt ab und ist daher ebenfalls ungewiss.

Nun können zwei extreme Positionen eingenommen werden. Die erste lautet, dass niemand verlässlich in die Zukunft schauen kann, dass nicht einmal eine genaue Vorhersage des Wetters der nächsten zwei Wochen möglich ist, und dass daher jede Prognose über die Aktienkurse in einem Jahr ausgeschlossen ist. Unter diesen Voraussetzungen erscheint die Entwicklung einer sinnvollen Optionspreistheorie aussichtslos. Eine zweite, entgegengesetzte Position lautet, dass es mit einem ausgefeilten ökonomischen Modell möglich sein sollte, genaue Voraussagen über die Kurse der Zukunft zu machen. Werden nur alle wirtschaftlich und psychologisch relevanten Faktoren in einem entsprechend komplexen Modell richtig verarbeitet, so sind Zukunftsprognosen für Aktienkurse zuverlässig möglich. Damit wiederum wird die Bewertung von Optionen zur Trivialität.

Die moderne Finanzmathematik ordnet sich zwischen diesen beiden Alles-oder-nichts-Positionen ein. Die grundlegende Annahme besteht darin, dass zwar die Entwicklung eines betrachteten Finanzmarktes in der Zukunft nicht vorausgesagt werden kann, dass aber die Menge aller möglichen zukünftigen

J. Kremer, *Portfoliotheorie, Risikomanagement und die Bewertung von Derivaten*, 2. Aufl., Springer-Lehrbuch, DOI 10.1007/978-3-642-20868-3_1, © Springer-Verlag Berlin Heidelberg 2011

Szenarien dieses Marktes bekannt ist und dass genau eines dieser Szenarien eintreten wird. In diesem Kontext lassen sich Modelle so formulieren, dass die möglichen Markt-Szenarien für zukünftige Zeitpunkte $t > 0$ zu Zustandsräumen Ω_t zusammengefasst werden. Das einfachste nichttriviale Modell besteht darin, neben dem aktuellen Zeitpunkt 0 einen einzigen weiteren zukünftigen Zeitpunkt 1 zuzulassen, an dem der Markt genau einen Zustand ω aus einer endlichen Menge Ω von Zuständen annehmen wird. Zum aktuellen Zeitpunkt 0 wird der Finanzmarkt als vollständig bekannt vorausgesetzt. So einfach dieses Modell auch erscheinen mag, es ist in der Analyse – wie wir sehen werden – erstaunlich reichhaltig, lässt sich zu komplexeren und realistischeren Modellen ausbauen und zeigt bereits viele wesentliche Eigenschaften der allgemeinen zeitstetigen Modelle.

Die Darstellung der Ein-Perioden-Modelle und der Bewertung zustandsabhängiger Auszahlungsprofile in diesem Kapitel wurde durch Duffie [15] motiviert. Siehe auch Pliska [45], Dothan [14], Föllmer/Schied [16] und Koch Medina/Merino [35].

1.1 Ein-Perioden-Modelle

Das grundlegende Modell wird **Ein-Perioden-Modell** genannt und ist durch folgende Daten gekennzeichnet:

- Es gibt genau zwei Zeitpunkte, den Anfangszeitpunkt 0 und den Endzeitpunkt 1.
- Wir nehmen an, dass der Zustand des Finanzmarktes zum Zeitpunkt 0 bekannt ist und dass der Markt zum Zeitpunkt 1 in genau einen Zustand aus einer endlichen Menge von K Zuständen $\omega_1, \ldots, \omega_K$ übergehen wird. Zum Zeitpunkt 0 sind alle diese möglichen zukünftigen Zustände bekannt, nicht aber, welcher Zustand realisiert werden wird. Die Menge der möglichen Szenarien wird zu einem endlichen Zustandsraum Ω zusammengefasst,
$$\Omega = \{\omega_1, \ldots, \omega_K\}.$$
- Es wird die Existenz einer endlichen Anzahl N von Wertpapieren $S^1, \ldots, S^N$ vorausgesetzt. Es gibt zu diesen Wertpapieren einen Preisprozess $S = \{S_t = (S_t^1, \ldots, S_t^N) \,|t = 0, 1\}$. Dieser Prozess beschreibt die Preise der N Wertpapiere $S^1, \ldots, S^N$ zu den beiden möglichen Zeitpunkten 0 und 1. Die Preise S_0^i der Wertpapiere zum Zeitpunkt 0 sind Zahlen. Die Preise S_1^i hängen dagegen vom eintretenden Zustand ab, sind also Funktionen auf Ω,
$$S_1^i : \Omega \to \mathbb{R}.$$
Dabei bezeichnet $S_1^i(\omega)$ den Kurs des i-ten Wertpapiers zum Zeitpunkt 1 im Zustand $\omega \in \Omega$.[1] Sowohl die Preise S_0^i als auch die Werte $S_1^i(\omega)$,

[1] Offensichtlich ist die Menge aller Funktionen $X : \Omega \to \mathbb{R}$ isomorph zum $\mathbb{R}^K$, wobei der Isomorphismus gegeben ist durch

$\omega \in \Omega$, sind den Investoren bekannt. Aber erst zum Zeitpunkt 1 entscheidet sich, welche Kurse $S_1^i(\omega)$ zu diesem Zeitpunkt tatsächlich realisiert werden, denn erst dann stellt sich heraus, in welchen Zustand $\omega \in \Omega$ der Finanzmarkt übergegangen ist.

Zum Zeitpunkt 0 sind also die K Zustände der Menge $\Omega = \{\omega_1, \ldots, \omega_K\}$ als Endzustände zum Zeitpunkt 1 möglich, und zum Zeitpunkt 1 wird genau einer dieser Zustände als Endzustand realisiert.

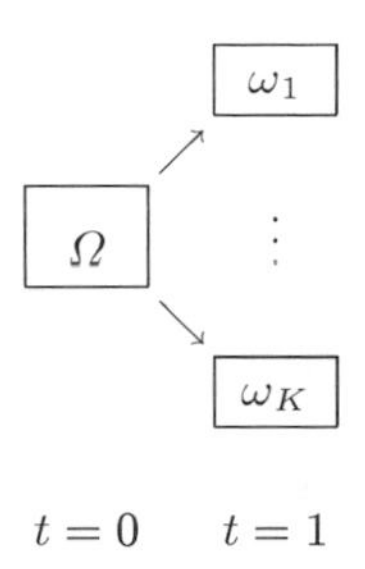

Abb. 1.1. Veranschaulichung des Strukturgerüsts eines Ein-Perioden-Modells mit K Zuständen

Dieses Aufspalten der Menge Ω in die Elementarzustände ω_1 bis ω_K bildet ein Strukturgerüst, das durch das Hinzufügen von Preisen ergänzt wird. Zur Komplettierung des Marktmodells sind für die N Finanzinstrumente $S^1, \ldots, S^N$ des Modells zum Zeitpunkt 0 und für jeden Zustand $\omega \in \Omega$ zum Zeitpunkt 1 Kursdaten vorzugeben, siehe Abb. 1.2 und das nachfolgende Beispiel 1.1.

Beispiel 1.1. Wir betrachten folgendes Ein-Perioden-Modell mit den beiden Zuständen ω_1 und ω_2 zum Zeitpunkt 1:

$$S_1(\omega_1) = \binom{1.02}{12}$$

$$S_0 = \binom{1}{10}$$

$$S_1(\omega_2) = \binom{1.02}{9}$$

$t = 0$ $\qquad$ $t = 1$

In dieses Strukturgerüst wurden die Daten für zwei Finanzinstrumente S^1 und S^2 eingefügt. Das erste Finanzinstrument S^1 besitzt zum Zeitpunkt 0 den

---

$$X \mapsto (X(\omega_1), \ldots, X(\omega_K)).$$

Damit ist der Preisprozess $S_1 = (S_1^1, \ldots, S_1^N)$ isomorph zum $\mathbb{R}^{KN}$.

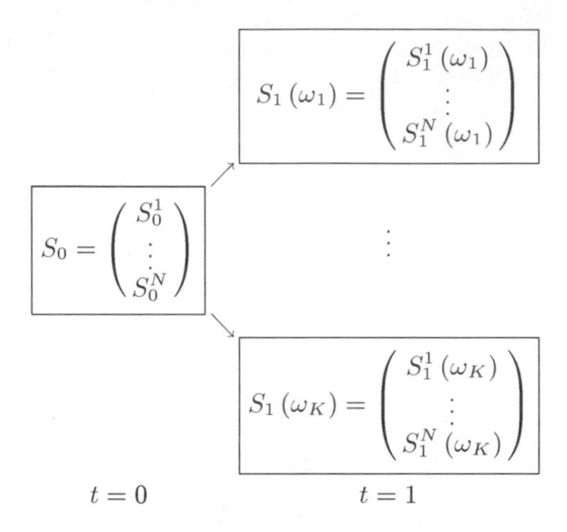

Abb. 1.2. Veranschaulichung der zu den Zeitpunkten $t = 0$ und $t = 1$ zu spezifizierenden Kursdaten in einem Ein-Perioden-Modell

Wert $S_0^1 = 1$. Zum Zeitpunkt 1 besitzt S^1 die Werte $S_1^1(\omega_1) = S_1^1(\omega_2) = 1.02$. Da hier die Kurse in beiden Zuständen übereinstimmen, entspricht dieses Finanzinstrument einer festverzinslichen Kapitalanlage. Im Beispiel beträgt der Zinssatz 2%. Das zweite Finanzinstrument S^2 besitzt zum Zeitpunkt 0 den Wert $S_0^1 = 10$. Zum Zeitpunkt 1 besitzt S^2 die Werte $S_1^2(\omega_1) = 12$ und $S_1^2(\omega_2) = 9$. Damit könnte dieses Wertpapier als Aktie interpretiert werden, deren Kurs im ersten Szenario ω_1 vom Anfangskurs 10 auf den Wert 12 steigt und im zweiten Szenario ω_2 von 10 auf den Wert 9 sinkt. △

Anmerkung 1.2. In der Praxis können Ein-Perioden-Modelle beispielsweise mit Hilfe historischer Zeitreihen für jedes der interessierenden Finanzinstrumente $S^1, \ldots, S^N$ gebildet werden. Üblich sind Zeitreihen, die für jedes Finanzinstrument S^i, $i = 1, \ldots, N$, aus den Tageskursen der letzten K Handelstage bestehen. Als Ausgangsdaten steht dann für jedes der N Finanzinstrumente eine Zeitreihe $\left(S_0^i, S_1^i, \ldots, S_K^i\right)$ mit je $K+1$ Einträgen zur Verfügung, wobei S_0^i für $i = 1, \ldots, N$ den aktuellen Kurs des i-ten Finanzinstruments bezeichnet. Mit Hilfe dieser Daten werden nun für jedes Instrument i die Tagesrenditen $R_j^i := \frac{S_{j-1}^i - S_j^i}{S_j^i}$, $j = 1, \ldots, K$, der Vergangenheit berechnet, so dass pro Finanzinstrument K Renditewerte erhalten werden. Eine Modellierung könnte dann darin bestehen, jede der K Tagesrenditen der Vergangenheit als ein mögliches Rendite-Szenario für den zukünftigen Tag zu definieren. Das auf diese Weise entstehende Ein-Perioden-Modell beinhaltet damit folgende Daten:

- Die aktuellen Preise der N Finanzinstrumente,

$$S_0 = \begin{pmatrix} S_0^1 \\ \vdots \\ S_0^N \end{pmatrix}$$

- Die modellierten Szenarien für den nächsten Handelstag,

$$S_1(\omega_j) = \begin{pmatrix} S_0^1 \cdot (1 + R_j^1) \\ \vdots \\ S_0^N \cdot (1 + R_j^N) \end{pmatrix},$$

  $j = 1, \ldots, K$.

Jede Tagesrendite R_j^i der letzten K Handelstage wird also durch die Definition $S_1^i(\omega_j) := S_0^i \cdot (1 + R_j^i)$ in ein Kurs-Szenario für das i-te Finanzinstrument zum Zeitpunkt 1, d.h. für den kommenden Handelstag, umgesetzt.

1.2 Portfolios

Definition 1.3. *Ein **Portfolio** ist eine Zusammenfassung von h_1 Finanzinstrumenten S^1, h_2 Finanzinstrumenten S^2, ... und h_N Finanzinstrumenten S^N zu einer Gesamtheit. Formal wird ein Portfolio definiert als ein Vektor*

$$h = \begin{pmatrix} h_1 \\ \vdots \\ h_N \end{pmatrix} \in \mathbb{R}^N,$$

wobei eine Komponente h_i als Stückzahl interpretiert wird, mit der das i-te Finanzinstrument S^i in der Gesamtheit vertreten ist.

*Das Produkt $h_i S^i$ wird als **Position** des i-ten Finanzinstruments S^i im Portfolio h bezeichnet.*

Der Wert $V_0(h)$ des Portfolios h zum Zeitpunkt 0 lautet

$$\begin{aligned} V_0(h) &:= h_1 S_0^1 + \cdots + h_N S_0^N \\ &= h \cdot S_0. \end{aligned} \tag{1.1}$$

Der Wert des Portfolios $V_1(h)$ zum Zeitpunkt 1 hängt dagegen vom eintretenden Zustand $\omega_j \in \Omega$ ab. Daher gilt

$$V_1(h) := h \cdot S_1 := \begin{pmatrix} h \cdot S_1(\omega_1) \\ \vdots \\ h \cdot S_1(\omega_K) \end{pmatrix} \in \mathbb{R}^K. \tag{1.2}$$

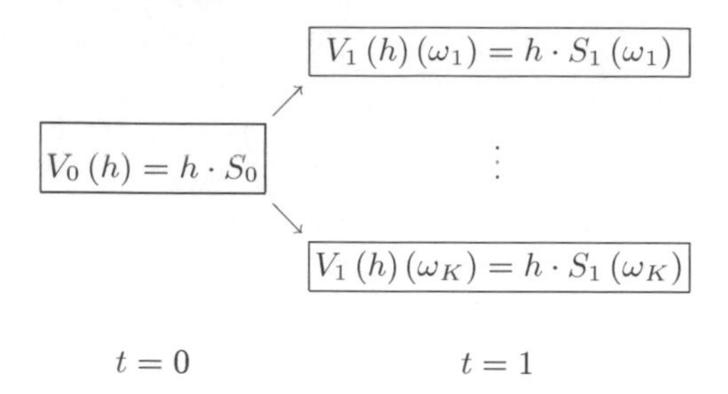

Abb. 1.3. Veranschaulichung der Werte $V_0(h)$ und $V_1(h)$ eines Portfolios h

Alternativ kann $V_1(h)$ als Abbildung von Ω nach $\mathbb{R}$ aufgefasst werden, wobei $V_1(h)(\omega) := h \cdot S_1(\omega)$ für $\omega \in \Omega$. Betrachten wir ein beliebiges Portfolio $h \in \mathbb{R}^N$, so lassen sich die Werte $V_0(h)$ und $V_1(h)$ des Portfolios gemäß Abb. 1.3 veranschaulichen. Im folgenden wird gelegentlich die Angabe des Portfolios h in $V_0(h)$ oder $V_1(h)(\omega)$ weggelassen und einfach V_0 oder $V_1(\omega)$ geschrieben.

Anmerkung 1.4. Mit den Definitionen (1.1) und (1.2) gilt

$$V_1(h) = V_0(h) + h \cdot \Delta S,$$

wobei $\Delta S := S_1 - S_0$. Die Differenz

$$\begin{aligned} G(h) &:= V_1(h) - V_0(h) \\ &= h \cdot \Delta S \end{aligned} \tag{1.3}$$

kennzeichnet den **Gewinn,** der mit der Portfoliostrategie h erzielt wird. An (1.3) wird deutlich, dass der Gewinn eines Portfolios ausschließlich auf die Änderungen ΔS der Wertpapierpreise zurückzuführen ist.

Anmerkung 1.5. Bei der Definition der Stückzahlen h_i werden sowohl nichtganzzahlige als auch negative Werte zugelassen. Während die Zulassung nichtganzzahliger Werte vorwiegend technische Gründe hat, die später erläutert werden, haben negative Werte eine ökonomische Bedeutung. Enthält ein Portfolio etwa eine negative Anzahl h_i an Aktien, so bedeutet dies, dass $|h_i|$ Aktien von einer Finanzinstitution geliehen und diese anschließend am Markt verkauft wurden. Damit bestehen bei dem Verleiher der Aktien Schulden der Höhe $|h_i|$. Eine negative Stückzahl an Finanzinstrumenten in einem Portfolio entspricht also Schulden in diesem Finanzinstrument. Dies ist analog zu Schulden in einer Währung. Um Schulden zu machen, wird Kapital bei einer finanziellen Institution geliehen und dieses Kapital wird dann „verkauft“, also gegen ein anderes Gut eingetauscht. Entsprechend werden Kapitalschulden in einem Portfolio durch eine negative Zahl an geschuldeten Einheiten des Kapitals, also z.B. in Euro, ausgedrückt. Während die Verschuldung an Kapital jedem Privatanleger über einen Bankkredit zugänglich ist, sind Leihegeschäfte für Aktien Privatanlegern in der Regel verwehrt. Der Grund ist das hohe, mit diesen Leihegeschäften verbundene Risiko. Theoretisch sind die mit Leihegeschäften verbundenen Verlustrisiken nach oben unbeschränkt. Denn um die Leiheschulden zurückzahlen zu können, muss der Leihende die geliehenen Aktien am Markt zurückkaufen. Da der Kurs der Aktien theoretisch beliebig hoch steigen kann, ist entsprechend das potentielle, für den Rückkauf aufzuwendende Kapital nicht begrenzt.

Beispiel 1.6. Wir legen das Modell in Beispiel 1.1 zugrunde und betrachten ein Portfolio

$$h = \begin{pmatrix} -10 \\ 1 \end{pmatrix}.$$

Dies bedeutet, dass vom ersten Finanzinstrument S^1 Schulden in Höhe von 10 Stück bestehen und vom zweiten Finanzinstrument S^2 1 Stück im Portfolio enthalten ist. Wird S^1 mit einer festverzinslichen Kapitalanlage in Euro identifiziert, so entsprechen die Schulden von 10 Stück einer Kreditaufnahme von 10 Euro. Wird das zweite Finanzinstrument S^2 als Aktie interpretiert, so beinhaltet das Portfolio h neben einem Kredit von 10 Euro den Bestand von einer Aktie. Mit diesen Daten gilt

$$V_0 = h \cdot S_0 = \begin{pmatrix} -10 \\ 1 \end{pmatrix} \cdot \begin{pmatrix} 1 \\ 10 \end{pmatrix} = 0$$

und

$$V_1(\omega_1) = h \cdot S_1(\omega_1) = \begin{pmatrix} -10 \\ 1 \end{pmatrix} \cdot \begin{pmatrix} 1.02 \\ 12 \end{pmatrix} = 1.8,$$

sowie

$$V_1(\omega_2) = h \cdot S_1(\omega_2) = \begin{pmatrix} -10 \\ 1 \end{pmatrix} \cdot \begin{pmatrix} 1.02 \\ 9 \end{pmatrix} = -1.2.$$

Zum Zeitpunkt 0 besitzt das Portfolio den Wert $V_0 = 0$, d.h. die Schulden über 10 Euro entsprechen gerade dem Wert der einen Aktie S^2 zum Zeitpunkt 0.

Zum Zeitpunkt 1 führt das Steigen des Aktienkurses im Szenario ω_1 zu einem positiven Wert des Portfolios von $V_1(\omega_1) = 1.8$, während das Sinken des Aktienkurses im Szenario ω_2 zu einem negativen Wert $V_1(\omega_2) = -1.2$ führt, siehe Abb. 1.4. Im Zustand ω_2 reicht der Wert der Aktie von 9 Euro nicht aus, um den Kreditbetrag plus Kreditzinsen in Höhe von 10.20 Euro zurückzuzahlen, sondern es besteht nach Liquidierung des Portfolios eine Zahlungsverpflichtung über den Betrag von 1.20 Euro. △

1.3 Optionen und Forward-Kontrakte

Auf der Basis der Instrumente, die in einem Marktmodell enthalten sind, lassen sich weitere Finanzinstrumente definieren, deren Eigenschaften von denjenigen des Marktmodells abhängen. Solche, von anderen Finanzprodukten abgeleitete Instrumente, heißen *Derivate*. Zu diesen zählen Optionen und Forward-Kontrakte.

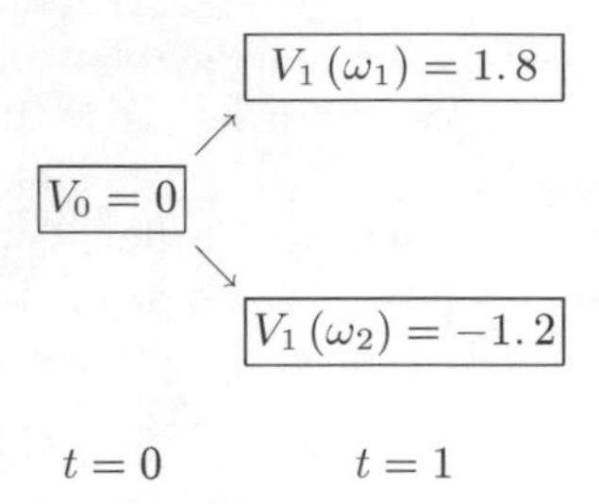

Abb. 1.4. Eine Investition in das Portfolio h ist zum Zeitpunkt 0 mit einem Kapitaleinsatz von 0 möglich und führt zum Zeitpunkt 1 in dem einem Zustand zu einem Gewinn und im dem anderen zu einem Verlust.

1.3.1 Optionen

Definition 1.7. *Eine* ***Call-Option*** *beinhaltet das Recht,*

- *ein bestimmtes Wertpapier, das Underlying,*
- *zu einem in der Zukunft liegenden Zeitpunkt, dem Fälligkeitszeitpunkt,*
- *zu einem heute schon festgesetzten Preis, dem Strike- oder Basispreis,*

zu kaufen. Eine Call-Option heißt daher auch Kaufoption.

Es besteht das Recht, nicht jedoch die Pflicht, das Underlying zu erwerben. Sollte also der aktuelle Marktpreis des Underlyings zum Fälligkeitszeitpunkt unterhalb des Basispreises liegen, so ist es nicht sinnvoll, das Optionsrecht auszuüben, da in diesem Fall für das Underlying mehr als notwendig bezahlt werden müsste. Ist umgekehrt der Marktpreis des Underlyings zum Fälligkeitszeitpunkt höher als der Basispreis, so ist es sinnvoll, das Optionsrecht der Call-Option auszuüben, da sich durch den Kauf des Underlyings zum Basispreis und den sofortigen Verkauf zum – höheren – Marktpreis ein Gewinn erzielen lässt.

Bezeichnen wir den Kurs des Underlyings zum Fälligkeitszeitpunkt mit S und den Basispreis mit K, so lautet der Wert der Option bei Fälligkeit somit

$$\max(S - K, 0) =: (S - K)^+.$$

Da wir unterstellen, dass der Investor rational handelt, wird er nur im Falle von $S(\omega) > K$ von seinem Optionsrecht Gebrauch machen, und aus diesem Grund ist der Wert einer Option niemals negativ.

Betrachten wir eine Call-Option in einem Ein-Perioden-Modell, so lassen sich die Werte

$$c_j = (S_1(\omega_j) - K)^+$$

für alle $j = 1, \ldots, K$ als Vektor des $\mathbb{R}^K$ oder als Funktion $c : \Omega \to \mathbb{R}$ interpretieren. c wird als **Auszahlungsprofil** oder als **zustandsabhängige Auszahlung** bezeichnet.

Definition 1.8. *Eine* ***Put-Option*** *beinhaltet das Recht,*

- *ein bestimmtes Wertpapier, das Underlying,*
- *zu einem in der Zukunft liegenden Zeitpunkt, dem Fälligkeitszeitpunkt,*
- *zu einem heute schon festgesetzten Preis, dem Strike- oder Basispreis,*

zu verkaufen. Eine Put-Option heißt daher auch Verkaufsoption.

Das *Auszahlungsprofil* einer Put-Option bei Fälligkeit lautet dementsprechend

$$\max(K - S, 0) =: (K - S)^+.$$

Analog gilt für das Auszahlungsprofil $c \in \mathbb{R}^K$ in einem Ein-Perioden-Modell

$$c_j = (K - S_1(\omega_j))^+$$

für alle $j = 1, \ldots, K$.

Kann ein Optionsrecht wie oben definiert nur zu einem zuvor festgelegten zukünftigen Zeitpunkt, dem Fälligkeitszeitpunkt, ausgeübt werden, so heißt die Option *europäisch.* Kann es dagegen zu einem beliebigen Zeitpunkt während der Laufzeit bis zum Fälligkeitszeitpunkt ausgeübt werden, so heißt die Option *amerikanisch.* Offenbar können im Rahmen unseres Ein-Perioden-Modells europäische und amerikanische Optionen nicht voneinander unterschieden werden.

Warum könnte es sinnvoll sein, Optionen zu erwerben? Angenommen, ein Investor möchte in der Zukunft ein Wertpapier kaufen. Mit einer Call-Option, das dieses Wertpapier als Underlying besitzt, kann er sich heute gegen einen unerwarteten Preisanstieg versichern. Denn steigt der Preis des betrachteten Wertpapiers am Markt an, so muss der Investor dennoch nur den vereinbarten Basispreis zahlen. Sinkt dagegen der Kurs unter den Basispreis, so lässt der Investor sein Optionsrecht verfallen und kauft das Wertpapier günstiger am Markt. Sei weiter angenommen, ein Investor verfügt heute über einen Wertpapierbestand. Mit einer Reihe von Put-Optionen auf diesen Bestand kann er sich gegen einen unerwarteten Preisverfall versichern. Sollte nämlich der Kurs eines Wertpapiers einbrechen, so garantiert ihm die Option dennoch die Möglichkeit des Verkaufs zum vereinbarten Basispreis. Damit wirkt eine Put-Option wie eine Versicherung gegenüber negativen Kursentwicklungen. Dieses Optionsrecht hat einen Preis, so wie Versicherungen ihren Preis besitzen. Ein zentrales Thema dieses Buches ist die Entwicklung und Analyse einer sinnvollen Strategie zur Preisfindung für Optionen und andere Derivate.

Beispiel 1.9. Wir wählen wieder das Ein-Perioden-Zwei-Zustands-Modell aus Beispiel 1.1 und betrachten eine Call-Option auf das Finanzinstrument S^2 mit Ausübungspreis $K = 10.5$ Euro und Fälligkeitszeitpunkt 1.

Zum Zeitpunkt 1 besitzt die Option je nach eintretendem Zustand die Werte

$$c(\omega_1) = \left(S_1^2(\omega_1) - K\right)^+ = (12 - 10.5)^+ = 1.5 \text{ und}$$
$$c(\omega_2) = \left(S_1^2(\omega_2) - K\right)^+ = (9 - 10.5)^+ = 0.$$

Die zustandsabhängige Auszahlung c der Call-Option beträgt damit zusammengefasst

$$c = \begin{pmatrix} 1.5 \\ 0 \end{pmatrix}.$$

Betrachten wir in diesem Beispiel dagegen eine Put-Option mit Ausübungspreis $K = 11$, so ergeben sich je nach Zustand die Auszahlungen

$$c(\omega_1) = \left(K - S_1^2(\omega_1)\right)^+ = (11 - 12)^+ = 0 \text{ und}$$
$$c(\omega_2) = \left(K - S_1^2(\omega_2)\right)^+ = (11 - 9)^+ = 2,$$

also zusammengefasst die Auszahlung

$$c = \begin{pmatrix} 0 \\ 2 \end{pmatrix}.$$

△

Der Käufer einer Option hat also bei $t = 1$ niemals eine Zahlungsverpflichtung gegenüber dem Verkäufer. Aus Sicht des Käufers verfällt die Option im ungünstigsten Fall wertlos oder aber er besitzt gegenüber dem Verkäufer einen Zahlungsanspruch.

Bevor wir der Frage nachgehen, wie sinnvolle Preise für Optionen bestimmt werden können, stellen wir zunächst noch ein weiteres wichtiges Finanzinstrument vor.

1.3.2 Forward-Kontrakte

Definition 1.10. *Ein **Forward-Kontrakt** ist eine zum Zeitpunkt* 0 *eingegangene Verpflichtung,*

- *ein bestimmtes Wertpapier, das Underlying,*
- *zu einem in der Zukunft liegenden Zeitpunkt, dem Fälligkeitszeitpunkt,*
- *zu einem heute, bei $t = 0$, festgesetzten Preis F, dem **Forward-Preis**,*

zu kaufen. Dabei wird der Forward-Preis F so bestimmt, dass das Eingehen der Kauf- bzw. Verkaufs-Verpflichtung zum Zeitpunkt 0 *kostenlos ist.*

Auch bei Forward-Kontrakten wird zum Zeitpunkt 0 der Preis vereinbart, der für das Underlying zum Zeitpunkt 1 zu bezahlen ist. Aber im Gegensatz zur Situation bei Optionen ist der Kauf des Wertpapiers, auf das sich der Kontrakt bezieht, verbindlich. Während der Käufer einer Option entscheiden kann, ob er von seinem Optionsrecht Gebrauch macht oder nicht, hat sich der

Käufer eines Forward-Kontrakts verpflichtet, das Wertpapier zum Fälligkeitszeitpunkt zu erwerben. Er ist also auch dann verpflichtet, es zum vereinbarten Preis F zu kaufen, wenn er das betreffende Wertpapier an der Börse billiger erhalten könnte. Andererseits ist das Eingehen eines Forward-Kontraktes kostenfrei, während der Käufer einer Option eine Optionsprämie zu bezahlen hat.

Der Wert eines Forward-Kontraktes bei $t = 1$ lautet einfach

$$S - F.$$

Also ist das zugehörige Auszahlungsprofil $c \in \mathbb{R}^K$ in einem Ein-Perioden-Modell gegeben durch

$$c_j = S_1(\omega_j) - F.$$

Forward-Kontrakte werden häufig nicht auf Aktien, sondern auf Wechselkursen gehandelt und können, wie Optionen, dazu dienen, Risiken zu kontrollieren. Wenn ein Unternehmen in einem halben Jahr beispielsweise Maschinen in einer Fremdwährung erwerben möchte, so kann durch einen Forward-Kontrakt auf die Fremdwährung das Wechselkursrisiko ausgeschlossen werden. Das Unternehmen gewinnt damit Planungssicherheit.

Beispiel 1.11. Im Marktmodell des Beispiels 1.1 betrachten wir einen Forward-Kontrakt auf die Aktie S^2 mit Forward-Preis F. Damit gilt für die zugehörige Auszahlung

$$c(\omega_1) = S_1^2(\omega_1) - F = 12 - F$$

und

$$c(\omega_2) = S_1^2(\omega_2) - F = 9 - F.$$

Der Forward-Preis F ist nun so anzupassen, dass der Wert des Kontraktes zum Zeitpunkt 0 gerade Null beträgt.

Legen wir den Forward-Preis beispielsweise auf einen willkürlichen Wert, etwa $F = 10$, fest, so ergeben sich als Auszahlung c des Forward-Kontraktes die Werte

$$c(\omega_1) = S_1^2(\omega_1) - F = 12 - 10 = 2$$

und

$$c(\omega_2) = S_1^2(\omega_2) - F = 9 - 10 = -1,$$

also

$$c = \begin{pmatrix} 2 \\ -1 \end{pmatrix}.$$

Aber welchen Wert besitzt die Auszahlung c zum Zeitpunkt 0? Und wie kann der Forward-Preis so angepasst werden, dass der Wert der auf diese Weise entstehenden Auszahlung gleich Null ist? △

Eine Besonderheit des Forward-Kontraktes besteht also darin, dass hier der Preis zum Zeitpunkt 0 auf Null festgelegt wird und dass der Forward-Preis F so bestimmt werden muss, dass der Kontrakt bei $t = 0$ tatsächlich kostenfrei ist.

Für Forward-Kontrakte gibt es – im Gegensatz zu Optionen – eine sehr einfache Strategie, um den Forward-Preis F festzulegen. Angenommen, ein Kontrahent kauft von uns einen Forward-Kontrakt auf eine Aktie S mit Fälligkeit $t = 1$. Die Aktie habe heute, zum Zeitpunkt 0, einen Wert S_0. Wir sind nun verpflichtet, zum Zeitpunkt 1 eine Aktie S an den Kontrahenten zu einem Preis F auszuliefern. Um dies garantieren zu können, kaufen wir die Aktie bereits heute, zum Zeitpunkt 0, und finanzieren sie durch einen Kredit in Höhe von S_0 Euro. Dieses Portfolio, Leihe von S_0 Euro und Kauf einer Aktie S, ist zum Zeitpunkt 0 kostenfrei.

Zum Zeitpunkt 1 verkaufen wir dem Kontrahenten die Aktie S zum Forward-Preis F. Wählen wir F so, dass mit diesem Betrag die entstandenen Verpflichtungen über $S_0\,(1+r)$, d.h. Kreditbetrag S_0 plus Zinskosten rS_0, aus dem Kredit beglichen werden können, so lässt sich der Kontrakt ohne Gewinn oder Verlust erfüllen. Daher sollte $F = S_0\,(1+r)$ gewählt werden.

Bemerkenswert ist, dass der Forward-Preis lediglich vom risikolosen Zinssatz r abhängt und nicht, wie zunächst vermutet werden könnte, von den modellierten Wertentwicklungen der Aktie zum Zeitpunkt 1.

Beispiel 1.12. Für den Forward-Kontrakt aus Beispiel 1.11 ergibt sich wegen $r = 2\%$ somit ein Forward-Preis von $F = S_0\,(1+r) = 10 \cdot (1+0.02) = 10.2$ Euro. △

1.4 Die Bewertung von Auszahlungsprofilen

Allen Beispielen des vorigen Abschnitts ist gemeinsam, dass der Wert des jeweiligen Finanzkontraktes zum Endzeitpunkt 1 leicht zu ermitteln und damit für jedes mögliche Szenario bekannt ist. In allen Fällen ergibt sich eine zustandsabhängige Auszahlung $c \in \mathbb{R}^K$ zum Zeitpunkt 1, wobei K die Anzahl der Zustände zum Endzeitpunkt bezeichnet. Das zu lösende Problem besteht darin, für eine möglichst große Klasse von Auszahlungsprofilen $c \in \mathbb{R}^K$ einen sinnvollen Preis zum Zeitpunkt 0 anzugeben.

Wir werden im folgenden das Problem der Bewertung von Auszahlungsprofilen ganz allgemein behandeln. Es wird sich zeigen, dass es nicht erforderlich ist, Call- und Put-Optionen sowie Forward-Kontrakte getrennt zu behandeln, obwohl für Forward-Kontrakte die im letzten Abschnitt vorgestellte, verblüffend einfache Bewertungsstrategie existiert, für Optionen dagegen nicht. Bei der Entwicklung eines Verfahrens zur Preisbestimmung lassen wir uns von einem vertrauten deterministischen Beispiel leiten.

1.4.1 Die zeitliche Transformation deterministischer Zahlungsströme

Angenommen, eine Bank hat zu einem zukünftigen Zeitpunkt 1 die Zahlungsverpflichtung über einen Kapitalbetrag $c > 0$. Dies bedeutet, dass die Bank zum Zeitpunkt 1 einen Zahlungsstrom von $-c$ erfahren wird.

	$\downarrow -c$
$t = 0$	$t = 1$

Diese zukünftige Zahlungsverpflichtung kann wie folgt in eine äquivalente Zahlungsverpflichtung zum aktuellen Zeitpunkt 0 umgewandelt werden.

- Zum Zeitpunkt 0 kauft die Bank eine Anleihe mit der Auszahlung c zum Zeitpunkt 1.
- Für diese Anleihe bezahlt die Bank heute, zum Zeitpunkt 0, den Betrag $c_0 := dc$, wobei d den Diskontfaktor zwischen $t = 0$ und $t = 1$ bezeichnet.
- Zum Zeitpunkt 1 erhält die Bank den Betrag c als Rückzahlung aus der Anleihe.
- Mit dieser Auszahlung begleicht die Bank die Zahlungsverpflichtung c zum Zeitpunkt 1, so dass netto zu diesem Zeitpunkt kein Kapital fließt.

$\downarrow -c_0 = -dc$	$\updownarrow c - c = 0$
$t = 0$	$t = 1$

Insgesamt wurde auf diese Weise eine zukünftige Zahlungsverpflichtung c in eine äquivalente Zahlungsverpflichtung über den Betrag $c_0 = dc$ zum Zeitpunkt 0 transformiert.

Umgekehrt nehmen wir an, dass die Bank zu einem zukünftigen Zeitpunkt 1 einen Kapitalbetrag c erhalten wird. Auch dieser Betrag lässt sich in einen Kapitalbetrag c_0 zum Zeitpunkt 0 transformieren.

- Dazu verkauft die Bank zum Zeitpunkt 0 eine Anleihe, die zum Zeitpunkt 1 mit dem Wert c zurückgezahlt werden muss.
- Die Bank nimmt auf diese Weise zum Zeitpunkt 0 den Kapitalbetrag $c_0 = dc$ ein, wobei d den Diskontfaktor zwischen $t = 0$ und $t = 1$ bezeichnet.
- Zum Zeitpunkt 1 erhält die Bank den angenommenen Kapitalbetrag c, mit dem nun die Schuld aus der Anleihe beglichen wird.

Auch hier fließt zum Zeitpunkt 1 netto kein Kapital, und der zukünftige Zahlungsstrom c wird in einen äquivalenten Zahlungsstrom c_0 zum Zeitpunkt 0 umgewandelt.

In jedem Fall lässt sich also ein beliebiger Betrag c, der zum Zeitpunkt 1 fließt, mit Hilfe von Handelsaktivitäten in eine äquivalente Zahlung $c_0 = dc$ zum Zeitpunkt 0 transformieren.

1.4.2 Die zeitliche Transformation zustandsabhängiger Zahlungsströme

Die Idee, Zahlungsströme durch Handelsaktivitäten in der Zeit zu verschieben, übertragen wir nun auf zustandsabhängige Auszahlungen.

Zunächst betrachten wir erneut die bereits angesprochene Bewertungsstrategie für einen Forward-Kontrakt. Bezeichnet s_0 den Kurs einer Aktie s zum Zeitpunkt 0, r den risikolosen Zinssatz und $F = s_0\,(1+r)$ den Forward-Preis, so besitzt der Forward-Kontrakt das Auszahlungsprofil

$$c_j = s_1\,(\omega_j) - s_0\,(1+r) \tag{1.4}$$

für $j = 1, \ldots, K$ zum Zeitpunkt 1. Wir betrachten nun ein Marktmodell, das aus den beiden Finanzinstrumenten S^1 und S^2 besteht, wobei

- S^1 eine festverzinsliche Kapitalanlage der Höhe 1 zum Zinssatz r und
- S^2 die Aktie s

bezeichnet. Damit gilt $S_0^1 = 1$ und $S_1^1 = 1 + r$, sowie $S^2 = s$. Die Bewertungsstrategie für die Auszahlung $c \in \mathbb{R}^K$ des Forward-Kontrakts kann damit wie folgt formuliert werden:

Investiere zum Zeitpunkt 0 in das Portfolio $h = (-s_0, 1)$, bestehend aus einem Kredit in Höhe von s_0 Euro und aus einer Aktie s. Dieses Portfolio besitzt zum Zeitpunkt 1 in einem beliebigen Szenario ω_j den Wert

$$\begin{aligned} V_1\,(h)\,(\omega_j) &= h \cdot S_1\,(\omega_j) \\ &= \begin{pmatrix} h_1 \\ h_2 \end{pmatrix} \cdot \begin{pmatrix} S_1^1\,(\omega_j) \\ S_1^2\,(\omega_j) \end{pmatrix} \\ &= \begin{pmatrix} -s_0 \\ 1 \end{pmatrix} \cdot \begin{pmatrix} 1+r \\ s_1\,(\omega_j) \end{pmatrix} \\ &= -s_0\,(1+r) + s_1\,(\omega_j) \\ &= c_j. \end{aligned}$$

Die Auszahlungen c_j des Forward-Kontrakts aus (1.4) werden durch das Portfolio $h = (-s_0, 1)$ also exakt nachgebildet. Der Wert des Portfolios h zum Zeitpunkt 0 beträgt

$$
\begin{aligned}
V_0(h) &= h \cdot S_0 \\
&= \begin{pmatrix} h_1 \\ h_2 \end{pmatrix} \cdot \begin{pmatrix} S_0^1 \\ S_0^2 \end{pmatrix} \\
&= \begin{pmatrix} -s_0 \\ 1 \end{pmatrix} \cdot \begin{pmatrix} 1 \\ s_0 \end{pmatrix} \\
&= -s_0 \cdot 1 + 1 \cdot s_0 \\
&= 0.
\end{aligned}
$$

Damit entstehen für das Portfolio h, genau wie für den Forward-Kontrakt, zum Zeitpunkt 0 keine Kosten. Das Portfolio und der Forward-Kontrakt sind bezüglich Preis und Auszahlung also vollkommen identisch.

In Verallgemeinerung dieses Beispiels nehmen wir nun an, dass eine Bank die Verpflichtung hat, mit einem Kontrahenten je nach eintretendem Zustand ω_j einen von diesem Zustand abhängigen Betrag $c(\omega_j) = c_j \in \mathbb{R}$ zum Zeitpunkt 1 auszutauschen. Ist $c(\omega_j) > 0$, so muss die Bank dem Kontrahenten $c(\omega_j)$ auszahlen, ist $c(\omega_j) < 0$, so hat der Kontrahent die Verpflichtung, der Bank den Betrag $|c(\omega_j)|$ zu zahlen:

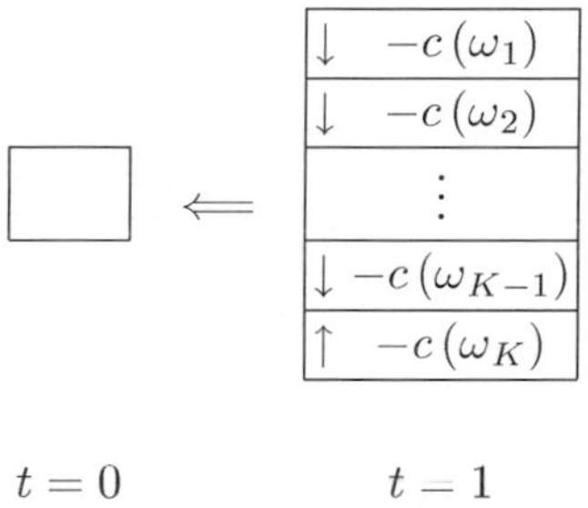

$t = 0$		$t = 1$
		$\downarrow \; -c(\omega_1)$
		$\downarrow \; -c(\omega_2)$
$\square$	$\Longleftarrow$	$\vdots$
		$\downarrow \; -c(\omega_{K-1})$
		$\uparrow \; -c(\omega_K)$

Eine derartige Verpflichtung könnte beispielsweise dadurch entstehen, dass die Bank einem Kunden eine Option, einen Forward-Kontrakt oder ein anderes Finanzprodukt verkauft hat. Um für die betrachtete Auszahlung c einen Preis c_0 zum Zeitpunkt 0 zu finden, versuchen wir, ein Portfolio $h \in \mathbb{R}^N$ so zu bestimmen, dass der Wert des Portfolios mit der Auszahlung c zum Zeitpunkt 1 in jedem Zustand exakt übereinstimmt. Das Portfolio h soll also die Bedingungen

$$
\begin{aligned}
c(\omega_1) &= h \cdot S_1(\omega_1) \\
&\vdots \\
c(\omega_K) &= h \cdot S_1(\omega_K)
\end{aligned}
$$

erfüllen. Kann ein derartiges Portfolio gefunden werden, dann lässt sich der Wert c_0 dieses Portfolios zum Zeitpunkt 0 sofort angeben, denn die Preise S_0 aller Finanzinstrumente zum Zeitpunkt 0 sind bekannt. Es gilt

$$c_0 = h \cdot S_0.$$

Damit erhalten wir folgende Strategie, um die zustandsabhängige Zahlung $c \in \mathbb{R}^K$ zum Zeitpunkt 1 in die Zahlung $c_0 \in \mathbb{R}$ zum Zeitpunkt 0 zu transformieren:

- Bestimme das Portfolio h, welches zum Zeitpunkt 1 die Auszahlung c besitzt und
- kaufe dieses Portfolio zum Zeitpunkt 0 für den Preis von $c_0 = h \cdot S_0$.
- Zum Zeitpunkt 1 wird je nach eintretendem Zustand ω der Betrag $c(\omega) = h \cdot S_1(\omega)$ aus dem Portfolio erhalten, wenn $c(\omega) > 0$ ist, oder es wird der Betrag $c(\omega)$ geschuldet, falls $c(\omega) < 0$ ist.
- In jedem Fall ist $h \cdot S_1(\omega)$ gerade der Betrag, der dem Kontrahenten geschuldet oder von diesem erhalten wird, so dass netto zum Zeitpunkt 1 kein Kapital fließt.

Verkauft eine Bank also zum Zeitpunkt 0 ein Finanzprodukt, das beinhaltet, zum Zeitpunkt 1 je nach eintretendem Zustand ω die Zahlung $c(\omega)$ zu leisten, so kann sich die Bank gegen die mit dem Verkauf des Finanzprodukts verbundenen Risiken vollständig absichern, wenn sie als Preis den Wert $c_0 = h \cdot S_0$ verlangt und mit diesem Kapital das Portfolio h zum Zeitpunkt 0 kauft.

$t = 0$		$t = 1$
		$\updownarrow \quad h \cdot S_1(\omega_1) - c(\omega_1) = 0$
		$\updownarrow \quad h \cdot S_1(\omega_2) - c(\omega_2) = 0$
$\downarrow \quad -c_0 = -h \cdot S_0$	$\Longleftarrow$	$\vdots$
		$\updownarrow \quad h \cdot S_1(\omega_{K-1}) - c(\omega_{K-1}) = 0$
		$\updownarrow \quad h \cdot S_1(\omega_K) - c(\omega_K) = 0$

1.4.3 Die Bewertung von Auszahlungsprofilen mit Hilfe von Replikation

Wir betrachten eine zukünftige zustandsabhängige Zahlung $c = (c_1, \ldots, c_K) \in \mathbb{R}^K$,

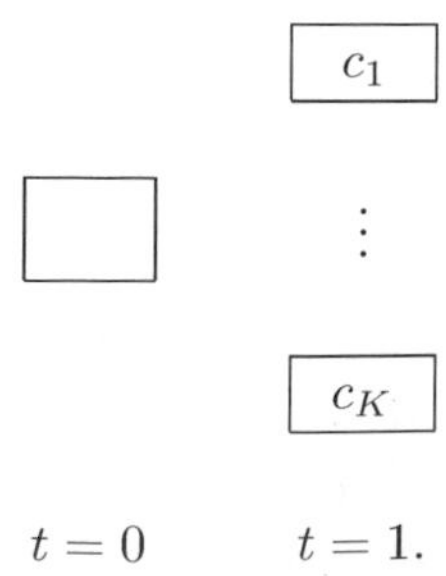

Die Idee der Transformation von $c \in \mathbb{R}^K$ in einen äquivalenten Betrag $c_0 \in \mathbb{R}$ zum Zeitpunkt 0 besteht zusammengefasst aus den beiden Schritten:

1. Suche ein Portfolio $h \in \mathbb{R}^N$ mit den Eigenschaften

$$\begin{aligned} c_1 &= V_1(h)(\omega_1) = h \cdot S_1(\omega_1) \\ &\vdots \\ c_K &= V_1(h)(\omega_K) = h \cdot S_1(\omega_K). \end{aligned}$$

   Wir veranschaulichen dies wie folgt:

$$\begin{array}{ccc} & & \boxed{c_1 = h \cdot S_1(\omega_1)} \\ \boxed{} & & \vdots \\ & & \boxed{c_K = h \cdot S_1(\omega_K)} \\ t = 0 & & t = 1. \end{array}$$

2. Definiere den Wert $c_0 := V_0(h) = h \cdot S_0$ dieses Portfolios als Preis von c zum Zeitpunkt 0:

$$\begin{array}{ccc} & & \boxed{c_1 = h \cdot S_1(\omega_1)} \\ \boxed{c_0 = h \cdot S_0} & \Longleftarrow & \vdots \\ & & \boxed{c_K = h \cdot S_1(\omega_K)} \\ t = 0 & & t = 1. \end{array}$$

Wir untersuchen nun, ob und wie zu gegebenem $c \in \mathbb{R}^K$ ein derartiges Portfolio $h \in \mathbb{R}^N$ gefunden werden kann. Dazu ist folgender einfache Zusammenhang hilfreich.

Lemma 1.13. *Für jedes $h \in \mathbb{R}^N$ gilt*

$$h \cdot S_1 = D^\top h, \tag{1.5}$$

wobei

$$D^\top = \begin{pmatrix} S_1^1(\omega_1) & \cdots & S_1^N(\omega_1) \\ \vdots & & \vdots \\ S_1^1(\omega_K) & \cdots & S_1^N(\omega_K) \end{pmatrix}$$

die Transponierte der Matrix

$$D := \begin{pmatrix} S_1^1(\omega_1) & \cdots & S_1^1(\omega_K) \\ \vdots & & \vdots \\ S_1^N(\omega_1) & \cdots & S_1^N(\omega_K) \end{pmatrix}$$

bezeichnet, die spaltenweise aus den Preisen aller Finanzinstrumente in jeweils einem Zustand besteht.

Beweis. Offenbar gilt

$$\begin{aligned} h \cdot S_1 &= \begin{pmatrix} h \cdot S_1(\omega_1) \\ \vdots \\ h \cdot S_1(\omega_K) \end{pmatrix} \\ &= \begin{pmatrix} h_1 S_1^1(\omega_1) + \cdots + h_N S_1^N(\omega_1) \\ \vdots \\ h_1 S_1^1(\omega_K) + \cdots + h_N S_1^N(\omega_K) \end{pmatrix} \\ &= D^\top h. \end{aligned} \tag{1.6}$$

□

Definition 1.14. *Die* $N \times K$*-Matrix*

$$D := (S_1(\omega_1), \ldots, S_1(\omega_K)) = \begin{pmatrix} S_1^1(\omega_1) & \cdots & S_1^1(\omega_K) \\ \vdots & & \vdots \\ S_1^N(\omega_1) & \cdots & S_1^N(\omega_K) \end{pmatrix}$$

wird ***Auszahlungsmatrix*** *oder* ***Payoffmatrix*** *genannt.*

Die Auszahlungsmatrix D wurde so definiert, dass jede ihrer Spalten dieselbe Struktur besitzt wie der Preisvektor S_0. Wir definieren also die Komponenten von D durch $D_{ij} := S_1^i(\omega_j)$ für $i = 1, \ldots, N$ und $j = 1, \ldots, K$.

Wir sehen, dass Schritt 1. der Bewertungsstrategie für Auszahlungsprofile $c \in \mathbb{R}^K$ auf ein Standardproblem der Linearen Algebra führt, nämlich auf das Lösen eines linearen Gleichungssystems

$$c = D^\top h. \tag{1.7}$$

Ist $h \in \mathbb{R}^N$ eine Lösung von (1.7), so sagen wir, *h repliziert c*.

Definition 1.15. *Ein Auszahlungsprofil* $c \in \mathbb{R}^K$ *heißt* ***replizierbar*** *oder* ***erreichbar****, wenn c im Bild von* $D^\top$ *liegt, also wenn*

$$c \in \operatorname{Im} D^\top.$$

Definition 1.16. *Ein Tupel* $(S_0, S_1) \cong (b, D) \in \mathbb{R}^N \times M_{N\times K}(\mathbb{R})$ *heißt* ***Marktmodell*** *mit* ***Preisvektor***

$$b := S_0 = \begin{pmatrix} S_0^1 \\ \vdots \\ S_0^N \end{pmatrix} \in \mathbb{R}^N$$

und ***Auszahlungsmatrix***

$$D := (S_1(\omega_1), \ldots, S_1(\omega_K)) = \begin{pmatrix} S_1^1(\omega_1) & \cdots & S_1^1(\omega_K) \\ \vdots & & \vdots \\ S_1^N(\omega_1) & \cdots & S_1^N(\omega_K) \end{pmatrix} \in M_{N\times K}(\mathbb{R}).$$

Dabei bezeichnet $M_{N\times K}(\mathbb{R})$ *die Menge aller reellen* $N \times K$*-Matrizen.*

Die Schreibweise $(S_0, S_1) \cong (b, D)$ bedeutet, dass sich ein Marktmodell $(S_0, S_1) \in \mathbb{R}^N \times \{X \,|\, X : \Omega \to \mathbb{R}^N\}$ auf äquivalente Weise auch durch $(b, D) \in \mathbb{R}^N \times M_{N\times K}(\mathbb{R})$ beschreiben lässt. Aus einem vorgegebenen Tupel $(b, D) \in \mathbb{R}^N \times M_{N\times K}(\mathbb{R})$ lassen sich alle charakterisierenden Bestandteile eines Ein-Perioden-Modells ableiten. Die gemeinsame Anzahl der Zeilen von b und D entspricht der Anzahl der Finanzinstrumente des Modells, und die Anzahl der Spalten von D entspricht der Anzahl der Zustände des Modells. Der Vektor b wird als Preisvektor S_0 interpretiert, der die Preise aller N Finanzinstrumente zum Zeitpunkt 0 zusammenfasst, während die j-te Spalte von D als Preisvektor $S_1(\omega_j) = \left(S_1^1(\omega_j), \ldots, S_1^N(\omega_j)\right)^\top$ interpretiert wird, der die Preise aller Finanzinstrumente zum Zeitpunkt 1 im Zustand ω_j enthält.

Definition 1.17. *Ein Marktmodell* (b, D) *heißt* ***vollständig****, wenn* $D^\top$ *surjektiv ist, wenn also gilt*

$$\operatorname{Im} D^\top = \mathbb{R}^K.$$

Wenn (b, D) vollständig ist, dann ist jedes Auszahlungsprofil c replizierbar, d.h. in diesem Fall gibt es zu jedem $c \in \mathbb{R}^K$ ein $h \in \mathbb{R}^N$ mit $c = D^\top h$.

Anmerkung 1.18. Beachten Sie, dass etwaige Wahrscheinlichkeiten p_j, mit denen die jeweiligen Zustände $\omega_j \in \Omega$ zum Zeitpunkt 1 eintreten, bei der oben vorgestellten Preisfindung nirgends auftreten. Diese auf den ersten Blick überraschende Tatsache erklärt sich durch die Bewertungsstrategie. Ein vorgegebenes Auszahlungsprofil c wird durch ein Portfolio h repliziert. Da jede Komponente c_j repliziert wird, spielen die Eintrittswahrscheinlichkeiten für die verschiedenen Zustände keine Rolle.

Anmerkung 1.19. Die dargestellte Strategie verwendet entscheidend Argumente aus der Linearen Algebra. Dies setzt jedoch voraus, dass die Portfoliovektoren als Elemente aus $\mathbb{R}^N$ – und nicht aus $\mathbb{Z}^N$ – interpretiert werden. Tatsächlich können jedoch keine Bruchteile von Aktien gehandelt werden. Andererseits sind in der Praxis Transaktionen über eine einzige Aktie auch selten.

Üblicherweise werden Vielfache, wie etwa 50 oder 100 Stücke, gehandelt. Daher wird mit reellwertigen Stückzahlen gerechnet, die für die Umsetzung in die Praxis auf die nächste ganze Zahl gerundet werden.

Beispiel 1.20. Das zu Beispiel 1.1 gehörende Marktmodell lautet

$$(b, D) = \left(\begin{pmatrix} 1 \\ 10 \end{pmatrix}, \begin{pmatrix} 1.02 & 1.02 \\ 12 & 9 \end{pmatrix} \right).$$

Der Preisvektor b und die Payoffmatrix D enthalten jeweils 2 Zeilen. Also besteht das Marktmodell aus zwei Finanzinstrumenten. Ferner besitzt D auch 2 Spalten, also werden hier zwei Szenarien zum Zeitpunkt 1 modelliert. Die Payoffmatrix D ist regulär, also ist das zugehörige Marktmodell (b, D) vollständig. △

Beispiel 1.21. Ein Marktmodell (b, D) sei durch folgende Daten gegeben:

$$(b, D) = \left(\begin{pmatrix} 1 \\ 120 \\ 24 \end{pmatrix}, \begin{pmatrix} 1.2 & 1.2 \\ 110 & 130 \\ 26 & 23 \end{pmatrix} \right).$$

Es enthält drei Finanzinstrumente und zwei Zustände ω_1 und ω_2 bei $t = 1$, so dass

$$S_0 = \begin{pmatrix} 1 \\ 120 \\ 24 \end{pmatrix}, \ S_1(\omega_1) = \begin{pmatrix} 1.2 \\ 110 \\ 26 \end{pmatrix}, \ S_1(\omega_2) = \begin{pmatrix} 1.2 \\ 130 \\ 23 \end{pmatrix}.$$

Der Rang von $D^\top$ hat den Wert 2. Also ist $D^\top : \mathbb{R}^3 \to \mathbb{R}^2$ surjektiv, und das Markmodell ist vollständig. △

Beispiel 1.22. Wir betrachten die Daten des Beispiels 1.20 und versuchen, mit der beschriebenen Strategie den Preis einer Call-Option auf Finanzinstrument S^2 mit Ausübungspreis $K = 10.5$ zu ermitteln. Das Auszahlungsprofil dieser Option lautet

$$c = \begin{pmatrix} 1.5 \\ 0 \end{pmatrix}.$$

Da D regulär ist, besitzt das Gleichungssytem $c = D^\top h$, gegeben durch

$$\begin{pmatrix} 1.5 \\ 0 \end{pmatrix} = \begin{pmatrix} 1.02 & 12 \\ 1.02 & 9 \end{pmatrix} \begin{pmatrix} h_1 \\ h_2 \end{pmatrix},$$

die eindeutig bestimmte Lösung

$$h = \begin{pmatrix} -4.412 \\ 0.5 \end{pmatrix}.$$

Für den Preis $c_0 := h \cdot S_0$ der Call-Option zum Zeitpunkt 0 erhalten wir daher

$$c_0 = \begin{pmatrix} -4.412 \\ 0.5 \end{pmatrix} \cdot \begin{pmatrix} 1 \\ 10 \end{pmatrix} = 0.588.$$

Analog lässt sich der Preis der Put-Option auf Finanzinstrument S^2 mit Ausübungspreis $K = 10$ berechnen. Hier lautet das Auszahlungsprofil

$$c = \begin{pmatrix} 0 \\ 2 \end{pmatrix},$$

und das Gleichungssystem $c = D^\top h$

$$\begin{pmatrix} 0 \\ 2 \end{pmatrix} = \begin{pmatrix} 1.02 & 12 \\ 1.02 & 9 \end{pmatrix} \begin{pmatrix} h_1 \\ h_2 \end{pmatrix}$$

besitzt die eindeutig bestimmte Lösung

$$h = \begin{pmatrix} 7.843 \\ -0.667 \end{pmatrix},$$

so dass sich der Preis

$$c_0 = \begin{pmatrix} 7.843 \\ -0.667 \end{pmatrix} \cdot \begin{pmatrix} 1 \\ 10 \end{pmatrix} = 1.176$$

für die Put-Option zum Zeitpunkt 0 ergibt. △

Beispiel 1.23. Wieder basierend auf Beispiel 1.20 wird der Wert eines Forward-Kontrakts auf S^2 mit Forward-Preis F berechnet. Für das Auszahlungsprofil c des Forward-Kontrakts gilt

$$c = \begin{pmatrix} 12 - F \\ 9 - F \end{pmatrix}.$$

Das replizierende Portfolio h löst das Gleichungssystem

$$\begin{pmatrix} 12 - F \\ 9 - F \end{pmatrix} = \begin{pmatrix} 1.02 & 12 \\ 1.02 & 9 \end{pmatrix} \begin{pmatrix} h_1 \\ h_2 \end{pmatrix},$$

d.h., es gilt

$$h = \begin{pmatrix} -\frac{1}{1.02}F \\ 1 \end{pmatrix}.$$

Der Preis $c_0 := h \cdot S_0$ von h zum Zeitpunkt 0 beträgt daher

$$c_0 = \begin{pmatrix} -\frac{1}{1.02}F \\ 1 \end{pmatrix} \cdot \begin{pmatrix} 1 \\ 10 \end{pmatrix} = 10 - \frac{1}{1.02}F.$$

Wir bestimmen schließlich F so, dass $c_0 = 0$ wird, also $F = 10 \cdot 1.02 = S_0\,(1 + r)$ und erhalten genau den Wert, den wir bereits im Rahmen der Diskussion im Anschluss an Beispiel 1.11 ermittelt hatten. Das Portfolio h besteht aus einer Anleihe von 10 Einheiten des festverzinslichen Finanzinstruments S^1, also aus einem Kredit von 10 Euro, und aus dem Bestand einer Aktie S^2. Der Gesamtwert des Portfolios beträgt somit gerade 0. Zum Zeitpunkt 1 besitzt das Portfolio in jedem Zustand genau den Gegenwert der Verpflichtung, die durch den Verkauf des Forward-Kontrakts entstanden ist. △

Das vorangegangene Beispiel zeigt auch, wie Forward-Kontrakte bewertet werden, wenn $F \neq S_0\,(1+r)$ gilt. In der Praxis tritt dieser Fall z.B. dann auf, wenn ein Forward-Kontrakt abgeschlossen wurde und zu einem späteren Zeitpunkt, aber vor dem Fälligkeitszeitpunkt, erneut bewertet wird. Im Handelsgeschäft beispielsweise werden sämtliche Handelspositionen am Ende jedes Handelstages bewertet, und im Rahmen dessen muss der Wert jedes gehandelten Finanzinstruments täglich neu ermittelt werden.

Beispiel 1.24. Es sei (b, D) ein Ein-Perioden-Zwei-Zustands-Modell, wobei das erste Finanzinstrument eine festverzinsliche Kapitalanlage zum Zinssatz r ist. Also gilt

$$b = \begin{pmatrix} 1 \\ S_0 \end{pmatrix} = S_0, \; D = \begin{pmatrix} 1+r & 1+r \\ S_1\,(\omega_1) & S_1\,(\omega_2) \end{pmatrix} \cong S_1.$$

Ferner setzen wir $S_1\,(\omega_1) \neq S_1\,(\omega_2)$ voraus. Sei

$$c = \begin{pmatrix} c_1 \\ c_2 \end{pmatrix}$$

ein beliebiges Auszahlungsprofil. Dann betrachten wir mit $s_1 := S_1\,(\omega_1)$ und $s_2 := S_1\,(\omega_2)$ das Gleichungssystem

$$h \cdot S_1 = D^\top h = \begin{pmatrix} h_1\,(1+r) + h_2 s_1 \\ h_1\,(1+r) + h_2 s_2 \end{pmatrix} = \begin{pmatrix} c_1 \\ c_2 \end{pmatrix}.$$

Durch Subtraktion der zweiten von der ersten Gleichung folgt

$$h_2 = \frac{c_1 - c_2}{s_1 - s_2}.$$

Multiplizieren wir nun die erste Gleichung mit $s_2 = S_1\,(\omega_2)$ und die zweite mit $s_1 = S_1\,(\omega_1)$ so erhalten wir nach Subtraktion

$$h_1 = \frac{1}{1+r}\,\frac{c_2 s_1 - c_1 s_2}{s_1 - s_2}.$$

Damit lautet der Wert $c_0 := V_0\,(h)$ des replizierenden Portfolios

$$\begin{aligned} c_0 &= h \cdot S_0 = h_1 + h_2 S_0 \qquad (1.8) \\ &= \frac{1}{1+r}\,\frac{c_2 s_1 - c_1 s_2}{s_1 - s_2} + \frac{c_1 - c_2}{s_1 - s_2} S_0 \\ &= \frac{1}{1+r}\left(\frac{(1+r)\,S_0 - s_2}{s_1 - s_2} c_1 + \frac{s_1 - (1+r)\,S_0}{s_1 - s_2} c_2\right) \\ &= \frac{1}{1+r}\,(q c_1 + (1-q)\,c_2)\,, \end{aligned}$$

wobei

$$q := \frac{(1+r)\,S_0 - s_2}{s_1 - s_2}.$$

Speziell für Forward-Kontrakte mit Forward-Preis F gilt

$$\begin{pmatrix} c_1 \\ c_2 \end{pmatrix} = \begin{pmatrix} S_1(\omega_1) - F \\ S_1(\omega_2) - F \end{pmatrix},$$

und (1.8) liefert

$$\begin{aligned} c_0 &= \frac{1}{1+r}\left(\frac{(1+r)\,S_0 - s_2}{s_1 - s_2}(s_1 - F) + \frac{s_1 - (1+r)\,S_0}{s_1 - s_2}(s_2 - F)\right) \\ &= S_0 - \frac{1}{1+r}F. \end{aligned}$$

Dies ist genau dann 0, falls $F = (1+r)\,S_0$, und für das replizierende Portfolio erhalten wir

$$h = \begin{pmatrix} \frac{1}{1+r}\frac{c_2 s_1 - c_1 s_2}{s_1 - s_2} \\ \frac{c_1 - c_2}{s_1 - s_2} \end{pmatrix} = \begin{pmatrix} -\frac{F}{1+r} \\ 1 \end{pmatrix} = \begin{pmatrix} -S_0 \\ 1 \end{pmatrix}.$$

△

1.5 Replikation und das „Law of One Price“

Der im letzten Abschnitt entwickelte Ansatz zur Bewertung zustandsabhängiger Auszahlungen $c \in \mathbb{R}^K$ lautet:

- Löse das Gleichungssystem $c = h \cdot S_1 = D^\top h$ und
- definiere den Preis c_0 von c zum Zeitpunkt 0 als $c_0 = h \cdot S_0$.

Mit Hilfe dieser Strategie kann das zum Zeitpunkt 1 fließende zustandsabhängige Auszahlungsprofil $c \in \mathbb{R}^K$ in eine Zahlung $c_0 \in \mathbb{R}$ transformiert werden, die zum Zeitpunkt 0 erfolgt. Bei der Umsetzung der Bewertungsstrategie können zwei grundsätzliche Probleme auftreten. Sei dazu $(S_0, S_1) \cong (b, D)$ ein Marktmodell und sei $c \in \mathbb{R}^K$ ein Auszahlungsprofil. Folgende Situationen sind denkbar:

- **Die Replikation ist nicht möglich:** Es gibt kein Portfolio h mit der Eigenschaft $c = D^\top h$, also $c \notin \operatorname{Im} D^\top$.
- **Die Replikation ist nicht eindeutig bestimmt:** Es gibt verschiedene Portfolios h und h' mit $c = D^\top h = D^\top h'$. Dies ist gleichbedeutend mit $c \in \operatorname{Im} D^\top$ und $\ker D^\top \neq \{0\}$, wobei $\ker D^\top$ den Kern von $D^\top$ bezeichnet. In diesem Fall stimmen möglicherweise die Preise $h \cdot b$ und $h' \cdot b$ nicht überein, so dass kein eindeutig bestimmter Preis für c angegeben werden kann.

Wir betrachten die beiden Fälle nun genauer.

Die Replikation ist nicht möglich

Wenn eine Auszahlung $c \in \mathbb{R}^K$ nicht replizierbar ist, dann kann c nicht mit Hilfe eines replizierenden Portfolios in einen äquivalenten Zahlungsstrom zum Zeitpunkt 0 transformiert werden. Wir betrachten nun einige mögliche Bewertungsstrategien für diesen Fall, d.h. für die Situation $c \notin \operatorname{Im} D^\top$.

Superhedging.

Sei $c \geq 0$. Wir setzen voraus, dass es wenigstens ein Instrument S^k für ein $1 \leq k \leq N$ gibt, mit $S_0^k > 0$ und $S_1^k(\omega) > 0$ für alle $\omega \in \Omega$, etwa eine festverzinsliche Kapitalanlage mit Zinssatz $r > -1$. Wir betrachten die Menge $\mathcal{C}_+(c)$ der replizierbaren Auszahlungsprofile c' mit $c' \geq c$, also

$$\mathcal{C}_+(c) := \{c' \in \mathbb{R}^K \,|c' \geq c,\ c' \in \operatorname{Im} D^\top \}.$$

Die Menge $\mathcal{C}_+(c)$ ist nicht leer, denn es gibt zu jedem $c \in \mathbb{R}^K$ ein $\lambda \in \mathbb{R}$ mit $\lambda S_1^k \geq c$, und es gilt $\lambda S_1^k = D^\top(\lambda e_k)$. Damit definieren wir

$$V_+(c) := \inf_{h \in \mathbb{R}^N} \{h \cdot b \,|D^\top h \geq c\}.$$

Wir haben nun ein typisches Problem der linearen Optimierung vor uns. Zu lösen ist

$$\inf h \cdot b$$

unter der Nebenbedingung

$$D^\top h \geq c.$$

Eine Lösung v^* dieses Optimierungsproblems kann als der kleinste Preis interpretiert werden, zu dem ein Verkäufer die Auszahlung c ohne Verlustrisiko verkaufen kann.

Analog definieren wir

$$\mathcal{C}_-(c) := \{c' \in \mathbb{R}^K \,|0 \leq c' \leq c,\ c' \in \operatorname{Im} D^\top \}$$

und

$$V_-(c) := \sup_{h \in \mathbb{R}^N} \{h \cdot b \,|D^\top h \leq c\}.$$

Auch $\mathcal{C}_-(c)$ ist nicht leer, denn es gibt zu jedem $c \in \mathbb{R}^K$ ein $\lambda \in \mathbb{R}$ mit $0 \leq \lambda S_1^k \leq c$. Wieder erhalten wir ein Problem der linearen Optimierung; es lautet:

$$\sup h \cdot b$$

unter der Nebenbedingung

$$D^\top h \leq c.$$

Eine Lösung v_* dieses Optimierungsproblems kann entsprechend als höchster Preis interpretiert werden, zu dem ein Käufer für die Auszahlung c in keinem Zustand zuviel bezahlt[2].

[2] Zunächst ist nicht klar, ob v^* oder v_* beschränkt sind. Tatsächlich werden wir in Abschnitt 1.5 sehen, dass es zu jeder replizierbaren Auszahlung $c \in \mathbb{R}^K$ und zu

Projektionsansatz.

Für $c \notin \operatorname{Im} D^\top$ besteht ein weiterer Ansatz zur Preisfindung darin, ein Portfolio h zu suchen, dessen Auszahlung $D^\top h$ möglichst nahe bei c liegt. Die Aufgabe besteht also darin, die Funktion

$$\left\|D^\top h - c\right\|^2 = \sum_{j=1}^{K} \left(\left(D^\top h\right)_j - c_j \right)^2 \tag{1.9}$$

für $h \in \mathbb{R}^N$ zu minimieren. Dies entspricht der Bestimmung der Projektion von c auf den Bildraum $\operatorname{Im} D^\top$ und lässt sich numerisch beispielsweise durch das Lösen der Normalengleichung $DD^\top h = Dc$ finden.

Minimale mittlere quadratische Abweichung.

Ein weiterer Ansatz lautet: Minimiere die mittlere quadratische Abweichung von $D^\top h$ und c,

$$\mathbf{E}\left[\left(D^\top h - c\right)^2\right] := \sum_{j=1}^{K} P(\omega_j) \left(\left(D^\top h\right)_j - c_j \right)^2 ,$$

über alle Handelsstrategien $h \in \mathbb{R}^N$. Die Idee besteht hier darin, eine Zahlung c_j, die in einem Szenario ω_j fällig wird, um so stärker zu berücksichtigen, je höher die Eintrittswahrscheinlichkeit für diesen Zustand ist.

Dieser Ansatz erfordert jedoch, dass das Marktmodell um die Modellierung der Wahrscheinlichkeiten ergänzt wird, mit denen die jeweiligen Zustände zum Zeitpunkt 1 eintreten werden. Bei der bisherigen Bewertungsstrategie spielten diese Wahrscheinlichkeiten keine Rolle.

Wir nehmen also für diesen Ansatz an, dass Wahrscheinlichkeiten $P(\omega_j) =: p_j$ für $1 \le j \le K$ vorgegeben sind, mit denen die zukünftigen Szenarien ω_j des betrachteten Finanzmarktes eintreten werden. Auf diese Weise wird ein Wahrscheinlichkeitsmaß P auf Ω definiert.

Der Ansatz, die mittlere quadratische Abweichung zu minimieren, kann auf den Projektionsansatz zurückgeführt werden. Dazu wird

$$A := \begin{pmatrix} \sqrt{p_1} & \cdots & 0 \\ \vdots & \ddots & \vdots \\ 0 & \cdots & \sqrt{p_K} \end{pmatrix} D^\top = \begin{pmatrix} \sqrt{p_1} S_1^1(\omega_1) & \cdots & \sqrt{p_1} S_1^N(\omega_1) \\ \vdots & & \vdots \\ \sqrt{p_K} S_1^1(\omega_K) & \cdots & \sqrt{p_K} S_1^N(\omega_K) \end{pmatrix}$$

---

jedem vorgegebenen Preis $w \in \mathbb{R}$ ein Portfolio $h_w \in \mathbb{R}^N$ gibt mit $D^\top h_w = c$ und $h_w \cdot b = w$, falls im zugrundeliegenden Marktmodell (b, D) *nicht* das *Law of One Price* gilt. In diesem Fall erhalten wir $v^* = -\infty$ und $v_* = \infty$. Ist das Marktmodell (b, D) aber sogar arbitragefrei, siehe Abschnitt 1.6, so folgt aus Lemma 1.51, dass v^* und v_* reellwertig sind und daß

$$v_* \le v^*$$

gilt. Ist c selbst replizierbar, dann folgt $v_* = v^*$.

definiert. Mit

$$z := \begin{pmatrix} \sqrt{p_1} & \cdots & 0 \\ \vdots & \ddots & \vdots \\ 0 & \cdots & \sqrt{p_K} \end{pmatrix} c = \begin{pmatrix} \sqrt{p_1} c_1 \\ \vdots \\ \sqrt{p_K} c_K \end{pmatrix}$$

gilt dann

$$\mathbf{E}\left[\left(D^\top h - c\right)^2\right] = ||Ah - z||^2,$$

und wir erhalten ein Problem vom Typ (1.9).

Erwartungswert-Ansatz

Sind Eintrittswahrscheinlichkeiten für jeden Zustand gegeben, so ist eine weitere mögliche Strategie für die Bewertung einer zustandsabhängigen Auszahlung $c \in \mathbb{R}^K$ gegeben durch

$$c_0 := d\mathbf{E}[c] = d \sum_{j=1}^{K} p_j c_j. \tag{1.10}$$

Der Preis c_0 wird in diesem Fall also definiert als diskontierter Erwartungswert der zukünftigen Auszahlung c.

Untersuchungen von Absicherungsstrategien in unvollständigen Märkten finden Sie in Föllmer/Schied [16] und in Pliska [45]. Wir werden uns in diesem Buch auf den Fall $c \in \operatorname{Im} D^\top$ konzentrieren.

Die Replikation ist nicht eindeutig bestimmt

Wir betrachten nun den Fall, dass eine Auszahlung c zwar replizierbar ist, jedoch nicht auf eindeutig bestimmte Weise. Wir nehmen also an, dass es zwei Portfolios h und h' gibt mit $h \neq h'$ und mit $c = D^\top h = D^\top h'$. Dann gilt $h' = h + f$ für ein $f \in \ker D^\top$, und es gilt $h \cdot b \neq h' \cdot b$ genau dann, wenn $f \cdot b \neq 0$. Definieren wir für ein beliebiges $\lambda \in \mathbb{R}$ das Portfolio $h_\lambda := h + \lambda f$, so gilt $D^\top h_\lambda = c$ und $c_\lambda := h_\lambda \cdot b = h \cdot b + \lambda f \cdot b$. Durch geeignete Wahl von λ lässt sich im Falle von $f \cdot b \neq 0$ jeder beliebige Wert $c_\lambda \in \mathbb{R}$ realisieren und die Replikationsstrategie führt nicht zu einer sinnvollen Preisfindung.

Wenn jedoch $h \cdot b = h' \cdot b$ gilt, dann sind die beiden Portfolios h und h' ökonomisch gleichwertig; sie kosten dasselbe und liefern dieselbe Auszahlung. Satz 1.25 charakterisiert diese Situation. Im Beweis wird verwendet, dass

$$\ker D^\top \perp \operatorname{Im} D \tag{1.11}$$

und

$$\mathbb{R}^N = \ker D^\top \oplus \operatorname{Im} D \tag{1.12}$$

gilt[3].

Aufgabe 1.1. Konstruieren Sie ein Beispiel eines Marktmodells mit zwei Finanzinstrumenten und zwei Zuständen, wobei das erste ein Vielfaches des zweiten ist. Machen Sie sich klar, dass hier für ein replizierbares Auszahlungsprofil unendlich viele replizierende Portfolios mit gleichem Anfangspreis existieren.

Im folgenden werden Skalarprodukte, bei denen über Finanzinstrumente summiert wird, wie bisher mit einem Punkt $\cdot$ gekennzeichnet, während für Skalarprodukte, bei denen über Zustände summiert wird, die Klammer $\langle \cdot, \cdot \rangle$ verwendet wird.

Satz 1.25. ***(Law of One Price)*** *Sei (b, D) ein Marktmodell. Dann sind folgende Aussagen äquivalent:*

1. *Es gilt das „Law of One Price“: Sei $c = D^\top h \in \operatorname{Im} D^\top$ ein beliebiges replizierbares Auszahlungsprofil. Dann ist der mit Hilfe einer Replikationsstrategie definierte Preis $c_0 = h \cdot b$ von c eindeutig bestimmt, also unabhängig vom replizierenden Portfolio h.*
2. *$b \perp \ker D^\top$.*
3. *$b \in \operatorname{Im} D$, d.h. es gilt $b = D\psi$ für ein $\psi \in \mathbb{R}^K$.*
4. *Es gibt ein $\psi \in \mathbb{R}^K$, so dass für jede replizierbare Auszahlung $c = D^\top h \in \operatorname{Im} D^\top$ gilt $h \cdot b = \langle \psi, c \rangle$.*

Beweis. 1. $\Longleftrightarrow$ 2. Sei h eine spezielle Lösung von $c = D^\top h$. Die allgemeine Lösung lautet dann $h' = h + f$ für ein beliebiges $f \in \ker D^\top$. Nun gilt $h' \cdot b = h \cdot b$ genau dann, wenn $f \cdot b = 0$. Da f beliebig gewählt werden kann, ist dies gleichbedeutend mit $b \perp \ker D^\top$.

---

[3] Seien $f \in \ker D^\top$ und $w \in \operatorname{Im} D$ beliebig. Nach Definition gilt $w = Dv$ für ein $v \in \mathbb{R}^K$. Damit erhalten wir

$$\begin{aligned} f \cdot w &= f \cdot (Dv) \\ &= \left\langle D^\top f, v \right\rangle \\ &= 0, \end{aligned}$$

da $D^\top f = 0$. Also folgt $\ker D^\top \perp \operatorname{Im} D$. Nach Definition ist $\ker D^\top \oplus \operatorname{Im} D$ ein Untervektorraum des $\mathbb{R}^N$. Aus dem Dimensionssatz folgt weiter

$$N = \dim \ker D^\top + \dim \operatorname{Im} D^\top.$$

Da bei Matrizen der Zeilenrang gleich dem Spaltenrang ist, gilt $\dim \operatorname{Im} D^\top = \dim \operatorname{Im} D$. Also erhalten wir

$$\dim \left(\ker D^\top \oplus \operatorname{Im} D \right) = N,$$

woraus $\ker D^\top \oplus \operatorname{Im} D = \mathbb{R}^N$ folgt.

2. $\Longleftrightarrow$ 3. Diese Äquivalenz folgt unmittelbar aus (1.11) und (1.12).

3. $\Longrightarrow$ 4. Nach Voraussetzung existiert ein $\psi \in \mathbb{R}^K$ mit $b = D\psi$. Mit $c = D^\top h$ gilt $h \cdot b = h \cdot D\psi = \langle D^\top h, \psi \rangle = \langle c, \psi \rangle$.

4. $\Longrightarrow$ 3. Sei $h \in \mathbb{R}^N$ ein beliebiges Portfolio und sei $c := D^\top h$. Nach Voraussetzung gilt $h \cdot b = \langle c, \psi \rangle = \langle D^\top h, \psi \rangle = h \cdot D\psi$. Da h beliebig gewählt wurde, folgt $b = D\psi$. □

Wenn $D^\top$ injektiv ist, also wenn $\ker D^\top = \{0\}$, dann gilt nach Punkt 2. des letzten Satzes das *Law of One Price*.

Folgerung 1.26. *Sei (b, D) ein Marktmodell, in dem das* Law of One Price *nicht gilt. Dann ist $D^\top$ nicht injektiv.* □

Die Aussage 4. von Satz 1.32 besagt, dass es in Marktmodellen, in denen die Preise $c_0 = h \cdot b$ replizierbarer Auszahlungsprofile $c = D^\top h$ vom replizierenden Portfolio h unabhängig sind, möglich ist, diese Preise ohne Kenntnis von h durch

$$c_0 = \langle \psi, c \rangle \tag{1.13}$$

zu berechnen.

Folgerung 1.27. *Sei $(b, D) \cong (S_0, S_1)$ ein Marktmodell, in dem das* Law of One Price *gilt. Dann gibt es eine Lösung ψ der Gleichung $D\psi = b$, und für alle $i = 1, \ldots, N$ gilt*

$$S_0^i = \langle \psi, S_1^i \rangle . \tag{1.14}$$

Beweis. Das Gleichungssystem $D\psi = b$ kann geschrieben werden als

$$S_0 = b = D\psi = \psi_1 S_1(\omega_1) + \cdots + \psi_K S_1(\omega_K) . \tag{1.15}$$

Mit $S_1^i := \left(S_1^i(\omega_1), \ldots, S_1^i(\omega_K)\right)$ lässt sich (1.15) schreiben als

$$S_0^i = \langle \psi, S_1^i \rangle$$

für $i = 1, \ldots, N$. □

Gleichung (1.15) lässt sich so formulieren, dass in einem Marktmodell das *Law of One Price* genau dann gilt, wenn die Preise S_0 zum Zeitpunkt 0 eine Linearkombination der Preisszenarien $S_1(\omega_j)$, $j = 1, \ldots, K$, zum Zeitpunkt 1 sind. Wegen der Bilinearität des Skalarprodukts ist Gleichung (1.14) äquivalent zu

$$V_0(h) = \langle \psi, V_1(h) \rangle \tag{1.16}$$

für beliebige $h \in \mathbb{R}^N$, wobei $V_0(h) = h \cdot b$, $V_1(h) = D^\top h$ verwendet wurde.

Die Zusammenhänge (1.14) und (1.16) können als eine auf zustandsabhängige Auszahlungsprofile verallgemeinerte *Diskontierung* zukünftiger Zahlungsströme $c = V_1(h)$ auf den Zeitpunkt 0 interpretiert werden. Definieren wir $d := \psi_1 + \cdots + \psi_K$, so folgt für replizierbare deterministische Auszahlungen, d.h., im Fall von $c(\omega) = c$ für alle $\omega \in \Omega$, die Darstellung

$$c_0 = \langle \psi, c \rangle = dc, \tag{1.17}$$

und wir erhalten die elementare deterministische Diskontierungsformel. Die Komponentensumme d von ψ ist offenbar der *Diskontfaktor* des zugrundeliegenden Marktmodells. Unter der Voraussetzung, dass im betrachteten Marktmodell das *Law of One Price* gilt, kann jedoch nicht geschlossen werden, dass der Diskontfaktor d positiv ist. Er könnte null oder sogar negativ sein. Wir werden aber später sehen, dass Diskontfaktoren in arbitragefreien Märkten stets positiv sind. Gleichung (1.14) besagt im Rahmen dieser Interpretation jedenfalls, dass der abdiskontierte Wert der zustandsabhängigen zukünftigen Auszahlung eines Finanzinstruments S_1^i gerade S_0^i beträgt.

Wenn konstante Auszahlungen $c(\omega) = c$ replizierbar sind, dann folgt aus Satz 1.25, dass $c_0 = dc$ unabhängig vom replizierenden Portfolio ist. Dies bedeutet auch, dass die Komponentensumme $d = \psi_1 + \cdots + \psi_K$ nicht von der Auswahl einer Lösung von $D\psi = b$ abhängt. Es gilt also $\ker D \perp \mathbf{1}$, wobei $\mathbf{1} := (1, \ldots, 1)$. Dies ist ein Spezialfall des nachfolgenden Satzes 1.28. Vorbereitend halten wir fest, dass für die lineare Abbildung $D : \mathbb{R}^K \to \mathbb{R}^N$ analog zu (1.11) und (1.12) gilt

$$\ker D \perp \operatorname{Im} D^{\mathsf{T}} \tag{1.18}$$

und

$$\mathbb{R}^K = \ker D \oplus \operatorname{Im} D^{\mathsf{T}}. \tag{1.19}$$

Satz 1.28. *Sei (b, D) ein Marktmodell, in dem das „Law of One Price“ gilt, und sei $c \in \mathbb{R}^K$ ein Auszahlungsprofil. Dann sind folgende Aussagen äquivalent:*

1. *c ist replizierbar.*
2. *$c \subset \operatorname{Im} D^{\top}$.*
3. *$c \perp \ker D$.*
4. *Für jede Lösung ψ von $D\psi = b$ besitzt $\langle \psi, c \rangle$ denselben Wert.*

Beweis. 1. $\Longleftrightarrow$ 2. Dies ist gerade die Definition von Replizierbarkeit.

2. $\Longleftrightarrow$ 3. Die Äquivalenz folgt unmittelbar aus (1.18) und (1.19).

3. $\Longleftrightarrow$ 4. Nach Satz 1.25 existiert wenigstens eine Lösung ψ von $D\psi = b$. Für jede weitere Lösung ψ' von $D\psi' = b$ gilt $\psi' = \psi + f$ für ein $f \in \ker D$. Dann folgt $\langle \psi', c \rangle = \langle \psi, c \rangle$ genau dann, wenn $c \perp f$. Da f beliebig gewählt werden kann, ist dies gleichbedeutend mit $c \perp \ker D$. □

Satz 1.29. *Sei (b, D) ein Marktmodell, in dem das „Law of One Price“ gilt. Dann sind folgende Aussagen äquivalent:*

1. *Das Marktmodell (b, D) ist vollständig.*
2. *$\operatorname{Im} D^{\top} = \mathbb{R}^K$.*
3. *$\ker D = \{0\}$.*
4. *Die Lösung ψ von $D\psi = b$ ist eindeutig bestimmt.*

Beweis. 1. $\iff$ 2. Dies gilt nach Definition.

2. $\iff$ 3. Dies folgt unmittelbar aus (1.18) und (1.19).

3. $\iff$ 4. Da im betrachteten Marktmodell das „Law of One Price" gilt, existieren nach Satz 1.25 Lösungen ψ von $D\psi = b$. Daraus folgt die Äquivalenz von 3. und 4. unmittelbar. □

Beispiel 1.30. Sei (b, D) ein Marktmodell, in dem das „Law of One Price" gilt, und sei ψ eine Lösung von $D\psi = b$. Sei weiter $S := S^j$, $1 \leq j \leq N$, ein Finanzinstrument des Modells. Ein Forward-Kontrakt auf S mit Forward-Preis F besitzt die Auszahlung $c = S_1 - F$. Sind konstante Auszahlungen replizierbar, so besitzt $\langle \psi, F \rangle = dF$ nach Satz 1.28 für jede Lösung ψ von $D\psi = b$ denselben Wert. Damit gilt für den Preis c_0 des Forward-Kontrakts

$$c_0 = \langle \psi, c \rangle = \langle \psi, S_1 \rangle - \langle \psi, F \rangle = S_0 - dF.$$

△

1.6 Arbitrage

Wir betrachten nun ein Marktmodell (b, D), in dem das Law of One Price nicht gilt. Dies ist nach Satz 1.25 gleichbedeutend mit $b \not\perp \ker D^\top$. In diesem Fall existieren $f \in \ker D^\top$ mit $f \cdot b < 0$. Dies bedeutet aber, dass der Erwerb von f zum Zeitpunkt 0 mit einer *Kapitaleinnahme* von $-f \cdot b > 0$ verbunden ist. Die Einnahme beinhaltet keinerlei Risiko, denn das Portfolio ist zum Zeitpunkt 1 wertlos, $D^\top f = 0$, insbesondere bestehen zu diesem Zeitpunkt keine Zahlungsverpflichtungen. Eine Möglichkeit, risikolos Gewinne ohne eigenen Kapitaleinsatz erzielen zu können, wird *Arbitragegelegenheit* genannt.

Definition 1.31. *Eine Handelsstrategie h heißt* ***Arbitragegelegenheit,*** *falls*[4]

$$h \cdot b \leq 0 \text{ und } D^\top h > 0 \tag{1.20}$$

oder

$$h \cdot b < 0 \text{ und } D^\top h \geq 0. \tag{1.21}$$

Existieren in einem Marktmodell (b, D) keine Arbitragegelegenheiten, so heißt das Marktmodell ***arbitragefrei.***

Gilt $V_0(h) = h \cdot b > 0$, so ist das der Betrag, der für den Kauf des Portfolios aufzuwenden ist. Ist $V_0(h) < 0$, so wird bei der Zusammenstellung des Portfolios h zum Zeitpunkt 0 das Kapital $-V_0(h) > 0$ entnommen.

---

[4] Dabei bedeutet $D^\top h > 0$, dass $\left(D^\top h\right)_j \geq 0$ für alle $j = 1, \ldots, K$ und dass $\left(D^\top h\right)_k > 0$ für wenigstens ein k. Für $x \in \mathbb{R}^n$ schreiben wir allgemein $x > 0$, falls $x_i \geq 0$ für alle $i = 1, \ldots, n$ und $x_k > 0$ für wenigstens ein k. Wir schreiben $x \gg 0$, falls x strikt positiv ist, d.h., falls $x_i > 0$ für alle $i = 1, \ldots, n$.

Der Betrag $V_1(h)$ stellt den zustandsabhängigen Wert des Portfolios zum Zeitpunkt 1 dar. Gilt $V_1(h)(\omega_j) = h \cdot S_1(\omega_j) = \left(D^\top h\right)_j > 0$, so bezeichnet dies den Gewinn, der beim Verkauf des Portfolios erzielt wird, falls zum Zeitpunkt 1 der Zustand ω_j realisiert wird. Gilt $V_1(h)(\omega_j) < 0$, so bedeutet dies eine Zahlungsverpflichtung für den Besitzer des Portfolios im Zustand ω_j.

In (1.20) kostet das Portfolio also anfangs nichts oder es bringt sogar etwas ein, $V_0(h) \leq 0$. Zum Zeitpunkt 1 bestehen dagegen in keinem Zustand Zahlungsverpflichtungen, aber es gibt die Chance auf einen positiven Gewinn, $V_1(h) > 0$. In (1.21) wird sofort ein Gewinn realisiert, $V_0(h) < 0$, und später bestehen keinerlei Zahlungsverpflichtungen, eventuell kann sogar ein Gewinn realisiert werden, $V_1(h) \geq 0$.

Wir haben gesehen, dass in einem Marktmodell Arbitragegelegenheiten existieren, wenn das Law of One Price nicht gilt. Dies formulieren wir wie folgt:

Satz 1.32. *In einem arbitragefreien Marktmodell* (b, D) *gilt das „Law of One Price". Der Preis jeder replizierbaren Auszahlung* $c = D^\top h$ *ist also eindeutig bestimmt durch* $h \cdot b$ *und es gilt*

$$b \perp \ker D^\top$$

oder äquivalent

$$b \in \operatorname{Im} D.$$

□

Gilt umgekehrt das *„Law of One Price"*, so kann daraus nicht geschlossen werden, dass das Marktmodell (b, D) arbitragefrei ist, wie das folgende Beispiel zeigt.

Beispiel 1.33. Betrachten Sie das Marktmodell

$$(b, D) = \left(\begin{pmatrix} 0.99 \\ 7.0 \\ 2.1 \end{pmatrix}, \begin{pmatrix} 1.1 & 1.1 \\ 10 & 9 \\ 9 & 6 \end{pmatrix} \right).$$

Für $D^\top = \begin{pmatrix} 1.1 & 10 & 9 \\ 1.1 & 9 & 6 \end{pmatrix} : \mathbb{R}^3 \to \mathbb{R}^2$ gilt *Rang* $D^\top = 2$, das Modell ist also vollständig. Ferner gilt $\dim \ker D^\top = 1$ und $f := \begin{pmatrix} 19.091 \\ -3.0 \\ 1 \end{pmatrix}$ löst das Gleichungssystem $D^\top f = 0$. Damit ist $\ker D^\top = \{\lambda f | \lambda \in \mathbb{R}\}$. Wegen

$$f \cdot b = 0$$

gilt $\ker D^\top \perp b$. Mit Satz 1.25 folgt daraus, dass in (b, D) das *„Law of One Price"* gilt. Dennoch ist sofort zu sehen, dass das Marktmodell nicht arbitragefrei ist, denn eine Verschuldung im ersten Finanzinstrument und eine Investition in das dritte führt in jedem Szenario zu einem positiven Gewinn. △

Lemma 1.34. *In einem arbitragefreien Marktmodell* (b, D) *beinhaltet jede zum Zeitpunkt* 0 *getätigte kostenlose Investition in ein Portfolio* h *mit* $D^\top h \neq 0$ *ein Verlustrisiko.*

Beweis. Sei h eine kostenlose Investition mit $D^\top h \neq 0$. Dann gilt $D^\top h \not> 0$, denn sonst wäre h eine Arbitragegelegenheit. Wegen $D^\top h \neq 0$ muss daher wenigstens eine Komponente von $D^\top h$ negativ sein, und dies kennzeichnet einen Verlust. □

Dass im vorangegangenen Lemma eine zum Zeitpunkt 0 *kostenlose* Investition h betrachtet wurde, ist wesentlich. Denn das risikolose Erzielen von Gewinnen ist mit einem positiven Kapitaleinsatz bei jeder festverzinslichen Geldanlage mit positivem Zinssatz möglich. Bei der Anlage eines Kapitalbetrags K, der sich bis zum Zeitpunkt t mit einem Zinssatz $r > 0$ verzinst, beträgt das Endkapital $K(1 + r)$. Also wurde hier der Gewinn rK erzielt, der unabhängig vom Zustand ist, der zum Zeitpunkt t eintritt. Ist ein Marktmodell arbitragefrei und ist h ein replizierendes Portfolio für das Auszahlungsprofil c, so ist der Wert $h \cdot b$ mit $c = D^\top h$ nach Satz 1.32 eindeutig durch c bestimmt.

Sei (b, D) ein arbitragefreies Marktmodell. Den Wert $h \cdot b$ als Preis für das Auszahlungsprofil c zu interpretieren, wobei $c = D^\top h$ ein replizierendes Portfolio ist, ist nicht nur naheliegend, sondern zwingend. Jeder von $h \cdot b$ abweichende Preis ermöglicht eine Arbitragestrategie, wie der folgende Satz zeigt.

Satz 1.35. *Sei* $c = D^\top h$ *ein replizierbares Auszahlungsprofil in einem arbitragefreien Marktmodell* (b, D)*. Dann ist* $h \cdot b$ *der einzig mögliche arbitragefreie Preis für* c*.*

Beweis. Wird etwa das Auszahlungsprofil c für einen Preis $s < h \cdot b$ angeboten, so kaufe c zum Preis von s und verkaufe das Portfolio h zum Preis von $h \cdot b$. Auf diese Weise wird zum Zeitpunkt 0 der Gewinn $h \cdot b - s > 0$ realisiert. Zum Zeitpunkt 1 münden die getätigten Transaktionen in das Auszahlungsprofil $D^\top h - c = 0$. Also bestehen zum Zeitpunkt 1 keine Zahlungsverpflichtungen, aber zum Zeitpunkt 0 wurde ein positiver Gewinn realisiert. Im Falle $s > h \cdot b$ kaufe das Portfolio h und verkaufe das Auszahlungsprofil zum Preis s. □

Für die Bewertung von Auszahlungsprofilen wird die Arbitragefreiheit des zugrundeliegenden Marktmodells in der Praxis üblicherweise vorausgesetzt. Denn Händler und Computerprogramme suchen weltweit nach derartigen Profitmöglichkeiten und nutzen sie aus. Dies hat aber eine Verschiebung der Preise, und damit eine Änderung des Modells, zur Folge, bis die Arbitragegelegenheiten wieder verschwunden ist.

Äquivalent zu Definition 1.31 kann eine Arbitragegelegenheit auch als ein Portfolio $h \in \mathbb{R}^N$ definiert werden, für das gilt

$$(-h \cdot b,\ D^\top h) > 0. \tag{1.22}$$

Dabei werden das Negative des Anfangswertes $h \cdot b$ des Portfolios h und die zustandsabhängige Auszahlung $D^\top h$ des Portfolios zu einem Vektor $(-h \cdot b,\, D^\top h) \in \mathbb{R} \times \mathbb{R}^K \cong \mathbb{R}^{K+1}$ zusammengefasst.

Definition 1.36. *Die lineare Abbildung*

$$L : \mathbb{R}^N \to \mathbb{R} \times \mathbb{R}^K \cong \mathbb{R}^{K+1},$$

gegeben durch

$$\begin{aligned} L(h) &:= (-h \cdot b,\, D^\top h) \\ &= (-h \cdot S_0, h \cdot S_1)\,, \end{aligned}$$

wird ***Entnahmeprozess*** *genannt. Dabei kennzeichnet*

$$L_0\,(h) := -h \cdot b = -h \cdot S_0 = -V_0\,(h) \tag{1.23}$$

die zum Erwerb des Portfolios h erforderliche Abbuchung des Betrags $h \cdot S_0$ vom Konto des Portfolioinhabers zum Zeitpunkt 0, und

$$L_1\,(h) := D^\top h = h \cdot S_1 = V_1\,(h) \tag{1.24}$$

ist der Wert des Portfolios bei $t = 1$. Dieser Betrag kann dem Portfolio durch Auflösung zum Zeitpunkt 1 entnommen werden.

Ein Portfolio h ist also genau dann eine Arbitragegelegenheit, wenn h niemals Kapital zugeführt werden muss und wenn dem Portfolio zum Zeitpunkt 0 oder zum Zeitpunkt 1 Kapital entnommen werden kann.

Satz 1.37. *Sei (b, D) ein Marktmodell. Angenommen, es gibt ein Portfolio θ mit $\theta \cdot b > 0$ und $D^\top \theta > 0$. Dann existieren genau dann Arbitragegelegenheiten, wenn es ein Portfolio h gibt mit $h \cdot b = 0$ und $D^\top h > 0$.*

Beweis. Jedes Portfolio h mit $h \cdot b = 0$ und $D^\top h > 0$ ist offenbar eine Arbitragegelegenheit. Sei h umgekehrt eine Arbitragegelegenheit. Dann gilt $(-h \cdot b,\, D^\top h) > 0$. Nach Voraussetzung besitzt das Portfolio θ in unserem Marktmodell die Eigenschaften $\theta \cdot b > 0$ und $D^\top \theta > 0$. Wir wählen nun $\lambda \geq 0$ so, dass $(h + \lambda\theta) \cdot b = 0$ gilt. Wegen $h \cdot b \leq 0$ folgt daraus $\lambda = -\frac{h \cdot b}{\theta \cdot b} \geq 0$.

Nun ist $\lambda = 0$ genau dann, wenn $h \cdot b = 0$. Dann aber folgt $D^\top h > 0$, da h nach Voraussetzung eine Arbitragegelegenheit ist.

Gilt dagegen $\lambda > 0$, so folgt $h \cdot b < 0$, also $D^\top h \geq 0$, und wir betrachten

$$D^\top\,(h + \lambda\theta) = D^\top h + \lambda D^\top \theta.$$

Wegen $D^\top h \geq 0$ und $\lambda D^\top \theta > 0$ folgt $D^\top\,(h + \lambda\theta) > 0$. In jedem Fall gilt daher

$$D^\top\,(h + \lambda\theta) > 0.$$

Ist also (b, D) nicht arbitragefrei, so gibt es insbesondere Arbitragegelegenheiten h mit $h \cdot b = 0$ und $D^\top h > 0$. □

Folgerung 1.38. *Sei (b, D) ein Marktmodell. Angenommen, es gibt ein Finanzinstrument S^i mit $S_0^i > 0$ und $S_1^i > 0$. Das Marktmodell beinhaltet genau dann Arbitragegelegenheiten, wenn es ein Portfolio h gibt, mit $h \cdot b = 0$ und $D^\top h > 0$.*

Beweis. Das Portfolio $e_i = (0, \ldots, 0, 1, 0, \ldots, 0)^\top$ besitzt in unserem Marktmodell nach Voraussetzung die Eigenschaften $e_i \cdot b = b_i = S_0^i > 0$ und $D^\top e_i = e_i \cdot S_1 = S_1^i > 0$. Damit folgt die Behauptung aus Satz 1.37. □

Die Voraussetzungen von Folgerung 1.38 sind beispielsweise dann erfüllt, wenn das betrachtete Marktmodell eine festverzinsliche Kapitalanlage S^i mit $S_0^i > 0$ und Zinssatz $r > -1$ enthält, denn in diesem Fall gilt $S_1^i = S_0^i(1 + r) > 0$.

Folgerung 1.39. *Sei (b, D) ein Marktmodell. Angenommen, es gibt ein Portfolio θ mit $\theta \cdot b > 0$ und $D^\top \theta > 0$. Dann ist (b, D) genau dann arbitragefrei, wenn jedes zum Zeitpunkt 0 kostenfreie Portfolio h mit $D^\top h \neq 0$ das Risiko eines Verlustes birgt, wenn also gilt*

$$\left(D^\top h\right)_j < 0 \text{ für wenigstens ein } j.$$

Beweis. Sei (b, D) ein arbitragefreies Marktmodell. Aus Lemma 1.34 folgt, dass jedes zum Zeitpunkt 0 kostenfreie Portfolio h mit $D^\top h \neq 0$ in wenigstens einem Zustand einen negativen Wert besitzt.

Angenommen, es gilt für jedes Portfolio h mit $h \cdot b = 0$ und $D^\top h \neq 0$ die Eigenschaft $\left(D^\top h\right)_j < 0$ für wenigstens ein j. Dann gibt es kein Portfolio h mit $h \cdot b = 0$ und $D^\top h > 0$. Nach Satz 1.37 folgt daraus die Arbitragefreiheit des Marktmodells. □

1.6.1 Der Fundamentalsatz der Preistheorie

Nach Satz 1.32 gilt in einem arbitragefreien Marktmodell (b, D) das Gesetz des eindeutig bestimmten Preises - das *Law of One Price*. In diesem Fall gibt es ein $\psi \in \mathbb{R}^K$ mit $D\psi = b$, und der Preis $c_0 = h \cdot b$ eines beliebigen replizierbaren Auszahlungsprofils $c = D^\top h$ ist eindeutig bestimmt und kann ohne Kenntnis des replizierenden Portfolios h durch $c_0 = \langle \psi, c \rangle$ berechnet werden.

In diesem Abschnitt wird gezeigt, dass ein Marktmodell (b, D) genau dann arbitragefrei ist, wenn es eine Lösung $\psi \in \mathbb{R}^K$ von $D\psi = b$ gibt mit $\psi \gg 0$.

Definition 1.40. *Eine Lösung $\psi \in \mathbb{R}^K$ von $D\psi = b$ mit $\psi \gg 0$ heißt* ***Zustandsvektor****.*

Satz 1.41. *Gibt es in einem Marktmodell (b, D) einen Zustandsvektor, so folgt daraus die Arbitragefreiheit des Modells.*

Beweis. Aus $D\psi = b$ folgt $h \cdot b = h \cdot D\psi = \langle D^\top h, \psi \rangle$. Ist nun $D^\top h > 0$, so folgt $h \cdot b > 0$ wegen $\psi \gg 0$. Ist dagegen $D^\top h \geq 0$, so folgt entsprechend $h \cdot b \geq 0$. Damit ist h aber keine Arbitragegelegenheit. Da h beliebig war, folgt die Behauptung. □

Beispiel 1.42. Wir betrachten das Marktmodell

$$(b, D) = \left(\begin{pmatrix} 1 \\ 10 \end{pmatrix}, \begin{pmatrix} 1.02 & 1.02 \\ 12 & 9 \end{pmatrix} \right)$$

des Beispiels 1.1 und untersuchen das Gleichungssystem $D\psi = b$, also

$$\begin{pmatrix} 1.02 & 1.02 \\ 12 & 9 \end{pmatrix} \begin{pmatrix} \psi_1 \\ \psi_2 \end{pmatrix} = \begin{pmatrix} 1 \\ 10 \end{pmatrix}.$$

Es besitzt die eindeutig bestimmte Lösung

$$\psi = \begin{pmatrix} 0.392 \\ 0.588 \end{pmatrix}.$$

Da $\psi \gg 0$, ist das Marktmodell (b, D) arbitragefrei. △

Satz 1.43. *Sei (b, D) ein arbitragefreies und vollständiges Marktmodell. Dann gibt es in (b, D) einen Zustandsvektor.*

Beweis. Sei $\psi \in \mathbb{R}^K$ mit $D\psi = b$ und sei $e_i \in \mathbb{R}^K$ der i-te Standardbasisvektor. Aufgrund der Vollständigkeit des Marktmodells gibt es ein $h_i \in \mathbb{R}^N$ mit $e_i = D^\top h_i$. Damit gilt

$$\psi_i = \langle \psi, e_i \rangle = h_i \cdot b.$$

Wäre $\psi_i = h_i \cdot b \leq 0$, so wäre h_i wegen $D^\top h_i = e_i > 0$ eine Arbitragegelegenheit. Da das Marktmodell (b, D) aber nach Voraussetzung arbitragefrei ist, folgt $\psi_i > 0$ für alle $i = 1, \ldots, K$. □

Im folgenden wird gezeigt, wie aus der Arbitragefreiheit eines Marktmodells ganz allgemein, also ohne die Voraussetzung der Vollständigkeit, die Existenz eines Zustandsvektors abgeleitet werden kann. Dazu werden zunächst zwei *Trennungssätze* bewiesen.

Satz 1.44 (Erster Trennungssatz). *Sei $C \subset \mathbb{R}^n$ eine abgeschlossene, konvexe Menge, die den Ursprung nicht enthält. Dann gibt es ein $x_0 \in \mathbb{R}^n$ und ein $\alpha > 0$, so dass*

$$\langle x_0, x \rangle \geq \alpha \text{ für alle } x \in C.$$

Insbesondere schneidet C nicht die Hyperebene $\langle x_0, x \rangle = 0$.

Beweis. Sei $\lambda > 0$ so gewählt, dass $A := C \cap \overline{B_\lambda(0)} \neq \emptyset$, wobei $\overline{B_\lambda(0)} = \{x \in \mathbb{R}^n \mid \|x\| \leq \lambda\}$ die abgeschlossene Kugel um 0 vom Radius λ ist. Sei $x_0 \in C$ der Punkt, an dem die stetige Abbildung $x \longmapsto \|x\|$ auf der kompakten Menge A ihr Minimum annimmt. Dann folgt sofort

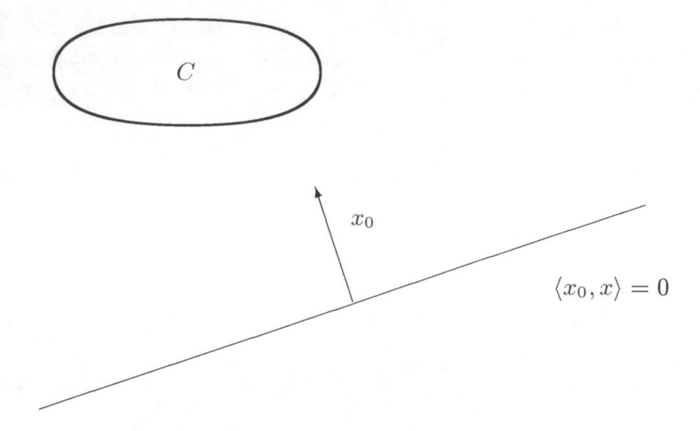

Abb. 1.5. Erster Trennungssatz

$$\|x\| \geq \|x_0\| \quad \text{für alle } x \in C.$$

Für beliebiges $x \in C$ gilt für alle $t \in [0,1]$

$$x_0 + t\,(x - x_0) \in C,$$

da C konvex ist. Definieren wir $f : \mathbb{R} \to \mathbb{R}$ durch

$$f\,(t) := \|x_0 + t\,(x - x_0)\|^2 = \|x_0\|^2 + 2t\,\langle x_0, x - x_0\rangle + t^2\,\|(x - x_0)\|^2,$$

so ist f differenzierbar und es gilt $\|x_0\|^2 = f\,(0) \leq f\,(t)$ für alle $t \in [0,1]$. Daher ist $f'\,(0) = \lim_{t \downarrow 0} \frac{f(t)-f(0)}{t} \geq 0$. Wegen $f'\,(0) = 2\langle x_0, x - x_0\rangle = 2\left(\langle x_0, x\rangle - \|x_0\|^2\right)$ folgt $\langle x_0, x\rangle \geq \|x_0\|^2 > 0$ für jedes $x \in C$. Mit $\alpha := \|x_0\|^2$ folgt die Behauptung. □

Aufgabe 1.2. Machen Sie sich klar, dass die Schnittmenge $C \cap \overline{B_\lambda(0)}$ im Beweis von Satz 1.44 gebildet wurde, um die Tatsache zu verwenden, dass stetige Funktionen auf kompakten Mengen ein Minimum annehmen.

Wegen $0 < \langle x_0, x\rangle = \|x_0\|\,\|x\| \cos \measuredangle\,(x_0, x)$ besitzen alle $x \in C$ in Satz 1.44 einen spitzen Winkel mit x_0. Dies bedeutet, dass C in einer Hälfte des durch die Hyperebene $x_0^\perp := \{x \in \mathbb{R}^n \,|\langle x_0, x\rangle = 0\}$ getrennten Raumes liegt.

Satz 1.45 (Zweiter Trennungssatz). *Sei K eine kompakte und konvexe Teilmenge des $\mathbb{R}^n$ und sei V ein Untervektorraum des $\mathbb{R}^n$. Wenn V und K disjunkt sind, so gibt es ein $x_0 \in \mathbb{R}^n$ mit folgenden Eigenschaften:*

1. $\langle x_0, x\rangle > 0$ für alle $x \in K$.

2. $\langle x_0, x\rangle = 0$ für alle $x \in V$.

Daher ist der Unterraum V in einer Hyperebene enthalten, die K nicht schneidet.

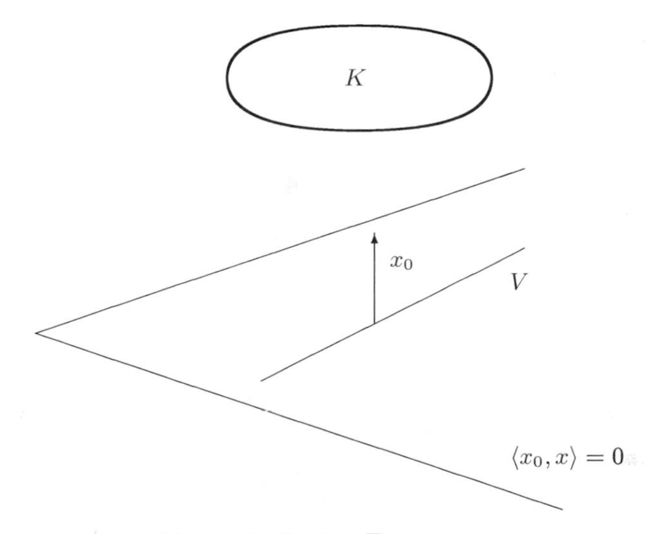

Abb. 1.6. Zweiter Trennungssatz

Beweis. Die Menge

$$C = K - V = \{x \in \mathbb{R}^n \,|\exists (k,v) \in K \times V,\, x = k - v\}$$

ist konvex, da V als Untervektorraum und K nach Voraussetzung konvex sind. Ferner ist C abgeschlossen, da V abgeschlossen und da K kompakt ist. Weiter enthält C nicht den Ursprung, da K und V disjunkt sind. Auf Grund des letzten Satzes existieren ein $x_0 \in \mathbb{R}^n$ und ein $\alpha > 0$ mit

$$\langle x_0, x\rangle > \alpha \text{ für alle } x \in C.$$

Daher gilt für alle $k \in K$ und für alle $v \in V$

$$\langle x_0, k\rangle - \langle x_0, v\rangle \geq \alpha.$$

Für festes $k \in K$ gilt daher für jedes $v \in V$ und für alle $\lambda \in \mathbb{R}$ die Ungleichung

$$\lambda\langle x_0, v\rangle \leq \langle x_0, k\rangle - \alpha.$$

Dies ist aber nur möglich, wenn $\langle x_0, v\rangle = 0$. Wir erhalten also

$$\langle x_0, v\rangle = 0 \text{ für alle } v \in V.$$

Daraus folgt dann

$$\langle x_0, k\rangle \geq \alpha > 0 \text{ für alle } k \in K.$$

□

Die folgenden Aufgaben beziehen sich auf den vorangegangenen Satz und seinen Beweis.

Aufgabe 1.3. Weisen Sie die Konvexität von C nach.

Aufgabe 1.4. Zeigen Sie, dass Untervektorräume des $\mathbb{R}^n$ abgeschlossen sind.

Aufgabe 1.5. Zeigen Sie, dass C abgeschlossen ist.

Satz 1.46 (Fundamentalsatz der Preistheorie). *In einem Marktmodell* (b, D) *sind folgende Aussagen äquivalent:*

1. (b, D) *ist arbitragefrei.*
2. *Es gibt ein* $\phi \in \mathbb{R}^{K+1}$, $\phi \gg 0$, *mit*
$$\langle \phi, L(h) \rangle = 0$$
für alle $h \in \mathbb{R}^N$.
3. *Es gibt einen Zustandsvektor* $\psi \in \mathbb{R}^K$, $\psi \gg 0$, *mit*
$$D\psi = b.$$

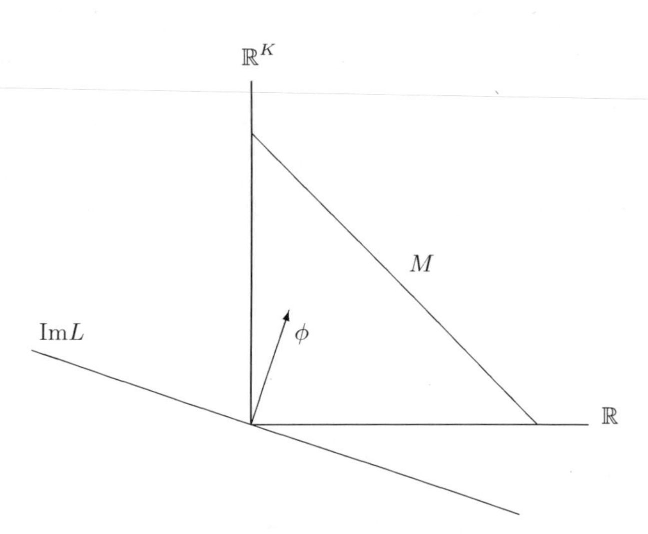

Abb. 1.7. Der Fundamentalsatz der Preistheorie

Beweis. 1. $\Longrightarrow$ 2. Sei (b, D) ein arbitragefreies Marktmodell. Dann gibt es nach (1.22) *kein* $h \in \mathbb{R}^N$ mit

$$L(h) = (-h \cdot b, D^\top h) > 0.$$

Ferner ist $L : \mathbb{R}^N \to \mathbb{R}^{K+1}$ linear, so dass $\operatorname{Im} L$ ein Untervektorraum des $\mathbb{R}^{K+1}$ ist, der den positiven Quadranten $\{x \in \mathbb{R}^{K+1} \mid x > 0\}$ nicht schneidet. Insbesondere schneidet $\operatorname{Im} L$ nicht die kompakte und konvexe Menge $M = \{x \in \mathbb{R}^{K+1} \mid x > 0,\, x_0 + \cdots + x_K = 1\}$, siehe Abb. 1.7. Also folgt aus Satz 1.45 die Existenz eines $\phi \in \mathbb{R}^{K+1}$ mit $\langle \phi, x \rangle = 0$ für alle $x \in \operatorname{Im} L$ und $\langle \phi, x \rangle > 0$ für alle $x \in M$.

Aus $\langle x, \phi \rangle > 0$ für alle $x \in M$ folgt $\phi \gg 0$, wie für $j = 0, \ldots, K$ die Wahl $x = e_j$ zeigt, wobei e_j den j-ten Standardbasisvektor bezeichnet.

2. $\Longrightarrow$ 3. Sei $\phi \in \mathbb{R}^{K+1}$, $\phi \gg 0$, mit $\langle \phi, L(h) \rangle = 0$. Wir schreiben $\phi = (\phi_0, \phi_1)$ mit $\phi_0 \in \mathbb{R}$ und $\phi_1 \in \mathbb{R}^K$. Wegen $\phi \gg 0$ folgt $\phi_0 > 0$ und $\phi_1 \gg 0$. Damit erhalten wir

$$\begin{aligned} 0 &= \langle \phi, L(h) \rangle \\ &= \left\langle (\phi_0, \phi_1), (-h \cdot b, D^\top h) \right\rangle \\ &= -\phi_0 (h \cdot b) + \left\langle \phi_1, D^\top h \right\rangle, \end{aligned}$$

also

$$h \cdot b = \left\langle \frac{\phi_1}{\phi_0}, D^\top h \right\rangle.$$

Mit der Definition $\psi := \frac{\phi_1}{\phi_0}$ gilt $\psi \in \mathbb{R}^K$, $\psi \gg 0$ und

$$h \cdot b = D\psi \cdot h$$

für alle $h \in \mathbb{R}^N$. Daraus folgt aber $b = D\psi$.

3. $\Longrightarrow$ 1. Dies ist gerade die Aussage von Satz 1.41. □

Aufgabe 1.6. Begründen Sie im Detail, warum die Menge

$$M = \{x \in \mathbb{R}^{K+1} \mid x > 0,\, x_0 + \cdots + x_K = 1\}$$

aus dem vorangehenden Beweis kompakt und konvex ist.

Definition 1.47. *Ein Tupel $\phi = (\phi_0, \phi_1) \in \mathbb{R} \times \mathbb{R}^K$, $\phi \gg 0$, mit $\langle \phi, L(h) \rangle = 0$ für alle $h \in \mathbb{R}^N$ wird* ***Zustandsprozess*** *genannt.*

Anmerkung 1.48. Ein Zustandsprozess ϕ ist niemals eindeutig bestimmt. Jedes positive Vielfache $\lambda\phi$, $\lambda > 0$, definiert ebenfalls einen Zustandsprozess. Jedoch gilt

$$\frac{1}{\lambda\phi_0}(\lambda\phi_1, \ldots, \lambda\phi_K)^\top = \frac{1}{\phi_0}(\phi_1, \ldots, \phi_K)^\top$$

für jedes $\lambda \in \mathbb{R} \setminus \{0\}$.

Satz 1.49. *Sei (b, D) ein arbitragefreies Marktmodell. Ist $\phi = (\phi_0, \phi_1) \in \mathbb{R} \times \mathbb{R}^K$ ein Zustandsprozess, so definiert*

$$\psi := \frac{\phi_1}{\phi_0} \in \mathbb{R}^K$$

einen Zustandsvektor. Ist umgekehrt $\psi \in \mathbb{R}^K$ ein Zustandsvektor, so definiert

$$\phi := (1, \psi) \in \mathbb{R} \times \mathbb{R}^K$$

einen Zustandsprozess.

Beweis. Ist $\phi = (\phi_0, \phi_1)$ ein Zustandsprozess, so folgt aus dem Beweisteil 2. $\Longrightarrow$ 3. des Satzes 1.46, dass $\psi := \frac{\phi_1}{\phi_0}$ ein Zustandsvektor ist.

Ist umgekehrt $\psi \in \mathbb{R}^K$, $\psi \gg 0$, ein Zustandsvektor, so folgt aus $b = D\psi$ der Zusammenhang

$$\begin{aligned} 0 &= -h \cdot b + \langle \psi, D^\top h \rangle \\ &= \langle (1, \psi), (-h \cdot b, D^\top h) \rangle \\ &= \langle \phi, L(h) \rangle \end{aligned}$$

mit $\phi := (1, \psi) \in \mathbb{R} \times \mathbb{R}^K$. Wegen $\phi \gg 0$ ist ϕ ein Zustandsprozess. □

Ist (b, D) ein arbitragefreies Marktmodell und ist ψ ein Zustandsvektor, so gilt das *Law of One Price*, und nach (1.13) lässt sich der Preis c_0 jedes replizierbaren Auszahlungsprofils c ohne Kenntnis eines replizierenden Portfolios durch die verallgemeinerte Diskontierung $c_0 = \langle \psi, c \rangle$ berechnen.

Der Fundamentalsatz 1.46 besagt, dass ein Marktmodell genau dann arbitragefrei ist, wenn eine strikt positive Lösung ψ von $D\psi = b$ existiert. Er sagt *nicht*, dass in arbitragefreien Märkten *jede* Lösung von $D\psi = b$ strikt positiv ist. Wenn $\ker D \neq \{0\}$, so gibt es ein $f \in \ker D$ mit $f \neq 0$. Ist ψ ein Zustandsvektor, so kann durch geeignete Wahl von $\lambda \in \mathbb{R}$ stets erreicht werden, dass $\psi' := \psi + \lambda f \not\gg 0$ gilt. Aber es gilt natürlich $D\psi' = b$.

Definition 1.50. *Eine lineare Abbildung*

$$\Lambda : \mathbb{R}^n \to \mathbb{R}$$

*wird **Linearform** genannt. Λ wird als **positiv** bezeichnet, wenn gilt*

$$\Lambda(c) > 0$$

für $c > 0$.

Lemma 1.51. *Sei (b, D) ein arbitragefreies Marktmodell, und sei ψ ein Zustandsvektor. Die Zuordnung*

$$c \to \langle \psi, c \rangle, \ c \in \mathbb{R}^N,$$

definiert eine positive Linearform. Angenommen, für zwei zustandsabhängige Auszahlungen $c, c' \in \mathbb{R}^K$ gilt $c > c'$ im Sinne von $c - c' > 0$. Dann ist

$$\langle \psi, c \rangle > \langle \psi, c' \rangle .$$

Ist also eine replizierbare Auszahlung c zum Zeitpunkt 1 in jedem Zustand mindestens so viel wert wie eine replizierbare Auszahlung c' und sei weiter angenommen, dass $c_k > c'_k$ für wenigstens einen Zustand k, so ist der Preis von c zum Zeitpunkt 0 höher als der von c'.

Beweis. Dies folgt sofort aus $\psi \gg 0$. □

1.6.2 Der Nachweis der Arbitragefreiheit

Der Fundamentalsatz bietet einen Ansatz, um ein beliebiges Marktmodell (b, D) auf Arbitragefreiheit zu überprüfen. Es ist dazu das Gleichungssystem

$$D\psi = b, \ \psi \gg 0, \tag{1.25}$$

auf Lösbarkeit mit einem strikt positiven Vektor $\psi \in \mathbb{R}^K$ zu untersuchen. Existiert ein solcher Vektor, so ist das Marktmodell arbitragefrei. Besitzt das Gleichungssystem (1.25) dagegen keine Lösung oder nur Lösungen, bei denen die Bedingung $\psi \gg 0$ nicht zutrifft, so existieren Arbitragegelegenheiten.

Wenn $D : \mathbb{R}^K \to \mathbb{R}^N$ injektiv ist, dann existiert höchstens eine Lösung des Gleichungssystems (1.25), und das Marktmodell (b, D) kann in diesem Fall etwa mit Hilfe des Gauß-Algorithmus auf Arbitragefreiheit untersucht werden. Ist D dagegen nicht injektiv, so besitzt (1.25) entweder keine Lösung oder aber die unendlich vielen Lösungen

$$\psi + f, \ f \in \ker D,$$

wobei ψ eine beliebige spezielle Lösung von $b = D\psi$ ist. Wenn keine Lösung existiert, dann kann dies wieder mit Hilfe des Gauß-Algorithmus nachgewiesen werden. Existieren aber unendlich viele Lösungen, so ist eine beliebige spezielle Lösung ψ nicht notwendigerweise strikt positiv. Im allgemeinen ist nun aber die Beantwortung der Frage, ob es ein $f \in \ker D$ gibt mit $\psi + f \gg 0$ schwierig.

Zur Lösung von (1.25) kann die Aufgabenstellung in diesem Fall jedoch als *Lineares Optimierungsproblem* umformuliert werden. Dazu setzen wir $\theta := 0 \in \mathbb{R}^K$ und betrachten die Optimierungsaufgabe

$$\max \langle \theta, \psi \rangle \tag{1.26}$$

unter den Nebenbedingungen

$$\begin{aligned} D\psi &= b \\ \psi &\gg 0. \end{aligned}$$

Die Zielfunktion $\max\langle\theta,\psi\rangle$ besitzt für jedes ψ stets den Wert 0. Entscheidend ist daher nicht die Optimierung der Zielfunktion, sondern die Erfüllung der Nebenbedingungen. Der Standard-Simplex-Algorithmus löst das Lineare Optimierungsproblem genau dann, wenn das Gleichungssystem (1.25) strikt positive Lösungen besitzt.

1.6.3 Replizierbarkeit und Vollständigkeit

Die beiden folgenden Ergebnisse übertragen die Aussagen der Sätze 1.28 und 1.29 auf arbitragefreie Marktmodelle.

Satz 1.52. *Sei (b, D) ein arbitragefreies Marktmodell und sei $c \in \mathbb{R}^K$ ein Auszahlungsprofil. Dann sind folgende Aussagen äquivalent:*

1. *c ist replizierbar.*
2. *$c \in \operatorname{Im} D^\top$.*
3. *$c \perp \ker D$.*
4. *Für jeden Zustandsvektor ψ besitzt $\langle\psi, c\rangle$ denselben Wert.*

Beweis. Die Äquivalenzen 1. $\Longleftrightarrow$ 2. $\Longleftrightarrow$ 3. stimmen mit denen aus Satz 1.28 überein.

3. $\Longrightarrow$ 4. Zum Beweis der zweiten Behauptung sei ψ ein Zustandsvektor, also eine strikt positive Lösung von $D\psi = b$. Diese existiert nach dem Fundamentalsatz 1.46. Ist ψ' ein weiterer Zustandsvektor, so folgt $\psi' = \psi + f$ für ein $f \in \ker D$. Nach Voraussetzung ist $\ker D \perp c$. Daher gilt $\langle\psi', c\rangle = \langle\psi, c\rangle$, und $\langle\psi, c\rangle$ ist unabhängig von der Auswahl des Zustandsvektors.

4. $\Longrightarrow$ 3. Sei umgekehrt angenommen, dass $\langle\psi, c\rangle$ für jeden Zustandsvektor denselben Wert besitzt, und sei $f \in \ker D$ beliebig. Für $\psi_0 := \min\{\psi_i \,|\, i = 1, \ldots, K\}$ gilt $\psi_0 > 0$. Mit

$$\lambda := \frac{\psi_0}{1 + |f_1| + \cdots + |f_K|}$$

folgt $\lambda > 0$, und wir erhalten für alle $j = 1, \ldots, K$ die Abschätzung

$$\psi_j + \lambda f_j \geq \psi_0 \frac{1 + |f_1| + \cdots + (|f_j| + f_j) + \cdots + |f_K|}{1 + |f_1| + \cdots + |f_K|} > 0,$$

so dass $\psi + \lambda f \gg 0$. Damit ist aber $\psi + \lambda f$ ein Zustandsvektor. Nach Voraussetzung gilt nun $\langle\psi, c\rangle = \langle\psi + \lambda f, c\rangle$, woraus $\langle f, c\rangle = 0$ folgt. Da f beliebig war, erhalten wir $\ker D \perp c$. □

Satz 1.53. *In einem arbitragefreien Marktmodell (b, D) sind folgende Aussagen äquivalent:*

1. *Das Marktmodell (b, D) ist vollständig.*
2. *$\operatorname{Im} D^\top = \mathbb{R}^K$.*

3. $\ker D = \{0\}$.
4. Der Zustandsvektor ψ *ist eindeutig bestimmt.*

Beweis. Die Äquivalenzen 1. $\Longleftrightarrow$ 2. $\Longleftrightarrow$ 3. stimmen mit denen aus Satz 1.29 überein.

3. $\Longrightarrow$ 4. Da das Marktmodell arbitragefrei ist, existiert ein Zustandsvektor ψ, also eine strikt positive Lösung der Gleichung $D\psi = b$. Gilt $\ker D = \{0\}$, so ist diese Lösung, und damit der Zustandsvektor, eindeutig bestimmt.

4. $\Longrightarrow$ 3. Es sei ψ ein Zustandsvektor in (b, D). Angenommen, $\ker D \neq \{0\}$. Dann existiert ein $f \in \ker D$ mit $f \neq 0$, und der Beweis von Satz 1.52 zeigt, dass es ein $\lambda > 0$ gibt, so dass $\psi + \lambda f$ ebenfalls ein Zustandsvektor ist. Damit ist aber der Zustandsvektor nicht eindeutig bestimmt. □

Folgerung 1.54. *Sei* (b, D) *ein Marktmodell. Dann ist die Vollständigkeit des Modells äquivalent zu* $\operatorname{Im} D^\top = \mathbb{R}^K$. *Aus* $N = \dim\ker D^\top + \dim\operatorname{Im} D^\top$ *folgt damit die Beziehung* $N \geq K$. *Daher muss in einem vollständigen Marktmodell die Zahl der im Modell spezifizierten Finanzinstrumente stets größer oder gleich der Anzahl der Zustände sein.*

Folgerung 1.55. *Liegt in einem vollständigen, arbitragefreien Modell speziell die Situation* $K = N$ *vor, existieren also genau so viele Zustände, wie es Finanzinstrumente im Marktmodell gibt, so ist* $D^\top : \mathbb{R}^N \to \mathbb{R}^K$ *ein Isomorphismus.*

1.6.4 Interpretation von ψ und $d = \psi_1 + \cdots + \psi_K$

Für den Fall, dass es Portfolios θ_j mit der Eigenschaft $D^\top\theta_j = \theta_j \cdot S_1 = e_j$ gibt, gilt

$$\theta_j \cdot S_0 = \langle \psi, D^\top \theta_j \rangle = \langle \psi, e_j \rangle = \psi_j.$$

Daraus erklärt sich der alternative Name *Zustandspreisvektor* für ψ, denn ψ_j sind die Kosten für ein Portfolio, das im Zustand ω_j den Wert 1 auszahlt und in allen anderen Zuständen den Wert 0. ψ_j wird daher auch als *Zustandspreis* des j-ten Zustands bezeichnet.

Der Preis eines Portfolios h,

$$h \cdot S_0 = \langle \psi, h \cdot S_1 \rangle = \langle \psi, D^\top h \rangle = \sum_{j=1}^{K} \left(D^\top h\right)_j \psi_j, \tag{1.27}$$

kann weiter als Summe der Auszahlungen des Portfolios in den verschiedenen Zuständen $\left(D^\top h\right)_j$, gewichtet mit den Zustandspreisen ψ_j, interpretiert werden.

Insbesondere aber kann (1.27) als verallgemeinerte Diskontierung der zustandsabhängigen zukünftigen Auszahlung $h \cdot S_1$ auf den Zeitpunkt 0 interpretiert werden, wie in Folgerung 1.27 und der anschließenden Bemerkung bereits ausgeführt wurde. Insbesondere wurde dort dargestellt, dass sich die Komponentensumme eines Zustandsvektors als Diskontfaktor interpretieren lässt.

Lemma 1.56. *Sei $(S_0, S_1) \cong (b, D)$ ein arbitragefreies Marktmodell, und sei $\theta \in \mathbb{R}^N$ ein Portfolio mit der Eigenschaft*

$$D^\top \theta = \theta \cdot S_1 = \mathbf{1},$$

d.h. $\mathbf{1} := (1, \ldots, 1) \in \operatorname{Im} D^\top$. Wir definieren

$$d := \theta \cdot S_0.$$

Dann gilt

$$d = \psi_1 + \cdots + \psi_K.$$

Die Summe $\psi_1 + \cdots + \psi_K$ ist genau dann von der Auswahl eines Zustandsvektors ψ unabhängig, wenn $\mathbf{1} \in \operatorname{Im} D^\top$.

Beweis. Für das Portfolio θ gilt offenbar

$$d = \langle \psi, \mathbf{1} \rangle = \langle \psi, D^\top \theta \rangle = D\psi \cdot \theta = \theta \cdot S_0.$$

Seien ψ und ψ' Zustandsvektoren. Dann gilt

$$\sum_{j=1}^{K} \psi'_j = \langle \psi', \mathbf{1} \rangle = \langle \psi, \mathbf{1} \rangle = d$$

nach Satz 1.52 genau dann, wenn $\mathbf{1} \in \operatorname{Im} D^\top$. □

In Lemma 1.56 ist $d = \theta \cdot S_0$ der Preis des Portfolios θ zum Zeitpunkt 0. Es gilt $d > 0$, denn andernfalls wäre θ eine Arbitragegelegenheit. Die Eigenschaft $d > 0$ folgt auch aus $d = \psi_1 + \cdots + \psi_K$ und $\psi \gg 0$. Wir wissen bereits, dass d als Diskontfaktor interpretiert werden kann, da zum Zeitpunkt 0 gerade d investiert werden muss, um zum Zeitpunkt 1 in jedem Zustand die Auszahlung 1 zu erzielen. Das Portfolio θ ist festverzinslich mit Zinssatz

$$r = \frac{1}{d} - 1, \tag{1.28}$$

denn der Wert d von θ zum Zeitpunkt 0 hat zum Zeitpunkt 1 in jedem Zustand den Wert

$$d(1 + r) = 1.$$

Daraus folgt die vertraute Darstellung

$$d = \frac{1}{1 + r}$$

für den Diskontfaktor d. Der mit Hilfe von (1.28) definierte Zinssatz $r := \frac{1}{d} - 1$ wird auch **risikoloser Zinssatz** oder **risikolose Rendite** genannt. Die Bezeichnung *risikolos* bedeutet in diesem Zusammenhang, dass zum Zeitpunkt 0 keine Unsicherheiten über die Rendite zum Zeitpunkt 1 bestehen.

Folgerung 1.57. *Sei $(S_0, S_1) \cong (b, D)$ ein arbitragefreies und vollständiges Marktmodell. Dann existiert ein eindeutig bestimmter Zustandsvektor ψ, die konstante Auszahlung $(1, \ldots, 1)$ ist replizierbar und $d = \sum_{j=1}^{K} \psi_j$ ist daher der eindeutig bestimmte Diskontfaktor des Modells.*

Lemma 1.58. *Angenommen, eines der Finanzinstrumente, etwa S^1, ist selbst festverzinslich, d.h. es gibt ein $r > -1$ mit der Eigenschaft $S_0^1 = 1$ und $S_1^1(\omega_j) = 1 + r$ für alle $j = 1, \ldots, K$. Dann gilt*

$$d = \frac{1}{1+r}.$$

Beweis. Wird in Lemma 1.56 $\theta = (\frac{1}{1+r}, 0, \ldots, 0)$ gewählt, so gilt $D^\top \theta = \theta \cdot S_1 = \frac{1}{1+r}(S_1^1(\omega_1), \ldots, S_1^1(\omega_K)) = (1, \ldots, 1)$. Schließlich folgt $d = \theta \cdot S_0 = \frac{1}{1+r}$, und das Lemma ist bewiesen. □

1.6.5 Preise als diskontierte Erwartungswerte

Die Wahrscheinlichkeitstheorie spielt in der modernen Finanzmathematik eine überragende Rolle. Dennoch wurde in diesem Kapitel bislang kein Wahrscheinlichkeitsmaß verwendet. Insbesondere ist es für die hier vorgestellte Bewertungsstrategie unerheblich, mit welcher Wahrscheinlichkeit ein Zustand $\omega \in \Omega$ zum Zeitpunkt 1 eintritt.

Wir werden jedoch gleich sehen, dass sich die Preise beliebiger replizierbarer Auszahlungsprofile $c \in \mathbb{R}^K$ bis auf einen Faktor als Erwartungswerte formulieren lassen. Allerdings wird der Erwartungswert bezüglich eines aus dem Zustandsvektor konstruierten formalen Wahrscheinlichkeitsmaßes Q gebildet – und **nicht** mit Hilfe eines **subjektiven** Wahrscheinlichkeitsmaßes P, das das Eintreten der Szenarien $\omega \in \Omega$ bewertet.

Definition 1.59. *Sei Ω eine endliche Menge und sei $\mathcal{P}(\Omega)$ die Potenzmenge von Ω, also die Menge aller Teilmengen von Ω. Ein* ***endlicher Wahrscheinlichkeitsraum*** *ist ein Tupel (Ω, P), wobei*

$$P : \mathcal{P}(\Omega) \to [0, 1]$$

Wahrscheinlichkeitsmaß *genannt wird und folgende Eigenschaften erfüllt:*

$$P(\Omega) = 1,$$
$$P(A \cup B) = P(A) + P(B), \text{ falls } A \cap B = \varnothing.$$

Endliche Wahrscheinlichkeitsräume werden häufig auch einfach Wahrscheinlichkeitsräume genannt.

Aus der Definition folgt $P(\varnothing) = 0$, denn es gilt $\Omega \cup \varnothing = \Omega$ und $\Omega \cap \varnothing = \varnothing$, also $P(\Omega) = P(\Omega \cup \varnothing) = P(\Omega) + P(\varnothing)$.

Die angegebene Definition eines Wahrscheinlichkeitsmaßes lässt zu, dass es Zustände $\omega \in \Omega$ geben kann, mit $P(\omega) = 0$. Da dies bedeutet, dass ω unter keinen Umständen eintreten wird, werden Ereignisse mit Eintrittswahrscheinlichkeit Null in der Praxis in die Modellierung, also in die Menge Ω, garnicht erst aufgenommen. Wir werden bei endlichen Wahrscheinlichkeitsräumen daher stets voraussetzen, dass $P(\omega) > 0$ gilt für alle $\omega \in \Omega$.[5]

Sei $Q : \Omega \to \mathbb{R}$ eine Funktion mit $Q(\omega) > 0$ für alle $\omega \in \Omega$ und mit $\sum_{j=1}^{K} Q(\omega_j) = 1$. Dann induziert Q ein Wahrscheinlichkeitsmaß Q auf Ω durch die Definition $Q(A) := \sum_{\omega \in A} Q(\omega)$ für alle $A \subset \Omega$. Mit Hilfe eines Zustandsvektors ψ lässt sich auf diese Weise ein Wahrscheinlichkeitsmaß auf Ω wie folgt definieren.

Definition 1.60. *Setzen wir $d := \psi_1 + \cdots + \psi_K > 0$, so induziert*

$$Q(\omega_j) := \frac{\psi_j}{d}$$

*für $j = 1, \ldots, K$ ein Wahrscheinlichkeitsmaß Q auf Ω. Q wird **risikoloses Wahrscheinlichkeitsmaß** oder auch **Preismaß** genannt.*

Der Name *risikoloses Wahrscheinlichkeitsmaß* wird später begründet. Wie bereits angemerkt haben die Wahrscheinlichkeiten $Q(\omega_j)$ nichts mit den Wahrscheinlichkeiten zu tun, mit denen die Zustände ω_j im Ein-Perioden-Modell eintreten werden, sondern sie werden abstrakt aus den Komponenten eines Zustandsvektors ψ gewonnen. Wir erinnern daran, dass der Diskontfaktor $d = \psi_1 + \cdots + \psi_K$ nach Satz 1.52 genau dann unabhängig von der Auswahl eines Zustandsvektors ψ ist, wenn konstante Auszahlungen replizierbar sind.

Definition 1.61. *Sei (Ω, P) ein Wahrscheinlichkeitsraum. Eine Funktion $X : \Omega \to \mathbb{R}$ heißt **Zufallsvariable** auf (Ω, P).*

Häufig spricht man auch von einer Zufallsvariablen X auf Ω.

Definition 1.62. *Sei $X : \Omega \to \mathbb{R}$ eine beliebige Zufallsvariable auf einem Wahrscheinlichkeitsraum (Ω, P). Dann ist der **Erwartungswert** $\mathbf{E}^P[X]$ von X bezüglich P definiert durch*

$$\mathbf{E}^P[X] := \sum_{\omega \in \Omega} X(\omega) P(\omega).$$

Der Erwartungswert von X ist also die Summe der mit den Wahrscheinlichkeiten $P(\omega)$ gewichteten Ausprägungen $X(\omega)$ von X.

[5] Bei unendlichen Wahrscheinlichkeitsräumen kann dies anders sein. So ist beispielsweise das Lebesgue-Maß λ auf den Borelmengen des Intervalls $[0, 1]$ ein Wahrscheinlichkeitsmaß mit der Eigenschaft $\lambda(\omega) = 0$ für alle $\omega \in [0, 1]$, siehe Bauer [5].

Lemma 1.63. *Sei (b, D) ein arbitragefreies Marktmodell und sei ψ ein Zustandsvektor. Dann gilt für den Preis c_0 jedes replizierbaren Auszahlungsprofils $c \in \operatorname{Im} D^\top$*

$$c_0 = d\mathbf{E}^Q[c], \tag{1.29}$$

wobei $d = \psi_1 + \cdots + \psi_K$ und

$$Q(\omega_j) = \frac{\psi_j}{d}$$

für $j = 1, \ldots, K$.

Beweis. Sei $c \in \operatorname{Im} D^\top$. Dann gilt $c_0 = \langle \psi, c \rangle$ und daher

$$\begin{aligned} c_0 &= \langle \psi, c \rangle \\ &= d \langle \frac{\psi}{d}, c \rangle \\ &= d \sum_{j=1}^{K} c_j Q(\omega_j) \\ &= d\mathbf{E}^Q[c], \end{aligned}$$

wobei der Erwartungswert $\mathbf{E}^Q$ mit Hilfe des Preismaßes Q gebildet wird. □

Angenommen, im Marktmodell (b, D) sind konstante Auszahlungen replizierbar. Dann ist d nach Lemma 1.56 der eindeutig bestimmte Diskontfaktor des Modells, so dass der Preis $c_0 = d\mathbf{E}^Q[c]$ eines replizierbaren Auszahlungsprofils $c \in \operatorname{Im} D^\top$ als abdiskontierter Erwartungswert von c unter dem Preismaß Q interpretiert werden kann.

Die Darstellung $c_0 = d\mathbf{E}^Q[c]$ für den Wert einer replizierbaren Auszahlung c zum Zeitpunkt 0 kann andererseits auch als Schreibweise interpretiert werden, bei der die Analogie zur Diskontierung deterministischer Zahlungen gegenüber dem Ausdruck $c_0 = \langle \psi, c \rangle$ noch deutlicher wird. Ist insbesondere c selbst deterministisch, gilt also $c = c \cdot \mathbf{1}$, so erhalten wir

$$c_0 = dc\mathbf{E}^Q[\mathbf{1}] = dc,$$

und $c_0 = dc$ ist gerade der diskontierte Wert der zukünftigen deterministischen Zahlung $c \in \mathbb{R}$. In diesem Sinne wird der Ausdruck $d\mathbf{E}^Q[c]$ als verallgemeinerte Diskontierung der Auszahlung $c \in \mathbb{R}^K$ interpretiert, und die Komponenten $Q(\omega_j)$ werden als Gewichte der Zustände, nicht aber als Wahrscheinlichkeiten aufgefasst.

Sei h ein Portfolio, das c repliziert. Dann gilt $c = D^\top h = h \cdot S_1$, und (1.29) lautet mit (1.24) und (1.16)

$$\begin{aligned} V_0(h) &= d\mathbf{E}^Q[V_1(h)] \qquad (1.30) \\ &= d\mathbf{E}^Q[L_1(h)]. \end{aligned}$$

Der Wert $V_0(h)$ von h zum Zeitpunkt 0 ist also gerade der auf den Zeitpunkt 0 abdiskontierte Wert $V_1(h)$ oder die auf den Zeitpunkt 0 abdiskontierte Entnahme $L_1(h)$ von h zum Zeitpunkt 1.

Interpretation von Q als Martingalmaß

Wir betrachten nun die speziellen Portfolios e_i, $i = 1, \ldots, N$, wobei e_i den i-ten Standardbasisvektor bezeichnet. Dann gilt

$$\begin{aligned} S_0^i &= e_i \cdot S_0 = D\psi \cdot e_i = \langle \psi, D^\top e_i \rangle \qquad (1.31)\\ &= \left\langle \psi, \begin{pmatrix} S_1^i(\omega_1) \\ \vdots \\ S_1^i(\omega_K) \end{pmatrix} \right\rangle \\ &= d\mathbf{E}^Q \left[\begin{pmatrix} S_1^i(\omega_1) \\ \vdots \\ S_1^i(\omega_K) \end{pmatrix} \right] \\ &= d\mathbf{E}^Q \left[S_1^i \right]. \end{aligned}$$

Diese Rechnung zeigt, dass die bisherigen Überlegungen auch in dem Sinne konsistent sind, dass sich der Preis S_0^i des i-ten Wertpapiers zum Zeitpunkt 0 als abdiskontierter Erwartungswert der zustandsabhängigen Preise S_1^i zum Zeitpunkt 1 bezüglich des Maßes Q darstellen lässt.

Damit bildet der *diskontierte Preisprozess* (S_0, dS_1) ein *Martingal* unter dem Wahrscheinlichkeitsmaß Q. Aus diesem Grunde wird Q auch *Martingalmaß* genannt. Der Begriff des Martingals spielt im Zusammenhang mit den Mehr-Perioden-Modellen und im Rahmen der stochastischen Finanzmathematik eine wichtige Rolle und wird später ausführlich erläutert.

Aus (1.31) folgt mit $d = \frac{1}{1+r}$ weiter

$$\mathbf{E}^Q \left[\frac{S_1^i - S_0^i}{S_0^i} \right] = r.$$

Die Größe $\frac{S_1^i - S_0^i}{S_0^i}$ wird als Rendite von S^i bezeichnet, und wir erhalten das Ergebnis, dass unter dem Wahrscheinlichkeitsmaß Q die erwartete Rendite jedes Finanzinstruments im Marktmodell mit der risikolosen Rendite r übereinstimmt. Dies begründet den Namen *risikoloses Wahrscheinlichkeitsmaß* für Q.

Satz 1.64. *Bildet der diskontierte Preisprozess (S_0, dS_1) in einem arbitragefreien Marktmodell (b, D) ein Martingal bezüglich eines Wahrscheinlichkeitsmaßes Q, gilt also $S_0^i = d\mathbf{E}^Q \left[S_1^i \right]$ für alle $i = 1, \ldots, N$, so gilt für jedes Portfolio $h \in \mathbb{R}^N$*

$$h \cdot S_0 = d\mathbf{E}^Q [h \cdot S_1].$$

Beweis. Zum Beweis rechnen wir nach:

$$\begin{aligned} h \cdot S_0 &= \sum_{i=1}^{N} h_i S_0^i \\ &= d \sum_{i=1}^{N} h_i \mathbf{E}^Q \left[S_1^i \right] \\ &= d\mathbf{E}^Q \left[h \cdot S_1 \right]. \end{aligned}$$

□

Satz 1.65. *Ein Marktmodell (b, D) ist genau dann arbitragefrei, wenn es ein Wahrscheinlichkeitsmaß Q mit $Q(\omega) > 0$ für alle $\omega \in \Omega$ und eine Zahl $d > 0$ gibt, so dass*

$$S_0 = d\mathbf{E}^Q[S_1]. \tag{1.32}$$

Beweis. Ist (b, D) arbitragefrei, so gibt es einen Zustandsvektor $\psi \gg 0$. Dann folgt (1.32) aus (1.31) mit $d := \psi_1 + \cdots + \psi_K$ und $Q(\omega_j) := \frac{\psi_j}{d}$ für $j = 1, \ldots, K$.

Für die Umkehrung definiere $\psi \gg 0$ durch $\psi_j := dQ(\omega_j)$ für $j = 1, \ldots, K$. Dann folgt aus Satz 1.64 $h \cdot S_0 = d\mathbf{E}^Q[h \cdot S_1] = d\mathbf{E}^Q\left[D^\top h\right] = \left\langle \psi, D^\top h \right\rangle = D\psi \cdot h$. Da die letzte Gleichung für beliebiges h gilt, folgt $D\psi = b$. ψ ist also ein Zustandsvektor, und das Marktmodell ist somit arbitragefrei.

Erwartungswert versus Diskontierung

Sollte die Darstellung (1.29) zur Bestimmung des Preises einer Auszahlung c, also $c_0 = d\mathbf{E}^Q[c]$, eher

- wahrscheinlichkeitstheoretisch als abdiskontierter Erwartungswert in einer „risikoneutralen Welt"
- oder als verallgemeinerte Diskontierung zukünftiger Zahlungsströme

interpretiert werden?

Wir wissen, dass die grundlegende Idee, zustandsabhängige Auszahlungsprofile $c \in \mathbb{R}^K$ in einem Marktmodell (b, D) zu bewerten, darin besteht, diese durch Portfolios $h \in \mathbb{R}^N$ nachzubilden, d.h. h so zu wählen, dass $c = D^\top h$ gilt. Der Preis $c_0 = h \cdot b$ von h zum Zeitpunkt 0 wird dann als Preis von c definiert. Dies ist ein algebraischer und kein wahrscheinlichkeitstheoretischer Ansatz.

Ist (b, D) arbitragefrei, so existiert ein Zustandsvektor $\psi \gg 0$ mit $b = D\psi$. Wegen $h \cdot b = h \cdot D\psi = \left\langle D^\top h, \psi \right\rangle = \langle c, \psi \rangle$ gilt dann auch $c_0 = \langle \psi, c \rangle$, so dass der Preis c_0 von c mit Hilfe von ψ ohne Kenntnis des replizierenden Portfolios h berechnet werden kann. Jede zum Zeitpunkt 1 erfolgende zustandsabhängige replizierbare Auszahlung $c \in \mathbb{R}^K$ wird also durch $\langle \psi, c \rangle$ in einen äquivalenten Wert zum Zeitpunkt 0 transformiert, und dies entspricht einer Diskontierung von c auf den Zeitpunkt 0.

Mit $d := \sum_{j=1}^{K} \psi_j$ sowie mit $Q := \frac{\psi}{d}$ gilt $c_0 = \langle \psi, c \rangle = d\mathbf{E}^Q[c]$, und für den Fall, dass c selbst deterministisch ist, d.h. dass $c(\omega) = c$ für alle $\omega \in \Omega$ gilt, erhalten wir $c_0 = d\mathbf{E}^Q[c] = dc$, also die klassische Formel für die Diskontierung eines in der Zukunft fließenden Kapitalbetrags. Daher erinnert die Darstellung $c_0 = d\mathbf{E}^Q[c]$ noch eher an die Diskontierung deterministischer Auszahlungen als die Darstellung $c_0 = \langle \psi, c \rangle$.

Es erscheint naheliegend, die $Q(\omega)$ als Gewichte zu interpretieren, mit denen die einzelnen Zustände in die Bewertung eingehen, nicht aber als Wahrscheinlichkeiten. Denn die Replikationsstrategie besitzt die Eigenschaft, dass jede in einem Zustand ω benötigte Auszahlung $c(\omega)$ durch das replizierende Portfolio h exakt nachgebildet wird, dass also $c(\omega) = h \cdot S_1(\omega)$ für alle $\omega \in \Omega$ gilt. Es ist daher unerheblich, welcher Zustand ω realisiert wird oder mit welcher Wahrscheinlichkeit er eintritt. Es gibt keine vorteilhaften oder unvorteilhaften Zustände, und die Auszahlung c wird nicht nur im Mittel bei vielen Transaktionen realisiert, sondern $c(\omega)$ wird in jedem Zustand $\omega \in \Omega$ bei jedem Erwerb eines Replikationsportfolios erzielt. Insofern besitzt die Replikationsstrategie deterministische Züge. Wie sollte also eine Preisformel für c von – wie auch immer konstruierten – Wahrscheinlichkeiten $Q(\omega)$ für die eintretenden Zustände abhängen?

Andererseits ist eine wahrscheinlichkeitstheoretische Interpretation der Darstellung (1.29) aufgrund folgender Analogie verführerisch. Die hier vorgestellte Replikationsstrategie ist nämlich zunächst nicht die einzig naheliegende Idee zur Bewertung von Auszahlungsprofilen. Angenommen, es gibt K Szenarien $\omega_1, \ldots, \omega_K$ für den Zeitpunkt 1 und angenommen, diese Szenarien treten mit den Wahrscheinlichkeiten $P(\omega_1), \ldots, P(\omega_K)$ ein. Welchen Wert besitzt dann eine vom Zustand abhängige Auszahlung $c = (c(\omega_1), \ldots, c(\omega_K))$? Naheliegend ist der Ansatz, hierfür den Erwartungswert der verschiedenen Zahlungen $c(\omega_1) P(\omega_1) + \cdots + c(\omega_K) P(\omega_K) = \mathbf{E}^P[c]$ anzusetzen. Wird dieser zukünftige Wert $\mathbf{E}^P[c]$ nun auf den Zeitpunkt 0 abdiskontiert, so erhalten wir

$$c_0 = d\mathbf{E}^P[c]. \tag{1.33}$$

Wird der Betrag c_0 in (1.33) risikolos angelegt, so erhalten wir zum Zeitpunkt 1 einen Wert, der im Mittel mit der gewünschten Auszahlung $c(\omega)$ übereinstimmt. In diesem Fall gibt es Zustände, die vorteilhaft und solche, die unvorteilhaft sind. Gleichung (1.33) stimmt nun mit (1.29) überein, wenn das Maß P durch das Preismaß Q ersetzt wird. Da bezüglich Q die erwartete Rendite jedes Finanzinstruments gleich der risikolosen Rendite $r = \frac{1}{d} - 1$ ist, wird (1.29) auch als „abdiskontierter Erwartungswert in einer risikoneutralen Welt“ bezeichnet. Trotz ihrer formalen Ähnlichkeit sind die beiden Bewertungsstrategien (1.29) und (1.33) inhaltlich vollkommen verschieden.

Beachten Sie schließlich, dass für replizierbare Auszahlungsprofile c der ökonomisch richtige Preis interpretationsunabhängig durch $c_0 = \langle \psi, c \rangle = d\mathbf{E}^Q[c]$ gegeben ist, weil jeder andere Wert eine Arbitragegelegenheit bietet.

Damit ist die Bewertung von c durch $d\mathbf{E}^P[c]$ – von zufälligen Übereinstimmungen abgesehen – nicht nur keine Alternative, sondern falsch.

Wird aber ein Marktmodell (b, D) um ein subjektives Wahrscheinlichkeitsmaß P erweitert, so sollte sich diese Zusatzinformation nutzen lassen. Wie dies geschehen könnte, wird in Abschnitt 1.8 vorgestellt.

Den Ansatz, die Replikationsstrategie als verallgemeinerte Diskontierung zu interpretieren, werden wir in Kapitel 3 aufgreifen und auf Mehr-Perioden-Modelle ausdehnen.

Das Auffinden von Arbitragegelegenheiten

Ein Portfolio $h \in \mathbb{R}^N$ ist nach Definition genau dann eine Arbitragegelegenheit, wenn

$$L(h) = \left(-b \cdot h, D^\top h\right) > 0.$$

Definieren wir die erweiterte Payoffmatrix D_b durch

$$D_b := (-b \,|D\,) := \begin{pmatrix} -b_1 & D_{11} & \cdots & D_{1K} \\ \vdots & \vdots & & \vdots \\ -b_N & D_{N1} & \cdots & D_{NK} \end{pmatrix},$$

so gilt

$$L(h) = D_b^\top h.$$

Zum Auffinden von Arbitragegelegenheiten betrachten wir das lineare Optimierungsproblem

$$\min b \cdot h$$
$$D_b^\top h > 0.$$

Auf diese Weise wird eine Lösung gesucht, für die die Entnahme $-b \cdot h$ bei der Zusammenstellung von h zum Zeitpunkt 0 möglichst groß ist.

Der Fundamentalsatz der Preistheorie, Satz 1.46, bietet alternative Möglichkeiten, um ein Marktmodell (b, D) auf Arbitragefreiheit zu prüfen. Dazu ist das Gleichungssystem

$$b = D\psi$$

auf strikt positive Lösungen $\psi \gg 0$ zu untersuchen. Nach (1.26) kann auch diese Aufgabe auf die Lösung eines linearen Optimierungsproblems zurückgeführt werden.

Lemma 1.66. *Sei (b, D) ein Marktmodell mit der Eigenschaft*

$$b \notin \operatorname{Im} D.$$

Dann ist

$$h := -b_k$$

eine Arbitragegelegenheit, wobei b_k die Projektion von b auf $\ker D^\top$ *bezeichnet.*

Beweis. Sei

$$b = b_k + b_i \in \ker D^\top \oplus \operatorname{Im} D.$$

Wegen $b \notin \operatorname{Im} D$ folgt $b_k \neq 0$. Damit gilt

$$h \cdot b = -b_k \cdot b_k < 0$$

und

$$D^\top h = -D^\top b_k = 0,$$

da $b_k \in \ker D^\top$ nach Voraussetzung. □

Folgerung 1.67. *Ist also insbesondere* $b \in \ker D^\top$ *mit* $b \neq 0$, *so ist* $h := -b$ *eine Arbitragegelegenheit.*

Lemma 1.68. *Sei* (b, D) *ein* ***vollständiges*** *Marktmodell mit der Eigenschaft*

$$b \in \operatorname{Im} D.$$

Sei $\psi \in \mathbb{R}^K$ *die eindeutig bestimmte Lösung von* $b = D\psi$. *Angenommen, es gilt*

$$\psi \not\gg 0.$$

Definiere eine Auszahlung $c \in \mathbb{R}^K$ *durch*

$$c_j := \begin{cases} 0 \text{ falls } \psi_j > 0 \\ 1 \text{ falls } \psi_j \leq 0 \end{cases}. \tag{1.34}$$

Dann gilt $c > 0$. *Da* (b, D) *vollständig ist, existiert ein Portfolio* $h \in \mathbb{R}^N$ *mit*

$$c = D^\top h.$$

Dann ist h *eine Arbitragegelegenheit.*

Beweis. Wegen $b \in \operatorname{Im} D$ existiert ein $\psi \in \mathbb{R}^K$ mit $b = D\psi$. Da (b, D) nach Voraussetzung vollständig ist, ist $D^\top : \mathbb{R}^N \to \mathbb{R}^K$ surjektiv. Aus der Zerlegung $\mathbb{R}^K = \ker D \oplus \operatorname{Im} D^\top$ folgt $\ker D = \{0\}$, also ist D injektiv, und ψ ist eindeutig bestimmt.

Nach Voraussetzung ist $\psi \not\gg 0$. Also gilt $\psi_j \leq 0$ für wenigstens ein $j \in \{0, \ldots, K\}$. Daraus folgt aber nach (1.34) $c > 0$. Sei $h \in \mathbb{R}^N$ ein Portfolio, das c repliziert. Dann gilt

$$b \cdot h = \langle \psi, c \rangle \leq 0$$

und

$$D^\top h = c > 0.$$

Also ist h eine Arbitragegelegenheit. □

Wird (b, D) in Lemma 1.68 nicht als vollständig vorausgesetzt, dann existieren zwar Auszahlungsprofile $c > 0$ mit $\langle \psi, c \rangle \leq 0$, jedoch ist über die Replizierbarkeit derartiger c, also über die Eigenschaft $c \in \operatorname{Im} D^\top$, zunächst nichts bekannt.

Anmerkung 1.69. Sei (b, D) ein Marktmodell mit $N = K$ und sei $D^\top$ ein Isomorphismus. Dann enthält (b, D) genau dann Arbitragegelegenheiten, wenn für die eindeutig bestimmte Lösung $\psi \in \mathbb{R}^K$ von $b = D\psi$ gilt

$$\psi \not\gg 0.$$

1.7 Das Ein-Perioden-Zwei-Zustands-Modell

Wir betrachten nun das allgemeine Ein-Perioden-Zwei-Zustands-Modell und werden sehen, dass die Frage der Arbitragefreiheit des zugehörigen Marktmodells mit Hilfe der Begriffsbildung des Zustandsvektors leicht und übersichtlich beantwortet werden kann.

Beispiel 1.70. Sei B eine Währungseinheit, also etwa 1 Euro, oder ein beliebiges anderes Anfangskapital zum Zeitpunkt 0, und sei S eine Aktie. Wir betrachten ein Ein-Perioden-Zwei-Zustands-Modell

$$b = \begin{pmatrix} B \\ S_0 \end{pmatrix}, \quad D = \begin{pmatrix} B(1+r) & B(1+r) \\ S_1(\omega_1) & S_1(\omega_2) \end{pmatrix}$$

und untersuchen dies auf Arbitragefreiheit. Dazu betrachten wir das Gleichungssytem $b = D\psi$,also

$$\begin{pmatrix} B \\ S_0 \end{pmatrix} = \begin{pmatrix} B(1+r) & B(1+r) \\ S_1(\omega_1) & S_1(\omega_2) \end{pmatrix} \begin{pmatrix} \psi_1 \\ \psi_2 \end{pmatrix} = \begin{pmatrix} B(1+r)\psi_1 + B(1+r)\psi_2 \\ S_1(\omega_1)\psi_1 + S_1(\omega_2)\psi_2 \end{pmatrix}. \tag{1.35}$$

Daraus folgen mit $s_1 := S_1(\omega_1)$ und $s_2 := S_1(\omega_2)$ die beiden Gleichungen

$$\begin{aligned} s_1 - (1+r) S_0 &= (1+r)(s_1 - s_2)\psi_2 \\ (1+r) S_0 - s_2 &= (1+r)(s_1 - s_2)\psi_1. \end{aligned} \tag{1.36}$$

Wir nehmen nun folgende Fallunterscheidung vor:

1. Angenommen, es gilt $s_1 = s_2 =: s > 0$, dann ist das Gleichungssystem genau dann lösbar, wenn

$$s = (1+r) S_0$$

gilt. In diesem Fall hat die Auszahlungsmatrix D die Gestalt

$$D = (1+r) \begin{pmatrix} B & B \\ S_0 & S_0 \end{pmatrix}.$$

Damit ist der Rang von D gleich 1 und wir können ein $\psi \gg 0$ mit $D\psi = b$ beispielsweise wählen als

$$\psi = \frac{1}{2(1+r)} \begin{pmatrix} 1 \\ 1 \end{pmatrix}.$$

Ferner gilt

$$\ker D = \left\{ \lambda v \,\middle|\, \lambda \in \mathbb{R},\ v = \begin{pmatrix} 1 \\ -1 \end{pmatrix} \right\}.$$

Damit ist die Menge aller Lösungen ψ' von $D\psi' = b$ gegeben durch

$$\psi' = \frac{1}{2\,(1+r)} \begin{pmatrix} 1 \\ 1 \end{pmatrix} + \lambda \begin{pmatrix} 1 \\ -1 \end{pmatrix},$$

$\lambda \in \mathbb{R}$ beliebig. Sei nun $c = D^\top h$ ein replizierbares Auszahlungsprofil, so gilt

$$\begin{aligned} c &= (1+r) \begin{pmatrix} B & S_0 \\ B & S_0 \end{pmatrix} \begin{pmatrix} h_1 \\ h_2 \end{pmatrix} \\ &= (1+r) \begin{pmatrix} Bh_1 + S_0 h_2 \\ Bh_1 + S_0 h_2 \end{pmatrix} \\ &= \begin{pmatrix} \mu \\ \mu \end{pmatrix}, \ \mu \in \mathbb{R}, \end{aligned}$$

und daher $c \perp \ker D$. Ein Auszahlungsprofil c ist genau dann nicht replizierbar, wenn $c = \begin{pmatrix} \mu_1 \\ \mu_2 \end{pmatrix}$ mit $\mu_1 \neq \mu_2$. In diesem Fall gilt offenbar $\left\langle \begin{pmatrix} \mu_1 \\ \mu_2 \end{pmatrix}, \begin{pmatrix} 1 \\ -1 \end{pmatrix} \right\rangle = \mu_1 - \mu_2 \neq 0$.

Das Marktmodell ist also arbitragefrei, aber nicht vollständig. Offenbar gilt

$$\begin{aligned} \operatorname{Im} D^\top &= \left\{ (1+r) \begin{pmatrix} B & S_0 \\ B & S_0 \end{pmatrix} \begin{pmatrix} h_1 \\ h_2 \end{pmatrix} \,\middle|\, h = \begin{pmatrix} h_1 \\ h_2 \end{pmatrix} \in \mathbb{R}^2 \right\} \\ &= \left\{ \lambda \begin{pmatrix} 1 \\ 1 \end{pmatrix} \,\middle|\, \lambda \in \mathbb{R} \right\}. \end{aligned}$$

Sei $c = \lambda \begin{pmatrix} 1 \\ 1 \end{pmatrix}$ ein replizierbares Auszahlungsprofil. Dann ist der Preis c_0 von c zum Zeitpunkt 0 gegeben durch

$$c_0 = \langle \psi, c \rangle = \frac{\lambda}{1+r}.$$

Damit ist c_0 gerade der auf den Zeitpunkt 0 abdiskontierte Wert von λ.

2. Angenommen, es gilt $s_1 - s_2 > 0$. Dann ist

$$\psi_1 = \frac{1}{1+r} \frac{(1+r)\,S_0 - s_2}{s_1 - s_2} \tag{1.37}$$

und

$$\psi_2 = \frac{1}{1+r} \frac{s_1 - (1+r)\,S_0}{s_1 - s_2} \tag{1.38}$$

also

$$\psi_1 > 0 \Longleftrightarrow (1+r)\, S_0 > s_2$$
$$\psi_2 > 0 \Longleftrightarrow s_1 > (1+r)\, S_0.$$

Das Marktmodell ist also im Falle $s_1 - s_2 > 0$ genau dann arbitragefrei, wenn

$$s_1 > (1+r)\, S_0 > s_2.$$

Analog folgt, dass das Marktmodell im Falle $s_1 < s_2$ genau dann arbitragefrei ist, wenn

$$s_1 < (1+r)\, S_0 < s_2.$$

In jedem Fall folgt aus $s_1 \neq s_2$ die eindeutige Lösbarkeit des Gleichungssystems $D\psi = b$. Also ist D dann injektiv und damit ein Isomorphismus. Dies ist aber gleichbedeutend mit der Vollständigkeit des Marktmodells. △

Beispiel 1.71. Wir betrachten erneut das Beispiel 1.70, definieren aber hier zwei Konstanten u und d mit $u > d > 0$, so dass

$$S_1\,(\omega_1) := uS_0$$

und

$$S_2\,(\omega_2) := dS_0.$$

Dann lautet das Gleichungssystem (1.35)

$$\begin{pmatrix} B \\ S_0 \end{pmatrix} = \begin{pmatrix} B\,(1+r) & B\,(1+r) \\ uS_0 & dS_0 \end{pmatrix} \begin{pmatrix} \psi_1 \\ \psi_2 \end{pmatrix}$$

und ist nach Division durch B bzw. durch S_0 identisch mit

$$\begin{pmatrix} 1 \\ 1 \end{pmatrix} = \begin{pmatrix} 1+r & 1+r \\ u & d \end{pmatrix} \begin{pmatrix} \psi_1 \\ \psi_2 \end{pmatrix}. \tag{1.39}$$

Daraus folgt

$$1 = (1+r)\,(\psi_1 + \psi_2)$$
$$1 = u\psi_1 + d\psi_2$$

mit den Lösungen

$$\psi_1 = \frac{1}{1+r}\frac{(1+r)-d}{u-d} \tag{1.40}$$

und

$$\psi_2 = \frac{1}{1+r}\frac{u-(1+r)}{u-d}. \tag{1.41}$$

Wir sehen also, dass die Komponenten des Zustandsvektors ψ nun nicht mehr von den Anfangskursen B und S_0, sondern nur noch von den Renditefaktoren u, d und $1+r$ abhängen. Diese Tatsache wird bei der Erweiterung des Binomial-Modells auf mehrere Perioden verwendet werden.

Offenbar ist das Marktmodell genau dann arbitragefrei, wenn

$$u > 1 + r > d. \tag{1.42}$$

Der Zustandsvektor ψ kann auch geschrieben werden als

$$\psi = \frac{1}{1+r}\begin{pmatrix} q \\ 1-q \end{pmatrix} = dQ,$$

wobei $q := \frac{(1+r)S_0 - s_2}{s_1 - s_2}$ und $d := \frac{1}{1+r}$. Hier ist $Q = \begin{pmatrix} q \\ 1-q \end{pmatrix}$ das Martingalmaß aus Abschnitt 1.6.5. Der Wert c_0 einer Auszahlung $c \in \mathbb{R}^2$ zum Zeitpunkt 0 kann mit Hilfe von Q als diskontierter Erwartungswert geschrieben werden,

$$c_0 = \langle \psi, c \rangle = d\mathbf{E}^Q[c] = d\left(qc_1 + (1+q)\,c_2\right).$$

△

Beispiel 1.72. Wir betrachten erneut das Marktmodell aus Beispiel 1.42,

$$(b, D) = \left(\begin{pmatrix} 1 \\ 10 \end{pmatrix}, \begin{pmatrix} 1.02 & 1.02 \\ 12 & 9 \end{pmatrix}\right).$$

Hier gilt

$$u = \frac{12}{10} > 1.02 = 1 + r > \frac{9}{10} = d,$$

woraus die Arbitragefreiheit von (b, D) folgt. Der Zustandsvektor ergibt sich entweder als eindeutig bestimmte Lösung des Gleichungssystems $D\psi = b$ oder durch Einsetzen von u und d in (1.40) und (1.41) zu

$$\psi = \begin{pmatrix} 0.392 \\ 0.588 \end{pmatrix}.$$

Nun betrachten wir eine Call-Option auf S^2 mit Basispreis 10. Die zustandsabhängige Auszahlung c dieser Option lautet

$$c = \begin{pmatrix} 1 \\ 0 \end{pmatrix},$$

und daraus erhalten wir das replizierende Portfolio h als Lösung des Gleichungssystems $D^\top h = c$ mit

$$h = \begin{pmatrix} -2.941 \\ 0.333 \end{pmatrix}.$$

Der Wert c_0 von c ergibt sich nun als Wert $h \cdot S_0$ des Portfolios h zum Zeitpunkt 0 zu

$$c_0 = h \cdot S_0 = 0.392.$$

Mit Hilfe des Zustandsvektors ψ erhalten wir diesen Wert für c_0 unmittelbar als

$$c_0 = \langle \psi, c \rangle = 0.392.$$

Betrachten wir nun eine Put-Option auf S^2 mit Basispreis 10.5, so lautet das zugehörige Auszahlungsprofil

$$c = \begin{pmatrix} 0 \\ 1.5 \end{pmatrix},$$

und der Preis c_0 von c ergibt sich als

$$c_0 = \langle \psi, c \rangle = 0.882.$$

$\triangle$

Sind die Bedingungen $d < 1 + r < u$ in (1.42) verletzt, so ist die Bedingung $\psi \gg 0$ nicht erfüllt. Dies bedeutet aber, dass das Marktmodell nicht arbitragefrei sein kann. Nehmen wir beispielsweise an, dass $1 + r \leq d < u$ gilt, so ist die Rendite bei Investition in die Aktie in jedem Zustand größer als die Rendite r einer festverzinslichen Kapitalanlage. Damit liegt eine Arbitragestrategie auf der Hand: Leihe Kapital zum risikolosen Zinssatz und investiere dies in die Aktie. Da die Aktie in jedem Fall nicht weniger Rendite erzielt als die festverzinsliche Kapitalanlage, kann die entstehende Schuld in jedem Fall vollständig zurückgezahlt werden. Formalisiert wird dies durch eine Handelsstrategie $h = (h_1, h_2) = \left(-1, \frac{1}{S_0}\right)$. Wir leihen 1 Geldeinheit und kaufen für diese $\frac{1}{S_0}$ Anteile der Aktie. Die Gesamtinvestition entspricht dem Portfoliowert zum Zeitpunkt 0 und beträgt $h \cdot \begin{pmatrix} 1 \\ S_0 \end{pmatrix} = 0$. Für die Auszahlung zum Zeitpunkt 1 gilt

$$\begin{aligned} D^\top h &= \begin{pmatrix} 1 + r \; uS_0 \\ 1 + r \; dS_0 \end{pmatrix} \begin{pmatrix} -1 \\ \frac{1}{S_0} \end{pmatrix} \\ &= \begin{pmatrix} u - (1 + r) \\ d - (1 + r) \end{pmatrix} \\ &> 0. \end{aligned}$$

Also ist diese Handelsstrategie tatsächlich eine Arbitragegelegenheit.

1.8 Partial-Hedging

Wir betrachten ein arbitragefreies Ein-Perioden-Marktmodell $(S_0, S_1, P) \cong (b, D, P)$. Sei $c \in \mathbb{R}^K$ eine erreichbare Auszahlung, beispielsweise die einer Call- oder Put-Option. Wir fragen uns, wie subjektive Wahrscheinlichkeiten

$P(\omega)$ für die modellierten Zustände ω genutzt werden können, um die Absicherungskosten für c zu reduzieren.

Dazu versuchen wir, eine andere Auszahlung $c' \in \mathbb{R}^K$ anstelle von c zu replizieren, so dass aber die Verlustrisiken kontrolliert werden.

Der erwartete Verlust bei Absicherung von c' beträgt zum Zeitpunkt 1

$$\mathbf{E}^P\left[c - c'\right] = \mathbf{E}^P\left[\Delta\right],$$

wobei $\Delta := c - c'$. Wird dieser Betrag auf den Zeitpunkt 0 abdiskontiert, so erhalten wir

$$d\mathbf{E}^P\left[\Delta\right].$$

Die Einsparung, die zum Zeitpunkt 0 durch Absicherung von c' anstelle von c erzielt werden kann, beträgt

$$d\mathbf{E}^Q\left[c\right] - d\mathbf{E}^Q\left[c'\right] = d\mathbf{E}^Q\left[\Delta\right].$$

Die teilweise Absicherung von c durch c', die wir **Partial-Hedging** nennen, lohnt sich nach den hier vorgestellten Überlegungen im Mittel dann, wenn die durch die Absicherung von c' erzielte Einsparung $d\mathbf{E}^Q\left[\Delta\right]$ den erwarteten Verlust $d\mathbf{E}^P\left[\Delta\right]$ übersteigt. Wir erhalten so die Bedingungen

$$d\mathbf{E}^Q\left[\Delta\right] > d\mathbf{E}^P\left[\Delta\right] \geq 0.$$

Dies ist gleichbedeutend mit

$$\langle P, \Delta \rangle \geq 0 \text{ und } \langle Q - P, \Delta \rangle > 0.$$

Für einen vorgegebenen mittleren Verlust $\mathbf{E}^P\left[\Delta\right] = \rho \geq 0$ erhalten wir so das Optimierungsproblem:

$$\begin{aligned} a := & \max_{\substack{c' \\ \langle P, c - c' \rangle = \rho}} \langle Q - P, c - c' \rangle \\ = & \left(\langle Q, c \rangle - \rho\right) - \min_{\substack{c' \\ \langle P, c' \rangle = \langle P, c \rangle - \rho}} \langle Q, c' \rangle \end{aligned}$$

Falls a positiv ist, so existieren im betrachteten Marktmodell (b, D, P) für die gegebene Auszahlung c aussichtsreiche Partial-Hedging-Strategien.

Beispiel 1.73. Betrachten Sie das Marktmodell

$$(b, D, P) = \left(\begin{pmatrix} 1 \\ 5 \\ 10 \end{pmatrix}, \begin{pmatrix} 1.1 & 1.1 & 1.1 \\ 2 & 4 & 7 \\ 15 & 9 & 11 \end{pmatrix}, \begin{pmatrix} 0.1 \\ 0.6 \\ 0.3 \end{pmatrix} \right)$$

Das Marktmodell ist arbitragefrei mit

$$\psi = \begin{pmatrix} 0.124 \\ 0.248 \\ 0.537 \end{pmatrix},$$

$$d = 0.909 \text{ und}$$

$$Q = \begin{pmatrix} 0.136 \\ 0.273 \\ 0.591 \end{pmatrix}.$$

Wir betrachten eine Call-Option c auf S^3 mit Ausübungspreis $K = 10$. Dann gilt

$$c = \begin{pmatrix} 5 \\ 0 \\ 1 \end{pmatrix}$$

Der Wert der Option zum Zeitpunkt 0 beträgt

$$c_0 = d\mathbf{E}^Q[c] = 1.157.$$

Der Zustand ω_1 wurde mit $P(\omega_1) = 0.1$ als relativ unwahrscheinlich modelliert. Daher wird nur das Auszahlungsprofil

$$c' = \begin{pmatrix} 2 \\ 0 \\ 1 \end{pmatrix}$$

abgesichert. Der erwartete Verlust beträgt mit $\varDelta := c - c' = \begin{pmatrix} 3 \\ 0 \\ 0 \end{pmatrix}$

$$\mathbf{E}^P[\varDelta] - 0.3.$$

Andererseits gilt

$$\mathbf{E}^Q[\varDelta] - 0.409.$$

Damit erhalten wir $\mathbf{E}^Q[\varDelta] > \mathbf{E}^P[\varDelta]$, und es lohnt sich im Mittel, anstelle von c die Auszahlung c' abzusichern mit

$$c'_0 = d\mathbf{E}^Q[c'] = 0.785.$$

Der unter Berücksichtigung der Verluste erwartete Gewinn beträgt

$$d\mathbf{E}^Q[\varDelta] - d\mathbf{E}^Q[\varDelta] = 0.065.$$

Eine Alternative besteht darin, Kapital zur Absicherung festverzinslich anzulegen. In diesem Fall wählen wir

$$c'' = \begin{pmatrix} 1 \\ 1 \\ 1 \end{pmatrix}$$

und erhalten

$$\Delta = \begin{pmatrix} 4 \\ -1 \\ 0 \end{pmatrix}.$$

Der mittlere erwartete Verlust $\mathbf{E}^P[\Delta] = -0.2$ ist in diesem Fall sogar ein Gewinn, denn der Zustand ω_2 tritt mit der vergleichsweise hohen Wahrscheinlichkeit von 60% ein. Zusätzlich ist die Einsparung $\mathbf{E}^Q[\Delta] = 0.273$ zum Zeitpunkt 1 positiv.

Eine weitere Möglichkeit besteht darin, keine Absicherung zu betreiben, also $c''' = 0$ zu wählen. In diesem Fall gilt jedoch $\mathbf{E}^P[c - c'''] = \mathbf{E}^P[c] = 0.8$ und $\mathbf{E}^Q[c - c'''] = \mathbf{E}^Q[c] = 1.273$, so dass diese Strategie im Sinne obiger Überlegungen als zu riskant erscheint.

Für den erfolgreichen Einsatz dieser Strategie in der Praxis ist es natürlich wesentlich, dass sich nicht nur die modellierten Szenarien des Marktmodells, sondern auch die subjektiven Wahrscheinlichkeiten $P(\omega)$ als realistisch herausstellen. △

1.9 Wertgrenzen für Call- und Put-Optionen

Es ist sowohl von theoretischem als auch von praktischem Interesse, einfach berechenbare obere und untere Schranken für Optionspreise angeben zu können. Dazu betrachten wir ein arbitragefreies Marktmodell (b, D), das eine Aktie S enthält mit $S_0 > 0$ und $S_1 > 0$. Wir betrachten die Auszahlung einer Call-Option

$$c^C := (S_1 - K)^+$$

und die einer Put-Option

$$c^P := (K - S_1)^+$$

mit Basispreis $K \geq 0$. Offenbar gilt

$$0 \leq c^C$$

und

$$S_1 - K \leq c^C \leq S_1.$$

Daraus folgen wegen (1.14) und $\psi \gg 0$ die Eigenschaften

$$0 \leq \langle \psi, c^C \rangle =: c_0^C$$

und

$$S_0 - dK = \langle \psi, S_1 \rangle - \langle \psi, K \rangle \leq \langle \psi, c^C \rangle =: c_0^C \leq \langle \psi, S_1 \rangle = S_0,$$

also

$$(S_0 - dK)^+ \leq c_0^C \leq S_0. \tag{1.43}$$

Für nicht-negative Zinsen, also für $d \leq 1$, gilt $S_0 - K \leq S_0 - dK$, und wir erhalten auch die folgende, etwas schwächere, aber einprägsamere Abschätzung

$$S_0 - K \leq c_0^C \leq S_0.$$

Beispiel 1.74. Wir betrachten eine Call-Option auf eine Aktie S mit Basispreis $K = 27$ Euro. Sei $S_0 = 29$ Euro, und der risikolose Zinssatz betrage 2.7%. Dann gilt $d = \frac{1}{1+r} = 0.974$. Für den Wert c_0^C der Call-Option gilt dann

$$2.702 = 29 - 0.974 \cdot 27 \leq c_0^C \leq 29.$$

△

Analog gilt

$$0 \leq c^P \leq K,$$

woraus

$$0 \leq \langle \psi, c^P \rangle =: c_0^P \leq \langle \psi, K \rangle = dK \tag{1.44}$$

folgt. Für $d \leq 1$ erhalten wir aus (1.44) die etwas schwächere Abschätzung

$$0 \leq c_0^P \leq K.$$

Beispiel 1.75. Wir betrachten eine Put-Option auf eine Aktie S mit Basispreis $K = 32$ Euro. Sei $S_0 = 30$ Euro, und der risikolose Zinssatz betrage 2.7%. Für den Wert c_0^P der Call-Option gilt dann mit $d = 0.974$

$$0 \leq c_0^P \leq 0.974 \cdot 32 = 31.168.$$

△

Wir betrachten nun die Identität

$$c^C - c^P = (S_1 - K)^+ - (K - S_1)^+ = S_1 - K.$$

Daraus folgt

$$c_0^C - c_0^P = \langle \psi, S_1 \rangle - \langle \psi, K \rangle = S_0 - dK. \tag{1.45}$$

Der Zusammenhang (1.45) wird **Put-Call-Parität** genannt und zeigt, wie Call- und Put-Preise mit identischem Ausübungspreis zusammenhängen. Nach der Put-Call-Parität besitzt eine Put-Option den gleichen Wert wie eine entsprechende Call-Option, falls $K = \frac{1}{d} S_0 = (1 + r) S_0$ gilt.

1.10 Das diskontierte Marktmodell

In den letzten Abschnitten wurde der Wert c_0 eines replizierbaren Auszahlungsprofils $c \in \mathbb{R}^K$ als abdiskontierter Erwartungswert $c_0 = d\mathbf{E}^Q[c]$ dargestellt. Das Wahrscheinlichkeitsmaß Q wurde dabei durch Normierung des Zustandsvektors ψ gewonnen.

In diesem Abschnitt stellen wir eine alternative Vorgehensweise zur Bestimmung von c_0 vor, die unmittelbar auf die Erwartungswert-Darstellung führt. Dazu ist es jedoch notwendig, die Existenz eines strikt positiven Finanzinstruments im Marktmodell vorauszusetzen. Wir nehmen daher im folgenden an, dass

$$S_0^1 > 0 \text{ und } S_1^1(\omega_j) > 0 \text{ für alle } j = 1, \ldots, K$$

gilt. Unter dieser Voraussetzung transformieren wir das Marktmodell (S_0, S_1) in ein neues Modell $(\tilde{S}_0, \tilde{S}_1)$. Dazu definieren wir

$$\tilde{S}_0^i := \frac{S_0^i}{S_0^1} \text{ für } i = 1, \ldots, N \text{ und}$$

$$\tilde{S}_1^i(\omega_j) := \frac{S_1^i(\omega_j)}{S_1^1(\omega_j)} \text{ für } i = 1, \ldots, N \text{ und } j = 1, \ldots, K.$$

Das neue Marktmodell $(\tilde{S}_0, \tilde{S}_1)$ besitzt also die Eigenschaften $\tilde{S}_0^1 = \tilde{S}_1^1(\omega_1) = \cdots = \tilde{S}_1^1(\omega_K) = 1$ und wird *diskontiertes Marktmodell* genannt. Es enthält alle Preise relativ zu den Preisen von S^1. Dieses Finanzinstrument S^1, relativ zu dem die Preise aller anderen Finanzinstrumente angegeben werden, wird auch *Numéraire* genannt. Die Bezeichnung diskontiertes Marktmodell für $\left(\tilde{S}_0, \tilde{S}_1\right)$ begründet sich dadurch, dass S^1 häufig die Eigenschaften $S_0^1 = 1$ und $S_1^1(\omega_j) = 1 + r$ für alle $j = 1, \ldots, K$ besitzt. In diesem Fall gilt $\tilde{S}_0 = S_0$ und $\tilde{S}_1^i(\omega_j) = \frac{1}{1+r} S_1^i(\omega_j)$, also werden die Wertpapierpreise $S_1^i(\omega_j)$ mit dem Faktor $\frac{1}{1+r}$ abdiskontiert.

Satz 1.76. *Ein Marktmodell (S_0, S_1) ist genau dann arbitragefrei, wenn das diskontierte Marktmodell $\left(\tilde{S}_0, \tilde{S}_1\right)$ arbitragefrei ist.*

Beweis. Dies folgt sofort aus den Beziehungen

$$h \cdot \tilde{S}_0 = \frac{1}{S_0^1} h \cdot S_0 \text{ und}$$

$$h \cdot \tilde{S}_1(\omega_j) = \frac{1}{S_1^1(\omega_j)} h \cdot S_1(\omega_j)$$

unter Beachtung von $S_1^1(\omega_1) > 0, \ldots, S_1^1(\omega_K) > 0$ und $S_0^1 > 0$. □

Ist also das Marktmodell (S_0, S_1) arbitragefrei, so auch $\left(\tilde{S}_0, \tilde{S}_1\right)$, und es existiert ein Zustandsvektor $\tilde{\psi} \gg 0$ mit $\tilde{D}\tilde{\psi} = \tilde{b}$, wobei

$$\tilde{b} := \tilde{S}_0 = \frac{S_0}{S_0^1} = \frac{b}{b_1}$$

und

$$\tilde{D}_{ij} := \tilde{S}_1^i(\omega_j) = \frac{S_1^i(\omega_j)}{S_1^1(\omega_j)} = \frac{D_{ij}}{S_1^1(\omega_j)}.$$

Im diskontierten Modell ist das Portfolio $e_1 = (1, 0, \ldots, 0)$ eine festverzinsliche Handelsstrategie zum Zinssatz $r = 0$, denn es gilt $\tilde{D}^\top e_1 = (\tilde{D}_{11}, \ldots, \tilde{D}_{1K}) = (1, \ldots, 1)$. Daher ist

$$\tilde{d} := \sum_{j=1}^{K} \tilde{\psi}_j = \langle \tilde{\psi}, (1, \ldots, 1) \rangle = \langle \tilde{\psi}, \tilde{D}^\top e_1 \rangle = \tilde{D}\tilde{\psi} \cdot e_1 = \tilde{b} \cdot e_1 = \tilde{b}_1 = 1,$$

so dass die Komponenten des Zustandsvektors $\tilde{\psi}$ formal ein Wahrscheinlichkeitsmaß

$$\tilde{Q} := \tilde{\psi} \tag{1.46}$$

bilden. Zur Erinnerung: Im ursprünglichen Modell bildet dagegen $Q = \frac{\psi}{d}$ ein Wahrscheinlichkeitsmaß.

Ist $c \in \mathbb{R}^K$ ein in (S_0, S_1) replizierbares Auszahlungsprofil, so gibt es ein $h \in \mathbb{R}^N$ mit $c = D^\top h$. Dann gilt für $\tilde{c} \in \mathbb{R}^K$, definiert durch

$$\tilde{c}_j := \frac{c_j}{S_1^1(\omega_j)},$$

die Darstellung

$$\tilde{c}_j = \frac{c_j}{S_1^1(\omega_j)} = \frac{1}{S_1^1(\omega_j)} \sum_{i=1}^{N} \left(D^\top\right)_{ji} h_i = \sum_{i=1}^{N} \left(\tilde{D}^\top\right)_{ji} h_i = \left(\tilde{D}^\top h\right)_j .$$

Also ist $\tilde{c}$ in $\left(\tilde{S}_0, \tilde{S}_1\right)$ replizierbar, und es gilt

$$\tilde{c}_0 := h \cdot \tilde{S}_0 = h \cdot \tilde{D}\tilde{\psi} = \left\langle \tilde{\psi}, \tilde{D}^\top h \right\rangle = \left\langle \tilde{\psi}, \tilde{c} \right\rangle = \mathbf{E}^{\tilde{Q}}\left[\tilde{c}\right].$$

Wegen

$$\tilde{c}_0 = h \cdot \tilde{S}_0 = \frac{1}{S_0^1} h \cdot S_0 = \frac{1}{S_0^1} c_0$$

folgt also

$$c_0 = S_0^1 \mathbf{E}^{\tilde{Q}}\left[\tilde{c}\right] = S_0^1 \mathbf{E}^{\tilde{Q}}\left[\frac{c}{S_1^1}\right]. \tag{1.47}$$

Wir betrachten nun den Zusammenhang zwischen den Zustandsvektoren in $(S_0, S_1) \cong (b, D)$ und denen im diskontierten Marktmodell $\left(\tilde{S}_0, \tilde{S}_1\right) \cong \left(\tilde{b}, \tilde{D}\right)$. Sei ψ ein Zustandsvektor in (b, D). Dann gilt wegen $b = D\psi$

$$\tilde{b}_i = \frac{b_i}{b_1} = \frac{1}{b_1}(D\psi)_i = \frac{1}{b_1} \sum_{j=1}^{K} D_{ij}\psi_j = \sum_{j=1}^{K} \tilde{D}_{ij} \left(\frac{D_{1j}}{b_1}\psi_j\right). \tag{1.48}$$

Bezeichnen wir andererseits den Zustandsvektor im diskontierten Marktmodell mit $\tilde{\psi}$, so gilt $\tilde{b} = \tilde{D}\tilde{\psi}$ und damit

$$\tilde{b}_i = \left(\tilde{D}\tilde{\psi}\right)_i = \sum_{j=1}^{K} \tilde{D}_{ij}\tilde{\psi}_j.$$

Durch Vergleich mit (1.48) folgt

$$\tilde{\psi}_j = \frac{D_{1j}}{b_1}\psi_j = \frac{S_1^1(\omega_j)}{S_0^1}\psi_j \text{ für } j = 1, \ldots, K. \tag{1.49}$$

Den Zusammenhang (1.49) erhalten wir auch mit Hilfe von (1.47) durch

$$h \cdot b = \langle \psi, c \rangle = \left\langle \frac{D_1}{b_1}\psi, \frac{b_1}{D_1}c \right\rangle = b_1 \langle \tilde{\psi}, \tilde{c} \rangle,$$

wobei D_1 die erste Zeile von D bezeichnet und $\left(\frac{D_1}{b_1}\psi\right)_j := \frac{D_{1j}}{b_1}\psi_j$ gilt.

Mit (1.46) folgt aus (1.49)

$$\tilde{Q}_j = \tilde{\psi}_j = \frac{S_1^1(\omega_j)}{S_0^1}\psi_j = d\frac{S_1^1(\omega_j)}{S_0^1}Q_j. \tag{1.50}$$

Anmerkung 1.77. Angenommen das Finanzinstrument S^1 ist ein festverzinsliches Wertpapier mit $b_1 = S_0^1 = 1$ und mit $D_{1j} = S_1^1(\omega_j) = 1 + r$ für alle $j = 1, \ldots, K$. Dann gilt für den Preis $c_0 = h \cdot b$ eines replizierbaren Auszahlungsprofils c mit $c = D^\top h$ der Zusammenhang

$$c_0 = h \cdot b = S_0^1 \mathbf{E}^{\tilde{Q}}\left[\frac{c}{S_1^1}\right] = \mathbf{E}^{\tilde{Q}}\left[\frac{c}{1+r}\right]. \tag{1.51}$$

In diesem wichtigen Spezialfall ist also der Wert eines Auszahlungsprofils gleich dem Erwartungswert $\mathbf{E}^{\tilde{Q}}\left[\frac{c}{1+r}\right]$ des mit dem Diskontfaktor $\frac{1}{1+r}$ abdiskontierten Auszahlungsprofils c. Dabei wird der Erwartungswert bezüglich des Wahrscheinlichkeitsmaßes $\tilde{Q} := \tilde{\psi}$ gebildet, das durch die Bedingungen $\tilde{b} = \tilde{D}\tilde{\psi}$, $\tilde{\psi} \gg 0$, definiert ist. Wegen (1.50) und wegen $d = \frac{1}{1+r}$ folgt ferner

$$\tilde{Q} = Q.$$

Existiert in einem arbitragefreien Marktmodell (S_0, S_1) also ein festverzinsliches Wertpapier und wird dieses als Numéraire verwendet, so stimmen die beiden Martingalmaße Q und $\tilde{Q}$ im ursprünglichen und im diskontierten Modell überein.

Beispiel 1.78. Wir betrachten das Beispiel 1.72 mit dem arbitragefreien Marktmodell

$$(b, D) = \left(\begin{pmatrix} 1 \\ 10 \end{pmatrix}, \begin{pmatrix} 1.02 & 1.02 \\ 12 & 9 \end{pmatrix}\right).$$

Der zugehörige eindeutig bestimmte Zustandsvektor lautet

$$\psi = \begin{pmatrix} 0.392 \\ 0.588 \end{pmatrix}.$$

Wählen wir S^1 als Numéraire, so lautet das zugehörige diskontierte Marktmodell

$$\left(\tilde{b}, \tilde{D}\right) = \left(\begin{pmatrix} 1 \\ 10 \end{pmatrix}, \begin{pmatrix} 1 & 1 \\ 11.765 & 8.823 \end{pmatrix} \right).$$

Der zu diesem Marktmodell gehörende Zustandsvektor $\tilde{\psi}$ ergibt sich als Lösung des linearen Gleichungssystems $\tilde{D}\tilde{\psi} = \tilde{b}$ und lautet

$$\tilde{\psi} = \begin{pmatrix} 0.4 \\ 0.6 \end{pmatrix} =: Q.$$

Erwartungsgemäß ist $\tilde{\psi} = Q$ formal ein Wahrscheinlichkeitsmaß. Für die in Beispiel 1.72 betrachtete Call-Option mit Auszahlungsprofil $c = \begin{pmatrix} 1 \\ 0 \end{pmatrix}$ berechnen wir nun (1.51) und erhalten

$$c_0 = \mathbf{E}^Q \left[\frac{c}{1+r} \right] = \mathbf{E}^Q \left[\begin{pmatrix} \frac{1}{1.02} \\ 0 \end{pmatrix} \right] = \frac{0.4}{1.02} = 0.392,$$

also den bereits bekannten Wert aus Beispiel 1.72. Entsprechend ergibt sich für die in Beispiel 1.72 betrachtete Put-Option mit $c = \begin{pmatrix} 0 \\ 1.5 \end{pmatrix}$ der Wert

$$c_0 = \mathbf{E}^Q \left[\frac{c}{1+r} \right] = \mathbf{E}^Q \left[\begin{pmatrix} 0 \\ \frac{1.5}{1.02} \end{pmatrix} \right] = \frac{0.9}{1.02} = 0.882.$$

△

1.11 Zusammenfassung

Eine zustandsabhängige Auszahlung $c \in \mathbb{R}^K$ heißt *replizierbar* in einem Marktmodell $(b, D) \in \mathbb{R}^N \times M_{N\times K}(\mathbb{R})$, wenn $c \in \operatorname{Im} D^\top$. In diesem Fall gibt es ein Portfolio $h \in \mathbb{R}^N$ mit $c = D^\top h$. Ein Marktmodell heißt *vollständig*, wenn jedes Auszahlungsprofil replizierbar ist. Einer replizierbaren Auszahlung c lässt sich genau dann ein eindeutig bestimmter Preis c_0 zum Zeitpunkt 0 zuordnen, wenn $c_0 := h \cdot b$ für jedes replizierende Portfolio h denselben Wert besitzt. Dies ist gleichbedeutend mit der Eigenschaft $\ker D^\top \perp b$, oder äquivalent dazu mit $b \in \operatorname{Im} D$, und im Marktmodell gilt dann das *Law of One Price*. Es gibt in diesem Fall also ein $\psi \in \mathbb{R}^K$ mit $b = D\psi$, und der

Tabelle 1.1. Übersicht Ein-Perioden-Modelle

Ein-Perioden-Modelle	
Marktmodell	$(S_0, S_1) \cong (b, D) \in \mathbb{R}^N \times M_{N\times K}(\mathbb{R}),\ S_0 = b,\ S_1 \cong D$
Replizierbarkeit	$c \in \mathbb{R}^K$ replizierbar
	$\Leftrightarrow \exists h \in \mathbb{R}^N$ mit $c = h \cdot S_1 = D^\top h$
	$\Leftrightarrow\ c \in \operatorname{Im} D^\top$
	$\Leftrightarrow\ c \perp \ker D\quad (\text{da } \mathbb{R}^K = \operatorname{Im} D^\top \oplus \ker D)$
Vollständigkeit	(b, D) vollständig
	$\Leftrightarrow \operatorname{Im} D^\top = \mathbb{R}^K$
	$\Leftrightarrow \ker D = \{0\}\quad (\text{da } \mathbb{R}^K = \operatorname{Im} D^\top \oplus \ker D)$
	$\Leftrightarrow D\psi = b$ hat höchstens eine Lösung $\psi \in \mathbb{R}^K$
Law of One Price	Preis $c_0 := h \cdot b$ von $c = h \cdot S_1 = D^\top h$ unabhängig von h
	$\Leftrightarrow b \perp \ker D^\top$
	$\Leftrightarrow b \in \operatorname{Im} D\ \ (\text{da } \mathbb{R}^N = \operatorname{Im} D \oplus \ker D^\top)$
	$\Leftrightarrow D\psi = b$ hat mindestens eine Lösung $\psi \in \mathbb{R}^K$
	$\Leftrightarrow \exists \psi \in \mathbb{R}^K$ mit $S_0 = b = D\psi = \langle \psi, S_1 \rangle$
(Diskontierung von $D^\top h$)	$\Leftrightarrow \exists \psi \in \mathbb{R}^K$ mit $h \cdot b = \langle \psi, D^\top h \rangle\ \forall h \in \mathbb{R}^N$
Arbitragegelegenheit	Portfolio $h \in \mathbb{R}^N$, das Gewinnmöglichkeit ohne
	Kapitaleinsatz und ohne Zahlungsverpflichtung bietet
	$\Leftrightarrow L(h) > 0$ (Entnahmeprozess $L(h) := (-h \cdot S_0, h \cdot S_1)$)
Fundamentalsatz	(b, D) arbitragefrei
	$\Leftrightarrow \exists \phi \in \mathbb{R}^{K+1}$ mit $\phi \perp \operatorname{Im} L$ und $\phi \gg 0$
	$\Leftrightarrow \exists \psi \in \mathbb{R}^K$ mit $\psi \gg 0$ und $b = D\psi$ (ψ Zustandsvektor)
(Diskontierung von $D^\top h$)	$\Leftrightarrow \exists \psi \in \mathbb{R}^K$ mit $\psi \gg 0$ und $h \cdot b = \langle \psi, D^\top h \rangle\ \forall h \in \mathbb{R}^N$
	$\Longrightarrow h \cdot b = dE^Q\left[D^\top h\right]\quad \left(d = \sum_{j=1}^K \psi_j,\ Q = \frac{\psi}{d}\right)$

Preis c_0 jeder replizierbaren Auszahlung $c = D^\top h \in \mathbb{R}^K$ lässt sich darstellen als $c_0 = h \cdot b = D\psi \cdot h = \langle \psi, D^\top h \rangle = \langle \psi, c \rangle$. Zur Berechnung von c_0 muss das replizierende Portfolio h somit nicht bekannt sein, und $c_0 = \langle \psi, c \rangle$

kann als *verallgemeinerte Diskontierung* des zukünftigen zustandsabhängigen Zahlungsstroms c auf den Zeitpunkt 0 interpretiert werden.

Im Rahmen eines Marktmodells (b, D) heißt ein Portfolio h *Arbitragegelegenheit*, falls $L(h) = (-h \cdot b,\, D^\top h) > 0$ gilt. In diesem Fall bietet die Investition in das Portfolio h eine risikolose Gewinnmöglichkeit ohne eigenen Kapitaleinsatz.

In der Regel wird vorausgesetzt, dass Arbitragegelegenheiten in effizienten Märkten nicht oder nur kurzzeitig auftreten, da Investoren jede dieser Gelegenheiten schnell erkennen und ausnutzen würden. Dies hätte eine Verschiebung der Preise der zugehörigen Finanzinstrumente zur Folge, so dass die Arbitragegelegenheiten nach kurzer Zeit wieder verschwunden wären.

In einem Marktmodell (b, D) gilt ein grundlegender Struktursatz, der *Fundamentalsatz der Preistheorie*. Er besagt, dass Arbitragefreiheit äquivalent ist zur Existenz eines *Zustandsvektors*. Dies ist eine strikt positive Lösung $\psi \gg 0$ des Gleichungssystems $D\psi = b$. In arbitragefreien Marktmodellen gilt also insbesondere das *Law of One Price*.

Ein Auszahlungsprofil c ist in einem arbitragefreien Marktmodell genau dann replizierbar, wenn $\langle \psi, c \rangle$ für jeden Zustandsvektor ψ denselben Wert besitzt. Ist also der Zustandsvektor in einem Marktmodell (b, D) eindeutig bestimmt, so ist jedes Auszahlungsprofil replizierbar, und in diesem Fall ist (b, D) daher vollständig.

Sei ψ ein Zustandsvektor in einem arbitragefreien Marktmodell. Wegen $\psi \gg 0$ lässt sich der Preis $\langle \psi, c \rangle$ jedes replizierbaren Auszahlungsprofils c formal als *diskontierter Erwartungswert der Auszahlung* c schreiben, denn es gilt $\langle \psi, c \rangle = d\langle \frac{\psi}{d}, c \rangle = d\mathbf{E}^Q[c]$, wobei $d := \sum_{j=0}^K \psi_j > 0$ und $Q := \frac{\psi}{d}$. Das Wahrscheinlichkeitsmaß Q wird *Preismaß* genannt, oder, wegen $\mathbf{E}^Q[dS_1^i] = \langle \psi, S_1^i \rangle = \langle \psi, D^\top e_i \rangle = \langle D\psi, e_i \rangle = e_i \cdot S_0 = S_0^i$, auch *Martingalmaß*[6]. Die Darstellung $c_0 = d\mathbf{E}^Q[c]$ für den Wert einer replizierbaren Auszahlung c zum Zeitpunkt 0 spezialisiert sich für deterministische Auszahlungen unmittelbar auf den vertrauten Ausdruck dc. Denn ist c deterministisch, gilt also $c = c \cdot (1, \ldots, 1)$, so gilt

$$c_0 = dc\mathbf{E}^Q[(1, \ldots, 1)] = dc.$$

Die Zahl d lässt sich daher als *Diskontfaktor* interpretieren, falls im betrachteten Marktmodell festverzinsliche Kapitalanlagen realisierbar sind.

In Tabelle 1.1 finden Sie eine Zusammenstellung der wichtigsten Resultate dieses Kapitels.

1.12 Weitere Aufgaben

Aufgabe 1.7. Betrachten Sie das Marktmodell

[6] Wegen $\mathbf{E}^Q[dS_1^i] = S_0^i$ definiert der diskontierte Preisprozess (S_0, dS_1) ein Martingal bezüglich Q und der Filtration $\mathcal{F}_0 = \{\varnothing, \Omega\}$, $\mathcal{F}_1 = \mathcal{P}(\Omega)$. Auf die Begriffe Filtration und Martingal wird in späteren Kapiteln noch ausführlich eingegangen.

$$(b, D) = \left(\begin{pmatrix} 1 \\ 5 \end{pmatrix}, \begin{pmatrix} 1.1 & 1.1 \\ 7 & 4 \end{pmatrix} \right).$$

1. Untersuchen Sie (b, D) auf Vollständigkeit und auf Arbitragefreiheit.
2. Bestimmen Sie den Wert einer Call-Option auf S^2 mit Basispreis $K = 6$.
3. Berechnen Sie den Forward-Preis F eines Forward-Kontrakts auf S^2.

Aufgabe 1.8. Betrachten Sie das Marktmodell

$$(b, D) = \left(\begin{pmatrix} 1 \\ 5 \end{pmatrix}, \begin{pmatrix} 1.1 & 1.1 & 1.1 \\ 7 & 4 & 6 \end{pmatrix} \right).$$

1. Untersuchen Sie (b, D) auf Vollständigkeit und auf Arbitragefreiheit.
2. Bestimmen Sie den Wert einer Call-Option auf S^2 mit Basispreis $K = 6$.
3. Berechnen Sie den Forward-Preis F eines Forward-Kontrakts auf S^2.

Aufgabe 1.9. Betrachten Sie das Marktmodell

$$(b, D) = \left(\begin{pmatrix} 1 \\ 5 \\ 10 \end{pmatrix}, \begin{pmatrix} 1.1 & 1.1 & 1.1 \\ 7 & 4 & 6 \\ 12 & 9 & 9 \end{pmatrix} \right).$$

1. Zeigen Sie, dass (b, D) vollständig, aber nicht arbitragefrei ist.
2. Finden Sie eine Arbitragegelegenheit.

Aufgabe 1.10. Betrachten Sie das Marktmodell

$$(b, D) = \left(\begin{pmatrix} 1 \\ 5 \\ 10 \end{pmatrix}, \begin{pmatrix} 1.1 & 1.1 & 1.1 & 1.1 \\ 7 & 4 & 6 & 3 \\ 12 & 9 & 9 & 13 \end{pmatrix} \right).$$

1. Zeigen Sie, dass (b, D) nicht vollständig, dagegen aber arbitragefrei ist.
2. Geben Sie eine zustandsabhängige Auszahlung $c \in \mathbb{R}^4$ an, die nicht repliziert werden kann.
3. Bestimmen Sie die Menge aller replizierbaren Auszahlungen.

Aufgabe 1.11. Betrachten Sie das Marktmodell

$$(b, D) = \left(\begin{pmatrix} 1 \\ 5 \\ 10 \end{pmatrix}, \begin{pmatrix} 1.1 & 1.1 & 1.1 \\ 3 & 4 & 7 \\ 12 & 9 & 11 \end{pmatrix} \right).$$

1. Zeigen Sie, dass das Marktmodell arbitragefrei und vollständig ist.
2. Bestimmen Sie die Werte einer Call- und einer Put-Option auf S^3 mit Basispreis $K = 10$.

3. Verifizieren Sie die Put-Call-Parität mit Hilfe der Ergebnisse aus 2.
4. Bestimmen Sie die Werte aus 2. mit Hilfe des diskontierten Marktmodells, wobei S^1 als Numéraire gewählt werden soll.
5. Bestimmen Sie die Werte aus 2. mit Hilfe des diskontierten Marktmodells, wobei S^3 als Numéraire gewählt werden soll.

Aufgabe 1.12. Betrachten Sie das Marktmodell

$$(b, D) = \left(\begin{pmatrix} 56 \\ 8 \\ 33 \end{pmatrix}, \begin{pmatrix} 60 & 59 & 57 \\ 11 & 7 & 10 \\ 32 & 36 & 41 \end{pmatrix} \right).$$

1. Zeigen Sie, dass (b, D) arbitragefrei und vollständig ist, und bestimmen Sie den eindeutig bestimmten Zustandsvektor ψ.
2. Finden Sie die eindeutig bestimmte festverzinsliche Anlage θ mit der Eigenschaft $\theta \cdot S_1(\omega) = 1$ für alle $\omega \in \Omega$.
3. Bestimmen Sie daraus den Diskontfaktor d und den risikolosen Zinssatz r.
4. Verifizieren Sie $d = \sum_{j=1}^{3} \psi_j$.

Aufgabe 1.13. Sei (b, D) ein arbitragefreies Marktmodell mit Zustandsvektor ψ und seien C und C' zwei Investitionsalternativen, die zu den beiden zukünftigen zustandsabhängigen replizierbaren Auszahlungen $c \in \mathbb{R}^K$ und $c' \in \mathbb{R}^K$ führen. Wir möchten ein Kriterium einführen, nach dem derartige Investitionen bewertet werden können und nach dem insbesondere festgestellt werden kann, ob und wann C' gegenüber C zu bevorzugen ist. Dazu wird auf $\operatorname{Im} D^\top \times \operatorname{Im} D^\top$ eine Relation $\succ$ definiert durch

$$c' \succ c \Longleftrightarrow \langle \psi, c' \rangle \geq \langle \psi, c \rangle .$$

$c' \succ c$ bedeutet, dass c' wenigstens so gut ist wie c. Dies ist definitionsgemäß also genau dann der Fall, wenn der auf $t = 0$ transformierte Wert $\langle \psi, c' \rangle$ von c' größer gleich dem auf $t = 0$ transformierten Wert $\langle \psi, c \rangle$ von c ist.

1. Zeigen Sie, dass $\succ$ eine reflexive und transitive Relation definiert.
2. Definiert $\succ$ auch eine Ordnungsrelation?[7]

[7] Eine Relation $\succ$ auf einer Menge M heißt **Ordnungsrelation**, wenn gilt

$$a \succ a \text{ für alle } a \in M \text{ (reflexiv)}$$
$$a \succ b \text{ und } b \succ a \implies a = b \text{ (antisymmetrisch)}$$
$$a \succ b, b \succ c \implies a \succ c \text{ (transitiv)}$$

2

Portfoliotheorie

In diesem Kapitel werden die Grundlagen der klassischen Portfoliotheorie dargestellt. Die zentrale Annahme der Portfoliotheorie besteht darin, dass Anleger ihre Investitionsentscheidungen ausschließlich auf die beiden Größen Rendite und Risiko gründen. Im Rahmen der Portfoliotheorie möchten Investoren bei einem vorgegebenen Risiko einen möglichst hohen Anlageerfolg erzielen. Oder Investoren möchten bei vorgegebenem Anlageerfolg ein möglichst geringes Risiko eingehen. Die Portfoliotheorie quantifiziert den Anlageerfolg als den Erwartungswert und das Anlagerisiko als die Standardabweichung der Anlagerendite.

Weitere Informationen zur Portfoliotheorie finden sich in Dothan [14], Pliska [45], Luenberger [41] und in Huang/Litzenberger [22].

Im Rahmen der Portfoliotheorie wird das Ein-Perioden-Modell $(b, D) \cong (S_0, S_1)$ des letzten Kapitels um ein Wahrscheinlichkeitsmaß P erweitert, das zum Zeitpunkt $t = 0$ für jeden Zustand $\omega_j \in \Omega$ eine Wahrscheinlichkeit $P(\omega_j) > 0$ für das Eintreten des Zustands ω_j zum Zeitpunkt $t = 1$ spezifiziert. Ein derartiges Marktmodell bezeichnen wir im folgenden häufig mit (b, D, P) oder alternativ mit (S_0, S_1, P).

2.1 Rendite und Risiko

Definition 2.1. *Sei $(b, D) \cong (S_0, S_1)$ ein Marktmodell. Sei weiter $h \in \mathbb{R}^N$ ein Portfolio mit Anfangswert $h \cdot S_0 = h \cdot b > 0$. Dann ist die* ***Rendite*** *R_h von h durch*

$$R_h := \frac{h \cdot (S_1 - S_0)}{h \cdot S_0} = \frac{D^\top h}{h \cdot b} - 1 \tag{2.1}$$

definiert.

Gleichung (2.1) bedeutet $R_h(\omega_j) = \frac{h \cdot (S_1(\omega_j) - S_0)}{h \cdot S_0}$ für jedes $\omega_j \in \Omega$. Die Rendite R_h eines Portfolios h hängt also vom Szenario ab, welches zum Zeitpunkt $t = 1$ realisiert wird und ist damit als reellwertige Funktion auf Ω eine Zufallsvariable. Alternativ kann R_h als Element des $\mathbb{R}^K$ aufgefasst werden.

J. Kremer, *Portfoliotheorie, Risikomanagement und die Bewertung von Derivaten*, 2. Aufl., Springer-Lehrbuch, DOI 10.1007/978-3-642-20868-3_2, © Springer-Verlag Berlin Heidelberg 2011

Anmerkung 2.2. Mit $V_0(h) = V_0 = h \cdot S_0$ und mit $V_1(h) = V_1 = h \cdot S_1$ gilt auch

$$R_h = \frac{V_1 - V_0}{V_0}. \tag{2.2}$$

2.1.1 Die erwartete Rendite

Definition 2.3. *In einem Marktmodell $(b, D, P) \cong (S_0, S_1, P)$ ist die* ***erwartete Rendite*** $\mu_h \in \mathbb{R}$ *eines Portfolios h definiert als*

$$\mu_h := \mathbf{E}^P[R_h] := \sum_{j=1}^{K} R_h(\omega_j) P(\omega_j). \tag{2.3}$$

Diese Größe ist im Rahmen der Portfoliotheorie das Maß für den Erfolg einer Anlage h.

Hier bedeutet der Index P in $\mathbf{E}^P[R_h]$, dass der Erwartungswert bezüglich des Wahrscheinlichkeitsmaßes P gebildet wird. In der Regel werden wir jedoch $\mathbf{E}$ anstelle von $\mathbf{E}^P$ schreiben. Entsprechend wird bei der Bezeichnung μ_h für die erwartete Rendite häufig das Portfolio h weggelassen, also einfach μ geschrieben.

2.1.2 Risiko, Varianz und Volatilität

Je stärker die Werte der Rendite R_h eines Portfolios h um den Erwartungswert $\mathbf{E}^P[R_h]$ schwanken, desto größer ist das Risiko, dass die in einem Zustand ω_j erzielte Rendite $R_h(\omega_j)$ vom Erwartungswert abweichen wird.

Als Maß für die Stärke dieser Schwankung definieren wir zunächst die **Varianz** $\mathbf{V}[R_h]$,

$$\begin{aligned} \mathbf{V}[R_h] &:= \mathbf{E}[(R_h - \mathbf{E}[R_h])^2] \\ &= \sum_{j=1}^{K} (R_h(\omega_j) - \mu)^2 P(\omega_j), \end{aligned} \tag{2.4}$$

wobei $\mu := \mathbf{E}^P[R_h]$. Betrachten wir die Formel für die Varianz genauer. Hier wird die Abweichung jeder möglichen Rendite $R_h(\omega_j)$ vom Mittelwert quadriert, $(R_h(\omega_j) - \mu)^2$. Auf diese Weise liefert jede Abweichung vom Mittelwert einen positiven Beitrag, und die einzelnen Abweichungen können sich bei Summierung nicht gegenseitig aufheben. Durch das Quadrat werden größere Abweichungen vom Mittelwert stärker berücksichtigt. Schließlich werden die quadrierten Differenzen mit der Eintrittswahrscheinlichkeit $P(\omega_j)$ des jeweiligen Szenarios ω_j gewichtet. Je geringer die Wahrscheinlichkeit $P(\omega_j)$ für das Eintreten eines Zustands ω_j ist, desto geringer fällt die quadrierte Abweichung $(R_h(\omega_j) - \mu)^2$ bei der Berechnung von $\mathbf{V}[R_h]$ ins Gewicht.

Definition 2.4. *Wir definieren als* ***Risiko*** *oder* ***Volatilität*** σ_h *einer Anlage* h *die Wurzel aus der Varianz* $\mathbf{V}[R_h]$ *der Portfoliorendite* R_h*, also*

$$\sigma_h := \sqrt{\mathbf{V}[R_h]}. \tag{2.5}$$

Das Risiko σ_h eines Portfolios h wird also als **Standardabweichung** der Rendite R_h von h definiert. Wenn keine Verwechslungen zu befürchten sind, so wird in der Bezeichnung σ_h gelegentlich das Portfolio h weggelassen, also analog zum Erwartungswert der Rendite einfach σ geschrieben. Mit der Varianz lässt sich in der Regel leichter rechnen, die Volatilität besitzt dagegen eine anschauliche Bedeutung. Im Intervall von $\mu - \sigma$ bis $\mu + \sigma$ liegen bei normalverteilten Renditen knapp 70% aller Renditewerte.

Bemerkenswert ist, dass bei dem hier definierten Risikobegriff sowohl negative als auch positive – und damit in der Regel erwünschte – Abweichungen vom Mittelwert einen Risikobeitrag liefern. Das Risiko wird hier also allgemein als *Stärke der Streuung um den Erwartungswert* definiert und entspricht damit *nicht* der intuitiven Bedeutung, die Risiko als die Gefahr des Eintreffens *ungünstiger* Umstände charakterisiert.

Bei symmetrischen Verteilungen, wie etwa der Normalverteilung, ist die Berücksichtigung positiver Abweichungen vom Mittelwert für die Definition des Risikos nicht kritisch. Bei allgemeineren, insbesondere nichtsymmetrischen Renditeverteilungen ist die Varianz als Risikobegriff jedoch nicht unumstritten. Darüber hinaus können zwei Verteilungen zwar gleiche Varianz, jedoch vollkommen unterschiedliche Verteilungen besitzen. Mittelwert und Varianz reichen zur Beschreibung einer gegebenen Verteilungsstruktur im allgemeinen nicht aus. Eine Normalverteilung dagegen ist durch diese beiden Werte eindeutig charakterisiert.

Es ist also weder zwingend, das Risiko einer Investition in einer einzigen Zahl auszudrücken, noch ist es zwingend, als Definition für das Anlagerisiko die Wurzel aus dem Erwartungswert der quadratischen Abweichungen vom Mittelwert zu verwenden. Dennoch ist dieser Risikobegriff in der Praxis von großer Bedeutung und grundlegend in der Portfoliotheorie.

Lemma 2.5. *Sei* $h \in \mathbb{R}^N$ *ein Portfolio mit* $h \cdot S_0 > 0$*. Dann gilt* $\mathbf{V}[R_h] = 0$ *genau dann, wenn* R_h *konstant ist, und dies ist gleichbedeutend mit*

$$R_h(\omega) = \mu_h$$

für alle $\omega \in \Omega$*.*

Beweis. Aus der Definition folgt

$$\mathbf{V}[R_h] = \sum_{j=1}^{K} \left(R_h(\omega_j) - \mu_h\right)^2 P(\omega_j) = 0$$

genau dann, wenn $R_h(\omega_j) = \mu_h$ für alle $j = 1, \ldots, K$. □

2.1.3 Rationale Investoren

Anleger oder Investoren können vollkommen unterschiedliche Kapitalausstattungen und Einschätzungen über die zukünftigen Entwicklungen der Finanzmärkte haben. Dennoch scheinen sie in der Praxis häufig folgende Prinzipien zu befolgen, die sie als sogenannte *rationale Investoren* kennzeichnen:

1. *Nichtsättigung.* Ein rationaler Anleger wird, sobald er die Möglichkeit zu weiteren Erträgen hat, diese auch realisieren.
2. *Risikoaversion.* Ein rationaler Anleger wird die Risiken seiner Anlageentscheidungen stets so niedrig wie möglich halten.

In der Praxis sind das konkurrierende Ansprüche an die Anlagemöglichkeiten. Der Anleger muss in aller Regel bereit sein, zusätzliche Risiken einzugehen, um zusätzliche Erträge erzielen zu können.

Investoren unterscheiden sich dagegen in ihrer Bereitschaft, Risiken einzugehen. Für einen *risikoaversen Anleger* müssen die Ertragschancen von Anlagen mit zunehmendem Risikoniveau überproportional steigen, damit er noch bereit ist, zusätzliche Risiken in Kauf zu nehmen. Demgegenüber wird ein *risikofreudiger Anleger* tendenziell die Position vertreten, dass mit zusätzlichem Risiko seine Ertragschancen wachsen und er daher bereit ist, diese zu akzeptieren.

2.1.4 Das μ-σ-Diagramm

Werden jeder Anlage die beiden Größen *erwartete Rendite* μ und *Risiko* σ zugeordnet, so kann jede Anlage als Punkt $(\sigma, \mu) \in \mathbb{R}^2$ in einer Ebene repräsentiert werden. Die zugehörige Graphik wird μ-σ-Diagramm genannt.

Haben Investoren in der Situation von Abb. 2.1 die Wahl zwischen den Anlagen B und C, so wählen Sie B, weil beide Investitionen über den gleichen erwarteten Ertrag verfügen, die Anlage B aber ein geringeres Risiko besitzt.

Bei einer Auswahl zwischen den Anlagen A und C wählen rationale Investoren die Anlage A, weil beide Investitionen das gleiche Risiko besitzen. Die Anlage A besitzt jedoch gegenüber C einen höheren Ertrag.

Hat ein rationaler Investor jedoch die Auswahl zwischen den Investitionen A und B, so liefert die Portfoliotheorie keine Entscheidungsgrundlage. Die Anlage A verfügt über einen höheren Ertrag als die Anlage B, aber sie besitzt auch ein höheres Risiko. Die Auswahl einer der beiden Investitionen hängt von der *Risikoeinstellung des Investors* ab.

2.2 Portfolioanalyse

Wir versuchen nun, das Risiko und die Rendite eines Portfolios mit Hilfe der Renditen und Risiken der Finanzinstrumente, die im Portfolio enthalten sind, auszudrücken.

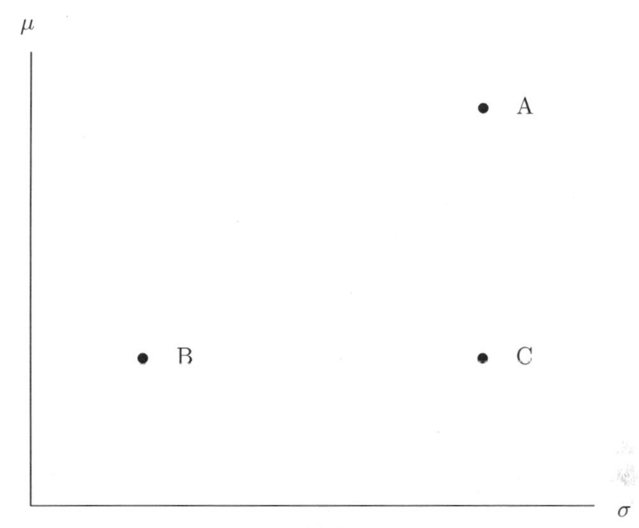

Abb. 2.1. μ-σ-Diagramm

Dabei wird ein bemerkenswerter Effekt zutage treten, der als *Diversifikation* bekannt ist und bedeutet, dass sich durch eine geeignete Mischung von Finanztiteln das Risiko eines Portfolios reduzieren lässt, ohne dass sich die erwartete Rendite in gleichem Maße verringert.

Wie sehr sich das Risiko eines Portfolios absenken lässt, hängt vom Ausmaß der Gegenläufigkeit der Bestandteile des Portfolios ab und wird mit Hilfe der Begriffe *Kovarianz* und *Korrelation* formalisiert.

2.2.1 Rendite und erwartete Rendite eines Portfolios

Die Rendite R_h eines Portfolios h kann als Linearkombination der Renditen $R_i := \frac{S_1^i - S_0^i}{S_0^i}$ der Portfoliobestandteile S^i für $i = 1, \ldots, N$ dargestellt werden. Bezeichnet $e_i \in \mathbb{R}^N$ für $i = 1, \ldots, N$ den i-ten Standardbasisvektor, so gilt offenbar $R_{e_i} = R_i$.

Lemma 2.6. *Angenommen, es gilt* $S_0^i > 0$ *für alle* $i = 1, \ldots, N$ *und angenommen, es gilt* $V_0 = h \cdot S_0 > 0$ *für ein Portfolio* $h \in \mathbb{R}^N$*. Dann gilt mit* $\alpha_i := \frac{h_i S_0^i}{h \cdot S_0}$ *und mit* $R_i = \frac{S_1^i - S_0^i}{S_0^i}$

$$\begin{aligned} R_h &= \sum_{i=1}^{N} \alpha_i R_i \\ &= \alpha \cdot R. \end{aligned} \tag{2.6}$$

Beweis. Dies folgt sofort aus

$$\begin{aligned} V_1 - V_0 &= h \cdot (S_1 - S_0) \\ &= \sum_{i=1}^{N} h_i S_0^i \frac{S_1^i - S_0^i}{S_0^i} \end{aligned}$$

und Division durch $V_0 = h \cdot S_0$. □

In der Darstellung (2.6) kennzeichnet $\alpha_i = \frac{h_i S_0^i}{h \cdot S_0}$ den Bruchteil des Anfangskapitals, das in das i-te Finanzinstrument investiert wird.

Lemma 2.7. *Für den Erwartungswert* $\mathbf{E}[R_h]$ *der Portfoliorendite* R_h *eines Portfolios* h *gilt*

$$\mathbf{E}[R_h] = \mathbf{E}[\alpha \cdot R] = \sum_{i=1}^{N} \alpha_i \mathbf{E}[R_i] = \alpha \cdot \mathbf{E}[R], \tag{2.7}$$

wobei $\mathbf{E}[R_h] := (\mathbf{E}[R_1], \ldots, \mathbf{E}[R_N]) \in \mathbb{R}^N$.

Beweis. Offenbar gilt

$$\begin{aligned} \mathbf{E}[R_h] &= \mathbf{E}\left[\sum_{i=1}^{N} \alpha_i R_i\right] \\ &= \sum_{i=1}^{N} \alpha_i \mathbf{E}[R_i]. \end{aligned}$$

□

Die erwartete Rendite eines Portfolios ist also eine Linearkombination der erwarteten Renditen der Portfoliobestandteile.

Lemma 2.8. *Sei* $\alpha_i = \frac{h_i S_0^i}{h \cdot S_0} \geq 0$ *für alle* $i = 1, \ldots, N$. *Dann gilt mit* $\mu_h := \mathbf{E}[R_h]$

$$\mu_{\min} \leq \mu_h \leq \mu_{\max},$$

wobei

$$\mu_{\min} := \min\{\mu_i \,|\, i = 1, \ldots, N\}$$

und

$$\mu_{\max} := \max\{\mu_i \,|\, i = 1, \ldots, N\}$$

mit $\mu_i := \mathbf{E}[R_i]$ *für* $i = 1, \ldots, N$.

Beweis. Dies folgt aus

$$\begin{aligned} \mathbf{E}[R_h] &= \sum_{i=1}^{N} \alpha_i \mathbf{E}[R_i] \\ &\leq \mu_{\max} \sum_{i=1}^{N} \alpha_i \\ &= \mu_{\max} \end{aligned}$$

wegen $\sum_{i=1}^{N} \alpha_i = 1$. Analog erhalten wir $\mu_{\min} \leq \mathbf{E}[R_h]$. □

Wenn keine Leerverkäufe vorliegen, wenn also $\alpha_i \geq 0$ für alle $i = 1, \ldots, N$, dann liegt die erwartete Rendite $\mathbf{E}[R_h]$ eines Portfolios h zwischen der kleinsten und größten erwarteten Rendite der im Portfolio vertretenen Finanzinstrumente.

Beispiel 2.9. Wir betrachten ein Portfolio $h = (h_1, h_2)$ aus zwei Wertpapieren und definieren $\alpha := \frac{h_1 S_0^1}{h \cdot S_0}$. Dann ist $1 - \alpha = \frac{h_2 S_0^2}{h \cdot S_0}$, und es gilt

$$R_h = \alpha R_1 + (1 - \alpha) R_2.$$

Daraus folgt für die Portfoliorendite der Ausdruck

$$\mathbf{E}[R_h] = \alpha \mathbf{E}[R_1] + (1 - \alpha) \mathbf{E}[R_2].$$

Werden also 30% des eingesetzten Kapitals in das erste Wertpapier investiert und 70% in das zweite, so lautet die Rendite des resultierenden Portfolios

$$R_h = 0.3 \cdot R_1 + 0.7 \cdot R_2,$$

und wir erhalten für die erwartete Portfoliorendite den Ausdruck

$$\mathbf{E}[R_h] = 0.3 \cdot \mathbf{E}[R_1] + 0.7 \cdot \mathbf{E}[R_2].$$

Für $\mathbf{E}[R_1] \leq \mathbf{E}[R_2]$ gilt

$$\mathbf{E}[R_1] \leq \mathbf{E}[R_h] \leq \mathbf{E}[R_2].$$

△

2.2.2 Varianz und Standardabweichung eines Portfolios

Satz 2.10. *Angenommen, es gilt $S_0^i \neq 0$ für alle $i = 1, \ldots, N$ und angenommen, es gilt $V_0 = h \cdot S_0 > 0$ für ein Portfolio $h \in \mathbb{R}^N$. Dann gilt mit $\alpha_i := \frac{h_i S_0^i}{h \cdot S_0}$ und mit $R_i = \frac{S_1^i - S_0^i}{S_0^i}$*

$$\sigma_h^2 = \mathbf{V}[R_h] = \sum_{i=1}^{N} \sum_{j=1}^{N} \alpha_i \alpha_j \mathbf{E}\left[(R_i - \mu_i)\left(R_j - \mu_j\right)\right]. \tag{2.8}$$

Beweis. Sei $h \in \mathbb{R}^N$ ein Portfolio. Dann gilt mit (2.6) und (2.7)

$$R_h = \sum_{i=1}^{N} \alpha_i R_i,$$

und

$$\mu = \mathbf{E}[R_h] = \sum_{i=1}^{N} \alpha_i \cdot \mu_i,$$

wobei $\mu := \mathbf{E}[R_h]$ und $\mu_i := \mathbf{E}[R_i]$. Die Varianz des Portfolios lässt sich dann schreiben als

$$\begin{aligned}\mathbf{V}[R_h] &= \mathbf{E}[(R_h-\mu)^2]\\ &= \mathbf{E}\left[\left(\sum_{i=1}^{N}\alpha_i\,(R_i-\mu_i)\right)^2\right]\\ &= \mathbf{E}\left[\left(\sum_{i=1}^{N}\alpha_i\,(R_i-\mu_i)\right)\left(\sum_{j=1}^{N}\alpha_j\,(R_j-\mu_j)\right)\right]\\ &= \mathbf{E}\left[\sum_{i=1}^{N}\sum_{j=1}^{N}\alpha_i\alpha_j\,(R_i-\mu_i)\,(R_j-\mu_j)\right]\\ &= \sum_{i=1}^{N}\sum_{j=1}^{N}\alpha_i\alpha_j\mathbf{E}\left[(R_i-\mu_i)\,(R_j-\mu_j)\right].\end{aligned}$$

□

Definition 2.11. *Die **Kovarianz** von R_i und R_j ist definiert als*

$$\mathbf{Cov}\,(R_i,R_j) := \mathbf{E}\left[(R_i-\mu_i)\,(R_j-\mu_j)\right]. \tag{2.9}$$

Lemma 2.12. *Die Kovarianz* **Cov** *ist eine symmetrische, positiv semidefinite Bilinearform, d.h. es gilt*

- $\mathbf{Cov}\,(R_i,R_j) = \mathbf{Cov}\,(R_j,R_i)$ *(Symmetrie)*
- $\mathbf{Cov}\,(\alpha R_i+\beta R_j,R_k) = \alpha\mathbf{Cov}\,(R_i,R_k)+\beta\mathbf{Cov}\,(R_j,R_k)$
  $\mathbf{Cov}\,(R_i,\alpha R_j+\beta R_k) = \alpha\mathbf{Cov}\,(R_i,R_j)+\beta\mathbf{Cov}\,(R_i,R_k)$ *(Bilinearität)*
- $\mathbf{Cov}\,(R_i,R_i) \geq 0$ *(Positive Semidefinitheit)*

Ferner gilt

$$\mathbf{Cov}\,(R_i,R_i) = \mathbf{V}[R_i]$$

und

$$\mathbf{Cov}\,(R_i,R_j) = \mathbf{E}[R_iR_j]-\mu_i\mu_j.$$

Beweis. Die Symmetrie der Kovarianz folgt unmittelbar aus der Definition. Bilden wir die Kovarianz einer Rendite R_i mit sich selbst, so erhalten wir

$$\mathbf{Cov}\,(R_i,R_i) = \mathbf{E}\left[(R_i-\mu_i)^2\right] = \mathbf{V}[R_i].$$

Die Varianz $\mathbf{V}[R_i]$ ist stets ≥ 0 und verschwindet nach Lemma 2.5 genau dann, wenn R_i konstant ist. Also ist die Kovarianz positiv semidefinit.

Aus der Linearität des Erwartungswertes folgt

$$\begin{aligned}\mathbf{Cov}(R_i, R_j) &= \mathbf{E}\left[(R_i - \mu_i)\left(R_j - \mu_j\right)\right] \\ &= \mathbf{E}[R_i R_j] - \mathbf{E}\left[R_i \mu_j\right] - \mathbf{E}[\mu_i R_j] + \mu_i \mu_j \\ &= \mathbf{E}[R_i R_j] - \mu_i \mu_j.\end{aligned}$$

Hieraus wiederum folgt sofort die Bilinearität der Kovarianz. □

Definition 2.13. *Die $N \times N$-Matrix $\mathbf{C}$, gegeben durch*

$$\mathbf{C}_{ij} := \mathbf{Cov}(R_i, R_j),$$

für $i, j = 1, \ldots, N$, heißt ***Kovarianzmatrix****. Nach Lemma 2.12 ist $\mathbf{C}$ symmetrisch und positiv semidefinit.*

Lemma 2.14. *Für die Varianz $\mathbf{V}[R_h]$ der Rendite eines Portfolios h gilt*

$$\sigma^2 = \mathbf{V}[R_h] = \langle \alpha, \mathbf{C}\alpha \rangle,$$

also

$$\sigma = \sqrt{\langle \alpha, \mathbf{C}\alpha \rangle}. \tag{2.10}$$

Beweis. Mit (2.8) und Definition 2.13 erhalten wir

$$\begin{aligned}\sigma^2 &= \sum_{i=1}^{N} \sum_{j=1}^{N} \alpha_i \alpha_j \mathbf{E}\left[(R_i - \mu_i)\left(R_j - \mu_j\right)\right] \\ &= \sum_{i=1}^{N} \alpha_i \sum_{j=1}^{N} \mathbf{C}_{ij} \alpha_j \\ &= \sum_{i=1}^{N} \alpha_i (\mathbf{C}\alpha)_i \\ &= \langle \alpha, \mathbf{C}\alpha \rangle.\end{aligned}$$

□

Zerlegung der Varianz eines Portfolios

Während die erwartete Rendite eines Portfolios gleich der gewichteten Summe der erwarteten Renditen der Portfoliobestandteile ist, gilt ein analoger Zusammenhang für die Portfoliovarianz nicht. Die gewichtete Summe der Portfoliobestandteile bildet dagegen einen Teil der Portfoliovarianz, wie die folgende Zerlegung zeigt.

Wegen $\mathbf{Cov}(R_i, R_i) = \mathbf{V}[R_i]$ können wir die Varianz eines Portfolios schreiben als

$$\mathbf{V}[R_h] = \underbrace{\sum_{i=1}^{N} \alpha_i^2 \mathbf{V}[R_i]}_{\text{Varianzanteil}} + \underbrace{\sum_{\substack{i,j=1 \\ i \neq j}}^{N} \alpha_i \alpha_j \mathbf{Cov}(R_i, R_j)}_{\text{Kovarianzanteil}}. \tag{2.11}$$

Der erste Summand der rechten Seite heißt *Varianzanteil*, der zweite Summand *Kovarianzanteil* der Portfoliovarianz. Der Varianzanteil lässt sich berechnen, wenn nur die Renditen der Bestandteile des Portfolios bekannt sind. Hier gehen, im Gegensatz zum Kovarianzanteil, keine Informationen über Beziehungen *zwischen* den Renditen der Portfoliobestandteile ein.

Beispiel 2.15. Sei $V = h \cdot S = h_1 S^1 + h_2 S^2$ der Wert eines Portfolios $h = (h_1, h_2)$ mit zwei Finanztiteln S^1 und S^2. Wir setzen $V_0 = h \cdot S_0 > 0$ voraus. Dann gilt

$$R_h = \alpha_1 R_1 + \alpha_2 R_2$$

mit $\alpha_1 = \frac{h_1 S_0^1}{V_0}$ und $\alpha_2 = \frac{h_2 S_0^2}{V_0}$. Setzen wir $\alpha := \alpha_1$, so ist $\alpha_2 = 1 - \alpha$, und die erwartete Portfoliorendite lautet

$$\begin{aligned} \mathbf{E}[R_h] &= \alpha_1 \mathbf{E}[R_1] + \alpha_2 \mathbf{E}[R_2] \\ &= \alpha \mu_1 + (1 - \alpha) \mu_2. \end{aligned}$$

Für die Varianz der Portfoliorendite erhalten wir den Ausdruck

$$\begin{aligned} \mathbf{V}[R_h] &= \sum_{i=1}^{2} \sum_{j=1}^{2} \alpha_i \alpha_j \mathbf{E}[(R_i - \mu_i)(R_j - \mu_j)] \\ &= \alpha^2 \mathbf{V}[R_1] + (1 - \alpha)^2 \mathbf{V}[R_2] + 2\alpha (1 - \alpha) \mathbf{Cov}(R_1, R_2) \\ &= (\alpha \sigma_1)^2 + ((1 - \alpha) \sigma_2)^2 + 2\alpha (1 - \alpha) \mathbf{Cov}(R_1, R_2). \end{aligned}$$

Hier ist also $\alpha^2 \mathbf{V}[R_1] + (1 - \alpha)^2 \mathbf{V}[R_2] = (\alpha \sigma_1)^2 + ((1 - \alpha) \sigma_2)^2$ der Varianzanteil und $2\alpha (1 - \alpha) \mathbf{Cov}(R_1, R_2)$ der Kovarianzanteil der Portfoliovarianz. △

Aufgabe 2.1. Betrachten Sie ein Portfolio, das aus den beiden Wertpapieren S^1 und S^2 besteht. Die erwartete Rendite von S^1 betrage 5%, die von S^2 habe den Wert 8%. Das Risiko von S^1 betrage 18%, das von S^2 sei 25%. Die Kovarianz der Renditen von S^1 und S^2 betrage 0.0135.

1. Welche Werte besitzen die erwartete Portfoliorendite und das Risiko des Portfolios, wenn 20% des eingesetzten Kapitals in S^1 und 80% in S^2 investiert werden?
2. Wie muss das Kapital zwischen S^1 und S^2 aufgeteilt werden, damit das Portfolio ein minimales Risiko besitzt?
3. Berechnen Sie die erwartete Rendite und das Risiko dieses Portfolios.

2.2.3 Relative Risikobeiträge

Die Portfoliovarianz $\mathbf{V}[R_h] = \sigma^2$ kann wegen

$$\sum_{j=1}^{N} \alpha_j \mathbf{Cov}(R_i, R_j) = \mathbf{Cov}(R_i, \sum_{j=1}^{N} \alpha_j R_j) = \mathbf{Cov}(R_i, R_h)$$

auch als

$$\sigma^2 = \sum_{i=1}^{N} \alpha_i \left(\sum_{j=1}^{N} \alpha_j \,\mathbf{Cov}(R_i, R_j) \right)$$
$$= \sum_{i=1}^{N} \alpha_i \mathbf{Cov}(R_i, R_h)$$

geschrieben werden. Dies bedeutet

$$1 = \sum_{i=1}^{N} \alpha_i \frac{\mathbf{Cov}(R_i, R_h)}{\mathbf{V}[R_h]}$$
$$= \sum_{i=1}^{N} \alpha_i \beta_i$$

mit

$$\beta_i := \frac{\mathbf{Cov}(R_i, R_h)}{\sigma^2}. \tag{2.12}$$

Damit haben wir den *relativen Beitrag* des i-ten Wertpapiers zur Gesamtvarianz dargestellt als

$$\alpha_i \beta_i.$$

Der Ausdruck $\beta_i = \frac{\mathbf{Cov}(R_i, R_h)}{\sigma^2}$ wird *Beta-Faktor* oder einfach *Beta* des i-ten Wertpapiers genannt.

2.2.4 Interpretation der Kovarianz

Zur anschaulichen Interpretation der Kovarianz betrachten wir erneut die Gleichung (2.9) für zwei Renditen R_1 und R_2, also

$$\mathbf{Cov}(R_1, R_2) = \mathbf{E}[(R_1 - \mu_1)(R_2 - \mu_2)]$$
$$= \sum_{j=1}^{K} P(\omega_j) \cdot (R_1(\omega_j) - \mu_1)(R_2(\omega_j) - \mu_2).$$

Wegen $\mu_1 = \mathbf{E}[R_1]$ ist für gewisse ω_j der Wert $R_1(\omega_j)$ kleiner als μ_1, während für andere ω_j der Wert $R_1(\omega_j)$ größer als μ_1 ist. Also ist der Wert $R_1(\omega_j) - \mu_1$ für gewisse ω_j negativ, während er für andere ω_j positiv ist. Entsprechendes gilt für R_2 und μ_2.

Angenommen, die Kurse der beiden Wertpapiere S^1 und S^2 verlaufen tendenziell parallel. Dies ist dann der Fall, wenn die durch die ω_j beschriebenen Marktszenarien einen grundsätzlich gleichartigen Einfluss auf die Kurse ausüben. So wirkt sich eine Erhöhung der Benzinpreise zwar unterschiedlich stark, jedoch in gleicher Weise negativ, auf den Absatz der verschiedenen in Deutschland vertretenen Automobilkonzerne aus. Eine Senkung der KFZ-Steuer wirkt sich dagegen auf alle Automobilkonzerne mehr oder weniger positiv aus.

Formaler gilt also: Ist für ein Szenario ω_j der Ausdruck $R_1(\omega_j) - \mu_1 < 0$, so gilt in der Regel auch $R_2(\omega_j) - \mu_2 < 0$. Und ist für ein ω_j der Ausdruck $R_1(\omega_j) - \mu_1 > 0$, so gilt in der Regel auch $R_2(\omega_j) - \mu_2 > 0$. In jedem dieser beiden Fälle, und das ist wichtig, gilt

$$(R_1(\omega_j) - \mu_1)\,(R_2(\omega_j) - \mu_2) > 0.$$

Damit ist aber auch die Kovarianz als mit Wahrscheinlichkeiten gewichtete Summe derartiger Terme positiv.

Es gibt jedoch auch die umgekehrte Situation, dass die Kurse eines Wertpapiers tendenziell dann steigen, wenn die des anderen sinken. In diesem Fall gilt, dass für ein Szenario ω_j der Ausdruck $R_1(\omega_j) - \mu_1$ dann negativ ist, wenn für das zweite Wertpapier $R_2(\omega_j) - \mu_2 > 0$ gilt, und umgekehrt. In beiden Fällen erhalten wir

$$(R_1(\omega_j) - \mu_1)\,(R_2(\omega_j) - \mu_2) < 0,$$

und damit ist auch die Kovarianz negativ. Eine positive Kovarianz kann also als tendenzieller Gleichlauf zweier Wertpapiere interpretiert werden, während eine negative Kovarianz bedeutet, dass die Kurse tendenziell entgegengesetzt verlaufen.

Die betragsmäßige Größe der Kovarianz hängt jedoch nicht nur vom Gleich- oder Gegenlauf der betreffenden Kurse, sondern auch von der Größenordnung ihrer Renditen ab. Es lässt sich daher beispielsweise im allgemeinen **nicht** folgern, dass eine große positive Kovarianz auf einen starken Gleichlauf der beiden zugehörigen Wertpapierkurse schließen lässt.

2.2.5 Die Korrelation

Wir werden im folgenden die Kovarianz geeignet normieren, so dass auf diese Weise ein Maß für die Ausprägung des Gleich- oder Gegenlaufs von Kursrenditen definiert werden kann.

Lemma 2.16. *Seien $X, Y : \Omega \to \mathbb{R}$ beliebige Zufallsvariable auf einem endlichen Wahrscheinlichkeitsraum (Ω, P). Dann definiert*

$$\langle X, Y \rangle := \mathbf{E}\,[XY] \tag{2.13}$$

ein Skalarprodukt auf dem Vektorraum der Zufallsvariablen. Dieses Skalarprodukt induziert die Norm

$$\|X\| := \sqrt{\langle X, X \rangle} = \sqrt{\mathbf{E}\,[X^2]}.$$

Insbesondere gilt für beliebige Zufallsvariablen X und Y die Schwarzsche Ungleichung

$$|\langle X, Y\rangle| \leq \|X\| \|Y\|, \tag{2.14}$$

und es ist

$$X = \frac{\|X\|}{\|Y\|}Y, \textit{ falls } \langle X, Y\rangle = \|X\| \|Y\|, \tag{2.15}$$

$$X = -\frac{\|X\|}{\|Y\|}Y, \textit{ falls } \langle X, Y\rangle = -\|X\| \|Y\|.$$

Beweis. Dass (2.13) ein Skalarprodukt definiert, ist leicht zu sehen. Daraus folgt bereits die Schwarzsche Ungleichung (2.14)[1]. Sei nun $\langle X, Y\rangle = \|X\| \|Y\|$. Dann gilt

$$\begin{aligned}
\left\|X - \frac{\|X\|}{\|Y\|}Y\right\|^2 &= \|X\|^2 - 2\left\langle X, \frac{\|X\|}{\|Y\|}Y\right\rangle + \left\|\frac{\|X\|}{\|Y\|}Y\right\|^2 \\
&= 2\|X\|^2 - 2\frac{\|X\|}{\|Y\|}\langle X, Y\rangle \\
&= 0.
\end{aligned}$$

Der Nachweis von (2.15) für den Fall $\langle X, Y\rangle = -\|X\| \|Y\|$ folgt analog. □

Aufgabe 2.2. Zeigen Sie, dass (2.13) ein Skalarprodukt definiert. Geben Sie eine Basis des Vektorraums aller Zufallsvariablen an, die bezüglich dieses Skalarprodukts orthonormal ist.

Lemma 2.17. *Für beliebige Renditen R_1 und R_2 gilt*

$$|\mathbf{Cov}(R_1, R_2)| \leq \sqrt{\mathbf{V}[R_1]}\sqrt{\mathbf{V}[R_2]} = \sigma_1\sigma_2. \tag{2.16}$$

Beweis. Die Anwendung der Schwarzschen Ungleichung (2.14) auf die beiden Zufallsvariablen

$$X := R_1 - \mathbf{E}[R_1] \text{ und } Y := R_2 - \mathbf{E}[R_2]$$

liefert unmittelbar die Behauptung. □

[1] Für $X = 0$ oder $Y = 0$ gilt offenbar $|\langle X, Y\rangle| = 0 = \|X\| \|Y\|$. Andernfalls definiere $e := \frac{X}{\|X\|}$ und $f := \frac{Y}{\|Y\|}$. Dann gilt $\|e\| = \|f\| = 1$ und

$$\begin{aligned}
0 &\leq \|e \pm f\|^2 \\
&= \|e\|^2 \pm 2\langle e, f\rangle + \|f\|^2 \\
&= 2(1 \pm \langle e, f\rangle),
\end{aligned}$$

also $-1 \leq \langle e, f\rangle = \frac{1}{\|X\|\|Y\|}\langle X, Y\rangle \leq 1$.

Folgerung 2.18. *Die Standardabweichung σ, gegeben durch*

$$\sigma(X) := \sqrt{\mathbf{V}[X]} = \sqrt{\mathbf{Cov}(X, X)},$$

definiert eine ***Halbnorm****, d.h., es gilt*

1. $\sigma(X) \geq 0$ *(Positive Semidefinitheit)*
2. $\sigma(\lambda X) = |\lambda| \sigma(X)$ *für alle* $\lambda \in \mathbb{R}$ *(Positive Homogenität)*
3. $\sigma(X + Y) \leq \sigma(X) + \sigma(Y)$ *(Dreiecksungleichung)*

Bei einer Halbnorm σ ist also $\sigma(X) = 0$ für $X \neq 0$ möglich. Offenbar gilt $\sigma(X) = 0$ genau dann, wenn X konstant ist.

Für $\sigma_1 \sigma_2 \neq 0$ gilt nach (2.16) also die Abschätzung

$$-1 \leq \frac{\mathbf{Cov}(R_1, R_2)}{\sigma_1 \sigma_2} \leq 1.$$

Definition 2.19. *Die Größe*

$$\mathbf{Corr}(R_1, R_2) := \frac{\mathbf{Cov}(R_1, R_2)}{\sigma_1 \sigma_2}$$

wird ***Korrelation*** *zwischen R_1 und R_2 genannt und gelegentlich mit ρ_{12} abgekürzt.*

Im Falle

$$\mathbf{Corr}(R_1, R_2) = \pm 1$$

gilt nach Lemma 2.16

$$R_1 - \mathbf{E}[R_1] = \pm \frac{\sqrt{\mathbf{V}[R_1]}}{\sqrt{\mathbf{V}[R_2]}} (R_2 - \mathbf{E}[R_2])$$

oder

$$R_1 - \mu_1 = \pm \frac{\sigma_1}{\sigma_2} (R_2 - \mu_2).$$

Damit lässt sich aber eine Rendite als affine Funktion der anderen darstellen,

$$R_1 = \left(\mu_1 \mp \frac{\sigma_1}{\sigma_2} \mu_2 \right) \pm \frac{\sigma_1}{\sigma_2} R_2.$$

Im Falle von $\mathbf{Corr}(R_1, R_2) = \pm 1$ sind R_1 und R_2 daher bis auf eine Konstante positive bzw. negative Vielfache voneinander, die Renditen sind also entweder vollkommen gleich- oder vollkommen gegenläufig. Dies motiviert, den Wert $\mathbf{Corr}(R_1, R_2)$ als Ausmaß des Gleichlaufs zwischen R_1 und R_2 zu interpretieren.

Lemma 2.20. *Sei* $\alpha_i = \frac{h_i S_0^i}{h \cdot S_0} \geq 0$ *für alle* $i = 1, \ldots, N$. *Dann gilt mit* $\sigma_h := \sqrt{\mathbf{V}[R_h]}$

$$0 \leq \sigma_h \leq \sigma_{\max},$$

wobei $\sigma_{\max} := \max\{\sigma_i \,|i = 1, \ldots, N\}$ *mit* $\sigma_i := \sqrt{\mathbf{V}[R_i]}$ *für* $i = 1, \ldots, N$. *Weiter gilt*

$$0 \leq \sigma_h \leq \sum_{i=1}^{N} \alpha_i \sigma_i \leq \sum_{i=1}^{N} \sigma_i. \tag{2.17}$$

Beweis. Zunächst weisen wir (2.17) nach. Mit (2.16) folgt

$$\begin{aligned} \sigma_h^2 &= \sum_{i,j=1}^{N} \alpha_i \alpha_j \mathbf{Cov}(R_i, R_j) \\ &\leq \sum_{i,j=1}^{N} \alpha_i \alpha_j \sigma_i \sigma_j \\ &= \left(\sum_{i=1}^{N} \alpha_i \sigma_i \right)^2. \end{aligned}$$

Dies bedeutet aber

$$\sigma_h \leq \sum_{i=1}^{N} \alpha_i \sigma_i \leq \sum_{i=1}^{N} \sigma_i,$$

wegen $\alpha_i \leq 1$ für alle $i = 1, \ldots, N$. Daraus erhalten wir aber

$$\sum_{i=1}^{N} \alpha_i \sigma_i \leq \left(\sum_{i=1}^{N} \alpha_i \right) \sigma_{\max} = \sigma_{\max}$$

wegen $\sum_{i=1}^{N} \alpha_i = 1$. □

Vergleiche das vorangegangene Lemma 2.20 mit Lemma 2.8.

2.2.6 Diversifikation

Nach Lemma 2.20 ist die Standardabweichung der Rendite der Summe zweier Portfolios nicht größer als die Summe der Standardabweichungen der Einzelportfoliorenditen ist. Für die Standardabweichung der Renditen R_{h_1} und R_{h_2} zweier Portfolios h_1 und h_2 gilt also stets

$$\sqrt{\mathbf{V}[R_{h_1+h_2}]} = \sqrt{\mathbf{V}[R_{h_1} + R_{h_2}]} \leq \sqrt{\mathbf{V}[R_{h_1}]} + \sqrt{\mathbf{V}[R_{h_2}]}. \tag{2.18}$$

Wir betrachten nun erneut die Zerlegung (2.11) der Varianz einer Portfoliorendite in einen Varianz- und in einen Kovarianzanteil:

$$\mathbf{V}[R_h] = \sum_{i=1}^{N} \alpha_i^2 \mathbf{V}[R_i] + \sum_{\substack{i,j=1\\ i\neq j}}^{N} \alpha_i \alpha_j \,\mathbf{Cov}(R_i, R_j)\,.$$

Der stets nicht negative Varianzanteil ist unabhängig vom Gleich- oder Gegenlauf der verschiedenen, im Portfolio vertretenen Wertpapiere. Der Kovarianzanteil kann dagegen je nach Vorzeichen einen positiven oder negativen Beitrag zum Portfoliorisiko liefern. Besonders übersichtlich kann der Einfluss des Kovarianzterms bei einem Portfolio dargestellt werden, das nur aus zwei Finanzinstrumenten besteht.

Mit Hilfe der Korrelation schreiben wir für die Varianz der Rendite eines Portfolios h aus zwei Wertpapieren

$$\begin{aligned}\mathbf{V}[R_h] &= \alpha_2 \mathbf{V}[R_1] + (1-\alpha)^2 \mathbf{V}[R_2] + 2\alpha(1-\alpha)\mathbf{Cov}(R_1, R_2)\\ &= (\alpha\sigma_1)^2 + ((1-\alpha)\sigma_2)^2 + 2\alpha(1-\alpha)\sigma_1\sigma_2\rho\end{aligned}$$

mit $\rho := \mathbf{Corr}(R_1, R_2)$. Betrachten wir nun die Varianz des Portfolios in Abhängigkeit von der Korrelation zwischen R_1 und R_2, so stellen wir fest, dass sie am größten ist für $\rho = 1$ und am kleinsten für $\rho = -1$.

Der Fall $\rho = 1$

Wir betrachten zunächst den Idealfall $\rho = 1$. Nun gilt für die Varianz des Portfolios

$$\mathbf{V}[R_h] = (\alpha\sigma_1 + (1-\alpha)\sigma_2)^2\,.$$

Also folgt, falls $0 \leq \alpha \leq 1$,

$$\sigma = \alpha\sigma_1 + (1-\alpha)\sigma_2$$

für die Volatilität $\sigma := \sqrt{\mathbf{V}[R_h]}$. Die Risiken σ_1 und σ_2 der Einzelpapiere addieren sich zum Gesamtrisiko des Portfolios. Anschaulich ist klar, dass sich bei vollständigem Gleichlauf der beiden Papiere das Risiko nicht verringern lassen kann. Sinkt oder steigt nämlich der Kurs eines Wertpapiers, so folgt der Kurs des anderen auf Grund des Gleichlaufs nach.

Bei $\alpha = 0$ wird das gesamte Kapital in das zweite Wertpapier S^2 investiert, während bei $\alpha = 1$ alles in S^1 investiert wird. Welche Kurve wird im μ-σ-Diagramm durchlaufen, wenn α die Werte von 0 bis 1 durchläuft? Dies ist leicht zu beantworten. Zunächst gilt

$$\sigma = \sigma_2 + \alpha\,(\sigma_1 - \sigma_2)\,.$$

Ferner gilt

$$\begin{aligned}\mu &= \alpha\mu_1 + (1-\alpha)\,\mu_2\\ &= \mu_2 + \alpha\,(\mu_1 - \mu_2)\,,\end{aligned}$$

wobei $\mu := \mathbf{E}[R]$, $\mu_1 := \mathbf{E}[R_1]$ und $\mu_2 := \mathbf{E}[R_2]$. Damit erhalten wir aber

$$\begin{pmatrix} \sigma \\ \mu \end{pmatrix} = \begin{pmatrix} \sigma_2 \\ \mu_2 \end{pmatrix} + \alpha \begin{pmatrix} \sigma_1 - \sigma_2 \\ \mu_1 - \mu_2 \end{pmatrix},$$

und dies ist eine Geradengleichung. Siehe Abb. 2.2.

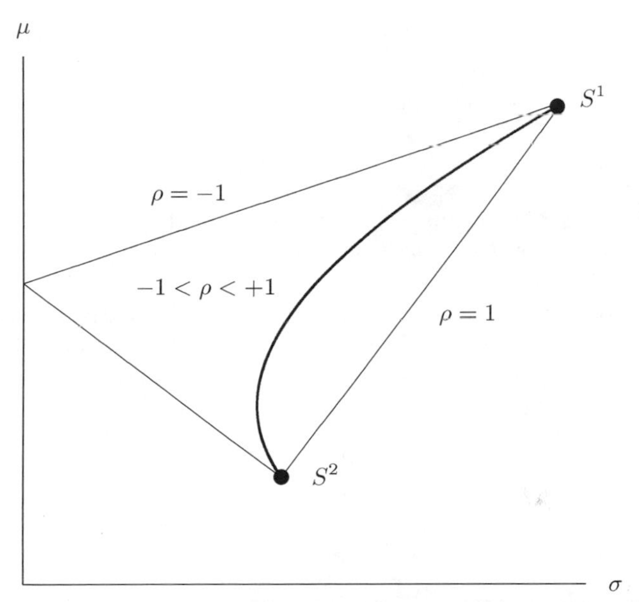

Abb. 2.2. Diversifikation in Abhängigkeit von der Korrelation zwischen R_1 und R_2

Der Fall $\rho = -1$

Angenommen, die beiden Wertpapiere S^1 und S^2 sind maximal negativ korreliert mit $\rho = -1$. Dann gilt

$$\begin{aligned} \sigma^2 = \mathbf{V}[R_h] &= (\alpha\sigma_1)^2 + ((1-\alpha)\sigma_2)^2 - 2\alpha(1-\alpha)\sigma_1\sigma_2 \\ &= (\alpha\sigma_1 - (1-\alpha)\sigma_2)^2 . \end{aligned}$$

Daraus folgt

$$\begin{aligned} \sigma &= |\alpha\sigma_1 - (1-\alpha)\sigma_2| \\ &= |-\sigma_2 + \alpha(\sigma_1 + \sigma_2)| \\ &= \begin{cases} \sigma_2 - \alpha(\sigma_1 + \sigma_2), & \text{falls } 0 \le \alpha \le \frac{\sigma_2}{\sigma_1+\sigma_2}, \\ -\sigma_2 + \alpha(\sigma_1 + \sigma_2), & \text{falls } \frac{\sigma_2}{\sigma_1+\sigma_2} \le \alpha \le 1. \end{cases} \end{aligned}$$

Wählen wir also $\alpha = \frac{\sigma_2}{\sigma_1+\sigma_2} \in (0,1)$, so folgt $\mathbf{V}[R_h] = 0$. Daher lässt sich die Varianz eines Portfolios, das aus zwei vollständig negativ korrelierten Papieren besteht, *auf Null reduzieren* und wir können das Portfolio-Risiko durch eine geeignete Mischung der im Portfolio vorhandenen Wertpapiere vollständig ausschließen.

Aber musste die Reduktion des Risikos nicht durch eine entsprechende Reduzierung des erwarteten Ertrags dieses Portfolios erkauft werden? Nein, denn wir wissen nach Lemma 2.8, dass die erwartete Rendite des Portfolios zwischen der niedrigsten und der höchsten erwarteten Rendite der Portfoliobestandteile liegt. Mit $\mu_{\min} = \min(\mu_1, \mu_2)$ und $\mu_{\max} = \max(\mu_1, \mu_2)$ gilt für die erwartete Portfoliorendite μ

$$\mu_{\min} \leq \mu \leq \mu_{\max} \text{ für jedes } \alpha \in [0,1] .$$

Durch eine geeignete Zusammensetzung des Portfolios kann hier das Risiko ausgeschlossen werden, $\sigma = 0$, jedoch gilt für die Portfoliorendite stets $\mu \geq \mu_{\min}$. Eine Reduzierung des Portfoliorisikos unter Beibehaltung oder weitgehender Beibehaltung der Portfoliorendite wird **Diversifikation** genannt. In der Praxis werden wir diesen Idealfall $\rho = -1$ nicht antreffen. Dies bedeutet, dass wir in der Praxis das Risiko nicht völlig ausschließen können. Jedoch gilt: Je kleiner die Korrelation der Wertpapiere im Portfolio, desto stärker lässt sich auch das Gesamtrisiko durch geeignete Diversifikation reduzieren.

Auf welcher Kurve werden im Falle $\rho = -1$ die beiden Punkte $\begin{pmatrix} \sigma_2 \\ \mu_2 \end{pmatrix}$ und $\begin{pmatrix} \sigma_1 \\ \mu_1 \end{pmatrix}$ im μ-σ-Diagramm miteinander verbunden, wenn das Kapital von S^2 nach S^1 umgeschichtet wird? Dazu betrachten wir zunächst $0 \leq \alpha \leq \frac{\sigma_2}{\sigma_1+\sigma_2}$. In diesem Fall gilt $\sigma = \sigma_2 - \alpha(\sigma_1 + \sigma_2)$. Zusammen mit $\mu = \mu_2 + \alpha(\mu_1 - \mu_2)$ folgt

$$\begin{pmatrix} \sigma \\ \mu \end{pmatrix} = \begin{pmatrix} \sigma_2 \\ \mu_2 \end{pmatrix} + \alpha \begin{pmatrix} -\sigma_1 - \sigma_2 \\ \mu_1 - \mu_2 \end{pmatrix} .$$

Dies ist eine Geradengleichung mit

$$\begin{pmatrix} \sigma \\ \mu \end{pmatrix} = \begin{pmatrix} \sigma_2 \\ \mu_2 \end{pmatrix}$$

für $\alpha = 0$. Wir sehen, dass für $\alpha = \frac{\sigma_2}{\sigma_1+\sigma_2}$ gilt

$$\begin{pmatrix} \sigma \\ \mu \end{pmatrix} = \begin{pmatrix} 0 \\ \frac{\sigma_2}{\sigma_1+\sigma_2}\mu_1 + \frac{\sigma_1}{\sigma_1+\sigma_2}\mu_2 \end{pmatrix} .$$

Die Kurve ist ein Geradenabschnitt, der die beiden Punkte

$$\begin{pmatrix} 0 \\ \frac{\sigma_2}{\sigma_1+\sigma_2}\mu_1 + \frac{\sigma_1}{\sigma_1+\sigma_2}\mu_2 \end{pmatrix} \text{ und } \begin{pmatrix} \sigma_2 \\ \mu_2 \end{pmatrix}$$

miteinander verbindet. Nun betrachten wir $\frac{\sigma_2}{\sigma_1+\sigma_2} \leq \alpha \leq 1$. Für diesen Bereich gilt $\sigma = -\sigma_2 + \alpha(\sigma_1 + \sigma_2)$, also

$$\begin{pmatrix} \sigma \\ \mu \end{pmatrix} = \begin{pmatrix} -\sigma_2 \\ \mu_2 \end{pmatrix} + \alpha \begin{pmatrix} \sigma_1 + \sigma_2 \\ \mu_1 - \mu_2 \end{pmatrix}.$$

Dies ist ebenfalls ein Geradenabschnitt, der in diesem Fall die Punkte

$$\begin{pmatrix} 0 \\ \frac{\sigma_2}{\sigma_1+\sigma_2}\mu_1 + \frac{\sigma_1}{\sigma_1+\sigma_2}\mu_2 \end{pmatrix} \text{ und } \begin{pmatrix} \sigma_1 \\ \mu_1 \end{pmatrix}$$

miteinander verbindet. Auch dieser Fall ist in Abb. 2.2 dargestellt.

Der Fall $-1 < \rho < 1$

Für Werte der Korrelation ρ zwischen 0 und 1 schreiben wir

$$\begin{aligned} \sigma^2 &= (\alpha\sigma_1)^2 + ((1-\alpha)\sigma_2)^2 + 2\alpha(1-\alpha)\sigma_1\sigma_2\rho \\ &= (\alpha\sigma_1 + (1-\alpha)\sigma_2)^2 - 2\alpha(1-\alpha)\sigma_1\sigma_2(1-\rho). \end{aligned}$$

Wegen $0 < \rho < 1$ ist $2\alpha(1-\alpha)\sigma_1\sigma_2(1-\rho) > 0$, also gilt $\sigma < \alpha\sigma_1 + (1-\alpha)\sigma_2$. Das bedeutet, dass die Kurve, die $\begin{pmatrix} \sigma_1 \\ \mu_1 \end{pmatrix}$ und $\begin{pmatrix} \sigma_2 \\ \mu_2 \end{pmatrix}$ miteinander verbindet, stets *links von der Verbindungsgeraden* liegt.

Dies *definiert* aber gerade den Diversifikationseffekt: Zu gegebenem $\alpha \in [0, 1]$ ist die erwartete Portfoliorendite unabhängig von der Korrelation und besitzt den Wert

$$\mu = \alpha\mu_1 + (1-\alpha)\mu_2,$$

während für das zugehörige Risiko σ je nach Korrelation ρ gilt

$$|-\sigma_2 + \alpha(\sigma_1 + \sigma_2)| \leq \sigma \leq \alpha\sigma_1 + (1-\alpha)\sigma_2.$$

Zusammenfassend tritt also ein maximaler Diversifikationseffekt bei vollständig negativer Korrelation auf, d.h. bei einem Korrelationskoeffizienten von $\rho = -1$. Nur in diesem Grenzfall ist die Reduktion des Portfoliorisikos auf Null möglich. Bei vollständig positiver Korrelation, $\rho = +1$, lässt sich dagegen kein Diversifikationseffekt erzielen. Die Korrelationskoeffizienten realer Portfolios liegen zwischen diesen beiden Extremwerten, und der Diversifikationseffekt ist um so ausgeprägter, je kleiner der Korrelationskoeffizient ρ ist.

2.2.7 Die klassische Darstellung des CAPM

In diesem Abschnitt wird das Capital Asset Pricing Model (CAPM) hergeleitet, das in den 60er Jahren von Jack Treynor zusammen mit W. Sharpe, J. Lintner und J. Mossin entwickelt wurde. W. Sharpe erhielt 1990 für seine Leistungen zusammen mit H. Markowitz den Nobelpreis für Wirtschaftswissenschaften.

Für weiterführende Informationen zum CAPM siehe Huang/Litzenberger [22] und Luenberger [41].

Effizienzlinie

In realen Märkten treten Korrelationen mit einem Wert von -1 niemals auf. Daher lässt sich das Risiko eines Portfolios in der Praxis nicht bis auf den Wert Null herunterdrücken. Allerdings tritt der Diversifikationseffekt bereits dann auf, wenn $\rho < 1$ gilt.

Angenommen, wir haben eine Reihe von Wertpapieren mit bekannten und festen Korrelationen untereinander, aus denen wir beliebige Portfolios bilden. Jedes Portfolio lässt sich als Punkt im μ-σ-Diagramm darstellen, und die Menge aller Punkte, die sich auf diese Weise in der $(\sigma,\ \mu)$-Ebene realisieren lassen, wird **Opportunitätsbereich** genannt. Der Opportunitätsbereich besitzt folgende Eigenschaften.

1. Wenn es wenigstens drei Wertpapiere im betrachteten Marktmodell gibt, die nicht vollständig positiv korreliert sind und die paarweise verschiedene erwartete Renditen besitzen, so ist der Opportunitätsbereich ein „ausgefüllter" Bereich der μ-σ-Ebene. Die Begründung erfolgt anhand von Abb. 2.3.

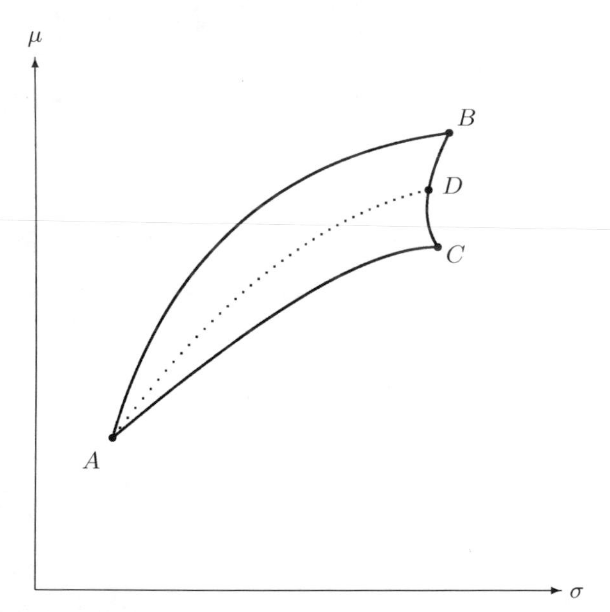

Abb. 2.3. Die Menge aller realisierbaren Portfolios liegt dicht in der μ-σ-Ebene

Die drei grundlegenden Wertpapiere werden im μ-σ-Diagramm durch die Punkte A, B und C repräsentiert. Wir wissen, dass je zwei Wertpapiere durch eine linksgekrümmte Linie miteinander verbunden sind, wenn Portfolios aus diesen zwei Wertpapieren gebildet werden, deren Kapitalanteil von dem einen zu dem anderen Finanzinstrument stetig umgeschichtet wird.

So entsteht ein Portfolio D als Punkt zwischen den Wertpapieren B und C. Jedes Portfolio D kann wiederum mit dem Portfolio A gemischt werden. Variiert das Portfolio D von B nach C, so überstreichen die Verbindungen AD den gesamten Bereich ABC.

2. Die zweite Eigenschaft besteht darin, dass der Opportunitätsbereich linkskonvex ist. Dies bedeutet, dass der Geradenabschnitt, die zwei beliebige innere Punkte des Opportunitätsbereichs miteinander verbindet, den linken Rand des Opportunitätsbereichs nicht schneidet. Diese Situation liegt vor, weil alle Portfolios, die mit positiven Gewichten aus zwei beliebigen anderen Portfolios mit $\rho > -1$ gebildet werden, links von ihrer Verbindungsgeraden liegen.

Damit kann der Opportunitätsbereich wie in Abb. 2.4 skizziert werden.

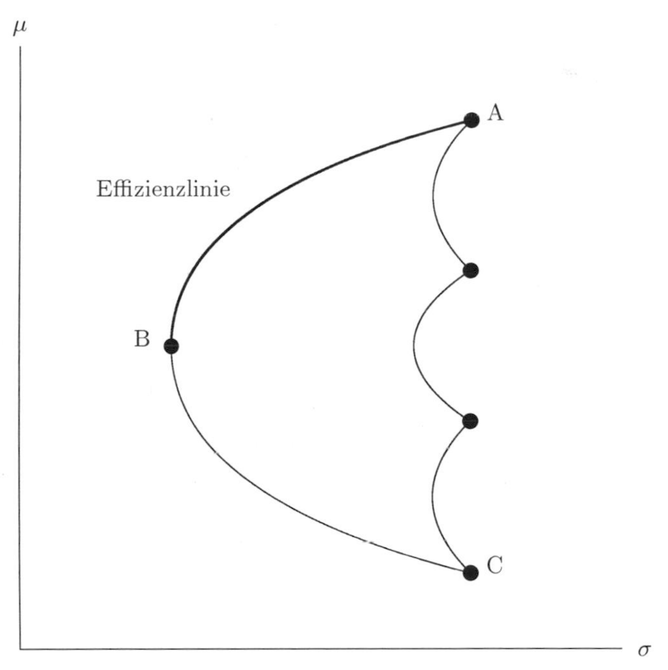

Abb. 2.4. „Regenschirm"

Auf Grund seiner Form wird der Opportunitätsbereich auch „Regenschirm" genannt.

Im Punkt B liegt das Portfolio mit der kleinstmöglichen Varianz. Es wird **globales Minimum-Varianz-Portfolio** genannt. Es zerlegt die Randkurve ABC der Menge der realisierbaren Portfolios in zwei Teile, AB und BC.

Die vom Punkt B bis zum Punkt A verlaufende Kurve repräsentiert diejenigen Portfolios, die bei vorgegebener Varianz den höchsten Erwartungswert aufweisen. Diese Kurve wird **Effizienzlinie** genannt.

Wir erhalten diese Kurve als die Menge aller Punkte (σ, μ) mit

$$(\sigma, \mu) = (\inf\{\sigma_h \,|h \text{ Portfolio}, \mathbf{E}[R_h] = \mu\}, \mu),$$

wobei das Infimum über die Volatilitäten σ_h aller möglichen Portfolios h mit gleicher erwarteter Rendite μ gebildet wird.

Die untere Kurve BC besteht aus den maximal ineffizienten Portfolios, die bei vorgegebenem Risiko die kleinstmögliche erwartete Rendite liefern.

Spezifiziert ein Anleger das Risiko, das er einzugehen bereit ist, so findet sich im μ-σ-Diagramm genau ein zugehöriges Portfolio, das auf der Effizienzlinie liegt, vorausgesetzt, das Risiko ist weder zu klein, also links des globalen Minimum-Varianz-Punktes B, und auch nicht zu groß, also rechts vom „Regenschirm".

Einbeziehung einer festverzinslichen Kapitalanlage in ein Portfolio

Bisher haben wir nur Portfolios aus risikobehafteten Wertpapieren betrachtet. Wir haben gesehen, dass die Menge aller durch Mischung entstehenden Portfolios einen „Regenschirm" bildet, deren oberer Rand, die Effizienzlinie, diejenigen Portfolios enthält, die für den Anleger optimal sind. Wir untersuchen nun was geschieht, wenn wir ein festverzinsliches Wertpapier in die Menge der Anlagemöglichkeiten aufnehmen. Wir werden sehen, dass sich der „Regenschirm" aller möglichen Portfolios nach Hinzunahme einer derartigen Kapitalanlage zu einem Fächer verändert und dass die Effizienzlinie zu einer Halbgeraden, der *Kapitalmarktlinie*, wird.

Betrachten wir also ein beliebiges Portfolio A und ein festverzinsliches Wertpapier B. Die Tatsache, dass B festverzinslich ist, bedeutet, dass die Rendite R_B von B für jeden Zustand $\omega \in \Omega$ den gleichen Wert $r > 0$ besitzt, dass also gilt

$$R_B(\omega) = \frac{B_1(\omega) - B_0}{B_0} = r > 0.$$

Daraus folgt $\mathbf{V}[R_B] = 0$, und B heißt daher auch **risikolose Kapitalanlage**. Aus einer Mischung der Anlage B mit einem Portfolio A bilden wir nun ein neues Portfolio C. Wir wissen, dass sich die Rendite von C als gewichtete Summe der Renditen von A und B darstellen lässt,

$$\begin{aligned} R_C &= \alpha R_A + (1-\alpha) R_B \\ &= \alpha R + (1-\alpha) r, \end{aligned}$$

wobei wir $R := R_A$ definieren und $\alpha \geq 0$ voraussetzen. Nun bilden wir den Erwartungswert und die Varianz der Portfoliorenditen. Mit $E[R_C] =: \mu_C$ und $E[R_A] = \mathbf{E}[R] =: \mu$ erhalten wir

$$\begin{aligned} \mu_C &= \alpha\mu + (1-\alpha) r \\ &= r + \alpha(\mu - r). \end{aligned}$$

Weiter gilt mit $V[R_A] = \mathbf{V}[R] =: \sigma^2$

$$\begin{aligned}\sigma_C^2 &:= \mathbf{V}[R_C] \\ &= \alpha^2\sigma^2 + (1-\alpha)^2\mathbf{V}[r] + 2\alpha(1-\alpha)\mathbf{Cov}(R,r) \\ &= \alpha^2\sigma^2,\end{aligned}$$

da $\mathbf{V}[r] = 0$ und da $\mathbf{Cov}(R,r) = \mathbf{E}\left[(R-\mu)(r-r)\right] = 0$. Wir erhalten also

$$\sigma_C = \alpha\sigma \tag{2.19}$$

und damit den linearen Zusammenhang

$$\begin{pmatrix}\sigma_C \\ \mu_C\end{pmatrix} = \begin{pmatrix}0 \\ r\end{pmatrix} + \alpha\begin{pmatrix}\sigma \\ \mu - r\end{pmatrix}. \tag{2.20}$$

Dies ist eine Geradengleichung, die das Portfolio $\begin{pmatrix}0 \\ r\end{pmatrix}$ für $\alpha = 0$ mit $\begin{pmatrix}\sigma \\ \mu\end{pmatrix}$ bei $\alpha = 1$ verbindet. Schreiben wir die erwartete Rendite μ_C als Funktion des Risikos σ_C, so erhalten wir

$$\begin{aligned}\mu_C &= r + \alpha(\mu - r) \\ &= r + \frac{\mu - r}{\sigma}\sigma_C.\end{aligned} \tag{2.21}$$

Der Ausdruck $\frac{\mu-r}{\sigma}$ kennzeichnet die Steigung der Geraden (2.20). Gleichung (2.21) stellt eine Beziehung her zwischen der **Risikoprämie** $\mu_C - r$ und dem dabei einzugehenden Risiko σ_C,

$$\mu_C - r = \frac{\mu - r}{\sigma}\sigma_C,$$

oder

$$\frac{\mu_C - r}{\sigma_C} = \frac{\mu - r}{\sigma}. \tag{2.22}$$

Gleichung (2.21) lässt sich wie folgt interpretieren. Legt ein Investor einen Teil seines Geldes sicher und den Rest seines Vermögens riskant an, so herrscht zwischen der zu erwartenden Rendite μ_C und dem übernommenen Risiko eine strikt lineare Beziehung, sofern man das Risiko über die Standardabweichung der Portfoliorendite σ_C misst, wie das im Rahmen der Portfolio-Theorie der Fall ist.

Verbinden wir jedes risikobehaftete Portfolio des „Regenschirms" mit der Rendite der risikolosen Geldanlage, so erhalten wir die Menge aller möglichen Portfolios. Diese bilden geometrisch einen „Fächer".

Kapitalmarktlinie

Der Zusammenhang zwischen Varianz und erwarteter Rendite ist bei Mischung eines Portfolios mit einer risikolosen Geldanlage also linear. Wir versuchen nun, ein möglichst „gutes" Portfolio aus riskanten Anlagetiteln zu finden, das wir mit der risikolosen Anlage mischen können.

Betrachten wir Abb. 2.5, so sehen wir, dass das sich auf der Effizienzlinie befindende Portfolio M tatsächlich besonders günstig ist. Denn es gibt zu jedem beliebigen Portfolio A ein Portfolio C, das aus einer Kombination der risikolosen Anlage B und M gebildet wird, welches das gleiche Risiko wie A besitzt, aber einen höheren Ertrag aufweist. Das Portfolio M ist im μ-σ-Diagramm der Berührpunkt einer von der risikolosen Anlage ausgehenden Halbgeraden mit der Effizienzlinie. Wir finden M, indem wir unter allen Portfolios $A = (\sigma_A, \mu_A)$ dasjenige auswählen, dessen Verbindungsgrade mit $B = (0, r)$ die höchste Steigung $\frac{\mu_A - r}{\sigma_A}$ besitzt. Dieses Portfolio M wird **Marktportfolio** genannt, und die auf diese Weise ausgezeichnete, durch B und M verlaufende Halbgerade heißt **Kapitalmarktlinie**. Die Steigung der Kapitalmarktlinie $\frac{\mu_M - r}{\sigma_M}$ wird in der Portfoliotheorie als **Marktpreis des Risikos** bezeichnet. Da für Portfolios A die Quotienten $\frac{\mu_A - r}{\sigma_A}$ häufig auftreten, werden wir diese **Marktpreis des Risikos der Anlage** A nennen.

Die Kapitalmarktlinie ist die Effizienzlinie für den Fall, dass zusätzlich zu riskanten Wertpapieren auch eine risikolose Anlage in das Anlagespektrum einbezogen wird.

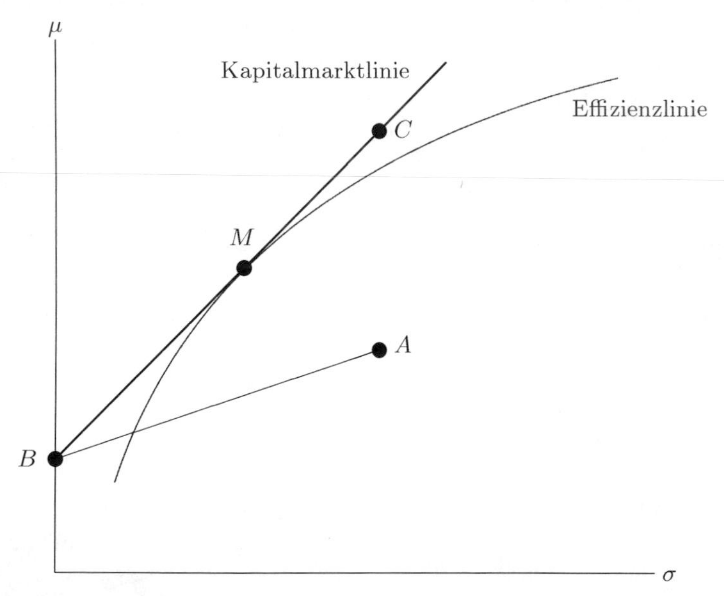

Abb. 2.5. Die Kapitalmarktlinie, die die risikolose Anlage B mit M verbindet, besitzt eine größere Steigung als jede Verbindungsgerade von B zu einem beliebigen Portfolio A im Inneren des „Regenschirms“.

Da sich alle Portfolios auf der Kapitalmarktlinie durch eine Kombination der risikolosen Anlage mit dem Marktportfolio M bilden lassen, ist es im

Rahmen der Portfoliotheorie nicht sinnvoll, in andere riskante Anlagen als in M zu investieren, denn jedes beliebige Portfolio kann durch eine geeignete Investition in die risikolose Anlage und in M dominiert werden, siehe Abb. 2.5. Diese Aussage ist als **Mutual Fund Theorem** bekannt.

Angenommen, alle Anleger handelten nach den hier vorgestellten Prämissen und alle Anleger stimmten in ihren Einschätzungen über Varianzen und Korrelationen der Wertpapiere überein. Dann wäre für alle Marktteilnehmer das Portfolio M identisch und alle investierten in eine geeignete Mischung von risikoloser Anlage und M. Für welche Portfoliomischung sich ein Investor entscheidet, hängt von seiner Risikoneigung ab. Entscheidend ist aber, dass die Optimallösungen sämtlicher Marktteilnehmer auf der Kapitalmarktlinie liegen.

In diesem Zusammenhang sei darauf hingewiesen, dass Investoren durchaus Positionen „rechts" vom Portfolio M einnehmen können. Dazu nehmen sie einen Kredit zum risikolosen Zinssatz r auf und investieren das geliehene Kapital in M. Die Rendite des auf diese Weise entstehenden Portfolios C lautet dann

$$R_C = \alpha R_M + (1 - \alpha)r$$

mit einem $\alpha > 1$. Für die erwartete Rendite und das Risiko von C folgt

$$\mu_C = r + \alpha\,(\mu_M - r) > \mu_M \text{ und}$$
$$\sigma_C = \alpha\sigma_M > \sigma_M.$$

Wie lässt sich das Portfolio M interpretieren? Wenn alle Investoren nur in die risikolose Anlage und in M investieren würden, so wäre M offenbar der Gesamtmarkt, also das Portfolio aller in Umlauf befindlichen Wertpapiere, während die Rendite dieses Portfolios die gewichtete Summe aller Wertpapierrenditen wäre, wobei die Gewichte gerade der Marktkapitalisierung der jeweiligen Anlagen entsprächen. Dies bedeutet aber auch, dass jeder Investor einen Bruchteil dieses Gesamtportfolios halten würde, nicht aber einzelne Wertpapiere oder ausgewählte Portfolios. In der Praxis wird das Gesamtmarktportfolio in der Regel durch einen Index, etwa durch den DAX für den deutschen Aktienmarkt, ersetzt.

Capital Asset Pricing Model und Wertpapierlinie

Wir fixieren nun ein Wertpapier S^i und investieren den Bruchteil α unseres Kapitals in dieses Papier und den Rest in das Marktportfolio M. Auf diese Weise erhalten wir eine Schar von Portfolios C_α mit den Eigenschaften $C_1 = S^i$ und $C_0 = M$. Für die Renditen R_α von C_α gilt

$$R_\alpha = \alpha R_i + (1 - \alpha)R,$$

wobei $R := R_M$ die Rendite des Marktportfolios M und R_i die Rendite von S^i bezeichnet.

Kombinieren wir C_α mit der risikolosen Geldanlage, so wissen wir, dass alle auf diese Weise realisierbaren Portfolios auf einer Geraden mit Steigung

$$f(\alpha) := \frac{\mathbf{E}[R_\alpha] - r}{\sqrt{\mathbf{V}[R_\alpha]}} = \frac{\mu_\alpha - r}{\sigma_\alpha}$$

liegen, wobei $\mu_\alpha := \mathbf{E}[R_\alpha]$ und $\sigma_\alpha := \sqrt{\mathbf{V}[R_\alpha]}$ definiert wurde. Für $\alpha = 0$ erhalten wir wegen $R_0 = R = R_M$ gerade den Marktpreis des Risikos von M,

$$f(0) = \frac{\mathbf{E}[R] - r}{\sqrt{\mathbf{V}[R]}} = \frac{\mu - r}{\sigma},$$

mit $\mu := \mathbf{E}^P[R]$ und $\sigma := \sqrt{\mathbf{V}[R]}$. Das Marktportfolio M wurde dadurch definiert, dass die Steigung $f(0)$ maximal ist. Insbesondere gilt also

$$f(\alpha) \leq f(0) \text{ für alle } \alpha.$$

In Abb. 2.6 sind die möglichen Portfolios C_α als Kurve, die durch S^i und M führt, dargestellt. Für $\alpha = 0$ stimmt C_0 mit dem Marktportfolio M überein. Wir sehen, dass die durch B und M verlaufende Kapitalmarktlinie die maximale Steigung aller Geraden besitzt, die durch B und beliebige Punkte auf der durch C_α definierten Kurve führen. Es gilt also nach Definition des Marktportfolios

$$\left.\frac{df(\alpha)}{d\alpha}\right|_{\alpha=0} = 0.$$

Wir berechnen nun mit $\mu_\alpha := \mathbf{E}[R_\alpha]$ und $\sigma_\alpha := \mathbf{V}[R_\alpha]$

$$\begin{aligned} \frac{df(\alpha)}{d\alpha} &= \frac{d}{d\alpha}\frac{\mu_\alpha - r}{\sigma_\alpha} \\ &= \frac{\sigma_\alpha \frac{d}{d\alpha}(\mu_\alpha - r) - (\mu_\alpha - r)\frac{d}{d\alpha}\sigma_\alpha}{\sigma_\alpha^2}. \end{aligned} \tag{2.23}$$

Mit $\mu_i := \mathbf{E}[R_i]$ und $\sigma_i := \sqrt{\mathbf{V}[R_i]}$ folgt

$$\begin{aligned} \frac{d}{d\alpha}(\mu_\alpha - r) &= \frac{d}{d\alpha}(\alpha\mu_i + (1-\alpha)\mu - r) \\ &= \mu_i - \mu \end{aligned}$$

sowie

$$\begin{aligned} \frac{d}{d\alpha}\sigma_\alpha = \frac{d}{d\alpha}\sqrt{\sigma_\alpha^2} &= \frac{1}{2\sigma_\alpha}\frac{d}{d\alpha}\sigma_\alpha^2 \\ &= \frac{1}{2\sigma_\alpha}\frac{d}{d\alpha}\left(\alpha^2\sigma_i^2 + (1-\alpha)^2\sigma^2 + 2(\alpha - \alpha^2)\mathbf{Cov}(R_i, R)\right) \\ &= \frac{1}{2\sigma_\alpha}[2\alpha\sigma_i^2 - 2(1-\alpha)\sigma^2 + 2(1-2\alpha)\mathbf{Cov}(R_i, R)] \\ &= \frac{1}{\sigma_\alpha}[\alpha\sigma_i^2 - (1-\alpha)\sigma^2 + (1-2\alpha)\mathbf{Cov}(R_i, R)]. \end{aligned}$$

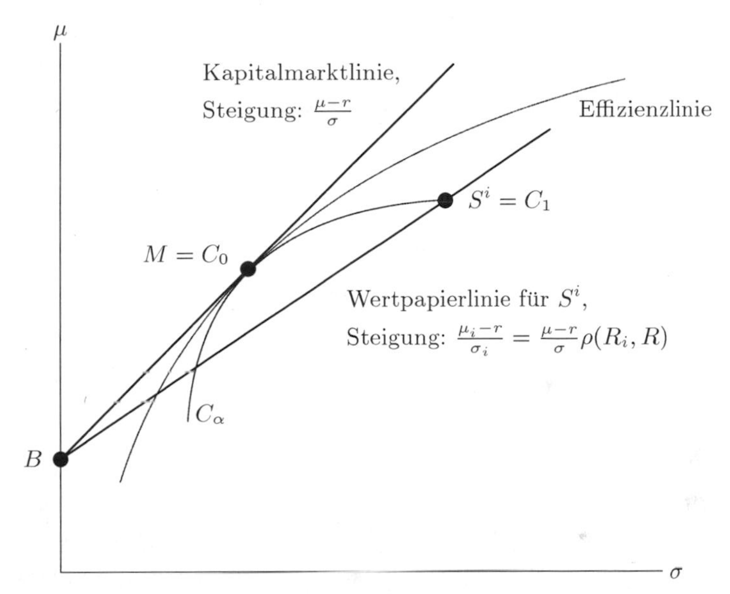

Abb. 2.6. Ableitung der CAPM-Renditegleichung und der Darstellung für die Wertpapierlinie.

Setzen wir dies in (2.23) ein und setzen $\alpha = 0$, so erhalten wir

$$\left.\frac{df(\alpha)}{d\alpha}\right|_{\alpha=0} = \frac{\sigma(\mu_i - \mu) - (\mu - r)\frac{1}{\sigma}(-\sigma^2 + \mathbf{Cov}(R_i, R))}{\sigma^2}$$
$$= \frac{\sigma(\mu_i - r) - \frac{1}{\sigma}\mathbf{Cov}(R_i, R)(\mu - r)}{\sigma^2}.$$

Dies ist genau dann gleich Null, wenn der Zähler verschwindet, also wenn

$$\sigma(\mu_i - r) - \frac{1}{\sigma}\mathbf{Cov}(R_i, R)(\mu - r) = 0$$

oder

$$\mu_i = r + \frac{\mu - r}{\sigma^2}\mathbf{Cov}(R_i, R). \tag{2.24}$$

Dies ist die Grundform der **CAPM-Renditegleichung**. Sie besagt, dass die erwartete Rendite des i-ten Wertpapiers von der Kovarianz zwischen der Rendite des i-ten Wertpapiers und der Rendite des Marktportfolios abhängt. Eine Umstellung der Gleichung (2.24) liefert mit $\rho(R_i, R) = \frac{\mathbf{Cov}(R_i, R)}{\sigma_i \sigma}$ den Zusammenhang

$$\mu_i = r + \frac{\mu - r}{\sigma}\rho(R_i, R)\sigma_i \tag{2.25}$$

oder

$$\frac{\mu_i - r}{\sigma_i} = \frac{\mu - r}{\sigma}\rho(R_i, R). \tag{2.26}$$

Für den Fall $\mu > r$ bedeutet (2.26), dass der Marktpreis des Risikos einer beliebigen Anlage i stets kleiner oder gleich dem Marktpreis des Risikos des Marktportfolios ist.

Unter Verwendung der Gleichung (2.12) für den Beta-Faktor folgt

$$\begin{aligned}\mu_i &= r + \frac{\mathbf{Cov}(R_i, R)}{\sigma^2}(\mu - r)\\ &= r + (\mu - r)\cdot\beta_i\end{aligned}$$

mit $\beta_i = \frac{\mathbf{Cov}(R_i,R)}{\sigma^2}$. Wir sehen, dass die Renditeerwartung für das Wertpapier i durch

$$\mu_i = r + (\mu - r)\cdot\beta_i \tag{2.27}$$

oder

$$\mu_i - r = (\mu - r)\cdot\beta_i \tag{2.28}$$

gegeben ist. *Die Risikoprämie $\mu_i - r$ für das i-te Wertpapier ist also das β_i-fache der Risikoprämie des Gesamtmarktes $\mu - r$.* Die durch (2.27) definierte Geradengleichung als Funktion von β wird **Wertpapierlinie** genannt. Der Beta-Faktor eines Wertpapiers beschreibt, wie stark dessen Rendite bei Schwankungen der Rendite des Marktportfolios reagiert.

Aufgabe 2.3. (Bewertung einer Investition) Der Gesamtmarkt, repräsentiert etwa durch einen Index, habe ein Jahresrisiko von 20% und eine erwartete Jahresrendite von 8%. Der risikolose Zinssatz betrage 2%. Eine Investition S soll bewertet werden. Das Jahresrisiko von S werde auf 30% geschätzt und für die Korrelation zum Gesamtmarkt wird der Wert 0.4 angenommen. Wie hoch ist die zum Gesamtmarkt passende Jahresrendite der Investition S?

2.2.8 Systematisches und spezifisches Risiko

Für die Rendite R_P eines Portfolios P machen wir den Ansatz

$$R_P = r + (R - r)\,\beta_P + R_\varepsilon \tag{2.29}$$

mit $\beta_P = \frac{Cov(R_P,R)}{\sigma^2}$ und einer Zufallsvariablen R_ε, die durch (2.29) eindeutig bestimmt ist. Bilden wir den Erwartungswert, so erhalten wir

$$\mu_P = r + (\mu - r)\,\beta_P + \mathbf{E}[R_\varepsilon]. \tag{2.30}$$

Also folgt

$$\mathbf{E}[R_\varepsilon] = 0 \tag{2.31}$$

durch Vergleich mit (2.27). Für die folgende Überlegung setzen wir $\beta_P > 0$ voraus.

Ein Portfolio Q mit erwarteter Rendite $\mu_Q = \mu_P$ und mit Risiko $\sigma_Q = \beta_P \sigma$ liegt auf der Kapitalmarktlinie, denn mit (2.30) und (2.31) folgt

$$\frac{\mu_Q - r}{\sigma_Q} = \frac{\mu_P - r}{\beta_P \sigma} = \frac{\mu - r}{\sigma}.$$

Q lässt sich durch

$$\begin{aligned} R_Q &= r + (R - r)\,\beta_P \\ &= \beta_P R + (1 - \beta_P)\,r. \end{aligned}$$

realisieren. Denn dann gilt mit (2.27) und (2.19)

$$\begin{aligned} \mu_Q &= r + (\mu - r)\,\beta_P = \mu_P, \\ \sigma_Q &= \beta_P \sigma. \end{aligned}$$

Das Mischungsverhältnis α zwischen Marktportfolio und risikoloser Anlage ist also als $\alpha = \beta_P$ zu wählen.

Weiter gilt

$$\begin{aligned} \mathbf{Cov}\,(R, R_P) &= \beta_P \mathbf{Cov}\,(R, R) + \mathbf{Cov}\,(R, R_\varepsilon) \\ &= \mathbf{Cov}(R, R_P) + \mathbf{Cov}\,(R, R_\varepsilon)\,. \end{aligned}$$

Dies bedeutet

$$\mathbf{Cov}\,(R, R_\varepsilon) = 0, \tag{2.32}$$

die Zufallsvariable R_ε ist also unkorreliert zur Rendite des Marktportfolios. Mit der Definition $\sigma_\varepsilon^2 := \mathbf{V}\,[R_\varepsilon]$ erhalten wir

$$\begin{aligned} \sigma_P^2 &= \mathbf{Cov}\,(R_P, R_P) \\ &= \beta_P^2 \mathbf{V}\,(R) + \sigma_\varepsilon^2 \\ &= \beta_P^2 \sigma^2 + \sigma_\varepsilon^2, \end{aligned}$$

also

$$\sigma_P = \sqrt{\beta_P^2 \sigma^2 + \sigma_\varepsilon^2} > \beta_P \sigma. \tag{2.33}$$

Wenn ein Investor also in das Wertpapier P selbst investiert, dann erhält er den erwarteten Ertrag μ_P und trägt das Risiko $\sigma_P > \beta_P \sigma$. Dies legt nahe, den Bestandteil $\beta_P \sigma$ in (2.33) als durch den Gesamtmarkt bestimmt zu interpretieren. $\sigma_\varepsilon = \sqrt{\mathbf{V}\,[R_\varepsilon]}$ kennzeichnet dagegen den Anteil von σ_P, der durch Diversifikation ausgeschlossen werden könnte. $\beta_P \sigma$ wird als **systematisches Risiko** und σ_ε als **spezifisches Risiko** von P bezeichnet. Nach (2.31) besitzt jede Kapitalanlage P eine erwartete Rendite, die unabhängig vom spezifischen Risiko ist. Dies kann so interpretiert werden, dass Anleger für das Eingehen eines spezifischen Risikos nicht mit einer höheren erwarteten Rendite entschädigt werden, weil sie dieses Risiko durch geeignete Diversifikation eliminieren

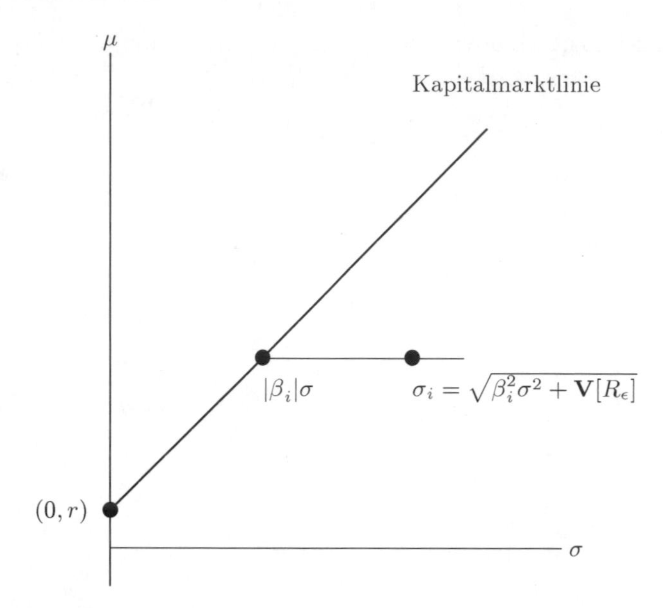

Abb. 2.7. Das Gesamtrisiko σ_i setzt sich aus dem systematischen Risiko $|\beta_i|\sigma$ und aus dem spezifischen Risiko $\sqrt{\mathbf{V}[R_\epsilon]}$ zusammen. Die erwartete Rendite ist vom Anteil des spezifischen Risikos unabhängig.

könnten, siehe Abb. 2.7. Dagegen erhalten Anleger für das Eingehen eines höheren systematischen Risikos eine höhere erwartete Rendite.

Für den Fall $\beta_P > 0$ befindet sich das Wertpapier P selbst genau dann auf der Kapitalmarktlinie, wenn $\sigma_\varepsilon = 0$, und damit $\sigma_P = \beta_P\sigma$, gilt. Dann gilt aber

$$\sigma_P = \beta_P\sigma = \frac{\mathbf{Cov}\,(R_P, R)}{\sigma} = \mathbf{Corr}\,(R_P, R)\,\sigma_P,$$

also folgt in diesem Fall $\mathbf{Corr}\,(R_P, R) = 1$, und P ist dann mit dem Gesamtmarkt vollständig positiv korreliert.

Aufgabe 2.4. Wir betrachten ein Portfolio, das aus Anteilen an der risikolosen Kapitalanlage und aus Anteilen an P besteht und bezeichnen mit $\alpha \geq 0$ den Prozentsatz des Kapitals, der in P investiert wird. Nach (2.27) lässt sich die erwartete Rendite μ_P von P schreiben als $\mu_P = r + (\mu - r) \cdot \beta_P$. Zeigen Sie, dass für $\mu_\alpha := \mathbf{E}[R_\alpha]$ mit $R_\alpha = \alpha R_P + (1 - \alpha)\,r$ gilt

$$\mu_\alpha = r + (\mu - r)\,\beta_\alpha,$$

wobei $\beta_\alpha = \alpha\beta_P$.

Das CAPM als Preismodell

Das CAPM ist nach seiner Namensgebung ein Modell zur Bestimmung von Wertpapierpreisen. Zur Begründung betrachten wir die Rendite R_P eines Portfolios P mit $P_0 > 0$

$$R_P = \frac{P_1 - P_0}{P_0}.$$

Bilden wir den Erwartungswert, so folgt

$$\mu_P = \mathbf{E}[R_P] = \frac{\mathbf{E}[P_1]}{P_0} - 1.$$

Mit Hilfe der CAPM-Renditegleichung $\mu_P = r + \beta_P(\mu - r)$ folgt daraus

$$\begin{aligned} P_0 &= \frac{\mathbf{E}[P_1]}{1 + \mu_P} \qquad (2.34) \\ &= \frac{\mathbf{E}[P_1]}{1 + r + \beta_P(\mu - r)}. \end{aligned}$$

Diese Formel besagt, dass sich der Preis des Portfolios P zum Zeitpunkt 0 als abdiskontierter Erwartungswert der Auszahlungen von $S_1^i(\omega_j)$ über die verschiedenen Zustände ω_j zum Zeitpunkt 1 schreiben lässt. Die Diskontierung erfolgt jedoch nicht mit dem Faktor $\frac{1}{1+r}$, also mit dem risikolosen Zins, sondern mit einem **risikoadjustierten Zins** $\mu_P = r + \beta_P(\mu - r)$.

Es ist klar, dass sich zu jedem Finanzinstrument P stets ein μ_P finden lässt mit der Eigenschaft

$$P_0 = \frac{1}{1 + \mu_P}\mathbf{E}[P_1].$$

Aus dem CAPM folgt jedoch eine Bestimmungsgleichung für diesen risikoadjustierten Zins μ_P.

Aufgabe 2.5. Die Investition S aus Aufgabe 2.3 verspricht nach einem Jahr eine erwartete Auszahlung von 10 000 Euro. Wie hoch ist der zum Markt passende Preis S_0 heute?

Die Anwendung des CAPM in der Praxis

In der Praxis wird das Marktportfolio häufig durch einen Index repräsentiert. Für diesen wird eine Renditezeitreihe R betrachtet. Mit Hilfe dieser Zeitreihe können der Erwartungswert μ und die Standardabweichung σ von R geschätzt werden.

Nun betrachten wir weiter ein Finanzinstrument S^i, beispielsweise eine Aktie, mit Renditezeitreihe R_i. Dann können der Erwartungswert μ_i von R_i und die Kovarianz $\mathbf{Cov}(R_i, R)$ geschätzt werden. Damit liegt eine Schätzung von $\beta_i = \frac{\mathbf{Cov}(R_i,R)}{\sigma^2}$ vor. Wäre das CAPM streng gültig, so würde der Zusammenhang (2.27) gelten. In der Praxis wird es jedoch Abweichungen geben, die durch

$$\mu_i - r = J + \beta_i(\mu - r)$$

mit einer Zahl J angegeben werden können. Diese Zahl J wird **Jensen-Index** genannt.

Der Markpreis des Risikos von S^i wird gelegentlich auch mit

$$SR_i := \frac{\mu_i - r}{\sigma_i}$$

bezeichnet und **Sharpe-Ratio** von S^i genannt. Wäre das CAPM streng gültig, so würde der Zusammenhang (2.26), also

$$\frac{\mu_i - r}{\sigma_i} = \frac{\mu - r}{\sigma}\rho(R_i, R),$$

gelten.

In der Praxis werden der Jensen-Index und die Sharpe-Ratio verwendet, um Aussagen über die Qualität der Investition S^i abzuleiten. Alle Schlussfolgerungen sind jedoch mit Vorsicht zu ziehen, da sie nur dann als zutreffend eingeschätzt werden können, wenn die weitgehende Gültigkeit des CAPM vorausgesetzt wird.

2.3 Minimum-Varianz-Portfolio-Analyse

In Abschnitt 2.2.7 wurden einige Eigenschaften des Opportunitätsbereichs für risikobehaftete Anlagen anschaulich begründet, nicht aber präzise hergeleitet. Auch wurde das Marktportfolio nur anschaulich interpretiert, seine Zusammensetzung wurde jedoch nicht aus den Modellannahmen abgeleitet.

Wir werden in den folgenden Abschnitten das Minimum-Varianz-Problem für arbitragefreie Ein-Perioden-Modelle mit Hilfe der Methoden aus Kapitel 1 ausführlich und vollständig behandeln. Dabei wird eine affine Funktion der Zustandsdichte $\mathcal{L}$ die Rolle des in Abschnitt 2.2.7 anschaulich abgeleiteten Marktportfolios einnehmen.

Im folgenden betrachten wir also erneut das Problem, effiziente Portfolios für rationale Investoren zu finden. Wir behalten die Annahmen der klassischen Portfoliotheorie bei, dass alle Investoren ihre Anlageentscheidungen ausschließlich aufgrund der beiden Größen *erwartete Rendite* und *Risiko* treffen. Individuell ist bei den Investoren lediglich ihre Risikobereitschaft.

Im Rahmen der Portfoliotheorie versuchen Anleger

- bei gegebenem Risiko in ein Portfolio mit möglichst hohem Ertrag zu investieren oder

- bei gegebener erwarteter Rendite in ein Portfolio mit möglichst geringem Risiko zu investieren.

Definition 2.21. *Sei (S_0, S_1, P) ein arbitragefreies Marktmodell, und sei ψ ein Zustandsvektor. Sei weiter $C = h \cdot S_1$ ein replizierbares Auszahlungsprofil mit $C_0 := \langle \psi, C \rangle = h \cdot S_0 > 0$. Dann ist die* ***Rendite*** *$R_h \in \mathbb{R}^K$ von h aus Definition 2.1 wohldefiniert und besitzt folgende Darstellungen:*

$$R_h = \frac{h \cdot (S_1 - S_0)}{h \cdot S_0}$$
$$= \frac{C}{C_0} - 1.$$

Für R_h schreiben wir auch R_C falls $C = D^\top h$, wobei D die Payoffmatrix des Modells (S_0, S_1, P) bezeichnet. Weiter definieren wir

$$\mu_h := \mathbf{E}[R_h] = \mathbf{E}[R_C] =: \mu_C$$

und

$$\sigma_h := \mathbf{V}[R_h] = \mathbf{V}[R_C] =: \sigma_C,$$

wobei die Indices C und h gelegentlich auch unterdrückt werden. Offenbar gilt

$$\mu_C = \mathbf{E}[R_C] = \frac{1}{C_0}\mathbf{E}[C] - 1$$

und

$$\sigma_C = \mathbf{V}[R_C] = \frac{1}{C_0^2}\mathbf{V}[C].$$

Aus der letzten Gleichung folgt $\sigma_C > 0 \Longleftrightarrow \mathbf{V}[C] > 0$.

Voraussetzung Für den Rest dieses Kapitels wird vorausgesetzt, dass das zugrunde liegende Marktmodell (S_0, S_1, P) arbitragefrei ist und ein festverzinsliches Portfolio θ mit $D^\top \theta = \mathbf{1} = (1, \ldots, 1)$ enthält.

Wir nehmen also an, dass ein $\theta \in \mathbb{R}^N$ existiert mit $\theta \cdot S_1(\omega) = 1$ für alle $\omega \in \Omega$. Für eine derartige Anlage gilt $\theta \cdot S_0 = d$, wobei $d = \langle \psi, \mathbf{1} \rangle = \sum_{j=1}^K \psi_j$ den eindeutig bestimmten Diskontfaktor des Modells bezeichnet. Insbesondere gilt nach Satz 1.52 $d = \langle \psi, \mathbf{1} \rangle = \langle \psi', \mathbf{1} \rangle$ für je zwei Zustandsvektoren ψ und ψ' von (S_0, S_1, P).

2.3.1 Die Zustandsdichte

Definition 2.22. *Sei (S_0, S_1, P) ein arbitragefreies Marktmodell mit einem Zustandsvektor ψ. Dann ist die* ***Zustandsdichte*** *$\mathcal{L} : \Omega \to \mathbb{R}$ definiert durch*

$$\mathcal{L} := \frac{Q}{P},$$

also durch

$$\mathcal{L}(\omega_j) := \mathcal{L}_j := \frac{Q(\omega_j)}{P(\omega_j)} = \frac{1}{d}\frac{\psi_j}{P(\omega_j)},$$

wobei $d = \sum_{j=1}^{K} \psi_j$ *und* $Q = \frac{\psi}{d}$.

Wir verwenden dasselbe Symbol X sowohl für Funktionen $X : \Omega \to \mathbb{R}$, also für *Zufallsvariable*, als auch für den Vektor $X = (X(\omega_1), \ldots, X(\omega_K)) \in \mathbb{R}^K$ der Funktionswerte. Im folgenden werden Erwartungswerte von X bezüglich P mit $\mathbf{E}^P[X] = \sum_{j=1}^{K} X(\omega_j) P(\omega_j)$ und Erwartungswerte bezüglich Q mit $\mathbf{E}^Q[X] = \sum_{j=1}^{K} X(\omega_j) Q(\omega_j)$ bezeichnet. Die Varianz von X wird stets bezüglich P gebildet, so dass diese lediglich als $\mathbf{V}[X]$ geschrieben wird.

Lemma 2.23. *Es gilt*

1. $\mathbf{E}^P[\mathcal{L}] = 1$
2. $\mathbf{E}^P[\mathcal{L}C] = \mathbf{E}^Q[C]$
3. $\mathbf{Cov}(\mathcal{L}, C) = \mathbf{E}^Q[C] - \mathbf{E}^P[C]$
4. $\mathbf{V}[\mathcal{L}] = \mathbf{E}^Q[\mathcal{L}] - 1$

Beweis. **1.** und **2.** folgen nach Einsetzen von $\mathcal{L} = \frac{Q}{P}$ unmittelbar aus der Definition des Erwartungswerts.

3. folgt, weil mit 1. und 2. gilt

$$\begin{aligned}\mathbf{Cov}(\mathcal{L}, C) &= \mathbf{E}^P[\mathcal{L}C] - \mathbf{E}^P[\mathcal{L}]\mathbf{E}^P[C] \\ &= \mathbf{E}^Q[C] - \mathbf{E}^P[C].\end{aligned}$$

4. folgt mit 1. und 3. aus

$$\begin{aligned}\mathbf{V}[\mathcal{L}] &= \mathbf{Cov}(\mathcal{L}, \mathcal{L}) \\ &= \mathbf{E}^Q[\mathcal{L}] - \mathbf{E}^P[\mathcal{L}].\end{aligned}$$

□

Folgerung 2.24. *Es gilt*

$$\mathbf{V}[\mathcal{L}] > 0 \Longleftrightarrow \mathcal{L} \neq 1,$$

also wenn $P \neq Q$. *Weiter gilt*

$$\mathbf{E}^Q[\mathcal{L}] \geq 1$$

und

$$\mathbf{E}^Q[\mathcal{L}] = 1 \Longleftrightarrow \mathcal{L} = 1.$$

Beweis. Für jede Zufallsvariable X gilt $\mathbf{V}[X] \geq 0$. Daraus folgt wegen 4. aus Lemma 2.23 bereits $\mathbf{E}^Q[\mathcal{L}] \geq 1$. Weiter gilt $\mathbf{V}[X] = 0$ genau dann, wenn X konstant ist. Also ist $\mathbf{E}^Q[\mathcal{L}] = 1$ genau dann, wenn $\mathcal{L} = \lambda$ für ein $\lambda \in \mathbb{R}$ oder $Q = \lambda P$. Aus $\sum_{\omega \in \Omega} Q(\omega) = \sum_{\omega \in \Omega} P(\omega) = 1$ folgt aber $\lambda = 1$. □

Aufgabe 2.6. Geben Sie einen alternativen Beweis für die Aussagen $\mathbf{E}^Q[\mathcal{L}] \geq 1$ und $1 = \mathbf{E}^Q[\mathcal{L}] \iff P = Q$ an. Gehen Sie dazu mit $q_j := Q(\omega_j)$ und $p_j := P(\omega_j)$ aus von

$$1 = \sum_{j=1}^{K} q_j$$

und verwenden Sie die Schwarzsche Ungleichung zum Nachweis von

$$1 \leq \sum_{j=1}^{K} \frac{q_j^2}{p_j} = \mathbf{E}^Q[\mathcal{L}].$$

Lemma 2.25. *Es sei $C \in \mathbb{R}^K$ eine beliebige replizierbare Auszahlung mit der Eigenschaft $C_0 = \langle \psi, C \rangle > 0$. Dann ist die Rendite $R_C = \frac{C}{C_0} - 1$ von C wohldefiniert, und mit $r := \frac{1}{d} - 1$ gilt*

1. $\langle \psi, R_C \rangle = 1 - d$
2. $\mathbf{E}^Q[R_C] = r$
3. $\mathbf{Cov}(\mathcal{L}, R_C) = r - \mathbf{E}^P[R_C]$

Beweis. Damit die Rendite von C wohldefiniert ist, muss zunächst ein eindeutig bestimmter Preis $C_0 > 0$ von C definiert sein. Da wir hier die Preisbestimmung mit Hilfe der Preise replizierender Portfolios vornehmen, muss C replizierbar sein.

1. folgt aus

$$\begin{aligned} \langle \psi, R_C \rangle &= \langle \psi, \frac{C}{\langle \psi, C \rangle} - 1 \rangle \\ &= 1 - d. \end{aligned}$$

2. gilt wegen

$$\begin{aligned} \mathbf{E}^Q[R_C] &= \frac{1}{d} \langle \psi, R_C \rangle \\ &= \frac{1}{d}(1-d) \\ &= \frac{1}{d} - 1 \\ &= r. \end{aligned}$$

3. Mit 3. aus Lemma 2.23 und 2. folgt

$$\begin{aligned} \mathbf{Cov}(\mathcal{L}, R_C) &= \mathbf{E}^Q[R_C] - \mathbf{E}^P[R_C] \\ &= r - \mathbf{E}^P[R_C]. \end{aligned}$$

□

Das Ergebnis 2. von Lemma 2.25 besagt, dass bezüglich des Preismaßes Q jede beliebige replizierbare Endauszahlung C mit positivem Anfangswert C_0 die erwartete Rendite $\mathbf{E}^Q[R_C] = r$, also die Rendite einer festverzinslichen Kapitalanlage, besitzt. Dies begründet die Bezeichnung **risikoneutrales Preismaß** für Q.

Mit

$$\mu_C := \mathbf{E}^P[R_C]$$

und

$$X_C := \frac{C - \mu_C}{C_0}.$$

gilt

$$R_C = \mu_C + X_C. \tag{2.35}$$

Wir nennen μ_C den vorhersehbaren Anteil und X_C die Innovation der Rendite R_C. Offenbar ist

$$C = C_0 (1 + \mu_C + X_C). \tag{2.36}$$

Mit Lemma 2.25 folgt

$$\mathbf{Cov}(\mathcal{L}, X_C) = \mathbf{Cov}(\mathcal{L}, R_C) = -(\mu_C - r). \tag{2.37}$$

Wir setzen nun zusätzlich zur Arbitragefreiheit des Marktmodells und zusätzlich zur Existenz einer festverzinslichen Kapitalanlage $\theta \in \mathbb{R}^N$ mit $D^\top \theta = \mathbf{1}$ voraus, *dass die Zustandsdichte* $\mathcal{L}$ *replizierbar ist.* Wir nehmen also an, dass ein Portfolio $l \in \mathbb{R}^N$ existiert mit $\mathcal{L} = l \cdot S_1 = D^\top l$. Den Preis von $\mathcal{L}$, also den Wert des replizierenden Portfolios l, bezeichnen wir mit $\mathcal{L}_0$. Ist $\mathcal{L}$ replizierbar, so ist $\mathcal{L}_0 = \langle \psi, \mathcal{L} \rangle = l \cdot b$ der eindeutig bestimmte Preis von $\mathcal{L}$, und wegen $\psi \gg 0$ und $\mathcal{L} \gg 0$ folgt $\mathcal{L}_0 > 0$.

Beispiel 2.26. Wir betrachten das Marktmodell

$$(S_0, S_1, P) \simeq (b, D, P) = \left(\begin{pmatrix} 19 \\ 8 \\ 33 \end{pmatrix}, \begin{pmatrix} 22 & 18 & 25 \\ 9 & 11 & 7 \\ 32 & 36 & 41 \end{pmatrix}, \begin{pmatrix} 0.2 \\ 0.5 \\ 0.3 \end{pmatrix} \right).$$

Das Modell ist arbitragefrei und vollständig, denn D ist regulär und die eindeutig bestimmte Lösung ψ von $D\psi = b$ lautet

$$\psi = \begin{pmatrix} 0.150 \\ 0.378 \\ 0.356 \end{pmatrix}.$$

Daraus ergibt sich der Diskontfaktor $d = 0.884$, und das risikoneutrale Preismaß besitzt die Werte

$$Q = \frac{\psi}{d} = \begin{pmatrix} 0.169 \\ 0.428 \\ 0.403 \end{pmatrix}.$$

Daher lautet die Zustandsdichte

$$\mathcal{L} = \frac{Q}{P} = \begin{pmatrix} 0.847 \\ 0.856 \\ 1.342 \end{pmatrix},$$

und es gilt

$$\mathbf{E}^Q[\mathcal{L}] = \langle Q, \mathcal{L} \rangle = 1.05 > 1.$$

Ferner lautet die risikolose Rendite $r = \frac{1}{d} - 1$ des Modells

$$r = \frac{31}{236} = 13.14\%.$$

Da die Payoffmatrix D regulär ist, ist $\mathcal{L}$ replizierbar. Das Gleichungssystem $D^\top l = L$ besitzt die eindeutig bestimmte Lösung

$$l = \begin{pmatrix} 0.00652 \\ -0.06108 \\ 0.03918 \end{pmatrix}$$

Wiederum weil D regulär ist, enthält das Marktmodell festverzinsliche Portfolios. Das Gleichungssystem $D^\top \theta = \mathbf{1}$ besitzt die eindeutig bestimmte Lösung

$$\theta = \begin{pmatrix} 0.02434 \\ 0.04494 \\ 0.00187 \end{pmatrix}.$$

Für den Preis von θ erhalten wir den Wert $\theta \cdot S_0 = 0.884$. Dies stimmt mit dem oben berechneten Diskontfaktor d überein, wie es sein sollte. Schließlich gilt

$$\mathcal{L}_0 = \langle \psi, \mathcal{L} \rangle = 0.923.$$

△

Lemma 2.27. *Sei (b, D) ein Marktmodell. Dann existiert höchstens eine Lösung von $D\psi = b$, die replizierbar ist.*

Beweis. Seien $\psi_1, \psi_2 \in \operatorname{Im} D^\top$, $\psi_1 \neq \psi_2$ und $D\psi_1 = D\psi_2 = b$. Dann gilt für $\psi := \psi_1 - \psi_2$ sowohl $\psi \in \operatorname{Im} D^\top$ als auch $\psi \in \ker D$, also ist $\psi = 0$ wegen $\mathbb{R}^K = \operatorname{Im} D^\top \oplus \ker D$. □

Insbesondere ist in einem Marktmodell also höchstens ein Zustandsvektor replizierbar. Ein entsprechender Zusammenhang gilt für Zustandsdichten, wie der folgende Satz zeigt.

Satz 2.28. *In einem arbitragefreien Marktmodell, das festverzinsliche Portfolios enthält, gibt es höchstens eine Zustandsdichte, die replizierbar ist.*

Beweis. Angenommen, es existieren zwei Zustandsvektoren ψ und ψ', so dass

$$\mathcal{L} = \frac{Q}{P} \text{ und } \mathcal{L}' = \frac{Q'}{P}$$

beide replizierbar sind, wobei

$$Q = \frac{\psi}{d} \text{ und } Q' = \frac{\psi'}{d}$$

mit $d = \sum_{i=1}^{K} \psi_i = \sum_{i=1}^{K} \psi_i'$. Der Diskontfaktor d ist eindeutig bestimmt, da das Marktmodell nach Voraussetzung festverzinsliche Portfolios enthält. Wegen $\psi' = \psi + f$ für ein $f \in \ker D$ gilt

$$Q' = \frac{\psi'}{d} = Q + q \tag{2.38}$$

mit

$$q := \frac{f}{d}.$$

Daraus folgt die Darstellung

$$\mathcal{L}' = \mathcal{L} + \frac{q}{P}.$$

Nach Voraussetzung ist $\mathcal{L}$ erreichbar. Daher ist der Preis von $\mathcal{L}$ unabhängig vom gewählten Zustandsvektor gegeben durch

$$\langle \psi, \mathcal{L} \rangle = \langle \psi', \mathcal{L} \rangle .$$

Dies bedeutet

$$\langle Q, \mathcal{L} \rangle = \langle Q', \mathcal{L} \rangle = \langle Q, \mathcal{L} \rangle + \langle q, \mathcal{L} \rangle ,$$

also

$$\langle q, \mathcal{L} \rangle = 0. \tag{2.39}$$

Nach Voraussetzung ist auch $\mathcal{L}'$ erreichbar, so dass

$$\langle \psi, \mathcal{L}' \rangle = \langle \psi', \mathcal{L}' \rangle ,$$

also

$$\langle Q, \mathcal{L}' \rangle = \langle Q', \mathcal{L}' \rangle . \tag{2.40}$$

Aus (2.40) folgt mit (2.38) und (2.39)

$$\begin{aligned} 0 = \langle q, \mathcal{L}' \rangle &= \langle q, \mathcal{L} \rangle + \left\langle q, \frac{q}{P} \right\rangle \\ &= \left\langle q, \frac{q}{P} \right\rangle . \end{aligned}$$

Aber dies bedeutet $q = 0$, also $\mathcal{L}' = \mathcal{L}$. □

Wir werden sehen, dass Auszahlungen vom Typ $M = a + b\mathcal{L}$ auf der Kapitalmarktlinie liegen, wenn konstante Auszahlungen und die Zustandsdichte $\mathcal{L}$ replizierbar sind. Nach dem vorangegangenen Satz 2.28 gibt es dann keine zweite, von $\mathcal{L}$ verschiedene, replizierbare Zustandsdichte, so dass die Kapitalmarktlinie eindeutig bestimmt ist.

Lemma 2.29. *Sei θ ein festverzinsliches Portfolio mit $\theta \cdot S_1(\omega) = 1$ für alle $\omega \in \Omega$. Seien weiter $a, b \in \mathbb{R}$, $b \neq 0$. Dann ist $a + b\mathcal{L}$ genau dann replizierbar, wenn $\mathcal{L}$ replizierbar ist.*

Beweis. Sei l ein Portfolio mit $l \cdot S_1 = \mathcal{L}$. Dann gilt

$$(a\theta + bl) \cdot S_1 = a + b\mathcal{L},$$

also ist $a + b\mathcal{L}$ replizierbar. Ist umgekehrt $a + b\mathcal{L}$ replizierbar durch $a + b\mathcal{L} = h \cdot S_1$ für ein $h \in \mathbb{R}^N$, so gilt

$$\mathcal{L} = \frac{1}{b}\left((h - a\theta) \cdot S_1\right).$$

□

Jede affine Funktion $M = a + b\mathcal{L}$ von $\mathcal{L}$ entspricht der Auszahlung eines Portfolios, das aus einem Anteil an einer festverzinslichen Anlage θ, $D^\top \theta = \mathbf{1}$, und aus einem Anteil an l besteht, wobei $D^\top l = \mathcal{L}$. Wir setzen voraus, dass das investierte Anfangskapital positiv ist, dass also $M_0 = \langle \psi, M \rangle > 0$. Wegen $\mathcal{L}_0 > 0$ ist die Rendite

$$R_{\mathcal{L}} = \frac{\mathcal{L}}{\mathcal{L}_0} - 1 \tag{2.41}$$

von $\mathcal{L}$ wohldefiniert.

Lemma 2.30. *Sei $\mathcal{L}$ replizierbar. Dann gilt*

$$\mu_{\mathcal{L}} = r \iff \sigma_{\mathcal{L}} = 0 \iff \mathcal{L} = 1 \iff P = Q. \tag{2.42}$$

Falls $\mathcal{L} \neq 1$, so folgt

$$\sigma_{\mathcal{L}} = \frac{\sqrt{\mathbf{V}[\mathcal{L}]}}{\mathcal{L}_0} > 0$$

sowie

$$-1 < \mu_{\mathcal{L}} = -1 + \frac{1}{\mathcal{L}_0} = r - \frac{\mathbf{V}[\mathcal{L}]}{\mathcal{L}_0} < r.$$

Für $\mathcal{L} \neq 1$ gilt

$$\frac{\mu_{\mathcal{L}} - r}{\sigma_{\mathcal{L}}} = -\sqrt{\mathbf{V}[\mathcal{L}]}. \tag{2.43}$$

Beweis. Mit Lemma 2.25 berechnen wir

$$\mu_{\mathcal{L}} - r = -\mathbf{Cov}\left(R_{\mathcal{L}}, \mathcal{L}\right) = -\frac{1}{\mathcal{L}_0}\mathbf{V}[\mathcal{L}] < 0$$

und

$$\sigma_{\mathcal{L}}^2 = \mathbf{V}[R_{\mathcal{L}}] = \left(\frac{1}{\mathcal{L}_0}\right)^2 \mathbf{V}[\mathcal{L}].$$

Nun ist $\mathbf{V}[\mathcal{L}] = 0$ genau dann, wenn $\mathcal{L} = 1$, und damit erhalten wir (2.42). Weiter folgt

$$\mu_{\mathcal{L}} = \mathbf{E}^P\left[R_{\mathcal{L}}\right] = \frac{1}{\mathcal{L}_0}\mathbf{E}^P\left[\mathcal{L}\right] - 1 = \frac{1}{\mathcal{L}_0} - 1 > -1.$$

Daraus folgen die übrigen Aussagen. □

2.3.2 CAPM und das Minimum-Varianz-Optimierungsproblem

Unter der Voraussetzung, dass konstante Auszahlungen und die Zustandsdichte $\mathcal{L} \neq 1$ replizierbar sind, werden wir im folgenden zeigen, dass das Minimum-Varianz-Problem der Portfolio-Optimierung explizit lösbar ist und sehr eng mit dem *Capital Asset Pricing Model* (CAPM) zusammenhängt.

Definition 2.31. *Sei* $C \in \mathbb{R}^K$ *eine erreichbare Auszahlung mit* $C_0 := \langle \psi, C \rangle > 0$ *und* $\sigma_C > 0$. *Dann ist der* ***Marktpreis des Risikos von*** C *definiert durch*

$$m_C := \frac{\mu_C - r}{\sigma_C}.$$

Nach (2.43) besitzt der Marktpreis des Risikos $m_{\mathcal{L}}$ von $\mathcal{L}$ den Wert $m_{\mathcal{L}} = -\sqrt{\mathbf{V}[\mathcal{L}]}$.

Lemma 2.32. *Angenommen,* C *ist replizierbar mit* $C_0 := \langle \psi, C \rangle > 0$. *Sei* $X = a + bC$, $a, b \in \mathbb{R}$, $b \neq 0$, *mit* $X_0 := \langle \psi, X \rangle > 0$. *Für die Rendite* $R_X = \frac{X}{X_0} - 1$ *dieser Auszahlung gilt mit*

$$\alpha := b\frac{C_0}{X_0}$$

der Zusammenhang

$$R_X = (1 - \alpha)\, r + \alpha R_C.$$

Die Auszahlung X *wird also dadurch realisiert, dass der Bruchteil* $1 - \alpha$ *des eingesetzten Kapitals festverzinslich zum Zinssatz* r *angelegt und der Rest in die Auszahlung* C *investiert wird. Weiter sei* $\sigma_C > 0$ *und* $\sigma_X > 0$ *angenommen. Dann gilt*

$$\frac{\mu_X - r}{\sigma_X} = sgn\,(b)\,\frac{\mu_C - r}{\sigma_C}, \tag{2.44}$$

wobei

$$sgn(x) := \begin{cases} +1, & \textit{falls } x > 0 \\ 0, & \textit{falls } x = 0 \\ -1, & \textit{falls } x < 0 \end{cases}$$

die Vorzeichen- oder Signum-Funktion bezeichnet.

Beweis. Nach Lemma 2.29 ist X replizierbar. Wegen $X_0 = \langle \psi, X \rangle > 0$ ist die Rendite $R_X = \frac{X}{X_0} - 1$ von X wohldefiniert. Dann folgt mit $X_0 = da + bC_0$

$$\begin{aligned} X_0 R_X &= X - X_0 \\ &= a + bC - (da + bC_0) \\ &= a(1 - d) + b(C - C_0) \\ &= dar + bC_0 R_C, \end{aligned}$$

wobei $1 - d = dr$ verwendet wurde. Damit erhalten wir

$$\begin{aligned} R_X &= \frac{da}{X_0} r + b \frac{C_0}{X_0} R_C \\ &= (1 - \alpha) r + \alpha R_C \end{aligned}$$

für $\alpha := b\frac{C_0}{X_0}$. Daraus folgt

$$\mu_X - r = \alpha (\mu_C - r)$$

und

$$\sigma_X = |\alpha| \sigma_C.$$

Wenn $\sigma_X > 0$, dann ist $\alpha \neq 0$, und dann folgt (2.44) wegen $\frac{\alpha}{|\alpha|} = sgn(\alpha) = sgn(b)$. □

Affine Funktionen $X = a + bC$ einer Auszahlung C besitzen also bis auf das Vorzeichen denselben Marktpreis des Risikos wie C.

Lemma 2.33. *Sei $X \in \mathbb{R}^K$ eine replizierbare Auszahlung mit $X_0 := \langle \psi, X \rangle > 0$ und $\sigma_X > 0$. Dann gilt für beliebige $Y \in \mathbb{R}^K$*

$$\frac{\mathbf{Cov}(X, Y)}{\sqrt{\mathbf{V}[X]}} = \frac{\mathbf{Cov}(R_X, Y)}{\sigma_X}. \tag{2.45}$$

Ist darüber hinaus auch Y replizierbar mit $Y_0 := \langle \psi, Y \rangle > 0$ und $\sigma_Y > 0$, so folgt

$$\mathbf{Corr}(X, Y) = \mathbf{Corr}(R_X, R_Y). \tag{2.46}$$

Beweis. Zunächst ist die Rendite $R_X = \frac{X}{X_0} - 1$ von X nach Voraussetzung wohldefiniert. Wir berechnen

$$\mathbf{Cov}(R_X, Y) = \frac{1}{X_0} \mathbf{Cov}(X, Y)$$

und

$$\sigma_X = \sqrt{\mathbf{V}[R_X]} = \frac{1}{X_0}\sqrt{\mathbf{V}[X]}.$$

Daraus folgt (2.45). Ist zusätzlich Y replizierbar, so ist auch die Rendite $R_Y = \frac{Y}{Y_0} - 1$ von Y wohldefiniert, und nach (2.45) gilt für beliebige $Z \in \mathbb{R}^K$

$$\frac{\mathbf{Cov}(Y,Z)}{\sqrt{\mathbf{V}[Y]}} = \frac{\mathbf{Cov}(R_Y,Z)}{\sigma_Y}, \tag{2.47}$$

also

$$\begin{aligned}
\mathbf{Corr}(X,Y) &= \frac{\mathbf{Cov}(X,Y)}{\sqrt{\mathbf{V}[X]}\sqrt{\mathbf{V}[Y]}} \\
&= \frac{1}{\sqrt{\mathbf{V}[Y]}}\frac{\mathbf{Cov}(R_X,Y)}{\sigma_X} \\
&= \frac{1}{\sigma_X}\frac{\mathbf{Cov}(Y,R_X)}{\sqrt{\mathbf{V}[Y]}} \\
&= \frac{1}{\sigma_X}\frac{\mathbf{Cov}(R_Y,R_X)}{\sigma_Y} \\
&= \mathbf{Corr}(R_X,R_Y),
\end{aligned}$$

wobei wir in der vorletzten Zeile (2.47) mit $Z = R_X$ verwendet haben. □

Folgerung 2.34 (CAPM-Grundgleichung) *Sei $\mathcal{L} \neq 1$ replizierbar, und sei weiter $C \in \mathbb{R}^K$ eine replizierbare Auszahlung mit $C_0 := \langle \psi, C\rangle > 0$ und $\sigma_C > 0$. Dann gilt*

$$\begin{aligned}
\frac{\mu_C - r}{\sigma_C} &= -\mathbf{Corr}(R_C,R_{\mathcal{L}})\sqrt{\mathbf{V}[\mathcal{L}]} \\
&= \mathbf{Corr}(R_C,R_{\mathcal{L}})\frac{\mu_{\mathcal{L}} - r}{\sigma_{\mathcal{L}}}.
\end{aligned} \tag{2.48}$$

Insbesondere folgt für jede replizierbare Auszahlung C mit $C_0 := \langle \psi, C\rangle > 0$ und $\sigma_C > 0$

$$\left|\frac{\mu_C - r}{\sigma_C}\right| \leq \sqrt{\mathbf{V}[\mathcal{L}]}. \tag{2.49}$$

Sei $M = a + b\mathcal{L}$ mit $M_0 = \langle \psi, M\rangle > 0$ und $\sigma_M > 0$. Dann gilt die ***CAPM-Grundgleichung***

$$\begin{aligned}
\frac{\mu_C - r}{\sigma_C} &= \mathbf{Corr}(R_C,R_M)\frac{\mu_M - r}{\sigma_M} \\
&= -sgn(b)\,\mathbf{Corr}(R_C,R_M)\sqrt{\mathbf{V}[\mathcal{L}]}.
\end{aligned} \tag{2.50}$$

Beweis. Mit Lemma 2.25 und mit (2.45) folgt

$$\begin{aligned}\frac{\mu_C - r}{\sigma_C} &= -\frac{\mathbf{Cov}(R_C, \mathcal{L})}{\sigma_C} \\ &= -\frac{\sqrt{\mathbf{V}[\mathcal{L}]}}{\sigma_C}\frac{\mathbf{Cov}(R_C, \mathcal{L})}{\sqrt{\mathbf{V}[\mathcal{L}]}} \\ &= -\frac{1}{\sigma_C}\frac{\mathbf{Cov}(R_C, R_{\mathcal{L}})}{\sigma_{\mathcal{L}}}\sqrt{\mathbf{V}[\mathcal{L}]} \\ &= -\mathbf{Corr}(R_C, R_{\mathcal{L}})\sqrt{\mathbf{V}[\mathcal{L}]}.\end{aligned}$$

Die zweite Zeile in (2.48) folgt wegen (2.43). (2.49) ist klar. Da nach (2.44) affine Funktionen $M = a + b\mathcal{L}$ von $\mathcal{L}$ bis auf ein Vorzeichen denselben Marktpreis des Risikos besitzen wie $\mathcal{L}$ selbst, folgt (2.50). □

Damit besitzen $\mathcal{L}$ und affine Funktionen von $\mathcal{L}$ im betrachteten Marktmodell einen betragsmäßig maximalen Marktpreis des Risikos. Für $C = b\mathcal{L}$, $b \neq 0$ gilt $\mathbf{Corr}(R_C, R_{\mathcal{L}}) = sgn(b)$. Damit folgt aus (2.48) $\frac{\mu_C - r}{\sigma_C} = -sgn(b)\sqrt{\mathbf{V}[\mathcal{L}]}$. Die erwartete Rendite μ_C von C ist also genau dann größer als die risikolose Rendite r, $\mu_C > r$, wenn $b < 0$ in $C = b\mathcal{L}$ gilt. Der Marktpreis des Risikos von $\mathcal{L}$ ist nach (2.49) betragsmäßig um so kleiner, je kleiner $\mathbf{V}[\mathcal{L}]$ ist, d.h. je näher P bei Q liegt.

Gleichung (2.50) entspricht der klassischen Grundgleichung des **Capital Asset Pricing Models**. Im vorliegenden Fall ist die Kapitalmarktlinie durch affine Funktionen $M = a + b\mathcal{L}$ von $\mathcal{L}$ mit $b \leq 0$ gegeben. Da im zugrunde liegenden Ein-Perioden-Modell kein „Regenschirm" risikobehafteter Anlagen spezifiziert wurde, kann kein Marktportfolio als Berührpunkt zwischen Kapitalmarktlinie und „Regenschirm" definiert werden. Dagegen ist jede Anlage $M = a + b\mathcal{L}$ mit $b < 0$ auf der Kapitalmarktlinie ein mögliches Marktportfolio. Es genügt also, Anteile b, $b < 0$, einer einzigen risikobehafteten Auszahlung $\mathcal{L}$ auszuwählen und diese je nach Risikoneigung mit einem Anteil a der zustandsunabhängigen Auszahlung $\mathbf{1}$ geeignet zu kombinieren, um Auszahlungen $M = a + b\mathcal{L}$ mit maximaler erwarteter Rendite bei vorgegebenem Risiko zu realisieren. Die Aussage, dass eine einzige risikobehaftete Kapitalanlage zur Erzeugung aller Auszahlungen auf der Kapitalmarktlinie ausreicht, ist als **One Fund Theorem** bekannt. Wir werden für derartige optimale Portfolios gleich eine geschlossene Darstellung herleiten.

Alle Auszahlungen $M = a + b\mathcal{L}$ mit $M_0 = \langle\psi, M\rangle > 0$ liegen im μ-σ-Diagramm auf folgenden beiden Halbgeraden:

$$\begin{pmatrix}\sigma_M \\ \mu_M\end{pmatrix} = \begin{cases}\begin{pmatrix}0 \\ r\end{pmatrix} + \lambda\begin{pmatrix}1 \\ \sqrt{\mathbf{V}[\mathcal{L}]}\end{pmatrix} & \text{für } \lambda = \frac{-b}{M_0}\sqrt{\mathbf{V}[\mathcal{L}]},\ b \leq 0 \\ \begin{pmatrix}0 \\ r\end{pmatrix} + \lambda\begin{pmatrix}1 \\ -\sqrt{\mathbf{V}[\mathcal{L}]}\end{pmatrix} & \text{für } \lambda = \frac{b}{M_0}\sqrt{\mathbf{V}[\mathcal{L}]},\ b \geq 0,\end{cases}$$

siehe Abb. 2.8. Insbesondere liegt das Portfolio l, also die Auszahlung $\mathcal{L}$, im

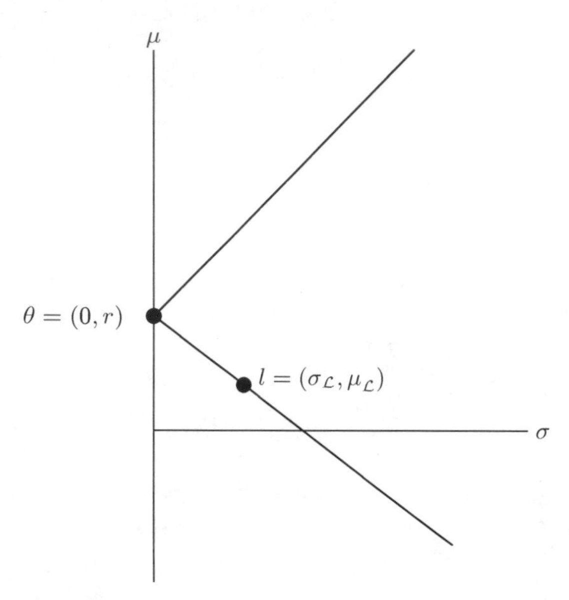

Abb. 2.8. Die Auszahlungen $a + b\mathcal{L}$ für $a, b \in \mathbb{R}$ im μ-σ-Diagramm. Die Steigung der oberen Halbgeraden beträgt $\sqrt{\mathbf{V}(\mathcal{L})}$, die der unteren Halbgeraden $-\sqrt{\mathbf{V}(\mathcal{L})}$.

μ-σ-Diagramm an der Stelle

$$\begin{pmatrix} \sigma_{\mathcal{L}} \\ \mu_{\mathcal{L}} \end{pmatrix} = \begin{pmatrix} \frac{\sqrt{\mathbf{V}[\mathcal{L}]}}{\mathcal{L}_0} \\ r - \frac{\mathbf{V}[\mathcal{L}]}{\mathcal{L}_0} \end{pmatrix},$$

wobei für die letzte Gleichung Lemma 2.30 verwendet wurde. Der Marktpreis des Risikos einer beliebigen replizierbaren Auszahlung C ist für $\mu_M > r$ durch den Marktpreis des Risikos von M nach oben beschränkt. Damit besitzt die durch die Punkte $(0, r)$ und (σ_M, μ_M) verlaufende Gerade im μ-σ-Diagramm eine größere Steigung als jede durch $(0, r)$ und (σ_C, μ_C) verlaufende Gerade. Die durch $(0, r)$ und (σ_M, μ_M) verlaufende Gerade verfügt damit über die definierende Eigenschaft der Kapitalmarktlinie. Dies ist in Abb. 2.9 skizziert.

Die möglichen Werte für $\sqrt{\mathbf{V}[\mathcal{L}]}$, und damit die möglichen Werte für den Marktpreis des Risikos, sind alle Zahlen des Intervalls $[0, \infty)$. Je kleiner die Varianz von $\mathcal{L}$ ist, desto geringer ist die Steigung der Kapitalmarktlinie und damit auch der Öffnungswinkel des „Fächers", in dem die realisierbaren Portfolios im μ-σ-Diagramm liegen. Der minimale Wert 0 wird für $P = Q$ erreicht. Wird andererseits $0 < \varepsilon < 1$ so gewählt, dass $P_1 := \varepsilon$ und $0 < P_j := \frac{1}{K-1}(1 - \varepsilon)$, $j = 2, \ldots, K$, gilt, so definiert P ein Wahrscheinlichkeitsmaß. Aus 4. von Lemma 2.23 folgt

$$\mathbf{V}[\mathcal{L}] = \mathbf{E}^Q[\mathcal{L}] - 1 > \frac{Q_1^2}{\varepsilon} - 1,$$

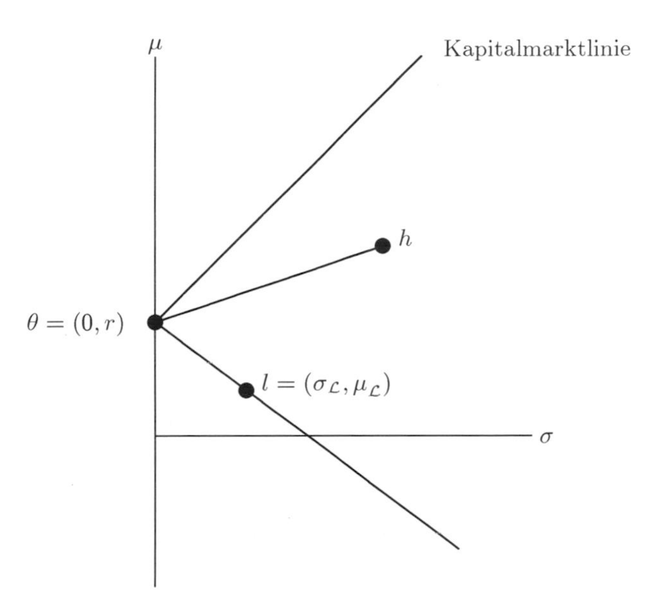

Abb. 2.9. Die optimalen Portfolios befinden sich auf der Kapitalmarktlinie. Jedes andere Portfolio h besitzt einen geringeren Marktpreis des Risikos als eine beliebige Auszahlung M auf der Kapitalmarktlinie.

und dies strebt für $\varepsilon \to 0$ gegen ∞. Theoretisch kann die Steigung der Kapitalmarktlinie also beliebig groß werden.

Definition 2.35. *Sei (S_0, S_1, P) ein arbitragefreies Marktmodell. Das **Minimum-Varianz-Optimierungsproblem** besteht darin,*

1. *zu vorgegebenem Anfangskapital und zu vorgegebener erwarteter Rendite $\mu > r$ ein Portfolio mit minimalem Risiko zu finden oder*
2. *zu vorgegebenem Anfangskapital und zu vorgegebenem Risiko $\sigma > 0$ ein Portfolio mit maximaler erwarteter Rendite zu bestimmen.*

Satz 2.36. ***(Das Minimum-Varianz-Optimierungsproblem und das One Fund Theorem)*** *Sei $\mathcal{L} \neq 1$, und wir nehmen an, dass sowohl $\mathcal{L}$ als auch konstante Auszahlungen replizierbar sind. Seien weiter eine Rendite $\mu > r$ und ein Anfangskapital $v > 0$ vorgegeben.*

1. *Dann ist eine replizierbare Auszahlung mit Rendite μ, Anfangskapital v und maximalem Marktpreis des Risikos gegeben durch $M = a + b\mathcal{L}$, wobei*

$$a = v\left(1 + \mu + \frac{\mu - r}{\mathbf{V}[\mathcal{L}]}\right)$$

und

$$b = -v\frac{\mu - r}{\mathbf{V}[\mathcal{L}]}.$$

Zusammengefasst gilt damit

$$M = v\left(1 + \mu + \frac{\mu - r}{\mathbf{V}[\mathcal{L}]}(1 - \mathcal{L})\right). \tag{2.51}$$

2. *Für die Rendite R_M von M gilt*

$$R_M = \mu + \frac{\mu - r}{\mathbf{V}[\mathcal{L}]}(1 - \mathcal{L}) \tag{2.52}$$

sowie

$$\mu_M = \mathbf{E}^P[R_M] = \mu \tag{2.53}$$

und

$$\sigma_M = \sqrt{\mathbf{V}[R_M]} = \frac{\mu - r}{\sqrt{\mathbf{V}[\mathcal{L}]}}. \tag{2.54}$$

3. *Die Auszahlung $M = a + b\mathcal{L}$ wird repliziert durch eine Lösung von*

$$D^\top h = M.$$

Es gibt eine Darstellung

$$h = a\theta + bl,$$

wobei $l \cdot S_1 = \mathcal{L}$. Das Portfolio h besteht also lediglich aus einer Investition in die festverzinsliche Anlage zum Zinssatz r sowie aus einer Investition in die risikobehaftete Anlage l, die $\mathcal{L}$ repliziert.

4. *Für jede replizierbare Auszahlung C mit $\sigma_C = \sqrt{\mathbf{V}[R_C]} > 0$ und mit $\mu_C = \mu_M = \mu > r$ gilt*

$$\sigma_M \leq \sigma_C.$$

Zu einer vorgegebenen Rendite μ löst also das Portfolio $h = a\theta + bl$ das ***Minimum-Varianz-Optimierungsproblem****.*

Beweis. Aus der CAPM-Grundgleichung in Folgerung 2.34 wissen wir, dass affine Funktionen $M = a + b\mathcal{L}$ der Zustandsdichte $\mathcal{L}$ einen maximalen Marktpreis des Risikos besitzen.

1. Unter der Voraussetzung $\langle\psi, M\rangle = d\mathbf{E}^Q[M] = v$ gilt $R_M = \frac{M}{v} - 1$, und mit Lemma 2.25 folgt

$$r - \mu = \mathbf{Cov}(R_M, \mathcal{L}) = \frac{b}{v}\mathbf{V}[\mathcal{L}],$$

also

$$b = -v\frac{\mu - r}{\mathbf{V}[\mathcal{L}]}.$$

Weiter gilt

$$v = d\mathbf{E}^Q[M] = d\left(a + b\mathbf{E}^Q[\mathcal{L}]\right).$$

Daher folgt mit 4. aus Lemma 2.23, also mit $\mathbf{V}[\mathcal{L}] = \mathbf{E}^Q[\mathcal{L}] - 1$,

$$\begin{aligned} a &= \frac{v}{d} - b\mathbf{E}^Q[\mathcal{L}] \\ &= v\left((1+r) + \frac{\mu - r}{\mathbf{V}[\mathcal{L}]}(\mathbf{V}[\mathcal{L}] + 1)\right) \\ &= v\left(1 + \mu + \frac{\mu - r}{\mathbf{V}[\mathcal{L}]}\right). \end{aligned}$$

2. (2.52) folgt unmittelbar durch Einsetzen von (2.51) in

$$R_M = \frac{M}{v} - 1.$$

Wegen $\mathbf{E}^P[\mathcal{L}] = 1$ erhalten wir aus (2.52) sofort $\mathbf{E}^P[R_M] = \mu$. Weiter gilt

$$\begin{aligned} \mathbf{V}[R_M] &= \left(\frac{\mu - r}{\mathbf{V}[\mathcal{L}]}\right)^2 \mathbf{V}[\mathcal{L}] \\ &= \frac{(\mu - r)^2}{\mathbf{V}[\mathcal{L}]}. \end{aligned}$$

Daraus folgt (2.54) wegen $\mu > r$.

3. folgt nach Definition, siehe auch Lemma 2.29.
4. folgt sofort aus (2.48). □

Das Portfolio $a\theta + bl$ repliziert M und löst das Minimum-Varianz-Optimierungsproblem; es besitzt unter allen Portfolios h mit der Eigenschaft $\mu_h = \mathbf{E}^P[R_h] = \mu$ die kleinste Varianz. Damit ist die Existenz einer Lösung des Optimierungsproblems nachgewiesen.

Das One Fund Theorem besagt, dass Investoren ihr Kapital ausschließlich in eine festverzinsliche Anlage zum Zinssatz r und in eine Anlage mit Auszahlung $\mathcal{L}$ investieren sollten. Rendite und Risiko jeder optimalen Investition werden allein durch die Aufteilung des eingesetzten Kapitals auf diese beiden Anlagen gesteuert.

Anmerkung 2.37. Aus

$$M = v\left(1 + \mu + \frac{\mu - r}{\mathbf{V}[\mathcal{L}]}(1 - \mathcal{L})\right)$$

folgt wegen $\mathbf{E}^Q[1 - \mathcal{L}] = -\mathbf{V}[\mathcal{L}]$ der Zusammenhang

$$\begin{aligned} \langle \psi, M \rangle &= d\mathbf{E}^Q[M] \\ &= dv(1+\mu) - dv(\mu - r) \\ &= vd(1+r) \\ &= v. \end{aligned}$$

Der Wert der Auszahlung M zum Zeitpunkt 0 beträgt also v, wie es sein soll.

Aufgabe 2.7. Zeigen Sie, dass der Punkt $\left(\sqrt{\mathbf{V}[\mathcal{L}]}, r + \mathbf{V}[\mathcal{L}]\right)$ im μ-σ-Diagramm auf der Kapitalmarktlinie liegt.

Satz 2.36 bietet einen alternativen Zugang zu Lemma 2.32. Wählen wir in (2.52),

$$R_M = \mu_M + \frac{\mu_M - r}{\mathbf{V}[\mathcal{L}]}(1 - \mathcal{L}), \tag{2.55}$$

speziell $M = \mathcal{L}$, so folgt

$$R_{\mathcal{L}} = \mu_{\mathcal{L}} + \frac{\mu_{\mathcal{L}} - r}{\mathbf{V}[\mathcal{L}]}(1 - \mathcal{L})$$

oder

$$1 - \mathcal{L} = \frac{\mathbf{V}[\mathcal{L}]}{\mu_{\mathcal{L}} - r}(R_{\mathcal{L}} - \mu_{\mathcal{L}}). \tag{2.56}$$

Einsetzen von (2.56) in (2.55) liefert

$$\begin{aligned} R_M &= \mu_M - \frac{\mu_M - r}{\mu_{\mathcal{L}} - r}\mu_{\mathcal{L}} + \frac{\mu_M - r}{\mu_{\mathcal{L}} - r}R_{\mathcal{L}} \\ &= \mu_M - \frac{\mu_M - r}{\mu_{\mathcal{L}} - r}(\mu_{\mathcal{L}} - r + r) + \frac{\mu_M - r}{\mu_{\mathcal{L}} - r}R_{\mathcal{L}} \\ &= \mu_M - (\mu_M - r) - \frac{\mu_M - r}{\mu_{\mathcal{L}} - r}r + \frac{\mu_M - r}{\mu_{\mathcal{L}} - r}R_{\mathcal{L}} \\ &= r - \frac{\mu_M - r}{\mu_{\mathcal{L}} - r}r + \frac{\mu_M - r}{\mu_{\mathcal{L}} - r}R_{\mathcal{L}} \\ &= (1 - \lambda)\, r + \lambda R_{\mathcal{L}}, \end{aligned}$$

wobei

$$\lambda := \frac{\mu_M - r}{\mu_{\mathcal{L}} - r}.$$

Wir erhalten also wiederum die Aussage von Lemma 2.32, dass sich die Rendite von $M = a + b\mathcal{L}$ als Linearkombination der risikolosen Rendite r und der Rendite von $\mathcal{L}$ schreiben lässt.

Aufgabe 2.8. Sei M ein Portfolio mit der Eigenschaft

$$R_M = (1 - \lambda)\, r + \lambda R_{\mathcal{L}}.$$

Sei weiter M' ein Portfolio, das aus einer Investition von λ' Kapitalanteilen in $\mathcal{L}$ und aus $1 - \lambda'$ Anteilen der risikolosen Kapitalanlage gebildet wird. Es gilt also

$$R_{M'} = (1 - \lambda')\, r + \lambda' R_{\mathcal{L}}.$$

Zeigen Sie, dass es dann ein $\alpha \in \mathbb{R}$ gibt mit

$$R_{M'} = (1 - \alpha)\, r + \alpha R_M.$$

Dies bedeutet, dass das Portfolio M' auch als Mischung der risikolosen Kapitalanlage mit M dargestellt werden kann. In diesem Sinne sind also je zwei riskante Portfolios auf der Kapitalmarktlinie gleichwertig, und das *One Fund Theorem* gilt nicht nur für $\mathcal{L}$ selbst, sondern auch für jedes Portfolio $M = a + b\mathcal{L}$ mit $b \neq 0$.

2.3.3 Anwendungsbeispiel für den Fall $\mathcal{L} \in \operatorname{Im} D^\top$

Der Ausdruck (2.51) stellt eine optimale Auszahlung $M = a + b\mathcal{L}$ des Minimum-Varianz-Problems in geschlossener Form dar. Diese affine Funktion der Zustandsdichte $\mathcal{L}$ ist nach Lemma 2.29 genau dann replizierbar, wenn die Zustandsdichte $\mathcal{L}$ replizierbar ist. In diesem Fall gibt es ein Portfolio l mit

$$D^\top l = l \cdot S_1 = \mathcal{L}.$$

Dann repliziert das Portfolio

$$h = a\theta + bl$$

die Auszahlung M,

$$D^\top h = h \cdot S_1 = M.$$

Insbesondere ist $\mathcal{L}$ – und damit M – natürlich dann replizierbar, wenn $D^\top$ surjektiv ist, wenn also das Marktmodell vollständig ist.

Beispiel 2.38. Wir setzen Beispiel 2.26 fort und suchen zu einer vorgegebenen erwarteten Rendite von $\mu = 19\%$ das zugehörige Portfolio h mit Anfangswert $v = 1000$ Euro und mit minimaler Varianz. In Beispiel 2.26 berechneten wir $\mathbf{E}^Q[\mathcal{L}] = 1.05$. Aus (4) von Lemma 2.23 folgt damit $\mathbf{V}[\mathcal{L}] = \mathbf{E}^Q[\mathcal{L}] - 1 = 0.05$. Einsetzen in Gleichung (2.51) liefert zunächst die zustandsabhängige Auszahlung M des optimalen Portfolios

$$\begin{aligned} M &= v\left((1+\mu) - \frac{(\mu - r)}{\mathbf{V}[\mathcal{L}]}(\mathcal{L} - 1)\right) \\ &= 1000\left(1.19\begin{pmatrix}1\\1\\1\end{pmatrix} - \frac{0.0586}{0.05}\begin{pmatrix}-\frac{9}{59}\\ -\frac{17}{118}\\ \frac{121}{354}\end{pmatrix}\right) \\ &= \begin{pmatrix}1368.8\\1358.8\\789.4\end{pmatrix}. \end{aligned}$$

Nun lösen wir das Gleichungssytem $D^\top h = C$ mit $C = \begin{pmatrix}1368.8\\1358.8\\789.4\end{pmatrix}$ und erhalten

$$h = \begin{pmatrix} 49.871 \\ 177.75 \\ -41.502 \end{pmatrix}.$$

Damit gilt

$$\begin{aligned}
&h \cdot b = 1000, \\
&\mathbf{E}^{\mathbf{P}}\left[R_M\right] = \mathbf{E}^{\mathbf{P}}\left[\begin{pmatrix} 1.3688 \\ 1.3588 \\ 0.7894 \end{pmatrix} - 1\right] = 19\%, \\
&\mathbf{V}\left[R_M\right] = \mathbf{E}^{\mathbf{P}}\left[\begin{pmatrix} (0.3688 - 0.19)^2 \\ (0.3588 - 0.19)^2 \\ (-0.2106 - 0.19)^2 \end{pmatrix}\right] = 0.06868 \text{ und} \\
&\sigma_M = \sqrt{\mathbf{V}\left[R_M\right]} = 26.23\%.
\end{aligned}$$

Das Risiko der optimalen Auszahlung M beträgt also 26.23%. Dieser Wert lässt sich auch mit Hilfe der Beziehung $\frac{\mu_M - r}{\sigma_M} = \sqrt{\mathbf{V}\left[\mathcal{L}\right]}$ bestimmen. △

2.3.4 Der Fall $\mathcal{L} \in \mathbb{R}^K$ beliebig

Das Marktmodell des vorangegangenen Beispiels 2.38 war vollständig, so dass jede Auszahlung, also insbesondere $\mathcal{L}$ oder $M = a + b\mathcal{L}$, tatsächlich repliziert werden konnte.

Wir lassen nun auch den Fall zu, dass $M = a + b\mathcal{L}$ nicht replizierbar ist. Dies ist nach Lemma 2.29 genau dann der Fall, wenn $\mathcal{L} \notin \operatorname{Im} D^\top$.

Die Projektion von $\mathcal{L}$ auf $\operatorname{Im} D^\top$

Wir bestimmen eine Zerlegung von $\mathcal{L}$,

$$\mathcal{L} = \mathcal{L}_{\|} + \mathcal{L}_{\perp} \in \operatorname{Im} D^\top \oplus \left(\operatorname{Im} D^\top\right)^\perp,$$

so dass $\mathcal{L}_{\|}$ und $\mathcal{L}_{\perp}$ *orthogonal* sind im Sinne von

$$\mathbf{Cov}(\mathcal{L}_{\|}, \mathcal{L}_{\perp}) = 0.$$

Dabei definieren wir $\mathcal{L}_{\|}$ als *Projektion* von $\mathcal{L}$ auf $\operatorname{Im} D^\top$. Zunächst beachten wir, dass die Kovarianz

$$\begin{aligned}
&\mathbf{Cov} : \mathbb{R}^K \times \mathbb{R}^K \to \mathbb{R}, \\
&\mathbf{Cov}\left(C, C'\right) := \mathbf{E}^P\left[\left(C - \mathbf{E}^P\left[C\right]\right)\left(C' - \mathbf{E}^P\left[C'\right]\right)\right],
\end{aligned}$$

$C, C' \in \mathbb{R}^K$, eine symmetrische, positiv semidefinite Bilinearform auf $\mathbb{R}^K$ ist. Sei

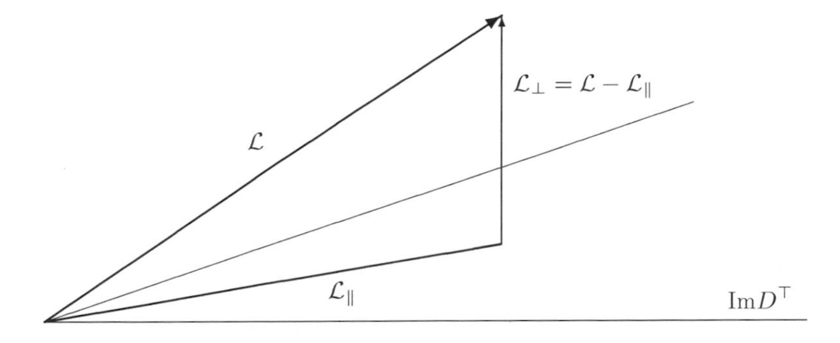

Abb. 2.10. Die Projektion der Zustandsdichte $\mathcal{L}$ auf Im $D^\top$

$$\begin{aligned} U &:= \left\{ C \in \mathbb{R}^K \,|\mathbf{Cov}\,(C,C) = \mathbf{V}\,[C] = 0 \right\} \\ &= \{ a\mathbf{1} \,|a \in \mathbb{R} \} \,. \end{aligned}$$

Wir betrachten die Zerlegung

$$\mathrm{Im}\, D^\top = U \oplus V$$

von $\mathrm{Im}\, D^\top$ als direkte Summe von U und einem Untervektorraum $V \subset \mathrm{Im}\, D^\top$. Für die Konstruktion betrachten wir eine beliebige Basis von $\mathrm{Im}\, D^\top$ und ergänzen den Vektor $\mathbf{1} \in \mathrm{Im}\, D^\top$ mit Vektoren aus dieser Basis zu einer neuen Basis $\mathbf{1}, f_1, \ldots, f_k$ von $\mathrm{Im}\, D^\top$. Dann definieren wir $V := [f_1, \ldots, f_k]$. Auf V ist die Kovarianzfunktion **Cov** ein Skalarprodukt, denn angenommen, für ein $v \in V$ wäre $\mathbf{Cov}\,(v,v) = 0$, so wäre $v = \lambda\mathbf{1}$. Andererseits gibt es nach Voraussetzung eine Darstellung von v als Linearkombination $v = \lambda_1 f_1 + \cdots + \lambda_k f_k$. Da die Vektoren $\mathbf{1}, f_1, \ldots, f_k$ aber linear unabhängig sind, folgt $\lambda = 0$ und damit $v = 0$. Nun orthonormalisieren wir die Basis $f_1, \ldots, f_k$ von V mit Hilfe des Gram-Schmidtschen Orthonormalisierungsverfahrens und erhalten auf diese Weise eine Orthonormalbasis $C_1, \ldots, C_k$ von V. Damit definieren wir die *Projektion* $\mathcal{L}_\parallel$ von $\mathcal{L}$ auf $\mathrm{Im}\, D^\top$ durch

$$\mathcal{L}_\parallel := \sum_{j=1}^{k} \mathbf{Cov}(C_j, \mathcal{L}) C_j. \tag{2.57}$$

Mit $\mathcal{L}_\perp := \mathcal{L} - \mathcal{L}_\parallel$ und der Orthonormalität der $C_1, \ldots, C_k$ gilt

$$\begin{aligned}
\mathbf{Cov}(\mathcal{L}_\perp, \mathcal{L}_\|) &= \mathbf{Cov}(\mathcal{L} - \mathcal{L}_\|, \mathcal{L}_\|) \\
&= \mathbf{Cov}(\mathcal{L}, \mathcal{L}_\|) - \mathbf{Cov}(\mathcal{L}_\|, \mathcal{L}_\|) \\
&= \mathbf{Cov}(\mathcal{L}, \sum_{j=1}^{k} \mathbf{Cov}(C_j, \mathcal{L}) C_j) \\
&\qquad - \sum_{i=1}^{k} \sum_{j=1}^{k} \mathbf{Cov}(C_i, \mathcal{L}) \mathbf{Cov}(C_j, \mathcal{L}) \mathbf{Cov}(C_i, C_j) \\
&= \sum_{j=1}^{k} \mathbf{Cov}^2(C_j, \mathcal{L}) - \sum_{i=1}^{k} \mathbf{Cov}^2(C_i, \mathcal{L}) \\
&= 0.
\end{aligned}$$

Nach Konstruktion gilt $\mathcal{L}_\| \in \operatorname{Im} D^\top$, also gibt es ein Portfolio $l_\| \in \mathbb{R}^N$ mit $\mathcal{L}_\| = D^\top l_\|$.

Wir stellen einige Eigenschaften der Projektion $\mathcal{L}_\|$ zusammen:

Satz 2.39. *Sei (b, D, P) ein arbitragefreies Marktmodell und sei $\mathcal{L} = \frac{Q}{P}$ eine Zustandsdichte.*

1. *Es gilt der Satz des Pythagoras*

$$\mathbf{V}[\mathcal{L}] = \mathbf{V}[\mathcal{L}_\|] + \mathbf{V}[\mathcal{L}_\perp], \tag{2.58}$$

wobei $\mathcal{L}_\perp = \mathcal{L} - \mathcal{L}_\|$.

2. *Für beliebige $C \in \operatorname{Im} D^\top$ gilt*

$$\mathbf{Cov}\left(C, \mathcal{L}_\|\right) = \mathbf{Cov}\left(C, \mathcal{L}\right). \tag{2.59}$$

3. *Es gilt*

$$\mathbf{V}\left[\mathcal{L}_\|\right] = \mathbf{Cov}\left(\mathcal{L}_\|, \mathcal{L}\right).$$

4. *Es gilt*

$$\mathbf{V}\left[\mathcal{L}_\|\right] = \mathbf{E}^Q\left[\mathcal{L}_\|\right] - \mathbf{E}^P\left[\mathcal{L}_\|\right]. \tag{2.60}$$

Beweis. 1. Da $\mathcal{L}_\|$ und $\mathcal{L}_\perp$ bezüglich der Kovarianz orthogonal sind, folgt

$$\begin{aligned}
\mathbf{V}[\mathcal{L}] &= \mathbf{Cov}(\mathcal{L}_\| + \mathcal{L}_\perp, \mathcal{L}_\| + \mathcal{L}_\perp) \\
&= \mathbf{Cov}(\mathcal{L}_\|, \mathcal{L}_\|) + \mathbf{Cov}(\mathcal{L}_\perp, \mathcal{L}_\perp) \\
&= \mathbf{V}[\mathcal{L}_\|] + \mathbf{V}[\mathcal{L}_\perp].
\end{aligned}$$

2. Da $\mathbf{1}, C_1, \ldots, C_k$ eine Basis von $\operatorname{Im} D^\top$ ist, gibt es Koeffizienten $\lambda_0, \ldots, \lambda_k \in \mathbb{R}$, so dass $C = \lambda_0 \mathbf{1} + \lambda_1 C_1 + \cdots + \lambda_k C_k$. Daraus folgt einerseits

$$\mathbf{Cov}\left(C, \mathcal{L}\right) = \sum_{i=1}^{k} \lambda_i \mathbf{Cov}\left(C_i, \mathcal{L}\right).$$

Andererseits gilt mit (2.57)

$$\begin{aligned}\mathbf{Cov}\left(C,\mathcal{L}_{\|}\right) &= \mathbf{Cov}\left(\lambda_0\mathbf{1}+\sum_{i=1}^{k}\lambda_i C_i, \sum_{j=1}^{k}\mathbf{Cov}(C_j,\mathcal{L})C_j\right)\\ &= \sum_{i=1}^{k}\sum_{j=1}^{k}\lambda_i\mathbf{Cov}(C_j,\mathcal{L})\mathbf{Cov}\left(C_i,C_j\right)\\ &= \sum_{i=1}^{k}\lambda_i\mathbf{Cov}\left(C_i,\mathcal{L}\right).\end{aligned}$$

3. Dies folgt aus

$$\begin{aligned}\mathbf{Cov}\left(\mathcal{L}_{\|},\mathcal{L}\right) &= \mathbf{Cov}\left(\mathcal{L}_{\|},\mathcal{L}_{\perp}+\mathcal{L}_{\|}\right)\\ &= \mathbf{Cov}\left(\mathcal{L}_{\|},\mathcal{L}_{\|}\right).\end{aligned}$$

4. Mit 3. gilt

$$\begin{aligned}\mathbf{V}\left[\mathcal{L}_{\|}\right] &= \mathbf{Cov}\left(\mathcal{L}_{\|},\mathcal{L}_{\|}\right)\\ &= \mathbf{Cov}\left(\mathcal{L}_{\|},\mathcal{L}\right)\\ &= \mathbf{E}^P\left[\mathcal{L}_{\|}\mathcal{L}\right]-\mathbf{E}^P\left[\mathcal{L}_{\|}\right]\mathbf{E}^P\left[\mathcal{L}\right]\\ &= \mathbf{E}^Q\left[\mathcal{L}_{\|}\right]-\mathbf{E}^P\left[\mathcal{L}_{\|}\right].\end{aligned}$$

□

Aus 1. folgt insbesondere

$$0 \leq \mathbf{V}[\mathcal{L}_{\|}] \leq \mathbf{V}[\mathcal{L}]. \tag{2.61}$$

Der Zusammenhang (2.60) verallgemeinert 4. aus Lemma 2.23. Aus (2.60) folgt insbesondere

$$\mathbf{E}^Q\left[\mathcal{L}_{\|}\right] \geq \mathbf{E}^P\left[\mathcal{L}_{\|}\right]. \tag{2.62}$$

Spezialfälle

Der Spezialfall $\mathcal{L}_{\|} = \mathcal{L} \in \operatorname{Im} D^{\top}$

Für den Fall, dass $\mathcal{L}$ replizierbar ist, gilt $\mathcal{L}_{\|} = \mathcal{L}$, und es existiert ein $l \in \mathbb{R}^N$ mit

$$\mathcal{L} = D^{\top} l \in \operatorname{Im} D^{\top}.$$

Der Spezialfall $\mathcal{L}_\perp = \mathcal{L}$

Gilt dagegen $\mathcal{L}_\perp = \mathcal{L}$, so folgt $\mathcal{L}_\parallel = 0$ und

$$\mathbf{Cov}\left(D^\top h, \mathcal{L}\right) = 0$$

für alle $h \in \mathbb{R}^N$. In diesem Fall ist also $\mathcal{L}$ orthogonal zu $\operatorname{Im} D^\top$. Mit 3. aus Lemma 2.23 und $dQ =: \psi \gg 0$ erhalten wir

$$\mathbf{E}^P[D^\top h] = \mathbf{E}^Q[D^\top h] = \frac{1}{d}\left\langle \psi, D^\top h\right\rangle = \frac{1}{d} b \cdot h,$$

also

$$b \cdot h = d\mathbf{E}^P[D^\top h]$$

für alle $h \in \mathbb{R}^N$. Damit ist aber P ein Preismaß, bzw. $dP =: \psi' \gg 0$ ein Zustandsvektor. Daher gilt

$$dP = \psi' = \psi + f$$

für ein $f \in \ker D$. In diesem Fall gilt für jede erreichbare Auszahlung $C \in \mathbb{R}^K$ mit $C_0 := d\mathbf{E}^Q[C] \neq 0$

$$\begin{aligned}\mu_C &= \mathbf{E}^P[\frac{C}{C_0} - 1] \\ &= \frac{1}{d}\left(\frac{1}{C_0} d\mathbf{E}^Q[C]\right) - 1 \\ &= \frac{1}{d} - 1 \\ &= r.\end{aligned}$$

Das Minimum-Varianz-Optimierungsproblem ist also nur dann lösbar, wenn $\mu_C = r$ vorausgesetzt wird. Und in diesem Fall ist die Lösung mit minimaler Varianz die Investition in das risikolose Portfolio.

Satz 2.40. ***(Unabhängigkeit der Projektion von der Zustandsdichte)*** *Seien $\mathcal{L}$ und $\mathcal{L}'$ zwei Zustandsdichten mit zugehörigen Projektionen $\mathcal{L}_\parallel$ und $\mathcal{L}'_\parallel$ auf $\operatorname{Im} D^\top$. Dann gilt*

$$\mathcal{L}'_\parallel = \mathcal{L}_\parallel + a\mathbf{1}$$

für ein $a \in \mathbb{R}$.

Beweis. Nach Voraussetzung betrachten wir zwei Zustandsvektoren ψ und ψ', so dass

$$\mathcal{L}' = \mathcal{L} + \frac{q}{P},$$

wobei $\psi' = \psi + f$ für ein $f \in \ker D$, $Q = \frac{\psi}{d}$, $Q' = \frac{\psi'}{d}$ und $q = \frac{f}{d}$. Damit berechnen wir

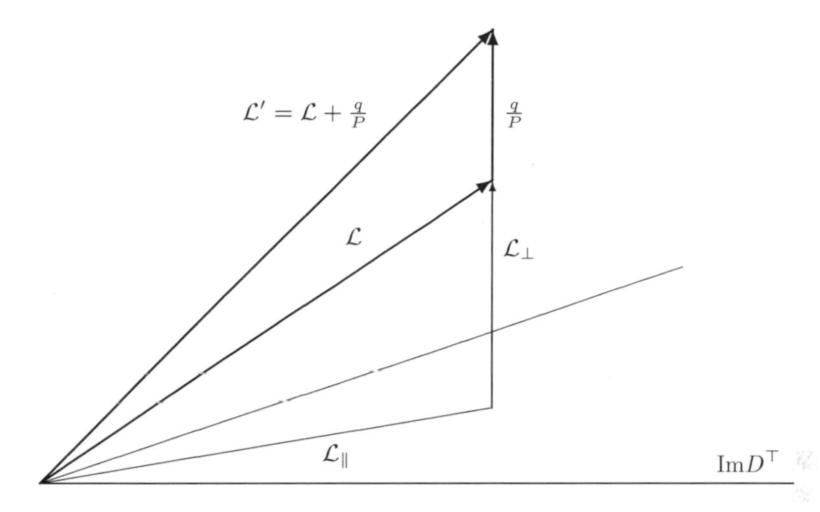

Abb. 2.11. Je zwei Zustandsdichten $\mathcal{L}$ und $\mathcal{L}'$ besitzen dieselbe Projektion auf $\mathrm{Im} D^\top$. Dabei ist $\psi' = \psi + f$ für ein $f \in \ker D$, $Q = \frac{\psi}{d}$ und $Q' = \frac{\psi'}{d} = Q + q$ mit $q = \frac{f}{d}$. Damit gilt $\mathcal{L}' = \mathcal{L} + \frac{q}{P}$.

$$\mathbf{Cov}(C, \mathcal{L}') = \mathbf{Cov}(C, \mathcal{L}) + \mathbf{Cov}(C, \frac{q}{P}) \tag{2.63}$$

und

$$\mathbf{Cov}(C, \frac{q}{P}) = \mathbf{E}^P\left[C\frac{q}{P}\right] - \mathbf{E}^P\left[C\right]\mathbf{E}^P\left[\frac{q}{P}\right]$$

für beliebiges $C \in \mathrm{Im}\, D^\top$. Aber mit $C = D^\top h$ erhalten wir

$$\mathbf{E}^P\left[C\frac{q}{P}\right] = \langle C, q\rangle = \frac{1}{d}\left\langle D^\top h, f\right\rangle = \frac{1}{d}\langle h, Df\rangle = 0.$$

Weiter gilt

$$1 = \sum_{j=1}^K Q'_j = \sum_{j=1}^K Q_j + \sum_{j=1}^K q_j = 1 + \sum_{j=1}^K q_j,$$

also

$$\sum_{j=1}^K q_j = 0.$$

Daraus folgt, siehe auch Abb. 2.11,

$$\mathbf{Cov}(C, \frac{q}{P}) = 0,$$

und (2.63) lautet

$$\mathbf{Cov}(C, \mathcal{L}') = \mathbf{Cov}(C, \mathcal{L}) \tag{2.64}$$

für alle $C \in \operatorname{Im} D^\top$. Nach (2.59) gilt

$$\mathbf{Cov}\left(C, \mathcal{L} - \mathcal{L}_{\|}\right) = \mathbf{Cov}\left(C, \mathcal{L}' - \mathcal{L}'_{\|}\right) = 0,$$

und daher wegen (2.64)

$$\mathbf{Cov}\left(C, \mathcal{L}_{\|} - \mathcal{L}'_{\|}\right) = 0.$$

Speziell für $C = \mathcal{L}_{\|} - \mathcal{L}'_{\|}$ folgt

$$\mathbf{V}[\mathcal{L}_{\|} - \mathcal{L}'_{\|}] = 0,$$

also

$$\mathcal{L}'_{\|} = \mathcal{L}_{\|} + a\mathbf{1},$$

für ein $a \in \mathbb{R}$, was zu zeigen war. □

Voraussetzung. Für den Rest dieses Abschnitts setzen wir neben

$$\mathbf{1} \in \operatorname{Im} D^\top$$

zusätzlich

$$\mathbf{V}[\mathcal{L}_{\|}] > 0$$

voraus. Dies bedeutet insbesondere

$$\dim \operatorname{Im} D^\top > 1.$$

$\operatorname{Im} D^\top$ enthält also Elemente $C \in \mathbb{R}^K$, die nicht konstant sind, für die also $\sigma(C) > 0$ gilt.

Der maximale Marktpreis des Risikos

Sei $C \in \operatorname{Im} D^\top$ mit $C_0 := \langle \psi, C \rangle > 0$, so dass $R_C = \frac{C}{C_0} - 1$ wohldefiniert ist. Mit $C = D^\top h$ ist auch R_C replizierbar, denn für $\theta \in \mathbb{R}^N$ mit $D^\top \theta = \mathbf{1}$ und $h' := \frac{1}{h \cdot S_0} h - \theta \in \mathbb{R}^N$ gilt $D^\top h' = R_C$. Damit folgt aus (2.59)

$$\mathbf{Cov}\left(R_C, \mathcal{L}\right) = \mathbf{Cov}\left(R_C, \mathcal{L}_{\|}\right).$$

Für $\sigma_C > 0$ ist der Marktpreis des Risikos von C wohldefiniert, und es gilt

$$\begin{aligned} \frac{\mu_C - r}{\sigma_C} &= -\frac{\mathbf{Cov}\left(R_C, \mathcal{L}\right)}{\sigma_C} \\ &= -\frac{\mathbf{Cov}\left(C, \mathcal{L}_{\|}\right)}{\sqrt{\mathbf{V}[C]}} \\ &= -\mathbf{Corr}(C, \mathcal{L}_{\|})\sqrt{\mathbf{V}\left[\mathcal{L}_{\|}\right]}. \end{aligned} \tag{2.65}$$

Insbesondere ist also

$$\frac{\mu_{\mathcal{L}_\parallel} - r}{\sigma_{\mathcal{L}_\parallel}} = -\sqrt{\mathbf{V}[\mathcal{L}_\parallel]}, \tag{2.66}$$

und mit (2.44) folgt daraus für den Marktpreis von $M = a + b\mathcal{L}_\parallel$ mit $M_0 = \langle \psi, M \rangle > 0$ und $\sigma_M > 0$ die Darstellung

$$\frac{\mu_M - r}{\sigma_M} = -sgn\,(b)\sqrt{\mathbf{V}[\mathcal{L}_\parallel]}. \tag{2.67}$$

Satz 2.41. ***(CAPM-Grundgleichung)*** *Sei* $\mathcal{L}_\parallel$ *die Projektion von* $\mathcal{L}$ *auf* $\operatorname{Im} D^\top$ *und sei* $M := a + b\mathcal{L}_\parallel$ *mit* $M_0 = \langle \psi, M \rangle > 0$ *und* $\sigma_M > 0$*, wobei* $a, b \in \mathbb{R}$*. Dann gilt für beliebiges* $C \in \operatorname{Im} D^\top$ *mit* $C_0 = \langle \psi, C \rangle > 0$ *und* $\sigma_C > 0$

$$\frac{\mu_C - r}{\sigma_C} = \mathbf{Corr}(R_C, R_M)\frac{\mu_M - r}{\sigma_M}. \tag{2.68}$$

Beweis. Aus $\sigma_M > 0$ folgt $b \neq 0$. Wir berechnen mit (2.46) und (2.65)

$$\begin{aligned}\mathbf{Corr}(R_C, R_M) &= \mathbf{Corr}(C, M)\\ &= sgn\,(b)\,\mathbf{Corr}(C, \mathcal{L}_\parallel)\\ &= -sgn\,(b)\,\frac{\mu_C - r}{\sigma_C}\frac{1}{\sqrt{\mathbf{V}\left[\mathcal{L}_\parallel\right]}}.\end{aligned}$$

Mit (2.67) erhalten wir

$$\begin{aligned}\frac{\mu_C - r}{\sigma_C} &= -\mathbf{Corr}(R_C, R_M) sgn\,(b)\sqrt{\mathbf{V}\left[\mathcal{L}_\parallel\right]}\\ &= \mathbf{Corr}(R_C, R_M)\frac{\mu_M - r}{\sigma_M}.\end{aligned}$$

Damit ist (2.68) nachgewiesen. □

Satz 2.41 verallgemeinert Folgerung 2.34.

Folgerung 2.42 *Es seien die Voraussetzungen von Satz 2.41 erfüllt. Dann folgt*

$$\left|\frac{\mu_C - r}{\sigma_C}\right| \leq \left|\frac{\mu_M - r}{\sigma_M}\right| = \sqrt{\mathbf{V}\left[\mathcal{L}_\parallel\right]}$$

für $M = a + b\mathcal{L}_\parallel$ *mit* $\langle \psi, M \rangle > 0$ *und* $\sigma_M > 0$*. Unter der Voraussetzung*

$$\mu_M - r > 0$$

erhalten wir weiter

$$\frac{\mu_C - r}{\sigma_C} \leq \frac{\mu_M - r}{\sigma_M} = \sqrt{\mathbf{V}\left[\mathcal{L}_\parallel\right]} \tag{2.69}$$

für alle $C \in \operatorname{Im} D^\top$. □

Jedes Portfolio $h \in \mathbb{R}^N$ mit $D^\top h = M$, $\langle \psi, M \rangle > 0$, $\sigma_M > 0$ und $\mu_M > r$ maximiert also den Marktpreis des Risikos über $\operatorname{Im} D^\top$.

Die Lösung des Minimum-Varianz-Problems

Der folgende Satz verallgemeinert Satz 2.36.

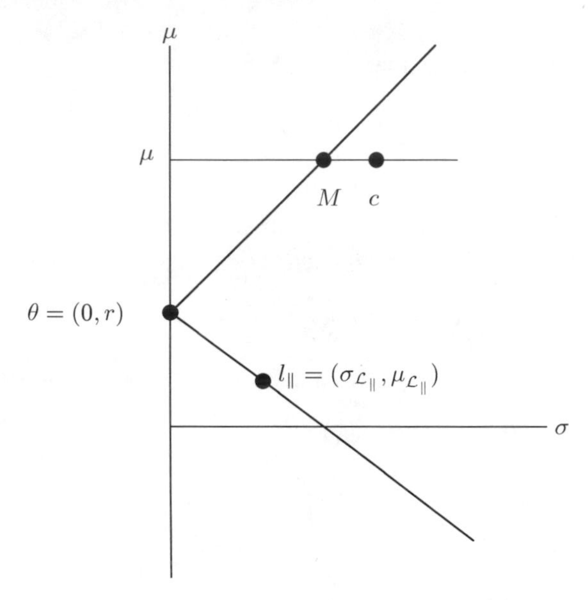

Abb. 2.12. Die Parameter $a, b \in \mathbb{R}$ können so bestimmt werden, daß die erreichbare Auszahlung $M = a + b\mathcal{L}_{\|}$ sowohl das benötigte Anfangskapital v als auch die gewünschte erwartete Rendite μ besitzt. Weiter besitzt M minimale Varianz unter allen erreichbaren Auszahlungen $c = D^{\top}h$, $h \in \mathbb{R}^N$, mit $\mu_c = \mu$.

Satz 2.43. ***(Minimum-Varianz-Optimierungsproblem und das One Fund Theorem)*** *Seien eine Rendite μ und ein Anfangskapital $v > 0$ vorgegeben. Sei weiter $\mathcal{L}_{\|}$ die Projektion der Zustandsdichte $\mathcal{L}$ auf $\operatorname{Im} D^{\top}$. Wir setzen voraus, dass das betrachtete Marktmodell die Eigenschaft $\mathbf{V}[\mathcal{L}_{\|}] > 0$ besitzt.*

1. Dann ist eine Auszahlung mit Rendite μ, Anfangskapital v und maximalem Marktpreis des Risikos gegeben durch $M = a + b\mathcal{L}_{\|}$, wobei

$$a = v\left(1 + \mu + \frac{\mu - r}{\mathbf{V}[\mathcal{L}_{\|}]}\mathbf{E}^P\left[\mathcal{L}_{\|}\right]\right)$$

und

$$b = -v\frac{\mu - r}{\mathbf{V}[\mathcal{L}_{\|}]}.$$

Zusammengefasst gilt damit

$$M = v\left(1 + \mu + \frac{\mu - r}{\mathbf{V}\left[\mathcal{L}_{\|}\right]}\left(\mathbf{E}^P\left[\mathcal{L}_{\|}\right] - \mathcal{L}_{\|}\right)\right). \tag{2.70}$$

2. *Für die Rendite R_M von M gilt*

$$R_M = \mu + \frac{\mu - r}{\mathbf{V}[\mathcal{L}_{\|}]} \left(\mathbf{E}^P \left[\mathcal{L}_{\|}\right] - \mathcal{L}_{\|}\right) \tag{2.71}$$

sowie

$$\mu_M = \mathbf{E}^P[R_M] = \mu \tag{2.72}$$

und

$$\sigma_M = \sqrt{\mathbf{V}[R_M]} = \frac{\mu - r}{\sqrt{\mathbf{V}[\mathcal{L}_{\|}]}}. \tag{2.73}$$

3. *Die Auszahlung $M = a + b\mathcal{L}_{\|}$ wird repliziert durch*

$$h = a\theta + bl_{\|},$$

wobei $D^\top \theta = \mathbf{1}$ und $D^\top l_{\|} = \mathcal{L}_{\|}$. Das Portfolio h besteht also lediglich aus einer Investition in die festverzinsliche Anlage zum Zinssatz r sowie aus einer Investition in die Anlage $l_{\|}$, die $\mathcal{L}_{\|}$ repliziert.

4. *Für jede replizierbare Auszahlung C mit $\sigma_C = \sqrt{\mathbf{V}\left[R_C\right]} > 0$ und mit $\mu_C = \mu_M = \mu > r$ gilt*

$$\sigma_M \leq \sigma_C.$$

Zu einer vorgegebenen Rendite μ löst also das Portfolio $h = a\theta + bl_{\|}$ das ***Minimum-Varianz-Optimierungsproblem****.*

Beweis.

1. Unter den Voraussetzungen $\langle \psi, M\rangle = d\mathbf{E}^Q\left[M\right] = v$ und $\mu_M = \mu$ legen wir die Konstanten a und b in $M = a + b\mathcal{L}_{\|}$ fest. Mit $R_M = \frac{a+b\mathcal{L}_{\|}}{v} - 1$ gilt

$$\begin{aligned} r - \mu &= \mathbf{Cov}\left(R_M, \mathcal{L}\right) \\ &= \frac{b}{v}\mathbf{Cov}\left(\mathcal{L}_{\|}, \mathcal{L}\right) \\ &= \frac{b}{v}\mathbf{V}\left[\mathcal{L}_{\|}\right], \end{aligned}$$

also

$$b = -v\frac{\mu - r}{\mathbf{V}[\mathcal{L}_{\|}]}. \tag{2.74}$$

Weiter gilt mit 4. aus Satz 2.39

$$\begin{aligned} v &= d\mathbf{E}^Q\left[M\right] \\ &= da + bd\mathbf{E}^Q\left[\mathcal{L}_{\|}\right] \\ &= d\left(a + b\left(\mathbf{V}\left[\mathcal{L}_{\|}\right] + \mathbf{E}^P\left[\mathcal{L}_{\|}\right]\right)\right). \end{aligned} \tag{2.75}$$

Einsetzen von (2.74) in (2.75) liefert

$$
\begin{aligned}
a &= \frac{v}{d} - b\left(\mathbf{V}\left[\mathcal{L}_{\|}\right] + \mathbf{E}^P\left[\mathcal{L}_{\|}\right]\right) \\
&= v\left((1+r) + \frac{\mu - r}{\mathbf{V}[\mathcal{L}_{\|}]}\left(\mathbf{V}\left[\mathcal{L}_{\|}\right] + \mathbf{E}^P\left[\mathcal{L}_{\|}\right]\right)\right) \\
&= v\left(1 + \mu + \frac{\mu - r}{\mathbf{V}[\mathcal{L}_{\|}]}\mathbf{E}^P\left[\mathcal{L}_{\|}\right]\right).
\end{aligned}
\tag{2.76}
$$

Setzen wir schließlich (2.74) und (2.76) in $M = a + b\mathcal{L}_{\|}$ ein, so erhalten wir (2.70).

2. (2.71) folgt unmittelbar durch Einsetzen von (2.70) in

$$
R_M = \frac{M}{v} - 1.
$$

Wegen $\mathbf{E}^P\left[\mathbf{E}^P\left[\mathcal{L}_{\|}\right] - \mathcal{L}_{\|}\right] = 0$ folgt weiter (2.72). Da M eine affine Funktion von $\mathcal{L}_{\|}$ ist, folgt mit (2.69)

$$
\frac{\mu - r}{\sigma_M} = \frac{\mu_M - r}{\sigma_M} = \sqrt{\mathbf{V}\left[\mathcal{L}_{\|}\right]},
$$

also (2.73).

3. folgt nach Definition.
4. folgt sofort aus (2.69). □

Das Portfolio $a\theta + bl_{\|}$ repliziert M, besitzt den Anfangswert v sowie die vorgegebene erwartete Rendite μ und löst daher das Minimum-Varianz-Optimierungsproblem; es besitzt unter allen Portfolios h mit der Eigenschaft $\mu_h = \mathbf{E}^P[R_h] = \mu$ die kleinste Varianz. Damit ist die Existenz einer Lösung des Optimierungsproblems nachgewiesen, siehe Abb. 2.12.

Für die Untersuchung des Minimum-Varianz-Optimierungsproblems in diesem Abschnitt war die Voraussetzung, dass die zugrunde liegenden Marktmodelle arbitragefrei sind, wesentlich. Beinhaltet diese Voraussetzung eine bedeutsame Einschränkung der Anwendbarkeit des Modells? Die eindeutige Antwort lautet: Nein. Denn wenn ein Marktmodell Arbitragemöglichkeiten beinhaltet, dann sind erwartete Rendite, Varianz und das Markowitz Optimierungsproblem bedeutungslos, da diese Arbitragegelegenheiten von Investoren genutzt werden können, um risikolose Gewinne ohne eigenen Kapitaleinsatz zu generieren. Die arbitragefreien Marktmodelle bilden eine Teilmenge aller Marktmodelle, und nur für diese Teilmenge ist es ökonomisch sinnvoll, das Minimum-Varianz-Optimierungsproblem zu untersuchen.

2.4 Weitere Aufgaben

Aufgabe 2.9. Betrachten Sie ein Ein-Perioden-Modell (S_0, S_1, P). Die Kovarianzmatrix $\mathbf{C}$ des Modells ist gegeben durch

$$\mathbf{C}_{ij} = \mathbf{Cov}\left(R_i, R_j\right).$$

1. Zeigen Sie, dass sich das Minimum-Varianz-Portfolio-Optimierungsproblem formulieren lässt als
$$\min \frac{1}{2}\left\langle \alpha, \mathbf{C}\alpha \right\rangle$$
unter den Nebenbedingungen
$$\left\langle \alpha, (\mu_1, \ldots, \mu_N)^\top \right\rangle = \mu$$
$$\left\langle \alpha, (1, \ldots, 1)^\top \right\rangle = 1$$
für eine vorgegebene Portfoliorendite μ. Dabei gilt $\alpha_i = \frac{h_i S_0^i}{h \cdot S_0}$ für ein Portfolio $h \in \mathbb{R}^N$.
2. Angenommen, die Kovarianzmatrix $\mathbf{C}$ ist positiv definit. Zeigen Sie unter Verwendung der Methode der Lagrange-Multiplikatoren, dass das Minimum-Varianz-Optimierungsproblem eine Lösung α besitzt, falls für geeignete λ_1 und λ_2 gilt
$$\mathbf{C}\alpha = \lambda_1 \left(\mu_1, \ldots, \mu_N\right)^\top + \lambda_2 \left(1, \ldots, 1\right)^\top.$$
3. Angenommen, es existieren Lösungen $\alpha \in \mathbb{R}^N$ und $\alpha' \in \mathbb{R}^N$ für
$$\mathbf{C}\alpha = \left(\mu_1, \ldots, \mu_N\right)^\top,$$
$$\mathbf{C}\alpha' = \left(1, \ldots, 1\right)^\top.$$
Untersuchen Sie, unter welchen Voraussetzungen das Minimum-Varianz-Optimierungsproblem in diesem Fall eine Lösung besitzt.

Aufgabe 2.10. Betrachten Sie das Marktmodell

$$(b, D, P) = \left(\begin{pmatrix} 100 \\ 5 \\ 10 \end{pmatrix}, \begin{pmatrix} 110 & 98 & 80 & 105 \\ 7 & 4 & 6 & 3 \\ 12 & 9 & 9 & 13 \end{pmatrix}, \begin{pmatrix} \frac{2}{10} \\ \frac{3}{10} \\ \frac{3}{10} \\ \frac{2}{10} \end{pmatrix} \right).$$

Lösen Sie das Minimum-Varianz-Problem mit der in Aufgabe 2.9 vorgestellten Methode für eine vorgegebene Portfoliorendite von $\mu = 19\%$.

Aufgabe 2.11. Betrachten Sie das Marktmodell

$$(b, D, P) = \left(\begin{pmatrix} 100 \\ 5 \\ 10 \end{pmatrix}, \begin{pmatrix} 102 & 102 & 102 & 102 \\ 7 & 4 & 6 & 3 \\ 12 & 9 & 9 & 13 \end{pmatrix}, \begin{pmatrix} \frac{2}{10} \\ \frac{3}{10} \\ \frac{3}{10} \\ \frac{2}{10} \end{pmatrix} \right).$$

Lösen Sie das Minimum-Varianz-Optimierungsproblem mit Hilfe des in Abschnitt 2.3.4 entwickelten Verfahrens für ein Anfangskapital $v = 1000$ und für die erwarteten Renditen 4% und 12%.

Aufgabe 2.12. Konstruieren Sie ein Marktmodell, das keine replizierbare Zustandsdichte besitzt.

3 Mehr-Perioden-Modelle

Mehr-Perioden-Modelle beschreiben Wertpapiermärkte erheblich realistischer als Ein-Perioden-Modelle – und sie werden in der Praxis vielfach eingesetzt. So sind die verbreiteten Binomial- und Trinomial-Bäume Spezialfälle der hier vorgestellten allgemeinen Mehr-Perioden-Modelle.

Mehr-Perioden-Modelle werden durch folgende Eigenschaften charakterisiert:

- Wir setzen voraus, dass es nicht wie bisher zwei, sondern $T+1$ Handelszeitpunkte $0,\ldots,T$ gibt.
- Wir legen, wie beim Ein-Perioden-Modell, einen *endlichen* Zustandsraum $\Omega = \{\omega_1,\ldots,\omega_K\}$ zugrunde. Wie im Ein-Perioden-Modell nehmen wir an, dass genau ein Zustand aus Ω zum Endzeitpunkt $t=T$ realisiert wird. Alle diese Zustände sind zum Zeitpunkt $t=0$ bekannt, unbekannt ist jedoch, welcher Zustand zum Zeitpunkt $t=T$ eintreten wird.
- Im Mehr-Perioden-Modell nehmen wir an, dass die Information der Investoren über den Endzustand, der zum Zeitpunkt $t=T$ angenommen wird, im Laufe der Zeit zunimmt. Diese Informationszunahme wird mit Hilfe einer *Filtration* $(\mathcal{F}_t)_{t\in\{0,\ldots,T\}} = \{\mathcal{F}_t \,|t=0,1,\ldots,T\}$ modelliert.
- Wir berücksichtigen schließlich eine endliche Anzahl von N Finanzinstrumenten, deren Preise als an die Filtration $(\mathcal{F}_t)_{t\in\{0,\ldots,T\}}$ *adaptierte stochastische Prozesse* definiert sind.

Das Mehr-Perioden-Modell besitzt zwei Bestandteile, die gegenüber dem Ein-Perioden-Modell konzeptionell neu sind: eine die Informationszunahme beschreibende *Filtration* und die an diese Filtration *adaptierten Preisprozesse.* Die neuen Begriffsbildungen werden im folgenden eingeführt und detailliert besprochen.

Die Darstellung der Mehr-Perioden-Modelle und der Bewertung zustandsabhängiger Auszahlungen in diesem Kapitel wurde durch Duffie [15] und Pliska [45] motiviert. Siehe auch Dothan [14], Föllmer/Schied [16] und Koch Medina/Merino [35].

J. Kremer, *Portfoliotheorie, Risikomanagement und die Bewertung von Derivaten*, 2. Aufl., Springer-Lehrbuch, DOI 10.1007/978-3-642-20868-3_3,

3.1 Modellierung der Informationszunahme im Verlaufe der Zeit

3.1.1 Informationsbäume und Partitions-Filtrationen

Wir klären zunächst, wie die im Mehr-Perioden-Modell definierte *Informationszunahme* über die zum Zeitpunkt $t = T$ eintretenden Endzustände des Marktmodells im Verlauf der Zeit modelliert wird.

Zu Beginn, zum Zeitpunkt $t = 0$, sind alle Zustände ω_1 bis ω_K aus Ω als Endzustände möglich. Zum Endzeitpunkt $t = T$ wird genau einer dieser Zustände als Endzustand realisiert.

Wir nehmen an, dass unsere Kenntnis des modellierten Marktgeschehens zunimmt, während die Zeit von $t = 0$ bis $t = T$ voranschreitet. Dies bedeutet, dass die Marktteilnehmer zum Zeitpunkt $t = 1$ über zusätzliche Informationen gegenüber dem Zeitpunkt $t = 0$ verfügen. *Die Informationszunahme wird dadurch modelliert, dass die Investoren zum Zeitpunkt $t = 1$ gewisse Zustände als mögliche Endzustände ausschließen können.* Dazu wird der Grundraum Ω in ein System $\mathcal{P}_1$ disjunkter Teilmengen zerlegt, und es wird angenommen, dass genau eine Teilmenge $A_1^{i_1} \in \mathcal{P}_1$ zum Zeitpunkt $t = 1$ als eingetretenes Ereignis realisiert wird.

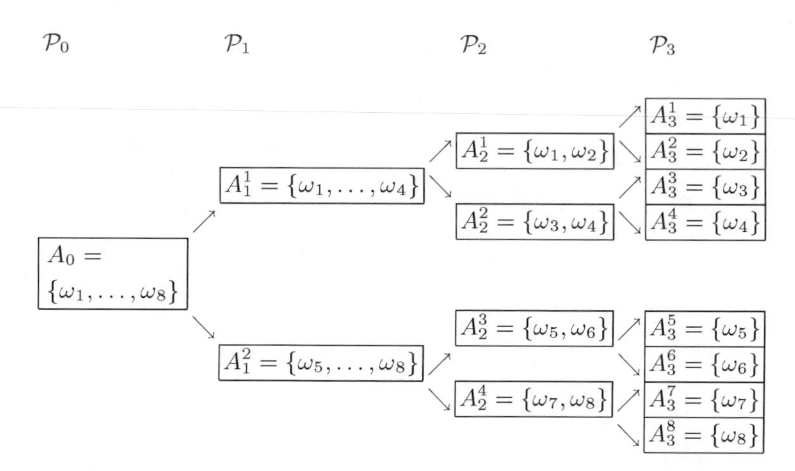

Abb. 3.1. Beispiel eines Infomationsbaums mit 4 Zeitpunkten und mit 8 Endzuständen

Die Teilmenge $A_1^{i_1}$ wird als Gesamtheit derjenigen Zustände interpretiert, die zum Zeitpunkt $t = T$ noch als realisierbare Endzustände möglich sind. Während zum Zeitpunkt $t = 0$ noch jeder Zustand aus Ω als Endzustand zum Zeitpunkt $t = T$ möglich ist, so können beim Eintreten von $A_1^{i_1} \subset \Omega$ zum

Zeitpunkt $t = 1$ jetzt nur noch die Zustände $\omega \in A_1^{i_1}$ als Endzustände zum Zeitpunkt $t = T$ auftreten. *Der Informationszuwachs wird also dadurch modelliert, dass die Unsicherheit über die möglichen Endzustände vermindert wird.*

Befindet sich der Markt zum Zeitpunkt $t = 1$ in einem Zustand $A_1^{i_1} \subset \Omega$, so geht er zum Zeitpunkt $t = 2$ in einen Zustand $A_2^{i_2} \subset A_1^{i_1}$ über, der eine Teilmenge von $A_1^{i_1}$ als Menge der von nun an möglichen Endzustände umfasst.

Diese Abnahme der Ungewissheit über die möglichen Endzustände wird bis zum Zeitpunkt $t = T$ fortgesetzt. Zum Endzeitpunkt $t = T$ stellt sich genau ein Zustand $\omega \in \Omega$ als realisierter Endzustand heraus, so dass die zugehörigen Teilmengen $A_T^{i_T}$ von Ω genau die einelementigen Teilmengen $\{\omega\} \subset \Omega$ von Ω sind.

Insgesamt wird der Informationszuwachs beim Übergang vom Zeitpunkt $t = 0$ bis zum Zeitpunkt $t = T$ also durch eine absteigende Folge von Teilmengen von Ω, d.h. durch eine Folge von ineinander liegenden, kleiner werdenden Teilmengen

$$\Omega = A_0 \supset A_1^{i_1} \supset \cdots \supset A_T^{i_T} = \{\omega_{i_T}\}$$

von Ω modelliert. Eine derartige Folge von abnehmenden Teilmengen von Ω wird auch *Informations-Pfad* genannt. Zur formalen Definition benötigen wir die Begriffe *Partition* und *Partitions-Filtration.*

Definition 3.1. *Eine* ***Zerlegung*** *oder* ***Partition*** $\mathcal{C}$ *von* Ω *ist ein Mengensystem, also eine Teilmenge* $\mathcal{C} \subset \mathcal{P}(\Omega)$*, der Potenzmenge* $\mathcal{P}(\Omega)$ *von* Ω*, mit folgenden Eigenschaften:*

$$A \neq \varnothing \text{ für alle } A \in \mathcal{C},$$
$$\bigcup_{A \in \mathcal{C}} A = \Omega \text{ und}$$
$$A_1 \cap A_2 = \emptyset, \text{ falls } A_1, A_2 \in \mathcal{C} \text{ mit } A_1 \neq A_2.$$

Eine Partition zerlegt Ω also in disjunkte, nichtleere Teilmengen.

Definition 3.2. *Eine Partition* $\mathcal{D}$ *heißt* ***feiner*** *als eine Partition* $\mathcal{C}$*, falls es zu jedem* $D \in \mathcal{D}$ *ein* $C \in \mathcal{C}$ *gibt, mit* $D \subset C$*. Wir schreiben* $\mathcal{C} \prec \mathcal{D}$*, falls* $\mathcal{D}$ *feiner ist als* $\mathcal{C}$*.*

Eine Partition $\mathcal{D}$ *heißt* ***strikt feiner*** *als eine Partition* $\mathcal{C}$*, falls* $\mathcal{C} \prec \mathcal{D}$ *und* $\mathcal{C} \neq \mathcal{D}$ *gilt.*

Das an $<$ erinnernde Symbol $\prec$ zur Kennzeichnung von $\mathcal{C} \prec \mathcal{D}$ deutet darauf hin, dass $\mathcal{D}$ als feinere Partition in der Regel über mehr Elemente verfügt als $\mathcal{C}$.

Definition 3.3. *Eine* ***Filtration von Partitionen****, oder abkürzend eine* ***Filtration****, ist eine endlichen Menge*

$$(\mathcal{P}_t)_{0 \leq t \leq T} = \{\mathcal{P}_t \,|0 \leq t \leq T\}$$

von feiner werdenden Partitionen, also $\mathcal{P}_t \prec \mathcal{P}_{t+1}$ *für alle* $0 \leq t < T$, *mit* $\mathcal{P}_0 = \{\Omega\}$ *und* $\mathcal{P}_T = \{\{\omega_1\}, \ldots, \{\omega_K\}\}$.

Beispiel 3.4. Auf einem Zustandsraum $\Omega = \{\omega_1, \ldots, \omega_8\}$ sei die Partition $\mathcal{P}_1$ definiert durch $\mathcal{P}_1 = \{\{\omega_1, \omega_2, \omega_3, \omega_4\}, \{\omega_5, \omega_6, \omega_7, \omega_8\}\}$.

- Dann ist $\mathcal{P}_2 = \{\{\omega_1, \omega_2\}, \{\omega_3, \omega_4\}, \{\omega_5, \omega_6\}, \{\omega_7, \omega_8\}\}$ eine Partition, die feiner als $\mathcal{P}_1$ ist.
- Aber $\mathcal{P}_2^{'} = \{\{\omega_1\}, \{\omega_2, \omega_3\}, \{\omega_3, \omega_4\}, \{\omega_5\}, \{\omega_6\}, \{\omega_7, \omega_8\}\}$ ist keine Partition, weil die Elemente dieses Mengensystems nicht paarweise disjunkt sind.
- Ferner ist $\mathcal{P}_2^{''} = \{\{\omega_1, \omega_3\}, \{\omega_2, \omega_5\}, \{\omega_6, \omega_7\}, \{\omega_4, \omega_8\}\}$ zwar eine Partition von Ω, aber diese ist nicht feiner als $\mathcal{P}_1$, denn es gibt etwa zu $A = \{\omega_2, \omega_5\} \in \mathcal{P}_2^{''}$ kein Element B aus $\mathcal{P}_1$ mit $A \subset B$.
- Schließlich ist $\mathcal{P}_2^{'''} = \{\{\omega_1, \omega_2\}, \{\omega_3, \omega_4\}, \{\omega_5, \omega_6\}, \{\omega_7\}\}$ keine Partition, weil die Vereinigung aller Elemente aus $\mathcal{P}_2^{'''}$ nicht ganz Ω ist.

$\triangle$

Lemma 3.5. *Angenommen, eine Partition* $\mathcal{D}$ *ist feiner als eine Partition* $\mathcal{C}$, *also* $\mathcal{C} \prec \mathcal{D}$. *Dann ist jedes Element* $C \in \mathcal{C}$ *eine Vereinigung von Elementen aus* $\mathcal{D}$.

Beweis. Sei $C \in \mathcal{C}$ beliebig vorgegeben. Zu jedem $\omega \in C$ gibt es genau ein $D_\omega \in \mathcal{D}$ mit der Eigenschaft $\omega \in D_\omega$, denn die Elemente aus $\mathcal{D}$ bilden eine disjunkte Vereinigung von Ω.

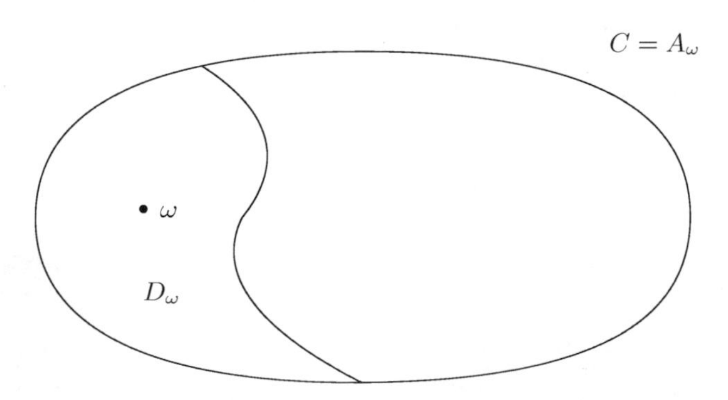

Abb. 3.2. Es gilt $\omega \in D_\omega \subset C = A_\omega$

Da $\mathcal{D}$ feiner ist als $\mathcal{C}$, gibt es zu jedem dieser D_ω genau ein $A_\omega \in \mathcal{C}$ mit $D_\omega \subset A_\omega$. Wegen $\omega \in A_\omega \cap C$ muss aber $A_\omega = C$ sein, denn zwei Elemente einer Partition sind entweder disjunkt oder gleich. Für jedes $\omega \in C$ gilt also

$\omega \in D_\omega \subset C$. Daraus folgt aber wegen $C \equiv \bigcup_{\omega \in C} \{\omega\} \subset \bigcup_{\omega \in C} D_\omega \subset C$ die Behauptung

$$C = \bigcup\nolimits_{\omega \in C} D_\omega .$$

□

Definition 3.6. *Sei $\{\mathcal{P}_t \,|0 \le t \le T\}$ eine Filtration. Ein* ***Informationspfad*** *ist eine absteigende Folge $(A_t)_{t \in \{0,\ldots,T\}}$, wobei $A_t \in \mathcal{P}_t$ und $A_t \supset A_{t+1}$ für alle $t = 0, \ldots, T-1$. Wegen $\mathcal{P}_0 = \{\Omega\}$ und $\mathcal{P}_T = \{\{\omega_1\}, \ldots, \{\omega_K\}\}$ gilt also $\Omega = A_0 \supset A_1 \supset \cdots \supset A_T = \{\omega\}$ für ein $\omega \in \Omega$.*

Mit Hilfe dieser Begriffsbildungen können wir den Mechanismus der Informationszunahme zusammenfassend wie folgt formulieren. Die Zunahme der Information über den zum Zeitpunkt T eintretenden Endzustand wird in unserem Kontext endlicher Zustandsräume durch eine endliche Folge feiner werdender Partitionen modelliert. Ein Element A_t einer Partition $\mathcal{P}_t$ besteht aus der Menge aller Endzustände, die von diesem Zeitpunkt t und von diesem Element A_t aus zum Zeitpunkt T noch realisierbar sind. Zu Beginn sind alle Zustände möglich, also umfasst die erste Partition $\mathcal{P}_0$ lediglich Ω selbst. Für den folgenden Zeitpunkt $t = 1$ wird die Menge Ω in endlich viele *disjunkte* Teilmengen zerlegt. Jede dieser Teilmengen zerfällt zum nächsten Zeitpunkt wiederum in endlich viele disjunkte Teilmengen. Auf diese Weise definiert eine Filtration eine Menge von Informationspfaden, und in jedem Informationspfad nimmt die Zahl der erreichbaren Zustände von Zeitpunkt zu Zeitpunkt ständig ab, bis zum Endzeitpunkt T nur noch einelementige Teilmengen von Ω auftreten. Ein derartiger Zustand wird zum Endzeitpunkt T schließlich realisiert.

Wir erhalten eine *Baumstruktur*, wenn alle Elemente einer Partition zu einem Zeitpunkt als Knoten dieses Baumes dargestellt werden und wenn jedes Element einer Partition mit jeder seiner Teilmengen, in die es zum darauffolgenden Zeitpunkt zerfällt, durch Kanten verbunden wird. Der auf diese Weise entstehende Baum wird *Informationsbaum* genannt.

Wir betrachten erneut das bereits dargestellte einführende Beispiel.

Beispiel 3.7. Ein möglicher Informationsbaum für $T = 3$ und $K = 8$ lautet

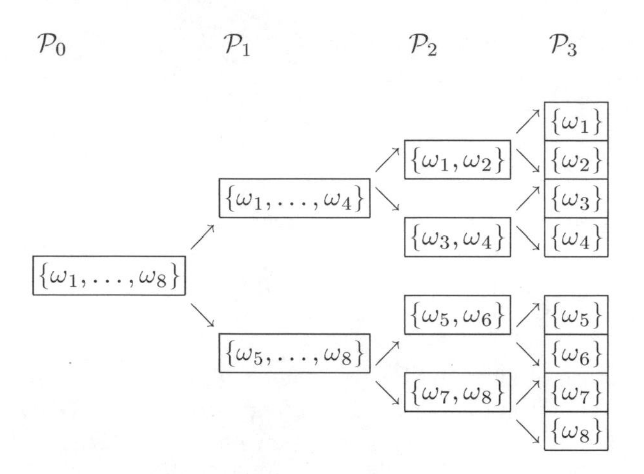

Hierbei gilt

$$\begin{aligned}
\mathcal{P}_0 &= \{\{\omega_1,\omega_2,\omega_3,\omega_4,\omega_5,\omega_6,\omega_7,\omega_8\}\} = \{\Omega\}\,, \\
\mathcal{P}_1 &= \{\{\omega_1,\omega_2,\omega_3,\omega_4\},\{\omega_5,\omega_6,\omega_7,\omega_8\}\}, \\
\mathcal{P}_2 &= \{\{\omega_1,\omega_2\},\{\omega_3,\omega_4\},\{\omega_5,\omega_6\},\{\omega_7,\omega_8\}\}, \\
\mathcal{P}_3 &= \{\{\omega_1\},\{\omega_2\},\{\omega_3\},\{\omega_4\},\{\omega_5\},\{\omega_6\},\{\omega_7\},\{\omega_8\}\},
\end{aligned}$$

wobei der obige Informationsbaum eindeutig durch diese Partition $\mathcal{P} = \{\mathcal{P}_t\,|0 \leq t \leq 3\}$ definiert ist. △

Beispiel 3.8. Ein anderes Beispiel für einen Informationsbaum mit $T = 3$ und $K = 8$ ist

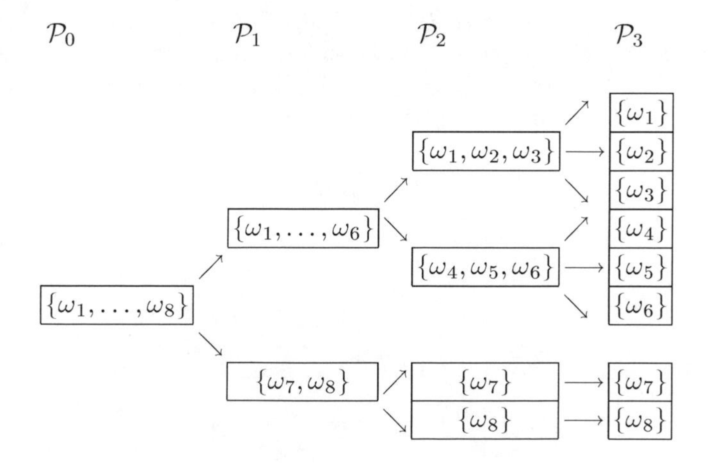

Hierbei gilt

$$\begin{aligned}
\mathcal{P}_0 &= \{\{\omega_1, \omega_2, \omega_3, \omega_4, \omega_5, \omega_6, \omega_7, \omega_8\}\} = \{\Omega\}, \\
\mathcal{P}_1 &= \{\{\omega_1, \omega_2, \omega_3, \omega_4, \omega_5, \omega_6\}, \{\omega_7, \omega_8\}\}, \\
\mathcal{P}_2 &= \{\{\omega_1, \omega_2, \omega_3\}, \{\omega_4, \omega_5, \omega_6\}, \{\omega_7\}, \{\omega_8\}\}, \\
\mathcal{P}_3 &= \{\{\omega_1\}, \{\omega_2\}, \{\omega_3\}, \{\omega_4\}, \{\omega_5\}, \{\omega_6\}, \{\omega_7\}, \{\omega_8\}\}.
\end{aligned}$$

Umgekehrt legt diese Partition $\{\mathcal{P}_t \,|0 \leq t \leq 3\}$ den Informationsbaum des Beispiels eindeutig fest. △

Die beiden vorangegangenen Beispiele zeigen, dass ein Informationsbaum allein durch die Angabe der Anzahl der Zeitpunkte T und durch die Vorgabe der Anzahl der Zustände K *nicht* eindeutig festgelegt ist.

Wir fassen zusammen:

Lemma 3.9. *Eine Filtration ist die abstrakte Beschreibung eines Informationsbaums. Jede Filtration definiert auf eindeutig bestimmte Weise einen Informationsbaum und umgekehrt.*

Ein Informationsbaum enthält jedoch noch keine Informationen über Finanzinstrumente und ihre Preise.

Der folgende Abschnitt ist für den Ausbau der Finanzmathematik auf zeitstetige Marktmodelle wesentlich.

3.1.2 Algebren und Partitionen

Eine andere, wie sich herausstellen wird äquivalente, Modellierung der Informationsstruktur von Marktmodellen ist mit Hilfe von Folgen ineinandergeschachtelter *Algebren*, die ebenfalls *Filtrationen* genannt werden, möglich.

Definition 3.10. *Eine Teilmenge $\mathcal{A} \subset \mathcal{P}(\Omega)$ der Potenzmenge von Ω heißt* ***Algebra*** *über Ω, wenn $\mathcal{A}$ die Menge Ω selbst enthält und wenn $\mathcal{A}$ abgeschlossen ist gegenüber allen Mengenoperationen, d.h. wenn folgendes gilt*

$$\begin{aligned}
&\Omega \in \mathcal{A}, \\
&A \in \mathcal{A} \Longrightarrow A^c \in \mathcal{A} \textit{ und} \\
&A_1, A_2 \in \mathcal{A} \implies A_1 \cup A_2 \in \mathcal{A}.
\end{aligned}$$

Wegen $A_1 \cap A_2 = (A_1^c \cup A_2^c)^c$ sind auch Durchschnitte beliebiger Mengen aus $\mathcal{A}$ wieder in $\mathcal{A}$ enthalten. Ferner gilt $A \setminus B = A \cap B^c$, so dass auch relative Komplemente von Mengen aus $\mathcal{A}$ wieder zu $\mathcal{A}$ gehören. Daher erzeugen tatsächlich beliebige Mengenoperationen, die mit den Elementen aus $\mathcal{A}$ durchgeführt werden, wieder Mengen, die in $\mathcal{A}$ liegen.

Beispiel 3.11. Sei $A \subset \Omega$. Dann ist das Mengensystem $\mathcal{A} = \{\Omega, A, A^c, \varnothing\}$ eine Algebra über Ω. △

Definition 3.12. *Sei $\mathcal{C} \subset \mathcal{P}(\Omega)$ ein Mengensystem. Dann bezeichnen wir mit $\sigma(\mathcal{C})$ die kleinste Algebra, die $\mathcal{C}$ enthält. $\sigma(\mathcal{C})$ ist der Durchschnitt aller Algebren, die $\mathcal{C}$ enthalten. Es gilt also*

$$\sigma(\mathcal{C}) := \bigcap_{\substack{\mathcal{A} \text{ Algebra} \\ \mathcal{C} \subset \mathcal{A}}} \mathcal{A}.$$

Wir nennen $\sigma(\mathcal{C})$ die ***von $\mathcal{C}$ erzeugte Algebra****.*

Aufgabe 3.1. *Zeigen Sie: Der Durchschnitt beliebig vieler Algebren, die alle ein gegebenes Mengensystem $\mathcal{C}$ enthalten, ist wieder eine Algebra, die $\mathcal{C}$ enthält. Machen Sie sich klar: Da $\mathcal{P}(\Omega)$ selbst eine Algebra ist, die $\mathcal{C}$ enthält, ist $\sigma(\mathcal{C})$ nicht leer und damit wohldefiniert.*

Aufgabe 3.2. *Zeigen Sie: Ist $\mathcal{C}$ selbst eine Algebra, so gilt $\sigma(\mathcal{C}) = \mathcal{C}$.*

Lemma 3.13. *Sei $\mathcal{P} = \{B_1, \ldots, B_n\}$ eine Partition von Ω. Dann gilt*

$$\sigma(\mathcal{P}) = \{A \subset \Omega \,|\, \exists I \subset \{1, \ldots, n\} \text{ mit } A = \cup_{j \in I} B_j\}.$$

Dabei sei $A = \varnothing$, falls $I = \varnothing$. Jedes $A \in \sigma(\mathcal{P})$ ist also eine Vereinigung von Elementen aus $\mathcal{P}$; es gilt

$$A = \bigcup_{\substack{B \in \mathcal{P} \\ B \subset A}} B.$$

Beweis. Sei

$$\mathcal{A} := \{A \subset \Omega \,|\, \exists I \subset \{1, \ldots, n\} \text{ mit } A = \cup_{j \in I} B_j\}.$$

Für $I = \{i\}$ gilt $A = \cup_{j \in I} B_j = B_i$. Also folgt $\mathcal{P} \subset \mathcal{A}$.

Die Wahl von $I = \{1, \ldots, n\}$ zeigt, dass $\Omega \in \mathcal{A}$. Mit $A = \cup_{j \in I} B_j$ gilt ferner $A^c = \cup_{j \in I^c} B_j$ wobei $I^c = \{1, \ldots, n\} \setminus I$, so dass mit $A \in \mathcal{A}$ auch $A^c \in \mathcal{A}$ folgt. Sind schließlich $A = \cup_{j \in I} B_j$ und $A' = \cup_{j \in I'} B_j$ aus $\mathcal{A}$, so gilt $A \cup A' = \cup_{j \in I \cup I'} B_j \in \mathcal{A}$. Also ist $\mathcal{A}$ eine Algebra, die $\mathcal{P}$ enthält. Daraus folgt sofort

$$\bigcap_{\substack{\mathcal{A}' \text{ Algebra} \\ \mathcal{P} \subset \mathcal{A}'}} \mathcal{A}' \subset \mathcal{A},$$

also $\sigma(\mathcal{P}) \subset \mathcal{A}$. Sei umgekehrt $A = \cup_{j \in I} B_j$ für beliebiges $I \subset \{1, \ldots, n\}$. Dann gilt $A \in \mathcal{A}'$ für jede Algebra $\mathcal{A}'$, die $\mathcal{P}$ enthält. Also gilt $A \in \bigcap_{\substack{\mathcal{A}' \text{ Algebra} \\ \mathcal{P} \subset \mathcal{A}'}} \mathcal{A}'$.

Daraus folgt aber

$$\mathcal{A} \subset \sigma(\mathcal{P}).$$

Damit ist die behauptete Gleichheit $\mathcal{A} = \sigma(\mathcal{P})$ nachgewiesen. □

Die Menge aller möglichen Vereinigungen von Elementen einer Partition $\mathcal{P}$ bildet also die von $\mathcal{P}$ erzeugte Algebra.

Lemma 3.14. *Sei $\mathcal{P} = \{B_1, \ldots, B_n\}$ eine Partition von Ω. Dann besitzt die von $\mathcal{P}$ erzeugte Algebra $\mathcal{A}$ genau 2^n Elemente.*

Beweis. Nach dem vorangegangenen Lemma gilt

$$\sigma(\mathcal{P}) = \{A \subset \Omega \,|\, \exists I \subset \{1, \ldots, n\} \text{ mit } A = \cup_{j \in I} B_j\}.$$

Jede Teilmenge $I \subset \{1, \ldots n\}$ entspricht eineindeutig einem n-Tupel

$$(\varepsilon_1, \ldots, \varepsilon_n) \text{ mit } \begin{cases} \varepsilon_i = 1 \text{ falls } i \in I \\ \varepsilon_i = 0 \text{ sonst.} \end{cases}$$

Die Menge aller dieser Tupel

$$\{(\varepsilon_1, \ldots, \varepsilon_n) \,|\, \varepsilon_i \in \{0, 1\} \text{ für } i = 1, \ldots, n\}$$

enthält aber gerade 2^n Elemente. □

Aufgabe 3.3. Zeigen Sie, dass die Menge aller Tupel

$$\{(\varepsilon_1, \ldots, \varepsilon_n) \,|\, \varepsilon_i \in \{0, 1\} \text{ für } i = 1, \ldots, n\}$$

genau 2^n Elemente enthält.

Aufgabe 3.4. *Machen Sie sich klar, dass für die durch $\mathcal{P}_0 = \{\Omega\}$ definierte Algebra $\sigma(\mathcal{P}_0) = \{\Omega, \varnothing\}$ gilt und dass die von $\mathcal{P}_T = \{\{\omega_1\}, \ldots, \{\omega_K\}\}$ definierte Algebra gerade die Potenzmenge von Ω ist, also $\sigma(\mathcal{P}_T) = \mathcal{P}(\Omega)$.*

Aufgabe 3.5. *Seien $A, B \subset \Omega$, $A \cap B = \varnothing$. Bestimmen Sie $\sigma(\{A\})$ und $\sigma(\{A, B\})$.*

Wir zeigen nun, dass sich jeder Algebra $\mathcal{A}$ eine eindeutig bestimmte Partition $\mathcal{P}$ zuordnen lässt, so dass $\mathcal{A} = \sigma(\mathcal{P})$ gilt.

Satz 3.15. *Jede Algebra $\mathcal{A}$ über Ω bestimmt eindeutig eine feinste Zerlegung $\mathcal{Z}(\mathcal{A})$ von Ω mit der Eigenschaft $\mathcal{Z}(\mathcal{A}) \subset \mathcal{A} = \sigma(\mathcal{Z}(\mathcal{A}))$. Diese eindeutig bestimmte Zerlegung $\mathcal{Z}(\mathcal{A})$ wird* ***induzierte Partition*** *von $\mathcal{A}$ genannt.*

Beweis. Sei $\mathcal{A}$ eine Algebra. Wir definieren

$$A_\omega := \bigcap_{\substack{A \in \mathcal{A} \\ \omega \in A}} A.$$

Wegen $\Omega \in \mathcal{A}$ ist jedes A_ω nicht leer, und es gilt $\omega \in A_\omega$. Wir zeigen nun, dass für $\omega, \omega' \in \Omega$, $\omega \neq \omega'$, entweder $A_\omega \cap A_{\omega'} = \varnothing$ gilt oder $A_\omega = A_{\omega'}$.

Wir betrachten dazu den Fall $A_\omega \cap A_{\omega'} = B \neq \varnothing$. Wir möchten zeigen, dass $A_\omega = A_{\omega'} = B$ gilt. Wäre das falsch, dann wäre B eine echte Teilmenge von A_ω oder von $A_{\omega'}$. Angenommen, $B \subset A_\omega$ und $B \neq A_\omega$. Falls $\omega \in B$, dann wäre B eine echte Teilmenge von A_ω, die ω enthält, was nach Definition von A_ω nicht sein kann. Aber auch die Annahme $\omega \notin B$ führt zu diesem Widerspruch, denn in diesem Fall wäre $A_\omega \setminus B$ eine echte Teilmenge von A_ω, die ω enthält, da B nach Voraussetzung nicht leer ist. Entsprechend schließen wir für den Fall $B \subset A_{\omega'}$ und $B \neq A_{\omega'}$. Also muss $B = A_\omega = A_{\omega'}$ sein. Damit bildet das Mengensystem

$$\{A_\omega \,|\omega \in \Omega\} =: \mathcal{Z}(\mathcal{A})$$

eine Partition von Ω.

Zum Nachweis der Eigenschaft $\mathcal{A} = \sigma(\mathcal{Z}(\mathcal{A}))$ sei nun $A \in \mathcal{A}$ beliebig. Dann gilt für jedes $\omega \in A$ zunächst $\omega \in A_\omega$ und daher $A = \cup_{\omega \in A}\{\omega\} \subset \cup_{\omega \in A} A_\omega$. Andererseits gilt für jedes $\omega \in A$ die Inklusion $A_\omega = \bigcap_{\substack{A' \in \mathcal{A} \\ \omega \in A'}} A' \subset A$.

Damit ist aber $A = \bigcup_{\omega \in A} A_\omega$, woraus $\mathcal{A} \subset \sigma(\mathcal{Z}(\mathcal{A}))$ folgt. Aus $\mathcal{Z}(\mathcal{A}) \subset \mathcal{A}$ folgt die Inklusion $\sigma(\mathcal{Z}(\mathcal{A})) \subset \mathcal{A}$, also zusammen die behauptete Gleichheit $\mathcal{A} = \sigma(\mathcal{Z}(\mathcal{A}))$.

Sei $\mathcal{P}$ eine Partition, die strikt feiner ist als $\mathcal{Z}(\mathcal{A})$ mit der Eigenschaft $\sigma(\mathcal{P}) = \mathcal{A}$. Dann gibt es ein $A \in \mathcal{Z}(\mathcal{A})$ und ein $B \in \mathcal{P}$ mit der Eigenschaft $B \subset A$ und $B \neq A$. Wegen $B \neq \varnothing$ gibt es ein $\omega \in B$. Dann ist aber $A = A_\omega$, und es folgt $B \notin \mathcal{A}$, denn sonst wäre B eine echte Teilmenge von A_ω, die ω enthält, was nach Definition von A_ω nicht sein kann. Daher kann $\mathcal{P}$ nicht strikt feiner sein als $\mathcal{Z}(\mathcal{A})$. □

Jede Algebra $\mathcal{A}$ bestimmt also eindeutig eine feinste Partition $\mathcal{Z}(\mathcal{A})$ von Elementen aus $\mathcal{A}$, und wenn wir die von dieser Partition erzeugte Algebra $\sigma(\mathcal{Z}(\mathcal{A}))$ bilden, so erhalten wir wieder die Algebra $\mathcal{A}$, von der wir ausgegangen sind.

Jede Menge A_ω kann als „Atom" der Algebra interpretiert werden, also als eine kleinste, nicht mehr weiter teilbare Menge der Algebra, die ein vorgegebenes $\omega \in \Omega$ enthält. Die Elemente von A_ω bilden dann die zugehörigen „Nukleonen", und nach Lemma 3.13 lässt sich jedes $A \in \mathcal{A}$ als „Molekül" interpretieren, welches sich durch $A = \cup_{\omega \in A} A_\omega$ aus gewissen „Atomen" A_ω zusammensetzt.

Beispiel 3.16. Wir betrachten eine Teilmenge $A \subset \Omega$ und die von dieser Teilmenge erzeugte Algebra $\sigma(\{A\}) = \mathcal{A} = \{\Omega, \emptyset, A, A^c\}$. Sei $\omega \in A$. Dann gilt $A_\omega = \Omega \cap A = A$. Für $\omega' \in A$ gilt ebenfalls $A_{\omega'} = \Omega \cap A = A$. Für $\omega' \notin A$, also $\omega' \in A^c$, gilt $A_{\omega'} = \Omega \cap A^c = A^c$. Daher ist $\mathcal{Z}(\mathcal{A}) = \{A, A^c\}$. △

Beispiel 3.17. Für zwei Teilmengen $A, B \subset \Omega$ mit $A \cap B = \emptyset$ gilt $\sigma(\{A, B\}) = \mathcal{A} = \{\Omega, \emptyset, A, A^c, B, B^c, A \cup B, A^c \cap B^c\}$. Nun gilt $\mathcal{Z}(\mathcal{A}) = \{A, B, A^c \cap B^c\}$. △

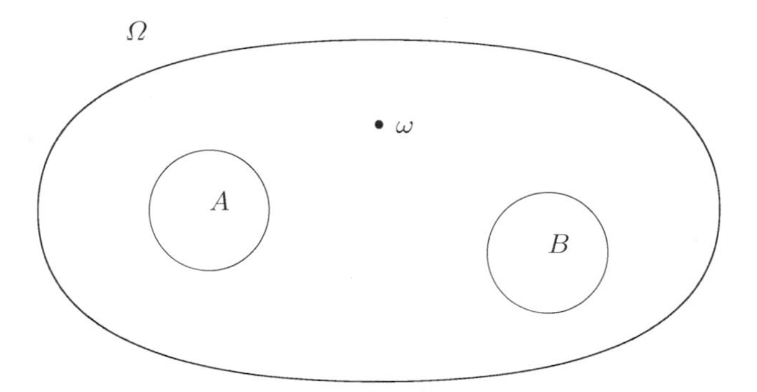

Abb. 3.3. Konstruktion einer Algebra aus den zwei disjunkten Mengen A und B

Satz 3.18. *Seien $\mathcal{A}_s$ und $\mathcal{A}_t$ zwei Algebren über Ω. Es gilt $\mathcal{A}_s \subset \mathcal{A}_t$ genau dann, wenn $\mathcal{Z}(\mathcal{A}_s) \prec \mathcal{Z}(\mathcal{A}_t)$, wenn also $\mathcal{Z}(\mathcal{A}_t)$ feiner ist als $\mathcal{Z}(\mathcal{A}_s)$.*

Beweis. Ist $\mathcal{Z}(\mathcal{A}_t)$ feiner als $\mathcal{Z}(\mathcal{A}_s)$, so ist jedes Element aus $\mathcal{Z}(\mathcal{A}_s)$ nach Lemma 3.13 eine Vereinigung von Elementen aus $\mathcal{Z}(\mathcal{A}_t)$. Also gilt $\mathcal{Z}(\mathcal{A}_s) \subset \sigma(\mathcal{Z}(\mathcal{A}_t))$, woraus $\mathcal{A}_s = \sigma(\mathcal{Z}(\mathcal{A}_s)) \subset \sigma(\mathcal{Z}(\mathcal{A}_t)) = \mathcal{A}_t$ folgt.

Zum Beweis der Umkehrung setzen wir $\mathcal{A}_s \subset \mathcal{A}_t$ voraus. Sei $A \in \mathcal{Z}(\mathcal{A}_t)$ beliebig. Zu zeigen ist, dass es ein $B \in \mathcal{Z}(\mathcal{A}_s)$ gibt mit $A \subset B$. Nun gilt aber für jedes $\omega \in \Omega$ wegen $\mathcal{A}_s \subset \mathcal{A}_t$

$$A_\omega := \bigcap_{\substack{D \in \mathcal{A}_t \\ \omega \in D}} D \subset \bigcap_{\substack{D \in \mathcal{A}_s \\ \omega \in D}} D =: B_\omega.$$

Daraus folgt die Behauptung, denn es gilt $\mathcal{Z}(\mathcal{A}_t) = \{A_\omega \,|\omega \in \Omega\}$ und entsprechend $\mathcal{Z}(\mathcal{A}_s) = \{B_\omega \,|\omega \in \Omega\}$. □

Definition 3.19. *Eine* ***Filtration von Algebren****, oder einfach eine* ***Filtration****, $(\mathcal{F}_t)_{t \in \{0,\ldots,T\}} = \{\mathcal{F}_t \,|0 \le t \le T\}$ ist eine Menge von Algebren $\mathcal{F}_t$ über einer Menge Ω, $0 \le t \le T$, mit der Eigenschaft*

$$\mathcal{F}_s \subset \mathcal{F}_t \text{ für alle } s \le t$$

und $\mathcal{F}_0 = \{\Omega, \varnothing\}$ sowie $\mathcal{F}_T = \mathcal{P}(\Omega)$.

Eine Filtration von Algebren ist aufgrund obiger Ergebnisse äquivalent zu einer Filtration von Partitionen, also zu einer endlichen Menge $\{\mathcal{P}_t \,|0 \le t \le T\}$ von feiner werdenden Partitionen mit $\mathcal{P}_0 = \{\Omega\}$ und $\mathcal{P}_T = \{\{\omega_1\}, \ldots, \{\omega_K\}\}$. Daher werden wir die beiden Typen von Filtrationen sprachlich häufig nicht voneinander unterscheiden.

Wir verwenden aber in der Regel den Buchstaben $\mathcal{P}$, um uns auf die Partitions-Definition zu beziehen, während wir den Buchstaben $\mathcal{F}$ für die Algebren-Definition reservieren.

Definition 3.20. *Ein Tupel* $\left(\Omega, (\mathcal{F}_t)_{t\in\{0,\dots,T\}}\right)$ *wird* ***gefilterter Zustandsraum*** *genannt. Ist weiter auf* Ω *ein Wahrscheinlichkeitsmaß* P *gegeben, so heißt das Tripel* $\left(\Omega, (\mathcal{F}_t)_{t\in\{0,\dots,T\}}, P\right)$ ***gefilterter Wahrscheinlichkeitsraum****.*

3.2 Stochastische Prozesse und Messbarkeit

Eine Filtration kann als Strukturgerüst aufgefasst werden, das erst durch die Vorgabe von Kursinformationen mit Leben gefüllt wird. Abb. 3.4 zeigt das Beispiel eines Zwei-Perioden-Modells mit einem Finanzinstrument S. Jedes Element A_t der Partition $\mathcal{P}_t$ entspricht einem möglichen Szenario zum Zeitpunkt t. In jedem dieser Szenarien besitzen alle beobachtbaren Größen, also insbesondere alle Kurse von Finanzinstrumenten, einen eindeutig bestimmten Wert. Daher besitzt der im Beispiel modellierte Kurs des Finanzinstrumentes S zum Zeitpunkt t im Szenario A_t den Kurs $S_t(A_t)$. Eine naheliegende Modellierung von Aktienkursen in einem Informationsbaum $\mathcal{P} = \{\mathcal{P}_0, \dots, \mathcal{P}_T\}$ besteht also darin, die Kurse als Funktionen $S_t : \mathcal{P}_t \to \mathbb{R}^N$ für $t = 0, \dots, T$ zu definieren, wie im folgenden Beispiel gezeigt.

Gegen diese Definition gibt es jedoch zwei Einwände:

- Sie lässt sich nicht auf zeitstetige Modelle übertragen, da hier die Zunahme der Information nicht mit Hilfe von feiner werdenden Partitionen definiert werden kann.
- Weiter benötigen wir in den Anwendungen, etwa für eine Gewinn- und Verlustrechnung, häufig den Vergleich zwischen Kursen zu verschiedenen Zeitpunkten, also die Größe $S_t - S_s$ für $t > s$. Wird für alle t definiert: $S_t : \mathcal{P}_t \to \mathbb{R}^N$, dann besitzen S_t und S_s keinen gemeinsamen Definitionsbereich, und die Differenz $S_t - S_s$ ist als Abbildung nicht wohldefiniert.

Aus diesen Gründen werden wir die Kurse von Finanzinstrumenten im folgenden nicht als Abbildungen $S_t : \mathcal{P}_t \to \mathbb{R}^N$ modellieren, sondern als *stochastische Prozesse*, d.h. für jeden Zeitpunkt t als Abbildungen $S_t : \Omega \to \mathbb{R}^N$. Diese Abbildungen müssen jedoch auf jedem $A_t \in P_t$ einen wohldefinierten, eindeutig bestimmten Wert besitzen. Für $\omega, \omega' \in A_t$ muss also gelten $S_t(\omega) = S_t(\omega')$. Dies führt zur Definition der *Messbarkeit* von Kursfunktionen bzw. zur Forderung, dass stochastische Prozesse, die Kurse repräsentieren, an den zugrunde liegenden Informationsbaum *adaptiert* sein müssen. Es zeigt sich, dass sich das Konzept der Messbarkeit, und damit auch das der Adaption, auf zeitstetige Modelle übertragen lässt.

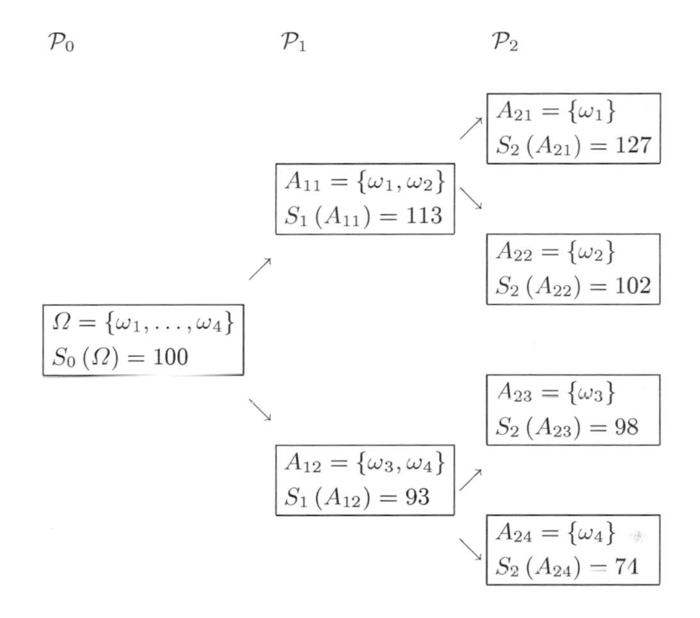

Abb. 3.4. Beispiel eines Infomationsbaums mit 2 Perioden, 4 Zuständen und mit einem Finanzinstrument S. Für dieses Finanzinstrument werden in jedem Knoten des Informationsbaums Kurse modelliert, indem diese als Abbildungen $S_t : \mathcal{P}_t \to \mathbb{R}^N$, $t = 0, \ldots, T$, definiert werden.

Definition 3.21. *Ein **stochastischer Prozess** ist eine $\mathbb{R}^N$-wertige Funktion $S : \{0, \ldots, T\} \times \Omega \to \mathbb{R}^N$, $(t, \omega) \mapsto S_t(\omega)$, von t und ω. Für ein festes $\omega \in \Omega$ heißt die Funktion $t \to S_t(\omega)$ ein **Pfad** des Prozesses. Für jedes feste t ist die Abbildung $\omega \mapsto S_t(\omega)$ eine Abbildung von Ω nach $\mathbb{R}^N$. Eine Abbildung von Ω nach $\mathbb{R}^N$ wird auch **Zustandsfunktion** genannt.*

Definition 3.22. *Eine Zustandsfunktion $X : \Omega \to \mathbb{R}^N$ heißt **messbar** bezüglich einer Partition $\mathcal{P}$, falls die Abbildung $\omega \mapsto X(\omega)$ konstant ist auf jedem Element von $\mathcal{P}$.*

*Eine Zustandsfunktion $X : \Omega \to \mathbb{R}^N$ heißt **messbar** bezüglich einer Algebra $\mathcal{A}$ über Ω, falls die Abbildung $\omega \mapsto X(\omega)$ auf jedem Element aus $\mathcal{Z}(\mathcal{A})$ konstant ist.*

*Sei $(\mathcal{F}_t)_{t \in \{0,\ldots,T\}}$ eine Filtration. Ein stochastischer Prozess heißt **adaptiert** an $(\mathcal{F}_t)_{t \in \{0,\ldots,T\}}$, falls $S_t : \Omega \to \mathbb{R}^N$ für jedes $t \in \{0, \ldots, T\}$ messbar ist bezüglich $\mathcal{F}_t$.*

Sei $\mathcal{A}$ eine Algebra über einer Menge Ω. Eine Funktion $X : \Omega \to \mathbb{R}$ ist also genau dann messbar, wenn X auf jedem „Atom" $A_\omega \in \mathcal{Z}(\mathcal{A})$ konstant ist, also für jedes „Nukleon" $\omega' \in A_\omega$ denselben Wert besitzt.

Notation Sei $X : \Omega \to \mathbb{R}^N$ eine Abbildung, und sei X auf einer Teilmenge $A \subset \Omega$ konstant. Dann schreiben wir für den gemeinsamen Funktionswert von

X auf A in der Regel $X(A)$, d.h. $X(A) := X(\omega)$ für ein beliebiges $\omega \in A$. Ist X insbesondere messbar bezüglich einer Partition $\mathcal{P}$ und ist $A \in \mathcal{P}$, so schreiben wir $X(A)$ für den gemeinsamen Wert von X auf A.

Üblicherweise bezeichnet $X(A)$ die **Menge aller Funktionswerte** auf A, also $X(A) = \{X(\omega) | \omega \in A\}$, während wir hier $X(A)$ als den **gemeinsamen Funktionswert** von X auf A definieren. Welche Bedeutung im Zweifelsfall gemeint ist, geht aus dem jeweiligen Kontext hervor.

Angenommen, $X : \Omega \to \mathbb{R}^N$ ist auf $A \subset \Omega$ konstant. Dann gilt für jedes beliebige nichtleere $B \subset A$ offenbar $X(B) = X(A)$.

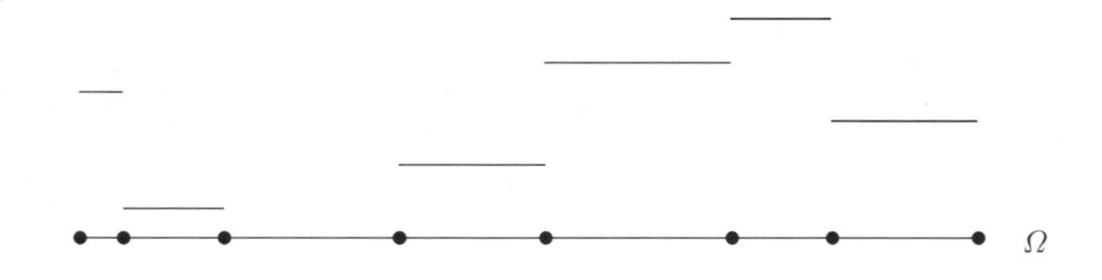

Abb. 3.5. Veranschaulichung einer meßbaren Funktion

Eine Menge Ω wird in Abb. 3.5 durch eine horizontale Linie symbolisiert. Die Punkte auf dieser Linie deuten eine Zerlegung von Ω an. Die horizontalen Linien kennzeichnen die Werte einer Funktion, die auf allen Elementen der Zerlegung konstant ist, so dass die Funktion bezüglich der Zerlegung messbar ist.

Eine alternative graphische Skizzierung einer messbaren Funktion X ist in Abb. 3.6 angegeben.

Dabei bedeutet $\{X = c\} := \{\omega \in \Omega \,|\, X(\omega) = c\}$. Abb. 3.6 zeigt die disjunkte Zerlegung einer Menge Ω. Auf jedem Element der Zerlegung besitzt eine Funktion $X : \Omega \to \mathbb{R}$ einen konstanten Wert. Daher ist X messbar bezüglich dieser Zerlegung.

Der folgende Satz beinhaltet eine alternative Charakterisierung der Messbarkeit, die auf allgemeinere Zustandsräume ausgedehnt werden kann.

Satz 3.23. *Eine Zustandsfunktion $X : \Omega \to \mathbb{R}^N$ ist genau dann messbar bezüglich einer Algebra $\mathcal{A}$ über Ω, wenn für jede Menge $B \subset \mathbb{R}^N$ gilt*

$$X^{-1}(B) \in \mathcal{A}.$$

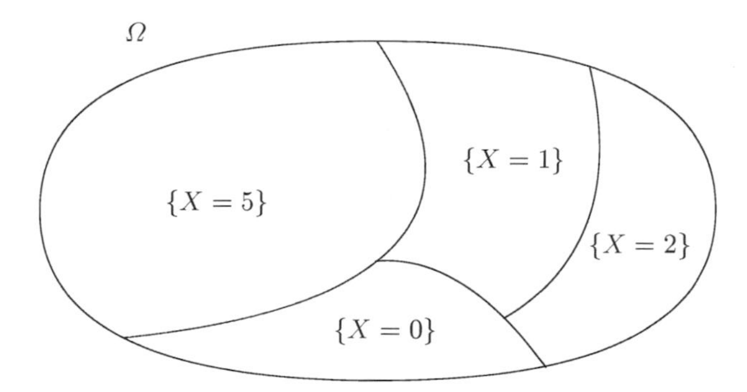

Abb. 3.6. Graphische Darstellung einer messbaren Funktion

Beweis. Da Ω nur endlich viele Elemente besitzt, ist auch die Menge der Bildpunkte von X endlich. Sei $C := \{c_1, \ldots, c_m\} = \{X(\omega) \, | \omega \in \Omega\}$ mit paarweise verschiedenen $c_i \in \mathbb{R}^N$, $i = 1, \ldots, m$. Sei weiter $\mathcal{Z}(\mathcal{A}) = \{A_1, \ldots, A_n\}$.

Wenn X messbar ist, dann hat X auf jeder Menge A_j einen eindeutig bestimmten Funktionswert $X(A_j)$, $j = 1, \ldots, n$. Seien $A_{i_1}, \ldots, A_{i_{k_i}}$ diejenigen Mengen aus $\mathcal{Z}(\mathcal{A})$ mit $X\left(A_{i_j}\right) = c_i$. Dann gilt $X^{-1}(\{c_i\}) = A_{i_1} \cup \cdots \cup A_{i_{k_i}} \in \mathcal{A}$. Damit ist aber $X^{-1}(B) = \bigcup_{\substack{i \in \{1,\ldots,m\} \\ c_i \in B}} X^{-1}(\{c_i\}) \in \mathcal{A}$.

Sei nun umgekehrt $X^{-1}(B) \in \mathcal{A}$ für alle $B \subset \mathbb{R}^N$. Dann gilt insbesondere $X^{-1}(\{c_i\}) \in \mathcal{A}$ für jedes $c_i \in C$. Damit folgt aber $X^{-1}(\{c_i\}) = A_{i_1} \cup \cdots \cup A_{i_{k_i}}$ für gewisse Mengen $A_{i_1}, \ldots, A_{i_{k_i}} \in \mathcal{Z}(\mathcal{A})$. Daraus folgt aber, dass X auf jedem A_j, $j = 1, \ldots, n$, konstant ist. □

Aufgabe 3.6. Seien $f, g : \Omega \to \mathbb{R}$ zwei messbare Funktionen auf $(\Omega, \mathcal{P})$. Zeigen Sie, dass dann auch $f + g$, fg und λf messbar sind für beliebiges $\lambda \in \mathbb{R}$. Ist $g(\omega) \neq 0$ für alle $\omega \in \Omega$, so ist auch $\frac{f}{g}$ messbar.

Die Menge der messbaren Funktionen bildet daher einen reellen Vektorraum, ja sogar einen Ring mit Einselement[1].

Sei A eine Menge. Dann ist die *charakteristische Funktion* $\mathbf{1}_A$ von A definiert durch

$$\mathbf{1}_A(\omega) := \begin{cases} 1, \text{ falls } \omega \in A \\ 0, \text{ falls } \omega \notin A. \end{cases}$$

[1] Ein **Ring** ist eine Menge R mit zwei Verknüpfungen $+$ und $\cdot$, wobei R bezüglich $+$ eine abelsche Gruppe bildet, und wo $\cdot$ assoziativ ist. Ferner gelten bezüglich $+$ und $\cdot$ die Distributivgesetze. Ein Einselement ist schließlich das neutrale Element bezüglich $\cdot$.

Lemma 3.24. *Sei $X : \Omega \to \mathbb{R}$ messbar bezüglich einer Algebra $\mathcal{F}$. Sei $\mathcal{Z}(\mathcal{F}) = \{A_1, \ldots, A_n\}$ die Zerlegung von $\mathcal{F}$. Dann kann X auf eindeutig bestimmte Weise dargestellt werden als*

$$X = \sum_{i=1}^{n} X(A_i) \cdot \mathbf{1}_{A_i}. \tag{3.1}$$

Die charakteristischen Funktionen $\mathbf{1}_{A_i}$ bilden eine Basis des Vektorraums der $\mathcal{F}$-messbaren Funktionen. Damit ist (3.1) die Basisdarstellung von X bezüglich der Basis $\mathbf{1}_{A_1}, \ldots, \mathbf{1}_{A_n}$.

Beweis. Sei $\omega \in \Omega$ beliebig. Dann gibt es genau ein $k \in \{1, \ldots, n\}$ mit $\omega \in A_k$. Damit gilt

$$X(\omega) = X(A_k) = \left(\sum_{i=1}^{n} X(A_i) \cdot \mathbf{1}_{A_i} \right)(\omega).$$

Daher kann jede $\mathcal{F}$-messbare Funktion durch (3.1) dargestellt werden.

Sei $\sum_{i=1}^{n} \lambda_i \cdot \mathbf{1}_{A_i} = 0$. Dann gilt für ein beliebiges $\omega \in A_k$ der Zusammenhang

$$0 = \left(\sum_{i=1}^{n} \lambda_i \cdot \mathbf{1}_{A_i} \right)(\omega) = \lambda_k,$$

also sind die $\mathbf{1}_{A_1}, \ldots, \mathbf{1}_{A_n}$ linear unabhängig und bilden daher eine Basis. □

Definition 3.25 (Modellierung von Kursinformationen). *Sei $(\mathcal{P}_t)_{0 \le t \le T}$ eine Filtration. Dann werden die Kursinformationen von N Wertpapieren modelliert als ein Prozess*

$$S : \{0, \ldots, T\} \times \Omega \to \mathbb{R}^N,$$

der an $(\mathcal{P}_t)_{0 \le t \le T}$ adaptiert ist.

Beispiel 3.26. Wir betrachten die Filtration

$$\begin{aligned}
\mathcal{P}_0 &= \Omega = \{\omega_1, \ldots, \omega_8\}, \\
\mathcal{P}_1 &= \{\{\omega_1, \omega_2, \omega_3, \omega_4\}, \{\omega_5, \omega_6, \omega_7, \omega_8\}\}, \\
\mathcal{P}_2 &= \{\{\omega_1, \omega_2\}, \{\omega_3, \omega_4\}, \{\omega_5, \omega_6\}, \{\omega_7, \omega_8\}\}, \\
\mathcal{P}_3 &= \{\{\omega_1\}, \{\omega_2\}, \{\omega_3\}, \{\omega_4\}, \{\omega_5\}, \{\omega_6\}, \{\omega_7\}, \{\omega_8\}\}.
\end{aligned}$$

Weiter betrachten wir einen stochastischen Prozess $S : \{0, 1, 2, 3\} \times \Omega \to \mathbb{R}^2$ definiert durch

t	$A \in \mathcal{P}_t$	$S_t^1(\omega)$, $\omega \in A$	$S_t^2(\omega)$, $\omega \in A$
0	$\{\omega_1, \ldots, \omega_8\}$	1	10
1	$\{\omega_1, \omega_2, \omega_3, \omega_4\}$	1.1	9
1	$\{\omega_5, \omega_6, \omega_7, \omega_8\}$	1.1	11
2	$\{\omega_1, \omega_2\}$	1.21	8
2	$\{\omega_3, \omega_4\}$	1.21	10
2	$\{\omega_5, \omega_6\}$	1.21	10
2	$\{\omega_7, \omega_8\}$	1.21	12
3	$\{\omega_1\}$	1.331	7
3	$\{\omega_2\}$	1.331	9
3	$\{\omega_3\}$	1.331	9
3	$\{\omega_4\}$	1.331	11
3	$\{\omega_5\}$	1.331	9
3	$\{\omega_6\}$	1.331	11
3	$\{\omega_7\}$	1.331	11
3	$\{\omega_8\}$	1.331	13

Der Prozess $S : \{0, 1, 2, 3\} \times \Omega \to \mathbb{R}^2$ ist an die Filtration $(\mathcal{P}_t)_{0 \leq t \leq 3}$ adaptiert. Wäre aber beispielsweise $S_1^1(\omega_1) = S_1^1(\omega_2) = 9$ und $S_1^1(\omega_3) = S_1^1(\omega_4) = 10$ definiert worden, so wäre S_1^1 auf $\{\omega_1, \omega_2, \omega_3, \omega_4\} \in \mathcal{P}_1$ nicht konstant und damit nicht messbar. Damit wäre S in diesem Fall nicht an die Filtration $(\mathcal{P}_t)_{0 \leq t \leq 3}$ adaptiert. △

3.2.1 Die natürliche Filtration

Bei den vorherigen Ausführungen war zunächst eine Filtration auf einem Zustandsraum gegeben und für diese wurden dann adaptierte stochastische Prozesse definiert, die Kursinformationen repräsentieren. Nun ist es umgekehrt auch möglich, mit Kurspfaden zu beginnen und mit diesen einen Zustandsraum, einen stochastischen Prozess S sowie eine Filtration $(\mathcal{P}_t)_{0 \leq t \leq T}$ so zu definieren, dass S an $(\mathcal{P}_t)_{0 \leq t \leq T}$ adaptiert ist. Diese Vorgehensweise stellt den Regelfall für die in der Praxis weitverbreiteten Baummodelle dar.

Für fest gewählte $T, N \in \mathbb{N}$ betrachten wir K paarweise verschiedene Abbildungen

$$S(j) : \{0, \ldots, T\} \to \mathbb{R}^N, \; j = 1, \ldots, K,$$

mit

$$S(j)(t) := S_t(j) := \left(S_t^1(j), \ldots, S_t^N(j)\right) \in \mathbb{R}^N.$$

Alle Abbildungen haben einen gemeinsamen Anfangswert $b \in \mathbb{R}^N$ zum Zeitpunkt 0, also

$$S(j)(0) = S_0(j) = \left(S_0^1(j), \ldots, S_0^N(j)\right) = b$$

für ein $b \in \mathbb{R}^N$ und für alle $j \in \{1, \ldots, K\}$. Jede dieser K Abbildungen interpretieren wir als ein *Szenario* für das zu modellierende Marktmodell. Dabei fassen wir T als Anzahl der Zeitperioden und $S_t(j)$ als Preisvektor von N Finanzinstrumenten zum Zeitpunkt t im Szenario j auf. Definieren wir für festes j einen *Pfad* ω_j durch

$$\omega_j := (S_0(j), \ldots, S_T(j)) \in \mathbb{R}^{N \cdot (T+1)},$$

so entspricht jedes Szenario ω_j einer Abbildung $t \mapsto S_t(j)$. Die *Menge aller Pfade* fassen wir zu einem Zustandsraum Ω zusammen,

$$\Omega := \{\omega_j \,|\omega_j = (S_0(j), \ldots, S_T(j)), \;\; j \in \{1, \ldots, K\}\}.$$

Wir definieren weiter einen *Preisprozess* S durch

$$S_t(\omega_j) := S_t(j) = \left(S_t^1(j), \ldots, S_t^N(j)\right) =: \omega_j(t).$$

Mit $\omega_j(t) = S_t(j) \in \mathbb{R}^N$ bezeichnen wir also die t-te Komponente des Pfadvektors $\omega_j = (S_0(j), \ldots, S_T(j))$. Diese besteht aus den Preisen aller Finanzinstrumente im Szenario ω_j zum Zeitpunkt t.

Wir setzen nun für $c_0, \ldots, c_t \in \mathbb{R}^N$ und für $t \in \{0, \ldots, T\}$

$$A(c_0, \ldots, c_t) := \{\omega \in \Omega \,|\omega(0) = c_0, \ldots, \omega(t) = c_t\}.$$

Die Menge $A(c_0, \ldots, c_t)$ besteht aus allen Pfaden, deren Preise zum Zeitpunkt i den Wert c_i besitzen für $i = 0, \ldots, t$. Nach Definition gilt $S_0(j) = b$ für alle $j \in \{1, \ldots, K\}$, und daher ist

$$A(b) = \Omega \text{ und } A(c_0) = \varnothing \text{ für } c_0 \neq b.$$

Da die Menge $\{1, \ldots, K\}$ endlich ist, gibt es nur endlich viele paarweise verschiedene c_1 mit $A(c_0, c_1) \neq \varnothing$. Für derartige c_1 gilt $c_1 \in \{S_1(1), \ldots, S_1(K)\}$. Nach Definition folgt für jedes $c_1 \in \mathbb{R}^N$

$$A(c_0) \supset A(c_0, c_1).$$

Seien $c_0, \ldots, c_t \in \mathbb{R}^N$ gegeben mit $A(c_0, \ldots, c_t) \neq \varnothing$. Dann gibt es wiederum nur endliche viele paarweise verschiedene $c_{t+1} \in \{S_{t+1}(1), \ldots, S_{t+1}(K)\}$ mit

$$A(c_0, \ldots, c_t) \supset A(c_0, \ldots, c_t, c_{t+1}) \neq \varnothing.$$

Damit bildet für jedes $0 \leq t \leq T$

$$\mathcal{P}_t = \{A(c_0, \ldots, c_t) \,\big|c_0, \ldots, c_t \in \mathbb{R}^N, \;A(c_0, \ldots, c_t) \neq \varnothing\}$$

eine *Partition* von Ω. Offenbar ist $\mathcal{P}_{t+1}$ feiner als $\mathcal{P}_t$, und der Preisprozess S_t ist an die Filtration $(\mathcal{P}_t)_{0 \leq t \leq T}$ adaptiert, denn für beliebiges $\omega \in A(c_0, \ldots, c_t) \in \mathcal{P}_t$ gilt $S_t(\omega) = \omega(t) = c_t$, also $S_t(A(c_0, \ldots, c_t)) = c_t$. Damit ist S_t messbar bezüglich $\mathcal{P}_t$ für alle t.

Wir fassen zusammen:

Definition 3.27. *Für ein festes $T \in \mathbb{N}$ betrachten wir K paarweise verschiedene Abbildungen*

$$S(j) : \{0, \ldots, T\} \to \mathbb{R}^N, \; j = 1, \ldots, K,$$

mit

$$S(j)(t) := S_t(j) := \left(S_t^1(j), \ldots, S_t^N(j)\right) \in \mathbb{R}^N$$

und

$$S(j)(0) = S_0(j) = \left(S_0^1(j), \ldots, S_0^N(j)\right) = b$$

für ein $b \in \mathbb{R}^N$ und für alle $j \in \{1, \ldots, K\}$. Wir definieren für festes j einen ***Pfad*** *ω_j durch*

$$\omega_j := (S_0(j), \ldots, S_T(j)) \in \mathbb{R}^{N \cdot (T+1)}$$

und fassen die Menge aller Pfade zu einem ***Zustandsraum*** *Ω zusammen,*

$$\Omega := \{\omega_j \,|\omega_j = (S_0(j), \ldots, S_T(j)), \quad j \in \{1, \ldots, K\}\}.$$

Wir definieren einen ***Preisprozess*** *S durch*

$$S_t(\omega_j) := S_t(j) = \left(S_t^1(j), \ldots, S_t^N(j)\right) =: \omega_j(t),$$

für $\omega_j \in \Omega$ und für $0 \leq t \leq T$. Die durch

$$\begin{aligned}\mathcal{P}_t &= \{A(c_0, \ldots, c_t) \,\big|c_0, \ldots, c_t \in \mathbb{R}^N, \; A(c_0, \ldots, c_t) \neq \varnothing\} \\ &=: \sigma(S_0, \ldots, S_t)\end{aligned}$$

erzeugte Filtration $(\mathcal{P}_t)_{0 \leq t \leq T}$ wird die ***natürliche Filtration*** *des stochastischen Prozesses $S = \{S_t | 0 \leq t \leq T\}$ genannt.*

Für $X_i : \Omega \to \mathbb{R}$, $i = 1, \ldots, n$, bezeichnen wir mit $\sigma(X_1, \ldots, X_n)$ die kleinste Algebra, bezüglich derer alle X_i messbar sind, d.h.

$$\sigma(X_1, \ldots, X_n) = \bigcap_{\substack{\mathcal{A} \text{ Algebra über } \Omega \\ X_i \text{ messbar bezüglich } \mathcal{A}}} \mathcal{A}.$$

$\sigma(X_1, \ldots, X_n)$ ist nicht leer, denn jedes X_i ist bezüglich $\mathcal{P}(\Omega)$ messbar.

Aufgabe 3.7. Betrachten Sie für $j = 1, \ldots, 8$ die folgenden Pfade $S(j)$: $\{0, 1, 2, 3\} \to \mathbb{R}^2$:

j	$S_0(j)$	$S_1(j)$	$S_2(j)$	$S_3(j)$
1	$\binom{1}{10}$	$\binom{1.1}{9}$	$\binom{1.21}{8}$	$\binom{1.331}{7}$
2	$\binom{1}{10}$	$\binom{1.1}{9}$	$\binom{1.21}{8}$	$\binom{1.331}{9}$
3	$\binom{1}{10}$	$\binom{1.1}{9}$	$\binom{1.21}{10}$	$\binom{1.331}{9}$
4	$\binom{1}{10}$	$\binom{1.1}{9}$	$\binom{1.21}{10}$	$\binom{1.331}{11}$
5	$\binom{1}{10}$	$\binom{1.1}{11}$	$\binom{1.21}{10}$	$\binom{1.331}{9}$
6	$\binom{1}{10}$	$\binom{1.1}{11}$	$\binom{1.21}{10}$	$\binom{1.331}{11}$
7	$\binom{1}{10}$	$\binom{1.1}{11}$	$\binom{1.21}{12}$	$\binom{1.331}{11}$
8	$\binom{1}{10}$	$\binom{1.1}{11}$	$\binom{1.21}{12}$	$\binom{1.331}{13}$

Zeigen Sie, dass die natürliche Filtration dieses Beispiels mit der Filtration aus Beispiel 3.26 übereinstimmt.

Beispiel 3.28. (Binomialbäume) Betrachten Sie folgendes Baummodell

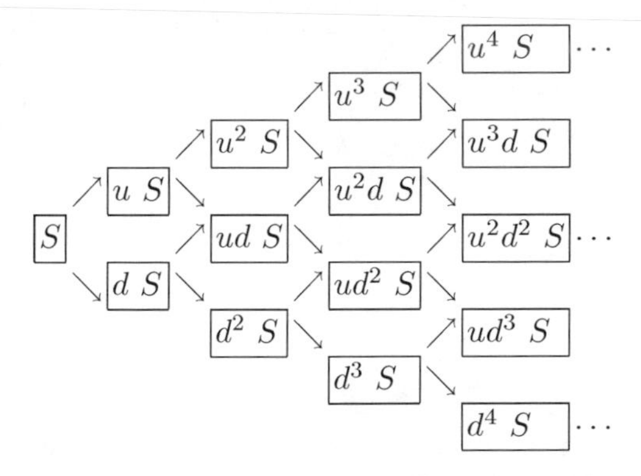

Zu Beginn habe eine Aktie den Kurswert S. Zum ersten Zeitpunkt $t = 1$ kann sich der Kurswert entweder zu $u \cdot S$ oder zu $d \cdot S$ verändern, wobei wir $u > d$ voraussetzen. Besitzt der Kurs zum Zeitpunkt $t = 1$ den Wert $u \cdot S$, so kann die Aktie zum Zeitpunkt $t = 2$ entweder die Werte $u \cdot (u \cdot S) = u^2 S$ oder $d \cdot (u \cdot S) = du \cdot S$ annehmen. Besitzt der Kurs zum Zeitpunkt $t = 1$ dagegen den Wert $d \cdot S$, so kann die Aktie zum Zeitpunkt $t = 2$ entweder den Wert $u \cdot (d \cdot S) = ud \cdot S$ oder den Wert $d \cdot (d \cdot S) = d^2 S$ annehmen. Wegen $ud = du$ *rekombiniert* dieser Baum, d.h. die möglichen $t + 1$ Kurswerte zu einem Zeitpunkt $t \in \{0, \ldots, T\}$ lauten $u^{t-j}d^jS$, $j = 0, \ldots, t$. Speziell zum Endzeitpunkt $t = T$ erhalten wir die $T+1$ verschiedene Kurse $u^{T-j}d^jS$, $j = 0, \ldots, T$.

Die 2^T möglichen Pfade sind durch

$$(S, S \cdot \varepsilon_1, S \cdot \varepsilon_1\varepsilon_2, \ldots, S \cdot \varepsilon_1 \cdot \cdots \cdot \varepsilon_T)$$

charakterisiert, wobei $\varepsilon_i \in \{u, d\}$ für alle $i = 1, \ldots, T$. Hier gilt für ein $\omega = (S, S \cdot \varepsilon_1, S \cdot \varepsilon_1\varepsilon_2, \ldots, S \cdot \varepsilon_1 \cdot \cdots \cdot \varepsilon_T)$

$$S_t(\omega) = S \cdot \varepsilon_1 \cdot \cdots \cdot \varepsilon_t$$

Äquivalent dazu können wir den zugehörigen Zustandsraum definieren durch

$$\Omega = \{(\varepsilon_1, \ldots, \varepsilon_T) \,|\, \varepsilon_i \in \{u, d\} \text{ für alle } i = 1, \ldots, T\}.$$

△

Beispiel 3.29. Betrachten Sie die 4 Pfade eines Preisprozesses $S(j) : \{0, 1, 2\} \to \mathbb{R}$ für $j = 1, \ldots, 4$. Es gilt also $N = 1$, $T = 2$ und $K = 4$. $S(j)$ besitzt die Werte

j	$S_0(j)$	$S_1(j)$	$S_2(j)$
1	4	5	6
2	4	5	4
3	4	3	4
4	4	3	2

Dies entspricht einem Zustandsraum Ω mit den vier Elementarereignissen:

$$\begin{aligned}\omega_1 &= (4, 5, 6)\\ \omega_2 &= (4, 5, 4)\\ \omega_3 &= (4, 3, 4)\\ \omega_4 &= (4, 3, 2).\end{aligned}$$

Dann gilt $c_0 = 4$, denn $A(4) = \{\omega \in \Omega \,|\omega(0) = 4\} = \Omega$, also $\mathcal{P}_0 = \{\Omega\}$. Weiter gilt für $c_1 = 5$

$$A(4, 5) = \{\omega \in \Omega \,|\omega(0) = 4,\ \omega(1) = 5\} = \{\omega_1, \omega_2\}$$

und für $c_1 = 3$

$$A(4, 3) = \{\omega \in \Omega \,|\omega(0) = 4,\ \omega(1) = 3\} = \{\omega_3, \omega_4\}.$$

Damit folgt $\mathcal{P}_1 = \{\{\omega_1, \omega_2\}, \{\omega_3, \omega_4\}\}$.

Schließlich gilt

$$A(4, 5, 6) = \{\omega \in \Omega \,|\omega(0) = 4,\ \omega(1) = 5,\ \omega(2) = 6\} = \{\omega_1\}$$

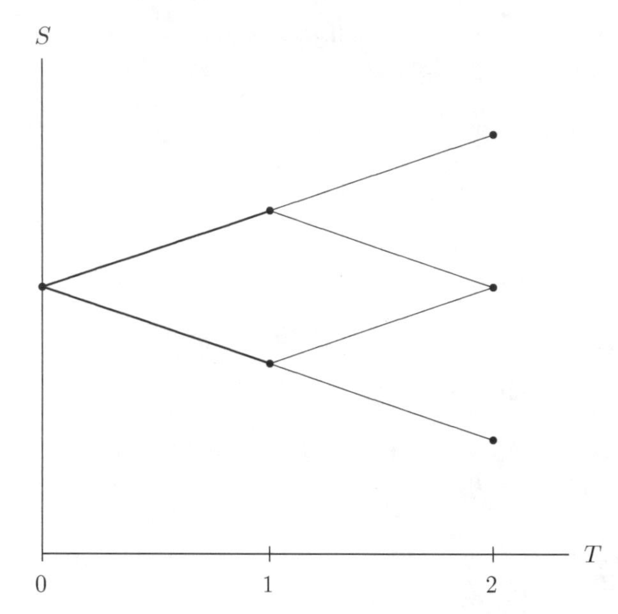

Abb. 3.7. Erzeugung einer Algebra mit Hilfe von Pfaden

und analog $A(4,5,4) = \{\omega_2\}$, $A(4,3,4) = \{\omega_3\}$ und $A(4,3,2) = \{\omega_4\}$, also $\mathcal{P}_2 = \{\{\omega_1\}, \{\omega_2\}, \{\omega_3\}, \{\omega_4\}\}$. Direkt abzulesen ist ferner $\mathcal{P}_0 \prec \mathcal{P}_1 \prec \mathcal{P}_2$.

Zu beachten ist, dass in diesem Beispiel gilt

$$\omega_2(2) = \omega_3(2) = 4.$$

Die Kurse von Pfad ω_2 und ω_3 stimmen zum Zeitpunkt $t = 2$ überein, aber dennoch gilt $\omega_2 \neq \omega_3$. Verschiedene Pfade können also durchaus zu gewissen Zeitpunkten, insbesondere zum Endzeitpunkt T, identische Kurswerte besitzen. $\triangle$

Aufgabe 3.8. Konstruieren Sie für $T = 3$ sowie für festes S, u und d explizit den Raum Ω aller Pfade eines Binomialbaum-Modells und spezifizieren Sie die zugehörige natürliche Filtration.

Neben den Kursen von Wertpapieren wird im folgenden auch die Modellierung von Dividenden in das Marktmodell aufgenommen.

3.3 Das Marktmodell

Notation Wir werden im folgenden wieder Skalarprodukte, bei denen über Finanzinstrumente summiert wird, mit einem Punkt $\cdot$ schreiben, während wir für Skalarprodukte, bei denen über Zustände summiert wird, die Klammer $\langle \cdot, \cdot \rangle$ verwenden.

Bei der Modellierung von Wertpapiermärkten werden wir berücksichtigen, dass Wertpapiere *Dividenden* auszahlen können. Kauft ein Investor Aktien, so überlässt er dem entsprechenden Aktienunternehmen Kapital, welches das Unternehmen für Investitionen nutzen kann. Der Investor hofft, dass die Investitionen zu steigenden Gewinnen des Unternehmens führen und damit zu einer Steigerung des Wertes der Aktiengesellschaft. Dies sollte sich – so die Hoffnung – in steigenden Kursen niederschlagen. Auf diese Weise partizipiert der Investor an Unternehmensgewinnen. Hält der Investor jedoch seine Aktien, so wird seine Partizipation nicht realisiert, sondern ist im gestiegenen Aktienkurs potentiell enthalten. Durch die Auszahlung von Dividenden fließt Kapital vom Unternehmen an den Aktionär zurück. In Deutschland zahlen Aktiengesellschaften in der Regel einmal im Jahr Dividenden aus. Ihre Höhe wird auf den Hauptversammlungen beschlossen und richtet sich häufig nach den Unternehmenserfolgen.

Wir werden im folgenden modellieren, dass jedes Wertpapier potentiell Dividenden auszahlen kann. Werden sie für ein Finanzinstrument nicht gezahlt, so entspricht dies einer Dividende im Wert von Null.

Definition 3.30. *Ein* ***Marktmodell*** *ist ein Tupel* $((S, \delta), \mathcal{F})$. *Dabei ist* $\mathcal{F} := (\mathcal{F}_t)_{t \in \{0,\dots,T\}}$ *eine Filtration, und das Tupel* $(S, \delta) = (S_t, \delta_t)_{t \in \{0,\dots,T\}}$ *besteht aus einem an* $\mathcal{F}$ *adaptierten* ***Preisprozess*** $S_t = (S_t^1, \dots, S_t^N)$ *und aus einem an* $\mathcal{F}$ *adaptierten* ***Dividendenprozess*** $\delta_t = (\delta_t^1, \dots, \delta_t^N)$. *Dabei bezeichnet* δ_t^i *die Dividende, die vom* i*-ten Wertpapier zum Zeitpunkt* t *ausgezahlt wird.* S_t^i *bezeichnet den* ex-dividend *Preis dieses Wertpapiers zum Zeitpunkt* t. *Dies bedeutet, dass das Wertpapier* i *zum Zeitpunkt* t *nach Auszahlung der Dividende* δ_t^i *zum Preis von* S_t^i *am Markt erhältlich ist. Zur Vereinfachung der Notation setzen wir*

$$S_t^\delta := S_t + \delta_t.$$

Die S_t^δ *werden auch* cum-dividend *Kurse genannt.*

Definition 3.31. *Ein stochastischer Prozess* $X = (X_t)_{t \in \{0,\dots,T\}}$ *heißt* ***vorhersehbar****, wenn gilt*

$$X_0 \text{ ist } \mathcal{F}_0\text{-messbar, also konstant,}$$

und

$$X_t \text{ ist } \mathcal{F}_{t-1}\text{-messbar für } t = 1, \dots, T.$$

Da jede $\mathcal{F}_{t-1}$-messbare Funktion insbesondere $\mathcal{F}_t$-messbar ist, sind vorhersehbare Prozesse adaptiert.

Definition 3.32. *Eine* ***Handelsstrategie*** $h = (h_t^1, \dots, h_t^N)_{t \in \{0,\dots,T\}}$ *ist ein vorhersehbarer,* $\mathbb{R}^N$*-wertiger stochastischer Prozess. Dabei repräsentiert* h_t *die Zusammensetzung des Wertpapierportfolios zwischen dem Zeitpunkt* $t-1$ *nach dem Handeln und dem Zeitpunkt* t *vor dem Handeln.*

Dies bedeutet, dass die Positionen h_t des Portfolios auf Grund der Informationen zum Zeitpunkt $t-1$ festgelegt und bis zum Zeitpunkt t gehalten werden.

Die Darstellung der zeitlichen Entwicklung eines Portfolios lässt sich übersichtlich darstellen, wenn jedem Zeitpunkt t die beiden Zustände

t_-	Zeitpunkt t vor dem Handeln und vor Dividendenzahlungen
t_+	Zeitpunkt t nach dem Handeln und nach Dividendenzahlungen

zugeordnet werden. Der zeitliche Verlauf der Wertentwicklung eines Portfolios lässt sich nun folgendermaßen darstellen. Zu Beginn, also zum Zeitpunkt 0_- vor dem ersten Handeln, verfügt das Portfolio über ein Anfangskapital $h_0 \cdot S_0^\delta =: V_0(h)$, das auch gleich Null sein kann. Nun werden die Dividenden δ_0 ausgezahlt, und anschließend wird zum ersten Mal gehandelt. Das Portfolio verfügt jetzt, zum Zeitpunkt 0_+, über die Zusammensetzung h_1 und besitzt den Wert $h_1 \cdot S_0$. Die Zusammensetzung h_1 des Portfolios bleibt vom Zeitpunkt 0_+ bis zum Zeitpunkt 1_- konstant. Zum Zeitpunkt 1_- werden die Kurse S_1^δ realisiert, und das Portfolio verfügt dann über den Wert $h_1 \cdot S_1^\delta$. Nun zahlen die Wertpapiere die Dividenden δ_1 aus, und die Preise der Wertpapiere betragen anschließend S_1. Die Positionen des Portfolios werden dann, zum Zeitpunkt 1_+, in h_2 verändert, so dass das Portfolio jetzt den Wert $h_2 \cdot S_1$ besitzt. Dies setzt sich fort, bis der Endzeitpunkt T im Zustand T_- erreicht wird. Das Portfolio besitzt schließlich den Endwert $h_T \cdot S_T^\delta$, siehe Abb. 3.8.

t	0_-	0_+		1_-	1_+				T_-
Portfolio-wert	$h_0 \cdot S_0^\delta$	$h_1 \cdot S_0$	$\longrightarrow$	$h_1 \cdot S_1^\delta$	$h_2 \cdot S_1$	$\longrightarrow$	$\cdots$	$\longrightarrow$	$h_T \cdot S_T^\delta$

Abb. 3.8. Veranschaulichung der Wertentwicklung eines Portfolios

Definition 3.33. *Sei $((S,\delta),\mathcal{F})$ ein Marktmodell. Der durch $(S_t,\delta_t)_{t\in\{0,\ldots,T\}}$ und eine Handelsstrategie $(h_t)_{t\in\{0,\ldots,T\}}$ definierte* ***Wertprozess*** *$V(h)$ ist gegeben durch*

$$V_t(h) := h_t \cdot S_t^\delta$$

für alle $t=0,\ldots,T$. Entsprechend wird der ***Investitionsprozess*** *$I(h)$ definiert durch*

$$I_t(h) := h_{t+1} \cdot S_t$$

für alle $t=1,\ldots,T$, wobei $h_{T+1} := 0$ gesetzt wird. Es gilt also stets $I_T(h)=0$.

Die Zustandsvariable $V_t(h)$ bezeichnet also zu jedem Zeitpunkt t den Wert des Portfolios h *vor* dem Handeln. Insbesondere ist $V_0(h) = h_0 \cdot S_0^\delta$ somit das oben bereits definierte Anfangskapital vor dem ersten Handeln, und

$V_T(h) = h_T \cdot S_T^\delta$ ist der Endwert des Portfolios zum Endzeitpunkt T. Dagegen kennzeichnet $I_t(h)$ für jeden Zeitpunkt das zu Beginn der Periode von t_+ bis $(t+1)_-$ investierte Kapital. Zum Endzeitpunkt T wird nichts mehr investiert, also ist $I_T(h) = 0$.

Wir betrachten nun für jeden Zeitpunkt $0 \leq t \leq T$ die Differenz

$$\begin{aligned} L_t(h) &:= V_t(h) - I_t(h) \\ &= h_t \cdot S_t^\delta - h_{t+1} \cdot S_t \end{aligned}$$

des Portfoliowertes vor und nach dem Handeln zu diesem Zeitpunkt. Ist diese Differenz gleich Null, so wird der gesamte, zum Zeitpunkt t_- vorhandene Wert $V_t(h) = h_t \cdot S_t^\delta$ des Portfolios zum Zeitpunkt t_+ als $I_t(h) = h_{t+1} \cdot S_t$ reinvestiert. Gilt $L_t(h) > 0$, so wird dem Portfolio zum Zeitpunkt t dieser Differenzbetrag entnommen, beispielsweise als Gebühr im Rahmen eines Fondsmanagements oder als Dividendenausschüttung. Gilt dagegen $L_t(h) < 0$, so wird dem Portfolio zum Zeitpunkt t Kapital zugeführt, etwa durch Kundengelder zum Erwerb von Fondsanteilen. Wegen $h_{T+1} = 0$ folgt $I_T(h) = 0$, also $L_T(h) = V_T(h)$.

Für alle $t \in \{0, \ldots, T\}$ gilt

$$L_t(h) = h_t \cdot \delta_t + (h_t - h_{t+1}) \cdot S_t.$$

Der Wert von $L_t(h)$ setzt sich also zusammen aus den Dividendenzahlungen $h_t \cdot \delta_t$ des Portfolios plus den durch Handelsaktivitäten verursachten Umschichtungskosten $(h_t - h_{t+1}) \cdot S_t$ zum Zeitpunkt t. Nehmen wir beispielsweise an, dass die Portfoliozusammensetzung zum Zeitpunkt t nicht verändert wird, dass also $h_t = h_{t+1}$ gilt, so ist $L_t(h) = h_t \cdot \delta_t$, und dies ist der zum Zeitpunkt t ausgeschüttete Dividendenertrag.

Werden zum Zeitpunkt t Dividenden gezahlt, gilt aber $L_t(h) = 0$, so bedeutet dies, dass alle ausgeschütteten Dividenden für die kommende Handelsperiode $(t, t+1)$ reinvestiert werden.

Definition 3.34. *Sei $\mathcal{F}$ eine Filtration. Wir bezeichnen den Vektorraum aller $\mathbb{R}^n$-wertigen, an $\mathcal{F}$ adaptierten stochastischen Prozesse mit $\mathcal{W}_n$,*

$$\mathcal{W}_n := \{X \,|\, X \text{ stochastischer, } \mathbb{R}^n\text{-wertiger, an } \mathcal{F} \text{ adaptierter Prozess}\}.$$

Den Vektorraum aller $\mathbb{R}^n$-wertigen, bezüglich $\mathcal{F}$ vorhersehbaren stochastischen Prozesse bezeichnen wir mit $\mathcal{H}_n$,

$$\mathcal{H}_n := \{h \,|\, h \text{ stochastischer, } \mathbb{R}^n\text{-wertiger Prozess, } h \text{ vorhersehbar bezüglich } \mathcal{F}\}.$$

Wir setzen $\mathcal{W} := \mathcal{W}_1$ und $\mathcal{H} := \mathcal{H}_1$.

Jeder vorhersehbare Prozess ist adaptiert, daher ist $\mathcal{H}_n \subset \mathcal{W}_n$ ein Untervektorraum von $\mathcal{W}_n$.

Aufgabe 3.9. Machen Sie sich klar, dass $\mathcal{W}_n$ und $\mathcal{H}_n$ tatsächlich Vektorräume sind.

Da jede Handelsstrategie h vorhersehbar ist, ist $I_t(h) = h_{t+1} \cdot S_t$ $\mathcal{F}_t$-messbar für jedes $t \in \{0, \ldots, T\}$, und der Prozess $I(h)$ ist an $\mathcal{F}$ adaptiert. Da weiter vorhersehbare Prozesse adaptiert sind, ist $V(h)$ ebenfalls adaptiert. Damit ist aber auch $L(h)$ an $\mathcal{F}$ adaptiert. Wir fassen zusammen:

Definition 3.35. *Der durch eine Handelsstrategie h generierte* ***Entnahmeprozess***

$$L : \mathcal{H}_N \to \mathcal{W}$$

wird definiert durch

$$\begin{aligned} L_t(h) &:= V_t(h) - I_t(h) \\ &= h_t \cdot S_t^\delta - h_{t+1} \cdot S_t \end{aligned}$$

für alle $h \in \mathcal{H}_N$ und für alle $t = 0, \ldots, T$. Dabei setzen wir $h_{T+1} := 0$.

Betrachten wir zwei Handelsstrategien $h, g \in \mathcal{H}_N$, dann ist für $\lambda, \mu \in \mathbb{R}$ auch $\lambda h + \mu g \in \mathcal{H}_N$, und es gilt $L(\lambda h + \mu g) = \lambda L(h) + \mu L(g)$. Also ist L eine lineare Abbildung.

Definition 3.36. *Eine Handelsstrategie $h \in \mathcal{H}_N$ heißt* ***selbstfinanzierend,*** *wenn für alle $t = 0, \ldots, T-1$ gilt*

$$L_t(h) = 0.$$

Eine Handelsstrategie h ist also selbstfinanzierend, wenn der Wert $V_t(h) = h_t \cdot S_t^\delta$ des Portfolios zu jedem Zeitpunkt t *vor* dem Handeln mit dem Wert $I_t(h) = h_{t+1} \cdot S_t$ des Portfolios zum Zeitpunkt t *nach* dem Handeln übereinstimmt. Dies bedeutet, dass der gesamte Portfoliowert zu jedem Zeitpunkt $t = 0, \ldots, T-1$ reinvestiert wird. Eine Handelsstrategie ist also selbstfinanzierend, wenn dem Portfolio weder Kapital entzogen noch hinzugefügt wird und wenn alle etwaigen Dividendenerträge reinvestiert werden.

Definition 3.37. *Mit Hilfe des Wertprozesses wird der* ***Profit-Loss-*** *oder* ***Gewinnprozess*** *$G(h) \in \mathcal{W}$ definiert durch*

$$G_0(h) := 0$$

und

$$\begin{aligned} G_t(h) &:= V_t(h) - I_{t-1}(h) \\ &= h_t \cdot S_t^\delta - h_t \cdot S_{t-1} \\ &= h_t \cdot \Delta S_t^\delta, \end{aligned} \tag{3.2}$$

wobei

$$\Delta S_t^\delta := S_t^\delta - S_{t-1} \tag{3.3}$$

für $t = 1, \ldots, T$.

Offenbar ist $G(h)$ ein adaptierter Prozess. $G_t(h) = V_t(h) - I_{t-1}(h)$ beschreibt die durch Kursänderungen verursachte Wertänderung des Portfolios h zwischen dem Zeitpunkt $t-1$ nach dem Handeln und dem Zeitpunkt t vor dem Handeln. G wird optimistisch Gewinnprozess genannt, obwohl natürlich auch Verluste, also negative Wertänderungen, realisiert werden können.

Lemma 3.38. *Für jede Handelsstrategie $h \in \mathcal{H}_N$ gilt*

$$V_t(h) = V_0(h) + \sum_{j=1}^{t} \Delta V_j(h), \tag{3.4}$$

wobei

$$\Delta V_j(h) := V_j(h) - V_{j-1}(h).$$

Beweis. Dies folgt sofort aus

$$V_t(h) - V_0(h) = (V_t(h) - V_{t-1}(h)) + \cdots + (V_1(h) - V_0(h)).$$

□

Die Gesamtdifferenz $V_T(h) - V_0(h)$ der Handelsstrategie h zwischen dem Endzeitpunkt T und dem Anfangszeitpunkt 0 setzt sich also erwartungsgemäß aus der Summe der Wertdifferenzen zwischen benachbarten Zeitpunkten zusammen.

Satz 3.39. *Für alle $t = 1, \ldots, T$ gilt*

$$\Delta V_t(h) = G_t(h) - L_{t-1}(h) \tag{3.5}$$

und

$$V_t(h) = V_0(h) + \sum_{j=1}^{t} G_t(h) - \sum_{j=0}^{t-1} L_j(h). \tag{3.6}$$

Beweis. Der Zusammenhang (3.5) folgt mit (3.2) wegen

$$\begin{aligned} \Delta V_t(h) &= V_t(h) - V_{t-1}(h) \\ &= V_t(h) - I_{t-1}(h) - (V_{t-1}(h) - I_{t-1}(h)) \\ &= G_t(h) - L_{t-1}(h). \end{aligned}$$

Einsetzen in (3.4) liefert (3.6). □

Der Wert $V_t(h)$ einer Handelsstrategie setzt sich also zusammen aus dem Anfangskapital $V_0(h)$ plus der Summe aller durch Kursänderungen erzielten Gewinne $\sum_{j=1}^{t} G_t(h)$ minus der Summe aller Entnahmen $\sum_{j=0}^{t-1} L_j(h)$.

Folgerung 3.40. *Eine Handelsstrategie h_t ist genau dann selbstfinanzierend, wenn gilt*

$$V_t(h) = V_0(h) + \sum_{j=1}^{t} h_j \cdot \Delta S_j^\delta \tag{3.7}$$

für $t = 0, \ldots, T$.

Beweis. Nach Definition 3.36 ist h genau dann selbstfinanzierend, wenn $L_t(h) = 0$ für alle $t = 0, \ldots, T-1$ gilt. In diesem Fall spezialisiert sich (3.6) zu (3.7).

Wird umgekehrt (3.7) vorausgesetzt, so folgt für alle $1 \leq t \leq T$

$$\begin{aligned} V_t(h) - V_{t-1}(h) &= h_t \cdot \left(S_t^\delta - S_{t-1}\right) \\ &= V_t(h) - I_{t-1}(h). \end{aligned}$$

Daraus folgt $V_{t-1}(h) = I_{t-1}(h)$, also $L_{t-1}(h) = 0$. Damit ist aber h als selbstfinanzierend nachgewiesen. □

Angenommen, es gilt $\delta_t = 0$ für alle t. Dann gilt $\Delta S_j^\delta =: \Delta S_j =: S_j - S_{j-1}$ und es ist $\Delta V_j(h) = G_j(h) = h_j \cdot \Delta S_j = h_j \cdot (S_j - S_{j-1})$ sowie

$$\begin{aligned} V_t(h) &= V_0(h) + \sum_{j=1}^{t} h_j \cdot (S_j - S_{j-1}) \\ &= V_0(h) + \sum_{j=1}^{t} h_j \cdot \Delta S_j. \end{aligned} \tag{3.8}$$

In Kapitel 6 werden wir sehen, dass die Darstellung von $V_t(h)$ in (3.8) als diskretes stochastisches Integral interpretiert werden kann.

3.4 Die Bewertung von Auszahlungsprofilen

Die Vorgehensweise zur Bewertung von Derivaten ist analog zur Vorgehensweise im Rahmen der Ein-Perioden-Modelle. Auch in Mehr-Perioden-Modellen sind die Auszahlungen von Derivaten zustandsabhängige Zahlungsströme, und die Bewertungsstrategie besteht darin, diese durch Handelsstrategien nachzubilden. Der Wert einer die Auszahlung replizierenden Handelsstrategie zum Anfangszeitpunkt $t = 0$ wird dann als Preis des Derivats definiert.

Definition 3.41. *Sei $((S, \delta), \mathcal{F})$ ein Marktmodell. Dann bezeichnen wir den Bildraum von L mit*

$$\mathcal{W}_L := \operatorname{Im} L = \{X \in \mathcal{W} \,|\, X = L(h) \text{ für ein } h \in \mathcal{H}_N\} \subset \mathcal{W}.$$

Da L linear ist, ist $\mathcal{W}_L$ ein Untervektorraum von $\mathcal{W}$.

Definition 3.42. *Sei* $((S,\delta),\mathcal{F})$ *ein Marktmodell und sei* $c=(c_0,\ldots,c_T)\in\mathcal{W}$ *ein an* $\mathcal{F}$ *adaptierter reellwertiger Prozess.* c *wird* ***zustandsabhängiges Auszahlungsprofil*** *oder auch einfach* ***Auszahlungsprofil*** *genannt. Die Werte von* c *können als Zahlungen interpretiert werden, die je nach Zeitpunkt und je nach eintretendem Zustand fließen.*

Ein Auszahlungsprofil c *heißt* ***erreichbar*** *oder* ***replizierbar****, falls gilt*

$$c\in\mathcal{W}_L. \tag{3.9}$$

In diesem Fall gibt es ein $h\in\mathcal{H}_N$ *mit* $L(h)=c$*. Wir definieren den Wert*

$$V_0(h)=h_0\cdot S_0^\delta$$

als ***Preis von*** c *oder als* ***Wert von*** c *zum Zeitpunkt* 0*, wenn* $V_0(h)$ *unabhängig von der replizierenden Handelsstrategie* $h\in\mathcal{H}_N$ *mit* $L(h)=c$ *ist.*

Wie bei den Ein-Perioden-Modellen kann auch im Rahmen der Mehr-Perioden-Modelle die Situation auftreten, dass ein Auszahlungsprofil nicht replizierbar ist oder dass ein replizierbares Auszahlungsprofil keinen eindeutig bestimmten Preis besitzt. Wir vermeiden diese Schwierigkeiten, indem wir uns in diesem Buch auf replizierbare Auszahlungsprofile und auf arbitragefreie Märkte beschränken. Allgemeinere Situationen werden etwa in Föllmer/Schied [16] und in Pliska [45] behandelt.

Beispiel 3.43. Wir spezialisieren die Mehr-Perioden-Modelle nun auf den Ein-Perioden-Fall. Dies bedeutet $T=1$, und es gilt

$$\begin{aligned}L_0(h)&=V_0(h)-I_0(h)\\&=h_0\cdot S_0^\delta-h_1\cdot S_0\in\mathbb{R},\end{aligned}$$

sowie

$$\begin{aligned}L_1(h)&=h_1\cdot S_1^\delta\\&=\left(h_1\cdot S_1^\delta(\omega_1),\ldots,h_1\cdot S_1^\delta(\omega_K)\right)\in\mathbb{R}^K.\end{aligned}$$

Damit kann der Entnahmeprozess $L(h)$ geschrieben werden als

$$\begin{aligned}L(h)&=(L_0(h),L_1(h))\\&=\left(h_0\cdot S_0^\delta-h_1\cdot S_0,h_1\cdot S_1^\delta(\omega_1),\ldots,h_1\cdot S_1^\delta(\omega_K)\right)\in\mathbb{R}\times\mathbb{R}^K\cong\mathcal{W}.\end{aligned}$$

Sei ein Auszahlungsprofil $c=(c_0,c_1)\in\mathbb{R}\times\mathbb{R}^K\cong\mathcal{W}$ vorgegeben. Dann ist c replizierbar, wenn es eine Handelsstrategie $h=(h_0,h_1)\in\mathbb{R}^N\times\mathbb{R}^N\cong\mathcal{H}_N$ gibt, mit $c=L(h)$, also mit

$$c_0=L_0(h)=h_0\cdot S_0^\delta-h_1\cdot S_0$$

und mit

$$c_1 = L_1(h) = h_1 \cdot S_1^\delta.$$

Ist h selbstfinanzierend, so gilt $c_0 = L_0(h) = 0$. Zur Bewertung eines Auszahlungsprofils $c = (0, c_1) \cong c_1 \in \mathbb{R}^K$ wird daher ein Portfolio $h_1 \in \mathbb{R}^N$ gesucht, welches die Eigenschaft

$$c_1 = h_1 \cdot S_1^\delta$$

besitzt. Wegen $0 = L_0(h) = V_0 - h_1 \cdot S_0$ beträgt der Wert von c_1 zum Zeitpunkt $t = 0$ gerade

$$V_0 = h_1 \cdot S_0,$$

und wir erhalten die vertraute Situation aus Kapitel 1. Insbesondere spielt es keine Rolle, in welcher Höhe in den Aktienkursen zum Zeitpunkt 1 Dividenden enthalten sind, wichtig ist nur der Gesamtwert S_1^δ. △

Wir werden sehen, dass das Auffinden replizierender Handelsstrategien in Mehr-Perioden-Modellen auf die Bestimmung von replizierenden Portfolios in Ein-Perioden-Modellen zurückgeführt werden kann. Dazu schränken wir Handelsstrategien auf Ein-Perioden-Teilmodelle ein.

3.4.1 Lokalisierung

Seien $t \in \{1, \ldots, T\}$ und $A_{t-1} \in \mathcal{Z}(\mathcal{F}_{t-1})$ beliebig. Sei weiter $\theta \in \mathbb{R}^N$ beliebig. Wir definieren eine vorhersehbare Handelsstrategie h durch

$$h_s := \begin{cases} \theta \mathbf{1}_{A_{t-1}} & \text{für } s = t \\ 0 & \text{sonst} \end{cases}. \tag{3.10}$$

Mit Definition 3.35 des Entnahmeprozesses $L(h)$ gilt

$$L_s(h) = \begin{cases} -I_{t-1}(h) = -h_t \cdot S_{t-1} = -(\theta \cdot S_{t-1}) \mathbf{1}_{A_{t-1}} & \text{für} \quad s = t-1 \\ V_t(h) = h_t \cdot S_t^\delta = (\theta \cdot S_t^\delta) \mathbf{1}_{A_{t-1}} & \text{für} \quad s = t \\ 0 & \text{sonst.} \end{cases} \tag{3.11}$$

Der auf diese Weise definierte Entnahmeprozess $L(h)$ besitzt also nur für die beiden Zeitpunkte $t-1$ und t sowie nur für $\omega \in A_{t-1}$ von Null verschiedene Werte. Wir sagen, der Entnahmeprozess wird auf $[t-1, t] \times A_{t-1}$ **lokalisiert**.

3.4.2 Ein-Perioden-Teilmodelle

Nun definieren wir

$$b := S_{t-1}(A_{t-1}) \in \mathbb{R}^N.$$

Sei weiter $A_{t1}, \ldots, A_{tk} \in \mathcal{Z}(\mathcal{F}_t)$ eine Aufzählung von denjenigen Elementen aus $\mathcal{Z}(\mathcal{F}_t)$, in die A_{t-1} zum Zeitpunkt t zerfällt. Es gilt also $A_{t1} \cup \cdots \cup A_{tk} = A_{t-1}$. Dann definieren wir eine $N \times k$-Matrix D durch

$$D_{ij} := S_t^{\delta i}(A_{tj}) \text{ für } i = 1, \ldots, N \text{ und } j = 1, \ldots, k.$$

Das auf diese Weise erhaltene Ein-Perioden-Modell wird mit $(b, D)_{A_{t-1}}$ bezeichnet und *Ein-Perioden-Teilmodell* des Mehr-Perioden-Modells $((S, \delta), \mathcal{F})$ im Knoten A_{t-1} genannt.

3.4.3 Konstruktion einer replizierenden Handelsstrategie

Wie bei den Ein-Perioden-Modellen sind auch im Kontext der Mehrperioden-Modelle in der Regel nicht alle vorgegebenen Auszahlungsprofile replizierbar. Sollten in einem Mehr-Perioden-Modell alle Auszahlungsprofile replizierbar sein, so nennen wir das Modell wie im Ein-Perioden-Fall vollständig.

Definition 3.44. *Ein Mehr-Perioden-Modell $((S, \delta), \mathcal{F})$ wird* ***vollständig*** *genannt, wenn jedes zustandsabhängige Auszahlungsprofil $c \in \mathcal{W}$ durch eine Handelsstrategie $h \in \mathcal{H}_N$ repliziert werden kann. Dies ist gleichbedeutend mit*

$$\operatorname{Im} L = \mathcal{W}.$$

Satz 3.45. *Ein Mehr-Perioden-Modell $((S, \delta), \mathcal{F})$ ist genau dann vollständig, wenn jedes Ein-Perioden-Teilmodell vollständig ist.*

Beweis. Sei $c = (c_0, \ldots, c_T) \in \mathcal{W}$ eine beliebige zustandsabhängige Auszahlung, und sei jedes Ein-Perioden-Teilmodell eines vorgegebenen Mehr-Perioden-Modells $((S, \delta), \mathcal{F})$ vollständig.

Wir beginnen beim Endzeitpunkt T. Zu einem beliebigen Knoten $A_{T-1} \in \mathcal{Z}(\mathcal{F}_{T-1})$ existieren $A_{T1}, \ldots, A_{Tk} \in \mathcal{Z}(\mathcal{F}_T)$ mit $A_{T1} \cup \cdots \cup A_{Tk} = A_{T-1}$, und wir betrachten das zugehörige Ein-Perioden-Teilmodell $(b, D)_{A_{T-1}} \in \mathbb{R}^N \times M_{N \times k}(\mathbb{R})$. Die zu diesem Teilmodell gehörende Auszahlung $c_{T-1,T}(A_{T-1}) \in \mathbb{R}^k$ definieren wir als

$$c_{T-1,T}(A_{T-1}) := (c_T(A_{T1}), \ldots, c_T(A_{Tk})).$$

Nach Voraussetzung ist $(b, D)_{A_{T-1}}$ vollständig, und so existiert ein Portfoliovektor $h_T(A_{T-1}) \in \mathbb{R}^N$ mit der Eigenschaft

$$D^\top h_T(A_{T-1}) = c_{T-1,T}(A_{T-1}).$$

Der Wert von $c_{T-1,T}(A_{T-1})$ zum Zeitpunkt $T-1$ im Knoten A_{T-1} beträgt

$$h_T(A_{T-1}) \cdot b \in \mathbb{R}.$$

Da zum Zeitpunkt $T-1$ im Knoten A_{T-1} der Betrag $c_{T-1}(A_{T-1})$ der Handelsstrategie entnommen werden soll, lautet der zum Zeitpunkt $T-1$ im Knoten A_{T-1} zu replizierende Wert

$$z_{T-1}(A_{T-1}) := c_{T-1}(A_{T-1}) + h_T(A_{T-1}) \cdot b \in \mathbb{R}.$$

Insgesamt erhalten wir so für jedes $A_{T-1} \in \mathcal{Z}(\mathcal{F}_{T-1})$ einen zu replizierenden Betrag $z_{T-1}(A_{T-1}) \in \mathbb{R}$. Können wir zum Zeitpunkt $T-1$ jedes $z_{T-1}(A_{T-1})$ replizieren, so können wir nach Entnahme von $c_{T-1}(A_{T-1})$ auch jedes $c_T(A_T)$ zum Zeitpunkt T replizieren. Auf diese Weise wurde das Problem, eine zustandsabhängige Auszahlung c_T zum Zeitpunkt T zu replizieren, darauf reduziert, die zustandsabhängige Auszahlung z_{T-1} zum Zeitpunkt $T-1$ zu replizieren.

Der nächste Schritt besteht darin, zu einem beliebigen $A_{T-2} \in \mathcal{Z}(\mathcal{F}_{T-2})$ mit $A_{T-2} = A_{T-1,1} \cup \cdots \cup A_{T-1,k'}$ und $A_{T1}, \ldots, A_{Tk'} \in \mathcal{Z}(\mathcal{F}_{T-1})$ das Ein-Perioden-Teilmodell $(b, D)_{A_{T-2}}$ zu betrachten. Die zu diesem Teilmodell gehörende zustandsabhängige Auszahlung lautet

$$z_{T-2,T-1}(A_{T-2}) := (z_{T-1}(A_{T-1,1}), \ldots, z_{T-1}(A_{T-1,k'})) \in \mathbb{R}^{k'}.$$

Da $(b, D)_{A_{T-2}}$ nach Voraussetzung vollständig ist, existiert ein Portfoliovektor $h_{T-1}(A_{T-2}) \in \mathbb{R}^N$ mit

$$D^\top h_{T-1}(A_{T-2}) = z_{T-2,T-1}(A_{T-2}).$$

Der Wert dieses Portfolios beträgt zum Zeitpunkt $T-2$ im Knoten A_{T-2}

$$h_{T-2}(A_{T-2}) \cdot b \in \mathbb{R}.$$

Da der Handelsstrategie zum Zeitpunkt $T-2$ im Knoten A_{T-2} der Betrag $c_{T-2}(A_{T-2})$ entnommen werden soll, beträgt der zum Zeitpunkt $T-2$ im Knoten A_{T-2} zu replizierende Betrag

$$z_{T-2}(A_{T-2}) := c_{T-2}(A_{T-2}) + h_{T-2}(A_{T-2}) \cdot b \in \mathbb{R}.$$

Insgesamt erhalten wir auf diese Weise für jeden Knoten $A_{T-2} \in \mathcal{Z}(\mathcal{F}_{T-2})$ einen zu replizierenden Wert $z_{T-2}(A_{T-2}) \in \mathbb{R}$.

Dieses Verfahren wird rekursiv bis zum Zeitpunkt $t = 0$ fortgesetzt. Für das zugehörige Ein-Perioden-Teilmodell $(b, D)_{A_0}$ wird der Wert $h_1(A_0) \cdot b$ zum Zeitpunkt $t = 0$ erhalten. Wegen $A_0 = \Omega$ gilt $h_1(A_0) = h_1 \in \mathbb{R}^N$, und daher $h_1(A_0) \cdot b = h_1 \cdot S_0$. Daraus ergibt sich der zur Replikation von c benötigte Betrag $V_0(h)$ zum Zeitpunkt $t = 0$ als

$$V_0(h) := c_0 + h_1 \cdot S_0 \in \mathbb{R}.$$

Die verschiedenen Portfoliovektoren der Ein-Perioden-Teilmodelle ergeben zusammengenommen eine replizierende, vorhersehbare Handelsstrategie $h \in \mathcal{H}_N$ für die Auszahlung $c \in \mathcal{W}$. Da c beliebig war, ist $((S, \delta), \mathcal{F})$ vollständig.

Sei umgekehrt ein Mehr-Perioden-Modell $((S, \delta), \mathcal{F})$ vollständig. Dann folgt daraus durch Lokalisierung sofort die Vollständigkeit jedes Ein-Perioden-Teilmodells. □

Der Beweis von Satz 3.45 beinhaltet ein *konstruktives Verfahren* zum Auffinden einer replizierenden Handelsstrategie für eine vorgegebene zustandsabhängige Auszahlung im Falle der Vollständigkeit des zugrunde liegenden Marktmodells. Wir demonstrieren die Konstruktion einer replizierenden Handelsstrategie für eine Call-Option in einem Zwei-Perioden-Modell.

Beispiel 3.46. Wir betrachten das in Abb. 3.9 dargestellte Modell, dem zwei Finanzinstrumente S^1 und S^2 sowie ein Zustandsraum Ω mit vier Zuständen $\Omega = \{\omega_1, \ldots, \omega_4\}$ zugrunde liegen. Ferner wird

$$A_{11} := \{\omega_1, \omega_2\} \text{ und}$$
$$A_{12} := \{\omega_3, \omega_4\}$$

definiert. Wir stellen uns die Aufgabe, den Wert einer Call-Option auf S^2 mit

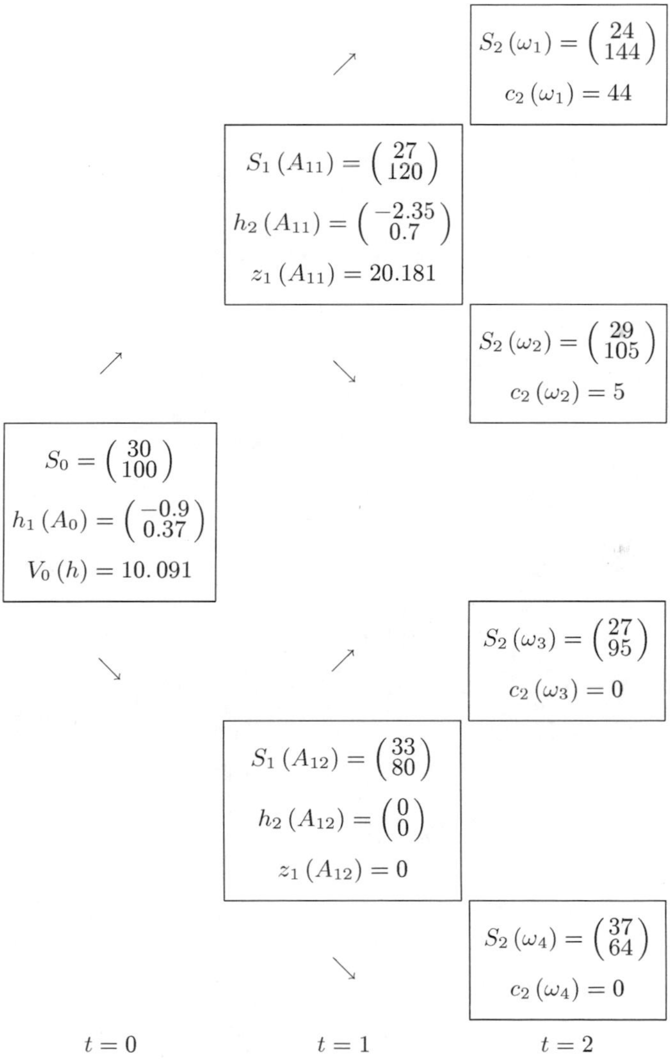

$t = 0$	$t = 1$	$t = 2$
		$S_2(\omega_1) = \binom{24}{144}$, $c_2(\omega_1) = 44$
	$S_1(A_{11}) = \binom{27}{120}$, $h_2(A_{11}) = \binom{-2.35}{0.7}$, $z_1(A_{11}) = 20.181$	
		$S_2(\omega_2) = \binom{29}{105}$, $c_2(\omega_2) = 5$
$S_0 = \binom{30}{100}$, $h_1(A_0) = \binom{-0.9}{0.37}$, $V_0(h) = 10.091$		
		$S_2(\omega_3) = \binom{27}{95}$, $c_2(\omega_3) = 0$
	$S_1(A_{12}) = \binom{33}{80}$, $h_2(A_{12}) = \binom{0}{0}$, $z_1(A_{12}) = 0$	
		$S_2(\omega_4) = \binom{37}{64}$, $c_2(\omega_4) = 0$

Abb. 3.9. Informationsbaum mit 2 Perioden, 4 Zuständen und mit 2 Finanzinstrumenten

Basispreis 100 und Fälligkeit $T = 2$ zu berechnen. In diesem Fall lauten die zustandsabhängigen Endauszahlungen $c_2(\omega_i) = \left(S_2^2(\omega_i) - K\right)^+$ der Option

$$c_2(\omega_1) = (144 - 100)^+ = 44,$$
$$c_2(\omega_2) = (105 - 100)^+ = 5,$$
$$c_2(\omega_3) = (95 - 100)^+ = 0,$$
$$c_2(\omega_4) = (64 - 100)^+ = 0,$$

die ebenfalls bereits in Abb. 3.9 zusammen mit einigen der im folgenden berechneten Werte aufgenommen wurden.

Für das Ein-Perioden-Teilmodell $(b, D)_{A_{11}}$ im Knoten A_{11},

$$(b, D)_{A_{11}} = (S_1(A_{11}), (S_2(\omega_1), S_2(\omega_2))) = \left(\begin{pmatrix} 27 \\ 120 \end{pmatrix}, \begin{pmatrix} 24 & 29 \\ 144 & 105 \end{pmatrix} \right),$$

betrachten wir zunächst das Gleichungssystem

$$D^\top h_2(A_{11}) = \begin{pmatrix} c_2(\omega_1) \\ c_2(\omega_2) \end{pmatrix}, \text{ also}$$
$$\begin{pmatrix} 24 & 144 \\ 29 & 105 \end{pmatrix} \begin{pmatrix} h_{21}(A_{11}) \\ h_{22}(A_{11}) \end{pmatrix} = \begin{pmatrix} 44 \\ 5 \end{pmatrix}$$

und erhalten die eindeutig bestimmte Lösung

$$h_2(A_{11}) = \begin{pmatrix} h_{21}(A_{11}) \\ h_{22}(A_{11}) \end{pmatrix} = \begin{pmatrix} -\frac{325}{138} \\ \frac{289}{414} \end{pmatrix} = \begin{pmatrix} -2.355 \\ 0.698 \end{pmatrix}.$$

Der Wert von $h_2(A_{11})$ zum Zeitpunkt $t = 1$ beträgt damit

$$h_2(A_{11}) \cdot S_1(A_{11}) = \frac{2785}{138} = 20.181.$$

Da im Knoten A_{11} keine Entnahme stattfindet, gilt $z_1(A_{11}) = h_2(A_{11}) \cdot S_1(A_{11})$.

Für das nächste Ein-Perioden-Teilmodell $(b, D)_{A_{12}}$ im Knoten A_{12},

$$(b, D)_{A_{12}} = (S_1(A_{12}), (S_2(\omega_3), S_2(\omega_4))) = \left(\begin{pmatrix} 33 \\ 80 \end{pmatrix}, \begin{pmatrix} 27 & 37 \\ 95 & 64 \end{pmatrix} \right),$$

betrachten wir entsprechend das Gleichungssystem

$$D^\top h_2(A_{12}) = \begin{pmatrix} c_2(\omega_3) \\ c_2(\omega_4) \end{pmatrix},$$

also

$$\begin{pmatrix} 27 & 95 \\ 37 & 64 \end{pmatrix} \begin{pmatrix} h_{21}(A_{12}) \\ h_{22}(A_{12}) \end{pmatrix} = \begin{pmatrix} 0 \\ 0 \end{pmatrix}$$

und erhalten sofort

$$h_2(A_{12}) = \begin{pmatrix} h_{21}(A_{12}) \\ h_{22}(A_{12}) \end{pmatrix} = \begin{pmatrix} 0 \\ 0 \end{pmatrix}.$$

Der Wert $z_1(A_{12})$ von $h_2(A_{12})$ zum Zeitpunkt $t = 1$ beträgt also

$$z_1(A_{12}) := h_2(A_{12}) \cdot S_1(A_{12}) = 0.$$

Für das verbleibende Ein-Perioden-Teilmodell $(b, D)_{A_0}$ im Knoten A_0,

$$(b, D)_{A_0} = (S_0, (S_1(A_{11}), S_1(A_{12}))) = \left(\begin{pmatrix} 30 \\ 100 \end{pmatrix}, \begin{pmatrix} 27 & 33 \\ 120 & 80 \end{pmatrix} \right),$$

betrachten wir schließlich das Gleichungssystem

$$D^\top h_1(A_0) = \begin{pmatrix} z_1(A_{11}) \\ z_1(A_{12}) \end{pmatrix}, \text{ also}$$

$$\begin{pmatrix} 27 & 120 \\ 33 & 80 \end{pmatrix} \begin{pmatrix} h_{11}(A_0) \\ h_{12}(A_0) \end{pmatrix} = \begin{pmatrix} \frac{2785}{138} \\ 0 \end{pmatrix}$$

und erhalten die eindeutig bestimmte Lösung

$$h_1(A_0) = \begin{pmatrix} h_{11}(A_0) \\ h_{12}(A_0) \end{pmatrix} = \begin{pmatrix} -\frac{557}{621} \\ \frac{6127}{16\,560} \end{pmatrix} = \begin{pmatrix} -0.897 \\ 0.370 \end{pmatrix}.$$

Der Wert von $h_1(A_0)$ zum Zeitpunkt $t = 0$ beträgt

$$h_1(A_0) \cdot S_0 = 10.091. \tag{3.12}$$

Da zum Zeitpunkt $t = 0$ keine Entnahme stattfindet, lautet der Wert $V_0(h)$ der die Call-Option replizierenden Handelsstrategie 10.091 Währungseinheiten.

Für diesen Betrag $V_0(h) = 10.091$ kann zum Zeitpunkt $t = 0$ das Portfolio $h_1(A_0) = \begin{pmatrix} -0.897 \\ 0.370 \end{pmatrix}$ gekauft werden. Tritt nun zum Zeitpunkt $t = 1$ beispielsweise der Zustand A_{12} ein, so besitzt das Portfolio den Wert $h_1(A_0) \cdot S_1(A_{12}) = 0$. Nun wird das Portfolio aufgelöst und keine Investition mehr getätigt, was $h_2(A_{12}) = \begin{pmatrix} 0 \\ 0 \end{pmatrix}$ entspricht. In jedem der beiden von A_{12} aus möglichen Endzustände ω_3 und ω_4 besitzt das Portfolio zum Endzeitpunkt $t = 2$ dann ebenfalls den Wert 0.

Tritt dagegen zum Zeitpunkt $t = 1$ der Zustand A_{11} ein, so beträgt der Wert des Portfolios $h_1(A_0) \cdot S_1(A_{11}) = 20.181$. In diesem Fall wird das Portfolio für die nächste Periode $[1, 2]$ umgeschichtet in $h_2(A_{11}) = \begin{pmatrix} -2.355 \\ 0.698 \end{pmatrix}$. Dies ist aus Portfoliomitteln möglich, da gerade $h_2(A_{11}) \cdot S_1(A_{11}) = 20.181$ gilt.

Tritt nun Zustand ω_1 ein, so besitzt das Portfolio den Wert $h_2(A_{11}) \cdot S_2(\omega_1) = 44$. Tritt dagegen der Zustand ω_2 ein, so besitzt das Portfolio den Wert $h_2(A_{12}) \cdot S_2(\omega_2) = 5$.

Wird die Call-Option also für 20.181 Währungseinheiten verkauft und wird für dieses Kapital das Portfolio $h_1(A_0)$ zum Zeitpunkt $t = 0$ gekauft und je nach eintretendem Zustand zum Zeitpunkt $t = 1$ wie oben dargestellt umgeschichtet, so wird die Auszahlung der Call-Option exakt repliziert. Die auf diese Weise erzeugte Handelsstrategie $h = (h_1(A_0), h_2(A_{11}), h_2(A_{12}))$ ist offenbar vorhersehbar und selbstfinanzierend. Zum Zeitpunkt $t = 0$ kostet sie 20.181 Währungseinheiten und verfügt über das gleiche Auszahlungsprofil wie die zu bewertende Option. Damit können sämtliche Risiken, die durch den Verkauf der Option entstehen, durch die eingenommene Optionsprämie vollständig abgesichert werden. △

3.5 Das Law of One Price

Analog zur Situation bei Ein-Perioden-Modellen ist die im vorangegangenen Abschnitt vorgestellte Bewertungsstrategie nur dann wohldefiniert, wenn die Preise aller rekursiv ermittelten Portfolios nicht von den jeweils replizierenden Portfolios abhängen.

Zunächst definieren wir auf dem Raum $\mathcal{W}$ der adaptierten Prozesse ein Skalarprodukt. Sei $\mathcal{F} = \{\mathcal{F}_t \,|0 \le t \le T\}$ eine Filtration. Für einen an die Filtration $\mathcal{F}$ adaptierten reellwertigen stochastischen Prozess X ist X_t auf jedem Element $A_t \in \mathcal{Z}(\mathcal{F}_t)$, der zu $\mathcal{F}_t$ gehörenden Partition, konstant für alle $0 \le t \le T$. Bezeichnen wir die Anzahl der Elemente von $\mathcal{Z}(\mathcal{F}_t)$ mit k_t, also $k_t := |\mathcal{Z}(\mathcal{F}_t)|$, so gilt mit $\mathcal{Z}(\mathcal{F}_t) = \{A_{t1}, \ldots, A_{tk_t}\}$ zunächst

$$X_t(A_{ti}) =: c_{ti} \in \mathbb{R}$$

für $i = 1, \ldots, k_t$ und daher entsprechend Lemma 3.24

$$\begin{aligned} X_t &= c_{t1}\mathbf{1}_{A_{t1}} + \cdots + c_{tk_t}\mathbf{1}_{A_{tk_t}} \\ &\simeq (c_{t1}, \ldots, c_{tk_t}) \in \mathbb{R}^{k_t}. \end{aligned}$$

Jede $\mathcal{F}_t$-messbare Abbildung $X_t : \Omega \to \mathbb{R}$ kann also mit einem Vektor $c_t \in \mathbb{R}^{k_t}$ identifiziert werden.

Ein reellwertiger adaptierter stochastischer Prozess $X : \{0, \ldots, T\} \times \Omega \to \mathbb{R}$ entspricht damit einem Element aus $\mathbb{R}^{k_0+\cdots+k_T} = \mathbb{R}^{1+k_1+\cdots+k_{T-1}+K}$, denn wegen $\mathcal{Z}(\mathcal{F}_0) = \{\Omega\}$ gilt $k_0 = |\mathcal{Z}(\mathcal{F}_0)| = 1$, und wegen $\mathcal{Z}(\mathcal{F}_T) = \{\{\omega_1\}, \ldots, \{\omega_K\}\}$ gilt $k_T = |\mathcal{Z}(\mathcal{F}_T)| = K$.

Definition 3.47. *Sei $((S, \delta), \mathcal{F})$ ein Marktmodell. Für beliebige $X, Y \in \mathcal{W}$ mit*

$$X \simeq (X_0(A_0), X_1(A_{11}), \ldots, X_1(A_{1k_1}), \ldots, X_T(A_{T1}), \ldots, X_T(A_{Tk_T}))$$

und

$$Y \simeq (Y_0(A_0), Y_1(A_{11}), \ldots, Y_1(A_{1k_1}), \ldots, Y_T(A_{T1}), \ldots, Y_T(A_{Tk_T}))$$

definieren wir ein Skalarprodukt auf $\mathcal{W}$ *durch*

$$\langle X, Y \rangle := \sum_{t=0}^{T} \langle X_t, Y_t \rangle, \tag{3.13}$$

wobei

$$\begin{aligned}\langle X_t, Y_t \rangle &:= \sum_{A_t \in \mathcal{Z}(\mathcal{F}_t)} X_t(A_t) Y_t(A_t) \\ &= \sum_{j=1}^{k_t} X_t(A_{tj}) Y_t(A_{tj}).\end{aligned}$$

Satz 3.48. *In einem Marktmodell* $((S, \delta), \mathcal{F})$ *gilt das* Law of One Price *genau dann, wenn es einen adaptierten Prozess* ϕ *gibt, so dass der Wert* c_0 *jeder replizierbaren Auszahlung* $c = L(h) \in \mathcal{W}$, $h \in \mathcal{H}_N$, *durch*

$$\begin{aligned}V_0(c) &= \sum_{t=0}^{T} V_0(c_t) \\ &= \sum_{t=0}^{T} \langle \phi_t, c_t \rangle \\ &= \langle \phi, c \rangle\end{aligned} \tag{3.14}$$

gegeben ist. Sei $\Omega = A_0 \supset \cdots \supset A_t$ *für* $A_i \in \mathcal{Z}(\mathcal{F}_i)$, $0 \leq i \leq t \leq T$, *ein beliebiger Informationspfad. Dann ist* ϕ *gegeben durch*

$$\phi_t(A_t) = \psi_0(A_0) \cdot \cdots \cdot \psi_t(A_t), \tag{3.15}$$

wobei $\psi_0(A_0) = 1$ *und wo* $\psi_i(A_i)$ *für* $0 < i \leq t$ *die zugehörige Komponente des Zustandsvektors* $\psi_{i-1,i}(A_{i-1})$ *des Ein-Perioden-Teilmodells* $(b, D)_{A_{i-1}}$ *bezeichnet.*

Beweis. Angenommen, in einem Marktmodell $((S, \delta), \mathcal{F})$ gilt das *Law of One Price.* Dann folgt durch Lokalisierung, dass das *Law of One Price* in jedem Ein-Perioden-Teilmodell gelten muss. In diesem Fall gibt es für jedes $t = 1, \ldots, T$ in jedem Ein-Perioden-Teilmodell $(b, D)_{A_{t-1}} \in \mathbb{R}^N \times M_{N \times k}(\mathbb{R})$, $A_{t-1} \in \mathcal{Z}(\mathcal{F}_{t-1})$ und $A_{t1}, \ldots, A_{tk} \in \mathcal{Z}(\mathcal{F}_t)$ mit $A_{t1} \cup \cdots \cup A_{tk} = A_{t-1}$ einen Vektor

$$\psi_{t-1,t}(A_{t-1}) := (\psi_t(A_{t1}), \ldots, \psi_t(A_{tk}))$$

mit

$$D\psi_{t-1,t}(A_{t-1}) = b.$$

Sei nun $c = (c_0, \ldots, c_T)$ eine replizierbare Auszahlung. Wir betrachten zunächst die Auszahlung $(0, \ldots, 0, c_T)$ und berechnen den Wert $z_{T-1}(A_{T-1})$ von c_T für jeden Knoten $A_{T-1} \in \mathcal{Z}(\mathcal{F}_{T-1})$ zum Zeitpunkt $T-1$

$$z_{T-1}(A_{T-1}) = \sum_{\substack{A_T \in \mathcal{Z}(\mathcal{F}_T) \\ A_T \subset A_{T-1}}} \psi_T(A_T)\, c_T(A_T).$$

Nun berechnen wir für jeden Knoten $A_{T-2} \in \mathcal{Z}(\mathcal{F}_{T-2})$ den Wert $z_{T-2}(A_{T-2})$ von z_{T-1} zum Zeitpunkt $T-2$

$$\begin{aligned} z_{T-2}(A_{T-2}) &= \sum_{\substack{A_{T-1} \in \mathcal{Z}(\mathcal{F}_{T-1}) \\ A_{T-1} \subset A_{T-2}}} \psi_{T-1}(A_{T-1})\, z_{T-1}(A_{T-1}) \\ &= \sum_{\substack{A_t \in \mathcal{Z}(\mathcal{F}_t), T-1 \leq t \leq T \\ A_T \subset A_{T-1} \subset A_{T-2}}} \psi_{T-1}(A_{T-1})\, \psi_T(A_T)\, c_T(A_T). \end{aligned}$$

Induktiv folgt daraus für den Wert $V_0(c_T) := z_0(A_0)$ von c_T zum Zeitpunkt $t = 0$

$$\begin{aligned} V_0(c_T) &= \sum_{\substack{A_t \in \mathcal{Z}(\mathcal{F}_t), 0 \leq t \leq T \\ A_T \subset \cdots \subset A_0}} \psi_0(A_0) \cdot \psi_1(A_1) \cdot \cdots \cdot \psi_T(A_T)\, c_T(A_T) \\ &= \langle \phi_T, c_T \rangle, \end{aligned}$$

wobei wir $\psi_0(A_0) := 1$ und $\phi_T(A_T) = \psi_0(A_0) \cdot \cdots \cdot \psi_T(A_T)$ definieren. Entsprechend erhalten wir für eine replizierbare Auszahlung $(0, \ldots, c_t, \ldots, 0)$, $0 \leq t < T$, den Wert

$$\begin{aligned} V_0(c_t) &= \sum_{\substack{A_i \in \mathcal{Z}(\mathcal{F}_i), 1 \leq i \leq t \\ A_t \subset \cdots \subset A_0}} \psi_0(A_0) \cdot \cdots \cdot \psi_t(A_t)\, c_t(A_t) \\ &= \sum_{\substack{A_i \in \mathcal{Z}(\mathcal{F}_i), 1 \leq i \leq t \\ A_t \subset \cdots \subset A_0}} \phi_t(A_t)\, c_t(A_t) \\ &= \langle \phi_t, c_t \rangle, \end{aligned}$$

wobei wir $\phi_t : \mathcal{Z}(\mathcal{F}_t) \to \mathbb{R}$ durch $\phi_t(A_t) = \psi_0(A_0) \cdot \cdots \cdot \psi_t(A_t)$ definieren. Für den Wert $V_0(c)$ von $c = (c_0, \ldots, c_T)$ erhalten wir damit die Darstellung (3.14) und für ϕ die behauptete Darstellung (3.15). Offenbar ist der durch (3.15) definierte Prozess

$$\phi = (\phi_0, \phi_1, \ldots, \phi_T) = (1, \phi_1, \ldots, \phi_T)$$

an die Filtration $\mathcal{F}$ adaptiert.

Sei nun umgekehrt die Existenz eines adaptierten Prozesses ϕ vorausgesetzt, so dass der Preis c_0 jedes replizierbaren Auszahlungsprofils $c = L(h) \in \mathcal{W}$ durch (3.14) gegeben ist. Wir zeigen, dass in diesem Fall das *Law of One Price* gilt und dass ϕ die Darstellung (3.15) besitzt.

Seien dazu $t \in \{1, \ldots, T\}$ und $A_{t-1} \in \mathcal{Z}(\mathcal{F}_{t-1})$ beliebig. Sei weiter $\theta \in \mathbb{R}^N$ ein beliebiger Vektor. Wir betrachten die auf A_{t-1} lokalisierte Handelsstrategie

$$h_s := \begin{cases} \theta \mathbf{1}_{A_{t-1}} & \text{für } s = t \\ 0 \text{ sonst.} \end{cases}$$

Dann folgt $0 = \langle \phi, L(h) \rangle$, und mit (3.11) erhalten wir

$$\left\langle \phi_{t-1}, (\theta \cdot S_{t-1}) \mathbf{1}_{A_{t-1}} \right\rangle = \left\langle \phi_t, \left(\theta \cdot S_t^\delta\right) \mathbf{1}_{A_{t-1}} \right\rangle .$$

Nun verwenden wir $\phi_{t-1}(A_t) = \phi_{t-1}(A_{t-1})$ für alle $A_t \subset A_{t-1}$. Mit den Definitionen $\psi := \frac{\phi_t}{\phi_{t-1}}(A_t)$, $S_{t-1}(A_{t-1}) =: b$ und $\theta \cdot S_t^\delta(A_t) =: D^\top \theta$ berechnen wir

$$\begin{aligned}
\theta \cdot b &= \theta \cdot S_{t-1}(A_{t-1}) \\
&= (\theta \cdot S_{t-1})(A_{t-1}) = \left\langle \frac{\phi_t}{\phi_{t-1}}, \left(\theta \cdot S_t^\delta\right) \mathbf{1}_{A_{t-1}} \right\rangle \\
&= \sum_{A_t \subset A_{t-1}} \frac{\phi_t}{\phi_{t-1}}(A_t)\, \theta \cdot S_t^\delta(A_t) \\
&= \left\langle \psi, D^\top \theta \right\rangle \\
&= D\psi \cdot \theta .
\end{aligned}$$

Da θ beliebig war, folgt $D\psi = b$. Daraus folgt sowohl, dass in jedem Ein-Perioden-Teilmodell das Law of One Price gilt, als auch iterativ die Darstellung (3.15). □

Wie bei den Ein-Perioden-Modellen interpretieren wir $\langle \phi_t, c_t \rangle$ als verallgemeinerte Diskontierung der zustandsabhängigen Auszahlung c_t auf den Zeitpunkt 0, wobei über die Vorzeichen der Komponenten von ϕ keine Aussage getroffen werden kann. Zusammengefasst ist der Wert eines zustandsabhängigen Zahlungsstroms $c = (c_0, \ldots, c_T)$ zum Zeitpunkt 0 die Summe der auf den Zeitpunkt 0 abdiskontierten zukünftigen zustandsabhängigen Zahlungen c_t, $0 \leq t \leq T$.

Schreiben wir in dem durch die Partitions-Filtration $\mathcal{Z}(\mathcal{F})$ definierten Baum die Komponenten von $\psi_{t-1,t}(A_{t-1}) = (\psi_t(A_{t1}), \ldots, \psi_t(A_{tk}))$ an die Kanten der jeweiligen Ein-Perioden-Teilmodelle $(b, D)_{A_{t-1}} \in \mathbb{R}^N \times M_{N \times k}(\mathbb{R})$, so entspricht $\phi_t(A_t) = \psi_0(A_0) \cdot \cdots \cdot \psi_t(A_t)$ der Multiplikation dieser Kantenwerte längs des eindeutig bestimmten Informationspfads $\Omega = A_0 \supset \cdots \supset A_t$ bis zum Knoten A_t.

3.6 Arbitragefreiheit und der Fundamentalsatz der Preistheorie

Definition 3.49. *Sei $((S,\delta),\mathcal{F})$ ein Marktmodell. Eine Handelsstrategie $h \in \mathcal{H}_N$ heißt **Arbitragegelegenheit**, falls*

$$V_0(h) = 0$$

und

$$L(h) > 0.$$

Dabei bedeutet $L(h) > 0$, dass $L_t(h)(\omega) \geq 0$ gilt für alle $t = 0,\ldots,T$ und für alle $\omega \in \Omega$, und dass $L_{t_0}(h)(\omega_0) > 0$ gilt für wenigstens ein $t_0 \in \{0,\ldots,T\}$ und für wenigstens ein $\omega_0 \in \Omega$. Eine Arbitragegelegenheit ist also eine Handelsstrategie h, bei der zu Beginn kein Kapitaleinsatz erforderlich ist, bei der niemals ein Kapitalzufluss stattfindet und welcher die Chance auf eine positive Kapitalentnahme zu mindestens einem Zeitpunkt in mindestens einem Zustand beinhaltet. Eine Handelsstrategie $h \in \mathcal{H}_N$ ist also genau dann eine Arbitragegelegenheit, wenn $V_0(h) = 0$ gilt und wenn

$$\begin{aligned}\mathbb{R}^{k_0+\cdots+k_T} \ni L(h) = (L_0(h)(A_0), L_1(h)(A_{11}),\ldots,L_1(h)(A_{1k_1}),\ldots,\\ L_T(h)(A_{T1}),\ldots,L_T(h)(A_{Tk_T})) > 0.\end{aligned}$$

Beispiel 3.50. (Spezialisierung auf Ein-Perioden-Modelle) Wir setzen Beispiel 3.43 fort und betrachten den Entnahmeprozess

$$\begin{aligned}L(h) &= (L_0(h), L_1(h))\\ &= \left(V_0(h) - h_1\cdot S_0, h_1\cdot S_1^\delta(\omega_1),\ldots,h_1\cdot S_1^\delta(\omega_K)\right) \in \mathbb{R}\times\mathbb{R}^K.\end{aligned}$$

Setzen wir

$$b := S_0$$

und definieren eine $N\times K$-Matrix D durch

$$D = \begin{pmatrix} S_1^{\delta 1}(\omega_1) & \cdots & S_1^{\delta 1}(\omega_K)\\ \vdots & & \vdots\\ S_1^{\delta N}(\omega_1) & \cdots & S_1^{\delta N}(\omega_K)\end{pmatrix},$$

so gilt

$$D^\top h_1 = \begin{pmatrix} h_1\cdot S_1^\delta(\omega_1)\\ \vdots\\ h_1\cdot S_1^\delta(\omega_K)\end{pmatrix} = h_1\cdot S_1^\delta,$$

und wir erhalten die Darstellung

$$L(h) = \left(V_0(h) - h_1\cdot b, D^\top h_1\right).$$

Eine Arbitragegelegenheit liegt nach Definition genau dann vor, wenn $V_0(h) = 0$ gilt und wenn

$$L(h) = \left(-h_1 \cdot b, D^\top h_1\right) > 0.$$

Also spezialisiert sich die Definition 3.49 von Arbitragegelegenheit im Mehr-Perioden-Modell auf die entsprechende Definition 1.31 im Ein-Perioden-Fall.

△

Gäbe es in einem Marktmodell $((S, \delta), \mathcal{F})$ ein Ein-Perioden-Teilmodell $(b, D)_{A_{t-1}}$ mit einer Arbitragegelegenheit θ, so ließe sich θ zu einer Handelsstrategie h, die außerhalb $(b, D)_{A_{t-1}}$ überall Null ist, ergänzen. Auf diese Weise erhalten wir eine Arbitragegelegenheit h für das Mehr-Perioden-Modell. Ist also ein Mehr-Perioden-Modell $((S, \delta), \mathcal{F})$ arbitragefrei, so auch jedes Ein-Perioden-Teilmodell.

Ist umgekehrt jedes Ein-Perioden-Modell arbitragefrei, so gilt in jedem dieser Modelle das *Law of One Price*. Dann folgt aber aus Satz 3.48 die Darstellung (3.14) für den Anfangswert $V_0(h)$ eines Entnahmeprozesses $L(h)$, wobei der zugehörige Prozess ϕ nach (3.15) strikt positiv ist. Aus $\phi \gg 0$ folgt aber für jeden positiven Entnahmeprozess $L(h) > 0$ die Eigenschaft $\langle \phi, L(h) \rangle > 0$, also ist das Marktmodell arbitragefrei. Wir erhalten somit:

Satz 3.51. ***(Fundamentalsatz der Preistheorie für Mehr-Perioden-Modelle)*** *Ein Mehr-Perioden-Modell $((S, \delta), \mathcal{F})$ ist genau dann arbitragefrei, wenn es einen strikt positiven adaptierten reellwertigen Prozess $\phi \in \mathcal{W}$ gibt mit*

$$V_0(h) = \langle \phi, L(h) \rangle .$$

Die messbaren Abbildungen $\phi_t : \mathcal{Z}(\mathcal{F}_t) \to \mathbb{R}$, $t = 0, \ldots, T$, besitzen die Darstellung

$$\phi_t(A_t) = \psi_0(A_0) \cdot \cdots \cdot \psi_t(A_t), \tag{3.16}$$

für $A_i \in \mathcal{Z}(\mathcal{F}_i)$, $i = 0, \ldots, t$, und $A_0 \supset \cdots \supset A_t$. Dabei gilt $\phi_0(A_0) = \psi_0(A_0) = 1$. Weiter sind für $1 \leq i \leq t$ die Faktoren $\psi_i(A_i)$ von $\phi_t(A_t)$ Komponenten der Zustandsvektoren $\psi_{i-1,i}(A_{i-1}) = (\psi_i(A_{i1}), \ldots, \psi_i(A_{ik_i}))$ der Ein-Perioden-Teilmodelle $(b, D)_{A_{i-1}}$, die längs des zu A_t führenden Informationspfades $(A_0, \ldots, A_t)$ miteinander multipliziert werden. Wird also jeder Kante (A_{t-1}, A_t) im Baum des Marktmodells $((S, \delta), \mathcal{F})$ die zugehörige Komponente eines Ein-Perioden-Zustandsvektors $\psi_t(A_t)$ zugeordnet, so ergibt sich (3.16) durch Multiplikation der entsprechenden Faktoren längs des zu A_t gehörenden Informationspfades durch diesen Baum. □

Ist ein Marktmodell arbitragefrei, so gibt es also ein $\phi \in \mathcal{W}$, $\phi \gg 0$, mit $V_0(h) = \langle \phi, L(h) \rangle$ für *jede* Handelsstrategie h.

Definition 3.52. *Der im Fundamentalsatz der Preistheorie, Satz 3.51, auftretende strikt positive Prozess $\phi \in \mathcal{W}$ mit*

$$V_0(h) = \langle \phi, L(h) \rangle$$

für alle $h \in \mathcal{H}_N$ wird ***Zustandsprozess*** *genannt.*

Sei

$$\Omega = A_0 \subset A_1 \subset \cdots \subset A_T = \{\omega\}$$

ein beliebiger Informationspfad. Dann gilt die Darstellung

$$\phi_T(\omega) = \frac{\phi_T}{\phi_0}(\omega) = \frac{\phi_1}{\phi_0}(A_1)\frac{\phi_2}{\phi_1}(A_2)\cdots\frac{\phi_T}{\phi_{T-1}}(\omega), \tag{3.17}$$

oder allgemeiner

$$\phi_t(A_t) = \frac{\phi_t}{\phi_0}(A_t) = \prod_{i=1}^{t}\frac{\phi_i}{\phi_{i-1}}(A_i). \tag{3.18}$$

In (3.17) und (3.18) wurde verwendet, dass $\phi_t(A) = \phi_t(A_t)$ für alle $A \subset A_t \in \mathcal{Z}(\mathcal{F}_t)$ gilt.

Satz 3.53. *Sei $((S,\delta),\mathcal{F})$ ein arbitragefreies Marktmodell und sei ϕ der zugehörige Zustandsprozess. Dann ist der Prozess $\frac{\phi_t}{\phi_0}$, $t = 1,\ldots,T$, genau dann eindeutig bestimmt, wenn das Marktmodell vollständig ist.*

Beweis. dass jedes Auszahlungsprofil $c = (c_0,\ldots,c_T)$ erreichbar ist, ist äquivalent zur Vollständigkeit jedes Ein-Perioden-Teilmodells. In diesem Fall ist jeder Zustandsvektor in jedem Ein-Perioden-Teilmodell eindeutig bestimmt. Da die $\frac{\phi_t}{\phi_{t-1}}(A_{tj})$ die Komponenten dieser Zustandsvektoren in jedem Ein-Perioden-Teilmodell $(b,D)_{A_{t-1}}$ für jedes $A_{t-1} \in \mathcal{Z}(\mathcal{F}_{t-1})$ und für alle $t = 1,\ldots,T$ bilden, sind also alle Quotienten $\frac{\phi_t}{\phi_{t-1}}(A_{tj})$ eindeutig bestimmt. Dann sind aber auch die $\frac{\phi_t}{\phi_0}(A_{tj})$ eindeutig bestimmt nach (3.18). □

Ein alternativer Beweis des Fundamentalsatzes ohne Rückgriff auf die Ein-Perioden-Teilmodelle lautet wie folgt.

Satz 3.54. ***(Alternative Formulierung des Fundamentalsatzes der Preistheorie für Mehr-Perioden-Modelle)*** *Sei $((S,\delta),\mathcal{F})$ ein Marktmodell. Dann sind folgende Aussagen äquivalent.*

1. *$((S,\delta),\mathcal{F})$ ist arbitragefrei.*
2. *Es existiert ein adaptierter, strikt positiver Prozess $\phi \in \mathcal{W}$ mit*

$$\langle \phi, L(h)\rangle = 0 \tag{3.19}$$

   für alle Handelsstrategien $h \in \mathcal{H}_N$ mit $V_0(h) = 0$.
3. *Es existiert ein adaptierter, strikt positiver Prozess $\phi \in \mathcal{W}$, so dass für alle Handelsstrategien $h \in \mathcal{H}_N$ gilt*

$$V_0(h) = \frac{1}{\phi_0}\langle \phi, L(h)\rangle. \tag{3.20}$$

Beweis. 1. $\Longrightarrow$ 2. Sei $\mathcal{W}_+ := \{c \in \mathcal{W} \,|\, c \geq 0\} \subset \mathcal{W}$. Dann existieren genau dann keine Arbitragegelegenheiten, wenn der Kegel $\mathcal{W}_+$ den Untervektorraum

$$\mathcal{W}_{L,0} := \{L(h) \,|\, h \in \mathcal{H}_N,\ V_0(h) = 0\} \subset \mathcal{W}_L \subset \mathcal{W}$$

von $\mathcal{W}$ nur im Nullpunkt schneidet. Wir betrachten nun die Teilmenge

$$M := \{c \in \mathcal{W}_+ \,|\, \|c\|_1 = 1\} \subset \mathcal{W}_+,$$

wobei $\|c\|_1 := \sum_{t=0}^{T} \sum_{A_t \in \mathcal{Z}(\mathcal{F}_t)} |c_t(A_t)|$. Die Menge M ist konvex und kompakt.

Angenommen, es gibt keine Arbitragegelegenheiten. Dann gilt $\mathcal{W}_{L,0} \cap M = \varnothing$, und aus dem zweiten Trennungssatz, Satz 1.45, folgt die Existenz eines $\phi \in \mathcal{W}$ mit $\langle \phi, x \rangle < \langle \phi, y \rangle$ für alle $x \in \mathcal{W}_{L,0}$ und für alle $y \in M$. Da $\mathcal{W}_{L,0}$ ein linearer Raum ist, folgt daraus $\langle \phi, x \rangle = 0$ für alle $x \in \mathcal{W}_{L,0}$. Dies wiederum impliziert $\langle \phi, y \rangle > 0$ für alle $y \in M$. Mit den Standardbasisvektoren $e_i \in M$ gilt $\phi_i = \langle \phi, e_i \rangle > 0$, also ist $\phi \gg 0$.

2. $\Longrightarrow$ 3. Für ein beliebiges $h \in \mathcal{H}_N$ definieren wir $\tilde{h} := (0, h_1, \ldots, h_T) \in \mathcal{H}_N$. Wegen $V_0\left(\tilde{h}\right) = \tilde{h}_0 \cdot S_0^\delta = 0$ gilt nach Voraussetzung die Gleichung (3.19), also

$$\left\langle \phi, L\left(\tilde{h}\right) \right\rangle = 0,$$

für ein $\phi \in \mathcal{W}$ mit $\phi \gg 0$. Nach Definition gilt

$$L_0(h) = h_0 \cdot S_0^\delta - h_1 \cdot S_0 = V_0(h) + L_0\left(\tilde{h}\right) \quad \text{und}$$

$$L_t(h) = L_t\left(\tilde{h}\right) \quad \text{für } t > 0.$$

Damit erhalten wir

$$\begin{aligned} \langle \phi, L(h) \rangle &= \phi_0 V_0(h) + \left\langle \phi, L\left(\tilde{h}\right) \right\rangle \\ &= \phi_0 V_0(h), \end{aligned}$$

also (3.20).

3. $\Longrightarrow$ 1. Angenommen, für ein $h \in \mathcal{H}_N$ gilt $L(h) > 0$. Dann folgt wegen $\phi \gg 0$ aus (3.20) $V_0(h) > 0$. Also ist h keine Arbitragegelegenheit, und das Marktmodell $((S, \delta), \mathcal{F})$ ist arbitragefrei. □

Ist ϕ ein Zustandsprozess nach (3.19) oder (3.20), dann ist für jedes $\lambda > 0$ auch $\lambda\phi$ ein Zustandsprozess. Insbesondere können Zustandsprozesse stets so gewählt werden, dass $\phi_0(A_0) = 1$ gilt. Zustandsprozesse mit dieser Eigenschaft $\phi_0(A_0) = 1$ nennen wir **normiert**.

3.6.1 Die Diskontierung von Zahlungsströmen

Wir heben in diesem Abschnitt erneut die Interpretation der Bewertung zustandsabhängiger Auszahlungsprofile als verallgemeinerte Diskontierung hervor.

Die Bewertung deterministischer Zahlungsströme

Sei $c = (c_0, \ldots, c_T)$ ein deterministischer Zahlungsstrom, d.h. es gilt $c_t \in \mathbb{R}$ für alle $t = 0, \ldots, T$. Dann lautet die zu diesem Zahlungsstrom äquivalente Zahlung $V_0 \in \mathbb{R}$ zum Zeitpunkt $t = 0$

$$\boxed{V_0 = \sum_{t=0}^{T} d_t c_t,} \tag{3.21}$$

wobei d_t den Diskontfaktor für das Zeitintervall $[0, t]$ bezeichnet. Gleichung (3.21) ist gerade die klassische Bewertungsformel für deterministische Zahlungsströme. Jede Zahlung c_t wird mit dem Faktor d_t auf den Zeitpunkt 0 abdiskontiert, und alle diskontierten Zahlungen werden zum Betrag $V_0 = \sum_{t=0}^{T} d_t c_t$ aufsummiert, wobei $d_0 = 1$, also $d_0 c_0 = c_0$, gilt. Die Situation ist symbolisch in Abb. 3.10 dargestellt. Dass V_0 äquivalent ist zum Zahlungs-

$$\begin{array}{ccc} \uparrow\ V_0 = \sum_{t=0}^{T} d_t c_t & \Longleftarrow & \uparrow\ c_0\ \cdots\ \uparrow\ c_T \\ t = 0 & & t = 0 \cdots t = T \end{array}$$

Abb. 3.10. Einem deterministischen Zahlungsstrom $c = (c_0, \ldots, c_T)$ wird der diskontierte Wert $V_0 = \sum_{t=0}^{T} d_t c_t$ zugeordnet.

strom $(c_0, \ldots, c_T)$ kann folgendermaßen begründet werden. Sei $0 \leq t \leq T$ ein beliebig vorgegebener Zeitpunkt, und sei c_t die zu diesem Zeitpunkt gehörende Auszahlung. Wir nehmen zunächst an, dass $c_t < 0$ gilt, dass also c_t eine Zahlungsverpflichtung zum Zeitpunkt t bedeutet. Diese Zahlung zum Zeitpunkt t kann in eine Zahlung zum Zeitpunkt 0 überführt werden, indem zum Zeitpunkt 0 eine festverzinsliche Anlage mit Fälligkeit t gekauft wird. Der Preis $c_{0,t}$ für die Anlage wird so bemessen, dass diese zum Zeitpunkt t gerade den Wert c_t besitzt. Der zum Diskontfaktor d_t gehörende Zinssatz r_t beträgt

$$r_t := \frac{1}{d_t} - 1$$

und wegen

$$(1 + r_t)\, c_{0,t} = c_t = (1 + r_t)\,(d_t c_t)$$

folgt $c_{0,t} = d_t c_t$.

Für den Fall $c_t > 0$ wird zum Zeitpunkt 0 ein Kredit mit Fälligkeit t in Höhe von $d_t c_t$ zum Zinssatz r_t aufgenommen.

Jede der Zahlungen $c_0, \ldots, c_T$ wird also durch $d_0 c_0 = c_0, d_1 c_1, \ldots, d_T c_T$ in eine äquivalente Zahlung zum Zeitpunkt 0 überführt, so dass der Gesamtwert des Zahlungsstroms $(c_0, \ldots, c_T)$ zum Zeitpunkt 0 gerade die Summe $V_0 = \sum_{t=0}^{T} c_{0,t} = \sum_{t=0}^{T} d_t c_t$ dieser abdiskontierten Beträge ist.

Umgekehrt kann jede Zahlung c_0 zum Zeitpunkt 0 in eine Zahlung zum Zeitpunkt t der Höhe $c_t := (1 + r_t)\, c_0 = \frac{1}{d_t} c_0$ überführt werden. Ist $c_0 > 0$, so wird der Betrag c_0 bis zum Zeitpunkt t zum Zinssatz r_t festverzinslich angelegt. Gilt aber $c_0 < 0$, so kann ein Kredit mit Fälligkeit t der Höhe c_0 aufgenommen werden, mit dem die Zahlungsverpflichtung c_0 beglichen wird. Zum Zeitpunkt t ist der Kredit dann einschließlich Zinsen in Höhe von $c_t := (1 + r_t)\, c_0 = \frac{1}{d_t} c_0$ zurückzuzahlen.

Die Bewertung zustandsabhängiger Zahlungsströme

Im allgemeinen Fall eines arbitragefreien Mehr-Perioden-Modells folgt aus dem Fundamentalsatz 3.51 die Existenz eines normierten Zustandsprozesses $\phi \gg 0$, so dass $V_0\,(h) = \langle \phi, L\,(h) \rangle$ für alle vorhersehbaren Handelsstrategien $h \in \mathcal{H}_N$ gilt, also

$$
\begin{aligned}
V_0\,(h) &= \sum_{t=0}^{T} \langle \phi_t, L_t\,(h) \rangle \\
&= \sum_{t=0}^{T} \sum_{A_t \in \mathcal{Z}(\mathcal{F}_t)} \phi_t\,(A_t)\, L_t\,(h)\,(A_t)\,.
\end{aligned}
\tag{3.22}
$$

Mit Hilfe dieser Ergebnisse lässt sich für Mehr-Perioden-Modelle eine zu Satz 3.45 alternative Darstellung der Bewertung zustandsabhängiger Zahlungsströme entwickeln. Sei dazu $c = (c_0, \ldots, c_T)$ ein replizierbares Auszahlungsprofil. Wir nehmen also an, dass es eine vorhersehbare Handelsstrategie $h \in \mathcal{H}_N$ gibt, mit

$$
c_t = L_t\,(h) \text{ für alle } t = 0, \ldots, T. \tag{3.23}
$$

Mit (3.22) oder (3.23) kann diesem Zahlungsstrom c der Wert

$$
\boxed{V_0 := V_0\,(h) := \textstyle\sum_{t=0}^{T} \langle \phi_t, L_t\,(h) \rangle = \sum_{t=0}^{T} \langle \phi_t, c_t \rangle} \tag{3.24}
$$

zum Zeitpunkt 0 zugeordnet werden. Sei insbesondere $c = (0, \ldots, 0, c_T)$ ein replizierbares Auszahlungsprofil, das nur zum Endzeitpunkt T von Null verschiedene Zahlungen enthält. Dann gibt es nach Voraussetzung eine selbstfinanzierende Handelsstrategie $h \in \mathcal{H}_N$ mit $L_T\,(h) = c_T$ und

$$
\boxed{V_0 = \langle \phi_T, L_T\,(h) \rangle = \langle \phi_T, c_T \rangle = \textstyle\sum_{j=1}^{K} \phi_T\,(\omega_j)\, c_T\,(\omega_j)\,.} \tag{3.25}
$$

Ist V_0 positiv, so sind V_0 gerade die Kosten, die für den Kauf der Handelsstrategie h zum Zeitpunkt $t = 0$ erforderlich sind. In diesem Sinne ist V_0 also der *Preis der Handelsstrategie* zum Zeitpunkt $t = 0$. Ist dagegen $V_0 < 0$, so ist V_0 das beim Erwerb des Portfolios h_1 zum Zeitpunkt $t = 0$ zur Verfügung stehende Kapital.

In (3.24) ist V_0 also die Summe aller durch $\langle \phi_t, c_t \rangle$ auf den Zeitpunkt 0 transformierten, zukünftigen Zahlungen c_t. Dies ist analog zur deterministischen Situation (3.21), wobei die zustandsabhängige Zahlung c_t hier durch die Berechnung von $\langle \phi_t, c_t \rangle$ auf den Zeitpunkt 0 diskontiert wird.

Mit Hilfe der Definitionen

$$\boxed{\begin{array}{l} d_t := \sum_{A_t \in \mathcal{Z}(\mathcal{F}_t)} \phi_t(A_t) \in \mathbb{R}_+, \\ Q_t := \frac{1}{d_t} \phi_t \end{array}} \tag{3.26}$$

gilt für eine beliebige $\mathcal{F}_t$-messbare Zustandsvariable X

$$\langle \phi_t, X \rangle = d_t \langle Q_t, X \rangle_t = d_t \mathbf{E}^{Q_t}[X], \tag{3.27}$$

wobei

$$\mathbf{E}^{Q_t}[X] := \sum_{A_t \in \mathcal{Z}(\mathcal{F}_t)} X(A_t) Q_t(A_t). \tag{3.28}$$

Weiter folgt

$$\begin{aligned} d_0 &= 1 \text{ und } d_t > 0 \text{ für } t > 0, \\ Q_0 &= 1 \text{ und } Q_t > 0 \text{ für } t > 0 \end{aligned}$$

sowie

$$\sum_{A_t \in \mathcal{Z}(\mathcal{F}_t)} Q_t(A_t) = 1.$$

Für jedes $t = 0, \ldots, T$ definiert die Funktion Q_t also formal ein Wahrscheinlichkeitsmaß auf $(\Omega, \mathcal{F}_t)$. Ohne Zusatzvoraussetzungen lässt sich jedoch kein natürlicher Zusammenhang zwischen den Wahrscheinlichkeitsmaßen Q_s und Q_t zu verschiedenen Zeitpunkten $0 \leq s < t \leq T$ herstellen.

Mit (3.26) kann (3.24) geschrieben werden als

$$\boxed{V_0 = \sum_{t=0}^{T} d_t \mathbf{E}^{Q_t}[c_t],} \tag{3.29}$$

und durch diese Darstellung wird die Analogie zu (3.21) noch deutlicher. Insbesondere lassen sich die Konstanten d_t wie beim Ein-Perioden-Modell als *Diskontfaktoren* interpretieren. Dazu nehmen wir an, dass es zu einem beliebig vorgegebenen Zeitpunkt $0 \leq s \leq T$ eine Handelsstrategie θ gibt mit

$$\begin{aligned} &L_s(\theta) = 1 \text{ und} \\ &L_t(\theta) = 0 \text{ für } 0 \leq t \leq T \text{ und } t \neq s. \end{aligned}$$

Dann gilt

$$V_0 = \sum_{t=0}^{T} d_t \mathbf{E}^{Q_t} \left[L_t(\theta)\right] = d_s \mathbf{E}^{Q_s} [1] = d_s.$$

Also ist d_s das Kapital, das zum Zeitpunkt 0 angelegt werden muss, um zum Zeitpunkt s die zustandsunabhängige Auszahlung 1 erzielen zu können. In diesem Sinne sind die d_t also Diskontfaktoren für die Zeitintervalle $[0, t]$.

Für den Fall, dass alle c_t, $t = 0, \ldots, T$, konstant sind, gilt $\mathbf{E}^{Q_t}[c_t] = c_t$ und (3.29) spezialisiert sich zu

$$V_0 = \sum_{t=0}^{T} d_t \mathbf{E}^{Q_t} [c_t] = \sum_{t=0}^{T} d_t c_t.$$

Wir erhalten so die Bewertungsformel (3.21) für deterministische Zahlungsströme als Spezialfall.

Ist die Handelsstrategie $h \in \mathcal{H}_N$ in (3.22) selbstfinanzierend, so gilt $L_t(h) = 0$ für alle $t = 0, \ldots, T-1$, sowie $L_T(h) = h_T \cdot S_T^{\delta} = V_T$ und es folgt

$$V_0 = \langle \phi_T, L_T(h) \rangle = d_T \mathbf{E}^{Q_T} [V_T]. \tag{3.30}$$

Analog zu den Ein-Perioden-Modellen lässt sich in (3.30) der Wert V_0 der Handelsstrategie h zum Zeitpunkt 0 als diskontierter Erwartungswert $d_T \mathbf{E}^{Q_T}[V_T]$ der Endauszahlung V_T bezüglich eines formalen Wahrscheinlichkeitsmaßes Q_T darstellen.

Beispiel 3.55. (Das Ein-Perioden-Modell) Wir betrachten ein arbitragefreies Ein-Perioden-Modell $(S_0, S_1) \cong (b, D)$ mit K Zuständen und N Finanzinstrumenten. Nach Satz 3.54 oder auch nach Satz 1.46 gibt es ein $\phi \in \mathbb{R}^{K+1}$, $\phi = (1, \phi_1) \gg 0$, so dass

$$\langle \phi, L(h) \rangle = 0$$

für alle $h \in \mathbb{R}^N$ gilt. Schreiben wir $\phi_1 = (\phi_{11}, \ldots, \phi_{1K}) \in \mathbb{R}^K$, so gilt

$$0 = \langle \phi, L(h) \rangle = L_0(h) + \langle \phi_1, L_1(h) \rangle,$$

also

$$-L_0(h) = \langle \phi_1, L_1(h) \rangle.$$

Nun ist

$$L_0(h) = \quad h \cdot S_0 \in \mathbb{R}$$

und

$$L_1(h) = h \cdot S_1 \in \mathbb{R}^K,$$

also ist ϕ_1 ein Zustandsvektor, und es gilt

$$h \cdot S_0 = \langle \phi_1, h \cdot S_1 \rangle = d\mathbf{E}^Q [h \cdot S_1]$$

mit

$$d := \sum_{j=1}^{K} \phi_{1j}$$
$$Q := \frac{1}{d}\phi_1.$$

Wir erhalten also (1.30) als Spezialisierung von (3.22) auf den Ein-Perioden-Fall. Ist c_1 deterministisch, gilt also $c_1(\omega) = c \in \mathbb{R}$ für alle $\omega \in \Omega$, so folgt

$$V_0 := c\langle \phi_1, (1, \ldots, 1)\rangle = dc.$$

△

Die Ergebnisse dieses Abschnitts werden durch folgendes Beispiel illustriert.

Beispiel 3.56. Wir betrachten wieder das Beispiel 3.46 und stellen uns die Aufgabe, den Wert der dort betrachteten Call-Option auf S^2 mit Basispreis $K = 100$ und Fälligkeit $T = 2$ mit Hilfe eines Zustandsprozesses zu berechnen.

In Abb. 3.11 wurden neben den zustandsabhängigen Endauszahlungen der Call-Option die Werte der Zustandsvektoren der Ein-Perioden-Teilmodelle eingetragen. Deren Berechnung wird im folgenden erläutert.

Für das Ein-Perioden-Teilmodell $(b, D)_{A_{11}}$ im Knoten A_{11},

$$(b, D)_{A_{11}} = (S_1(A_{11}), (S_2(\omega_1), S_2(\omega_2))) = \left(\begin{pmatrix} 27 \\ 120 \end{pmatrix}, \begin{pmatrix} 24 & 29 \\ 144 & 105 \end{pmatrix}\right),$$

ergibt sich als Lösung von $D\psi(A_{11}) = b$ der Zustandsvektor

$$\psi(A_{11}) = \begin{pmatrix} \frac{\phi_2}{\phi_1}(\omega_1) \\ \frac{\phi_2}{\phi_1}(\omega_2) \end{pmatrix} = \begin{pmatrix} \frac{215}{552} \\ \frac{14}{23} \end{pmatrix} = \begin{pmatrix} 0.389 \\ 0.609 \end{pmatrix}.$$

Für das nächste Ein-Perioden-Teilmodell $(b, D)_{A_{12}}$ im Knoten A_{12},

$$(b, D)_{A_{12}} = (S_1(A_{12}), (S_2(\omega_3), S_2(\omega_4))) = \left(\begin{pmatrix} 33 \\ 80 \end{pmatrix}, \begin{pmatrix} 27 & 37 \\ 95 & 64 \end{pmatrix}\right),$$

erhalten wir entsprechend als Lösung von $D\psi(A_{12}) = b$ den Vektor

$$\psi(A_{12}) = \begin{pmatrix} \frac{\phi_2}{\phi_1}(\omega_3) \\ \frac{\phi_2}{\phi_1}(\omega_4) \end{pmatrix} = \begin{pmatrix} \frac{848}{1787} \\ \frac{975}{1787} \end{pmatrix} = \begin{pmatrix} 0.474 \\ 0.546 \end{pmatrix}.$$

Für das verbleibende Ein-Perioden-Teilmodell $(b, D)_{A_0}$ im Knoten A_0,

$$(b, D)_{A_0} = (S_0, (S_1(A_{11}), S_1(A_{12}))) = \left(\begin{pmatrix} 30 \\ 100 \end{pmatrix}, \begin{pmatrix} 27 & 33 \\ 120 & 80 \end{pmatrix}\right),$$

erhalten wir schließlich als Lösung von $D\psi_0 = b$ das Ergebnis

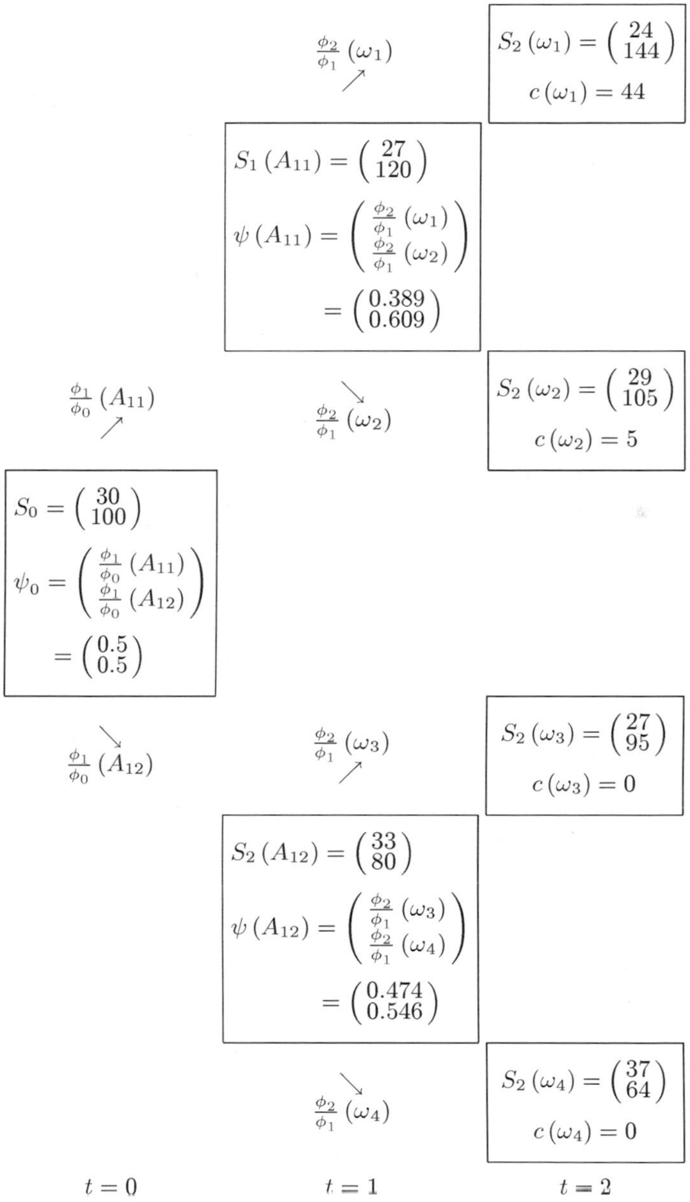

$\frac{\phi_2}{\phi_1}(\omega_1)$ ↗

$S_2(\omega_1) = \binom{24}{144}$

$c(\omega_1) = 44$

$S_1(A_{11}) = \binom{27}{120}$

$\psi(A_{11}) = \begin{pmatrix} \frac{\phi_2}{\phi_1}(\omega_1) \\ \frac{\phi_2}{\phi_1}(\omega_2) \end{pmatrix} = \binom{0.389}{0.609}$

$\frac{\phi_1}{\phi_0}(A_{11})$ ↗

↘ $\frac{\phi_2}{\phi_1}(\omega_2)$

$S_2(\omega_2) = \binom{29}{105}$

$c(\omega_2) = 5$

$S_0 = \binom{30}{100}$

$\psi_0 = \begin{pmatrix} \frac{\phi_1}{\phi_0}(A_{11}) \\ \frac{\phi_1}{\phi_0}(A_{12}) \end{pmatrix} = \binom{0.5}{0.5}$

↘ $\frac{\phi_1}{\phi_0}(A_{12})$

$\frac{\phi_2}{\phi_1}(\omega_3)$ ↗

$S_2(\omega_3) = \binom{27}{95}$

$c(\omega_3) = 0$

$S_2(A_{12}) = \binom{33}{80}$

$\psi(A_{12}) = \begin{pmatrix} \frac{\phi_2}{\phi_1}(\omega_3) \\ \frac{\phi_2}{\phi_1}(\omega_4) \end{pmatrix} = \binom{0.474}{0.546}$

↘ $\frac{\phi_2}{\phi_1}(\omega_4)$

$S_2(\omega_4) = \binom{37}{64}$

$c(\omega_4) = 0$

$t = 0$ $t = 1$ $t = 2$

Abb. 3.11. Konstruktion eines Zustandsprozesses am Beispiel einer Call-Option in einem Zwei-Perioden-Modell.

$$\psi_0 = \begin{pmatrix} \frac{\phi_1}{\phi_0}(A_{11}) \\ \frac{\phi_1}{\phi_0}(A_{12}) \end{pmatrix} = \begin{pmatrix} \frac{1}{2} \\ \frac{1}{2} \end{pmatrix} = \begin{pmatrix} 0.5 \\ 0.5 \end{pmatrix}.$$

Daher gilt

$$\begin{aligned}
\frac{\phi_2}{\phi_0}(\omega_1) &= \frac{\phi_1}{\phi_0}(A_{11}) \frac{\phi_2}{\phi_1}(\omega_1) = \frac{215}{1104} = 0.195, \\
\frac{\phi_2}{\phi_0}(\omega_2) &= \frac{\phi_1}{\phi_0}(A_{11}) \frac{\phi_2}{\phi_1}(\omega_2) = \frac{7}{23} = 0.304, \\
\frac{\phi_2}{\phi_0}(\omega_3) &= \frac{\phi_1}{\phi_0}(A_{12}) \frac{\phi_2}{\phi_1}(\omega_3) = \frac{424}{1787} = 0.237, \\
\frac{\phi_2}{\phi_0}(\omega_4) &= \frac{\phi_1}{\phi_0}(A_{12}) \frac{\phi_2}{\phi_1}(\omega_4) = \frac{975}{3574} = 0.273.
\end{aligned}$$

Für den Wert c_0 der Call-Option erhalten wir damit

$$c_0 = \sum_{j=1}^{4} \frac{\phi_2}{\phi_0}(\omega_j)\, c(\omega_j) = 10.091,$$

also das bekannte Ergebnis (3.12). Alternativ ergeben sich mit

$$\begin{aligned}
d_1 &= \sum_{A_1 \in \mathcal{Z}(\mathcal{F}_1)} \frac{\phi_1(A_1)}{\phi_0} = 1 \text{ und} \\
d_2 &= \sum_{A_2 \in \mathcal{Z}(\mathcal{F}_2)} \frac{\phi_2(A_2)}{\phi_0} = \frac{1990\,933}{1972\,848} = 1.009\,2
\end{aligned}$$

die Wahrscheinlichkeitsmaße Q_1 und Q_2 nach (3.26) zu

$$Q_1 = \frac{1}{d_1}\frac{\phi_1}{\phi_0} = \begin{pmatrix} 0.5 \\ 0.5 \end{pmatrix} \text{ und}$$

$$Q_2 = \frac{1}{d_2}\frac{\phi_2}{\phi_0} = \begin{pmatrix} 0.193 \\ 0.302 \\ 0.235 \\ 0.270 \end{pmatrix}.$$

Damit erhalten wir den Wert

$$c_0 = d_2 \mathbf{E}^{Q_2}[c] = 10.091$$

der Call-Option alternativ als diskontierten Erwartungswert der Endauszahlung c.

Wir bemerken

$$\begin{aligned}
Q_2(\omega_1) + Q_2(\omega_2) &= 0.495 \neq 0.5 = Q_1(A_{11}) = Q_1(\{\omega_1, \omega_2\}) \text{ und} \\
Q_2(\omega_3) + Q_2(\omega_4) &= 0.505 \neq 0.5 = Q_1(A_{12}) = Q_1(\{\omega_3, \omega_4\}).
\end{aligned}$$

Dies zeigt, dass für die Wahrscheinlichkeitsmaße Q_t im allgemeinen gilt

$$Q_{t-1}(A_{t-1}) \neq \sum_{\substack{A_t \in \mathcal{Z}(\mathcal{F}_t) \\ A_t \subset A_{t-1}}} Q_t(A_t)$$

für beliebiges $A_{t-1} \in \mathcal{Z}(\mathcal{F}_{t-1})$. △

3.7 Der Diskontierungsoperator

3.7.1 Definition und Eigenschaften

Eine deterministische Zahlung c_t zum Zeitpunkt t kann auch in eine gleichwertige Zahlung zu einem Zeitpunkt $s \leq t$ verwandelt werden. Dazu wird c_t zunächst in die Zahlung $c_0 := d_t c_t$ überführt, und diese Zahlung wird anschließend durch $\frac{1}{d_s} c_0 = \frac{d_t}{d_s} c_t$ in eine äquivalente Zahlung zum Zeitpunkt s transformiert. Damit kann der Zahlungsstrom $c_s, c_{s+1}, \ldots, c_T$ in die gleichwertige Zahlung

$$\sum_{j=s}^{T} \frac{d_j}{d_s} c_j \tag{3.31}$$

zum Zeitpunkt s überführt werden.

Auch in allgemeinen Mehr-Perioden-Modellen ist es möglich, die Auszahlungen zustandsabhängiger replizierbarer Auszahlungsprofile analog zu (3.31) von Zeitpunkten $t > 0$ auf Zeitpunkte $0 \leq s < t$ zu diskontieren. Weil die Mehr-Perioden-Modelle zu Zeitpunkten $s > 0$ in der Regel mehrere Zustände besitzen, sind die auf die Zeitpunkte $s \geq 0$ diskontierten zukünftigen Zahlungsströme $\mathcal{F}_s$-messbare Funktionen.

Definition 3.57. *Sei* $((S, \delta), \mathcal{F})$ *ein arbitragefreies Marktmodell und sei* ϕ *ein zugehöriger Zustandsprozess. Sei weiter* X *eine* $\mathcal{F}_t$*-messbare Funktion und seien* $0 \leq s \leq t \leq T$. *Mit Hilfe von* ϕ *ist der* ***Diskontierungsoperator***

$$\boldsymbol{D}_{s,t}^{\phi}[X] : \Omega \to \mathbb{R}$$

definiert durch

$$\boldsymbol{D}_{s,t}^{\phi}[X] := \sum_{A_s \in \mathcal{Z}(\mathcal{F}_s)} \left(\frac{1}{\phi_s(A_s)} \sum_{\substack{A_t \in \mathcal{Z}(\mathcal{F}_t) \\ A_t \subset A_s}} \phi_t(A_t) X(A_t) \right) \mathbf{1}_{A_s}. \tag{3.32}$$

Wegen $\phi_s(A_s) = \phi_s(\omega) > 0$ für jedes $\omega \in A_s \in \mathcal{Z}(\mathcal{F}_s)$ ist der Diskontierungsoperator wohldefiniert. Nach Definition ist $\boldsymbol{D}_{s,t}^{\phi}[X]$ eine $\mathcal{F}_s$-messbare Funktion. Für (3.32) schreiben wir in der Regel abkürzend

$$\boldsymbol{D}_{s,t}^{\phi}[X] = \sum_{A_s} \left(\frac{1}{\phi_s(A_s)} \sum_{A_t \subset A_s} \phi_t(A_t) X(A_t) \right) \mathbf{1}_{A_s}. \tag{3.33}$$

Wir werden später sehen, dass sich der Diskontierungsoperator unter Voraussetzungen, die in der Praxis häufig erfüllt sind, zu einer *bedingten Erwartung* spezialisiert.

Anmerkung 3.58. Für $0 \leq s \leq t \leq T$ seien $A_s \in \mathcal{Z}(\mathcal{F}_s)$ und $A_t \in \mathcal{Z}(\mathcal{F}_t)$ mit $A_t \subset A_s$ beliebig. Dann ist $\phi_s(A_s) = \phi_s(A_t) = \phi_s(\omega)$ für beliebiges $\omega \in A_t \subset A_s$ und daher gilt

$$\frac{\phi_t(A_t)}{\phi_s(A_s)} = \frac{\phi_t(A_t)}{\phi_s(A_t)} =: \frac{\phi_t}{\phi_s}(A_t). \tag{3.34}$$

Damit kann der Diskontierungsoperator auch geschrieben werden als

$$\boldsymbol{D}_{s,t}^{\phi}[X] = \sum_{A_s} \left(\sum_{A_t \subset A_s} \frac{\phi_t}{\phi_s}(A_t) X(A_t) \right) \mathbf{1}_{A_s}. \tag{3.35}$$

Beispiel 3.59. Wir betrachten noch einmal Beispiel 3.46 bzw. Beispiel 3.56 und berechnen $\boldsymbol{D}_{1,2}^{\phi}[c]$ für die Auszahlung c der Call-Option zum Zeitpunkt 2. In Beispiel 3.56 hatten wir

$$\begin{aligned}
\frac{\phi_2}{\phi_1}(\omega_1) &= \frac{215}{552} = 0.389 \\
\frac{\phi_2}{\phi_1}(\omega_2) &= \frac{14}{23} = 0.609 \\
\frac{\phi_2}{\phi_1}(\omega_3) &= \frac{848}{1787} = 0.474 \\
\frac{\phi_2}{\phi_1}(\omega_4) &= \frac{975}{1787} = 0.546
\end{aligned}$$

erhalten. Daraus folgt

$$\begin{aligned}
\boldsymbol{D}_{1,2}^{\phi}[c] &= \sum_{A_1} \left(\sum_{A_2 \subset A_1} \frac{\phi_2}{\phi_1}(A_2) c(A_2) \right) \mathbf{1}_{A_1} \\
&= \left(\frac{\phi_2}{\phi_1}(\omega_1) c(\omega_1) + \frac{\phi_2}{\phi_1}(\omega_2) c(\omega_2) \right) \mathbf{1}_{\{A_{11}\}} \\
&\quad + \left(\frac{\phi_2}{\phi_1}(\omega_3) c(\omega_3) + \frac{\phi_2}{\phi_1}(\omega_4) c(\omega_4) \right) \mathbf{1}_{\{A_{12}\}} \\
&= \left(\frac{215}{552} \cdot 44 + \frac{14}{23} \cdot 5 \right) \mathbf{1}_{\{A_{11}\}} + 0 \cdot \mathbf{1}_{\{A_{12}\}} \\
&= \frac{2785}{138} \cdot \mathbf{1}_{\{A_{11}\}} \\
&= 20.181 \cdot \mathbf{1}_{\{A_{11}\}}.
\end{aligned}$$

Dies stimmt mit dem Ergebnis aus Beispiel 3.46 für den Wert der Option zum Zeitpunkt 1 überein. △

Nach Definition transformiert der Diskontierungsoperator $\boldsymbol{D}_{s,t}^{\phi}[\cdot]$ beliebige $\mathcal{F}_t$-messbare in $\mathcal{F}_s$-messbare Funktionen. Insbesondere gilt für jedes $\mathcal{F}_t$-messbare X

$$\begin{aligned}\boldsymbol{D}_{t,t}^{\phi}[X] &= \sum_{A_t}\left(\sum_{A_t \subset A_t} \frac{\phi_t}{\phi_t}(A_t)\, X(A_t)\right)\mathbf{1}_{A_t} \\ &= \sum_{A_t} X(A_t)\,\mathbf{1}_{A_t} \\ &= X.\end{aligned}$$

Weiter gilt wegen $A_0 = \Omega$

$$\begin{aligned}\boldsymbol{D}_{0,t}^{\phi}[X] &= \sum_{A_t} \frac{\phi_t}{\phi_0}(A_t)\, X(A_t)\,\mathbf{1}_{\Omega} \\ &= \left\langle \frac{\phi_t}{\phi_0}, X\right\rangle.\end{aligned}$$

Für $s = 0$ spezialisiert sich (3.32) also zu (3.48), wobei wir konstante Funktionen mit ihrem Funktionswert identifizieren.

Lemma 3.60. *Sei X eine $\mathcal{F}_s$-messbare Funktion und sei $s \leq t$. Dann ist X insbesondere auch $\mathcal{F}_t$-messbar und es gilt*

$$\begin{aligned}\boldsymbol{D}_{s,t}^{\phi}[X] &= \sum_{A_s} X(A_s)\left(\sum_{A_t \subset A_s} \frac{\phi_t}{\phi_s}(A_t)\right)\mathbf{1}_{A_s} \\ &= \sum_{A_s} X(A_s)\,\frac{\sum_{A_t \subset A_s} \phi_t(A_t)}{\phi_s(A_s)}\,\mathbf{1}_{A_s}.\end{aligned} \tag{3.36}$$

Beweis. Für $s \leq t$ ist jede $\mathcal{F}_s$-messbare Funktion auch $\mathcal{F}_t$-messbar. Wegen der $\mathcal{F}_s$-Messbarkeit von X gilt $X(A_t) = X(A_s)$ für alle $A_t \subset A_s \in \mathcal{Z}(\mathcal{F}_s)$. Daraus folgt

$$\begin{aligned}\boldsymbol{D}_{s,t}^{\phi}[X] &= \sum_{A_s}\left(\sum_{A_t \subset A_s} \frac{\phi_t}{\phi_s}(A_t)\, X(A_t)\right)\mathbf{1}_{A_s} \\ &= \sum_{A_s} X(A_s)\left(\sum_{A_t \subset A_s} \frac{\phi_t}{\phi_s}(A_t)\right)\mathbf{1}_{A_s}.\end{aligned}$$

Die zweite Gleichheit in (3.36) folgt mit (3.34) wegen

$$\sum_{A_t \subset A_s} \frac{\phi_t}{\phi_s}(A_t) = \frac{1}{\phi_s(A_s)} \sum_{A_t \subset A_s} \phi_t(A_t).$$

□

Eine $\mathcal{F}_s$-messbare Funktion

$$X = \sum_{A_s} X(A_s) \mathbf{1}_{A_s}$$

wird also durch den Diskontierungsoperator $\boldsymbol{D}_{s,t}^{\phi}[\cdot]$ in die $\mathcal{F}_s$-messbare Funktion

$$\boldsymbol{D}_{s,t}^{\phi}[X] = \sum_{A_s} X(A_s) \frac{\sum_{A_t \subset A_s} \phi_t(A_t)}{\phi_s(A_s)} \mathbf{1}_{A_s}$$

transformiert. Für beliebiges $A_s \in \mathcal{Z}(\mathcal{F}_s)$ gilt also die Darstellung

$$X(A_s) = \frac{\phi_s(A_s)}{\sum_{A_t \subset A_s} \phi_t(A_t)} \boldsymbol{D}_{s,t}^{\phi}[X](A_s). \tag{3.37}$$

Lemma 3.61. ***(Iteration des Diskontierungsoperators)*** *Sei X eine $\mathcal{F}_t$-messbare Funktion und seien r und s zwei Zeitpunkte mit $0 \le r \le s \le t \le T$. Dann hat der Diskontierungsoperator die Eigenschaft*

$$\boldsymbol{D}_{r,t}^{\phi}[X] = \boldsymbol{D}_{r,s}^{\phi}\left[\boldsymbol{D}_{s,t}^{\phi}[X]\right]. \tag{3.38}$$

Beweis. Aus (3.32) folgt für $A_s \in \mathcal{Z}(\mathcal{F}_s)$

$$\boldsymbol{D}_{s,t}^{\phi}[X](A_s) = \frac{1}{\phi_s(A_s)} \sum_{A_t \subset A_s} \phi_t(A_t) X(A_t).$$

Daher gilt

$$\begin{aligned}
&\boldsymbol{D}_{r,s}^{\phi}\left[\boldsymbol{D}_{s,t}^{\phi}[X]\right] \\
&= \sum_{A_r} \left(\frac{1}{\phi_r(A_r)} \sum_{A_s \subset A_r} \phi_s(A_s) \boldsymbol{D}_{s,t}^{\phi}[X](A_s) \right) \mathbf{1}_{A_r} \\
&= \sum_{A_r} \left(\frac{1}{\phi_r(A_r)} \sum_{A_s \subset A_r} \sum_{A_t \subset A_s} \phi_t(A_t) X(A_t) \right) \mathbf{1}_{A_r} \\
&= \sum_{A_r} \left(\frac{1}{\phi_r(A_r)} \sum_{A_t \subset A_r} \phi_t(A_t) X(A_t) \right) \mathbf{1}_{A_r} \\
&= \boldsymbol{D}_{r,t}^{\phi}[X],
\end{aligned}$$

was zu zeigen war. □

Mit Hilfe des Diskontierungsoperators kann der Wert einer Handelsstrategie zum Zeitpunkt t_- auf den Wert zum Zeitpunkt $(t-1)_+$ zurückgerechnet werden, wie folgendes Lemma zeigt.

Lemma 3.62. *Für alle $t = 1, \ldots, T$ gilt*

$$I_{t-1}(h) = \boldsymbol{D}^{\phi}_{t-1,t}[V_t(h)]. \tag{3.39}$$

Beweis. Sei $h \in \mathcal{H}_N$ eine beliebige Handelsstrategie. Definiere für beliebiges, fest gewähltes $A_{t-1} \in \mathcal{Z}(\mathcal{F}_{t-1})$ eine Handelsstrategie θ durch

$$\begin{aligned} \theta_t &:= h_t \mathbf{1}_{A_{t-1}} \\ \theta_{t'} &:= 0 \text{ für } t' \neq t. \end{aligned}$$

Dann ist θ vorhersehbar und es gilt

$$\begin{aligned} L_{t-1}(\theta) &= -(h_t \cdot S_{t-1}) \mathbf{1}_{A_{t-1}} = -I_{t-1}(h) \mathbf{1}_{A_{t-1}} \\ L_t(\theta) &= \left(h_t \cdot S_t^{\delta}\right) \mathbf{1}_{A_{t-1}} = V_t(h) \mathbf{1}_{A_{t-1}} \\ L_{t'}(\theta) &:= 0 \text{ für } t' \neq t-1 \text{ und } t' \neq t. \end{aligned}$$

Nach Definition des Entnahmeprozesses gilt

$$\begin{aligned} 0 &= \langle \phi, L(\theta) \rangle \\ &= -\left\langle \phi_{t-1}, I_{t-1}(h) \mathbf{1}_{A_{t-1}} \right\rangle + \left\langle \phi_t, V_t(h) \mathbf{1}_{A_{t-1}} \right\rangle. \end{aligned}$$

Da ϕ_{t-1} auf A_{t-1} konstant ist, folgt

$$\begin{aligned} I_{t-1}(h)(A_{t-1}) &= \frac{1}{\phi_{t-1}(A_{t-1})} \left\langle \phi_t, V_t(h) \mathbf{1}_{A_{t-1}} \right\rangle \\ &= \frac{1}{\phi_{t-1}(A_{t-1})} \sum_{A_t \subset A_{t-1}} \phi_t(A_t) V_t(h)(A_t) \\ &= \boldsymbol{D}^{\phi}_{t-1,t}[V_t(h)](A_{t-1}). \end{aligned}$$

Da A_{t-1} beliebig war, ist die Behauptung bewiesen. □

Satz 3.63. *Für alle k mit $t + k \leq T$ gilt*

$$\begin{aligned} I_t(h) &= \sum_{j=1}^{k} \boldsymbol{D}^{\phi}_{t,t+j}[L_{t+j}(h)] + \boldsymbol{D}^{\phi}_{t,t+k}[I_{t+k}(h)] \\ &= \sum_{j=t+1}^{t+k} \boldsymbol{D}^{\phi}_{t,j}[L_j(h)] + \boldsymbol{D}^{\phi}_{t,t+k}[I_{t+k}(h)]. \end{aligned} \tag{3.40}$$

Speziell für $k = T - t$ gilt

$$I_t(h) = \sum_{i=1}^{T-t} \boldsymbol{D}^{\phi}_{t,t+i}[L_{t+i}(h)] = \sum_{i=t+1}^{T} \boldsymbol{D}^{\phi}_{t,i}[L_i(h)]. \tag{3.41}$$

Beweis. Wir beweisen zunächst (3.40) durch Induktion. Wegen (3.39) gilt mit $V_{t+1}(h) = L_{t+1}(h) + I_{t+1}(h)$ zunächst

$$I_t(h) = \boldsymbol{D}^{\phi}_{t,t+1}[V_{t+1}(h)] = \boldsymbol{D}^{\phi}_{t,t+1}[L_{t+1}(h)] + \boldsymbol{D}^{\phi}_{t,t+1}[I_{t+1}(h)]. \tag{3.42}$$

Angenommen, für ein $k > 1$ wurde bereits nachgewiesen

$$I_t(h) = \sum_{i=1}^{k} \boldsymbol{D}^{\phi}_{t,t+i}[L_{t+i}(h)] + \boldsymbol{D}^{\phi}_{t,t+k}[I_{t+k}(h)]. \tag{3.43}$$

Ersetzen wir in (3.42) t durch $t+k$, so erhalten wir

$$I_{t+k}(h) = \boldsymbol{D}^{\phi}_{t+k,t+k+1}[L_{t+k+1}(h)] + \boldsymbol{D}^{\phi}_{t+k,t+k+1}[I_{t+k+1}(h)],$$

und wegen (3.38) folgt daraus die Beziehung

$$\boldsymbol{D}^{\phi}_{t,t+k}[I_{t+k}(h)] = \boldsymbol{D}^{\phi}_{t,t+k+1}[L_{t+k+1}(h)] + \boldsymbol{D}^{\phi}_{t,t+k+1}[I_{t+k+1}(h)]. \tag{3.44}$$

Einsetzen von (3.44) in (3.43) liefert (3.40).

(3.41) folgt sofort aus (3.40) wegen $h_{T+1} = 0$. □

Speziell für $t = 0$ lautet (3.41)

$$I_0(h) = \sum_{i=1}^{T} \boldsymbol{D}^{\phi}_{0,i}[L_i(h)]. \tag{3.45}$$

Ist h selbstfinanzierend, so gilt $L_i(h) = 0$ für alle $i = 0, \ldots, T-1$ und (3.45) spezialisiert sich weiter zu

$$I_0(h) = \boldsymbol{D}^{\phi}_{0,T}[L_T(h)] = \boldsymbol{D}^{\phi}_{0,T}[V_T(h)]. \tag{3.46}$$

(3.41) kann so interpretiert werden, dass für alle $t = 0, \ldots, T-1$ gilt

$$\begin{aligned} \text{Investition}_t &:= I_t(h) \\ &= \sum_{i=t+1}^{T} \boldsymbol{D}^{\phi}_{t,i}[L_i(h)] \\ &= \sum_{i=t+1}^{T} \boldsymbol{D}^{\phi}_{t,i}[\text{Entnahme}_i]. \end{aligned}$$

Die zum Zeitpunkt t_+ vorzunehmende Reinvestition $I_t(h) = h_{t+1} \cdot S_t$ in eine Handelsstrategie, die $L_i(h)$ für alle $i = t+1, \ldots, T$ repliziert, entspricht also der Summe der auf den Zeitpunkt t diskontierten zukünftigen Entnahmen $\boldsymbol{D}^{\phi}_{t,i}[L_i(h)]$, $i = t+1, \ldots, T$. Daher ist (3.41) die Verallgemeinerung der deterministischen Diskontierung (3.31) auf zustandsabhängige Auszahlungsprofile und auf Zeitpunkte $t \geq 0$.

Satz 3.64. *Für alle k mit $t+k \leq T$ gilt*

$$V_t(h) = \sum_{i=t}^{t+k} \boldsymbol{D}_{t,i}^{\phi}[L_i(h)] + \boldsymbol{D}_{t,t+k}^{\phi}[I_{t+k}(h)]. \tag{3.47}$$

Speziell für $k = T - t$ erhalten wir

$$V_t(h) = \sum_{i=t}^{T} \boldsymbol{D}_{t,i}^{\phi}[L_i(h)]. \tag{3.48}$$

Beweis. Mit $V_t(h) = L_t(h) + I_t(h)$ und $L_t(h) = \boldsymbol{D}_{t,t}^{\phi}[L_t(h)]$ folgt (3.47) aus (3.40). Entsprechend erhalten wir (3.48) mit Hilfe von (3.41). □

Für $t = 0$ spezialisiert sich (3.48) zu (3.22). (3.48) kann so interpretiert werden, dass für alle $t = 0, \ldots, T-1$ gilt

$$\begin{aligned}\text{Wert}_t &:= V_t(h)\\ &= \sum_{i=t}^{T} \boldsymbol{D}_{t,i}^{\phi}[L_i(h)]\\ &= \sum_{i=t}^{T} \boldsymbol{D}_{t,i}^{\phi}[\text{Entnahme}_i].\end{aligned}$$

Der Portfoliowert $V_t(h)$ entspricht der Summe aller zukünftigen diskontierten Entnahmen einschließlich der Entnahme zum Zeitpunkt t.

Folgerung 3.65. *Sei h eine selbstfinanzierende Handelsstrategie. Dann gilt*

$$V_t(h) = \boldsymbol{D}_{t,T}^{\phi}[V_T(h)] \tag{3.49}$$

für alle $t = 0, \ldots, T$.

Beweis. dass h selbstfinanzierend ist, bedeutet $L_t(h) = 0$ für alle $t = 0, \ldots, T-1$. Wegen $L_T(h) = V_T(h)$ folgt (3.49) unmittelbar aus (3.48). □

Wegen $V_t(h) = h_t \cdot S_t^{\delta}$ lässt sich (3.49) auch schreiben als

$$h_t \cdot S_t^{\delta} = \boldsymbol{D}_{t,T}^{\phi}\left[h_T \cdot S_T^{\delta}\right].$$

Satz 3.66. *Für jedes Finanzinstrument j, $j = 1, \ldots, N$, in einem arbitragefreien Marktmodell $((S,\delta),\mathcal{F})$ gilt für alle $0 \leq s \leq t \leq T$*

$$S_s^j = \sum_{i=s+1}^{t} \boldsymbol{D}_{s,i}^{\phi}\left[\delta_i^j\right] + \boldsymbol{D}_{s,t}^{\phi}\left[S_t^j\right]. \tag{3.50}$$

Beweis. Wähle ein Finanzinstrument S^j, $j \in \{1, \ldots, N\}$, und zwei Zeitpunkte $0 \leq s < t \leq T$. Dann ist eine Handelsstrategie h mit den Eigenschaften

$$h_{ik} := 0 \text{ für alle } i = 0, \ldots, T \text{ und für alle } k \neq j$$

und

$$h_{ij} := \begin{cases} 1 \text{ für alle } 0 \leq i \leq t \\ 0 \text{ für alle } t+1 \leq i \leq T \end{cases}$$

vorhersehbar. Weiter gilt

$$h_{s+1} \cdot S_s = S_s^j.$$

Für $s < i < t$ erhalten wir

$$\begin{aligned} L_i(h) &= h_i \cdot S_i^\delta - h_{i+1} \cdot S_i \\ &= S_i^{\delta j} - S_i^j \\ &= \delta_i^j. \end{aligned}$$

Schließlich gilt

$$L_t(h) = h_t \cdot S_t^\delta = S_t^{\delta j} = S_t^j + \delta_t^j.$$

Die Behauptung (3.50) folgt damit aus Satz 3.63. □

Der Wert einer Aktie S_s^j zum Zeitpunkt s kann damit als Summe der auf den Zeitpunkt s diskontierten zukünftigen Dividendenzahlungen δ_i^j plus dem auf s diskontierten zukünftigen Kurs S_t^j der Aktie für jeden Zeitpunkt $t > s$ dargestellt werden.

Folgerung 3.67. *Angenommen, das j-te Finanzinstrument zahlt keine Dividenden aus. Dann gilt für alle $0 \leq s \leq t \leq T$*

$$S_s^j = \boldsymbol{D}_{s,t}^\phi \left[S_t^j\right].$$

Zahlt also das Finanzinstrument S^j keine Dividenden aus, so besitzt der auf den Zeitpunkt s diskontierte Aktienkurs S_t^j zu jedem Zeitpunkt $s < t$ gerade den Wert S_s^j, wie es sein sollte.

3.7.2 Direktes und rekursives Verfahren zur Bestimmung der Preise von Auszahlungsprofilen

Sei $((S, \delta), \mathcal{F})$ ein arbitragefreies Marktmodell und sei ϕ ein Zustandsprozess. Wurden die Quotienten $\frac{\phi_t}{\phi_{t-1}}(A_t)$ für alle $t = 1, \ldots, T$ und für alle $A_t \in \mathcal{Z}(\mathcal{F}_t)$ bestimmt, so berechnet sich der Wert V_0 jedes replizierbaren Auszahlungsprofils $c = (c_0, \ldots, c_T)$ zum Zeitpunkt 0 durch

$$V_0 = \sum_{t=0}^{T} \boldsymbol{D}_{0,t}^{\phi}\left[c_t\right] = \sum_{t=1}^{T} \left\langle \frac{\phi_t}{\phi_0}, c_t \right\rangle . \tag{3.51}$$

Gilt insbesondere $c_0 = c_1 = \cdots = c_{T-1} = 0$, so spezialisiert sich (3.51) zu

$$V_0 = \boldsymbol{D}_{0,T}^{\phi}\left[c_T\right] = \left\langle \frac{\phi_T}{\phi_0}, c_T \right\rangle . \tag{3.52}$$

Für die Bewertung replizierbarer Auszahlungsprofile existiert also die *geschlossene Darstellung* (3.51), bzw. der Spezialfall (3.52). Diese Vorgehensweise zur Bestimmung des Wertes V_0 von $c = (c_0, \ldots, c_T)$ wird *direktes Verfahren* genannt.

Ein *rekursives Verfahren* zur Berechnung von V_0 erhalten wir, indem wir mit dem Endzeitpunkt T beginnen und zunächst

$$z_{T-1} := \boldsymbol{D}_{T-1,T}^{\phi}\left[c_T\right] \tag{3.53}$$

berechnen. Anschließend addieren wir zu z_{T-1} die Auszahlung c_{T-1} hinzu und berechnen mit (3.38) den Ausdruck

$$\begin{aligned} z_{T-2} &:= \boldsymbol{D}_{T-2,T-1}^{\phi}\left[c_{T-1} + z_{T-1}\right] \\ &= \boldsymbol{D}_{T-2,T-1}^{\phi}\left[c_{T-1}\right] + \boldsymbol{D}_{T-2,T-1}^{\phi}\left[\boldsymbol{D}_{T-1,T}^{\phi}\left[c_T\right]\right] \\ &= \sum_{t=0}^{1} \boldsymbol{D}_{T-2,T-t}^{\phi}\left[c_{T-t}\right] . \end{aligned} \tag{3.54}$$

Zu z_{T-2} wird nun c_{T-2} addiert und

$$\begin{aligned} z_{T-3} &:= \boldsymbol{D}_{T-3,T-3}^{\phi}\left[c_{T-2} + z_{T-2}\right] \\ &= \boldsymbol{D}_{T-3,T-2}^{\phi}\left[c_{T-2}\right] + \boldsymbol{D}_{T-3,T-1}^{\phi}\left[c_{T-1}\right] + \boldsymbol{D}_{T-3,T}^{\phi}\left[c_T\right] \\ &= \sum_{t=0}^{2} \boldsymbol{D}_{T-3,T-t}^{\phi}\left[c_{T-t}\right] \end{aligned}$$

berechnet. Dies wird rekursiv fortgesetzt, bis schließlich

$$z_0 = \boldsymbol{D}_{0,1}^{\phi}\left[c_1 + z_1\right] = \sum_{t=0}^{T-1} \boldsymbol{D}_{0,T-t}^{\phi}\left[c_{T-t}\right] = \sum_{k=1}^{T} \boldsymbol{D}_{0,k}^{\phi}\left[c_k\right] \tag{3.55}$$

bestimmt wurde. Damit gilt

$$V_0 = z_0 + c_0 = \sum_{k=0}^{T} \boldsymbol{D}_{0,k}^{\phi}\left[c_k\right].$$

Beim diesem *rekursiven Verfahren* wird also vom Endzeitpunkt T aus Zeitpunkt für Zeitpunkt zurückgerechnet.

Beide Verfahren werden in folgendem Beispiel gegenübergestellt.

Beispiel 3.68. In Beispiel 3.56 wurde eine Call-Option bereits mit Hilfe des direkten Verfahrens bewertet. Für die Quotienten $\frac{\phi_t}{\phi_{t-1}}$ des Zustandsprozesses ϕ des dort behandelten Marktmodells ergaben sich folgende Werte:

$$\begin{aligned}
\frac{\phi_2}{\phi_1}(\omega_1) &= \frac{215}{552} = 0.389,\\
\frac{\phi_2}{\phi_1}(\omega_2) &= \frac{14}{23} = 0.609,\\
\frac{\phi_2}{\phi_1}(\omega_3) &= \frac{848}{1787} = 0.474,\\
\frac{\phi_2}{\phi_1}(\omega_4) &= \frac{975}{1787} = 0.546,\\
\frac{\phi_1}{\phi_0}(A_{11}) &= \frac{\phi_1}{\phi_0}(A_{12}) = \frac{1}{2},
\end{aligned}$$

wobei $A_{11} = \{\omega_1, \omega_2\}$ und $A_{12} = \{\omega_3, \omega_4\}$. Daraus folgt

$$\begin{aligned}
\frac{\phi_2}{\phi_0}(\omega_1) &= \frac{\phi_1}{\phi_0}(A_{11})\frac{\phi_2}{\phi_1}(\omega_1) = \frac{215}{1104} = 0.195,\\
\frac{\phi_2}{\phi_0}(\omega_2) &= \frac{\phi_1}{\phi_0}(A_{11})\frac{\phi_2}{\phi_1}(\omega_2) = \frac{7}{23} = 0.304,\\
\frac{\phi_2}{\phi_0}(\omega_3) &= \frac{\phi_1}{\phi_0}(A_{12})\frac{\phi_2}{\phi_1}(\omega_3) = \frac{424}{1787} = 0.237,\\
\frac{\phi_2}{\phi_0}(\omega_4) &= \frac{\phi_1}{\phi_0}(A_{12})\frac{\phi_2}{\phi_1}(\omega_4) = \frac{975}{3574} = 0.273,
\end{aligned}$$

und das direkte Verfahren liefert für die Call-Option des Beispiels 3.56 mit Auszahlung

$$\begin{aligned}
c_2 &= c = (44, 5, 0, 0)\\
c_1 &= 0\\
c_0 &= 0
\end{aligned}$$

den Wert

$$V_0 = z_0 = \boldsymbol{D}_{0,2}^{\phi}[c] = \left\langle \frac{\phi_2}{\phi_0}, c \right\rangle_2 = 44 \cdot 0.195 + 5 \cdot 0.304 = 10.091.$$

In Beispiel 3.59 wurde der erste Schritt des rekursiven Verfahrens,

$$z_1 = \boldsymbol{D}^{\phi}_{1,2}[c] = 20.181 \cdot \mathbf{1}_{\{A_{11}\}} + 0 \cdot \mathbf{1}_{\{A_{12}\}},$$

berechnet. Der zweite und letzte Schritt lautet

$$\begin{aligned} V_0 = z_0 &= \boldsymbol{D}^{\phi}_{0,1}[z_1] \\ &= \left(\frac{\phi_1}{\phi_0}(A_{11})\, z_1(A_{11}) + \frac{\phi_1}{\phi_0}(A_{12})\, z_1(A_{12}) \right) \cdot \mathbf{1}_{\{\Omega\}} \\ &= 20.181 \cdot 0.5 \\ &= 10.091, \end{aligned}$$

und wir erhalten wieder den bekannten Wert, wobei die konstanten Funktionen $\boldsymbol{D}^{\phi}_{0,2}[c]$ und $\boldsymbol{D}^{\phi}_{0,1}[z_1]$ wie üblich durch ihre Funktionswerte ersetzt wurden.

Wir bestimmen nun einen Zustandsprozess ϕ. Zunächst ist jedes Vielfache eines Zustandsprozesses wieder ein Zustandsprozess. Skalieren wir so, dass $\phi_0 := 1$ gilt, so erhalten wir für ϕ folgende, auf drei Nachkommastellen gerundete Darstellung

$$\begin{aligned} \phi &= (\phi_0, \phi_1(A_{11}), \phi_1(A_{12}), \phi_2(\omega_1), \phi_2(\omega_2), \phi_2(\omega_3), \phi_2(\omega_4)) \\ &= (1.0, 0.5, 0.5, 0.389, 0.609, 0.474, 0.546) \end{aligned}$$

oder

$$\begin{aligned} \phi_0 &= \phi_0 \mathbf{1}_{\Omega} \\ &= \mathbf{1}_{\Omega} \end{aligned}$$

$$\begin{aligned} \phi_1 &= \phi_1(A_{11})\, \mathbf{1}_{A_{11}} + \phi_1(A_{12})\, \mathbf{1}_{A_{12}} \\ &= 0.5 \cdot \mathbf{1}_{A_{11}} + 0.5 \cdot \mathbf{1}_{A_{12}} \end{aligned}$$

$$\begin{aligned} \phi_2 &= \phi_2(\omega_1)\, \mathbf{1}_{\{\omega_1\}} + \phi_2(\omega_2)\, \mathbf{1}_{\{\omega_2\}} + \phi_2(\omega_3)\, \mathbf{1}_{\{\omega_3\}} + \phi_2(\omega_4)\, \mathbf{1}_{\{\omega_4\}} \\ &= 0.389 \cdot \mathbf{1}_{\{\omega_1\}} + 0.609 \cdot \mathbf{1}_{\{\omega_2\}} + 0.474 \cdot \mathbf{1}_{\{\omega_3\}} + 0.546 \cdot \mathbf{1}_{\{\omega_4\}}. \end{aligned}$$

△

3.7.3 Darstellung der Preise von Auszahlungsprofilen als Erwartungswerte

Gleichung (3.41) ist im wesentlichen bereits die Verallgemeinerung von (3.31) auf den Fall zustandsabhängiger Auszahlungsprofile. Um die Analogie zu (3.31) weiter auszuarbeiten, betrachten wir die in (3.26) definierten Wahrscheinlichkeitsmaße $Q_t = \frac{1}{d_t} \frac{\phi_t}{\phi_0}$, wobei $d_t = \sum_{A_t \in \mathcal{Z}(\mathcal{F}_t)} \frac{\phi_t(A_t)}{\phi_0} = \boldsymbol{D}^{\phi}_{0,t}[\mathbf{1}_{\Omega}]$.

Lemma 3.69. *Mit Hilfe der in (3.26) definierten Wahrscheinlichkeitsmaße Q_t gilt folgende Darstellung für den Diskontierungsoperator*

$$\boldsymbol{D}_{s,t}^{\phi}[X] = \frac{d_t}{d_s} \sum_{A_s} \left(\frac{1}{Q_s(A_s)} \sum_{A_t \subset A_s} Q_t(A_t) X(A_t) \right) \mathbf{1}_{A_s}. \tag{3.56}$$

Beweis. Seien $A_s \in \mathcal{Z}(\mathcal{F}_s)$ und $\omega \in A_s$ beliebig vorgegeben. Dann gilt

$$\begin{aligned} \boldsymbol{D}_{s,t}^{\phi}[X](\omega) &= \sum_{A_s} \left(\frac{\phi_0}{\phi_s(A_s)} \sum_{A_t \subset A_s} \frac{\phi_t}{\phi_0}(A_t) X(A_t) \right) \\ &= \frac{d_t}{d_s} \sum_{A_s} \left(\frac{1}{Q_s(A_s)} \sum_{A_t \subset A_s} Q_t(A_t) X(A_t) \right). \end{aligned}$$

Da A_s beliebig war, folgt die Behauptung. □

Insbesondere spezialisiert sich (3.56) für $s = 0$ zu (3.27),

$$\begin{aligned} \boldsymbol{D}_{0,t}^{\phi}[X] &= d_t \left(\sum_{A_t} Q_t(A_t) X(A_t) \right) \mathbf{1}_{\Omega} \\ &= d_t \sum_{A_t} Q_t(A_t) X(A_t) \\ &= d_t \mathbf{E}^{Q_t}[X]. \end{aligned} \tag{3.57}$$

Der Wert einer zum Zeitpunkt t erfolgenden, $\mathcal{F}_t$-messbaren, replizierbaren Auszahlung X zum Zeitpunkt 0 ist also das d_t-fache des Erwartungswertes von X bezüglich des Wahrscheinlichkeitsmaßes Q_t. Hier wurde wie üblich die Konstante $d_t \mathbf{E}^{Q_t}[X] \in \mathbb{R}$ mit der konstanten Funktion $d_t \mathbf{E}^{Q_t}[X] \mathbf{1}_{\Omega} : \Omega \to \mathbb{R}$ identifiziert.

Mit Hilfe der in (3.26) definierten Wahrscheinlichkeitsmaße Q_t lässt sich (3.19) für $c = (c_0, \ldots, c_T) = (L_0(h), \ldots, L_T(h))$ schreiben als

$$V_0 = \sum_{t=0}^{T} d_t \mathbf{E}^{Q_t}[L_t(h)] = \sum_{t=0}^{T} d_t \mathbf{E}^{Q_t}[c_t], \tag{3.58}$$

und wir erhalten erneut (3.29).

3.7.4 Festverzinsliche Handelsstrategien

Wenn sich die d_t als Diskontfaktoren auffassen lassen, dann lässt sich nach (3.58) der Anfangswert $V_0(h)$ einer Handelsstrategie h zum Zeitpunkt 0 als Summe der diskontierten Erwartungswerte $d_t \mathbf{E}^{Q_t}[L_t(h)]$ der Entnahmen $L_t(h)$, $t = 0, \ldots, T$, interpretieren. Die Erwartungswerte werden jedoch nicht bezüglich eines Wahrscheinlichkeitsmaßes gebildet, welches die Wahrscheinlichkeit des Eintretens der verschiedenen Zustände $\omega_1, \ldots, \omega_K \in \Omega$ bewertet, sondern bezüglich der oben definierten formalen Wahrscheinlichkeitsmaße Q_t.

Definition 3.70. *Sei* $((S,\delta),\mathcal{F})$ *ein arbitragefreies Marktmodell mit zugehörigem adaptiertem Zustandsprozess* $\phi \gg 0$. *Das Marktmodell enthält* ***festverzinsliche Handelsstrategien****, wenn es zu jedem* $0 < t \leq T$ *eine Handelsstrategie* θ^t *und eine nur vom Zeitpunkt* t *abhängige Konstante* $\rho_t > 0$ *gibt mit*

$$\begin{aligned} I_{t-1}\left(\theta^t\right) &= \theta_t^t \cdot S_{t-1} =: \rho_t, \\ V_t\left(\theta^t\right) &= \theta_t^t \cdot S_t^\delta = 1 \text{ und} \\ \theta_s^t &= 0 \text{ für } s \neq t. \end{aligned} \tag{3.59}$$

Eine Investition in das Portfolio θ^t zum Zeitpunkt $t-1$ kostet also unabhängig vom eingetretenen Zustand den Betrag ρ_t und führt unabhängig vom eintretenden Zustand zum Zeitpunkt t zu einer Auszahlung von 1. Zwischen den Zeitpunkten $t-1$ und t hat eine Investition in $\theta_t^t \in \mathbb{R}^N$ also unabhängig von den Anfangs- und Endzuständen eine konstante Rendite

$$r_t := \frac{1}{\rho_t} - 1. \tag{3.60}$$

Damit ist die Existenz festverzinslicher Handelsstrategien gleichbedeutend mit der Existenz **deterministischer Zinsen**.

Beispiel 3.71. Wir betrachten ein Mehr-Perioden-Modell $((S,\delta),\mathcal{F})$ und nehmen o.B.d.A. an, dass das erste Finanzinstrument S^1 des Modells festverzinslich ist und folgende Eigenschaften besitzt: es gibt zu jedem Zeitpunkt $1 \leq t \leq T$ einen deterministischen Zinssatz $r_t \in \mathbb{R}$, $r_t > -1$, so dass gilt

$$\begin{aligned} S_0^1 &= 1 \text{ und} \\ S_t^1 &= (1+r_1)\cdots(1+r_t) \text{ für } 1 \leq t \leq T. \end{aligned}$$

Dann hat

$$\begin{aligned} \theta_t^t &:= \left(\frac{1}{1+r_1}\cdots\frac{1}{1+r_t}, 0, \ldots, 0\right) \text{ und} \\ \theta_s^t &:= 0 \text{ für } s \neq t. \end{aligned}$$

für jedes $1 \leq t \leq T$ die Eigenschaften

$$\begin{aligned} I_{t-1}\left(\theta^t\right) &= \theta_t^t \cdot S_{t-1} = \frac{1}{1+r_t} =: \rho_t, \\ V_t\left(\theta^t\right) &= \theta_t^t \cdot S_t^\delta = 1. \end{aligned}$$

Also definieren die θ^t festverzinsliche Handelsstrategien im Sinne der Definition 3.70. Gilt für jedes $1 \leq t \leq T$ insbesondere $r_t = r$ für eine Konstante $r > -1$, so folgt

$$\begin{aligned}\theta_t^t &:= \left(\frac{1}{(1+r)^t}, 0, \ldots, 0\right) \text{ und} \\ \theta_s^t &:= 0 \text{ für } s \neq t,\end{aligned}$$

sowie

$$\begin{aligned}I_{t-1}\left(\theta^t\right) &= \theta_t^t \cdot S_{t-1} = \frac{1}{1+r} =: \rho_t =: \rho \text{ und} \\ V_t\left(\theta^t\right) &= \theta_t^t \cdot S_t^\delta = 1.\end{aligned}$$

△

Wenn in einem Marktmodell festverzinsliche Handelsstrategien existieren, dann lassen sich alle Wahrscheinlichkeitsmaße Q_t auf Q_T zurückführen, und der Diskontierungsoperator spezialisiert sich in diesem Fall zu einer bedingten Erwartung bezüglich des Maßes Q_T.

Wir beweisen zunächst folgende vorbereitende Aussagen.

Lemma 3.72. *Angenommen, ein arbitragefreies Marktmodell* $((S, \delta), \mathcal{F})$ *enthält festverzinsliche Handelsstrategien. Dann gilt für alle* $0 < t \leq T$ *und für alle* $A_{t-1} \in \mathcal{Z}(\mathcal{F}_{t-1})$

$$Q_{t-1}(A_{t-1}) = \sum_{\substack{A_t \in \mathcal{Z}(\mathcal{F}_t) \\ A_t \subset A_{t-1}}} Q_t(A_t) \tag{3.61}$$

sowie

$$\rho_t = \frac{d_t}{d_{t-1}}, \tag{3.62}$$

wobei die Q_t, $t = 0, \ldots, T$, *durch (3.26) definiert sind.*

Beweis. Sei $0 < t \leq T$ fest gewählt, und sei θ^t eine festverzinsliche Handelsstrategie für das Zeitintervall $[t-1, t]$. Für alle $t = 1, \ldots, T$ gilt dann

$$\begin{aligned}0 &= \left\langle \phi, L\left(\theta^t\right)\right\rangle \\ &= -\left\langle \phi_{t-1}, I_{t-1}\left(\theta^t\right)\right\rangle_{t-1} + \left\langle \phi_t, V_t\left(\theta^t\right)\right\rangle_t \\ &= -d_{t-1}\left\langle Q_{t-1}, I_{t-1}\left(\theta^t\right)\right\rangle_{t-1} + d_t\left\langle Q_t, V_t\left(\theta^t\right)\right\rangle_t.\end{aligned}$$

Dies führt zu

$$\rho_t d_{t-1} \sum_{A_{t-1} \in \mathcal{Z}(\mathcal{F}_{t-1})} Q_{t-1}(A_{t-1}) = d_t \sum_{A_t \in \mathcal{Z}(\mathcal{F}_t)} Q_t(A_t). \tag{3.63}$$

Da Q_{t-1} und Q_t Wahrscheinlichkeitsmaße sind, haben beide Summen in (3.63) den Wert 1. Daraus folgt (3.62).

Sei nun $A_{t-1} \in \mathcal{Z}(\mathcal{F}_{t-1})$ beliebig gewählt. Dann ist h, definiert durch

$$h_t := \theta_t^t \mathbf{1}_{A_{t-1}},$$
$$h_{t'} := 0 \text{ für } t' \neq t,$$

eine vorhersehbare Handelsstrategie, für die gilt

$$\begin{aligned} 0 &= \langle \phi, L(h) \rangle \\ &= -d_{t-1} \left\langle Q_{t-1}, I_{t-1}\left(\theta^t\right) \mathbf{1}_{A_{t-1}} \right\rangle_{t-1} + d_t \left\langle Q_t, V_t\left(\theta^t\right) \mathbf{1}_{A_{t-1}} \right\rangle_t \\ &= -d_{t-1} \rho_t Q_{t-1}(A_{t-1}) + d_t \sum_{A_t \subset A_{t-1}} Q_t(A_t). \end{aligned}$$

Mit $d_t = d_{t-1}\rho_t$ folgt die Behauptung (3.61), und der Satz ist bewiesen. □

Damit ist also $\rho_t = \frac{d_t}{d_{t-1}}$ der Diskontfaktor zwischen den Zeitpunkten $t-1$ und t.

Folgerung 3.73. *Angenommen, ein arbitragefreies Marktmodell* $((S,\delta), \mathcal{F})$ *enthält festverzinsliche Handelsstrategien. Dann gilt für alle* $0 \leq s < t \leq T$ *und für beliebiges* $A_s \in \mathcal{Z}(\mathcal{F}_s)$

$$Q_s(A_s) = \sum_{\substack{A_t \in \mathcal{Z}(\mathcal{F}_t) \\ A_t \subset A_s}} Q_t(A_t), \tag{3.64}$$

wobei die Q_t, $t = 0, \ldots, T$, *durch (3.26) definiert sind.*

Beweis. Dies folgt induktiv aus (3.61). □

Definition 3.74. *Sei* $((S,\delta), \mathcal{F})$ *ein arbitragefreies Marktmodell mit festverzinslichen Handelsstrategien. Dann induzieren die* Q_t, $t = 0, \ldots, T$, *aus (3.26) ein Wahrscheinlichkeitsmaß* $Q : \mathcal{P}(\Omega) \to [0,1]$ *durch*

$$Q(\{\omega\}) := Q_T(\omega) \tag{3.65}$$

für alle $\omega \in \Omega$. *Für alle* $t = 0, \ldots, T$ *und für alle* $A_t \in \mathcal{Z}(\mathcal{F}_t)$ *gilt wegen (3.64) der Zusammenhang*

$$Q_t(A_t) = \sum_{\omega \in A_t} Q(\{\omega\}) =: Q(A_t). \tag{3.66}$$

Q wird ***Preismaß*** *genannt.*

Satz 3.51 entnehmen wir, dass die Berechnung von Zustandsprozessen auf die Berechnung von Zustandsvektoren in Ein-Perioden-Teilmodellen zurückgeführt werden kann. Sei ϕ ein Zustandsprozess in $((S,\delta), \mathcal{F})$ und sei $A_{t-1} \in \mathcal{Z}(\mathcal{F}_{t-1})$. Dann gibt es $A_{t1}, \ldots, A_{tk} \in \mathcal{Z}(\mathcal{F}_t)$ mit $A_{t-1} = A_{t1} \cup \cdots \cup A_{tk}$. Für das Ein-Perioden-Teilmodell $(b, D)_{A_{t-1}}$ gilt mit (3.16) und (3.66)

$$\psi_j = \frac{\phi_t}{\phi_{t-1}}(A_{tj}) = \frac{d_t}{d_{t-1}} \frac{Q(A_{tj})}{Q(A_{t-1})} = \frac{d_t}{d_{t-1}} Q_{A_{t-1}}(A_{tj}),$$

wobei $Q_{A_{t-1}}(A_{tj}) = \frac{Q(A_{tj})}{Q(A_{t-1})} = \frac{Q(A_{tj} \cap A_{t-1})}{Q(A_{t-1})}$ als die **bedingte Wahrscheinlichkeit** von A_{tj}, gegeben A_{t-1}, interpretiert werden kann.

Für einen beliebigen Informationspfad

$$\Omega = A_0 \subset A_1 \subset \cdots \subset A_T = \{\omega\}$$

gilt damit

$$\begin{aligned} \frac{\phi_T}{\phi_0}(\omega) &= \frac{\phi_1}{\phi_0}(A_1)\frac{\phi_2}{\phi_1}(A_2)\cdots\frac{\phi_T}{\phi_{T-1}}(\omega) \\ &= \frac{d_1}{d_0}Q_{A_0}(A_1)\frac{d_2}{d_1}Q_{A_1}(A_2)\cdots\frac{d_T}{d_{T-1}}Q_{A_{T-1}}(A_T) \\ &= d_T Q(\omega), \end{aligned} \tag{3.67}$$

wegen $d_0 = 1$.

Seien θ^t die in (3.59) definierten festverzinslichen Handelsstrategien. Damit definieren wir nun für jedes $0 < t \leq T$ die Handelsstrategie h^t

$$\begin{aligned} h_s^t &= 0 \text{ für } s > t \\ h_t^t &= \theta_t^t \\ h_{t-1}^t &= \rho_t \theta_{t-1}^{t-1} \\ h_{t-2}^t &= \rho_{t-1}\rho_t \theta_{t-2}^{t-2} \\ &\vdots \\ h_s^t &= \left(\prod_{i=s+1}^{t} \rho_i\right)\theta_s^s \\ &\vdots \\ h_1^t &= \left(\prod_{i=2}^{t} \rho_i\right)\theta_1^1 \\ h_0^t &= 0. \end{aligned} \tag{3.68}$$

Dann gilt für alle $0 < s < t < T$

$$h_s^t \cdot S_s^\delta = \left(\prod_{i=s+1}^{t} \rho_i\right)\theta_s^s \cdot S_s^\delta = \prod_{i=s+1}^{t} \rho_i \tag{3.69}$$

und

$$h_{s+1}^t \cdot S_s = \left(\prod_{i=s+2}^{t} \rho_i\right)\theta_{s+1}^{s+1} \cdot S_s = \left(\prod_{i=s+2}^{t} \rho_i\right)\rho_{s+1} = \prod_{i=s+1}^{t} \rho_i. \tag{3.70}$$

Also ist

$$L_s\left(h^t\right) = h_s^t \cdot S_s^\delta - h_{s+1}^t \cdot S_s = 0 \text{ für jedes } 0 < s < t < T,$$

und die Handelsstrategie h^t reinvestiert das gesamte Kapital zu jedem Zeitpunkt $0 < s < t$. Weiter gilt nach Definition von h^t

$$L_s\left(h^t\right) = 0 \text{ für } s > t.$$

Für $s = 0$ gilt

$$\begin{aligned} L_0\left(h^t\right) &= h_0^t \cdot S_0^\delta - h_1^t \cdot S_0 \\ &= -h_1^t \cdot S_0 \\ &= -\left(\prod_{i=2}^{t} \rho_i\right) \theta_1^1 \cdot S_0 \\ &= -\prod_{i=1}^{t} \rho_i \end{aligned}$$

und für $s = t$ gilt

$$\begin{aligned} L_t\left(h^t\right) &= h_t^t \cdot S_t^\delta - h_{t+1}^t \cdot S_t \\ &= \theta_t^t \cdot S_t^\delta \\ &= 1. \end{aligned}$$

Zusammengefasst gilt also

$$\begin{aligned} L_0\left(h^t\right) &= -h_1^t \cdot S_0 \\ &= -\prod_{i=1}^{t} \rho_i \\ L_s\left(h^t\right) &= 0 \text{ für jedes } 0 < s < t < T \\ L_t\left(h^t\right) &= 1 \\ L_s\left(h^t\right) &= 0 \text{ für } t < s \leq T. \end{aligned} \tag{3.71}$$

Eine Investition von $\prod_{i=1}^{t} \rho_i$ zum Zeitpunkt 0, die dem negativen Zahlungsstrom $-\prod_{i=1}^{t} \rho_i$ entspricht, führt also zu einer zustandsunabhängigen Auszahlung von 1 zum Zeitpunkt t. Daher ist der Faktor d_t, gegeben durch

$$d_t = \frac{d_t}{d_0} = \prod_{i=1}^{t} \frac{d_i}{d_{i-1}} = \prod_{i=1}^{t} \rho_i, \tag{3.72}$$

der Diskontfaktor zwischen den Zeitpunkten 0 und t für jedes $0 \leq t \leq T$.

Mit (3.60) und (3.72) folgt

$$d_t = \prod_{i=1}^{t} \rho_i = \frac{1}{(1+r_1)\cdots(1+r_t)}. \tag{3.73}$$

Gibt es eine Konstante $r > -1$ mit $r_t = r$ für alle $t = 1, \ldots, T$, so spezialisiert sich (3.73) auf

$$d_t = \frac{1}{(1+r)^t}. \tag{3.74}$$

3.7.5 Der Diskontierungsoperator wird zur bedingten Erwartung

Für diesen Abschnitt nehmen wir an, dass das Marktmodell $((S,\delta), \mathcal{F})$ über festverzinsliche Handelsstrategien verfügt. In diesem Fall lässt sich der Diskontierungsoperator als diskontierte bedingte Erwartung interpretieren. Wir formulieren im folgenden eine Definition der bedingten Erwartung, die zunächst lediglich als bequeme, alternative Schreibweise des Diskontierungsoperators erscheint und die es gestattet, die Preise von zustandsabhängigen Auszahlungsprofilen analog zum deterministischen Fall zu formulieren. Mehr zur bedingten Erwartung und deren Anwendung in der stochastischen Finanzmathematik ist im zweiten Teil des Buches zu finden.

Definition 3.75. *Sei* $\left(\Omega, (\mathcal{F}_t)_{t\in\{0,\ldots,T\}}, P\right)$ *ein gefilterter Wahrscheinlichkeitsraum mit Wahrscheinlichkeitsmaß* Q *auf* $\mathcal{P}(\Omega)$. *Sei* X $\mathcal{F}_t$*-messbar und sei* $s \le t$. *Dann heißt*

$$\mathbf{E}^Q[X|\mathcal{F}_s] := \sum_{A_s} \left(\frac{1}{Q(A_s)} \sum_{A_t \subset A_s} Q(A_t) X(A_t) \right) 1_{A_s} \tag{3.75}$$

die ***bedingte Erwartung*** *von* X, *gegeben* $\mathcal{F}_s$. *Eine häufig verwendete alternative Schreibweise lautet*

$$\mathbf{E}_s^Q[X] := \mathbf{E}^Q[X|\mathcal{F}_s].$$

Lemma 3.76. *Wenn ein arbitragefreies Marktmodell* $((S,\delta), \mathcal{F})$ *mit Preismaß* Q *über festverzinsliche Handelsstrategien verfügt, dann ist der Diskontierungsoperator eine* ***diskontierte bedingte Erwartung****. Genauer gilt für jede* $\mathcal{F}_t$*-messbare Funktion* X *und für alle* $s \le t$

$$\mathbf{D}_{s,t}^{\phi}[X] = \frac{d_t}{d_s} \mathbf{E}_s^Q[X]. \tag{3.76}$$

Beweis. Mit Definition 3.74 gilt

$$\begin{aligned}\boldsymbol{D}_{s,t}^{\phi}[X] &= \frac{d_t}{d_s}\sum_{A_s}\left(\frac{1}{Q_s(A_s)}\sum_{A_t\subset A_s} Q_t(A_t)\,X(A_t)\right)1_{A_s}\\ &= \frac{d_t}{d_s}\sum_{A_s}\left(\frac{1}{Q(A_s)}\sum_{A_t\subset A_s} Q(A_t)\,X(A_t)\right)1_{A_s}\\ &= \frac{d_t}{d_s}\mathbf{E}^Q\left[X\,|\mathcal{F}_s\right],\end{aligned}$$

wobei (3.66) verwendet wurde. □

Praxisrelevante Marktmodelle enthalten in aller Regel festverzinsliche Handelsstrategien, so dass sich zustandsabhängige Auszahlungsprofile mit Hilfe der bedingten Erwartung in äquivalente Preise für vorhergehende Zeitpunkte transformieren lassen. In Abschnitt 3.10 werden wir sehen, dass sich Auszahlungsprofile auch in allgemeineren Marktmodellen durch den Übergang zu diskontierten Modellen mit Hilfe der bedingten Erwartung bewerten lassen.

Folgerung 3.77. *Angenommen, ein Marktmodell enthält festverzinsliche Handelsstrategien. Sei* $c = (c_0, \ldots, c_T) \in \mathcal{W}_L$ *ein Entnahmeprozess, der durch eine Handelsstrategie* $h \in \mathcal{H}_N$ *repliziert werden kann, also*

$$c_t = L_t(h)$$

für alle $t = 0, \ldots, T$. *Dann gilt*

$$V_t(h) = \sum_{i=t}^{T} \frac{d_i}{d_t}\mathbf{E}_t^Q[c_i]. \tag{3.77}$$

Für $t = 0$ *spezialisiert sich (3.77) zu*

$$\boxed{V_0 := V_0(h) = \textstyle\sum_{t=0}^{T} d_t \mathbf{E}^Q[L_t(h)] = \sum_{t=0}^{T} d_t \mathbf{E}^Q[c_t].} \tag{3.78}$$

Beweis. Dies folgt unmittelbar aus (3.48) und aus (3.76). □

Die Gleichung (3.78) ist die Verallgemeinerung des deterministischen Falls (3.21) auf zustandsabhängige replizierbare Auszahlungsprofile. Zukünftige, zustandsabhängige, replizierbare Zahlungen c_t werden nach Bildung der Erwartungswerte abdiskontiert und zu einem zu diesem Zahlungsstrom äquivalenten Wert V_0 aufsummiert.

Falls $c_0 = \cdots = c_{T-1} = 0$, so ist die Handelsstrategie, die $(c_t)_{t=0,\ldots,T}$ repliziert, nach Definition selbstfinanzierend, und (3.78) lautet

$$V_0 = d_T \mathbf{E}^Q[c_T].$$

Ist schließlich in (3.78) jede Zahlung c_t deterministisch, so gilt $\mathbf{E}^Q[c_t] = c_t$, und (3.78) spezialisiert sich zu

$$V_0 = \sum_{t=1}^{T} d_t \mathbf{E}^Q[c_t] = \sum_{t=1}^{T} d_t c_t.$$

Mit (3.45) und mit (3.76) erhalten wir folgende alternative Herleitung von (3.72):

Folgerung 3.78. *Angenommen, ein Marktmodell enthält festverzinsliche Handelsstrategien und sei h^t die durch (3.68) definierte Handelsstrategie. Dann gilt*

$$d_t = \prod_{i=1}^{t} \rho_i.$$

Beweis. Nach Definition (3.68) von h^t gilt nach (3.45) der Zusammenhang

$$h_1 \cdot S_0 = \sum_{j=1}^{T} \boldsymbol{D}_{t,j}^{\phi}[L_j(h)].$$

Daraus folgt nach Spezialisierung auf (3.71)

$$\prod_{i=1}^{t} \rho_i = h_1^t \cdot S_0 = d_t \mathbf{E}^Q\left[h_t^t \cdot S_t^{\delta}\right] = d_t \mathbf{E}^Q[1] = d_t.$$

□

Beispiel 3.79. Wir betrachten erneut das Beispiel 3.68 und verifizieren zunächst, dass das Marktmodell dieses Beispiels keine festverzinslichen Kapitalanlagen enthält. Dazu zeigen wir, dass die beiden Ein-Perioden-Teilmodelle für die Perioden [1, 2] festverzinsliche Kapitalanlagen mit unterschiedlichem Zinssatz enthalten. Jedes dieser Ein-Perioden-Teilmodelle ist vollständig, denn jede zugehörige Auszahlungsmatrix D besitzt vollen Rang 2. Also existieren in jedem Ein-Perioden-Teilmodell festverzinsliche Kapitalanlagen und die Komponentensummen der jeweiligen Zustandsvektoren ergeben den Diskontfaktor des zugehörigen Teilmodells. Damit erhalten wir für das Teilmodell $(S_1(A_{11}), (S_2(\omega_1), S_2(\omega_2)))$

$$d_1^1 := \langle \psi(A_{11}), 1 \rangle = \left\langle \begin{pmatrix} \frac{\phi_2}{\phi_1}(\omega_1) \\ \frac{\phi_2}{\phi_1}(\omega_2) \end{pmatrix}, 1 \right\rangle = \frac{215}{552} + \frac{14}{23} = \frac{551}{552} = 0.998.$$

Die zugehörige risikolose Rendite lautet

$$r_1^1 := \frac{1}{d_1^1} - 1 = \frac{1}{551} = 0.181\%.$$

Entsprechend erhalten wir für das Teilmodell $(S_1(A_{12}), (S_2(\omega_3), S_2(\omega_4)))$ den Diskontfaktor

$$d_1^2 := \langle \psi(A_{12}), 1 \rangle = \left\langle \begin{pmatrix} \frac{\phi_2}{\phi_1}(\omega_3) \\ \frac{\phi_2}{\phi_1}(\omega_4) \end{pmatrix}, 1 \right\rangle = \frac{848}{1787} + \frac{975}{1787} = \frac{1823}{1787} = 1.020$$

mit zugehöriger risikoloser Rendite

$$r_1^2 := \frac{1}{d_1^2} - 1 = -\frac{36}{1823} = -1.975\%.$$

Da $d_1^1 \neq d_1^2$, und damit $r_1^1 \neq r_1^2$, existieren im betrachteten Zwei-Perioden-Modell keine festverzinslichen Kapitalanlagen entsprechend der Definition. Daher definieren die Maße Q_t in diesem Modell auch kein Preismaß. △

3.7.6 Preisprozesse werden zu Martingalen

Unter dem Preismaß werden die diskontierten Preisprozesse der Finanzinstrumente, die keine Dividenden auszahlen, zu Martingalen. Der Martingalbegriff wird ebenso wie die bedingte Erwartung später, in Kapitel 7, ausführlicher dargestellt.

Lemma 3.80. *Angenommen, ein arbitragefreies Marktmodell $((S, \delta), \mathcal{F})$ mit Preismaß Q enthält festverzinsliche Handelsstrategien. Dann gilt für jedes Finanzinstrument S^j*

$$d_s S_s^j = \mathbf{E}_s^Q \left[d_t S_t^j \right] + \sum_{i=s+1}^{t} d_i \mathbf{E}_s^Q \left[\delta_i^j \right].$$

Sei weiter angenommen, dass ein Finanzinstrument S^j keine Dividenden auszahlt. Dann ist der diskontierte Preisprozess $\left(d_t S_t^j \right)_{t=0,\ldots,T}$ ein ***Martingal*** *bezüglich Q, es gilt also für $s \leq t$*

$$d_s S_s^j = \mathbf{E}_s^Q \left[d_t S_t^j \right].$$

Beweis. Nach Satz 3.66 gilt

$$S_s^j = \boldsymbol{D}_{s,t}^{\phi} \left[S_t^j \right] + \sum_{i=s+1}^{t} \boldsymbol{D}_{s,i}^{\phi} \left[\delta_i^j \right],$$

und daraus folgen beide Behauptungen zusammen mit Lemma 3.76. □

Aufgrund von Lemma 3.80 wird Q auch **Martingalmaß** genannt.

Eine hervorragende Einführung in die Maß- und Wahrscheinlichkeitstheorie mit Hilfe von Martingalen ist [59] von David Williams. In diesem Buch nennt Williams die bedingte Erwartung *die zentrale Definition* der modernen Wahrscheinlichkeitstheorie.

3.8 Wertgrenzen für Call- und Put-Optionen

Wir betrachten ein arbitragefreies Marktmodell $((S, \delta), \mathcal{F})$ mit $S_t > 0$ für alle $t = 0, \ldots, T$ sowie die Auszahlung einer Call-Option

$$c^C := (S_T - K)^+$$

und die einer Put-Option

$$c^P := (K - S_T)^+$$

mit Basispreis $K \geq 0$. Wir setzen voraus, dass sowohl c^C als auch c^P sowie konstante Endauszahlungen replizierbar sind. Offenbar gilt

$$0 \leq c^C$$

und

$$S_T - K \leq c^C \leq S_T.$$

Daraus erhalten wir wegen $\boldsymbol{D}^{\phi}_{0,T}[S_T] = S_0 - \sum_{t=1}^{T} \boldsymbol{D}^{\phi}_{0,t}[\delta_t]$ und $\phi \gg 0$

$$0 \leq \boldsymbol{D}^{\phi}_{0,T}\left[c^C\right] =: c_0^C \tag{3.79}$$

sowie

$$\begin{aligned} S_0 - \sum_{t=1}^{T} \boldsymbol{D}^{\phi}_{0,t}[\delta_t] - d_T K &= \boldsymbol{D}^{\phi}_{0,T}[S_T] - \boldsymbol{D}^{\phi}_{0,T}[K] \qquad (3.80) \\ &= \boldsymbol{D}^{\phi}_{0,T}[S_T - K] \\ &\leq \boldsymbol{D}^{\phi}_{0,T}\left[c^C\right] \\ &\leq \boldsymbol{D}^{\phi}_{0,T}[S_T] \\ &= S_0 - \sum_{t=1}^{T} \boldsymbol{D}^{\phi}_{0,t}[\delta_t], \end{aligned}$$

wobei $d_T = \boldsymbol{D}^{\phi}_{0,T}[\mathbf{1}_{\Omega}]$. Aus (3.79) und (3.80) folgt

$$\left(\tilde{S}_0 - d_T K\right)^+ \leq c_0^C \leq \tilde{S}_0, \tag{3.81}$$

wobei $\tilde{S}_0 := S_0 - \sum_{t=1}^{T} \boldsymbol{D}^{\phi}_{0,t}[\delta_t]$ verwendet wurde. Falls die Aktie S während der Laufzeit der Option keine Dividenden auszahlt, spezialisiert sich (3.81) zu

$$(S_0 - d_T K)^+ \leq c_0^C \leq S_0. \tag{3.82}$$

Analog gilt für eine Put-Option

$$0 \leq c^P \leq K,$$

woraus

$$0 \leq \boldsymbol{D}^{\phi}_{0,T}\left[c^P\right] =: c_0^P \leq d_T K \tag{3.83}$$

folgt.

Weiter erhalten wir aus

$$c^C - c^P = S_T - K$$

den Zusammenhang

$$\begin{aligned} c_0^C - c_0^P &= \boldsymbol{D}^{\phi}_{0,T}\left[S_T\right] - \boldsymbol{D}^{\phi}_{0,T}\left[K\right] \\ &= S_0 - \sum_{t=1}^{T} \boldsymbol{D}^{\phi}_{0,t}\left[\delta_t\right] - d_T K \\ &= \tilde{S}_0 - d_T K, \end{aligned} \tag{3.84}$$

der **Put-Call-Parität** genannt wird und (1.45) auf Mehr-Perioden-Modelle verallgemeinert. Wir sehen, dass Call- und Put-Preise miteinander zusammenhängen. Ist also etwa der Preis einer Call-Option c_0^C bekannt, so ist damit der Wert c_0^P einer Put-Option mit gleichem Underlying, gleichem Ausübungspreis und gleicher Fälligkeit festgelegt.

Sind die Dividenden im Marktmodell deterministisch, so gilt mit Lemma 3.69, und mit (3.57) erhalten wir

$$\sum_{t=1}^{T} \boldsymbol{D}^{\phi}_{0,t}\left[\delta_t\right] = \sum_{t=1}^{T} d_t \mathbf{E}_0^{Q_t}\left[\delta_t\right] = \sum_{t=1}^{T} d_t \delta_t = \sum_{t=1}^{T} \frac{\delta_t}{1+r_t},$$

wobei $r_t := \frac{1}{d_t} - 1$.

Zahlt die Aktie S während der Laufzeit der Optionen keine Dividenden aus, so spezialisiert sich die Put-Call-Parität zu

$$c_0^C - c_0^P = S_0 - d_T K. \tag{3.85}$$

3.9 Die Zinsstrukturkurve

Wir betrachten nun ein arbitragefreies Marktmodell $((S, \delta), \mathcal{F})$, das *nicht* notwendigerweise festverzinsliche Handelsstrategien enthält. Dagegen setzen wir die Existenz einer Familie von **Zerobonds**,

$$\left\{B_s^t \,|\, s, t = 0, \ldots, T\right\}$$

voraus. Dies sind adaptierte Prozesse mit den Eigenschaften

$$B_s^t = \begin{cases} \gg 0 & \text{für } s < t \\ 1 & \text{für } s = t \\ 0 & \text{für } s > t. \end{cases}$$

Für jeden Prozess B^t kann t als Fälligkeit des Zerobonds interpretiert werden. Für jeden Zeitpunkt $t = 0, \ldots, T$ ist $\{B_t^{t+1}, \ldots, B_t^T\}$ eine Serie von Zerobond-Preisen, und deren Gesamtheit

$$\{B_t^{t+1}, \ldots, B_t^T\}_{t=0,\ldots,T}$$

wird **Zerobond-Struktur** genannt. Nach (3.56) gilt für $0 \leq r \leq s \leq t \leq T$

$$\begin{aligned} B_r^t &= \boldsymbol{D}_{r,s}^{\phi}\left[B_s^t\right] \\ &= \frac{d_s}{d_r} \sum_{A_r} \left(\frac{1}{Q_r(A_r)} \sum_{A_s \subset A_r} Q_s(A_s) B_s^t(A_s) \right) \mathbf{1}_{A_r}. \end{aligned}$$

Damit erhalten wir für $s < t$

$$B_s^t = \boldsymbol{D}_{s,t}^{\phi}\left[B_t^t\right] = \boldsymbol{D}_{s,t}^{\phi}[1],$$

und

$$\begin{aligned} B_{t-1}^t &= \boldsymbol{D}_{t-1,t}^{\phi}[1] \\ &= \frac{d_t}{d_{t-1}} \sum_{A_{t-1}} \left(\frac{\sum_{A_t \subset A_{t-1}} Q_t(A_t)}{Q_{t-1}(A_{t-1})} \right) \mathbf{1}_{A_{t-1}} \\ &= \sum_{A_{t-1}} d_{t-1,t}(A_{t-1}) \mathbf{1}_{A_{t-1}} \\ &= d_{t-1,t}, \end{aligned}$$

wobei die

$$d_{t-1,t}(A_{t-1}) := \frac{d_t}{d_{t-1}} \frac{1}{Q_{t-1}(A_{t-1})} \sum_{A_t \subset A_{t-1}} Q_t(A_t) \tag{3.86}$$

als zustandsabhängige Ein-Perioden-Diskontfaktoren interpretiert werden können. Die zugehörigen Zinssätze

$$r_t(A_{t-1}) := \frac{1}{d_{t-1,t}(A_{t-1})} - 1$$

werden **Spot-Rates** genannt, und $r_t(A_{t-1})$ kennzeichnet die vom Zustand A_{t-1} abhängige Verzinsung des Zerobonds B^t zwischen den Zeitpunkten $t-1$ und t.

Sind die Spot-Rates deterministisch, gilt also $r_t(A_{t-1}) = r_t \in \mathbb{R}$ für alle $A_{t-1} \in \mathcal{Z}(\mathcal{F}_{t-1})$ für alle $t = 1, \ldots, T$, so existieren im Mehr-Perioden-Modell festverzinsliche Handelsstrategien. Dann gilt $Q_{t-1}(A_{t-1}) = \sum_{A_t \subset A_{t-1}} Q_t(A_t)$ und (3.86) spezialisiert sich zu

$$d_{t-1,t} = \frac{d_t}{d_{t-1}} = \frac{1}{1+r_t}.$$

Für die Spot-Rates gilt in diesem Fall $r_t = \frac{d_{t-1}}{d_t} - 1$, und wir erhalten die Darstellung

$$B_s^t = \frac{1}{1+r_{s+1}} \cdots \frac{1}{1+r_t}$$

für die Zerobonds.

Wir sehen also, dass sich aus einer Familie von Zerobonds eine **Zinsstruktur** $\{r_1, \ldots, r_T\}$ im zugehörigen Mehr-Perioden-Modell ableiten lässt. Die Zinsstruktur $(r_t)_{t=1,\ldots,T}$ ist ein vorhersehbarer stochastischer Prozess.

Die **Yield to Maturity** Y_s^t eines Zerobonds B^t ist definiert durch die Bedingung

$$B_s^t \left(1 + Y_s^t\right)^{t-s} = 1.$$

Der Prozess Y^t ist gegeben durch

$$Y_s^t := \begin{cases} \frac{1}{(B_s^t)^{\frac{1}{s-t}}} - 1 & \text{für } s < t \\ 0 & \text{für } s \geq t. \end{cases} \tag{3.87}$$

Für $s = t - 1$ erhalten wir insbesondere

$$Y_{t-1}^t = r_t.$$

Die Gesamtheit

$$\left\{Y_t^{t+1}, Y_t^{t+2}, \ldots, Y_t^T\right\}_{t=0,\ldots,T}$$

wird als **Yield Curve** oder als **Zinsstrukturkurve** bezeichnet. Offenbar ist die Kenntnis der Zerobonds äquivalent zur Kenntnis der Yield Curve.

Sind die Spot-Rates deterministisch, so spezialisiert sich (3.87) zu

$$Y_s^t = \left(B_s^t\right)^{\frac{1}{t-s}} - 1 = ((1+r_{s+1}) \cdots (1+r_t))^{\frac{1}{t-s}} - 1.$$

Es gilt also $(1 + Y_s^t)^{t-s} = (1 + r_{s+1}) \cdots (1 + r_t)$, so dass Y_s^t einen konstanten Zinssatz pro Periode bezeichnet, der der Gesamtverzinsung zwischen den Zeitpunkten s und t entspricht.

Ein weiteres wichtiges Konzept ist das der **Forward-Zinskurve**. Für $r \leq s \leq t$ bezeichnet $F_{r,s}^t$ den **Forward-Preis** eines Forward-Kontrakts über einen Zerobond, der zum Zeitpunkt r abgeschlossen wird, der zum Zeitpunkt s geliefert wird und der die Fälligkeit t besitzt. Damit ist $F_{r,s}^t$ eine $\mathcal{F}_r$-messbare

Zustandsvariable, die durch die Forderung $0 = \boldsymbol{D}_{r,s}^{\phi}\left[B_s^t - F_{r,s}^t\right]$ festgelegt wird. Es gilt

$$\begin{aligned}
0 &= \boldsymbol{D}_{r,s}^{\phi}\left[B_s^t - F_{r,s}^t\right] \\
&= B_r^t - \boldsymbol{D}_{r,s}^{\phi}\left[F_{r,s}^t\right] \\
&= B_r^t - \frac{d_s}{d_r}\sum_{A_r} F_{r,s}^t\left(A_r\right)\left(\frac{1}{Q_r\left(A_r\right)}\sum_{A_s\subset A_r} Q_s\left(A_s\right)\right)\mathbf{1}_{A_r} \\
&= B_r^t - \sum_{A_r} d_{r,s}\left(A_r\right)F_{r,s}^t\left(A_r\right)\mathbf{1}_{A_r} \\
&= B_r^t - d_{r,s}F_{r,s}^t.
\end{aligned}$$

Dabei wurde definiert

$$d_{r,s}\left(A_r\right) := \frac{d_s}{d_r}\left(\frac{1}{Q_r\left(A_r\right)}\sum_{A_s\subset A_r} Q_s\left(A_s\right)\right), \tag{3.88}$$

so dass

$$\begin{aligned}
d_{r,s} &= \frac{d_s}{d_r}\sum_{A_r}\left(\frac{1}{Q_r\left(A_r\right)}\sum_{A_s\subset A_r} Q_s\left(A_s\right)\mathbf{1}\right)\mathbf{1}_{A_r} \\
&= \boldsymbol{D}_{r,s}^{\phi}\left[1\right] \\
&= B_r^s.
\end{aligned}$$

Daraus folgt

$$\begin{aligned}
F_{r,s}^t &= \frac{1}{d_{r,s}}B_r^t \\
&= \frac{B_r^t}{B_r^s}.
\end{aligned}$$

Die Darstellung $F_{r,s}^t B_r^s = B_r^t$ besitzt folgende ökonomische Interpretation. Um eine Auszahlung von 1 zum Zeitpunkt t zu erzeugen, kann zunächst zum Zeitpunkt r ein Zerobond B_r^t mit Fälligkeit t erworben werden. Alternativ dazu kann zum Zeitpunkt r ein Forward-Kontrakt gekauft werden, der zum Zeitpunkt s eine Auszahlung von 1 zum Zeitpunkt t garantiert. Zum Zeitpunkt s ist dafür der Forward-Preis $F_{r,s}^t$ zu zahlen, und um diese Auszahlung zu erzielen, wird zum Zeitpunkt r die Anzahl $F_{r,s}^t$ Zerobonds B_r^s erworben.

Existieren im Mehr-Perioden-Modell festverzinsliche Handelsstrategien, so spezialisiert sich (3.88) zu

$$d_{r,s} = \frac{d_r}{d_s} = \frac{1}{1+r_{r+1}}\cdots\frac{1}{1+r_s},$$

und wir erhalten mit $B_r^t = \frac{1}{1+r_{r+1}}\cdots\frac{1}{1+r_t}$ für den Forward-Preis

$$F_{r,s}^{t} = (1 + r_{s+1}) \cdots (1 + r_t) =: 1 + f_s^t,$$

wobei

$$f_s^t := (1 + r_{s+1}) \cdots (1 + r_t) - 1.$$

Definition 3.81. *Für* $0 \leq s \leq t \leq T$ *ist die* ***Struktur der Forward-Rates*** f_s^t *gegeben durch*

$$f_{r,s}^{t} := \frac{B_r^t}{B_r^s} - 1$$

Insbesondere gilt also

$$f_{r,t}^{t+1} = \frac{B_r^{t+1}}{B_r^t} - 1$$

Existieren festverzinsliche Handelsstrategien, so erhalten wir

$$f_{r,s}^{t} := f_s^t := \frac{d_s}{d_t} - 1 = (1 + r_{s+1}) \cdots (1 + r_t) - 1.$$

Insbesondere folgt also

$$f_t^{t+1} = r_{t+1},$$

und in diesem Spezialfall stimmen die Forward-Rates mit den Spot-Rates überein.

Corporate Bonds

Bislang wurden Bonds als eigenständige, im Marktmodell gegebene Finanzinstrumente betrachtet, wie etwa Staatsanleihen. Bonds können aber auch von Unternehmen ausgegeben werden, sogenannte **Corporate Bonds**, und je nach Rating des Unternehmens birgt das im Bond beinhaltete Versprechen der Rückzahlung des Nominalwerts bei Fälligkeit ein Risiko. Es liegt nahe, Corporate Bonds nicht als eigenständig zu modellieren, sondern als Finanzinstrumente, die von den Aktienkursen der zugehörigen Unternehmen abgeleitet werden. Im einfachsten Fall wird angenommen, dass das Aktienunternehmen konkurs geht, wenn der Aktienkurs einen gewissen Schwellenwert unterschreitet. In diesem Fall kann das Unternehmen den Nominalbetrag des Bonds entweder überhaupt nicht zurückzahlen, oder es wird nur ein Bruchteil dieses Betrags ausgezahlt. Im einfachsten Fall lautet der Payoff des Bonds also

$$\mathbf{1}_{\{S \geq K\}}.$$

Liegt der Aktienkurs bei Fälligkeit oberhalb von K, so beträgt die Auszahlung 1, sonst 0. Damit erhält der Bond den Charakter einer sogenannten Digital-Option. Das Ziel ist nun, den Schwellenwert K so anzupassen, dass realistische Bondpreise bzw. realistische Bond-Yields erzielt werden. Für einen Corporate Bond B^t mit Fälligkeit t ist K so zu wählen, dass

$$B_0^t = \boldsymbol{D}_{0,t}^{\phi}\left[\mathbf{1}_{\{S\geq K\}}\right],$$

wobei B_0^t den beobachteten Preis von B^t zum Zeitpunkt 0 bezeichnet. Wegen

$$B_0^t = \boldsymbol{D}_{0,t}^{\phi}\left[\mathbf{1}_{\{S\geq K\}}\right] \leq \boldsymbol{D}_{0,t}^{\phi}\left[\mathbf{1}\right]$$

ist der Wert des Corporate Bonds kleiner gleich dem Wert eines Zerobond ohne Rückzahlungsrisiko. Dies entspricht einer höheren Yield, die als risikoadjustierter Zinssatz interpretiert werden kann.

Für zusätzliche Informationen zu Zerobonds, Zinsstrukturkurven und Forward-Rates siehe Pliska [45].

3.10 Das diskontierte Marktmodell

Wir nehmen an, dass in einem arbitragefreien Marktmodell $((S,\delta),\mathcal{F})$ ein Finanzinstrument existiert, das keine Dividendenzahlungen leistet und das zu jedem Zeitpunkt und in jedem Zustand einen positiven Wert besitzt. O.B.d.A. nehmen wir an, dass dieses Finanzinstrument den Index 1 besitzt, so dass gilt

$$S_t^1(\omega) > 0$$

für alle $t = 0,\ldots,T$ und für alle $\omega \in \Omega$. Nun definieren wir

$$\tilde{S}_t^j(\omega) := \frac{S_t^j(\omega)}{S_t^1(\omega)}$$

und

$$\tilde{S}_t^{\delta j}(\omega) := \frac{S_t^{\delta j}(\omega)}{S_t^1(\omega)} = \tilde{S}_t^j(\omega) + \frac{\delta_t^j}{S_t^1(\omega)}$$

für alle $t = 0,\ldots,T$ und für alle $\omega \in \Omega$. Mit der Definition

$$\tilde{\delta}_t^j := \frac{\delta_t^j}{S_t^1(\omega)}$$

nennen wir $\left(\left(\tilde{S},\tilde{\delta}\right),\mathcal{F}\right)$ das *diskontierte Marktmodell mit Numéraire* S^1. Die $\tilde{S}_t^j$ werden diskontierte Kurse, und die $\tilde{\delta}^j$ werden *diskontierte Dividenden* genannt. Die Namen *diskontiertes Marktmodell*, *diskontierte Kurse* und *diskontierte Dividenden* rühren daher, dass das Finanzinstrument S^1 in der Praxis häufig eine festverzinsliche Anlage ist. In diesem Fall gibt es ein $r > 0$ mit

$$S_t^1(\omega) = (1+r)^t$$

für alle $t = 0,\ldots,T$ und für alle $\omega \in \Omega$. Damit sind dann

$$\tilde{S}_t^j(\omega) = \frac{S_t^j(\omega)}{(1+r)^t} \text{ und}$$

$$\tilde{\delta}_t^j = \frac{\delta_t^j}{(1+r)^t}$$

tatsächlich die diskontierten Kurse und Dividenden.

Analog zum Ein-Perioden-Modell gilt

Satz 3.82. *Das Marktmodell* $((S,\delta),\mathcal{F})$ *ist genau dann arbitragefrei, wenn das diskontierte Marktmodell* $\left(\left(\tilde{S},\tilde{\delta}\right),\mathcal{F}\right)$ *arbitragefrei ist.*

Beweis. Ein Mehr-Perioden-Modell ist genau dann arbitragefrei, wenn jedes Ein-Perioden-Teilmodell arbitragefrei ist. Nun ist ein Ein-Perioden-Teilmodell $\left(\tilde{b},\tilde{D}\right)_{A_t}$ des diskontierten Marktmodells $\left(\left(\tilde{S},\tilde{\delta}\right),\mathcal{F}\right)$ in einem Knoten $A_t \in \mathcal{Z}(\mathcal{F}_t)$ offensichtlich identisch mit dem diskontierten Ein-Perioden-Teilmodell $\widetilde{(b,D)}_{A_t}$ von $((S,\delta),\mathcal{F})$. Schließlich ist aber $\widetilde{(b,D)}_{A_t}$ nach Folgerung genau dann arbitragefrei, wenn $(b,D)_{A_t}$ arbitragefrei ist. □

Für eine beliebige Handelsstrategie $h \in \mathcal{H}_N$ definieren wir den **Wertprozess** $\tilde{V}(h)$, den **Investitionsprozess** $\tilde{I}(h)$, den **Entnahmeprozess** $\tilde{L}(h)$ und den **Gewinnprozess** $\tilde{G}(h)$ im diskontierten Marktmodell durch

$$\tilde{V}_t(h) := h_t \cdot \tilde{S}_t^\delta = \frac{V_t(h)}{S_t^1}$$

$$\tilde{I}_t(h) := h_{t+1} \cdot \tilde{S}_t = \frac{I_t(h)}{S_t^1}$$

$$\tilde{L}_t(h) := \tilde{V}_t(h) - \tilde{I}_t(h) = \frac{L_t(h)}{S_t^1}$$

und

$$\tilde{G}_0(h) := 0 = \frac{G_0(h)}{S_t^1}$$

$$\tilde{G}_t(h) := h_t \cdot \Delta\tilde{S}_t^\delta = \frac{G_t(h)}{S_t^1}$$

Wegen $\tilde{S}_t^1(\omega) = 1$ für alle $t = 0,\ldots,T$ gilt

$$\tilde{V}_t(h) = h_{t1} + \sum_{i=2}^N h_{ti}\tilde{S}_t^{\delta i}$$

$$\tilde{I}_t(h) = h_{t+1,1} + \sum_{i=2}^N h_{t+1,i}\tilde{S}_t^i$$

$$\tilde{L}_t(h) = \sum_{i=2}^N \left(h_{ti}\tilde{S}_t^{\delta i} - h_{t+1,i}\tilde{S}_t^i\right)$$

und

$$\tilde{G}_t(h) = \sum_{i=2}^{N} h_{ti} \Delta \tilde{S}_t^{\delta i}.$$

Nach (3.6) gilt

$$\begin{aligned} \tilde{V}_t(h) &= \tilde{V}_0(h) + \sum_{j=1}^{t} \tilde{G}_t(h) - \sum_{j=0}^{t-1} \tilde{L}_j(h) \qquad (3.89) \\ &= V_0(h) + \sum_{j=1}^{t} \left(\sum_{i=2}^{N} h_{ji} \Delta \tilde{S}_j^{\delta i} \right) - \sum_{j=0}^{t-1} \left(\sum_{i=2}^{N} \left(h_{ji} \tilde{S}_j^{\delta i} - h_{j+1,i} \tilde{S}_j^{i} \right) \right). \end{aligned}$$

Wir betrachten nun **selbstfinanzierende Handelsstrategien**. In diesem Fall spezialisiert sich (3.89) zu

$$\tilde{V}_t(h) = V_0(h) + \sum_{j=1}^{t} \left(h_{j2} \Delta \tilde{S}_j^{\delta 2} + \cdots + h_{jN} \Delta \tilde{S}_j^{\delta N} \right), \qquad (3.90)$$

und wir sehen, dass der Wertprozess $\tilde{V}(h)$ im diskontierten Modell für $t = 1, \ldots, T$ nicht von h_{t1} abhängt. Andererseits gilt nach Definition

$$\tilde{V}_t(h) = h_{t1} + \sum_{i=2}^{N} h_{ti} \tilde{S}_t^{\delta i}. \qquad (3.91)$$

Aus (3.90) und (3.91) erhalten wir die Darstellung

$$\begin{aligned} h_{t1} &= \tilde{V}_t(h) - \sum_{i=2}^{N} h_{ti} \tilde{S}_t^{\delta i} \qquad (3.92) \\ &= V_0(h) + \sum_{j=1}^{t-1} \left(\sum_{i=2}^{N} h_{ji} \Delta \tilde{S}_j^{\delta i} \right) - \sum_{i=2}^{N} h_{ti} \tilde{S}_{t-1}^{i} \\ &= V_0(h) + \sum_{j=1}^{t-1} \left(h_{j2} \Delta \tilde{S}_j^{\delta 2} + \cdots + h_{jN} \Delta \tilde{S}_j^{\delta N} \right) - \left(h_{t2} \tilde{S}_{t-1}^{2} + \cdots + h_{tN} \tilde{S}_{t-1}^{N} \right). \end{aligned}$$

Satz 3.83. *Für jeden vorhersehbaren Prozess* $(h_{t2}, \ldots, h_{tN})_{t=0,\ldots,T}$ *und für jede Konstante* $V_0 \in \mathbb{R}$ *existiert ein eindeutig bestimmter vorhersehbarer Prozess* $(h_{t1})_{t=0,\ldots,T}$*, so dass die Handelsstrategie* $(h_{t1}, \ldots, h_{tN})_{t=0,\ldots,T}$ *selbstfinanzierend und vorhersehbar ist mit Anfangskapital* V_0.

Beweis. Für jede selbstfinanzierende Handelsstrategie $h \in \mathcal{H}_N$ gilt nach (3.90) und (3.91)

$$\begin{aligned} \tilde{V}_t(h) &= h_{t1} + h_{t2} \tilde{S}_t^{\delta 2} + \cdots + h_{tN} \tilde{S}_t^{\delta N} \\ &= V_0(h) + \sum_{j=1}^{t} \left(h_{j2} \Delta \tilde{S}_j^{\delta 2} + \cdots + h_{jN} \Delta \tilde{S}_j^{\delta N} \right). \end{aligned}$$

Dies legt h_{t1} für alle $t = 0, \dots, T$ eindeutig fest. Aufgrund der Darstellung (3.92) ist $(h_{t1})_{t=0,\dots,T}$ vorhersehbar. □

Beispiel 3.84. Wir betrachten den Fall eines Marktmodells mit zwei Finanzinstrumenten, also $N = 2$. Sei $h \in \mathcal{H}_N$ eine selbstfinanzierende Handelsstrategie. Dann gilt

$$\tilde{V}_t(h) = V_0(h) + \sum_{j=1}^{t} h_{j2} \Delta \tilde{S}_j^{\delta 2} \tag{3.93}$$

und

$$\begin{aligned} h_{t1} &= \tilde{V}_t(h) - h_{t2} \tilde{S}_t^{\delta 2} \\ &= V_0(h) + \sum_{j=1}^{t-1} h_{j2} \Delta \tilde{S}_j^{\delta 2} - h_{t2} \tilde{S}_{t-1}^{2} \end{aligned} \tag{3.94}$$

Im diskontierten Marktmodell mit zwei Finanzinstrumenten besitzt der Wertprozess $\tilde{V}(h)$ also eine Darstellung, die nur vom Anfangskapital $V_0(h)$ und von der Handelsstrategie $(h_{t2})_{t=0,\dots,T}$ für das zweite Finanzinstrument $\tilde{S}^2$ abhängt. △

Die Bedeutung des diskontierten Marktmodells liegt darin, dass hier die Existenz festverzinslicher Handelsstrategien stets gewährleistet ist, denn es gilt ja $\tilde{S}_t^1(\omega) = 1$ für alle $t = 0, \dots, T$ und für alle $\omega \in \Omega$. Insbesondere existiert in einem diskontierten Marktmodell stets ein Preismaß $\tilde{Q}$.

Definition 3.85. *Sei $\left(\left(\tilde{S}, \tilde{\delta}\right), \mathcal{F}\right)$ ein diskontiertes Marktmodell. Das zugehörige Preismaß*

$$\tilde{Q} : P(\Omega) \to [0,1]$$

aus Definition 3.74 wird auch ***Martingalmaß*** *für $((S, \delta), \mathcal{F})$ genannt.*

In einem arbitragefreien diskontierten Marktmodell $\left(\left(\tilde{S}, \tilde{\delta}\right), \mathcal{F}\right)$ definiert der zugehörige Zustandsprozess $\tilde{\phi}$ stets selbst ein Martingalmaß $\tilde{Q}$, denn für die Diskontfaktoren gilt nach (3.72)

$$\tilde{d}_t = 1$$

für alle $t = 0, \dots, T$. Mit (3.65) und (3.66) folgt

$$\begin{aligned} &\tilde{Q}(\omega) := \tilde{Q}_T(\omega) = \tilde{\phi}_T(\omega) \text{ und} \\ &\tilde{Q}(A_t) = \sum_{\omega \in A_t} \tilde{Q}(\{\omega\}) = \tilde{Q}_t(A_t) = \tilde{\phi}_t(A_t), \end{aligned} \tag{3.95}$$

und wir erhalten die Eigenschaft (3.76), also

$$\boldsymbol{D}_{s,t}^{\tilde{\phi}}[X] = \mathbf{E}_s^{\tilde{Q}}[X],$$

für jede beliebige $\mathcal{F}_t$-messbare Funktion X.

Für einen beliebigen Informationspfad

$$\Omega = A_0 \subset A_1 \subset \cdots \subset A_T = \{\omega\}$$

gilt nach (3.67)

$$\begin{aligned}\frac{\tilde{\phi}_T}{\tilde{\phi}_0}(\omega) &= \frac{\tilde{\phi}_1}{\tilde{\phi}_0}(A_1)\frac{\tilde{\phi}_2}{\tilde{\phi}_1}(A_2)\cdots\frac{\tilde{\phi}_T}{\tilde{\phi}_{T-1}}(\omega)\\ &= \tilde{Q}_{A_0}(A_1)\,\tilde{Q}_{A_1}(A_2)\cdots\tilde{Q}_{A_{T-1}}(A_T)\\ &= \tilde{Q}(\omega)\,.\end{aligned}$$

Sei nun $c = (c_0, \ldots, c_T)$ ein replizierbares Auszahlungsprofil. Dann gibt es eine Handelsstrategie h mit

$$c_t = L_t(h) = h_t \cdot S_t^{\delta} - h_{t+1} \cdot S_t$$

für alle $t = 0, \ldots, T$. Mit

$$\tilde{c} = (\tilde{c}_0, \ldots, \tilde{c}_T) = \left(\frac{c_0}{S_0^1}, \ldots, \frac{c_T}{S_T^1}\right)$$

gilt der Zusammenhang

$$\tilde{c}_t = h_t \cdot \tilde{S}_t^{\delta} - h_{t+1} \cdot \tilde{S}_t =: \tilde{L}_t(h)\,.$$

Nach (3.78) folgt daraus

$$\tilde{V}_0 = \frac{V_0}{S_0^1} = \sum_{t=0}^{T} \mathbf{E}^{\tilde{Q}}\left[\tilde{L}_t(h)\right] = \sum_{t=0}^{T} \mathbf{E}^{\tilde{Q}}\left[\tilde{c}_t\right],$$

also

$$V_0 = S_0^1 \tilde{V}_0 = S_0^1 \sum_{t=0}^{T} \mathbf{E}^{\tilde{Q}}\left[\tilde{c}_t\right] = S_0^1 \sum_{t=0}^{T} \mathbf{E}^{\tilde{Q}}\left[\frac{c_t}{S_t^1}\right].$$

Anmerkung 3.86. Wir setzen nun voraus, dass das Mehr-Perioden-Modell selbst ein festverzinsliches Wertpapier enthält, welches als Numéraire verwendet wird. Es sei also o.B.d.A.

$$S_t^1 = (1 + r_1) \cdots (1 + r_t)$$

mit $r_1, \ldots, r_t \in \mathbb{R}$. Dann folgt

$$d_t = \frac{1}{S_t^1},$$

und aus Bemerkung 1.77 sowie aus Lemma 3.76 folgt

$$Q = \tilde{Q}. \tag{3.96}$$

Gilt insbesondere etwa $S_t^1(\omega) = (1+r)^t$ für ein $r > -1$, so folgt

$$\boxed{V_0 = \sum_{t=0}^T \mathbf{E}^{\tilde{Q}}\left[\frac{c_t}{(1+r)^t}\right] = \sum_{t=0}^T \frac{1}{(1+r)^t}\mathbf{E}^Q\left[c_t\right].}$$

Satz 3.87. *Angenommen, ein arbitragefreies Marktmodell $((S,\delta),\mathcal{F})$ enthält ein Finanzinstrument, das keine Dividenden auszahlt und das als Numéraire verwendet wird. Sei $\tilde{Q}$ das Martingalmaß des zugehörigen diskontierten Marktmodells $\left(\left(\tilde{S},\tilde{\delta}\right),\mathcal{F}\right)$. Sei $h \in \mathcal{H}_N$ eine selbstfinanzierende Handelsstrategie. Dann gilt*

$$\tilde{V}_t(h) = \mathbf{E}_t^{\tilde{Q}}\left[\tilde{V}_T(h)\right] \tag{3.97}$$

*für alle $t = 0,\ldots,T$. Der diskontierte Wertprozess $\tilde{V}(h)$ bildet also ein **Martingal** bezüglich $\tilde{Q}$.*

Beweis. Der Zusammenhang (3.97) folgt aus Folgerung 3.77 unter Beachtung von $\tilde{d}_t = 1$ für alle $t = 0,\ldots,T$. Daraus folgt die Martingaleigenschaft wegen

$$\begin{aligned}\tilde{V}_s(h) &= \mathbf{E}_s^{\tilde{Q}}\left[\tilde{V}_T(h)\right]\\ &= \mathbf{E}_s^{\tilde{Q}}\left[\mathbf{E}_t^{\tilde{Q}}\left[\tilde{V}_T(h)\right]\right]\\ &= \mathbf{E}_s^{\tilde{Q}}\left[\tilde{V}_t(h)\right]\end{aligned}$$

für alle $0 \leq s \leq t \leq T$. □

Folgerung 3.88. *Angenommen, ein arbitragefreies Marktmodell $((S,\delta),\mathcal{F})$ enthält ein Finanzinstrument, das keine Dividenden auszahlt und das als Numéraire verwendet wird. Sei $\tilde{Q}$ das Martingalmaß des zugehörigen diskontierten Marktmodells $\left(\left(\tilde{S},\tilde{\delta}\right),\mathcal{F}\right)$. Dann gilt für jedes $j = 1,\ldots,N$ und für alle $t \leq T$*

$$\tilde{S}_t^j = \sum_{s=t}^T \mathbf{E}_t^{\tilde{Q}}\left[\tilde{\delta}_s^j\right] + \mathbf{E}_t^{\tilde{Q}}\left[\tilde{S}_T^j\right].$$

*Der diskontierte Preisprozess $\left(\tilde{S}_t^j\right)_{t=0,\ldots,T}$ bildet also ein **Martingal** bezüglich $\tilde{Q}$, wenn S^j keine Dividenden auszahlt.*

Beweis. Die Behauptung folgt wegen $\tilde{d}_t = 1$ für alle $t = 0,\ldots,T$ aus Lemma 3.80. □

Beispiel 3.89. Wir betrachten wieder Beispiel 3.56 und wählen die Aktie S^1 als Numéraire. Auf diese Weise erhalten wir das in Abb. 3.12 dargestellte

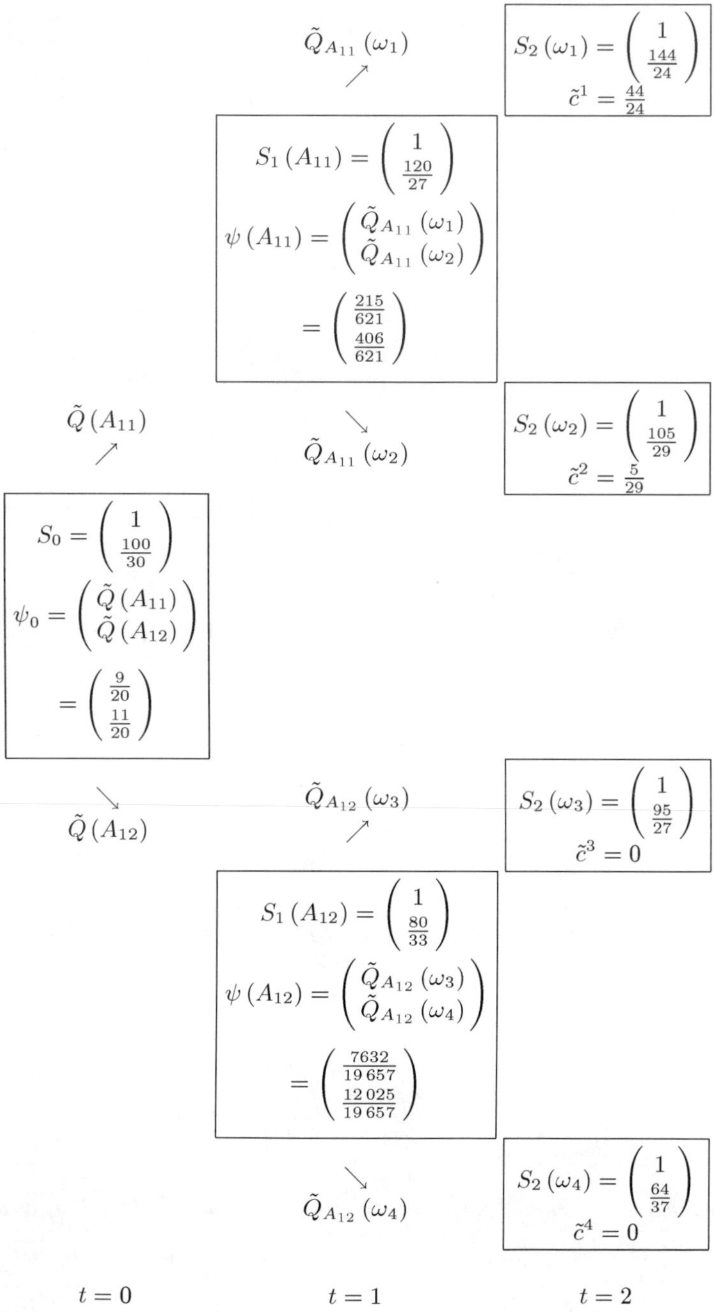

$$\tilde{Q}_{A_{11}}(\omega_1) \nearrow \qquad S_2(\omega_1) = \begin{pmatrix} 1 \\ \frac{144}{24} \end{pmatrix}, \quad \tilde{c}^1 = \frac{44}{24}$$

$$S_1(A_{11}) = \begin{pmatrix} 1 \\ \frac{120}{27} \end{pmatrix}, \quad \psi(A_{11}) = \begin{pmatrix} \tilde{Q}_{A_{11}}(\omega_1) \\ \tilde{Q}_{A_{11}}(\omega_2) \end{pmatrix} = \begin{pmatrix} \frac{215}{621} \\ \frac{406}{621} \end{pmatrix}$$

$$\tilde{Q}(A_{11}) \nearrow \qquad \searrow \tilde{Q}_{A_{11}}(\omega_2) \qquad S_2(\omega_2) = \begin{pmatrix} 1 \\ \frac{105}{29} \end{pmatrix}, \quad \tilde{c}^2 = \frac{5}{29}$$

$$S_0 = \begin{pmatrix} 1 \\ \frac{100}{30} \end{pmatrix}, \quad \psi_0 = \begin{pmatrix} \tilde{Q}(A_{11}) \\ \tilde{Q}(A_{12}) \end{pmatrix} = \begin{pmatrix} \frac{9}{20} \\ \frac{11}{20} \end{pmatrix}$$

$$\searrow \tilde{Q}(A_{12}) \qquad \tilde{Q}_{A_{12}}(\omega_3) \nearrow \qquad S_2(\omega_3) = \begin{pmatrix} 1 \\ \frac{95}{27} \end{pmatrix}, \quad \tilde{c}^3 = 0$$

$$S_1(A_{12}) = \begin{pmatrix} 1 \\ \frac{80}{33} \end{pmatrix}, \quad \psi(A_{12}) = \begin{pmatrix} \tilde{Q}_{A_{12}}(\omega_3) \\ \tilde{Q}_{A_{12}}(\omega_4) \end{pmatrix} = \begin{pmatrix} \frac{7632}{19\,657} \\ \frac{12\,025}{19\,657} \end{pmatrix}$$

$$\searrow \tilde{Q}_{A_{12}}(\omega_4) \qquad S_2(\omega_4) = \begin{pmatrix} 1 \\ \frac{64}{37} \end{pmatrix}, \quad \tilde{c}^4 = 0$$

$t = 0$ $\qquad t = 1$ $\qquad t = 2$

Abb. 3.12. Darstellung eines diskontierten Marktmodells am Beispiel einer Put-Option in einem Zwei-Perioden-Modell

diskontierte Marktmodell. Hier wurden in Abb. 3.12 die zustandsabhängigen *diskontierten* Endauszahlungen der Put-Option eingetragen sowie die Zustandsvektoren der zugehörigen diskontierten Ein-Perioden-Teilmodelle.

Für das erste diskontierte Ein-Perioden-Teilmodell

$$(b,D)_{A_{11}} = (S_1(A_{11}), (S_2(\omega_1), S_2(\omega_2))) = \left(\begin{pmatrix} 1 \\ \frac{120}{27} \end{pmatrix}, \begin{pmatrix} 1 & 1 \\ \frac{144}{24} & \frac{105}{29} \end{pmatrix} \right)$$

ergibt sich als eindeutig bestimmte Lösung von $D\psi(A_{11}) = b$ der Zustandsvektor

$$\psi(A_{11}) = \begin{pmatrix} \tilde{Q}_{A_{11}}(\omega_1) \\ \tilde{Q}_{A_{11}}(\omega_2) \end{pmatrix} = \begin{pmatrix} \frac{215}{621} \\ \frac{406}{621} \end{pmatrix} = \begin{pmatrix} 0.346 \\ 0.654 \end{pmatrix}.$$

Für das Ein-Perioden-Teilmodell

$$(b,D)_{A_{12}} = (S_1(A_{12}), (S_2(\omega_3), S_2(\omega_4))) = \left(\begin{pmatrix} 1 \\ \frac{80}{33} \end{pmatrix}, \begin{pmatrix} 1 & 1 \\ \frac{95}{27} & \frac{64}{37} \end{pmatrix} \right)$$

erhalten wir entsprechend als Lösung von $D\psi(A_{12}) = b$ den Vektor

$$\psi(A_{12}) = \begin{pmatrix} \tilde{Q}_{A_{12}}(\omega_3) \\ \tilde{Q}_{A_{12}}(\omega_4) \end{pmatrix} = \begin{pmatrix} \frac{7632}{19\,657} \\ \frac{12\,025}{19\,657} \end{pmatrix} = \begin{pmatrix} 0.388 \\ 0.612 \end{pmatrix},$$

und für das verbleibende Ein-Perioden-Teilmodell

$$(b,D)_{A_0} = (S_0, (S_1(A_{11}), S_1(A_{12}))) = \left(\begin{pmatrix} 1 \\ \frac{100}{30} \end{pmatrix}, \begin{pmatrix} 1 & 1 \\ \frac{120}{27} & \frac{80}{33} \end{pmatrix} \right)$$

erhalten wir schließlich als Lösung von $D\psi_0 = b$ das Ergebnis

$$\psi_0 = \begin{pmatrix} \tilde{Q}(A_{11}) \\ \tilde{Q}(A_{12}) \end{pmatrix} = \begin{pmatrix} \frac{9}{20} \\ \frac{11}{20} \end{pmatrix} = \begin{pmatrix} 0.45 \\ 0.55 \end{pmatrix}.$$

Wir sehen, dass für jeden Zustandsvektor ψ jedes Ein-Perioden-Teilmodells gilt $\psi \gg 0$ und $\psi_1 + \psi_2 = 1$, so dass ψ formal ein Wahrscheinlichkeitsmaß definiert. Weiter demonstrieren die erhaltenen Ergebnisse die Tatsache, dass aus der Arbitragefreiheit eines Marktmodells auch die Arbitragefreiheit des diskontierten Marktmodells folgt. Mit den erhaltenen Daten gilt

$$\begin{aligned}
\tilde{Q}(\omega_1) &= \tilde{Q}(A_{11})\tilde{Q}_{A_{11}}(\omega_1) = \frac{9}{20}\frac{215}{621} = \frac{43}{276} = 0.1568, \\
\tilde{Q}(\omega_2) &= \tilde{Q}(A_{11})\tilde{Q}_{A_{11}}(\omega_2) = \frac{9}{20}\frac{406}{621} = \frac{203}{690} = 0.2942, \\
\tilde{Q}(\omega_3) &= \tilde{Q}(A_{12})\tilde{Q}_{A_{12}}(\omega_3) = \frac{11}{20}\frac{7632}{19\,657} = \frac{1908}{8935} = 0.2135, \\
\tilde{Q}(\omega_4) &= \tilde{Q}(A_{12})\tilde{Q}_{A_{12}}(\omega_4) = \frac{11}{20}\frac{12\,025}{19\,657} = \frac{2405}{7148} = 0.3365.
\end{aligned}$$

Wir sehen, dass $\tilde{Q}$ ein Wahrscheinlichkeitsmaß auf $\Omega = \{\omega_1, \omega_2, \omega_3, \omega_4\}$ definiert. Nun berechnen wir schließlich mit

$$\tilde{c}_2 := \frac{c_2}{S_2^1} = \begin{pmatrix} \frac{44}{24} \\ \frac{5}{29} \\ 0 \\ 0 \end{pmatrix} = \begin{pmatrix} 1.833 \\ 0.172 \\ 0.0 \\ 0.0 \end{pmatrix}$$

den Ausdruck

$$V_0 = S_0^1 \mathbf{E}^{\tilde{Q}} [\tilde{c}_2] = 10.091$$

und erhalten gerade den in Abschnitt 3.56 berechneten Optionspreis. Diskontieren wir also ein arbitragefreies Marktmodell mit einem geeigneten Numéraire, so definiert der zugehörige Zustandsprozess selbst ein Wahrscheinlichkeitsmaß auf dem Zustandsraum, und der Diskontierungsoperator hat die Struktur einer bedingten Erwartung bezüglich dieses Maßes. Die diskontierten Kursprozesse eines Finanzinstrumentes, das keine Dividenden auszahlt, bilden bezüglich dieses Maßes ein Martingal.

Wir sehen also, dass die Bewertung von zustandsabhängiger Auszahlungsprofile ebenso gut in diskontierten Marktmodellen durchgeführt werden kann. Allerdings bietet das Diskontieren von Marktmodellen für praktische Berechnungen keine Vorteile. △

3.11 Zusammenfassung

Ein Mehr-Perioden-Modell $((S, \delta), \Omega, \mathcal{F})$ besteht aus einem endlichen *Zustandsraum*

$$\Omega = \{\omega_1, \ldots, \omega_K\},$$

auf dem eine *Filtration*

$$\mathcal{F} = \{\mathcal{F}_0, \ldots, \mathcal{F}_T\}$$

definiert ist. Dabei gilt

$$\{\varnothing, \Omega\} = \mathcal{F}_0 \subset \cdots \subset \mathcal{F}_T = \mathcal{P}(\Omega).$$

Der Filtration $\mathcal{F}$ entsprechen auf eindeutig bestimmte Weise die mit aufsteigendem Index immer *feiner werdenden Partitionen*

$$\{\Omega\} = \mathcal{Z}(\mathcal{F}_0) \prec \cdots \prec \mathcal{Z}(\mathcal{F}_T) = \{\{\omega_1\}, \ldots, \{\omega_K\}\}.$$

Jede Menge $A_t \in \mathcal{Z}(\mathcal{F}_t)$ zerfällt zum Zeitpunkt $t+1$ in gewisse Mengen $A_{t+1,1}, \ldots, A_{t+1,k} \in \mathcal{Z}(\mathcal{F}_{t+1})$, so dass die Partitionen einen *Baum* mit Wurzel $\{\Omega\}$ und mit den Blättern $\{\omega_1\}, \ldots, \{\omega_K\}$ bilden. Eine Filtration modelliert die Informationszunahme über die zu realisierenden Endzustände $\omega_1, \ldots, \omega_K$ im Verlaufe der Zeit von 0 bis T.

Die Kurse

$$S = (S_t)_{t\in\{0,\dots,T\}} = \left(S_t^1,\dots,S_t^N\right)_{t\in\{0,\dots,T\}}$$

und Dividendenzahlungen

$$\delta = (\delta_t)_{t\in\{0,\dots,T\}} = \left(\delta_t^1,\dots,\delta_t^N\right)_{t\in\{0,\dots,T\}}$$

von N Finanzinstrumenten werden als *stochastische Prozesse* modelliert, die an die Filtration $\mathcal{F}$ *adaptiert* sind. Damit wird ein *Marktmodell* durch ein Tupel $((S,\delta),\mathcal{F})$ charakterisiert, wobei $\mathcal{F}$ eine Filtration ist und wobei S und δ an $\mathcal{F}$ adaptierte $\mathbb{R}^N$-wertige Prozesse sind.

Handelsstrategien werden als *vorhersehbare Prozesse* bezüglich der Filtration $\mathcal{F}$ definiert. Dabei bezeichnet $h_{t+1}(A_t) \in \mathbb{R}^N$ das Portfolio, das zum Zeitpunkt t im Knoten $A_t \in \mathcal{Z}(\mathcal{F}_t)$ zusammengestellt und bis zum Zeitpunkt $t+1$ gehalten wird. Der Wert $V_t(h)$ einer Handelsstrategie $h \in \mathcal{H}_N$ zum Zeitpunkt t wird definiert als

$$V_t(h) = h_t \cdot S_t^\delta. \tag{3.98}$$

Damit ist $V_t(h)$ der Wert der Handelsstrategie h zum Zeitpunkt t vor dem Handeln. Anschließend wird das Portfolio h_{t+1} für die Periode $[t,t+1]$ mit den Preisen S_t zum Zeitpunkt t nach Dividendenzahlung gehandelt. Es hat den Wert

$$I_t(h) = h_{t+1} \cdot S_t,$$

also ist $I_t(h)$ der Wert der Handelsstrategie h zum Zeitpunkt t nach dem Handeln. $V(h)$ wird *Wertprozess* genannt, $I(h)$ *Investitionsprozess.*

Der *Entnahmeprozess*

$$L_t(h) = V_t(h) - I_t(h) = h_t \cdot S_t^\delta - h_{t+1} \cdot S_t \tag{3.99}$$

kennzeichnet die Kapitalbeträge, die dem Portfolio zum Zeitpunkt t entnommen bzw. zugeführt werden, je nachdem, ob $L_t(h)$ positiv bzw. negativ ist. Dabei wird $h_{T+1} := 0$ definiert, so dass $L_T(h) = h_T \cdot S_T^\delta = V_T(h)$ gilt.

Eine Handelsstrategie h heißt *Arbitragegelegenheit*, wenn gilt

$$\begin{aligned} &V_0(h) = 0 \text{ und} \\ &L_t(h) \geq 0 \text{ für alle } t = 0,\dots,T \text{ und} \\ &L_{t_0}(h)(\omega_0) > 0 \text{ für ein } t_0 \in \{0,\dots,T\} \text{ und für ein } \omega_0 \in \Omega. \end{aligned} \tag{3.100}$$

Eine Arbitragegelegenheit verursacht keine Anfangskosten, $V_0(h) = 0$, beinhaltet keine Zahlungsverpflichtungen, $L_t(h) \geq 0$, und besitzt zu mindestens einem Zeitpunkt t_0 in mindestens einem Zustand ω_0 eine strikt positive Auszahlung $L_{t_0}(h)(\omega_0) > 0$.

Es gilt der *Fundamentalsatz der Preistheorie*, Satz 3.54, der besagt, dass ein Marktmodell genau dann arbitragefrei ist, wenn es einen *Zustandsprozess* $\phi \in \mathcal{W}$ gibt, mit

$$\phi \gg 0 \text{ und mit} \tag{3.101}$$
$$V_0(h) = \frac{1}{\phi_0} \langle \phi, L(h) \rangle$$

für jede Handelsstrategie $h \in \mathcal{H}_N$. Zustandsprozesse können durch *Lokalisierung* auf *Ein-Perioden-Teilmodelle* berechnet werden, siehe Satz 3.51.

Ein Auszahlungsprofil $c \in \mathcal{W}$ heißt *replizierbar*, wenn $c \in \operatorname{Im} L$, d.h. wenn es eine Handelsstrategie $h \in \mathcal{H}_N$ gibt, mit

$$c = L(h). \tag{3.102}$$

Der Wert von $c \in \operatorname{Im} L$ zum Zeitpunkt 0 wird definiert als

$$V_0 = \frac{1}{\phi_0} \langle \phi, c \rangle. \tag{3.103}$$

Besitzt ein Finanzinstrument, etwa ein Derivat, in einem arbitragefreien Marktmodell $((S,\delta), \mathcal{F})$ eine Auszahlung $c \in \operatorname{Im} L$, so ist (3.103) der Preis dieses Finanzinstruments zum Zeitpunkt 0.

Der *Diskontierungsoperator* ist für $s \leq t$ definiert durch

$$\boldsymbol{D}^{\phi}_{s,t}[X] = \sum_{A_s \in \mathcal{Z}(\mathcal{F}_s)} \left(\frac{1}{\phi_s(A_s)} \sum_{\substack{A_t \in \mathcal{Z}(\mathcal{F}_t) \\ A_t \subset A_s}} \phi_t(A_t) X(A_t) \right) \mathbf{1}_{A_s}. \tag{3.104}$$

Dabei ist X $\mathcal{F}_t$-messbar. Die Funktion $\boldsymbol{D}^{\phi}_{s,t}[X]$ ist nach Definition $\mathcal{F}_s$-messbar. Wird X als zustandsabhängige Zahlung zum Zeitpunkt t interpretiert, so ist $\boldsymbol{D}^{\phi}_{s,t}[X]$ eine zu X äquivalente Zahlung zum Zeitpunkt $s \leq t$. Eine Auszahlung X wird durch $\boldsymbol{D}^{\phi}_{s,t}[X]$ in einem abstrakten Sinn auf den Zeitpunkt s *diskontiert*.

Mit Hilfe der Normierungen

$$d_t = \sum_{A_t \in \mathcal{Z}(\mathcal{F}_t)} \frac{\phi_t(A_t)}{\phi_0} = \boldsymbol{D}^{\phi}_{0,t}[\mathbf{1}_{\Omega}] \in \mathbb{R}_+ \tag{3.105}$$
$$Q_t = \frac{1}{d_t} \frac{\phi_t}{\phi_0}$$

sind die Q_t für jedes $t = 0, \ldots, T$ *Wahrscheinlichkeitsmaße* auf $\mathcal{F}_t$, und der Diskontierungsoperator kann geschrieben werden als

$$\boldsymbol{D}^{\phi}_{s,t}[X] = \frac{d_t}{d_s} \sum_{A_s} \left(\frac{1}{Q_s(A_s)} \sum_{A_t \subset A_s} Q_t(A_t) X(A_t) \right). \tag{3.106}$$

Dabei können die d_t als abstrakte *Diskontfaktoren* interpretiert werden. Speziell für $s = 0$ gilt

$$\boldsymbol{D}_{0,t}^{\phi}[X] = d_t \mathbf{E}^{Q_t}[X], \tag{3.107}$$

und die zu X äquivalente Zahlung zum Zeitpunkt 0 ist der mit d_t abdiskontierte Erwartungswert von X bezüglich Q_t.

Die Wahrscheinlichkeitsmaße Q_t werden für jeden Zeitpunkt t durch Normierung aus den Komponenten des Zustandsprozesses ϕ gewonnen. Wenn in dem betrachteten Marktmodell *festverzinsliche Handelsstrategien* existieren, so lassen sich alle Wahrscheinlichkeitsmaße Q_t mit Hilfe von $Q := Q_T$ ausdrücken durch

$$Q_t(A_t) = \sum_{\omega \in A_t} Q(\omega), \tag{3.108}$$

für jedes $A_t \in \mathcal{Z}(\mathcal{F}_t)$. In diesem Fall wird der Diskontierungsoperator zur diskontierten *bedingten Erwartung*, und es gilt

$$\boldsymbol{D}_{s,t}^{\phi}[X] = \frac{d_t}{d_s} \mathbf{E}_s^{Q}[X].$$

Dabei sind die Faktoren $d_t = \frac{1}{(1+r)^t}$ die vertrauten Diskontfaktoren, wenn die festverzinslichen Handelsstrategien den gemeinsamen konstanten Zinssatz r besitzen.

Im Falle der Existenz festverzinslicher Handelsstrategien lässt sich der Diskontierungsoperator also als bedingte Erwartung bezüglich eines Wahrscheinlichkeitsmaßes Q formulieren, und die Bewertung von Derivaten erscheint in einem vertrauten wahrscheinlichkeitstheoretischen Gewand.

Diskontierte Marktmodelle

Wird ein strikt positives, keine Dividenden auszahlendes Finanzinstrument, etwa S^1, als *Numéraire* gewählt, so lässt sich mit Hilfe des ursprünglichen Marktmodells $((S, \delta), \mathcal{F})$ ein *diskontiertes Marktmodell* $\left(\left(\tilde{S}, \tilde{\delta}\right), \mathcal{F}\right)$ durch

$$\tilde{S}_t^i := \frac{S_t^i}{S_t^1}, \; \tilde{S}_t^{\delta i} := \frac{S_t^{\delta i}}{S_t^1} = \tilde{S}_t^i + \tilde{\delta}_t^i \text{ mit } \tilde{\delta}_t^i := \frac{\delta_t^i}{S_t^1}$$

für alle i und für alle t definieren. Das ursprüngliche Marktmodell ist genau dann arbitragefrei, wenn das diskontierte Modell arbitragefrei ist.

Im diskontierten Modell existieren stets festverzinsliche Kapitalanlagen mit Zinssatz $r = 0$, denn ist S^1 der Numéraire, so gilt $\tilde{S}_t^1 = 1$ für alle t. Dies bedeutet, dass im diskontierten Modell für alle Diskontfaktoren $\tilde{d}_t = 1$ gilt, dass die Funktionen $\tilde{\phi}_t : \mathcal{F}_t \to \mathbb{R}$ des Zustandsprozesses formal Wahrscheinlichkeitsmaße $\tilde{\phi}_t = \tilde{Q}_t$ gemäß (3.105) definieren und dass alle Maße $\tilde{Q}_t$ die Eigenschaft (3.108) besitzen. Eine zustandsabhängige Auszahlung c ist im ursprünglichen Modell genau dann replizierbar, wenn

$$\tilde{c}_t := \frac{c_t}{S_t^1}$$

im diskontierten Modell replizierbar ist. Der Wert V_0 von c zum Zeitpunkt 0 kann daher berechnet werden als

$$V_0 = S_0^1 \tilde{V}_0 = S_0^1 \mathbf{E}^{\tilde{Q}} \left[\tilde{c} \right] = S_0^1 \sum_{t=0}^{T} \mathbf{E}^{\tilde{Q}} \left[\frac{c_t}{S_t^1} \right].$$

Für jedes Finanzinstrument S_t^i gilt

$$\tilde{S}_t^i = \sum_{s=t}^{T} \mathbf{E}_t^{\tilde{Q}} \left[\tilde{\delta}_s^i \right] + \mathbf{E}_t^{\tilde{Q}} \left[\tilde{S}_T^i \right]. \tag{3.109}$$

Zahlt ein Finanzinstrument S^i keine Dividenden aus, gilt also $S_t^{\delta i} = S_t^i$ für alle t, so spezialisiert sich (3.109) zu

$$\tilde{S}_t^i = \mathbf{E}_t^{\tilde{Q}} \left[\tilde{S}_T^i \right],$$

so dass die diskontierten Kurse $\tilde{S}_t^i$ bezüglich $\tilde{Q}$ ein Martingal bilden.

Ist speziell S^1 eine festverzinsliche Kapitalanlage mit Zinssatz r, d.h.

$$S_t^1 = (1+r)^t,$$

so gilt $\tilde{Q} = Q$, und es folgt

$$V_0 = \tilde{V}_0 = \sum_{t=0}^{T} \mathbf{E}^Q \left[\frac{c_t}{(1+r)^t} \right].$$

Gilt zusätzlich $c_t = 0$ für alle $t = 0, \ldots, T-1$, so ist eine replizierende Handelsstrategie selbstfinanzierend mit

$$\begin{aligned} c_t &= L_t(h) = 0 \text{ für alle } t = 0, \ldots, T-1 \text{ und} \\ c_T &= L_T(h) = h_T \cdot S_T^\delta = V_T(h). \end{aligned}$$

Der Wert V_0 von c_T zum Zeitpunkt 0 lautet in diesem Fall

$$V_0 = \tilde{V}_0 = \mathbf{E}^Q \left[\frac{c_T}{(1+r)^T} \right].$$

Tabelle 3.1 gibt eine Zusammenstellung einer Reihe wesentlicher Zusammenhänge, die im Rahmen der Ein- und Mehr-Perioden-Modelle hergeleitet wurden.

Tabelle 3.1. Ein- und Mehr-Perioden-Modelle

	Ein-Perioden-Modelle	Mehr-Perioden-Modelle
Marktmodell	$(S_0, S_1) \cong (b, D)$	$((S, \delta), \mathcal{F})$
Handelsstrategie	$h \in \mathbb{R}^N$	h vorhersehbarer Prozess
Entnahmeprozess	$L(h) := (-h \cdot S_0, h \cdot S_1)$	$L_t(h) := V_t(h) - I_t(h)$ $= h_t \cdot S_t^\delta - h_{t+1} \cdot S_t$
Arbitragegelegenheit	$L(h) > 0$	$V_0(h) = 0,\ L(h) > 0$
Law of One Price	$\exists \phi \in \mathbb{R} \times \mathbb{R}^K,\ 0 = \langle \phi, L(h) \rangle$	$\exists \phi$ adaptiert, $V_0(h) = \left\langle \frac{\phi}{\phi_0}, L(h) \right\rangle$
Fundamentalsatz	(S_0, S_1) arbitragefrei $\Leftrightarrow$ $\exists \phi \in \mathbb{R} \times \mathbb{R}^K,\ \phi \gg 0$ $0 = \langle \phi, L(h) \rangle$	$((S, \delta), \mathcal{F})$ arbitragefrei $\Leftrightarrow$ $\exists \phi$ adaptiert, $\phi \gg 0$ $V_0(h) = \left\langle \frac{\phi}{\phi_0}, L(h) \right\rangle$
Bewertung replizierbarer Auszahlungsprofile c	$V_0 = \left\langle \frac{\phi_1}{\phi_0}, c \right\rangle$	$V_0 = \sum_{t=0}^T \left\langle \frac{\phi_t}{\phi_0}, c_t \right\rangle_t$ $= \sum_{t=0}^T \boldsymbol{D}_{0,t}^\phi [c_t]$
Diskontierungsoperator	$h \cdot S_0 = \left\langle \frac{\phi_1}{\phi_0}, h \cdot S_1 \right\rangle$	$V_t(h) = \sum_{i=t}^T \left\langle \frac{\phi_i}{\phi_t}, L_i(h) \right\rangle_t$ $= \sum_{i=t}^T \boldsymbol{D}_{t,i}^\phi [L_i(h)]$
Definition Preismaße	$Q := \frac{1}{d} \frac{\phi_1}{\phi_0}$ $d := \sum_{j=1}^K \frac{\phi_{1j}}{\phi_0}$	$Q_t := \frac{1}{d_t} \frac{\phi_t}{\phi_0}$ $d_t := \sum_{A_t \in \mathcal{Z}(\mathcal{F}_t)} \frac{\phi_t(A_t)}{\phi_0}$
S^1 festverzinslich mit Zinssatz r pro Periode	$d = \frac{1}{1+r}$ $c \in \operatorname{Im} D^\top \Longrightarrow$ $V_0 = d\mathbf{E}^Q[c]$	$d_t = \frac{1}{(1+r)^t}$ $Q(A_t) := Q_t(A_t)$ $= \sum_{\omega \in A_t} Q_T(\omega)$ $c \in \operatorname{Im} L \Longrightarrow$ $V_t = \sum_{s=t}^T \mathbf{E}_s^Q \left[\frac{c_s}{(1+r)^s} \right]$
Diskontierte Marktmodelle, S^1 festverzinslich mit Zinssatz r pro Periode, S^1 Numéraire	$\tilde{d} = 1$ $\tilde{Q} = Q$ $c \in \operatorname{Im} D^\top \Longrightarrow$ $\tilde{V}_0 = V_0 = \mathbf{E}^Q[\tilde{c}]$ $= \frac{1}{1+r} \mathbf{E}^Q[c]$	$\tilde{d}_t = 1$ $\tilde{Q} = Q$ $c \in \operatorname{Im} L \Longrightarrow$ $\tilde{V}_t = \sum_{s=t}^T \mathbf{E}_s^Q [\tilde{c}_s]$ $= \sum_{s=t}^T \mathbf{E}_s^Q \left[\frac{c_s}{(1+r)^s} \right]$ $\tilde{V}_0 = V_0$ $= \sum_{s=0}^T \mathbf{E}_s^Q \left[\frac{c_s}{(1+r)^s} \right]$

3.12 Weitere Aufgaben

Aufgabe 3.10. Betrachten Sie das folgende Zwei-Perioden-Modell mit den dort aufgeführten Kursen der beiden Aktien S^1 und S^2:

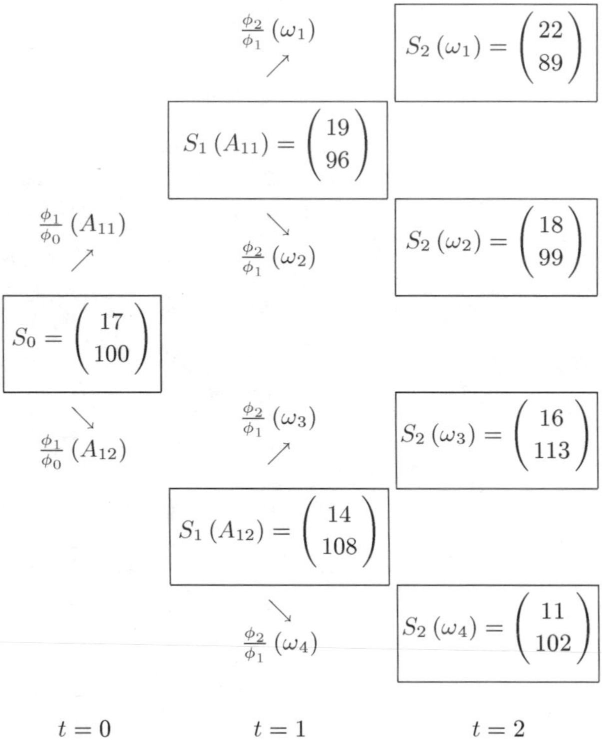

$\frac{\phi_2}{\phi_1}(\omega_1)$ ↗ $S_2(\omega_1) = \begin{pmatrix} 22 \\ 89 \end{pmatrix}$

$\frac{\phi_1}{\phi_0}(A_{11})$ ↗ $S_1(A_{11}) = \begin{pmatrix} 19 \\ 96 \end{pmatrix}$

↘ $\frac{\phi_2}{\phi_1}(\omega_2)$ $S_2(\omega_2) = \begin{pmatrix} 18 \\ 99 \end{pmatrix}$

$S_0 = \begin{pmatrix} 17 \\ 100 \end{pmatrix}$

$\frac{\phi_2}{\phi_1}(\omega_3)$ ↗ $S_2(\omega_3) = \begin{pmatrix} 16 \\ 113 \end{pmatrix}$

↘ $\frac{\phi_1}{\phi_0}(A_{12})$ $S_1(A_{12}) = \begin{pmatrix} 14 \\ 108 \end{pmatrix}$

↘ $\frac{\phi_2}{\phi_1}(\omega_4)$ $S_2(\omega_4) = \begin{pmatrix} 11 \\ 102 \end{pmatrix}$

$t = 0$ $t = 1$ $t = 2$

Dabei gilt $A_{11} = \{\omega_1, \omega_2\}$ und $A_{12} = \{\omega_3, \omega_4\}$. Bewerten Sie eine europäische Put-Option auf S^2 mit Basispreis $K = 101$ und Fälligkeit $T = 2$ sowohl mit dem direkten als auch mit dem rekursiven Verfahren. Geben Sie weiter einen Zustandsprozess ϕ an.

Aufgabe 3.11. Zeigen Sie, dass sich im Marktmodell aus Aufgabe 3.10 kein Preismaß definieren lässt.

Aufgabe 3.12. Bewerten Sie die Put-Option aus Aufgabe 3.10 in einem diskontierten Marktmodell.

Aufgabe 3.13. Betrachten Sie die durch

$$\begin{aligned} \mathcal{P}_0 &= \{\omega_1, \ldots, \omega_4\} = \Omega = A_0, \\ \mathcal{P}_1 &= \{\{\omega_1, \omega_2\}, \{\omega_2, \omega_4\}\} = \{A_{11}, A_{12}\}, \\ \mathcal{P}_2 &= \{\{\omega_1\}, \{\omega_2\}, \{\omega_3\}, \{\omega_4\}\} = \{A_{21}, A_{22}, A_{23}, A_{24}\} \end{aligned}$$

definierte Filtration $\mathcal{P} = \{\mathcal{P}_0, \mathcal{P}_1, \mathcal{P}_2\}$. Ein an $\mathcal{P}$ adaptierter Aktienprozess S sei mit $u = 1.1$ und $d = 0.9$ definiert durch

$$\begin{aligned}
S(A_0) &= S = 100 \\
S(A_{11}) &= uS = 110 \\
S(A_{12}) &= dS = 90 \\
S(A_{21}) &= u^2 S = 121 \\
S(A_{22}) &= udS = 99 \\
S(A_{23}) &= udS = 99 \\
S(A_{24}) &= d^2 S = 81.
\end{aligned}$$

Wir nehmen an, dass S keine Dividenden auszahlt. Neben der Aktie S betrachten wir eine risikolose Kapitalanlage B mit einem festen Zinssatz $r = 2\%$.

1. Untersuchen Sie das Marktmodell $((S, B), \mathcal{P})$ auf Arbitragefreiheit und auf Vollständigkeit.
2. Bewerten Sie eine europäische Call-Option mit Basispreis $K = 100$ durch Bestimmung einer replizierenden Handelsstrategie h.
3. Bestimmen Sie für das Marktmodell $((S, B), \mathcal{P})$ einen Zustandsprozess ϕ und bewerten Sie die Call-Option mit Hilfe von ϕ.
4. Diskontieren Sie das Marktmodell $((S, B), \mathcal{P})$ mit der risikolosen Kapitalanlage und bewerten Sie die Call-Option im diskontierten Modell.
5. Berechnen Sie im Modell $((S, B), \mathcal{P})$ eine Put-Option mit Basispreis 100 und verifizieren Sie die Put-Call-Parität.

4

Optionen, Futures und andere Derivate

Bereits die verhältnismäßig einfachen Beispiele des letzten Kapitels lassen erkennen, dass es bei Modellen mit einer größeren Anzahl von Zeitpunkten und Zuständen sehr zeit- und speicheraufwändig sein kann, Kursdaten zu spezifizieren und Zustandsprozesse zu berechnen. Beide Schwierigkeiten können durch die Verwendung von Binomialbaum-Modellen häufig vermieden werden.

Für alle in diesem Kapitel vorgestellten Algorithmen können Programmtexte in Java inklusive eines Bewertungsdialogs, der die Bewertungsalgorithmen aufruft, von der Homepage des Autors[1] heruntergeladen werden.

Für weitere numerische Verfahren mit Anwendungen in der Finanzmathematik, insbesondere zur Bewertung von Derivaten und zur Simulation von Aktienkursen, siehe Seydel [53], aber auch Kloeden/Platen [33] sowie Kloeden/Platen/Schurz [34].

Notation Optionen, Futures, Forward-Kontrakte und andere Derivate besitzen Fälligkeitszeitpunkte, die hier im folgenden mit dem Buchstaben T gekennzeichnet werden; es gilt also $T \in \mathbb{R}$, $T > 0$. *Um Verwechslungen zu vermeiden, wird ab jetzt die Anzahl der betrachteten Zeitintervalle in einem Mehr-Perioden-Modell nicht mehr mit T, sondern mit n bezeichnet.*

Bei den Binomialbäumen, die in den kommenden Abschnitten untersucht werden, betrachten wir also ein festes Zeitintervall $[0, T]$, das in n gleiche Abschnitte der Länge $\Delta t := \frac{T}{n}$ unterteilt wird.

Die Einheit der Zeit wird als *ein Jahr* definiert, so dass beispielsweise $T = 1$ den gegenüber heute ein Jahr in der Zukunft liegenden Zeitpunkt bezeichnet.

In den Marktmodellen dieses Kapitels wird in der Regel lediglich eine festverzinsliche Kapitalanlage und eine einzige Aktie auftreten. Der zum Zeitpunkt $t = 0$ festverzinslich angelegte Kapitalbetrag wird in der Regel mit B bezeichnet und die Aktie mit S. Das Tupel der beiden Finanzinstrumente B und S wird im folgenden durch ein fettgedrucktes $\mathbf{S}$,

$$\mathbf{S} := \begin{pmatrix} B \\ S \end{pmatrix},$$

[1] www.rheinahrcampus.de/~kremer

J. Kremer, *Portfoliotheorie, Risikomanagement und die Bewertung von Derivaten*, 2. Aufl., Springer-Lehrbuch, DOI 10.1007/978-3-642-20868-3_4, © Springer-Verlag Berlin Heidelberg 2011

dargestellt.

4.1 Das Mehr-Perioden-Binomialbaum-Modell

Im Rahmen der Binomialbaum-Modelle werden zwei Finanzinstrumente betrachtet, eine festverzinsliche Kapitalanlage und ein weiteres Finanzinstrument, etwa eine Aktie. In einem Binomialbaum-Modell spaltet sich jeder Zustand zu einem Zeitpunkt t zum nachfolgenden Zeitpunkt $t+1$ in zwei Zustände auf. Daher besitzt ein Binomialbaum-Modell nach n Perioden 2^n Endzustände und beinhaltet damit 2^n verschiedene Pfade.

Mehr-Perioden-Binomialbaum-Modelle werden durch die Parameter von Tabelle 4.1 eindeutig festgelegt. Häufig wird auf die Indizierung bei r_n, u_n

Tabelle 4.1. Definierende Parameter von Binomialbaum-Modellen

Parameter	Bedeutung
S	Anfangskurs der Aktie, $S \neq 0$
T	Endzeitpunkt
n	Anzahl der Perioden im Baum für das Zeitintervall $[0,T]$
r_n	risikoloser Zinssatz pro Periode
u_n, d_n	Renditefaktoren für die Aktie pro Periode, $u_n > d_n$

und d_n verzichtet und einfach r, u und d geschrieben.

Bei n Perioden existieren im Baum die $n+1$ Zeitpunkte $0, \ldots, n$, die den *realen* Zeitpunkten $0 \cdot \Delta t = 0, 1 \cdot \Delta t, \ldots, n \cdot \Delta t = T$ entsprechen. Jedes Ein-Perioden-Teilmodell $(b, D)_{A_t}$ besitzt die Gestalt

$$\begin{pmatrix} B_t(A_t) \\ S_t(A_t) \end{pmatrix} \quad \begin{matrix} \overset{\frac{q}{1+r}}{\nearrow} \quad \begin{pmatrix} B_{t+1}(A_{t+1,1}) \\ S_{t+1}(A_{t+1,1}) \end{pmatrix} = \begin{pmatrix} (1+r)\,B_t(A_t) \\ uS_t(A_t) \end{pmatrix} \\ \\ \underset{\frac{q'}{1+r}}{\searrow} \quad \begin{pmatrix} B_{t+1}(A_{t+1,2}) \\ S_{t+1}(A_{t+1,2}) \end{pmatrix} = \begin{pmatrix} (1+r)\,B_t(A_t) \\ dS_t(A_t) \end{pmatrix} \end{matrix}$$

$$t \qquad\qquad\qquad\qquad t+1$$

Dabei bezeichnet $B_t(A_t)$ das zum Zeitpunkt t risikolos angelegte Kapital und $S_t(A_t)$ den Aktienkurs zum Zeitpunkt t in einem Zustand $A_t \in \mathcal{Z}(\mathcal{F}_t)$. $A_t \in \mathcal{Z}(\mathcal{F}_t)$ zerfällt zum nachfolgenden Zeitpunkt $t+1$ in die beiden Knoten $A_{t+1,1}, A_{t+1,2} \in \mathcal{Z}(\mathcal{F}_{t+1})$. Das zugehörige Gleichungssystem für einen Zustandsvektor ψ lautet

$$\begin{pmatrix} (1+r) B_t(A_t) & (1+r) B_t(A_t) \\ uS_t(A_t) & dS_t(A_t) \end{pmatrix} \begin{pmatrix} \psi_1 \\ \psi_2 \end{pmatrix} = \begin{pmatrix} B_t(A_t) \\ S_t(A_t) \end{pmatrix}.$$

Nach Division der entsprechenden Zeilen durch $B_t(A_t)$ und $S_t(A_t)$ ist dies äquivalent zu

$$\begin{pmatrix} 1+r & 1+r \\ u & d \end{pmatrix} \begin{pmatrix} \psi_1 \\ \psi_2 \end{pmatrix} = \begin{pmatrix} 1 \\ 1 \end{pmatrix}. \tag{4.1}$$

Damit erhalten wir für *jedes* Ein-Perioden-Teilmodell das Gleichungssystem (4.1) mit der Lösung

$$\begin{aligned} \psi &= \frac{1}{1+r} \begin{pmatrix} \frac{(1+r)-d}{u-d} \\ \frac{u-(1+r)}{u-d} \end{pmatrix} \\ &= \frac{1}{1+r} \begin{pmatrix} q \\ q' \end{pmatrix}, \end{aligned} \tag{4.2}$$

wobei

$$\begin{aligned} q &:= \frac{(1+r)-d}{u-d} \quad \text{und} \\ q' &:= 1-q = \frac{u-(1+r)}{u-d}. \end{aligned} \tag{4.3}$$

Die Ein-Perioden-Teilmodelle, und damit das Binomialbaum-Modell selbst, sind genau dann arbitragefrei, wenn $\psi \gg 0$. Dies ist genau dann der Fall, wenn q und q' positiv sind, also wenn

$$u > 1 + r > d. \tag{4.4}$$

Dies wird im folgenden immer vorausgesetzt. Damit besitzt jedes Ein-Perioden-Teilmodell den gleichen strikt positiven Zustandsvektor ψ. Weiter ist unter Voraussetzung (4.4) jedes Ein-Perioden-Teilmodell, und damit das Binomialbaum-Modell insgesamt, vollständig.

Beispiel 4.1. (Zwei-Perioden-Binomialbaum-Modell) Für zwei Perioden betrachten wir das Binomialbaum-Modell aus Abb. 4.1. Bei zwei Perioden beträgt die Anzahl der Endzustände $2^2 = 4$. Jeder Endzustand entspricht einem eindeutig bestimmten Pfad, und die zugehörigen vier Pfade lassen sich mit Hilfe der Renditefaktoren u und d folgendermaßen charakterisieren:

$$\begin{aligned} \omega_1 &= \left(S, uS, u^2 S\right), \\ \omega_2 &= \left(S, uS, udS\right), \\ \omega_3 &= \left(S, dS, udS\right), \\ \omega_4 &= \left(S, dS, d^2 S\right). \end{aligned}$$

Mit $\Omega := \{\omega_1, \ldots, \omega_4\}$ gilt

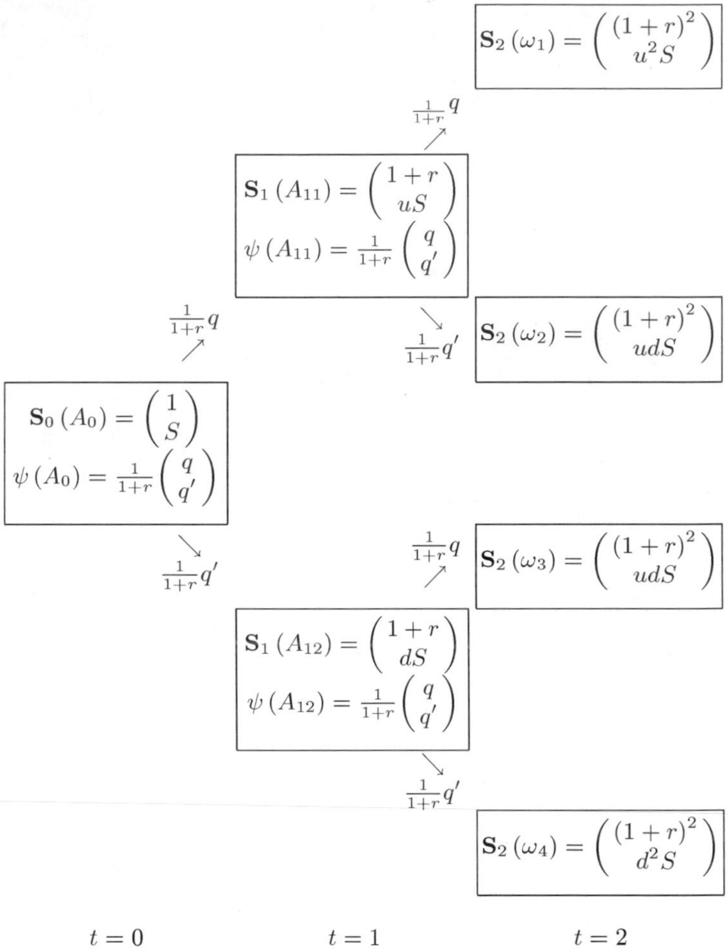

$$\mathbf{S}_2(\omega_1) = \begin{pmatrix} (1+r)^2 \\ u^2 S \end{pmatrix}$$

$\frac{1}{1+r} q \nearrow$

$$\mathbf{S}_1(A_{11}) = \begin{pmatrix} 1+r \\ uS \end{pmatrix} \qquad \psi(A_{11}) = \frac{1}{1+r} \begin{pmatrix} q \\ q' \end{pmatrix}$$

$\frac{1}{1+r} q \nearrow$ $\searrow \frac{1}{1+r} q'$

$$\mathbf{S}_2(\omega_2) = \begin{pmatrix} (1+r)^2 \\ udS \end{pmatrix}$$

$$\mathbf{S}_0(A_0) = \begin{pmatrix} 1 \\ S \end{pmatrix} \qquad \psi(A_0) = \frac{1}{1+r} \begin{pmatrix} q \\ q' \end{pmatrix}$$

$\searrow \frac{1}{1+r} q'$ $\frac{1}{1+r} q \nearrow$

$$\mathbf{S}_2(\omega_3) = \begin{pmatrix} (1+r)^2 \\ udS \end{pmatrix}$$

$$\mathbf{S}_1(A_{12}) = \begin{pmatrix} 1+r \\ dS \end{pmatrix} \qquad \psi(A_{12}) = \frac{1}{1+r} \begin{pmatrix} q \\ q' \end{pmatrix}$$

$\searrow \frac{1}{1+r} q'$

$$\mathbf{S}_2(\omega_4) = \begin{pmatrix} (1+r)^2 \\ d^2 S \end{pmatrix}$$

$t = 0$ $t = 1$ $t = 2$

Abb. 4.1. Binomialbaum mit 2 Perioden, 4 Zuständen und mit 2 Finanzinstrumenten

$$\begin{aligned} A_{11} &= \{\omega_1, \omega_2\} = A(uS) = \{\omega \in \Omega \,|\omega(1) = uS\}, \\ A_{12} &= \{\omega_3, \omega_4\} = A(dS) = \{\omega \in \Omega \,|\omega(1) = dS\}. \end{aligned}$$

Wir betrachten für die drei Ein-Perioden-Teilmodelle

$$(b, D)_{A_{11}} = (\mathbf{S}_1(A_{11}), (\mathbf{S}_2(\omega_1), \mathbf{S}_2(\omega_2))) = \left(\begin{pmatrix} 1+r \\ uS \end{pmatrix}, \begin{pmatrix} (1+r)^2 & (1+r)^2 \\ u^2 S & udS \end{pmatrix} \right)$$

$$(b, D)_{A_{12}} = (\mathbf{S}_1(A_{12}), (\mathbf{S}_2(\omega_3), \mathbf{S}_2(\omega_4))) = \left(\begin{pmatrix} 1+r \\ dS \end{pmatrix}, \begin{pmatrix} (1+r)^2 & (1+r)^2 \\ duS & d^2 S \end{pmatrix} \right)$$

und

$$(b, D)_{A_0} = (\mathbf{S}_0(\Omega), (\mathbf{S}_1(A_{11}), \mathbf{S}_1(A_{12}))) = \left(\begin{pmatrix} 1 \\ S \end{pmatrix}, \begin{pmatrix} 1+r & 1+r \\ uS & dS \end{pmatrix} \right)$$

jeweils das Gleichungssystem

$$D\psi = b$$

zur Bestimmung eines Zustandsvektors. Wir sehen, dass die zu den Ein-Perioden-Teilmodellen gehörenden Gleichungssysteme nach Division der entsprechenden Zeilen durch $1 + r$ oder S alle in das Gleichungssystem (4.1) überführt werden. Alle drei Systeme besitzen daher die gleiche Lösung (4.2), also

$$\psi = \frac{1}{1+r} \begin{pmatrix} \frac{(1+r)-d}{u-d} \\ \frac{u-(1+r)}{u-d} \end{pmatrix} = \frac{1}{1+r} \begin{pmatrix} q \\ q' \end{pmatrix},$$

wobei $q = \frac{(1+r)-d}{u-d}$ und $q' = 1 - q = \frac{u-(1+r)}{u-d}$.Für den Zustandsprozess ϕ erhalten wir

$$\phi_0(\Omega) = 1$$

$$\phi_1(A_{11}) = \frac{1}{1+r} q, \; \phi_1(A_{12}) = \frac{1}{1+r} q'$$

$$\phi_2(\omega_1) = \frac{1}{(1+r)^2} q^2, \; \phi_2(\omega_2) = \phi_2(\omega_3) = \frac{1}{(1+r)^2} qq', \; \phi_2(\omega_4) = \frac{1}{(1+r)^2} q'^2.$$

△

4.2 Rekombinierende Binomialbäume

Jeder Pfad in einem Binomialbaum ist durch ein n-Tupel $\omega = (\varepsilon_1, \ldots, \varepsilon_n)$ eindeutig bestimmt, wobei $\varepsilon_t = 1$, falls zwischen den Zeitpunkten $t-1$ und t eine Aufwärtsbewegung stattfindet, und $\varepsilon_t = 0$ sonst. Die Menge aller Pfade definiert einen Zustandsraum

$$\Omega := \{\omega = (\varepsilon_1, \ldots, \varepsilon_n) \,|\varepsilon_t \in \{0, 1\} \text{ für } t = 1, \ldots, n\}. \tag{4.5}$$

Ω enthält offenbar 2^n Elemente.

Bei einem Anfangskurs $S > 0$ betragen die möglichen $n + 1$ Werte der Aktie zum Endzeitpunkt n

$$S_{nj} := u^{n-j} d^j S,$$

für $j = 0, \ldots, n$. Zu einem Kurswert S_{nj} gelangt man durch $n - j$ Aufwärts- und durch j Abwärtsbewegungen. Jeder zugehörige Pfad ω besitzt $n - j$ Kanten, die mit dem Faktor q belegt sind und j Kanten, die mit dem Faktor $q' = 1 - q$ gewichtet sind, so dass $\phi_n(\omega) = \frac{1}{(1+r)^n} q^{n-j} (1-q)^j$ gilt. Insgesamt existieren $\begin{pmatrix} n \\ j \end{pmatrix}$ derartige Pfade. Fassen wir alle Pfade, die zu einem Kurs S_{nj}

führen, zu einer Menge B_{nj} zusammen, so sind die B_{nj}, $j = 0, \ldots, n$, disjunkt, und es gilt $\Omega = \bigcup_{j=0}^{n} B_{nj}$. Wir betrachten nun zustandsabhängige Auszahlungen c_{nj}, die nur vom Aktienkurs zum Endzeitpunkt n im Zustand j abhängen. Wir nehmen also an, dass eine Funktion $f : \mathbb{R} \to \mathbb{R}$ existiert, mit

$$c_{nj} = f(S_{nj})$$

für alle $j = 0, \ldots, n$. In diesem Fall ist $f(S_n)$ auf B_{nj} konstant. Hängt die Auszahlung c_{nj} nur vom Aktienkurs S_{nj} zum Endzeitpunkt ab, dann stimmen also nicht nur die modellierten Aktienkurse, sondern auch die zustandsabhängigen Auszahlungen zum Endzeitpunkt für alle Pfade $\omega \in B_{nj}$ überein. Man sagt in diesem Fall, dass der Binomialbaum *rekombiniert*. Im Falle rekombinierender Bäume führen die 2^n Pfade zu insgesamt lediglich $n+1$ paarweise verschiedenen aggregierten Endzuständen B_{nj}, $j = 0, \ldots n$, und der Binomialbaum kann durch einen äquivalenten Baum ersetzt werden, der zu jedem Zeitpunkt $t = 0, \ldots, n$ über lediglich $t+1$ Knoten verfügt. Für eine Call-Option mit Ausübungspreis K ist die Funktion f gegeben durch

$$f(x) = (x - K)^+ ,$$

und für eine Put-Option mit Ausübungspreis K gilt

$$f(x) = (K - x)^+ .$$

Für einen Forward-Kontrakt mit Forward-Preis F erhalten wir

$$f(x) = x - F.$$

Mit (3.78) aus Folgerung 3.77 ergibt sich der Wert der zustandsabhängigen Endauszahlung $f(S_n) = (f(S_{n0}), \ldots, f(S_{nn}))$ zu

$$\begin{aligned} V_0 &= \boldsymbol{D}_{0,n}^{\phi}[f(S_n)] \qquad (4.6) \\ &= \langle \phi_n, f(S_n) \rangle \\ &= \sum_{\omega \in \Omega} \phi_n(\omega) f(S_n(\omega)) \\ &= \sum_{j=0}^{n} \left(\sum_{\omega \in B_{nj}} \phi_n(\omega) \right) f(S_{nj}) \\ &= \sum_{j=0}^{n} |B_{nj}| \, \phi_n(B_{nj}) f(S_{nj}) \\ &= \frac{1}{(1+r)^n} \sum_{j=0}^{n} \binom{n}{j} q^{n-j} (1-q)^j f\left(u^{n-j} d^j S\right), \end{aligned}$$

wobei $|B_{nj}| = \binom{n}{j}$ die Anzahl der Elemente von B_{nj} und $\phi_n(B_{nj}) = \frac{1}{(1+r)^n} q^{n-j}(1-q)^j$ den gemeinsamen Funktionswert von ϕ_n auf B_{nj} bezeichnet. Wir erhalten also eine geschlossene Formel für den Wert jeder Endauszahlung, die eine Funktion des Aktienkurses ist. Die vorangegangenen Ergebnisse fassen wir in folgendem Satz zusammen.

Satz 4.2. *Wir betrachten einen Binomialbaum mit n Perioden. Sei r der risikolose Zinssatz pro Periode, S der Anfangskurs der modellierten Aktie, und seien u und d zwei Faktoren mit*

$$u > 1 + r > d.$$

Dann ist das durch diesen Baum erzeugte Marktmodell arbitragefrei und jedes Ein-Perioden-Teilmodell besitzt denselben Zustandsvektor

$$\psi = \frac{1}{1+r}\begin{pmatrix} \frac{(1+r)-d}{u-d} \\ \frac{u-(1+r)}{u-d} \end{pmatrix} = \frac{1}{1+r}\begin{pmatrix} q \\ 1-q \end{pmatrix}$$

mit $q := \frac{(1+r)-d}{u-d}$. Sei weiter $f : \mathbb{R} \to \mathbb{R}$ eine Funktion, so dass eine zustandsabhängige Auszahlung c_n zum Endzeitpunkt n durch

$$c_{nj} = f(S_{nj}),$$

$j = 0, \ldots, n$, gegeben ist, wobei

$$S_{nj} = u^{n-j} d^j S$$

die modellierten Aktienkurse bezeichnet. Dann besitzt der Wert V_0 der Endauszahlung $c_n = f(S_n)$ zum Zeitpunkt 0 die Darstellung

$$\begin{aligned} V_0 &= \langle \phi_n, c_n \rangle \\ &= \frac{1}{(1+r)^n} \sum_{j=0}^{n} \binom{n}{j} q^{n-j}(1-q)^j f\left(u^{n-j} d^j S\right). \end{aligned} \tag{4.7}$$

In (4.7) bezeichnet ϕ_n den Zustandsprozess zum Zeitpunkt n,

$$\phi_n(\omega) = \frac{1}{(1+r)^n} q^{n-j}(1-q)^j,$$

wobei ω ein Pfad mit $n-j$ Aufwärts- und mit j Abwärtsbewegungen bezeichnet. Auf der Menge aller Pfade Ω wird durch $Q(\omega) = q^{n-j}(1-q)^j$ ein Martingalmaß definiert. Werden alle Pfade mit $n-j$ Aufwärts- und j Abwärtsbewegungen zu jeweils einer Menge B_{nj} zusammengefasst, so gilt

$$Q(B_{nj}) := \binom{n}{j} q^{n-j}(1-q)^j \tag{4.8}$$

für $j = 0, \ldots, n$, und (4.7) kann geschrieben werden als

$$V_0 = \frac{1}{(1+r)^n} \mathbf{E}^Q \left[f\left(S_n\right) \right].$$

□

Der in (4.7) berechnete Wert V_0 ist der Wert einer Handelsstrategie zum Zeitpunkt 0, der die zustandsabhängige Auszahlung c zum Zeitpunkt n repliziert. Da in jedem Knoten zu jedem Zeitpunkt das gesamte Kapital für die nächste Periode reinvestiert wird, ist die zur Berechnung von V_0 gehörende Handelsstrategie selbstfinanzierend.

Beispiel 4.3. Die Werte des Finanzinstruments S stimmen im Zwei-Perioden-Binomialbaum-Modell zum Zeitpunkt 2 in den Zuständen ω_2 und ω_3 überein; es gilt

$$S_2\left(\omega_2\right) = S_2\left(\omega_3\right) = \begin{pmatrix} (1+r)^2 \\ udS \end{pmatrix}.$$

Hängen die Werte der Endauszahlung $c_{2j} = f\left(S_{2j}\right)$ nur von S_{2j} ab, nicht aber vom Verlauf des zu j führenden Pfades, so kann der Informationsbaum durch den in Abb. 4.2 dargestellten, gleichwertigen rekombinierenden Baum ersetzt werden, bei dem nur noch die für die Bewertung relevanten Daten eingetragen wurden.

Wir sehen, dass die ursprünglich $2^2 = 4$ Zustände zum Endzeitpunkt $n = 2$ durch $n + 1 = 3$ Knoten ersetzt wurden. Das Martingalmaß Q lautet für die 4 Endzuständen des ursprünglichen Binomialbaums

$$Q := \begin{pmatrix} q^2 \\ qq' \\ qq' \\ q'^2 \end{pmatrix},$$

während sich Q für die 3 Endzustände B_{20}, B_{21} und B_{22} des rekombinierenden Binomialbaums als

$$Q := \begin{pmatrix} q^2 \\ 2qq' \\ q'^2 \end{pmatrix}$$

schreiben lässt. △

Bei rekombinierenden Binomialbäumen steigt die Anzahl der Knoten mit wachsender Periodenzahl also nicht exponentiell, sondern nur linear an. Auf diese Weise wird sowohl der Speicheraufwand als auch die Rechenzeit in einem Maße reduziert, dass sich mit derartigen Bäumen eine Vielzahl praxisrelevanter Finanzinstrumente, wie insbesondere Standard-Optionen, effizient bewerten lassen.

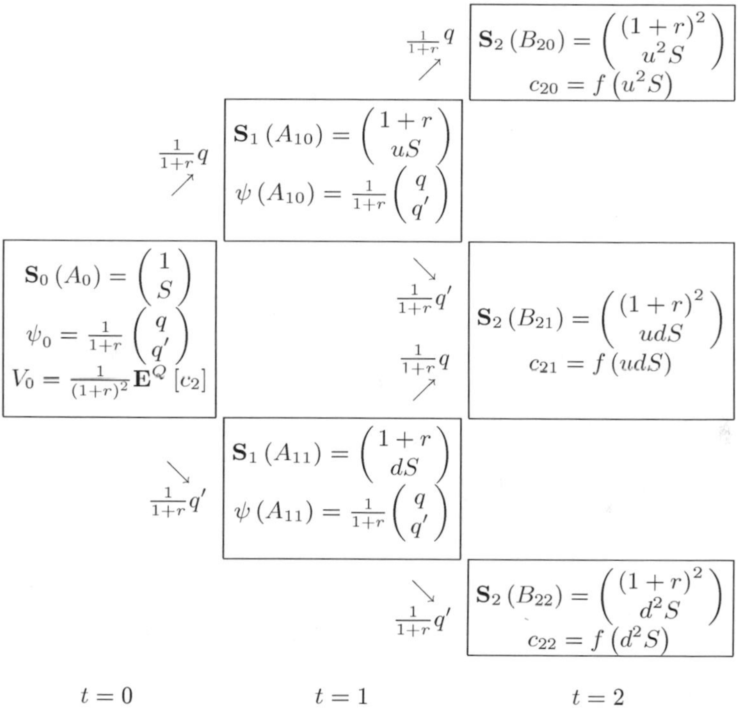

$\frac{1}{1+r}q \nearrow$

$$\mathbf{S}_2(B_{20}) = \begin{pmatrix} (1+r)^2 \\ u^2 S \end{pmatrix}, \quad c_{20} = f\left(u^2 S\right)$$

$\frac{1}{1+r}q \nearrow$

$$\mathbf{S}_1(A_{10}) = \begin{pmatrix} 1+r \\ uS \end{pmatrix}, \quad \psi(A_{10}) = \frac{1}{1+r}\begin{pmatrix} q \\ q' \end{pmatrix}$$

$$\mathbf{S}_0(A_0) = \begin{pmatrix} 1 \\ S \end{pmatrix}, \quad \psi_0 = \frac{1}{1+r}\begin{pmatrix} q \\ q' \end{pmatrix}, \quad V_0 = \frac{1}{(1+r)^2}\mathbf{E}^Q[c_2]$$

$\searrow \frac{1}{1+r}q'$

$$\mathbf{S}_2(B_{21}) = \begin{pmatrix} (1+r)^2 \\ udS \end{pmatrix}, \quad c_{21} = f(udS)$$

$\frac{1}{1+r}q \nearrow$

$\searrow \frac{1}{1+r}q'$

$$\mathbf{S}_1(A_{11}) = \begin{pmatrix} 1+r \\ dS \end{pmatrix}, \quad \psi(A_{11}) = \frac{1}{1+r}\begin{pmatrix} q \\ q' \end{pmatrix}$$

$\searrow \frac{1}{1+r}q'$

$$\mathbf{S}_2(B_{22}) = \begin{pmatrix} (1+r)^2 \\ d^2 S \end{pmatrix}, \quad c_{22} = f\left(d^2 S\right)$$

$t = 0$ $\quad t = 1$ $\quad t = 2$

Abb. 4.2. Rekombinierender Binomialbaum mit 2 Perioden, 4 Zuständen und mit 2 Finanzinstrumenten

4.2.1 Das direkte und das rekursive Bewertungsverfahren

Wir betrachten die Bewertungsformel (4.7) für Auszahlungen, die eine Funktion der Kurse zum Endzeitpunkt sind,

$$V_0 = \frac{1}{(1+r)^n} \sum_{j=0}^{n} \binom{n}{j} q^{n-j} (1-q)^j f\left(u^{n-j} d^j S\right). \tag{4.9}$$

Die Bewertung von Auszahlungen $z_{n,j} := f\left(u^{n-j} d^j S\right)$ mit Hilfe von (4.9) bezeichnen wir als **direktes Bewertungsverfahren**.

Wir definieren nun für $j = 0, \ldots, n-1$

$$z_{n-1,j} := \frac{1}{1+r}\left(q z_{n,j} + (1-q)\, z_{n,j+1}\right) \tag{4.10}$$

und berechnen für $j = 0, \ldots, n-2$

$$\begin{aligned} z_{n-2,j} &= \frac{1}{1+r}\left(q z_{n-1,j} + (1-q)\, z_{n-1,j+1}\right) \\ &= \frac{1}{(1+r)^2}\left(q^2 z_{n,j} + 2q\,(1-q)\, z_{n,j+1} + (1-q)^2 z_{n,j+2}\right) \\ &= \frac{1}{(1+r)^2}\sum_{k=0}^{2}\binom{2}{k} q^{2-k}(1-q)^k z_{n,j+k}. \end{aligned}$$

Induktiv folgt für $m \leq n$ und für $j = 0, \ldots, n-m$

$$z_{n-m,j} = \frac{1}{(1+r)^m}\sum_{k=0}^{m}\binom{m}{k} q^{m-k}(1-q)^k z_{n,j+k}.$$

Speziell für $m = n$ erhalten wir

$$\begin{aligned} z_{0,0} &= \frac{1}{(1+r)^n}\sum_{k=0}^{n}\binom{n}{k} q^{n-k}(1-q)^k z_{n,k} \\ &= V_0. \end{aligned}$$

Der Anfangspreis V_0 der Endauszahlung lässt sich also auch mit Hilfe einer Rückwärtsrekursion in der Zeit berechnen, die wir schematisch wir folgt darstellen können:

$$\begin{array}{ccccccc} z_{n,0} & z_{n,1} & z_{n,2} & z_{n,3} & \cdots & z_{n,n-1} & z_{n,n} \\ \downarrow & \swarrow\downarrow & \swarrow\downarrow & \swarrow & & \downarrow & \swarrow \\ z_{n-1,0} & z_{n-1,1} & z_{n-1,2} & & & z_{n-1,n-1} & \\ & \vdots & & \ddots & & & \\ z_{1,0} & z_{1,1} & & & & & \\ \downarrow & \swarrow & & & & & \\ z_{0,0} & & & & & & \end{array}$$

Wird dieses Verfahren in einer Programmiersprache implementiert, so ist für die Verwaltung der Daten lediglich eine lineare Liste mit $n+1$ Speicherplätzen erforderlich. Im Verlauf der Rückwärtsrekursion werden die Speicherplätze dann von Zeitpunkt zu Zeitpunkt gemäß (4.10) jeweils überschrieben, bis zuletzt im ersten Element der Liste der gesuchte Wert $z_{0,0} = V_0$ abgelegt wird. Dieser Algorithmus wird **rekursives Bewertungsverfahren** genannt.

Das rekursive Bewertungsverfahren kann auch wie folgt interpretiert werden: Zu den $n+1$ verschiedenen Endkursen S_{nj}, $j = 0, \ldots, n$, gibt es genau n verschiedene Ein-Perioden-Teilmodelle. Also gibt es zu den $n+1$ Auszahlungen $z_{n0}, \ldots, z_{nn}$ zum Zeitpunkt n genau n Werte $z_{n-1,0}, \ldots, z_{n-1,n-1}$, die zum Zeitpunkt $n-1$ bereitgehalten werden müssen, um die Auszahlungen für jedes Ein-Perioden-Teilmodell zu replizieren. Diesen n Auszahlungen zum Zeitpunkt $n-1$ entsprechen $n-1$ verschiedene Ein-Perioden-Teilmodelle, also $n-1$ Kapitalbeträge $z_{n-2,0}, \ldots, z_{n-2,n-2}$, die zum Zeitpunkt $n-2$ bereitgehalten werden müssen, usw.

4.3 Kalibrierung der Parameter des Binomialbaums

Bisher waren die Anzahl n der betrachteten Perioden und die Parameter S, r, u und d in einem Binomialbaum willkürlich vorgegebene Größen. In diesem Abschnitt wird dargestellt, wie diese Parameter bei vorgegebener Periodenzahl n so bestimmt werden, dass der Baum an reale Zinsen und an reale Aktienkursentwicklungen angepasst wird.

4.3.1 Bestimmung des Zinssatzes r_n pro Periode

Wir setzen einen Jahreszins R voraus, so dass sich festverzinslich angelegtes Kapital nach Ablauf des Zeitraums $[0,T]$ mit dem Faktor $(1+R)^T$ verzinst. Damit erhalten wir den Diskontfaktor $d_T = (1+R)^{-T}$ mit zugehörigem Zinssatz

$$r_T := \frac{1}{d_T} - 1. \tag{4.11}$$

Für den Binomialbaum benötigen wir dagegen einen Zinssatz r_n pro Periode. Dieser ist so zu wählen, dass n Verzinsungen mit dem Zinssatz r_n gerade einer Verzinsung mit dem Faktor $\frac{1}{d_T} = 1 + r_T$ entsprechen. Es muss also gelten

$$(1+r_n)^n = \frac{1}{d_T} = 1 + r_T = (1+R)^T$$

oder

$$\begin{aligned} r_n &= d_T^{-\frac{1}{n}} - 1 \\ &= (1+r_T)^{\frac{1}{n}} - 1 \\ &= (1+R)^{\frac{T}{n}} - 1. \end{aligned} \tag{4.12}$$

4.3.2 Die Modellierung der Aktienkurse

Empirische Eigenschaften von Aktienkursen

Die logarithmischen Renditen $R_{t',t} := \ln \frac{S(t)}{S(t')}$ historischer Aktienkurse sind für $0 \le t' \le t$ näherungsweise

- unabhängig von $\ln S(t'')$ für alle $0 \le t'' \le t' \le t$,

- normalverteilt mit Erwartungswert $\mu(t-t')$ und Varianz $\sigma^2(t-t')$.[2]
- die Parameter μ und σ sind im Zeitverlauf unter normalen Marktentwicklungen näherungsweise konstant.

Die motiviert das folgende Modell:

Das Kursmodell für Aktien

Sei $S(t)$ der Kurs der Aktie S zum Zeitpunkt $t \in \mathbb{R}$. Wir nehmen an, dass es zwei Parameter μ und σ gibt, so dass für alle $0 \leq t' \leq t$ gilt

$$\ln \frac{S(t)}{S(t')} = \ln S(t) - \ln S(t') \sim \mathcal{N}\left(\mu(t-t'), \sigma^2(t-t')\right). \tag{4.13}$$

Prozesse, die die Eigenschaft (4.13) besitzen, werden *log-normal* genannt. Das hier vorgestellte Modell besagt also, dass die Logarithmen der Aktienkurse als normalverteilt vorausgesetzt werden. Weiter nehmen wir an, dass $\ln S(t) - \ln S(t')$ unabhängig von $\ln S(t'')$ ist für alle $0 \leq t'' \leq t' \leq t$.

Wir definieren die *logarithmische Rendite* $R^l_{s,t}$ des Aktienkurses S zwischen den Zeitpunkten s und t durch

$$R^l_{s,t} := \ln \frac{S(t)}{S(s)}.$$

Wird für $i = 1, \ldots, n$ vorausgesetzt, dass die logarithmischen Renditen $R^l_{(i-1)\Delta t, i\Delta t} = \ln \frac{S(i\Delta t)}{S((i-1)\Delta t)}$ identisch verteilt sind nach $\mathcal{N}\left(\mu\Delta t, \sigma^2\Delta t\right)$, so gilt für ein Zeitintervall $[0,t]$ mit $t = k\Delta t$

$$\begin{aligned}
\mathbf{E}\left[R^l_{0,t}\right] &= \mathbf{E}\left[\ln \frac{S(t)}{S(0)}\right] = \mathbf{E}\left[\ln S(t) - \ln S(0)\right] \\
&= \mathbf{E}\left[\sum_{i=1}^{k} \left(\ln S(i\Delta t) - \ln S((i-1)\Delta t)\right)\right] \\
&= \mathbf{E}\left[\sum_{i=1}^{k} \ln \frac{S(i\Delta t)}{S((i-1)\Delta t)}\right] \\
&= \sum_{i=1}^{k} \mathbf{E}\left[R^l_{(i-1)\Delta t, i\Delta t}\right] \\
&= k\mu\Delta t.
\end{aligned}$$

---

[2] Dies wird üblicherweise auch durch

$$R_{t',t} \sim \mathcal{N}\left(\mu(t-t'), \sigma^2(t-t')\right)$$

bezeichnet.

Werden die logarithmischen Renditen $R^l_{(i-1)\Delta t, i\Delta t} = \ln \frac{S(i\Delta t)}{S((i-1)\Delta t)}$ für $i = 1, \ldots, n$ zusätzlich als unabhängig vorausgesetzt, so folgt weiter

$$\begin{aligned}\mathbf{V}\left[R^l_{0,t}\right] &= \mathbf{V}\left[\ln \frac{S(t)}{S(0)}\right] \\ &= \mathbf{V}\left[\sum_{i=1}^{k} \ln \frac{S(i\Delta t)}{S((i-1)\Delta t)}\right] \\ &= \sum_{i=1}^{k} \mathbf{V}\left[R^l_{(i-1)\Delta t, i\Delta t}\right] \\ &= k\sigma^2 \Delta t.\end{aligned}$$

Sowohl der Erwartungswert als auch die Varianz der logarithmischen Renditen hängen unter diesen Voraussetzungen also linear vom betrachteten Zeitraum ab, so dass die Unabhängigkeit der logarithmischen Renditen mit Voraussetzung (4.13) verträglich ist.

Speziell für den Zeitraum $[0, T]$ mit $T = n\Delta t$ erhalten wir

$$\mathbf{E}\left[R^l_{0,T}\right] = \mu T$$

und

$$\mathbf{V}\left[R^l_{0,T}\right] = \sigma^2 T.$$

Die Schätzung der Parameter μ und σ

In diesem Abschnitt zeigen wir, wie die Parameter μ und σ mit Hilfe historischer Kurszeitreihen für die Aktie S geschätzt werden können. Dazu werden etwa die Tageskurse $S_0, S_1, \ldots, S_m$ der letzten $m = 250$ Handelstage, was ungefähr einem Jahr entspricht, jeweils zu einer festen Uhrzeit betrachtet. Anschließend werden die logarithmischen Tagesrenditen

$$R^l_i := \ln \frac{S_{i-1}}{S_i}, \; i = 1, \ldots, m, \tag{4.14}$$

berechnet, und die Gesamtheit dieser Renditen wird als *Wahrscheinlichkeitsverteilung der Aktienrenditen für den kommenden Handelstag* interpretiert. Jeder betrachtete Tag i der Vergangenheit wird damit zu einem Szenario ω_i für den kommenden Handelstag, und jede historische Tagesrendite $\ln \frac{S_{i-1}}{S_i}$ wird zu einem prognostizierten Rendite-Wert $R(\omega_i)$ für die Aktie für Szenario ω_i.

Für die logarithmische Jahresrendite $R^l_Y := \ln \frac{S_0}{S_m}$ gilt dann

$$R^l_Y = \sum_{i=1}^{m} R^l_i,$$

denn es ist

$$\begin{aligned} S_0 &= S_m \prod_{i=1}^{m} \frac{S_{i-1}}{S_i} \\ &= S_m \prod_{i=1}^{m} \exp R_i^l \\ &= S_m \exp\left(\sum_{i=1}^{m} R_i^l\right) \\ &= S_m \exp R_Y^l . \end{aligned}$$

Anmerkung 4.4. Wegen

$$\ln(1+x) = x + o(|x|)$$

für $x \to 0$ folgt mit

$$x = \frac{S_{i-1}}{S_i} - 1$$

die Näherung

$$\ln \frac{S_{i-1}}{S_i} \approx \frac{S_{i-1} - S_i}{S_i},$$

denn für Tagesrenditen gilt in der Regel

$$\left| \frac{S_{i-1}}{S_i} - 1 \right| \ll 1.$$

Daher können im Falle von $\left| \frac{S_{i-1}}{S_i} - 1 \right| \ll 1$ an Stelle der logarithmischen Tagesrenditen auch die gewöhnlichen Renditen verwendet werden.

Dies motiviert folgende

Definition 4.5. ***(Definition der Parameter*** μ ***und*** σ ***im Binomialbaum)*** *Sei* m *die Anzahl der Handelstage eines Jahres, z.B.* $m = 250$*. Dann definieren wir*

$$\mu := \frac{1}{m} \sum_{i=1}^{m} R_i \tag{4.15}$$

und

$$\sigma^2 := \frac{1}{m-1} \sum_{i=1}^{m} (R_i - \mu)^2 . \tag{4.16}$$

Durch die Division durch $m - 1$ in (4.16) wird der Ausdruck für σ^2 zu einem *erwartungstreuen Schätzer*, siehe etwa Krengel [37].

Implizite Volatilitäten

Wir werden sehen, dass für die Kalibrierung der Binomialbäume lediglich der Parameter σ von Bedeutung ist. In der Praxis wird dieser Parameter bei börsengehandelten Derivaten üblicherweise nicht aus historischen Zeitreihen, sondern aus den Preisen der Wertpapiere selbst implizit bestimmt, d.h. σ wird so angepasst, dass die beobachteten Marktpreise bei einer Bewertung im Baum reproduziert werden. Die auf diese Weise bestimmten σ werden **implizite Volatilitäten** genannt.

4.3.3 Binomialbäume und Binomialverteilung

Nach Unterteilung des Zeitintervalls $[0,T]$ in n gleiche Abschnitte der Länge $\Delta t := \frac{T}{n}$ legen wir in das entstehende Zeitgitter $\{0, \Delta t, 2\Delta t, \ldots, n\Delta t = T\}$ ein Binomialbaum-Modell. Wir nehmen dazu an, dass der Wert der Aktie zwischen je zwei zeitlich benachbarten Knoten entweder um den Faktor $u_n > 1 + r_n$ steigt oder um den Faktor $d_n := \frac{1}{u_n} < 1 + r_n$ fällt. Für die Aktienkurse S_{tj} im Baum gilt dann

$$S_{tj} = S u_n^{t-j} d_n^j = S u_n^{t-2j}$$

für alle $t = 0, \ldots, n$ und für alle $j = 0, \ldots, t$. Nach Vorgabe eines Anfangskurses S und eines Wachstumsfaktors u_n wird also jedem Knoten (t, j) des Baums für $t = 0, \ldots, n$ und für $j = 0, \ldots, t$ ein Kurswert $S_{tj} = S u_n^{t-2j}$ zugeordnet. Zu jedem Knoten (t, j) führen genau $\binom{t}{j}$ Pfade.

Bislang wurden im Binomialbaum keine Wahrscheinlichkeiten für das Eintreten einer Kursentwicklung nach oben mit dem Faktor u_n oder nach unten mit dem Faktor d_n definiert. Somit können wir in einem Binomialbaum bisher auch nicht von Wahrscheinlichkeitsverteilungen der Aktienkurse sprechen[3]. Wir führen nun ein Wahrscheinlichkeitsmaß als neues Modellierungselement ein.

[3] Allerdings ist die **Anzahl** der Pfade, die zu einem Knoten (t, j) führen, binomialverteilt nach $B\left(t, \frac{1}{2}\right)$. Denn es gibt $\binom{t}{j}$ Pfade, die zum Knoten (t, j) führen, bei insgesamt 2^t Pfaden.

Nehmen wir auf der Menge aller 2^t Pfade eine Gleichverteilung an und sei X eine Zufallsvariable, die einen dieser Pfade auswählt, so ist X verteilt nach $B\left(t, \frac{1}{2}\right)$ und

$$P_X(j) := \binom{t}{j} \left(\frac{1}{2}\right)^{t-j} \left(\frac{1}{2}\right)^j = \frac{\binom{t}{j}}{2^t}$$

bezeichnet den Bruchteil derjenigen Pfade, die zum Knoten j führen.

Definition 4.6. *Wir betrachten einen Binomialbaum mit den Parametern S, T, n, r_n und u_n und bezeichnen einen beliebigen Knoten im Baum mit (t, j) für $t = 0, \ldots, n-1$ und $j = 0, \ldots, t$. In einem Knoten (t, j) beträgt der Kurswert der Aktie $S_{tj} = u^{t-j} d^j S$. Wir definieren nun eine* ***Wahrscheinlichkeit*** *p_n, $0 < p_n < 1$, für eine aufsteigende Kursentwicklung im Baum. Der Faktor p_n gibt also an, mit welcher Wahrscheinlichkeit ein Kurs S_{nj} im Knoten (t, j) zum nachfolgenden Zeitpunkt $t+1$ auf den Wert $S_{t+1,j} = u_n S_{tj}$ steigt.*

$$\boxed{S_{tj}} \begin{array}{l} \overset{p_n}{\nearrow} \quad \boxed{S_{t+1,j} = u_n S_{tj}} \\ \\ \underset{1-p_n}{\searrow} \quad \boxed{S_{t+1,j+1} = d_n S_{tj}} \end{array}$$

Damit ist ein Binomialbaum durch die Parameter (S, T, n, r_n, u_n, p_n) eindeutig festgelegt und wird im folgenden durch ein derartiges Tupel charakterisiert. *Bei Überlegungen, für die die Wahrscheinlichkeit p_n keine Rolle spielt, wird der Binomialbaum auch durch (S, T, n, r_n, u_n) gekennzeichnet.*

Lemma 4.7. *Sei (S, T, n, r_n, u_n, p_n) ein Binomialbaum. Die logarithmischen Renditen $\ln \frac{S_{tj}}{S}$ der Aktienkurse sind als Funktion der Knotennummer j binomialverteilt nach $B(t, p_n)$ für $t = 1, \ldots, n$. Ferner gilt mit $R^l_{0,T} = \ln \frac{S_{nj}}{S}$*

$$\mathbf{E}^{t,p_n}\left[R^l_{0,T}\right] = t \cdot (1 - 2p_n) \ln u_n \tag{4.17}$$

und

$$\mathbf{V}^{t,p_n}\left[R^l_{0,T}\right] = t \cdot 4p_n (1 - p_n) \ln^2 (u_n) \tag{4.18}$$

für $t = 1, \ldots, n$. Dabei bezeichnen $\mathbf{E}^{t,p_n}[\cdot]$ und $\mathbf{V}^{t,p_n}[\cdot]$ den Erwartungswert und die Varianz bezüglich des Wahrscheinlichkeitsmaßes

$$P(j) = \binom{t}{j} p_n^{t-j} (1 - p_n)^j .$$

Beweis. Ausgehend von

$$\ln \frac{S_{tj}}{S} = (t - 2j) \ln u_n$$

schreiben wir j zunächst als Summe von t unabhängigen Bernoulli-Zufallsvariablen X_i. Mit (4.5) kann $X_i(\omega) := \varepsilon_i$, $\varepsilon_i \in \{0, 1\}$, für die Pfade ω im Binomialbaum definiert werden. Dann gilt $\mathbf{E}^{t,p_n}[j] = \mathbf{E}^{p_n}\left[\sum_{i=1}^t X_i\right]$ sowie $\mathbf{V}^{t,p_n}[j] = \mathbf{V}^{p_n}\left[\sum_{i=1}^t X_i\right]$, und mit $X_1 =: X$ folgt

$$\mathbf{E}^{p_n}\left[\sum_{i=1}^t X_i\right] = t\mathbf{E}^{p_n}[X] = tp_n$$

und

$$\mathbf{V}^{p_n}\left[\sum_{i=1}^{t} X_i\right] = \sum_{i=1}^{t} \mathbf{V}^{p_n}[X_i] = t\mathbf{V}^{p_n}[X] = tp_n(1-p_n).$$

Daher gilt

$$\begin{aligned}\mathbf{E}^{t,p_n}\left[\ln\frac{S_{tj}}{S}\right] &= \mathbf{E}^{t,p_n}\left[(t-2j)\ln u_n\right] \\ &= \left(t-2\mathbf{E}^{t,p_n}[j]\right)\ln u_n \\ &= t\cdot(1-2p_n)\ln u_n\end{aligned}$$

und

$$\begin{aligned}\mathbf{V}^{t,p_n}\left[\ln\frac{S_{tj}}{S}\right] &= \mathbf{V}^{t,p_n}\left[(t-2j)\ln u_n\right] \\ &= 4\mathbf{V}^{t,p_n}[j]\ln^2(u_n) \\ &= t\cdot 4p_n(1-p_n)\ln^2(u_n).\end{aligned}$$

Damit ist das Lemma bewiesen. □

Der Erwartungswert und die Varianz von $\ln\frac{S_{tj}}{S}$ sind also linear in t, wobei t dem Zeitpunkt $t\cdot\Delta t = t\frac{T}{n}$ entspricht.

Aufgabe 4.1. Geben Sie einen direkten Beweis für die Aussagen (4.17) und (4.18) in Lemma 4.7 an.

Folgerung 4.8 *Wird ein Binomialbaum (S,T,n,r_n,u_n) mit $d_n = \frac{1}{u_n}$ um die konstante Wahrscheinlichkeitsverteilung $(p_n, 1-p_n)$ in jedem Knoten erweitert, so lassen sich im Baum genau solche Aktienkursentwicklungen modellieren, für die die logarithmischen Renditen $\ln\frac{S_{tj}}{S}$ binomialverteilt sind.*

4.3.4 Die Bestimmung der Parameter u_n und p_n

Wir setzen die beiden Parameter μ und σ im folgenden als gegeben voraus. Wie in Abschnitt 4.3.2 dargestellt, können sie beispielsweise aus der Analyse historischer Kurszeitreihen gewonnen werden. Dann sind die Werte u_n und p_n in einem Binomialbaum mit Periodenzahl n nach (4.17) und (4.18) sowie nach (4.15) und (4.16) festgelegt durch

$$\mathbf{E}^{t,p_n}\left[R^l_{0,T}\right] = t\cdot(1-2p_n)\ln u_n = t\cdot\Delta t\cdot\mu$$

und

$$\mathbf{V}^{t,p_n}\left[R^l_{0,T}\right] = t\cdot 4p_n(1-p_n)\ln^2(u_n) = t\cdot\Delta t\cdot\sigma^2.$$

für $t = 0,\ldots,n$. Daraus folgt

$$\mu\cdot\Delta t = (1-2p_n)\ln u_n \tag{4.19}$$

und

$$\sigma^2 \cdot \Delta t = 4p_n (1 - p_n) \ln^2 (u_n) . \tag{4.20}$$

Mit

$$z_n := \frac{1}{2\sqrt{p_n (1 - p_n)}} \tag{4.21}$$

erhalten wir aus (4.20) die Darstellung

$$u_n = e^{z_n \cdot \sigma \cdot \sqrt{\Delta t}}.$$

Aus den beiden Bestimmungsgleichungen (4.19) und (4.20) für u_n und p_n folgt

$$\frac{\mu}{\sigma}\sqrt{\Delta t} = \frac{1 - 2p_n}{2\sqrt{p_n (1 - p_n)}}.$$

Einfache Umformungen führen zu

$$\left(4p_n - 4p_n^2\right) \left(\frac{\mu}{\sigma}\right)^2 \Delta t = 1 - 4p_n + 4p_n^2,$$

und daraus erhalten wir

$$4p_n^2 \left(1 + \left(\frac{\mu}{\sigma}\right)^2 \Delta t\right) - 4p_n \left(1 + \left(\frac{\mu}{\sigma}\right)^2 \Delta t\right) + 1 = 0.$$

Also gilt

$$p_n^2 - p_n + \frac{1}{4\left(1 + \left(\frac{\mu}{\sigma}\right)^2 \Delta t\right)} = 0.$$

Diese quadratische Gleichung besitzt die Lösungen

$$\begin{aligned} p_n &= \frac{1}{2} \pm \frac{1}{2}\sqrt{1 - \frac{1}{1 + \left(\frac{\mu}{\sigma}\right)^2 \Delta t}} \\ &= \frac{1}{2} \pm \frac{1}{2}\frac{\mu}{\sigma}\sqrt{\Delta t}\sqrt{\frac{1}{1 + \left(\frac{\mu}{\sigma}\right)^2 \Delta t}}. \end{aligned}$$

Damit der Faktor $1 - 2p_n$ in 4.19 positiv ist, wählen wir die Lösung $p_n < \frac{1}{2}$, und wir erhalten wir zusammengefasst

$$\begin{aligned} p_n &= \tfrac{1}{2} - \tfrac{1}{2}\tfrac{\mu}{\sigma}\sqrt{\Delta t}\sqrt{\tfrac{1}{1+\left(\frac{\mu}{\sigma}\right)^2 \Delta t}}, \ \Delta t := \tfrac{T}{n}, \\ u_n &= e^{z_n \cdot \sigma \cdot \sqrt{\Delta t}}, \ z_n := \tfrac{1}{2\sqrt{p_n(1-p_n)}}. \end{aligned} \tag{4.22}$$

Offenbar folgt

$$\lim_{n\to\infty} p_n = \frac{1}{2}$$

und

$$\lim_{n\to\infty} z_n = 1. \tag{4.23}$$

4.3.5 Näherungslösungen für u_n und p_n

Eine Taylorentwicklung für $p_n > \frac{1}{2}$ in (4.22) liefert

$$p_n = \frac{1}{2} - \frac{1}{2}\frac{\mu}{\sigma}\sqrt{\Delta t} + \mathcal{O}\left(\Delta t^{\frac{3}{2}}\right). \tag{4.24}$$

für $\Delta t \to 0$. Wegen (4.24) und (4.23) sind

$$u_n := e^{\sigma \cdot \sqrt{\Delta t}} \tag{4.25}$$

und

$$p_n := \frac{1}{2} - \frac{1}{2}\frac{\mu}{\sigma}\sqrt{\Delta t}. \tag{4.26}$$

Näherungslösungen für (4.19) und (4.20). Wir zeigen nun, dass (4.25) und (4.26) die richtigen asymptotischen Eigenschaften besitzen.

Satz 4.9. *Für die Wahl*

$$\begin{aligned} u_n &:= e^{\sigma\sqrt{\frac{T}{n}}} = e^{\sigma\sqrt{\Delta t}}, \\ d_n &:= \frac{1}{u_n} = e^{-\sigma\sqrt{\frac{T}{n}}} = e^{-\sigma\sqrt{\Delta t}} \end{aligned} \tag{4.27}$$

und

$$p_n := \frac{1}{2} - \frac{1}{2}\frac{\mu}{\sigma}\sqrt{\Delta t} + f(\Delta t), \tag{4.28}$$

wobei f beliebig ist mit

$$f(\Delta t) = \mathcal{O}(\Delta t) \text{ für } \Delta t \to 0,$$

gilt

$$\lim_{n\to\infty} \mathbf{E}^{n,p_n}\left[R^l_{0,T}\right] = \mu T$$

und

$$\lim_{n\to\infty} \mathbf{V}^{n,p_n}\left[R^l_{0,T}\right] = \sigma^2 T.$$

Beweis. Nach Lemma 4.7 gilt mit $R^l_{0,T} = \ln \frac{S_{nj}}{S}$

$$\begin{aligned} \mathbf{E}^{n,p_n}\left[\ln \frac{S_{nj}}{S}\right] &= n \cdot (1 - 2p_n) \ln u_n \\ &= n \cdot \left(\frac{\mu}{\sigma}\sqrt{\Delta t} + f(\Delta t)\right) \cdot \sigma \cdot \sqrt{\Delta t} \\ &= n \cdot \left(\mu \Delta t + f(\Delta t) \cdot \sigma \cdot \sqrt{\Delta t}\right) \\ &= T \cdot \mu + T\sigma \cdot \frac{f(\Delta t)}{\Delta t}\sqrt{\Delta t} \\ &\to \mu \cdot T \text{ für } \Delta t \to 0. \end{aligned}$$

Weiter gilt mit Lemma 4.7

$$\begin{aligned}
&\mathbf{V}^{n,p_n}\left[\ln \frac{S_{nj}}{S}\right] \\
&= 4np_n(1-p_n)\ln^2(u_n) \\
&= 4T\cdot\sigma^2\left(p_n - p_n^2\right) \\
&= 4T\cdot\sigma^2\left(\left(\frac{1}{2}-\frac{1}{2}\frac{\mu}{\sigma}\sqrt{\Delta t}+f(\Delta t)\right)-\left(\frac{1}{2}-\frac{1}{2}\frac{\mu}{\sigma}\sqrt{\Delta t}+f(\Delta t)\right)^2\right) \\
&= 4T\cdot\sigma^2\left(\frac{1}{4}+\mathcal{O}\left(\sqrt{\Delta t}\right)\right) \\
&= \sigma^2\cdot T+\mathcal{O}\left(\sqrt{\Delta t}\right) \\
&\to \sigma^2\cdot T \text{ für } \Delta t\to 0.
\end{aligned}$$

□

Folgerung 4.10. *Für die Wahl*

$$u_n := e^{\sigma\sqrt{\frac{T}{n}}} = e^{\sigma\sqrt{\Delta t}}, \qquad d_n := \frac{1}{u_n} = e^{-\sigma\sqrt{\frac{T}{n}}} = e^{-\sigma\sqrt{\Delta t}} \tag{4.29}$$

und

$$p_n := \frac{e^{\left(-\mu+\frac{\sigma^2}{2}\right)\frac{T}{n}} - d_n}{u_n - d_n} \tag{4.30}$$

gilt

$$\lim_{n\to\infty}\mathbf{E}^{n,p_n}\left[R_{0,T}^l\right] = \mu T$$

und

$$\lim_{n\to\infty}\mathbf{V}^{n,p_n}\left[R_{0,T}^l\right] = \sigma^2 T.$$

Beweis. Wir betrachten die Funktion

$$f(x) := \frac{e^{rx^2}-e^{-\sigma x}}{e^{\sigma x}-e^{-\sigma x}} = \frac{e^{rx^2}-e^{-\sigma x}}{2\sinh(\sigma x)}$$

und nehmen eine Taylorentwicklung um $x = 0$ vor. Mit der Regel von de L'Hospital gilt zunächst

$$\lim_{x\to 0} f(x) = \lim_{x\to 0}\frac{2rxe^{rx^2}+\sigma e^{-\sigma x}}{2\sigma\cosh(\sigma x)} = \frac{1}{2}.$$

Weiter gilt

$$f'(x) = \frac{\left(\sigma e^{-x\sigma} + 2rxe^{rx^2}\right)\sinh(\sigma x) - \sigma\left(e^{rx^2} - e^{-x\sigma}\right)\cosh x\sigma}{2\sinh^2 x\sigma}.$$

Sowohl der Zähler als auch der Nenner des Ausdrucks für $f'(x)$ haben den Grenzwert 0 für $x \to 0$. Eine erneute Anwendung der Regel von de L'Hospital liefert

$$\begin{aligned}
&\lim_{x\to 0} f'(x) \\
&= \lim_{x\to 0} \frac{(\sinh x\sigma)\left(2re^{rx^2} - \sigma^2 e^{-x\sigma} + 4r^2x^2e^{rx^2}\right) - \sigma^2(\sinh x\sigma)\left(e^{rx^2} - e^{-x\sigma}\right)}{4\sigma\sinh(\sigma x)\cos(\sigma x)} \\
&= \lim_{x\to 0} \frac{\left(2re^{rx^2} - \sigma^2 e^{-x\sigma} + 4r^2x^2e^{rx^2}\right) - \sigma^2\left(e^{rx^2} - e^{-x\sigma}\right)}{4\sigma\cosh(\sigma x)} \\
&= \frac{2r - \sigma^2}{4\sigma}.
\end{aligned}$$

Setzen wir schließlich $r = -\mu + \frac{\sigma^2}{2}$ ein, so erhalten wir wegen $\frac{2r-\sigma^2}{4\sigma} = -\frac{1}{2}\frac{\mu}{\sigma}$ die Entwicklung

$$\frac{e^{\left(-\mu+\frac{\sigma^2}{2}\right)\Delta t} - e^{-\sigma\cdot\sqrt{\Delta t}}}{e^{\sigma\cdot\sqrt{\Delta t}} - e^{-\sigma\cdot\sqrt{\Delta t}}} = \frac{1}{2} - \frac{1}{2}\frac{\mu}{\sigma}\sqrt{\Delta t} + \mathcal{O}(\Delta t),$$

und die Behauptung folgt aus Satz 4.9. □

Der vorangegangende Satz 4.9 und die Folgerung 4.10 rechtfertigen daher folgende Definition.

Definition 4.11. *Wir definieren für beliebiges $n \in \mathbb{N}$ die einen Binomialbaum bestimmenden Parameter u_n, d_n und p_n durch*

$$\begin{aligned}
u_n &:= e^{\sigma\sqrt{\frac{T}{n}}} = e^{\sigma\sqrt{\Delta t}}, \\
d_n &:= \frac{1}{u_n} = e^{-\sigma\sqrt{\frac{T}{n}}} = e^{-\sigma\sqrt{\Delta t}}
\end{aligned} \tag{4.31}$$

und

$$p_n := \frac{e^{\left(-\mu+\frac{\sigma^2}{2}\right)\frac{T}{n}} - d_n}{u_n - d_n}. \tag{4.32}$$

Wählen wir u_n und p_n wie in obiger Definition 4.11, so gilt **nicht** exakt

$$\begin{aligned}
\mathbf{E}^{t,p_n}\left[\ln\frac{S_{tj}}{S}\right] &= t\cdot(1-2p_n)\ln u_n = t\cdot\Delta t\cdot\mu \text{ und} \\
\mathbf{V}^{t,p_n}\left[\ln\frac{S_{tj}}{S}\right] &= t\cdot 4p_n(1-p_n)\ln^2(u_n) = t\cdot\Delta t\cdot\sigma^2,
\end{aligned}$$

aber die beiden Gleichungen gelten mit wachsendem n nach Satz 4.9 und nach Folgerung 4.10 in immer besserer Näherung.

Nach Definition 4.11 tritt der Parameter μ in $u_n = \frac{1}{d_n} = e^{\sigma\sqrt{\frac{T}{n}}}$ *nicht auf*, und da die Wahrscheinlichkeit p_n für die Bewertung von Auszahlungsprofilen in Binomialbäumen nicht benötigt wird, *kann auf die Schätzung von μ sogar gänzlich verzichtet werden.*

Dies ist bemerkenswert, denn der Parameter μ beschreibt den deterministischen Anteil der Aktienrendite und unsere Ergebnisse besagen, dass dieser Anteil für die Bewertung von Auszahlungsprofilen, also insbesondere von Derivaten, in Binomialbäumen keine Rolle spielt. Entscheidend ist lediglich der Parameter σ, der die Stärke der Neigung der Aktie zu Schwankungen charakterisiert.

4.4 Die Bewertung europäischer Standard-Derivate

Definition 4.12. *Sei $c \in \mathcal{W}$ gegeben durch $c_0 = \cdots = c_{n-1} = 0$ und durch*

$$c_n = f(S_n)$$

für eine Funktion $f : \mathbb{R} \to \mathbb{R}$. Dann heißt c ***europäisches Auszahlungsprofil****.*

4.4.1 Das direkte Bewertungsverfahren

Eine Bewertung europäischer Auszahlungsprofile

$$f(S_n) = (f(S_{n0}), \ldots, f(S_{nn}))$$

mit Hilfe von Gleichung (4.7), also mit

$$V_0 = \frac{1}{(1+r)^n} \sum_{j=0}^{n} \binom{n}{j} q^{n-j} (1-q)^j f\left(u^{n-j} d^j S\right),$$

ist gleichbedeutend mit dem Einsatz des in Abschnitt 3.7.2 vorgestellten direkten Verfahrens. Zur Implementierung von (4.7) sind die beiden folgenden Lemmata hilfreich.

Lemma 4.13. *Für beliebiges $n \in \mathbb{N}$ und für beliebiges $0 \leq j < n$ gilt die Rekursionsformel*

$$\binom{n}{j+1} = \frac{n-j}{j+1} \binom{n}{j}.$$

Beweis. Mit der Definition

$$\binom{n}{j} = \frac{n!}{j!\,(n-j)!} = \frac{n\,(n-1)\cdots(n-(j-1))}{j\,(j-1)\cdots 1}$$

gilt

$$\begin{aligned}\binom{n}{j+1} &= \frac{n\,(n-1)\cdots(n-(j-1))\,(n-j)}{(j+1)\,j\,(j-1)\cdots 1}\\ &= \frac{n-j}{j+1}\binom{n}{j}.\end{aligned}$$

□

Beachten wir $\binom{n}{0} = \frac{n!}{n!} = 1$, so lauten die ersten Schritte der Rekursion

$$\begin{aligned}\binom{n}{0} &= 1\\ \binom{n}{1} &= \tfrac{n}{1}1 = n\\ \binom{n}{2} &= \tfrac{n-1}{2}n\\ \binom{n}{3} &= \tfrac{n-2}{3}\tfrac{n-1}{2}n.\end{aligned}$$

Weiter betrachten wir folgende einfache Rekursionsformeln für die Aktienkurse und Wahrscheinlichkeiten im Binomialbaum.

Lemma 4.14. *Es gilt*

$$S_{n,j+1} = \frac{d}{u}S_{nj} \tag{4.33}$$

für alle $j = 0, \ldots, n-1$. *Entsprechend gilt*

$$q^{n-(j+1)}\,(1-q)^{j+1} = \frac{1-q}{q}q^{n-j}\,(1-q)^{j}\,. \tag{4.34}$$

Beweis. (4.33) folgt wegen

$$\begin{aligned}S_{n,j+1} &= u^{n-j-1}d^{j+1}S\\ &= \frac{d}{u}u^{n-j}d^{j}S\\ &= \frac{d}{u}S_{nj}.\end{aligned}$$

(4.34) ist klar. □

Im Falle $d = \frac{1}{u}$ gilt speziell $S_{n,j+1} = \frac{1}{u^2} S_{nj}$ für alle $j = 0, \ldots, n-1$.

Die beiden vorangegangenen Aussagen sind deshalb von Bedeutung, weil sie eine effiziente Implementierung von (4.7) ermöglichen. Dazu schreiben wir

$$\begin{aligned} V_0 &= \frac{1}{(1+r)^n} \sum_{j=0}^{n} \binom{n}{j} q^{n-j} (1-q)^j f(S_{nj}) \\ &= \frac{1}{(1+r)^n} \sum_{j=0}^{n} \theta_j f(S_{nj}), \end{aligned}$$

mit $\theta_j := \binom{n}{j} q^{n-j} (1-q)^j$. Für θ_j gilt nach Lemma 4.13 und Lemma 4.14 die Rekursionsbeziehung

$$\begin{aligned} \theta_{j+1} &= \binom{n}{j+1} q^{n-(j+1)} (1-q)^{j+1} \\ &= \frac{1-q}{q} \frac{n-j}{j+1} \theta_j \end{aligned} \tag{4.35}$$

für $j = 0, \ldots, n-1$, wobei der Startwert durch

$$\theta_0 = \binom{n}{0} q^n (1-q)^0 = q^n \tag{4.36}$$

gegeben ist.

Die Implementierung des direkten Verfahrens

Die in den folgenden Abschnitten vorgestellten Algorithmen verwenden die in (4.37) aufgeführten Daten.

```
// Eingangsdaten, die den Binomialbaum spezifizieren

double S_0; // Anfangskurs, S_0 > 0, Einheit:
            // etwa 1 Euro oder 1 Dollar
double T;   // Endzeitpunkt, T > 0, Einheit 1 Jahr
int n;      // Anzahl Perioden im Baum, n > 1
double R;   // Jahreszins, R > 0
            // Einheit: Dezimalzahl (nicht %)
double σ;   // Volatilität der Aktie für ein Jahr, σ > 0
            // Einheit: Dezimalzahl (nicht %)

// Berechnete Größen

double Δt = T/n;                  // Länge einer Periode
double r = (1 + R)^Δt − 1;        // Zinssatz pro Periode
double u = exp(σ * √Δt);          // Anstiegsfaktor der Aktie,
                                  // Bedingung: u > 1 + r > 1/u
double d = 1/u;                   // Abstiegsfaktor der Aktie
double q = ((1 + r) − d) / (u − d); // Martingalmaß
```

(4.37)

Die Parameter S_0, T, n, R und σ definieren einen Binomialbaum und müssen als Eingangsdaten vorgegeben werden. Die Größen Δt, r, u, d und q werden mit Hilfe dieser definierenden Parameter berechnet. Sie werden bereits hier aufgeführt und in den nachfolgenden Algorithmen kommentarlos verwendet.

Wir setzen weiter voraus, dass die Endauszahlung c zum Zeitpunkt n eine Funktion $f : \mathbb{R} \to \mathbb{R}$ der Kurse zum Endzeitpunkt ist, also $c_j = f(S_{nj})$ für $j = 0, \ldots, n$. Dabei gilt beispielsweise

$$
\begin{array}{ll}
f(x) = \max(x - K, 0) & \text{für eine Call-Option mit Basispreis } K \\
f(x) = \max(K - x, 0) & \text{für eine Put-Option mit Basispreis } K \\
f(x) = x - F & \text{für einen Forward-Kontrakt} \\
 & \text{mit Forward-Preis } F.
\end{array}
\tag{4.38}
$$

Unter Verwendung der Rekursionen in Lemma 4.13 und Lemma 4.14 lässt sich ein Algorithmus zur Berechnung von (4.7) wie folgt sehr kompakt schreiben.

```
// Algorithmus zur direkten Bewertung
// eines Auszahlungsprofils f(S_n)
a = (1 − q)/q;
b = d/u;
θ = n ∗ ln(q);
x = u^n ∗ S_0;
y = f(x) ∗ exp(θ);
for (j = 0; j < n; j++)
{
    x ∗= b;
    θ += ln(a ∗ (n − j)/(j + 1));
    y += f(x) ∗ exp(θ);
}
return (1 + r)^(−n) ∗ y;
```
(4.39)

Für große n wird $\theta_0 = q^n$ zu 0 gerundet, und in diesem Fall liefert (4.35) für alle $j = 1, \ldots, n$ den Wert 0. Zur Vermeidung dieses Problems wird die Rekursion (4.35) in (4.39) logarithmiert geschrieben als

$$\ln \theta_{j+1} = \ln \left(\frac{1-q}{q} \frac{n-j}{j+1} \right) + \ln \theta_j, \; j = 0, \ldots, n-1,$$

mit Startwert

$$\ln \theta_0 = n \ln q.$$

Der Algorithmus (4.39) zur Bewertung von Auszahlungsprofilen $f(S_n)$ verursacht Kosten in Höhe von $4(n+1)$ Multiplikationen, wobei eine Division vom Aufwand her als Multiplikation gezählt wird und wobei Funktionsaufrufe nicht berücksichtigt werden. Außerdem werden einzelne Multiplikationen, die bei der Initialisierung von Variablen oder in der return-Anweisung auftreten, nicht mitgezählt. Insgesamt wächst der Berechnungsaufwand nur linear mit der Anzahl n der Perioden an.

Beachten Sie, dass der Algorithmus (4.39) von der Definition der Funktionen $f : \mathbb{R} \to \mathbb{R}$ unabhängig ist. Programmieren Sie objektorientiert, so sollten Sie den Algorithmus in einer Basisklasse $\mathcal{B}$ implementieren, wobei Sie die Methode $f()$ als *abstrakt* deklarieren. Auf diese Weise wird $\mathcal{B}$ selbst zu einer abstrakten Klasse, von der Sie keine Instanzen bilden können. So würden Sie in Java beispielsweise schreiben:

```
// Basisklasse für das
// direkte Bewertungsverfahren
abstract public class B
{
    ⋮
    // Algorithmus (4.39)
    public double evaluate()
    {
        ⋮
    }
    // abstrakte Methode, die die
    // Endauszahlung definiert
    abstract protected double f(double S);
}
```
(4.40)

Der Algorithmus (4.39) wird hier in der Methoden *evaluate* () untergebracht. Für die Funktion f () fehlt der Funktionsrumpf, da diese Methode, wie oben ausgeführt, hier nur abstrakt deklariert wird. Sie wird jedoch im Rumpf der Methode *evalutate* () gemäß (4.39) *aufgerufen.*

Im nächsten Schritt leiten Sie von $\mathcal{B}$ eine Klasse $\mathcal{B}Call$ ab, in der Sie die Funktion f () entsprechend implementieren. Sie erhalten auf diese Weise die folgende Programmstruktur:

```
// Basisklasse für das
// direkte Bewertungsverfahren
public class BCall extends B
{
    // Ausübungspreis
    private double K;
    ⋮
    // Auszahlungsfunktion der
    // Call-Option
    protected double f(double S)
    {
        return Math.max(S − K, 0);
    }
}
```

Entsprechend leiten Sie weiter von $\mathcal{B}$ die Klassen $\mathcal{B}Put$ oder $\mathcal{B}Forward$ ab, in der Sie die Methode f () entsprechend programmieren.

Die Namen der Klassen $\mathcal{B}$ bzw. $\mathcal{B}Call$, $\mathcal{B}Put$ und $\mathcal{B}Forward$, sowie die Methodenamen *evalutate* () und f () wählen Sie passend zum Aufbau Ihrer eigenen Klassenhierarchie. Wesentlich ist, dass Sie den Algorithmus (4.39) nur ein einziges Mal in einer Basisklasse implementieren und ihn anschließend an abgeleitete Klassen vererben.

4.4.2 Das rekursive Bewertungsverfahren

Sei wieder $c = (f(S_{n0}), \ldots, f(S_{nn}))$ eine zustandsabhängige Endauszahlung. Nach Abschnitt kann der Wert von c zum Zeitpunkt 0 auch rekursiv mit Hilfe von (4.10) berechnet werden.

Die Implementierung des rekursiven Verfahrens

Werden die Werte der Endauszahlung $c_{n0}, \ldots, c_{nn}$ in einem Array gespeichert, so wird zunächst der Wert $z_{n-1,0}$ mit Hilfe der beiden Werte c_{n0} und c_{n1} berechnet. Im folgenden wird der Wert c_{n0} nicht mehr benötigt und der zugehörige Speicherplatz kann daher mit $z_{n-1,0}$ überschrieben werden.

Anschließend wird der Wert $z_{n-1,1}$ mit Hilfe der Werte c_{n1} und c_{n2} berechnet, worauf der Wert c_{n1} nicht mehr benötigt wird und daher mit $z_{n-1,1}$ überschrieben werden kann, usw.

Nach n Schritten ist das Array mit den Werten $z_{n-1,0}, \ldots, z_{n-1,n-1}$ gefüllt. Der letzte, n-te, Speicherplatz enthält noch den Wert c_{nn}, der im folgenden jedoch nicht mehr verwendet wird.

Nun wird mit $z_{n-1,0}$ und $z_{n-1,1}$ der Wert $z_{n-2,0}$ berechnet, und mit diesem Wert wird $z_{n-1,0}$ anschließend überschrieben.

Das Verfahren wird rekursiv fortgesetzt, bis schließlich der gesuchte Wert z_0 der Auszahlung c mit Hilfe der beiden Werte z_{10} und z_{11} berechnet wird.

Das Speichern der Endauszahlung $c = (f(S_{n0}), \ldots, f(S_{nn}))$ in einem Array kann wie folgt implementiert werden:

```
// Initialisierung eines Arrays z der Länge n + 1
// mit einem Auszahlungsprofil c = f (S_n)
b = d/u;
x = u^n * S_0;
z = new double[n + 1];
for (j = 0; j <= n; j + +)
{
    z [j] = f (x) ;
    x * = b;
}
```
(4.41)

Der Rekursionsalgorithmus lautet nun folgendermaßen:

```
// Rekursiver Bewertungsalgorithmus mit
// Hilfe der in z enthaltenen Daten
for (k = n; k > 0; k - -)
{
    for (j = 0; j < k; j + +)
    {
        z[j] = q * z[j] + (1 - q) * z[j + 1];
    }
}
return (1 + r)^(-n) * z[0];
```
(4.42)

Bemerkenswert ist, dass der Algorithmus (4.42) vom Typ der durch $f()$ definierten Endauszahlung vollkommen unabhängig ist.

Die Initialisierung (4.41) erfordert Kosten in Höhe von $n+1$ Multiplikationen. Weiter beansprucht der Rekursionsalgorithmus $2n + 2(n-1) + \cdots + 2 = n(n+1)$ Multiplikationen. Insgesamt wachsen die Kosten also quadratisch mit der Anzahl der Perioden. Trotz erhöhter Kosten erweist sich das rekursive Verfahren als sehr effizient, und für die Bewertung der in Abschnitt 4.6 besprochenen amerikanischen Optionen ist es häufig unumgänglich.

Auch beim rekursiven Verfahren bietet es sich an, sowohl die Initialisierung als auch den Rekursionsalgorithmus in einer abstrakten Basisklasse zu implementieren. Und wie beim direkten Verfahren wird die Methode $f()$ abstrakt deklariert und erst in abgeleiteten Klassen je nach Typ des Derivats geeignet definiert.

Schließlich spricht nichts dagegen, sowohl das direkte als auch das rekursive Verfahren in einer gemeinsamen abstrakten Basisklasse zu implementieren und durch sinnvolle Methodennamen voneinander zu unterschieden.

4.5 Die Bewertung europäischer Standard-Optionen bei Dividendenzahlungen des Underlyings

4.5.1 Die Modellierung von Aktienkursen mit Dividendenzahlungen

Wird für eine Aktie S eine Dividende δ zu einem Zeitpunkt $0 \leq \tau \leq T$ gezahlt, so reduziert sich der Aktienkurs S_τ zum Zeitpunkt τ um den Dividendenbetrag δ. Wir nehmen im folgenden an,

- dass alle Dividendenzahlungen unabhängig vom eintretenden Zustand sind
- und dass wir sowohl den Betrag als auch den Zahlungszeitpunkt der Dividenden während der Laufzeit der Optionen kennen.

Weiter setzen wir für den gesamten Abschnitt stetige Zinsen voraus, d.h. wir berechnen aus dem Diskontfaktor d_T des Modells den Zinssatz r_c aus

$$d_T = e^{-r_c T},$$

also

$$r_c = -\frac{1}{T} \ln d_T. \tag{4.43}$$

Anmerkung 4.15. Angenommen, es ist ein Jahreszinssatz R gegeben. Dann lautet der Diskontfaktor d_T bis zum Zeitpunkt T

$$d_T = \frac{1}{(1+R)^T}.$$

Aus der Bedingung $(1+R)^T = e^{r_c T}$ für den stetigen Zinssatz r_c folgt

$$r_c = \ln(1+R).$$

Zunächst stellen wir verschiedene Möglichkeiten vor, Aktienkurse unter Berücksichtigung von Dividendenzahlungen zu modellieren.

Erster Modell-Ansatz

Wir betrachten wieder einen Binomialbaum mit n Perioden und untersuchen den Fall, dass eine Aktie während der Laufzeit einer Option nur eine einzige Dividende der Höhe δ auszahlt. Der Abstand zwischen zwei Zeitebenen betrage $\Delta t = \frac{T}{n}$ und für den Zeitpunkt τ der Dividendenzahlung gelte

$$(k-1)\,\Delta t < \tau \leq k\Delta t.$$

Ein naheliegender Ansatz zur Berücksichtigung der Dividendenzahlung im Baum besteht in folgender Vorgehensweise. Wir setzen für $i < k$ und für alle $j = 0, \ldots, i$ wie bisher $S_{ij} = S_{ij}^{\delta} = S_0 u^{i-j} d^j$ und vermindern für $i = k$ die zustandsabhängigen Aktienkurse um den auf den Zeitpunkt $k\Delta t$ aufgezinsten Dividendenbetrag $\delta e^{r_c(k\Delta t-\tau)}$, also $S_{kj} = S_0 u^{k-j} d^j - \delta e^{r_c(k\Delta t-\tau)}$ für $j = 0, \ldots, k$. Die Aktienkurse der folgenden Zeitebenen werden durch Multiplikation von $S_0 u^{i-j} d^j - \delta e^{r_c(k\Delta t-\tau)}$ mit geeigneten Faktoren der Form $u^{r-s} d^s$ modelliert. Dies bedeutet also

$$\begin{aligned}
S_{ij}^{\delta} &:= S_{ij} := S_0 u^{i-j} d^j && \text{für } 0 \leq i < k,\ j = 0, \ldots, i\\
S_{kj}^{\delta} &:= S_0 u^{k-j} d^j && \text{für } j = 0, \ldots, k\\
S_{kj} &= S_{kj}^{\delta} - \delta e^{r_c(k\Delta t-\tau)} && \text{für } j = 0, \ldots, k\\
S_{ij}^{\delta} &:= S_{ij} := u^{r-s} d^s S_{kj'} && \text{für } k < i \leq n \text{ und geeignete } r, s, j'.
\end{aligned}$$

Dieser Ansatz hat jedoch zur Konsequenz, dass der auf diese Weise entstehende Baum *ab der Dividendenzahlung nicht mehr rekombiniert.* Betrachten wir dazu beispielsweise die Kurse

$$S_{k+1,1} = dS_{k0} = d\left(S_0 u^k - \delta e^{r_c(k\Delta t - \tau)}\right)$$
$$S_{k+1,2} = uS_{k1} = u\left(S_0 u^{k-1} d - \delta e^{r_c(k\Delta t - \tau)}\right),$$

so gilt $S_{k+1,1} = S_{k+1,2}$ nur für $\delta = 0$. Die Anzahl der Knoten im Baum wächst also bei dieser Modellierung ab dem Zeitpunkt der Dividendenzahlung exponentiell an, so dass dieser Ansatz für die numerische Berechnung von Optionspreisen für die Praxis problematisch ist.

Zweiter Modell-Ansatz

Bei gleichen Voraussetzungen wie im ersten Ansatz besteht eine alternative Modellierung in der Definition

$$\begin{array}{ll} S^\delta_{ij} := S_{ij} := S_0 u^{i-j} d^j & \text{für } 0 \le i < k,\ j = 0, \ldots, i \\ S^\delta_{kj} := S_0 u^{k-j} d^j & \text{für } j = 0, \ldots, k \\ S_{kj} = S_0 u^{k-j} d^j - \delta e^{r_c(k\Delta t - \tau)} & \text{für } j = 0, \ldots, k \\ S^\delta_{ij} := S_{ij} := S_0 u^{i-j} d^j - \delta e^{r_c(k\Delta t - \tau)} & \text{für } k < i \le n,\ j = 0, \ldots, i. \end{array}$$

Hier wird also der deterministische, aufgezinste Dividendenbetrag von den stochastisch modellierten Aktienkursen subtrahiert. Dieser Ansatz führt zu rekombinierenden Bäumen, beinhaltet aber das Problem, dass unter der Voraussetzung $d < 1$ für große i negative Aktienkurse auftreten können. Denn beispielsweise gilt für $i = j = n$

$$S_{nn} = S_0 d^n - \delta e^{r_c(k\Delta t - \tau)},$$

und dies wird negativ für $d < \sqrt[n]{\frac{\delta e^{r_c(k\Delta t - \tau)}}{S_0}}$.

Das Standard-Modell

Wir betrachten wieder einen Binomialbaum mit n Perioden und setzen wie oben voraus, dass eine Aktie zu einem Zeitpunkt

$$(k-1)\,\Delta t < \tau \le k\Delta t,$$

$0 < k \le n$, eine Dividende der Höhe δ auszahlt. Definieren wir $\tilde{S}_0 := S_0 - e^{-r_c\tau}\delta$, so ist $\tilde{S}_0 > 0$ für alle praxisrelevanten, d.h. genügend kleinen, Dividendenbeträge δ. Wir setzen nun

$$\begin{array}{ll} S_{ij} := S^\delta_{ij} := \tilde{S}_0 u^{i-j} d^j + \delta e^{-r_c(\tau - i\Delta t)} & \text{für } i < k,\ j = 0, \ldots, i \\ S^\delta_{kj} := \tilde{S}_0 u^{k-j} d^j + \delta e^{r_c(k\Delta t - \tau)} & \text{für } j = 0, \ldots, k \\ S_{kj} := \tilde{S}_0 u^{k-j} d^j & \text{für } j = 0, \ldots, k \\ S_{ij} := S^\delta_{ij} := \tilde{S}_0 u^{i-j} d^j & \text{für } k < i,\ j = 0, \ldots, i. \end{array} \tag{4.44}$$

Auch dieser Ansatz führt zu rekombinierenden Bäumen, und er vermeidet zudem das Problem negativer Kurswerte. Daher werden wir (4.44) im folgenden verwenden, um den Verlauf von Aktienkursen mit Dividendenzahlungen zu modellieren.

Wir betrachten (4.44) genauer. Nach Definition gilt

$$S_{00} = S^{\delta}_{00} = \tilde{S}_0 + \delta e^{-\tau r_c} = S_0.$$

Also stimmt der modellierte Kurs S_{00} zum Zeitpunkt 0 mit dem Anfangskurs S_0 überein.

Für jedes $0 < i < k$ gilt $S_{ij} = S^{\delta}_{ij} = \tilde{S}_0 u^{i-j} d^j + \delta e^{-r_c(\tau - i\Delta t)}$. Die zum Zeitpunkt τ ausgeschüttete Dividende wird also auf die Zeitpunkte $i\Delta t$ abdiskontiert und zu $\tilde{S}_0 u^{i-j} d^j$ hinzuaddiert.

Zum Zeitpunkt $k\Delta t$ beinhaltet der cum-dividend-Preis $S^{\delta}_{kj} = \tilde{S}_0 u^{k-j} d^j + \delta e^{r_c(k\Delta t - \tau)}$ die vom Zeitpunkt τ auf den Zeitpunkt $k\Delta t$ aufgezinste Dividende, beim ex-dividend-Preis $S_{kj} = \tilde{S}_0 u^{k-j} d^j$ wird dieser Betrag gerade weggelassen, siehe Abb. 4.3.

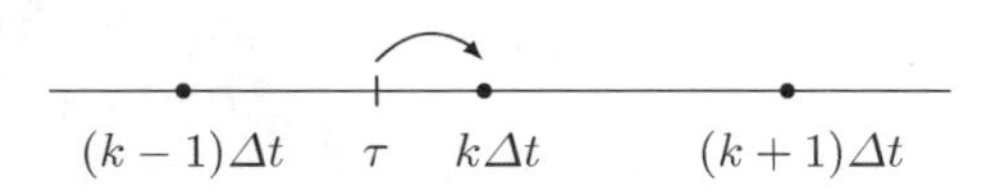

Abb. 4.3. Einzelne Dividende zum Zeitpunkt $(k-1)\Delta t < \tau \leq k\Delta t$. Zur Berechnung des cum-Dividend-Preises zum Zeitpunkt $k\Delta t$ wird die Dividende auf diesen Zeitpunkt aufgezinst.

Für alle Zeitpunkte $i\Delta t > k\Delta t$ treten keine Dividenden mehr auf, und es wird $S_{ij} := S^{\delta}_{ij} := \tilde{S}_0 u^{i-j} d^j$ definiert.

Verallgemeinerung auf mehrere Dividendenzahlungen

Wir nehmen wieder an, dass im Binomialbaum n Perioden mit Abstand $\Delta t = \frac{T}{n}$ vorliegen. Treten während der Laufzeit einer Option m Dividendenzahlungen δ_k der zugrunde liegenden Aktie zu den Zeitpunkten $0 < \tau_1 < \cdots < \tau_m \leq T$ auf, so definieren wir zunächst

$$D_i := \sum_{\substack{k=1 \\ i\Delta t < \tau_k}}^{m} \delta_k \cdot e^{-r_c(\tau_k - i\Delta t)}. \tag{4.45}$$

Die Größe D_i bezeichnet also die auf den Zeitpunkt $i\Delta t$ abdiskontierte Summe aller ab dem Zeitpunkt $i\Delta t$ auftretenden Dividenden. Damit gilt $D_0 = \sum_{k=1}^{m} \delta_k \cdot e^{-r_c \tau_k}$ und $D_T = 0$. Wir definieren nun

$$\begin{aligned}\tilde{S}_0 &:= S_0 - \sum_{k=1}^{m} \delta_k \cdot e^{-r_c \tau_k} \\ &= S_0 - D_0.\end{aligned} \tag{4.46}$$

Weiter definieren wir die Größe $\delta_{i-1,i}$ als alle auf den Zeitpunkt $i\Delta t$ aufgezinsten Dividenden zwischen $(i-1)\,\Delta t$ und $i\Delta t$, also

$$\delta_{i-1,i} := \sum_{\substack{k=1 \\ (i-1)\Delta t < \tau_k \leq i\Delta t}}^{m} \delta_k \cdot e^{r_c(i\Delta t - \tau_k)}, \tag{4.47}$$

siehe Abb. 4.4.

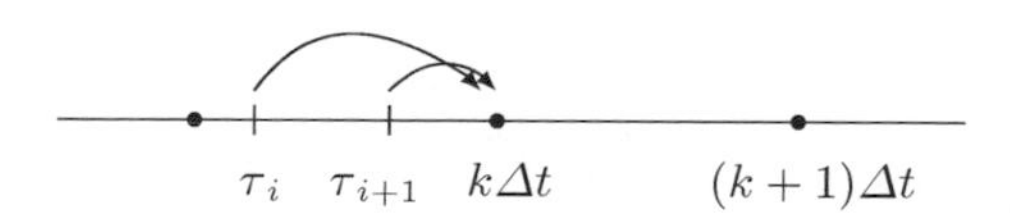

Abb. 4.4. Alle Dividenden zwischen den Zeitpunkten $(k-1)\Delta t < \tau \leq k\Delta t$ werden zur Berechnung von $\delta_{k-1,k}$ auf den Zeitpunkt $k\Delta t$ aufgezinst.

Damit modellieren wir die Aktienkurse im Binomialbaum durch

$$\begin{aligned}S_{ij} &:= \tilde{S}_0 u^{i-j} d^j + D_i \\ S_{ij}^{\delta} &:= S_{ij} + \delta_{i-1,i}\end{aligned} \tag{4.48}$$

für $i = 0, \ldots, n$ und $j = 0, \ldots, i$.

Im Falle einer einzelnen Dividendenzahlung reduziert sich (4.48) auf (4.44).

4.5.2 Die Bewertung im Ein-Perioden-Zwei-Zustands-Modell

Wir betrachten ein Ein-Perioden-Zwei-Zustands-Modell mit einer Aktie S, Anfangszeitpunkt 0 und Endzeitpunkt T. Zu einem Zeitpunkt $0 < \tau \leq T$ zahle die Aktie eine Dividende der Höhe δ, die nach Zahlung bis zum Zeitpunkt T zum risikolosen stetigen Zinssatz r_c angelegt wird. In diesen Fall reduziert sich (4.46) auf

$$\tilde{S}_0 = S_0 - \delta \cdot e^{-r_c \tau}. \tag{4.49}$$

Weiter spezialisiert sich (4.48) zu

$$
\begin{aligned}
S_{00} &= S_{00}^{\delta} = S_0 \\
S_{10} &= u\tilde{S}_0 \\
S_{11} &= d\tilde{S}_0 \\
S_{10}^{\delta} &= S_{10} + \delta e^{r_c(T-\tau)} \\
S_{11}^{\delta} &= S_{11} + \delta e^{r_c(T-\tau)}.
\end{aligned}
$$

Die Bestimmung eines replizierenden Portfolios

Wir betrachten die Aufgabe, eine Auszahlung $c = (c_1, c_2)$ mit Hilfe eines Portfolios (α, β) zu replizieren und erhalten die Gleichungen

$$
\begin{aligned}
c_1 &= \alpha e^{r_c T} + \beta S_{10}^{\delta} = \alpha e^{r_c T} + \beta u\tilde{S}_0 + \beta\delta e^{r_c(T-\tau)} \\
c_2 &= \alpha e^{r_c T} + \beta S_{11}^{\delta} = \alpha e^{r_c T} + \beta d\tilde{S}_0 + \beta\delta e^{r_c(T-\tau)}.
\end{aligned}
\tag{4.50}
$$

Der jeweils letzte Summand $\beta\delta e^{r_c(T-\tau)}$ der beiden vorausgegangenen Gleichungen ist die bis zum Fälligkeitszeitpunkt T aufgezinste Summe von β Dividenden der Höhe δ, die zum Zeitpunkt τ gezahlt wurden. Aus den beiden Gleichungen folgt durch Subtraktion

$$
\beta = \frac{c_1 - c_2}{(u-d)\,\tilde{S}_0}.
$$

Unter Beachtung von $ud = 1$ gilt

$$
\begin{aligned}
d\alpha e^{r_c T} &= dc_1 - \beta\tilde{S}_0 - d\beta\delta e^{r_c(T-\tau)} \\
u\alpha e^{r_c T} &= uc_2 - \beta\tilde{S}_0 - u\beta\delta e^{r_c(T-\tau)},
\end{aligned}
$$

und daraus ergibt sich

$$
(u-d)\,\alpha e^{r_c T} = uc_2 - dc_1 - (u-d)\,\beta\delta e^{r_c(T-\tau)},
$$

also

$$
\alpha = \frac{uc_2 - dc_1}{u-d} e^{-r_c T} - \beta\delta e^{-r_c\tau}.
$$

Der Aktienkurs hat zum Zeitpunkt 0 den Wert $\tilde{S}_0 + \delta e^{-r_c\tau} = S_0$. Damit erhalten wir für den Wert c_0 des replizierenden Portfolios zum Zeitpunkt 0 den Ausdruck

$$
\begin{aligned}
c_0 &= \alpha + \beta S_0 \\
&= \frac{uc_2 - dc_1}{u-d} e^{-r_c T} + \beta\left(S_0 - \delta e^{-r_c\tau}\right) \\
&= \frac{uc_2 - dc_1}{u-d} e^{-r_c T} + \frac{c_1 - c_2}{u-d} \\
&= e^{-r_c T}\left(\frac{u - e^{r_c T}}{u-d} c_2 + \frac{e^{r_c T} - d}{u-d} c_1\right).
\end{aligned}
$$

Wir erhalten also dieselbe Formel wie beim Ein-Perioden-Zwei-Zustands-Modell ohne Dividenden. Allerdings ist das Auszahlungsprofil c einer Call Option gegeben durch

$$\begin{aligned} c &= \begin{pmatrix} c_1 \\ c_2 \end{pmatrix} \\ &= \begin{pmatrix} (S_{10} - K)^+ \\ (S_{11} - K)^+ \end{pmatrix} \\ &= \begin{pmatrix} (u\,(S_0 - \delta e^{-r_c \tau}) - K)^+ \\ (d\,(S_0 - \delta e^{-r_c \tau}) - K)^+ \end{pmatrix}. \end{aligned}$$

In der Definition des Auszahlungsprofils c treten die ex-dividend-Preise der Aktie auf, da die Dividenden vor dem Fälligkeitszeitpunkt ausgezahlt und für die Replikation der Auszahlung nach (4.50) berücksichtigt wurden. Wir unterstellen dies auch noch für den Grenzfall $\tau = T$. Im Falle einer Put-Option gilt entsprechend

$$\begin{aligned} c &= \begin{pmatrix} c_1 \\ c_2 \end{pmatrix} \\ &= \begin{pmatrix} (K - u\,(S_0 - \delta e^{-r_c \tau}))^+ \\ (K - d\,(S_0 - \delta e^{-r_c \tau}))^+ \end{pmatrix}, \end{aligned}$$

während das Auszahlungsprofil eines Forward-Kontraktes mit Forward-Preis F lautet

$$\begin{aligned} c &= \begin{pmatrix} c_1 \\ c_2 \end{pmatrix} \\ &= \begin{pmatrix} u\,(S_0 - \delta e^{-r_c \tau}) - F \\ d\,(S_0 - \delta e^{-r_c \tau}) - F \end{pmatrix}. \end{aligned}$$

Die Modellierung der Aktienkurse mit einer Dividendenzahlung führt also zu den gleichen Bewertungsgleichungen wie im Fall ohne Dividendenzahlung, jedoch ist der Anfangskurs S_0 bei der Berechnung des Auszahlungsprofils c durch den um die abdiskontierte Dividende verminderten Anfangskurs $\tilde{S}_0 = S_0 - \delta e^{-r_c \tau}$ zu ersetzen.

Bestimmung eines Zustandsvektors

Ein alternativer Zugang besteht darin, für das Ein-Perioden-Modell einen Zustandsvektor zu berechnen. Aus (4.50) ergibt sich das Marktmodell zu

$$\begin{aligned} (b, D) &= \left(\begin{pmatrix} 1 \\ S_0 \end{pmatrix}, \begin{pmatrix} e^{r_c T} & e^{r_c T} \\ S_{10}^{\delta} & S_{11}^{\delta} \end{pmatrix} \right) \qquad (4.51) \\ &= \left(\begin{pmatrix} 1 \\ S_0 \end{pmatrix}, \begin{pmatrix} e^{r_c T} & e^{r_c T} \\ u\,(S_0 - \delta e^{-r_c \tau}) + \delta e^{r_c (T-\tau)} & d\,(S_0 - \delta e^{-r_c \tau}) + \delta e^{r_c (T-\tau)} \end{pmatrix} \right). \end{aligned}$$

Damit lautet die Gleichung $D\psi = b$ für einen Zustandsvektor ψ wie folgt

$$\begin{pmatrix} e^{r_c T} & e^{r_c T} \\ u\tilde{S}_0 + \delta e^{r_c(T-\tau)} & d\tilde{S}_0 + \delta e^{r_c(T-\tau)} \end{pmatrix} \begin{pmatrix} \psi_1 \\ \psi_2 \end{pmatrix} = \begin{pmatrix} 1 \\ S_0 \end{pmatrix}, \tag{4.52}$$

oder

$$\begin{aligned} &e^{r_c T}\left(\psi_1 + \psi_2\right) = 1, \\ &\left(u\tilde{S}_0 + \delta e^{r_c(T-\tau)}\right)\psi_1 + \left(d\tilde{S}_0 + \delta e^{r_c(T-\tau)}\right)\psi_2 = S_0. \end{aligned} \tag{4.53}$$

Mit Hilfe der ersten Gleichung in (4.53) kann die zweite umgeformt werden zu

$$\begin{aligned} u\tilde{S}_0\psi_1 + d\tilde{S}_0\psi_2 &= S_0 - \delta e^{r_c(T-\tau)}\left(\psi_1 + \psi_2\right) \\ &= S_0 - \delta e^{-r_c\tau}, \end{aligned}$$

also

$$u\psi_1 + d\psi_2 = 1. \tag{4.54}$$

Die erste Gleichung in (4.53) und (4.54) stimmen nach Ersetzung von $e^{r_c T}$ durch $1+r$ mit der vertrauten Bestimmungsgleichung (1.39) für den Zustandsvektor ψ im Ein-Perioden-Binomialbaum-Modell 1.70 *ohne Dividendenzahlungen* überein. Insbesondere ist der berechnete Zustandsvektor

$$\psi = e^{-r_c T}\begin{pmatrix} \frac{e^{r_c T}-d}{u-d} \\ \frac{u-e^{r_c T}}{u-d} \end{pmatrix} \tag{4.55}$$

von der Dividende unabhängig. Damit hängt auch die Eigenschaft des Modells, arbitragefrei oder nicht arbitragefrei zu sein, weder vom Zeitpunkt der Zahlung der Dividende, noch von der Dividendenhöhe ab. Wie im Ein-Perioden-Modell ohne Dividenden ist das Modell genau dann arbitragefrei, wenn

$$d < e^{r_c T} < u$$

gilt.

Mit der Lösung $\psi = e^{-r_c T}\begin{pmatrix} \frac{e^{r_c T}-d}{u-d} \\ \frac{u-e^{r_c T}}{u-d} \end{pmatrix}$ lautet der Wert c_0 einer zustandsabhängigen Auszahlung $c = \begin{pmatrix} c_1 \\ c_2 \end{pmatrix}$ zum Zeitpunkt 0 also

$$c_0 = \langle \psi, c \rangle = e^{-r_c T}\left(\frac{e^{r_c T} - d}{u-d}c_1 + \frac{u - e^{r_c T}}{u-d}c_2\right).$$

Falls die Auszahlung c eine Funktion des Aktienkurses S_T ist, so ist

$$S_T = \begin{pmatrix} S_{T0} \\ S_{T1} \end{pmatrix} = \begin{pmatrix} u\,(S_0 - \delta e^{-r_c \tau}) \\ d\,(S_0 - \delta e^{-r_c \tau}) \end{pmatrix}$$

zu beachten.

Speziell für einen Forward-Kontrakt folgt aus der Bedingung

$$c_0 = \langle \psi, c \rangle = e^{-r_c T} \left(\frac{e^{r_c T} - d}{u - d} \, (S_{T0} - F) + \frac{u - e^{r_c T}}{u - d} \, (S_{T1} - F) \right) = 0$$

die Gleichung

$$F = e^{r_c T} \left(S_0 - \delta e^{-r_c \tau} \right). \tag{4.56}$$

Damit ist der Forward-Preis F durch die Gleichung (4.56) gegeben.

Aufgabe 4.2. Geben Sie unter Berücksichtigung einer Dividendenzahlung der Aktie S explizit eine Handelsstrategie an, die zum Forward-Preis F in (4.56) für einen Forward-Kontrakt auf S führt.

4.5.3 Dividenden im Mehr-Perioden-Modell

Wir betrachten nun das allgemeine Mehr-Perioden-Modell und nehmen an, dass bis zur Fälligkeit der Option m Dividendenzahlungen δ_i, $i = 1, \ldots, m$, des Underlyings zu Zeitpunkten $0 < \tau_1 < \cdots < \tau_m < T$ auftreten. Wieder nehmen wir an, dass n Zeitebenen mit Abstand $\Delta t = T/n$ vorliegen und betrachten ein durch

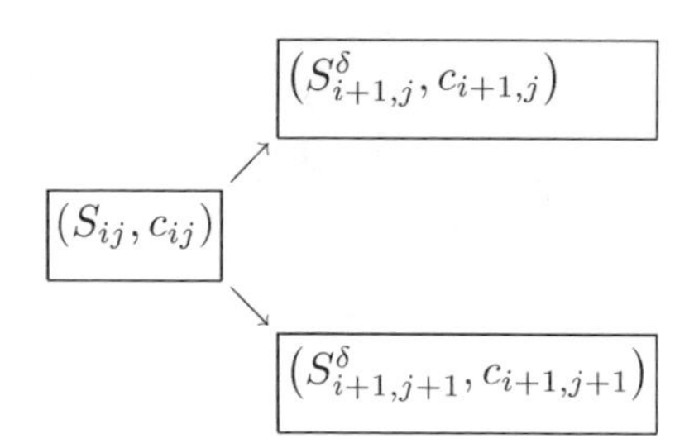

gegebenes Ein-Perioden-Teilmodell im Baum.

Lemma 4.16. *Es gilt*

$$D_i = e^{-r_c \Delta t} \delta_{i,i+1} + e^{-r_c \Delta t} D_{i+1}$$

für $i = 0, \ldots, n-1$.

Beweis. Nach Definition von D_i gilt

$$\begin{aligned}
D_i &= \sum_{\substack{k=1\\ i\Delta t<\tau_k}}^{m} \delta_k \cdot e^{-r_c(\tau_k - i\Delta t)}\\
&= \sum_{\substack{k=1\\ i\Delta t<\tau_k\le(i+1)\Delta t}}^{m} \delta_k \cdot e^{-r_c(\tau_k - i\Delta t)} + \sum_{\substack{k=1\\ (i+1)\Delta t<\tau_k}}^{m} \delta_k \cdot e^{-r_c(\tau_k - i\Delta t)}\\
&= e^{-r_c\Delta t} \sum_{\substack{k=1\\ i\Delta t<\tau_k\le(i+1)\Delta t}}^{m} \delta_k \cdot e^{r_c((i+1)\Delta t - \tau_k)}\\
&\qquad + e^{-r_c\Delta t} \sum_{\substack{k=1\\ (i+1)\Delta t<\tau_k}}^{m} \delta_k \cdot e^{-r_c(\tau_k - (i+1)\Delta t)}\\
&= e^{-r_c\Delta t}\delta_{i,i+1} + e^{-r_c\Delta t} D_{i+1}.
\end{aligned}$$

□

Wir betrachten nun ein replizierendes Portfolio $\alpha + \beta S_{ij}$ zum Zeitpunkt i im Zustand j. Es gilt

$$\begin{aligned}
c_{i+1,j} &= \alpha e^{r_c\Delta t} + \beta S^{\delta}_{i+1,j} = \alpha e^{r_c\Delta t} + \beta S_{i+1,j} + \beta\delta_{i,i+1}\\
c_{i+1,j+1} &= \alpha e^{r_c\Delta t} + \beta S^{\delta}_{i+1,j+1} = \alpha e^{r_c\Delta t} + \beta S_{i+1,j+1} + \beta\delta_{i,i+1}.
\end{aligned}$$

Daraus folgt sofort

$$\beta = \frac{c_{i+1,j} - c_{i+1,j+1}}{S_{i+1,j} - S_{i+1,j+1}}.$$

Ferner gilt wegen $S_{ij} = \tilde{S}_0 u^{i-j} d^j + D_i$

$$\begin{aligned}
c_{i+1,j} - \beta D_{i+1} &= \alpha e^{r_c\Delta t} + \beta\left(S_{i+1,j} - D_{i+1}\right) + \beta\delta_{i,i+1}\\
&= \alpha e^{r_c\Delta t} + \beta\left(\tilde{S}_0 u^{i-j} d^j\right) u + \beta\delta_{i,i+1}
\end{aligned}$$

und entsprechend

$$\begin{aligned}
c_{i+1,j+1} - \beta D_{i+1} &= \alpha e^{r_c\Delta t} + \beta\left(S_{i+1,j+1} - D_{i+1}\right) + \beta\delta_{i,i+1}\\
&= \alpha e^{r_c\Delta t} + \beta\left(\tilde{S}_0 u^{i+1-(j+1)} d^{j+1}\right) + \beta\delta_{i,i+1}\\
&= \alpha e^{r_c\Delta t} + \beta\left(\tilde{S}_0 u^{i-j} d^j\right) d + \beta\delta_{i,i+1}.
\end{aligned}$$

Multiplikation der beiden obigen Gleichungen mit d bzw. u liefert

$$\begin{aligned}
d\left(c_{i+1,j} - \beta D_{i+1}\right) &= \alpha d e^{r_c\Delta t} + \beta\tilde{S}_0 u^{i-j} d^j + \beta d\delta_{i,i+1}\\
u\left(c_{i+1,j+1} - \beta D_{i+1}\right) &= \alpha u e^{r_c\Delta t} + \beta\tilde{S}_0 u^{i-j} d^j + \beta u\delta_{i,i+1},
\end{aligned}$$

woraus

$$u\left(c_{i+1,j+1} - \beta D_{i+1}\right) - d\left(c_{i+1,j} - \beta D_{i+1}\right) = \alpha\left(u - d\right) e^{r_c \Delta t} + \beta\left(u - d\right) \delta_{i,i+1}$$

folgt, also wegen Lemma 4.16

$$\begin{aligned}
\alpha &= e^{-r_c \Delta t} \frac{u\left(c_{i+1,j+1} - \beta D_{i+1}\right) - d\left(c_{i+1,j} - \beta D_{i+1}\right)}{u - d} - \beta e^{-r_c \Delta t} \delta_{i,i+1} \\
&= e^{-r_c \Delta t} \frac{u c_{i+1,j+1} - d c_{i+1,j}}{u - d} - \beta\left(e^{-r_c \Delta t} D_{i+1} + e^{-r_c \Delta t} \delta_{i,i+1}\right) \\
&= e^{-r_c \Delta t} \frac{u c_{i+1,j+1} - d c_{i+1,j}}{u - d} - \beta D_i .
\end{aligned}$$

Die erhaltenen Ausdrücke für α und β setzen wir nun in das replizierende Portfolio zum Zeitpunkt i im Zustand j ein. Beachten wir, dass für die Differenz $S_{i+1,j} - S_{i+1,j+1}$ gilt

$$\begin{aligned}
S_{i+1,j} - S_{i+1,j+1} &= \left(\left(\tilde{S}_0 u^{i-j} d^j\right) u + D_{i+1}\right) - \left(\left(\tilde{S}_0 u^{i-j} d^j\right) d + D_{i+1}\right) \\
&= \left(u - d\right) \tilde{S}_0 u^{i-j} d^j \\
&= \left(u - d\right)\left(S_{ij} - D_i\right),
\end{aligned}$$

so erhalten wir schließlich

$$\begin{aligned}
c_{ij} &= \alpha + \beta S_{ij} \\
&= e^{-r_c \Delta t} \frac{u c_{i+1,j+1} - d c_{i+1,j}}{u - d} + \beta\left(S_{ij} - D_i\right) \\
&= e^{-r_c \Delta t} \frac{u c_{i+1,j+1} - d c_{i+1,j}}{u - d} + \frac{c_{i+1,j} - c_{i+1,j+1}}{u - d} \\
&= e^{-r_c \Delta t}\left(\frac{u - e^{r_c \Delta t}}{u - d} c_{i+1,j+1} + \frac{e^{r_c \Delta t} - d}{u - d} c_{i+1,j}\right).
\end{aligned} \tag{4.57}$$

Wir erhalten also auch in diesem allgemeinen Fall die gleiche Formel für die Berechnung der c_{ij} wie im Fall ohne Dividendenzahlungen des Underlyings. Allerdings ist auch hier wieder zu beachten, dass für die Auszahlungen zum Fälligkeitszeitpunkt T im Falle eines Calls gilt

$$\begin{aligned}
c_{Tj} &= \left(S_{Tj} - K\right)^+ \\
&= \left(\tilde{S}_0 u^{T-j} d^j - K\right)^+ .
\end{aligned} \tag{4.58}$$

Im Falle eines Puts erhalten wir

$$\begin{aligned}
c_{Tj} &= \left(K - S_{Tj}\right)^+ \\
&= \left(K - \tilde{S}_0 u^{T-j} d^j\right)^+ .
\end{aligned} \tag{4.59}$$

Jeweils gilt

$$\begin{aligned}\tilde{S}_0 &= S_0 - D_0 \\ &= S_0 - \sum_{k=1}^{m} \delta_k \cdot e^{-r_c \tau_k}.\end{aligned} \tag{4.60}$$

Im Fall eines Forward-Kontrakts mit Forward-Preis F folgt schließlich

$$c_{Tj} = \tilde{S}_0 u^{T-j} d^j - F.$$

Wegen $S_{ij} = \tilde{S}_0 u^{i-j} d^j + D_i$ erhalten wir weiter

$$\begin{aligned}S_{ij} &= \tilde{S}_0 u^{i-j} d^j + D_i \\ &= \frac{\tilde{S}_0 u^{(i+1)-j} d^j}{u} + D_i \\ &= \frac{S_{i+1,j} - D_{i+1}}{u} + D_i \\ &= \frac{S_{i+1,j}}{u} + \left(D_i - \frac{D_{i+1}}{u}\right).\end{aligned}$$

Während in der Situation ohne Dividendenzahlung des Underlyings der Wert S_{ij} leicht aus $S_{i+1,j}$ als

$$S_{ij} = \frac{S_{i+1,j}}{u} \tag{4.61}$$

berechnet werden kann, muss im Falle von Dividendenzahlungen des Underlyings zusätzlich der Term $D_i - \frac{D_{i+1}}{u}$ hinzuaddiert werden.

Berechnung des Zustandsvektors

Wie im Ein-Perioden-Modell berechnen wir auch hier den Zustandsvektor für ein Ein-Perioden-Teilmodell

$$(S_{ij}, c_{ij}) \nearrow \left(S^{\delta}_{i+1,j}, c_{i+1,j}\right), \quad (S_{ij}, c_{ij}) \searrow \left(S^{\delta}_{i+1,j+1}, c_{i+1,j+1}\right)$$

Das zugehörige Marktmodell lautet

$$\begin{aligned}(b, D) &= \left(\begin{pmatrix} 1 \\ S_{ij} \end{pmatrix}, \begin{pmatrix} e^{r_c \Delta t} & e^{r_c \Delta t} \\ S^{\delta}_{i+1,j} & S^{\delta}_{i+1,j+1} \end{pmatrix} \right) \\ &= \left(\begin{pmatrix} 1 \\ S_{ij} \end{pmatrix}, \begin{pmatrix} e^{r_c \Delta t} & e^{r_c \Delta t} \\ \tilde{S}_0 u^{i+1-j} d^j + D_{i+1} + \delta_{i,i+1} & \tilde{S}_0 u^{i-j} d^{j+1} + D_{i+1} + \delta_{i,i+1} \end{pmatrix} \right).\end{aligned}$$

Damit lautet die Gleichung $D\psi = b$ für einen Zustandsvektor ψ wie folgt

$$\begin{pmatrix} e^{r_c \Delta t} & e^{r_c \Delta t} \\ u\tilde{S}_0 u^{i-j} d^j + D_{i+1} + \delta_{i,i+1} & d\tilde{S}_0 u^{i-j} d^j + D_{i+1} + \delta_{i,i+1} \end{pmatrix} \begin{pmatrix} \psi_1 \\ \psi_2 \end{pmatrix} = \begin{pmatrix} 1 \\ S_{ij} \end{pmatrix},$$

und wir erhalten die Gleichungen

$$\psi_1 + \psi_2 = e^{-r_c \Delta t} \tag{4.62}$$

und

$$\left(u\tilde{S}_0 u^{i-j} d^j + D_{i+1} + \delta_{i,i+1}\right) \psi_1 + \left(d\tilde{S}_0 u^{i-j} d^j + D_{i+1} + \delta_{i,i+1}\right) \psi_2 = S_{ij}. \tag{4.63}$$

Die letzte Gleichung (4.63) formen wir unter Verwendung von (4.62) um zu

$$\tilde{S}_0 u^{i-j} d^j \left(u\psi_1 + d\psi_2\right) = S_{ij} - e^{-r_c \Delta t} D_{i+1} - e^{-r_c \Delta t} \delta_{i,i+1} = S_{ij} - D_i = \tilde{S}_0 u^{i-j} d^j,$$

also

$$u\psi_1 + d\psi_2 = 1.$$

Auch hier erhalten wir also das vertraute Ergebnis

$$\psi = e^{-r_c \Delta t} \begin{pmatrix} \frac{e^{r_c \Delta t} - d}{u-d} \\ \frac{u - e^{r_c \Delta t}}{u-d} \end{pmatrix}$$

eines Ein-Perioden-Modells ohne Dividendenzahlungen.

Die gewählte Modellierung der Aktienkurse bewahrt nicht nur die Eigenschaft des Binomialbaums zu rekombinieren, sondern sie besitzt darüber hinaus den Vorteil, dass sich für jedes Ein-Perioden-Teilmodell derselbe Zustandsvektor wie bei einem Ein-Perioden-Modell ohne Dividendenzahlungen ergibt.

Damit hängt auch im allgemeinen Fall mehrerer Dividenden die Eigenschaft des zugrunde liegenden Marktmodells, arbitragefrei zu sein, nicht von den Zeitpunkten und Werten der Dividendenzahlungen ab. Das Ein-Perioden-Teilmodell und damit das Mehr-Perioden-Modell selbst, ist also genau dann arbitragefrei, wenn

$$d < e^{r_c \Delta t} < u$$

gilt.

4.5.4 Algorithmen zur Bewertung europäischer Auszahlungen mit Dividenden

Dem vorgegebenen Jahreszinssatz R entspricht der Diskontfaktor $d_T = \frac{1}{(1+R)^T}$. Diesem wird der stetige Zinssatz r_c durch die Bedingung $e^{-r_c T} = d_T$ zugeordnet. Daher gilt

$$r_c = \ln(1 + R).$$

Bezeichnet r den Periodenzins, so gilt wegen

$$e^{r_c} = 1 + R = (1 + r)^{\frac{n}{T}}$$

auch die Darstellung

$$r_c = \frac{n}{T} \ln (1 + r) .$$

Angenommen, m Dividenden sind in einem Array $d[k]$ zu Zeitpunkten $t[k]$ für $k = 1, \ldots, m$ gespeichert. Dann kann die Berechnung der Summe D_0 der diskontierten Dividenden wie folgt formuliert werden:

```
// Berechnung der Summe D_0 der
// abdiskontierten Dividenden
r_c = ln(1 + R);
D_0 = 0;
for (k = 0; k <= m; k++)
{
    D_0 += d[k] * exp(-r_c * t[k]);
}
```
(4.64)

Zur Berücksichtigung von Dividendenzahlungen bei der Bewertung von Auszahlungsprofilen ist in (4.39) für das direkte Verfahren und in (4.41) für das rekursive Verfahren jeweils lediglich der Anfangskurs S_0 durch $\tilde{S}_0 = S_0 - D_0$ zu ersetzen. Die Algorithmen bleiben ansonsten unverändert.

Implementieren Sie dazu die Berechnung (4.64) in einer Methode, die hier *getDiscountedDividends*() genannt wird, und sorgen Sie dafür, dass diese Methode den Wert 0 zurückgibt, wenn keine Dividenden zu berücksichtigen sind. Anschließend modifizieren Sie die Programmteile (4.39) und (4.41) um den Aufruf dieser Methode, also:

```
// Algorithmus zur direkten Bewertung
// eines Auszahlungsprofils f(S_n)
a = (1 - q)/q;
b = d/u;
θ = n * ln(q);
D_0 = getDiscountedDividends();
S̃_0 = S_0 - D_0;
x = u^n * S̃_0;
y = f(x) * exp(θ);
for (j = 0; j < n; j++)
{
    x *= b;
    θ += ln(a * (n - j) / (j + 1));
    y += f(x) * exp(θ);
}
return (1 + r)^(-n) * y;
```
(4.65)

bzw.:

```
// Initialisierung eines Arrays z der Länge n + 1
// mit einem Auszahlungsprofil c = f(S_n)
b = d/u;
D_0 = getDiscountedDividends();
S̃_0 = S_0 - D_0;
x = u^n * S̃_0;
z = new double[n + 1];
for (j = 0; j <= n; j++)
{
    z[j] = f(x);
    x *= b;
}
```
(4.66)

Beachten Sie, dass der Rekursionsalgorithmus (4.42) nicht verändert werden muss .

Zusammengefasst können nun beliebige europäische Auszahlungsprofile mit und ohne Berücksichtigung von Dividendenzahlungen der modellierten Aktie mit Hilfe des direkten und des rekursiven Verfahrens bewertet werden.

Der Aufwand zur Berechnung der Summe D_0 der diskontierten Dividenden kann vernachlässigt werden, da üblicherweise nur eine geringe Anzahl von Dividenden bis zu realistischen Fälligkeitszeitpunkten T auftreten. Das direkte Bewertungsverfahren benötigt $4(n+1)$ Multiplikationen, während das rekursive Verfahren $n+1$ Multiplikationen für die Initialisierung und $n(n+1)$ Multiplikationen für die Rekursion erfordert.

4.6 Amerikanische Optionen

Amerikanische Optionen besitzen alle Eigenschaften europäischer Optionen, dürfen aber zu einem beliebigen Zeitpunkt zwischen 0 und dem Fälligkeitszeitpunkt n einmalig ausgeübt werden. Wird eine amerikanische Option in einem Knoten (i,j) eines Baums ausgeübt, also zu einem Zeitpunkt i in einem Zustand $j=0,\ldots,i$, so erhält der Inhaber den Betrag $(S_{ij}-K)^+$ oder $(K-S_{ij})^+$ ausgezahlt, je nachdem, ob es sich um eine Call- oder Put-Option handelt. Anschließend verfällt die Option wertlos. Die Größe $(S_{ij}-K)^+$ bzw. $(K-S_{ij})^+$ wird als **innerer Wert** der Option zum Zeitpunkt i bezeichnet.

4.6.1 Die Bewertung amerikanischer Optionen ohne Dividendenzahlungen

Wir werden nun analysieren, wann eine vorzeitige Ausübung einer amerikanischen Option sinnvoll ist, und wir werden sehen, dass die Antwort auf diese Frage bereits den Schlüssel zu ihrer Bewertung beinhaltet.

Würde eine amerikanische Option bis zum Fälligkeitszeitpunkt n gehalten, so wäre der Wert der Auszahlung c_n wie bei einer europäischen Option durch $(S_n-K)^+$ beim Call oder durch $(K-S_n)^+$ beim Put gegeben.

Dieser Betrag kann vom Käufer der Option zum Zeitpunkt n gefordert werden und muss also vom Verkäufer der Option bereitgehalten werden. Zum Zeitpunkt $n-1$ beträgt der Wert der Auszahlung c_n gerade $\boldsymbol{D}^{\phi}_{n-1,n}[c_n]$. Der Inhaber der Option wird diese genau dann ausüben, wenn er durch die Ausübung mehr erhält als $\boldsymbol{D}^{\phi}_{n-1,n}[c_n]$. Damit besitzt eine amerikanische Call-Option zum Zeitpunkt $n-1$ den Wert

$$z_{n-1} := \max\Big((S_{n-1}-K)^+, \boldsymbol{D}^{\phi}_{n-1,n}[c_n]\Big).$$

Für eine amerikanische Put-Option gilt entsprechend

$$z_{n-1} := \max\Big((K-S_{n-1})^+, \boldsymbol{D}^{\phi}_{n-1,n}[c_n]\Big).$$

Die Auszahlung z_{n-1} zum Zeitpunkt $n-1$ besitzt zum Zeitpunkt $n-2$ den Wert

$$\boldsymbol{D}^{\phi}_{n-2,n-1}[z_{n-1}].$$

Zum Zeitpunkt $n-2$ sollte der Inhaber die Option also genau dann ausüben, wenn er durch die Ausübung mehr erhält als $\boldsymbol{D}^{\phi}_{n-2,n-1}[z_{n-1}]$. Daher besitzt die Call-Option zum Zeitpunkt $n-2$ den Wert

$$z_{n-2} := \max\left((S_{n-2} - K)^+, \boldsymbol{D}^{\phi}_{n-2,n-1}[z_{n-1}]\right),$$

während für eine Put-Option gilt

$$z_{n-2} := \max\left((K - S_{n-2})^+, \boldsymbol{D}^{\phi}_{n-2,n-1}[z_{n-1}]\right).$$

Dieses Berechnungsverfahren wird rekursiv bis zum Zeitpunkt 0 fortgesetzt. Der auf diese Weise erhaltene Wert z_0 ist dann definitionsgemäß der Preis der betreffenden amerikanischen Option.

Wegen $c_n \geq 0$ folgt mit $c_n := z_n$ rekursiv auch $z_i \geq 0$ für alle $i = 0, \ldots, n$. Daher gilt

$$z_{i-1} = \max\left(S_{i-1} - K, \boldsymbol{D}^{\phi}_{i-1,i}[z_i]\right) \tag{4.67}$$

für eine Call- und entsprechend

$$z_{i-1} = \max\left(K - S_{i-1}, \boldsymbol{D}^{\phi}_{i-1,i}[z_i]\right) \tag{4.68}$$

für eine Put-Option.

Beispiel 4.17. (Amerikanische Put-Option in einem Zwei-Perioden-Modell) Ein Zwei-Perioden-Binomialbaum-Modell sei durch folgende Daten gegeben

$$\begin{aligned} S_0 &= 100 \\ T &= 1 \\ n &= 2 \\ R &= 2\% \\ \sigma &= 35\%. \end{aligned}$$

Damit lauten die berechneten Parameter

$$\begin{aligned} \Delta t &= \frac{T}{n} = \frac{1}{2} \\ r &= \sqrt{1.02} - 1 = 0.995\% \\ u &= \exp\left(\frac{0.35}{\sqrt{2}}\right) = 1.2808 \\ d &= \frac{1}{u} = 0.7808 \\ q &= ((1 + r) - d) / (u - d) = 0.4583. \end{aligned}$$

Wir betrachten eine amerikanische Put-Option auf die Aktie mit Ausübungspreis $K = 100$.

$t = 0$		$t = 1$		$t = 2$
			$\frac{1}{1+r}q$ ↗	$S_{20} = u^2 S_0 = 164.05$ $c_{20} = 0$
	$\frac{1}{1+r}q$ ↗	$S_{10} = uS_0 = 128.08$ $\frac{1}{1+r}(qc_{20} + q'c_{21}) = 0$ $(K - S_{10})^+ = 0$ $z_{10} = 0$		
$S_0 = 100$ $\frac{1}{1+r}(qz_{10} + q'z_{11}) = 11.76$ $(K - S_0)^+ = 0$ $z_{00} = 11.76$			↘ $\frac{1}{1+r}q'$ $\frac{1}{1+r}q$ ↗	$S_{21} = udS_0 = 100$ $c_{21} = 0$
	↘ $\frac{1}{1+r}q'$	$S_{11} = dS_0 = 78.08$ $\frac{1}{1+r}(qc_{21} + q'c_{22}) = 20.94$ $(K - S_{11})^+ = 21.92$ $z_{11} = 21.92$		
			↘ $\frac{1}{1+r}q'$	$S_{22} = d^2 S_0 = 60.96$ $c_{22} = 39.04$

In obigem Diagramm wurden alle für die Bewertung relevanten Größen eingetragen, und wir sehen, dass es sinnvoll ist, die Option im Knoten $(1, 1)$ zum Zeitpunkt 1 auszuüben. Hier ist der aus der Rückwärtsrekursion gewonnene Wert $\frac{1}{1+r}(qc_{21} + q'c_{22}) = 20.94$ kleiner als der innere Wert $(K - S_{11})^+ = 21.92$. Der Preis der amerikanischen Option zum Anfangszeitpunkt 0 beträgt

$$V_0 = z_{00} = 11.7583.$$

Wie leicht nachzurechnen ist, lautet der Preis einer entsprechenden europäischen Put-Option

$$V_0 = 11.2299.$$

△

Das Beispiel zeigt, dass die amerikanische Put-Option durch folgendes Auszahlungsprofil charakterisiert werden kann:

$t = 0$	$t = 1$	$t = 2$
		$c_{20} = 0$
	$c_{10} = 0$	
$c_{00} = 0$		$c_{21} = 0$
	$c_{11} = 21.92$	
		$c_{22} = 0$

Zum Zeitpunkt 1 wird im Knoten $(1, 1)$ das gesamte Kapital $c_{11} = 21.924$ entnommen, und es wird kein Kapital mehr für die nachfolgende Periode reinvestiert. Dies entspricht dem Ausüben der Option.

Anmerkung 4.18. Ein alternatives Auszahlungsprofil mit identischem Anfangswert zum Zeitpunkt $t = 0$ lautet wie folgt:

		$c_{20} = 0$
	$c_{10} = 0$	
$c_{00} = 0$		$c_{21} = 0$
	$c_{11} = 0.98$	
		$c_{22} = 39.04$
$t = 0$	$t = 1$	$t = 2$

Hier wird zum Zeitpunkt 1 im Zustand $(1, 1)$ der Betrag von $21.92 - 20.94 = 0.98$ Euro entnommen, und die verbleibenden 20.94 Euro werden in den Kauf einer Put-Option mit Basispreis $K = 100$ investiert. Zur Realisierung dieses Auszahlungsprofils muss also ein Teil des durch das Ausüben der amerikanischen Option realisierten Kapitals in eine weitere Put-Option reinvestiert werden.

Die Auszahlungsprofile amerikanischer Optionen werden also durch Handelsstrategien repliziert, bei denen zugelassen ist, dass vor dem Endzeitpunkt n eine Kapitalentnahme stattfindet. Dies entspricht Handelsstrategien, die nicht notwendigerweise selbstfinanzierend sind. Ein beliebiges $c \in \mathcal{W}_L$, $c \geq 0$, wird auch als **amerikanisches Auszahlungsprofil** bezeichnet.

Offensichtlich kann eine amerikanische Option nicht billiger sein als ihr europäisches Gegenstück. Bezeichnen wir mit z_i^A amerikanische und mit z_i^E europäische Zahlungen zum Zeitpunkt i, so gilt

$$z_{n-1}^A := \max\left((S_{n-1} - K)^+, \boldsymbol{D}_{n-1,n}^{\phi}[c_n]\right) \geq \boldsymbol{D}_{n-1,n}^{\phi}[c_n] =: z_{n-1}^E.$$

Daraus folgt wegen $\phi \gg 0$

$$\begin{aligned} z_{n-2}^A &= \max\left((S_{n-1} - K)^+, \boldsymbol{D}_{n-1,n}^{\phi}\left[z_{n-1}^A\right]\right) \\ &\geq \boldsymbol{D}_{n-1,n}^{\phi}\left[z_{n-1}^A\right] \\ &\geq \boldsymbol{D}_{n-1,n}^{\phi}\left[z_{n-1}^E\right] \\ &= z_{n-2}^E. \end{aligned}$$

Induktiv folgt so $z_0^A \geq z_0^E$. Es gilt aber folgender Satz, der auf R. Merton zurückgeht.

Satz 4.19 (Satz von Merton). *Seien z_0^A und z_0^E die Preise je einer amerikanischen und einer europäischen Call-Option mit Underlying S, Fälligkeitszeitpunkt n und Ausübungspreis K. Angenommen, die Aktie S zahlt während der Laufzeit der Optionen keine Dividenden aus. Dann gilt*

$$z_0^A = z_0^E$$

falls das zugrunde liegende Marktmodell über gewöhnliche, d.h. nicht negative, Zinsen verfügt.

Beweis. Wir wissen bereits, dass

$$z_0^A \geq z_0^E$$

gilt. Angenommen, es wäre

$$z_0^A > z_0^E.$$

Mit $z_n^A := z_n^E := (S_n - K)^+$ gibt es in diesem Fall ein größtes t, $0 < t \leq n$, mit

$$z_t^A = z_t^E$$

aber mit

$$z_{t-1}^A > z_{t-1}^E.$$

Das bedeutet aber mit (4.67)

$$\begin{aligned}\max\left(S_{t-1} - K, \boldsymbol{D}_{t-1,t}^{\phi}\left[z_t^E\right]\right) &= \max\left(S_{t-1} - K, \boldsymbol{D}_{t-1,t}^{\phi}\left[z_t^A\right]\right) \\ &= z_{t-1}^A \\ &> z_{t-1}^E \\ &= \boldsymbol{D}_{t-1,t}^{\phi}\left[z_t^E\right],\end{aligned}$$

also

$$S_{t-1} - K > \boldsymbol{D}_{t-1,t}^{\phi}\left[z_t^E\right].$$

Andererseits gilt

$$\begin{aligned}\boldsymbol{D}_{t-1,t}^{\phi}\left[z_t^E\right] &= \boldsymbol{D}_{t-1,n}^{\phi}\left[z_n^E\right] \\ &= \boldsymbol{D}_{t-1,n}^{\phi}\left[(S_n - K)^+\right] \\ &\geq \boldsymbol{D}_{t-1,n}^{\phi}\left[S_n - K\right] \\ &= S_{t-1} - d_{t-1,n}K,\end{aligned}$$

und wir erhalten damit den Widerspruch

$$K < S_{t-1} - \boldsymbol{D}_{t-1,t}^{\phi}\left[z_t^E\right] \leq d_{t-1,n}K$$

für den Fall $d_{t-1,n} \leq 1$, also im Falle nicht negativer Zinsen. □

4.6.2 Ein Algorithmus zur Berechnung amerikanischer Auszahlungen ohne Dividendenzahlung

Wir setzen voraus, dass das Underlying der Option bis zum Fälligkeitszeitpunkt keine Dividenden auszahlt und erhalten folgenden rekursiven Algorithmus.

Initialisierung

Die Initialisierung stimmt mit derjenigen europäischer Auszahlungen in (4.41) überein. Es gilt also:

```
// Initialisierung des Arrays z der Länge n+1
// mit dem Auszahlungsprofil c = f(S_n)
b = d/u;
x = u^n * S_0;
z = new double[n+1];
for (j = 0; j <= n; j++)
{
    z[j] = f(x);
    x *= b;
}
```

Rekursion

Gegenüber dem Rekursions-Algorithmus (4.42) für europäische Optionen ist hier zusätzlich für jeden Zeitpunkt i in jedem Knoten (i, j) für $j = 0, \ldots, i$ der Aktienkurs $S_{ij} = Su^{i-j}d^j$ zur Berechnung der Auszahlung $f(S_{ij})$ zu bestimmen. Es gilt jedoch

$$S_{i0} = u^i S_0$$

und

$$S_{ij} = \frac{d}{u} S_{i,j-1}$$

für $j = 1, \ldots, i$, so dass wir folgenden rekursiven Algorithmus erhalten:

```
// Rekursiver Bewertungsalgorithmus mit
// Hilfe der in z enthaltenen Daten
a_1 = q/(1+r);
a_2 = (1-q)/(1+r);
b = d/u;
for (k = n; k > 0; k--)
{
    x = u^(k-1) * S_0;
    for (j = 0; j < k; j++)
    {
        c_1 = a_1 * z[j] + a_2 * z[j+1];
        c_2 = f(x);
        z[j] = max(c_1, c_2);
        x *= b;
    }
}
return z[0];
```

Der Algorithmus für die Initialisierung des Arrays $z[]$ erfordert $n+1$ Multiplikationen, während der Rekursionsalgorithmus $3n+3(n-1)+\cdots+3=\frac{3}{2}n(n+1)$ Multiplikationen benötigt.

4.7 Amerikanische Optionen mit Dividendenzahlungen

4.7.1 Ein Algorithmus zur Berechnung von amerikanischen Optionen mit Dividendenzahlung

Wir lassen nun Dividendenzahlungen des Underlyings zu und betrachten m Dividendenzahlungen der Höhe δ_i, die zu Zeiten τ_i auftreten.

Gemäß unserer Modellierung der Aktienkurse nach (4.48) gilt

$$S_{ij} := \tilde{S}_0 u^{i-j} d^j + D_i$$

für $i=0,\ldots,n$ und $j=0,\ldots,i$. Dabei ist

$$D_i = \sum_{\substack{k=0 \\ i\Delta t<\tau_k}}^{m-1} \delta_k \cdot e^{-r_c(\tau_k - i\Delta t)},$$

wobei $r_c=\ln(1+R)$. Wir nehmen an, dass die Dividenden in einem Array $\delta[k]=\delta_k$, $k=0,\ldots,m-1$, gespeichert werden, während ein Array $\tau[k]=\tau_k$, $k=0,\ldots,m-1$, die Zeitpunkte verwaltet, zu denen die Dividenden ausgezahlt werden.

Zur Bewertung ist zu jedem Zeitpunkt $i < n$ der Ausdruck

$$z_i^A := \max\left((S_i - K)^+, \boldsymbol{D}_{i,i+1}^{\phi}[z_{i+1}]\right)$$

zu berechnen, wobei $S_{ij} = \tilde{S}_0 u^{i-j} d^j + D_i$ zu beachten ist.

Algorithmus zur Berechnung von $\boldsymbol{D_i}$

Ein Algorithmus zur Berechnung von D_i lautet wie folgt:

```
// Algorithmus zur Berechnung von D_i
D(int i)
{
    δ = 0;
    for (k = 0; k < m; k++)
    {
        if (τ[k] ≤ i * Δt) continue;
        if (τ[k] > T) continue;
        δ += δ[k] * exp(−r_c * (τ[k] − i * Δt));
    }
    return δ;
}
```

Initialisierung

Wegen $D_n = 0$ gilt $S_{nj} = \tilde{S}_0 u^{n-j} d^n$, und daher lautet die Initialisierung wie in (4.66):

```
// Initialisierung des Arrays z
// mit dem Auszahlungsprofil c = f(S_n)
b = d/u;
S̃_0 = S − D(0);
x = u^n * S̃_0;
z = new double[n + 1];
for (j = 0; j <= n; j++)
{
    z[j] = f(x);
    x *= b;
}
```

Die Initialisierung unterscheidet sich bei Berücksichtigung von Dividendenzahlungen also lediglich durch die Modifikation

$$\tilde{S}_0 = S - D(0)$$

von der Initialisierung im Fall ohne Dividendenzahlungen. Der Anfangskurs S wird also um die Summe der auf den Zeitpunkt 0 abdiskontierten Dividendenbeträge D_0 vermindert.

Rekursion

Wegen $S_{ij} = \tilde{S}_0 u^{i-j} d^j + D_i$ gilt:

```
// Rekursionsalgorithmus zur Berechnung
// des Wertes von c unter Berücksichtigung
// von Dividendenzahlungen
b = d/u;
S̃_0 = S − D(0);
a_1 = q/(1 + r);
a_2 = (1 − q)/(1 + r);
for (k = n; k > 0; k − −)
{
    x = u^(k−1) ∗ S̃_0;
    D = D(k − 1);
    for (j = 0; j < k; j + +)
    {
        c_1 = a_1 ∗ z[j] + a_2 ∗ z[j + 1];
        c_2 = f(x + D);
        z[j] = max(c_1, c_2);
        x ∗= b;
    }
}
return z[0];
```

Zur Abschätzung des für die Berechnung erforderlichen Aufwands kann zunächst wieder die Berechnung der Summe D_i der diskontierten Dividenden vernachlässigt werden. Die Initialisierung erfordert $n + 1$ Multiplikationen, während für den Rekursionsalgorithmus $\frac{3}{2}n(n + 1) + n$ Multiplikationen benötigt werden.

4.8 Die Black-Scholes-Formeln

Im Jahre 1973 veröffentlichten die beiden Wirtschaftswissenschaftler Fischer Black und Myron Scholes eine Arbeit, die einen neuen Ansatz zur Bewertung von Optionen darstellte und der die Bewertungsgleichung enthielt, die heute

Black-Scholes Formel genannt wird. Der Wirtschaftswissenschaftler Robert Merton entwickelte fast zeitgleich ein äquivalentes Resultat. Nach dem Tod von Fischer Black im Jahre 1995 wurde Myron Scholes und Robert Merton im Jahre 1997 der Nobelpreis für Wirtschaftswissenschaften verliehen.

Wir stellen im folgenden dar, wie sich die klassischen Black-Scholes-Formeln als Grenzfall des Binomialbaum-Preises für europäische Standard-Optionen ergeben.

4.8.1 Bewertungsformeln im Binomialbaum-Modell

Wir betrachten die Bewertungsformel (4.7)

$$\begin{aligned} c_0 &= \frac{1}{(1+r)^n}\mathbf{E}^Q\left[f\left(S_n\right)\right] \\ &= \frac{1}{(1+r)^n}\sum_{j=0}^{n}\binom{n}{j}q^{n-j}\left(1-q\right)^j f\left(u^{n-j}d^jS\right), \end{aligned} \tag{4.69}$$

die für beliebige Auszahlungsfunktionen $f : \mathbb{R} \to \mathbb{R}$ gültig ist. Wie üblich gilt beispielsweise

$$f\left(x\right) = \begin{cases} \left(x-K\right)^+ & \text{für eine Call-Option mit Ausübungspreis } K \\ \left(K-x\right)^+ & \text{für eine Put-Option mit Ausübungspreis } K \\ x-F & \text{für einen Forward-Kontrakt mit Forwardpreis } F. \end{cases}$$

Damit spezialisiert sich (4.69) im Falle einer Call-Option zu

$$\begin{aligned} c_0 &= \frac{1}{(1+r)^n}\sum_{j=0}^{n}\binom{n}{j}q^{n-j}\left(1-q\right)^j\left(u^{n-j}d^jS-K\right)^+ \\ &= \frac{1}{(1+r)^n}\sum_{j=0}^{j_0}\binom{n}{j}q^{n-j}\left(1-q\right)^j\left(u^{n-j}d^jS-K\right) \\ &= S\sum_{j=0}^{j_0}\binom{n}{j}q^{n-j}\left(1-q\right)^j\frac{u^{n-j}d^j}{(1+r)^n}-\frac{K}{(1+r)^n}\sum_{j=0}^{j_0}\binom{n}{j}q^{n-j}\left(1-q\right)^j. \end{aligned} \tag{4.70}$$

Wegen $u > 1 > d$ gilt $u^n > u^{n-1}d > u^{n-2}d^2 > \cdots > d^n$. In (4.70) ist j_0 die größte natürliche Zahl mit der Eigenschaft

$$f\left(S_{nj}\right) = u^{n-j}d^jS - K > 0.$$

Setzen wir $q' := \frac{qu}{1+r}$, so gilt wegen $q = \frac{1+r-d}{u-d}$ die Gleichheit

$$\begin{aligned}
1-q' &= 1-q\frac{u}{1+r} \\
&= \frac{1}{1+r}\left((1+r)-\frac{(1+r)-d}{u-d}u\right) \\
&= \frac{1}{1+r}\left(\frac{(1+r)(u-d)}{u-d}-\frac{(1+r)u-ud}{(u-d)}\right) \\
&= \frac{1}{1+r}\left(\frac{ud-d(1+r)}{u-d}\right) \\
&= \frac{d}{1+r}\left(\frac{u-(1+r)}{u-d}\right) \\
&= \frac{d}{1+r}(1-q)\,.
\end{aligned}$$

Damit ist

$$\begin{aligned}
q^{n-j}(1-q)^j\frac{u^{n-j}d^j}{(1+r)^n} &= \frac{q^{n-j}u^{n-j}}{(1+r)^{n-j}}\frac{(1-q)^j d^j}{(1+r)^j} \\
&= q'^{\,n-j}(1-q')^j\,,
\end{aligned}$$

und (4.70) lässt sich schreiben als

$$c_0 = S\sum_{j=0}^{j_0}\binom{n}{j}q'^{\,n-j}(1-q')^j - \frac{K}{(1+r)^n}\sum_{j=0}^{j_0}\binom{n}{j}q^{n-j}(1-q)^j\,. \tag{4.71}$$

Nun ist

$$B_{n,p}(k) = \sum_{j=0}^{k}\binom{n}{j}p^j(1-p)^{n-j}$$

die *Verteilungsfunktion der Binomialverteilung*. Daraus folgt für den Preis der Call-Option

$$\boxed{c_0 = SB_{n,1-q'}(j_0) - \tfrac{K}{(1+r)^n}B_{n,1-q}(j_0)\,.} \tag{4.72}$$

Für eine Put-Option gilt mit $\binom{n}{n-k} = \binom{n}{k}$ entsprechend

$$
\begin{aligned}
c_0 &= \frac{1}{(1+r)^n} \sum_{j=0}^{n} \binom{n}{j} q^{n-j} (1-q)^j \left(K - u^{n-j} d^j S\right)^+ \\
&= \frac{1}{(1+r)^n} \sum_{k=0}^{n} \binom{n}{n-k} q^k (1-q)^{n-k} \left(K - u^k d^{n-k} S\right)^+ \\
&= \frac{1}{(1+r)^n} \sum_{k=0}^{k_0} \binom{n}{k} q^k (1-q)^{n-k} \left(K - u^k d^{n-k} S\right) \\
&= \frac{K}{(1+r)^n} \sum_{k=0}^{k_0} \binom{n}{k} q^k (1-q)^{n-k} - S \sum_{k=0}^{k_0} \binom{n}{k} q^k (1-q)^{n-k} \frac{u^k d^{n-k}}{(1+r)^n},
\end{aligned}
$$

wobei k_0 die größte Zahl ist, mit

$$K \geq u^k d^{n-k} S.$$

Daher gilt für die Put-Option die Gleichung

$$\boxed{c_0 = \tfrac{K}{(1+r)^n} B_{n,q}(k_0) - S B_{n,q'}(k_0).} \tag{4.73}$$

Schließlich betrachten wir einen Forward-Kontrakt mit Forward-Preis F. Wir erhalten mit (4.69) und mit

$$
\begin{aligned}
1 &= (q + (1-q))^n = \sum_{j=0}^{n} \binom{n}{j} q^{n-j} (1-q)^j \quad \text{und} \\
1 &= (q' + (1-q'))^n = \sum_{j=0}^{n} \binom{n}{j} q'^{\,n-j} (1-q')^j
\end{aligned}
$$

die Beziehung

$$
\boxed{\begin{aligned}
c_0 &= S \textstyle\sum_{j=0}^{n} \binom{n}{j} q'^{\,n-j} (1-q')^j - \tfrac{F}{(1+r)^n} \textstyle\sum_{j=0}^{n} \binom{n}{j} q^{n-j} (1-q)^j \\
&= S - \tfrac{F}{(1+r)^n}.
\end{aligned}} \tag{4.74}
$$

Aus der Bedingung $c_0 = 0$ folgt der vertraute Zusammenhang

$$F = S(1+r)^n$$

für den Forward-Preis F.

4.8.2 Die Konvergenz der Bewertungsformeln des Binomialbaum-Modells gegen die Black-Scholes-Formeln

Wir betrachten zunächst europäische Call- und Put-Optionen auf solche Aktien, die bis zum jeweiligen Fälligkeitszeitpunkt keine Dividenden ausschütten. Die Berücksichtigung von Dividendenzahlungen ist jedoch aufgrund von (4.58), (4.59) und (4.60) sehr einfach und wird anschließend besprochen.

Wir betrachten ein Binomialbaum-Modell (S, T, n, r_n, u_n) mit

$$\begin{aligned}
\Delta t &= \frac{T}{n} \\
u_n &= \exp\left(\sigma\sqrt{\Delta t}\right) \\
d_n &= \frac{1}{u_n} = \exp\left(-\sigma\sqrt{\Delta t}\right) \\
r_n &= \exp\left(r_c \Delta t\right) - 1 \\
q_n &= \frac{1 + r_n - d_n}{u_n - d_n} = \frac{\exp\left(r_c \Delta t\right) - d_n}{u_n - d_n}.
\end{aligned}$$

Dabei gilt $r_c = \ln(1+R)$, so dass $(1+r_n)^n = (1+R)^T$. Die Taylorentwicklung der Funktion $f(x) = \frac{\exp\left(r_c x^2\right) - \exp(-\sigma x)}{\exp(\sigma x) - \exp(-\sigma x)}$ liefert nach Folgerung 4.10 die folgende Darstellung für die Faktoren q_n:

$$q_n = \frac{1}{2} + \left(\frac{r_c}{2\sigma} - \frac{\sigma}{4}\right)\sqrt{\Delta t} + \mathcal{O}\left(\Delta t\right). \tag{4.75}$$

Mit der Taylorentwicklung

$$\begin{aligned}
\exp\left(\sigma\sqrt{\Delta t} - r_c t\right) &= 1 + \sigma\sqrt{\Delta t} - r_c \Delta t + \frac{1}{2}\left(\sigma\sqrt{\Delta t} - r_c \Delta t\right)^2 + \mathcal{O}\left(\Delta t\right) \\
&= 1 + \sigma\sqrt{\Delta t} + \mathcal{O}\left(\Delta t\right)
\end{aligned}$$

erhalten wir folgende Entwicklung von $q'_n = \frac{qu}{1+r}$:

$$\begin{aligned}
q'_n &= q_n \exp\left(\sigma\sqrt{\Delta t} - r_c t\right) \\
&= \frac{1}{2} + \left(\frac{r_c}{2\sigma} + \frac{\sigma}{4}\right)\sqrt{\Delta t} + \mathcal{O}\left(\Delta t\right).
\end{aligned} \tag{4.76}$$

Im Binomialbaum-Modell ergibt sich der Preis einer Call-Option C_n mit Ausübungspreis K und Fälligkeitszeitpunkt $T = n \cdot \Delta t$ nach (4.72) zu

$$C_n := S B_{n,1-q'_n}\left(j_0\right) - \frac{K}{(1+r)^n} B_{n,1-q_n}\left(j_0\right). \tag{4.77}$$

Dabei ist j_0 die größte natürliche Zahl mit $u^{n-2j} S - K > 0$.

Satz 4.20. ***(Black-Scholes-Formeln)*** *Die Preisformeln für europäische Call- und Put-Optionen im Binomialbaum-Modell konvergieren für $n \to \infty$ jeweils gegen die Black-Scholes-Formeln*

$$C = S\Phi(d_+) - e^{-r_c T} K\Phi(d_-) \tag{4.78}$$
$$P = e^{-r_c T} K\Phi(-d_-) - S\Phi(-d_+),$$

wobei Φ die Verteilungsfunktion der Standard-Normalverteilung bezeichnet und wobei

$$d_\pm = \frac{\ln\left(\frac{S}{K}\right) + \left(r_c \pm \frac{\sigma^2}{2}\right)T}{\sigma\sqrt{T}}.$$

Beweis. Nach dem Satz von De Moivre-Laplace gilt

$$\left|B_{n,1-q_n}(j_0) - \Phi\left(\frac{j_0 - n(1-q_n)}{\sqrt{nq_n(1-q_n)}}\right)\right| \to 0 \text{ für } n \to \infty \tag{4.79}$$

bzw.

$$\left|B_{n,1-q'_n}(j_0) - \Phi\left(\frac{j_0 - n(1-q'_n)}{\sqrt{nq'_n(1-q'_n)}}\right)\right| \to 0 \text{ für } n \to \infty. \tag{4.80}$$

Mit Blick auf (4.77) bleibt somit nur zu zeigen, dass die Argumente von Φ gegen $d_\pm$ konvergieren. Wir lösen die Gleichung $u_n^{n-2j}S - K = 0$ nach j auf und erhalten

$$n - 2j = \frac{\sqrt{n}}{\sigma\sqrt{T}} \ln\frac{K}{S} = -\frac{\sqrt{n}}{\sigma\sqrt{T}} \ln\frac{S}{K},$$

oder

$$j_0 - n = \frac{1}{2}\left(\frac{\sqrt{n}}{\sigma\sqrt{T}} \ln\frac{S}{K} - n\right) + \xi_n,$$

wobei $0 \le \xi_n < 1$ so gewählt wird, dass $j_0 - n \in \mathbb{Z}$. Damit lässt sich das Argument in (4.79) wie folgt schreiben:

$$\frac{j_0 - n + nq_n}{\sqrt{nq_n(1-q_n)}} = \frac{\frac{1}{2}\frac{1}{\sigma\sqrt{T}}\ln\frac{S}{K}}{\sqrt{q_n(1-q_n)}} + \sqrt{n}\frac{q_n - \frac{1}{2}}{\sqrt{q_n(1-q_n)}} + \frac{\xi_n}{\sqrt{nq_n(1-q_n)}}. \tag{4.81}$$

Nun gilt:

- Der erste Summand in (4.81) konvergiert wegen $q_n \to \frac{1}{2}$ für $n \to \infty$ gegen $\frac{1}{\sigma\sqrt{T}} \ln\left(\frac{S}{K}\right)$.
- Der zweite Summand in (4.81) konvergiert für $n \to \infty$ gegen $\left(\frac{r_c}{\sigma} - \frac{\sigma}{2}\right)\sqrt{T}$, da der Nenner aufgrund von (4.75) gegen $\frac{1}{2}$ und der Zähler unter Beachtung von $\Delta t = \frac{T}{n}$ gegen $\left(\frac{r_c}{2\sigma} - \frac{\sigma}{4}\right)\sqrt{T}$ konvergiert.
- Der dritte Summand konvergiert für $n \to \infty$ gegen Null.

Zusammenfassend folgt

$$\lim_{n\to\infty} \frac{j_0 - n(1-q_n)}{\sqrt{nq_n(1-q_n)}} = \frac{1}{\sigma\sqrt{T}}\left(\ln\frac{S}{K} + \left(r_c - \frac{\sigma^2}{2}\right)T\right) = d_-.$$

Das Argument in (4.80) schreiben wir analog wie folgt:

$$\frac{j_0 - n + nq_n'}{\sqrt{nq_n'(1-q_n')}} = \frac{\frac{1}{2}\frac{1}{\sigma\sqrt{T}}\ln\frac{S}{K}}{\sqrt{q_n'(1-q_n')}} + \sqrt{n}\frac{q_n' - \frac{1}{2}}{\sqrt{q_n'(1-q_n')}} + \frac{\xi_n}{\sqrt{nq_n'(1-q_n')}}, \quad (4.82)$$

wobei auch hier $0 \le \xi_n < 1$ gilt. Die Entwicklungen (4.75) und (4.76) von q_n und q_n' unterscheiden sich nur im Vorfaktor des $\sqrt{\Delta t}$-Terms. Daher ergibt sich als einziger Unterschied zur vorherigen Rechnung, dass der zweite Summand nun gegen $\left(\frac{r_c}{2\sigma} + \frac{\sigma}{4}\right)\sqrt{T}$ konvergiert, so dass wir

$$\lim_{n\to\infty} \frac{j_0 - n(1-q_n')}{\sqrt{nq_n'(1-q_n')}} = \frac{1}{\sigma\sqrt{T}}\left(\ln\frac{S}{K} + \left(r_c + \frac{\sigma^2}{2}\right)T\right) = d_+$$

erhalten.

Mit der Put-Call-Parität folgt die Black-Scholes-Formel für die europäische Put-Option

$$P = e^{-r_cT}K\Phi(-d_-) - S\Phi(-d_+).$$

Damit ist der Satz bewiesen. □

Aufgabe 4.3. Leiten Sie mit Hilfe der Put-Call-Parität und der Black-Scholes-Formel für die Call-Option die Black-Scholes-Formel für die Put-Option her.

Werden die Aktienkurse nach (4.44) modelliert, so bleiben die Black-Scholes-Formeln (4.78) für die Bewertung von europäischen Call- und Put-Optionen auch dann gültig, wenn das Underlying während der Laufzeit der Option Dividenden ausschüttet. Dies folgt aus (4.57), wonach auch im Falle von Dividendenzahlungen $q = \frac{e^{r_c\Delta t} - d}{u-d}$ gilt. Allerdings muss der Aktienkurs S nach (4.60) durch $\tilde{S} = S - \sum_{k=1}^{m} \delta_k \cdot e^{-r_c\tau_k}$ ersetzt werden.

4.8.3 Die analytische Bewertung von Standard-Optionen im Black-Scholes-Modell

In diesem Abschnitt stellen wir einen Implementierungsvorschlag für die Black-Scholes-Formeln vor.

4.8.4 Implementierung der Black-Scholes-Formeln

Für einen europäischen Call C und einen europäischen Put P mit Basispreis K, Fälligkeit T, Forwardpreis $F = S\exp(r_cT)$, jährlichem, risikolosem, stetigem Zinssatz r_c und Diskontfaktor $d = \exp(-r_cT)$ lauten die Black-Scholes-Preise

$$\begin{aligned} C &= d \cdot (F\Phi(d_+) - K\Phi(d_-)) \\ P &= d \cdot (K\Phi(-d_-) - F\Phi(-d_+)), \end{aligned} \tag{4.83}$$

wobei

$$\begin{aligned} d_\pm &:= \frac{\ln\left(\frac{dF}{K}\right) + \left(r_c \pm \frac{1}{2}\sigma^2\right)T}{\sigma\sqrt{T}} \\ &= \frac{\ln\left(\frac{dF}{K}\right) + r_c T}{\sigma\sqrt{T}} \pm \frac{1}{2}\sigma\sqrt{T} \\ &= \frac{\ln\left(\frac{F}{K}\right) + \ln(d) + r_c T}{\sigma\sqrt{T}} \pm \frac{1}{2}\sigma\sqrt{T} \\ &= \frac{\ln\left(\frac{F}{K}\right)}{\sigma\sqrt{T}} \pm \frac{1}{2}\sigma\sqrt{T}. \end{aligned} \tag{4.84}$$

und wobei Φ die Verteilungsfunktion der Standard-Normalverteilung bezeichnet. Für Φ gilt die folgende, auf sechs Dezimalstellen genaue Polynomapproximation, siehe Abramowitz/Stegun [1] oder Lamberton/Lapeyre [38],

$$\Phi(x) := 1 - \varphi(x) \sum_{i=1}^{5} a_i k^i, \; x \geq 0, \tag{4.85}$$

mit

$$\begin{aligned} \varphi(x) &:= \frac{1}{\sqrt{2\pi}} \exp\left(-\frac{x^2}{2}\right) \\ k &:= \frac{1}{1+\gamma x} \\ \gamma &:= 0.2316419 \\ a_1 &:= 0.319381530 \\ a_2 &:= -0.356563782 \\ a_3 &:= 1.781477937 \\ a_4 &:= -1.821255978 \\ a_5 &:= 1.330274429. \end{aligned}$$

Für eine normalverteilte Zufallsvariable X gilt

$$\begin{aligned} \Phi(x) &:= P[X \leq x] \\ &= \int_{-\infty}^{x} \varphi(t) \; dt \end{aligned}$$

und daher, wegen der Stetigkeit und Symmetrie der Dichte φ,

$$\begin{aligned}\Phi(x) &= P[X \leq x] \\ &= 1 - P[X > x] \\ &= 1 - P[X \geq x] \\ &= 1 - P[X \leq -x] \\ &= 1 - \Phi(-x).\end{aligned}$$

Insbesondere gilt für $x < 0$ die Beziehung

$$\Phi(x) = 1 - \Phi(-x), \quad x < 0, \tag{4.86}$$

so dass die Formel (4.85) ausreicht, um die Verteilungsfunktion für alle $x \in \mathbb{R}$ näherungsweise zu berechnen.

Die Black-Scholes-Formel (4.83) für eine Put-Option kann mit (4.86) auch geschrieben werden als

$$\begin{aligned}P &= d \cdot (K\Phi(-d_-) - F\Phi(-d_+)) \\ &= -d \cdot (F(1 - \Phi(d_+)) - K(1 - \Phi(d_-))).\end{aligned} \tag{4.87}$$

Implementierung von Dichte und Verteilungsfunktion der Standard-Normalverteilung

Die Dichte φ und die Verteilungsfunktion Φ der Standard-Normalverteilung etwa können als statische Methoden *StdNormalDensity()* und *StdNormalDistF()* in einer geeigneten Klasse $\mathcal{H}$, in der beispielsweise verschiedene mathematische Routinen von allgemeinem Interesse enthalten sind, untergebracht und wie folgt implementiert werden:

```
abstract public class H
{
    static private final double γ = 0.231641900;
    static private final double[] A = {0.319381530, −0.356563782,
                                1.781477937, −1.821255978, 1.330274429};
    // Dichte der Standardnormalverteilung
    static double stdNormalDensity(double x)
    {
        return (1./sqrt(2 * π)) * exp(−pow(x, 2)/2);
    }
    // Verteilungsfunktion der Standardnormalverteilung
    static double stdNormalDistF(double x)
    {
        double absx = max(x, −x);
        double t = 1/((1 + (γ * absx));
        double y = 0;
        for (int i = 4; i >= 0; i − −)
        {
            y += A[i];
            y *= t;
        }
        y *= stdNormalDensity(x);
        y = 1 − y;
        if (x < 0) {
            return 1 − y;
        } else {
            return y;
        }
    }
}
```

Die Klasse BlackScholesAnalytics

Zur Berechnungen der Black-Scholes-Preise definieren wir eine neue Klasse *BlackScholesAnalytics*. In dieser Klasse bringen wir die für die Berechnung der Black-Scholes-Preise erforderlichen Größen, wie Forward-Preis der Aktie, Abzinsungsfaktor, Basispreis der Option und Volatilität, mit zugehörigen *set-* und *get*-Methoden unter:

```
abstract public class BlackScholesAnalytics
{
      double forward;
      double volatility;
      double strike;
      double maturity;
      double d;

      // Konstruktor
      BlackScholesAnalytics(double f, double v,
                              double s, double m, double p)
      {
          setForward(f);
          setVolatility(v);
          setStrike(s);
          setMaturity(m);
          setPV(p);
      }
      ⋮
}
```

Die Implementierung von $d_{\pm}$

Für die Berechnung von $d_{\pm}$ beachten wir, dass

$$\lim_{\sigma\sqrt{T}\to 0} d_{\pm} = \begin{cases} +\infty, & \text{falls } F > K \\ 0, & \text{falls } F = K \\ -\infty, & \text{falls } F < K. \end{cases}$$

Bei der Implementierung setzen wir daher für kleine Werte von $\sigma\sqrt{T}$, d.h. für $\sigma\sqrt{T} \leq 10^{-10}$,

$$d_{\pm} = \begin{cases} +\infty, & \text{falls } F > K \\ 0, & \text{falls } F = K \\ -\infty, & \text{falls } F < K \end{cases}$$

und schreiben für d_+:

```
// Implementierung von d+
private double dplus()
{
    static final double ε = 1.0 e − 10;
    double result = 0;
    if (strike == 0) return Double.POSITIVE_INFINITY;
    if (volatility * maturity <= ε) {
        if (forward < strike) {
            result = Double.NEGATIVE_INFINITY;
        } else if (forward == strike) {
            result = 0;
        } else {
            result = Double.POSITIVE_INFINITY;
        }
        return result;
    }
    double s = volatility * sqrt(maturity);
    result = ln(forward/strike)/s + 0.5 * s;
    return result;
}
```

Entsprechend lautet ein Implementierungsvorschlag für d_- wie folgt.

```
// Implementierung von d−
private double dminus()
{
    double result = 0;
    result = dplus();
    double s = volatility * sqrt(maturity);
    result −=s;
    return result;
}
```

Die Implementierung von $\Phi(d_\pm)$

Mit Hilfe der bereits implementierten Verteilungsfunktion Φ der Standard-Normalverteilung, *stdNormalDistF* (), geben wir nun zunächst einen Implementierungsvorschlag für $\Phi(d_+)$:

```
// Implementierung von Φ(d+)
private double ndplus()
{
    double ndplus = 0;
    double result = 0;
    result = dplus();
    if (result == Double.NEGATIVE_INFINITY) {
        ndplus = 0;
    } else if (result == Double.POSITIVE_INFINITY) {
        ndplus = 1;
    } else {
        ndplus = H.stdNormalDistF(result);
    }
    return ndplus;
}
```

Entsprechend kann $\Phi(d_-)$ wie folgt implementiert werden:

```
// Implementierung von Φ(d-)
private double ndminus()
{
    double ndminus = 0;
    double result = 0;
    result = dminus();
    if (result == Double.NEGATIVE_INFINITY) {
        ndminus = 0;
    } else if (result == Double.POSITIVE_INFINITY) {
        ndminus = 1;
    } else {
        ndminus = H.stdNormalDistF(result);
    }
    return ndminus;
}
```

Die Implementierung der Black-Scholes-Formeln

Damit folgt schließlich die Implementierung der Black-Scholes-Formeln (4.83). Mit Hilfe von (4.83) gilt für eine Call-Option:

```
// Call-Preis nach Black-Scholes-Formel
public double getCallPrice()
{
    double p = ndplus ();
    double m = ndminus ();
    return max(d * (forward * p - strike * m), 0);
}
```

während die Black-Scholes-Formel für eine Put-Option mit (4.87) als:

```
// Put-Preis nach Black-Scholes-Formel
public double getPutPrice()
{
    double p = 1 - ndplus ();
    double m = 1 - ndminus ();
    return max(-d * (forward * p - strike * m), 0);
}
```

formuliert werden kann. Dabei implementieren wir die Ausdrücke

$$\begin{aligned} & d \cdot (F \cdot \Phi(d_+) - K \cdot \Phi(d_-)) \text{ und} \\ & -d \cdot (F(1 - \Phi(d_+)) - K(1 - \Phi(d_-))) \end{aligned} \tag{4.88}$$

als

```
max(d*(forward * ndplus - strike * ndminus), 0);
max(-d*(forward * (1 - ndplus) - strike * (1 - ndminus)), 0);
```

weil für $F \approx K$ aufgrund der Tatsache, dass die numerische Berechnung der Verteilungsfunktion der Standard-Normalverteilung nur auf sechs Dezimalstellen genau ist, sehr kleine, aber negative Werte für die Ausdrücke (4.88) auftreten können.

4.9 Present Value und die Bewertung von Zahlungsströmen

Notation Für den Rest des Kapitels nehmen wir an, dass $((S, \delta), \mathcal{F})$ ein arbitragefreies, vollständiges Marktmodell mit Zustandsprozess ϕ ist. Weiter wird $S_t^1(\omega) > 0$ für alle $t = 0, \ldots, T$ und für alle $\omega \in \Omega$ angenommen und es wird vorausgesetzt, dass S^1 keine Dividenden auszahlt.

Das Finanzinstrument S^1 wird auch mit B bezeichnet, $B := S^1$, und bei diskontierten Marktmodellen als Numéraire gewählt. Insbesondere könnte B eine festverzinsliche Kapitalanlage sein mit

$$B_t(\omega) = (1 + r_1) \cdots (1 + r_t), \tag{4.89}$$

wobei $r_t \in \mathbb{R}$ und $r_t > -1$ für alle $t = 1, \ldots, T$. Bei konstantem Zinssatz $r > -1$ spezialisiert sich (4.89) zu

$$B_t(\omega) = (1 + r)^t.$$

Sei $c \in \mathcal{W}$ ein zustandsabhängiges, replizierbares Auszahlungsprofil. Dann ist der Wert V_0 von c zum Zeitpunkt 0 gegeben durch

$$V_0 = \sum_{t=0}^{T} \boldsymbol{D}_{0,t}^{\phi}[c_t]. \tag{4.90}$$

Enthält das Marktmodell festverzinsliche Handelsstrategien, also deterministische Zinsen, so gilt mit Lemma 3.74

$$V_0 = \sum_{t=0}^{T} d_t \mathbf{E}_0^Q [c_t]. \tag{4.91}$$

Dabei bezeichnet Q das zum Zustandsprozess ϕ gehörende Martingalmaß.

Zum diskontierten Marktmodell gehört ein Zustandsprozess $\tilde{\phi}$ mit einem Martingalmaß $\tilde{Q}$[4]. Hier gilt für alle zugehörigen Diskontfaktoren $\tilde{d}_t = 1$ und daher

$$\tilde{V}_0 = \sum_{t=0}^{T} \boldsymbol{D}_{0,t}^{\tilde{\phi}}[\tilde{c}_t] = \sum_{t=0}^{T} \mathbf{E}_0^{\tilde{Q}}[\tilde{c}_t],$$

also

$$V_0 = B_0 \tilde{V}_0 = \sum_{t=0}^{T} \mathbf{E}_0^{\tilde{Q}} \left[\frac{B_0}{B_t} c_t \right]. \tag{4.92}$$

Wegen Bemerkung 3.86 folgt $d_t = \frac{B_0}{B_t}$ sowie $Q = \tilde{Q}$, wenn $S^1 = B$ ein festverzinsliches Finanzinstrument ist. In diesem Fall stimmen die beiden Ausdrücke (4.91) und (4.92) überein.

Der Wert V_0 heißt auch **Barwert** oder **Present Value** des Zahlungsstroms c.

Für ein Finanzinstrument S^j gilt nach (3.50)

$$S_0^j = \sum_{t=1}^{T} \boldsymbol{D}_{0,t}^{\phi}\left[\delta_t^j\right] + \boldsymbol{D}_{0,T}^{\phi}\left[S_T^j\right]. \tag{4.93}$$

[4] Diskontierte Marktmodelle enthalten nach Konstruktion stets festverzinsliche Handelsstrategien mit Zinssätzen $r_t = 0$ für alle $t = 1, \ldots, T$.

Existieren im Modell festverzinsliche Handelsstrategien, so lässt sich (4.93) schreiben als

$$S_0^j = \sum_{t=1}^{T} d_t \mathbf{E}_0^Q \left[\delta_t^j\right] + d_T \mathbf{E}_0^Q \left[S_T^j\right]. \tag{4.94}$$

Der Wert des Finanzinstruments S^j zum Zeitpunkt 0 setzt sich aus dem auf den Zeitpunkt 0 diskontierten Endwert $d_T \mathbf{E}_0^Q \left[S_T^j\right]$ von S_T^j und aus der Summe der diskontierten Dividenden von S^j zusammen.

Im diskontierten Marktmodell gilt entsprechend

$$\tilde{S}_0^j = \sum_{t=1}^{T} \mathbf{E}_0^{\tilde{Q}} \left[\tilde{\delta}_t^j\right] + \mathbf{E}_0^{\tilde{Q}} \left[\tilde{S}_T^j\right],$$

oder

$$S_0^j = B_0 \tilde{S}_0^j = \sum_{t=1}^{T} \mathbf{E}_0^{\tilde{Q}} \left[\frac{B_0}{B_t} \delta_t^j\right] + \mathbf{E}_0^{\tilde{Q}} \left[\frac{B_0}{B_T} S_T^j\right]. \tag{4.95}$$

Das Finanzinstrument S^j kann also als zustandsabhängige Zahlung

$$c := \left(\delta_1^j, \ldots, \delta_{T-1}^j, S_T^{\delta j}\right) = \left(\delta_1^j, \ldots, \delta_{T-1}^j, S_T + \delta_T^j\right)$$

aufgefasst werden. Der Barwert V_0 dieses Zahlungsstroms ist nach (4.90) und (4.93) bzw. nach (4.92) und (4.95) gerade S_0^j.

Anmerkung 4.21. Es gilt auch

$$\begin{aligned} S_0^j &= \sum_{s=1}^{t} \boldsymbol{D}_{0,s}^{\phi} \left[\delta_s^j\right] + \boldsymbol{D}_{0,t}^{\phi} \left[S_t^j\right] \\ &= \sum_{s=1}^{t} \mathbf{E}_0^{\tilde{Q}} \left[\frac{B_0}{B_s} \delta_s^j\right] + \mathbf{E}_0^{\tilde{Q}} \left[\frac{B_0}{B_t} S_t^j\right] \end{aligned}$$

für jedes $0 \leq t \leq T$. Für beliebiges $t = 0, \ldots, T$ besitzt jede zustandsabhängige Zahlung

$$c = \left(\delta_1^j, \ldots, \delta_{t-1}^j, S_t^{\delta j}, 0, \ldots, 0\right) = \left(\delta_1^j, \ldots, \delta_{t-1}^j, S_t + \delta_t^j, 0, \ldots, 0\right)$$

zum Zeitpunkt 0 den Wert S_0^j.

Anmerkung 4.22. Wie leicht nachgerechnet werden kann, gilt in Verallgemeinerung von (4.90) bzw. (4.92) für $0 \leq s \leq t \leq T$

$$V_s = \sum_{i=s}^{T} \boldsymbol{D}_{s,i}^{\phi} \left[c_i\right]. \tag{4.96}$$

Im Falle deterministischer Zinsen lässt sich (4.96) umschreiben zu

$$V_s = \sum_{i=s}^{T} \frac{d_i}{d_s} \mathbf{E}_s^Q [c_i]. \tag{4.97}$$

Wird das Auszahlungsprofil c auf die Auszahlung eines Finanzinstruments S^j des Modells spezialisiert, so folgt

$$S_s^j = \sum_{i=s+1}^{t} \boldsymbol{D}_{s,i}^{\phi} \left[\delta_i^j\right] + \boldsymbol{D}_{s,t}^{\phi} \left[S_t^j\right], \tag{4.98}$$

bzw. im Falle deterministischer Zinsen

$$S_s^j = \sum_{i=s+1}^{t} \frac{d_i}{d_s} \mathbf{E}_s^Q \left[\delta_i^j\right] + \frac{d_t}{d_s} \mathbf{E}_s^Q \left[S_t^j\right]. \tag{4.99}$$

Im diskontierten Marktmodell gilt für den Wert von c zum Zeitpunkt s die Darstellung

$$V_s = \sum_{i=s}^{T} \mathbf{E}_s^{\tilde{Q}} \left[\frac{B_s}{B_i} c_i\right]. \tag{4.100}$$

Die Spezialisierung auf die Auszahlung des Finanzinstruments S^j liefert hier

$$S_s^j = \sum_{i=s+1}^{t} \mathbf{E}_s^{\tilde{Q}} \left[\frac{B_s}{B_i} \delta_i^j\right] + \mathbf{E}_s^{\tilde{Q}} \left[\frac{B_s}{B_t} S_t^j\right]. \tag{4.101}$$

4.10 Swaps

Ein **Swap** ist eine Vereinbarung zwischen zwei Parteien, zwei Zahlungsströme c und c' miteinander auszutauschen. In der Praxis tritt z.B. häufig der Fall auf, dass eine Institution feste gegen variable Zinsen tauschen möchte.

Zur Bewertung eines Swaps sind die Barwerte von c und von c' zu berechnen, und die Differenz dieser Barwerte ist der Wert des Swaps.

Die Definition eines Swaps ist hier sehr allgemein. Tatsächlich kann in diesem Sinne jeder Kauf eines beliebigen Finanzprodukts als Swap interpretiert werden, weil der Kaufpreis gegen das Produkt getauscht wird.

4.11 Forward-Preise

Angenommen, eine Bank vereinbart mit einem Kontrahenten zu einem Zeitpunkt 0, diesem zu einem zukünftigen Zeitpunkt t eine zustandsabhängige Auszahlung $(c_0, \ldots, c_T) \in \mathcal{W}$ zu verkaufen. Was ist der richtige Preis $F_{0,t} \in \mathbb{R}$, wenn zum Zeitpunkt 0 keine Zahlung erforderlich sein soll?

Zum Zeitpunkt t spielen die Zahlungen $c_0, \ldots, c_{t-1}$ der Vergangenheit keine Rolle, so dass nur die Zahlungen ab dem Zeitpunkt t zu betrachten sind. Es sind dann die beiden Zahlungsströme

$$c := (0, \ldots, 0, c_t, \ldots, c_T)$$

und

$$c' := (0, \ldots, 0, F_{0,t}, 0, \ldots, 0)$$

miteinander zu vergleichen und $F_{0,t}$ ist so zu bestimmen, dass die Barwerte beider Zahlungsströme übereinstimmen. Nun gilt

$$V_0(c) = \sum_{i=t}^{T} \boldsymbol{D}_{0,i}^{\phi}[c_i]$$

und

$$V_0(c') = \boldsymbol{D}_{0,t}^{\phi}[F_{0,t}] = F_{0,t}\boldsymbol{D}_{0,t}^{\phi}[\mathbf{1}_{\Omega}] = d_t F_{0,t}.$$

Daraus folgt

$$F_{0,t} = \frac{1}{d_t} \sum_{i=t}^{T} \boldsymbol{D}_{0,i}^{\phi}[c_i]. \tag{4.102}$$

Enthält das Marktmodell deterministische Zinsen, so gilt

$$V_0(c) = \sum_{i=t}^{T} d_i \mathbf{E}_0^{Q}[c_i],$$

und wir erhalten die Darstellung

$$F_{0,t} = \sum_{i=t}^{T} \frac{d_i}{d_t} \mathbf{E}_0^{Q}[c_i]. \tag{4.103}$$

Entsprechend gilt bei Verwendung des diskontierten Marktmodells

$$V_0(c) = \sum_{i=t}^{T} \mathbf{E}_0^{\tilde{Q}}\left[\frac{B_0}{B_i} c_i\right]$$

und

$$V_0(c') = F_{0,t}\mathbf{E}_0^{\tilde{Q}}\left[\frac{B_0}{B_t}\right].$$

Damit ergibt sich $F_{0,t}$ hier zu

$$F_{0,t} = \frac{\sum_{i=t}^{T} \mathbf{E}_0^{\tilde{Q}}\left[\frac{B_0}{B_i} c_i\right]}{\mathbf{E}_0^{\tilde{Q}}\left[\frac{B_0}{B_t}\right]}. \tag{4.104}$$

Ist B eine festverzinsliche Kapitalanlage mit deterministischen Renditen $r_t \in \mathbb{R}$, $r_t > -1$, so gilt $B_t = B_0 (1 + r_1) \cdots (1 + r_t)$ sowie $\tilde{Q} = Q$ und (4.104) spezialisiert sich zu

$$F_{0,t} = \sum_{i=t}^{T} \frac{B_t}{B_i} \mathbf{E}_0^{\tilde{Q}} [c_i] = \sum_{i=t}^{T} \frac{d_i}{d_t} \mathbf{E}_0^{\tilde{Q}} [c_i] \tag{4.105}$$
$$= \sum_{i=t}^{T} \frac{d_i}{d_t} \mathbf{E}_0^{Q} [c_i],$$

wobei $d_i = \frac{B_0}{B_i}$ den Diskontfaktor für das Intervall $[0, i]$ bezeichnet. Angenommen, B ist deterministisch mit konstantem Zinssatz r. Dann gilt $\frac{B_0}{B_i} = (1 + r)^{-i}$ und es folgt

$$F_{0,t} = \frac{\sum_{i=t}^{T} \mathbf{E}_0^{\tilde{Q}} \left[\frac{B_0}{B_i} c_i \right]}{\mathbf{E}_0^{\tilde{Q}} \left[\frac{B_0}{B_t} \right]} = (1 + r)^t \sum_{i=t}^{T} \frac{\mathbf{E}_0^{\tilde{Q}} [c_i]}{(1 + r)^i}$$
$$= (1 + r)^t \sum_{i=t}^{T} \frac{\mathbf{E}_0^{Q} [c_i]}{(1 + r)^i}.$$

$F_{0,t}$ wird **Forward-Preis** von $(c_0, \ldots, c_T)$ zum Zeitpunkt t genannt.

Beispiel 4.23. Angenommen, B ist deterministisch mit konstantem Zinssatz r. Sei $c = (c_0, \ldots, c_T)$ ein deterministischer Zahlungsstrom. Dann gilt

$$F_{0,t} = (1 + r)^t \sum_{i=t}^{T} \frac{c_i}{(1 + r)^i}.$$

△

Beispiel 4.24. Sei wieder angenommen, dass B deterministisch ist mit konstantem Zinssatz r. Wir betrachten einen Forward-Kontrakt auf eine Aktie S^j. Dann gilt mit $c = \left(0, \ldots, 0, S_t^j, 0, \ldots, 0\right)$

$$F_{0,t} = \frac{1}{d_t} \mathbf{E}_0^{Q} \left[d_t S_t^{\delta j} \right] \tag{4.106}$$
$$= \frac{1}{d_t} \left(S_0^j - \sum_{i=0}^{t} d_i \mathbf{E}_0^{Q} \left[\delta_i^j \right] \right)$$
$$= (1 + r)^t \left(S_0^j - \sum_{i=0}^{t} \frac{\mathbf{E}_0^{Q} \left[\delta_i^j \right]}{(1 + r)^i} \right),$$

bzw.

$$F_{0,t} = \frac{\mathbf{E}_0^{\tilde{Q}}\left[\frac{B_0}{B_t} S_t^j\right]}{\mathbf{E}_0^{\tilde{Q}}\left[\frac{B_0}{B_t}\right]}$$

$$= (1+r)^t \left(S_0^j - \sum_{i=0}^{t} \frac{\mathbf{E}_0^{\tilde{Q}}\left[\delta_i^j\right]}{(1+r)^i} \right)$$

im diskontierten Modell. Dabei wurde (3.50) für das diskontierte Modell verwendet. Zahlt die Aktie S^j keine Dividenden aus, so erhalten wir das vertraute Resultat

$$F_{0,t} = (1+r)^t S_0^j.$$

△

Anmerkung 4.25. Die Vereinbarung eines Forward-Kontrakts kann nicht nur zum Zeitpunkt 0 geschehen, sondern auch zu einem Zeitpunkt $s > 0$. Es ist leicht zu sehen, dass für $0 \le s \le t \le T$ gilt

$$F_{s,t} = \sum_{i=t}^{T} \frac{d_i}{d_t} \mathbf{E}_s^Q [c_i] = \frac{\sum_{i=t}^{T} \mathbf{E}_s^{\tilde{Q}}\left[\frac{B_t}{B_i} c_i\right]}{\mathbf{E}_0^{\tilde{Q}}\left[\frac{B_t}{B_s}\right]}.$$

Dabei ist $F_{s,t}$ der $\mathcal{F}_s$-messbare Forward-Preis, der zum Zeitpunkt s vereinbart wird und den Preis von c bezeichnet, der zum Zeitpunkt t bezahlt werden muss. Speziell für einen Aktienpreisprozess S^j gilt

$$F_{s,t} = \frac{d_s}{d_t} \left(S_s^j - \sum_{i=s+1}^{t} \mathbf{E}_s^Q \left[\delta_i^j\right] \right) = \frac{1}{\mathbf{E}_0^{\tilde{Q}}\left[\frac{B_t}{B_s}\right]} \left(S_s^j - \sum_{i=s+1}^{t} \mathbf{E}_s^{\tilde{Q}} \left[\frac{B_t}{B_i} \delta_i^j\right] \right).$$

4.12 Futures

Der Inhaber eines Future-Kontrakts hat sich verpflichtet, ein Gut oder Wertpapier zu einem zukünftigen Zeitpunkt und zu einem im voraus festgelegten Preis, dem Future-Preis, zu kaufen. Obwohl Future- und Forward-Kontrakte soweit identisch definiert sind, gibt es einen grundlegenden Unterschied zwischen diesen Finanzinstrumenten. Forward-Kontrakte werden zwischen zwei Parteien geschlossen, die sich verpflichten, die vereinbarte Transaktion zum Fälligkeitszeitpunkt durchzuführen. Future-Kontrakte sind dagegen börsengehandelte Finanzinstrumente, die jederzeit gekauft und wieder veräußert werden können. Während auch bei jeder Future-Transaktion zu jedem Käufer ein Verkäufer gehört, sind sich die Marktteilnehmer hier gegenseitig nicht bekannt, sondern die Börse vermittelt zwischen ihnen. Dies bedeutet aber, dass die Börse sicherstellen muss , dass Future-Kontrakte auch erfüllt werden. Grundsätzlich besteht die Gefahr, dass ein Vertragspartner versucht, aus einem Vertrag „auszusteigen“, wenn seine Verluste zu groß werden. Aus diesem Grund verlangt die Börse die Hinterlegung von Sicherheiten, sogenannten *Marginzahlungen*. Dies können Kapitalbeträge, aber auch Wertpapiere sein. Future-Kontrakte werden an jedem Handelstag durch die Börse bewertet. Sollte ein Vertragspartner mit seinem Future einen Verlust erzielt haben, so wird der entsprechende Betrag von seinem Margin-Konto abgebucht. Wird eine Sicherheitsmarge unterschritten, so verlangt die Börse eine Erhöhung der Einlagen. Werden diese Sicherheiten nicht beigebracht, so schließt die Börse den betreffenden Kontrakt. Der für die Bewertung wesentliche Unterschied besteht darin, dass durch die tägliche Bewertung Future-Kontrakte de facto nur jeweils einen Tag laufen und dann für den nächsten Tag neu abgeschlossen werden. Diese tägliche Bewertung wird auch *marked to market* genannt.

Wir betrachten ein Mehr-Perioden-Modell $((S, \delta), \mathcal{F})$, in dem ein Future-Kontrakt als N-tes Finanzinstrument S^N enthalten ist. Die **Future-Kurse** werden mit $U_0, \ldots, U_\tau$ bezeichnet, wobei τ den Fälligkeitszeitpunkt des Kontrakts bezeichnet. Jedes U_t wird als $\mathcal{F}_t$-messbar vorausgesetzt. Nach dem Fälligkeitszeitpunkt τ ist der Future wertlos, was durch $S_t^N = 0$ für alle $t > \tau$ modelliert wird.

Zu Beginn jeder Periode $[t-1, t]$ ist das Eingehen eines Future-Kontrakts, abgesehen von der Pflicht zur Hinterlegung von Sicherheiten, ohne Kosten möglich. Dies bedeutet $S_t^N = 0$ für alle t und daher

$$h_t \cdot S_{t-1} = \sum_{i=1}^{N-1} h_t^i S_{t-1}^i.$$

Am Ende der Periode $[t-1, t]$ besitzt der Future den Wert $U_t - U_{t-1} =: \Delta U_t$. Dies bedeutet

$$h_t \cdot S_t^\delta = \sum_{i=1}^{N-1} h_t^i S_t^{\delta i} + h_t^N \Delta U_t.$$

Damit kann das N-te Finanzinstrument, das den Future-Handel beschreibt, definiert werden als

$$\begin{aligned} S_t^N &= 0 && \text{für } t = 0, \ldots, T-1 \\ S_t^{\delta N} &= \Delta U_t && \text{für } t = 1, \ldots, \tau \\ S_t^{\delta N} &= 0 && \text{für } t = \tau + 1, \ldots, T. \end{aligned}$$

Da das Marktmodell nach Voraussetzung arbitragefrei ist, existiert ein Zustandsprozess ϕ und nach (4.98) gilt

$$S_t^j = \boldsymbol{D}_{t,t+1}^{\phi} \left[S_{t+1}^{\delta j} \right].$$

für alle $j = 1, \ldots, N$. Speziell für $j = N$ bedeutet dies

$$0 = \boldsymbol{D}^{\phi}_{t,t+1}\left[\Delta U_{t+1}\right],$$

also

$$\boldsymbol{D}^{\phi}_{t,t+1}\left[U_t\right] = \boldsymbol{D}^{\phi}_{t,t+1}\left[U_{t+1}\right]. \tag{4.107}$$

Enthält das Marktmodell deterministische Zinsen, so gilt

$$\boldsymbol{D}^{\phi}_{t,t+1}\left[U_t\right] = \frac{d_t}{d_{t+1}}\mathbf{E}^Q_t\left[U_t\right] = \frac{d_t}{d_{t+1}}U_t$$

und

$$\boldsymbol{D}^{\phi}_{t,t+1}\left[U_{t+1}\right] = \frac{d_t}{d_{t+1}}\mathbf{E}^Q_t\left[U_{t+1}\right],$$

denn U_t ist $\mathcal{F}_t$-messbar, und (4.107) spezialisiert sich zu

$$U_t = \mathbf{E}^Q_t\left[U_{t+1}\right]. \tag{4.108}$$

Also ist U unter der Voraussetzung, dass im Marktmodell festverzinsliche Handelsstrategien existieren, ein Martingal bezüglich Q.

Bezieht sich der Future-Kontrakt auf eine Aktie S^j des Marktmodells, so gilt zum Fälligkeitszeitpunkt τ nach Definition des Futures

$$U_\tau = S^{\delta j}_\tau. \tag{4.109}$$

Existieren im Marktmodell deterministische Zinsen, dann lässt sich der Future-Prozess mit Hilfe von (4.108) darstellen als

$$U_t = \mathbf{E}^Q_t\left[S^{\delta j}_\tau\right] \tag{4.110}$$

für alle $t = 0, \ldots, \tau$. Nach (4.98) gilt

$$\frac{d_\tau}{d_t}\mathbf{E}^Q_t\left[S^j_\tau\right] = S^j_t - \sum_{i=t}^{\tau}\frac{d_i}{d_t}\mathbf{E}^Q_t\left[\delta^j_i\right],$$

und Einsetzen in (4.110) liefert

$$\begin{aligned} U_t &= \frac{d_t}{d_\tau}\left(S^j_t - \sum_{i=t}^{\tau}\frac{d_i}{d_t}\mathbf{E}^Q_t\left[\delta^j_i\right]\right) \\ &= \frac{1}{d_\tau}\left(d_t S^j_t - \sum_{i=t}^{\tau} d_i \mathbf{E}^Q_t\left[\delta^j_i\right]\right). \end{aligned}$$

Insbesondere für $t = 0$ folgt

$$U_0 = \frac{1}{d_\tau}\left(S_0^j - \sum_{i=0}^{\tau} d_i \mathbf{E}_0^Q\left[\delta_i^j\right]\right).$$

Dies stimmt mit dem Forward-Preis $F_{0,\tau}$ in (4.106) überein. Im Falle deterministischer Zinsen sind also Forward- und Future-Preise identisch.

Betrachten wir die Situation nun im diskontierten Marktmodell, so erhalten wir nach (4.101) für alle $t = 0, \ldots, T-1$ den Zusammenhang

$$S_t^j = B_t \mathbf{E}_t^{\tilde{Q}}\left[\frac{1}{B_{t+1}} S_{t+1}^{\delta j}\right].$$

Dies bedeutet für $j = N$ die Darstellung

$$0 = B_t \mathbf{E}_t^{\tilde{Q}}\left[\frac{1}{B_{t+1}} \Delta U_{t+1}\right]. \tag{4.111}$$

Ist der Prozess B_t vorhersehbar, so gilt $\mathbf{E}_t^{\tilde{Q}}\left[\frac{1}{B_{t+1}} \Delta U_{t+1}\right] = \frac{1}{B_{t+1}} \mathbf{E}_t^{\tilde{Q}}\left[\Delta U_{t+1}\right]$. Dies bedeutet

$$0 = \mathbf{E}_t^{\tilde{Q}}\left[\Delta U_{t+1}\right],$$

so dass U bezüglich $\tilde{Q}$ ein Martingal ist. Speziell für $t = 0$ gilt

$$U_0 = \mathbf{E}_0^{\tilde{Q}}\left[S_\tau^{\delta j}\right], \tag{4.112}$$

während der entsprechende Forward-Preis $F_{0,t}$ nach (4.104) gegeben ist durch

$$F_{0,t} = \frac{\mathbf{E}_0^{\tilde{Q}}\left[\frac{B_0}{B_\tau} S_\tau^{\delta j}\right]}{\mathbf{E}_0^{\tilde{Q}}\left[\frac{B_0}{B_\tau}\right]}. \tag{4.113}$$

Wiederum erhalten wir das Resultat, dass Forward- und Future-Preise übereinstimmen, wenn der Prozess B deterministisch ist. Wenn jedoch B nicht deterministisch ist, dann können Forward- und Future-Preise voneinander verschieden sein. Dies gilt auch dann, wenn B nicht deterministisch, aber sogar vorhersehbar ist, wie das folgende Beispiel zeigt:

Beispiel 4.26. (Unterschiede von Forward- und Future-Preisen) Wir betrachten folgendes Zwei-Perioden-Modell mit einem Future-Kontrakt auf die Aktie S.

Den Daten der Abb. 4.5 ist zu entnehmen, dass der Prozess B vorhersehbar, aber nicht deterministisch ist.

Das Ein-Perioden-Teilmodell $(b, D)_{A_{11}}$ lautet

$$(b, D)_{A_{11}} = \left(\begin{pmatrix} 1.02 \\ 19 \end{pmatrix}, \begin{pmatrix} 1.05 & 1.05 \\ 22 & 18 \end{pmatrix}\right).$$

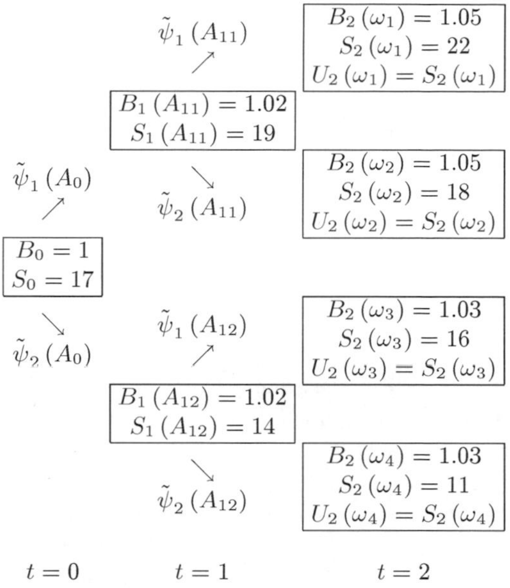

$\tilde{\psi}_1(A_{11})$ ↗ $B_2(\omega_1) = 1.05$, $S_2(\omega_1) = 22$, $U_2(\omega_1) = S_2(\omega_1)$

$B_1(A_{11}) = 1.02$, $S_1(A_{11}) = 19$

$\tilde{\psi}_2(A_{11})$ ↘ $B_2(\omega_2) = 1.05$, $S_2(\omega_2) = 18$, $U_2(\omega_2) = S_2(\omega_2)$

$\tilde{\psi}_1(A_0)$ ↗

$B_0 = 1$, $S_0 = 17$

↘ $\tilde{\psi}_2(A_0)$

$\tilde{\psi}_1(A_{12})$ ↗ $B_2(\omega_3) = 1.03$, $S_2(\omega_3) = 16$, $U_2(\omega_3) = S_2(\omega_3)$

$B_1(A_{12}) = 1.02$, $S_1(A_{12}) = 14$

$\tilde{\psi}_2(A_{12})$ ↘ $B_2(\omega_4) = 1.03$, $S_2(\omega_4) = 11$, $U_2(\omega_4) = S_2(\omega_4)$

$t = 0$ $t = 1$ $t = 2$

Abb. 4.5. Future-Kontrakt in einem Zwei-Perioden-Modell

Daraus ergibt sich das mit B diskontierte Modell $\left(\tilde{b}, \tilde{D}\right)_{A_{11}}$ zu

$$\left(\tilde{b}, \tilde{D}\right)_{A_{11}} = \left(\begin{pmatrix} 1 \\ \frac{19}{1.02} \end{pmatrix}, \begin{pmatrix} 1 & 1 \\ \frac{22}{1.05} & \frac{18}{1.05} \end{pmatrix}\right).$$

Der zugehörige Zustandsvektor $\tilde{\psi}$ ist die Lösung des Gleichungssystems $\tilde{D}\tilde{\psi} = \tilde{b}$ und gegeben durch

$$\tilde{\psi}(A_{11}) = \begin{pmatrix} 0.389\,71 \\ 0.610\,29 \end{pmatrix}.$$

Entsprechend erhalten wir

$$\tilde{\psi}(A_{12}) = \begin{pmatrix} 0.627\,45 \\ 0.372\,55 \end{pmatrix} \text{ und}$$

$$\tilde{\psi}(A_0) = \begin{pmatrix} 0.668 \\ 0.332 \end{pmatrix}.$$

Damit lautet das zum diskontierten Modell gehörende Martingalmaß $\tilde{Q}$ wie folgt:

$$\begin{aligned}
\tilde{Q}(\omega_1) &= 0.668 \cdot 0.389\,71 = 0.260\,33 \\
\tilde{Q}(\omega_2) &= 0.668 \cdot 0.610\,29 = 0.407\,67 \\
\tilde{Q}(\omega_3) &= 0.332 \cdot 0.627\,45 = 0.208\,31 \\
\tilde{Q}(\omega_4) &= 0.332 \cdot 0.372\,55 = 0.123\,69.
\end{aligned}$$

Mit (4.112) ergibt sich daraus der Future-Preis U_0 zum Zeitpunkt 0 zu

$$U_0 = \mathbf{E}_0^{\tilde{Q}}[S_2] = 17.759.$$

Der Forward-Preis $F_{0,2}$ lautet mit (4.113) dagegen

$$F_{0,t} = \frac{\mathbf{E}_0^{\tilde{Q}}\left[\frac{B_0}{B_2}S_2\right]}{\mathbf{E}_0^{\tilde{Q}}\left[\frac{B_0}{B_2}\right]} = 17.736.$$

Also sind Forward- und Future-Preise in diesem Beispiel tatsächlich voneinander verschieden. △

Anmerkung 4.27. In einem Ein-Perioden-Modell stimmen Forward- und Future-Preise auch dann überein, wenn der Prozess B nicht deterministisch ist. Zum Nachweis kann (4.110) bzw. (4.111) für das diskontierte Modell verwendet werden. Nach Satz 1.65 existieren im diskontierten Modell genau dann keine Arbitragegelegenheiten, wenn ein strikt positives Maß Q existiert mit

$$\tilde{S}_0 = \mathbf{E}^Q\left[\tilde{S}_1\right]$$

und mit

$$0 = \mathbf{E}^Q\left[\frac{\Delta U_1}{B_1}\right] = \mathbf{E}^Q\left[\frac{U_1 - U_0}{S_1^1}\right] = \mathbf{E}^Q\left[\tilde{U}_1\right] - U_0\mathbf{E}^Q\left[\frac{1}{B_1}\right],$$

wobei $\tilde{U}_1 = \frac{U_1}{B_1}$. Dies bedeutet aber

$$U_0 = \frac{1}{\mathbf{E}^Q\left[\frac{1}{B_1}\right]}\mathbf{E}^Q\left[\frac{U_1}{B_1}\right]. \tag{4.114}$$

Speziell für $B_1 = 1 + r$ gilt damit

$$U_0 = (1+r)\,\mathbf{E}^Q\left[\frac{U_1}{1+r}\right] = \mathbf{E}^Q[U_1].$$

Für den Fall, $U = S^j$ spezialisiert sich (4.114) zu

$$U_0 = \frac{1}{\mathbf{E}^Q\left[\frac{1}{B_1}\right]}\mathbf{E}^Q\left[\tilde{S}_1^j\right] = \frac{\tilde{S}_0^j}{\mathbf{E}^Q\left[\frac{1}{B_1}\right]}$$

und U_0 ist gerade der Forward-Preis von S^j. Dies ist nicht überraschend, denn in einem Ein-Perioden-Modell sind Forwards und Futures nicht voneinander zu unterscheiden. In einem Mehr-Perioden-Modell dagegen kann ein Future-Kontrakt von Periode zu Periode gehandelt werden, während ein Forward-Kontrakt bis zum Ende gehalten werden muss.

Das folgende Beispiel stammt aus Luenberger [41]. Wir setzen die Existenz deterministischer Zinsen voraus. Wird zum Zeitpunkt t ein Future-Kontrakt gekauft, so besitzt dieser zum Zeitpunkt $t+1$ den Wert $U_{t+1}-U_t$. Wenn dieser Betrag bis zum Fälligkeitszeitpunkt τ festverzinslich angelegt wird, so ergibt sich bei τ der Wert

$$\frac{d_{t+1}}{d_\tau}\left(U_{t+1}-U_t\right).$$

Werden also $\frac{d_\tau}{d_{t+1}}$ Future-Kontrakte gekauft, so ergibt sich entsprechend zum Zeitpunkt τ der Wert

$$\frac{d_{t+1}}{d_\tau}\frac{d_\tau}{d_{t+1}}\left(U_{t+1}-U_t\right)=U_{t+1}-U_t$$

Der Kauf von

- $\frac{d_T}{d_1}$ Futures zum Zeitpunkt 0
- $\frac{d_T}{d_2}$ Futures zum Zeitpunkt 1
- $\vdots$
- 1 Future zum Zeitpunkt $T-1$

führt auf diese Weise zu den Erträgen

- $\frac{d_1}{d_T}\frac{d_T}{d_1}\left(U_1-U_0\right)=U_1-U_0$
- $\frac{d_2}{d_T}\frac{d_T}{d_2}\left(U_2-U_1\right)=U_2-U_1$
- $\vdots$
- $U_\tau-U_{\tau-1}$.

Insgesamt liefert diese Handelsstrategie mit (4.109) den Wert

$$U_\tau-U_0=S_\tau^{\delta j}-U_0.$$

Ein Forward-Kontrakt besitzt dagegen die Auszahlung

$$S_\tau^{\delta j}-F_{0,\tau}.$$

Wären die beiden Auszahlungen nicht gleich, so wären die Werte der Kontrakte zum Zeitpunkt 0 verschieden. Beide Handelsstrategien besitzen jedoch zum Zeitpunkt 0 den Wert 0. Also gilt

$$U_0=F_{0,\tau}=\frac{1}{d_\tau}\left(S_0^j-\sum_{i=0}^{\tau}d_i\mathbf{E}_0^Q\left[\delta_i^j\right]\right),$$

so dass Future- und Forward-Preis übereinstimmen.

4.13 Bonds

Der Käufer eines Bonds bezahlt zum Kaufzeitpunkt den **Bondpreis** und hat anschließend Anrecht auf periodische, meist jährliche oder halbjährliche Zahlungen, die **Couponzahlungen** genannt werden. Zum Fälligkeitszeitpunkt des Bonds wird der letzte **Coupon** gemeinsam mit dem sogenannten **Nennwert** des Bonds gezahlt. Die Couponhöhe wird in der Regel in Prozent des Nennwerts angegeben.

Beispiel 4.28. Ein Bond habe einen Nennwert von 1000,– Euro. Der Coupon betrage 5%, also 50 Euro, und werde jährlich ausgezahlt. Die Laufzeit des Bonds betrage 10 Jahre.

Wird der Bond zu einem Zeitpunkt $t = 0$ erworben, so fließen zu den Zeitpunkten $t = 1, \ldots, 10$ jeweils 50 Euro. Zum Fälligkeitszeitpunkt $t = 10$ wird jedoch zusätzlich zum Coupon auch der Nennwert in Höhe von 1000,– Euro gezahlt. △

Grundsätzlich ist die Bewertung eines Bonds sehr einfach, denn es müssen lediglich deterministische Zahlungen auf den Zeitpunkt 0 abdiskontiert und aufsummiert werden. Durch eine Reihe von Regeln und Konventionen erweisen sich Bonds jedoch als komplexe Thematik, deren Beherrschung eine intensive Einarbeitung erfordert; für einen Eindruck siehe beispielsweise Luenberger [41]. Komplizierter wird die Bewertung von Bonds auch dadurch, dass die Bondinhaber ein Ausfallrisiko tragen. Bonds werden nicht nur von Staaten, sondern auch von größeren Firmen zur Kapitalbeschaffung emittiert. Erleidet das einen Bond emittierende Unternehmen während der Laufzeit des Bonds einen Konkurs, so können die Bondinhaber nicht damit rechnen, die restlichen Couponzahlungen und den abschließenden Nennwert in voller Höhe zu erhalten. Je nach Bonität eines Bondemittenten sind also Preisabschläge auf den Bondpreis mit in die Bewertung einzubeziehen. Siehe auch Abschnitt 3.9.

4.13.1 Die Bewertung von Bonds

In einem arbitragefreien Marktmodell gilt für den Barwert V_0 eines Bonds mit Nennwert N und Couponzahlung c

$$\begin{aligned} V_0 &= \sum_{t=0}^{T} \boldsymbol{D}^{\phi}_{0,t}\left[c\right] + \boldsymbol{D}^{\phi}_{0,T}\left[N\right] \\ &= c \sum_{t=0}^{T} \boldsymbol{D}^{\phi}_{0,t}\left[1\right] + N \boldsymbol{D}^{\phi}_{0,T}\left[1\right] \\ &= c \sum_{t=0}^{T} d_t + N d_T . \end{aligned}$$

4.13.2 Interne Renditen

Wir betrachten einen Zahlungsstrom $(c_0, c_1, \ldots, c_T)$. Dies bedeutet, dass der Betrag c_0 heute, zum Zeitpunkt $t = 0$, fließt, der Betrag c_1 in einem Jahr, der Betrag c_2 in zwei Jahren usw.

Die **interne Rendite** r ist definiert als diejenige Zahl, für die gilt

$$0 = c_0 + \frac{c_1}{1+r} + \frac{c_2}{(1+r)^2} + \cdots + \frac{c_T}{(1+r)^T}.$$

Beispiel 4.29. Betrachten wir den Zahlungsstrom $(-3, 4)$, so folgt aus $0 = -3 + \frac{4}{1+r}$ die Beziehung $3 \cdot (1+r) = 4$, oder $r = \frac{1}{3}$. △

Zwei Zahlungsströme $c = (c_0, c_1, \ldots, c_T)$ und $c' = (c'_0, c'_1, \ldots, c'_{T'})$ können nun so verglichen werden, dass zu beiden die jeweiligen internen Renditen r_c und $r_{c'}$ berechnet werden und dass derjenige Zahlungsstrom als vorteilhafter eingeschätzt wird, dessen interne Rendite größer ist. Es sind also r_c und $r_{c'}$ so zu bestimmen, dass

$$0 = \sum_{t=0}^{T} \frac{c_t}{(1+r_c)^t} \text{ und } 0 = \sum_{t=0}^{T'} \frac{c'_t}{(1+r_{c'})^t}.$$

Falls $r_c > r_{c'}$, so wird der Zahlungsstrom c als günstiger als Zahlungsstrom c' eingeschätzt[5].

Der Vergleich von Zahlungsströmen mit Hilfe der internen Renditen hat den Vorteil, dass hier kein Marktmodell, keine Prüfung auf Arbitragefreiheit und kein Zustandsprozess zugrunde gelegt werden muss, sondern dass sich die interne Rendite ausschließlich aus dem jeweiligen Zahlungsstrom ohne Bezugnahme auf eine externe Größe bestimmen lässt. Dennoch: Wird ein arbitragefreies Marktmodell zugrunde gelegt, so ist die Bewertung von replizierbaren Zahlungsströmen mit Hilfe des Diskontierungsoperators der richtige Ansatz, denn die auf diese Weise ermittelten Beträge sind die eindeutig bestimmten arbitragefreien Preise.

Die interne Rendite als Nullstelle eines Polynoms

Definieren wir $x := \frac{1}{1+r}$, so wird die interne Rendite definiert über die Gleichung

[5] Betrachten wir die Zahlungsströme c und c' in einem arbitragefreien Marktmodell mit Zustandsprozess ϕ, so betragen deren Werte zum Zeitpunkt 0

$$V_0(c) := \sum_{t=0}^{n} \mathbf{D}^{\phi}_{0,t}[c_t] \text{ bzw. } V_0(c') := \sum_{t=0}^{n} \mathbf{D}^{\phi}_{0,t}[c'_t],$$

und c besitzt zum Zeitpunkt 0 genau dann einen höheren Wert als c', falls $V_0(c) > V_0(c')$.

$$\sum_{t=0}^{T} \frac{c_t}{(1+r)^t} = c_0 + c_1 x + c_2 x^2 + \cdots + c_T x^T = 0. \tag{4.115}$$

Wir bestimmen also zunächst die Nullstelle x des Polynoms $p(x) = c_0 + c_1 x + c_2 x^2 + \cdots + c_T x^T$ und erhalten dann durch Auflösen von $x = \frac{1}{1+r}$ die Beziehung $r = \frac{1}{x} - 1$. Diese Vorgehensweise ist jedoch nur dann anwendbar, wenn das Polynom p überhaupt eine reelle Nullstelle besitzt. Ebenfalls bleibt offen, wie die interne Rendite definiert werden soll, wenn das Polynom über mehr als eine positive Nullstelle verfügt. So hat etwa das Polynom $p(x) = 1 + x^2$ keine reellen Nullstellen, dagegen verfügt $p(x) = -12 + 19x - 8x^2 + x^3$ über die drei reellen Nullstellen 1, 3, und 4.

Ein wichtiger Spezialfall

Es gibt jedoch einen wichtigen Spezialfall, der in der Praxis häufig auftritt und für den sich eine eindeutig bestimmte positive Nullstelle des Polynoms (4.115) ergibt.

Satz 4.30. *Angenommen, der Zahlungsstrom $c = (c_0, c_1, \ldots, c_T)$ hat die Eigenschaften $c_0 < 0$ und $c_t \geq 0$ für alle $t = 1, \ldots, T$ und $c_\tau > 0$ für wenigstens ein $\tau = 1, \ldots, T$. Dann existiert eine eindeutig bestimmte positive Nullstelle $x_0 > 0$ des Polynoms $p(x) = c_0 + c_1 x + c_2 x^2 + \cdots + c_T x^T$. Gilt ferner $\sum_{t=0}^{T} c_t > 0$, so ist $r = \frac{1}{x_0} - 1$ positiv.*

Beweis. Es gilt $p(0) = c_0 < 0$ und $\lim_{x\to\infty} p(x) = \infty$, also besitzt p nach dem Zwischenwertsatz eine Nullstelle. Weiter gilt $p'(x) = c_1 + 2c_2 x + \cdots + T c_T x^{T-1} > 0$ für $x > 0$, also ist p streng monoton wachsend, und die Nullstelle ist eindeutig bestimmt. Schließlich gilt $p(1) = \sum_{t=0}^{T} c_t > 0$, also liegt die Nullstelle x_0 von p im Intervall $(0, 1)$. Dies bedeutet aber $r = \frac{1}{x_0} - 1 > 0$. □

Zahlungsströme der in Satz 4.30 beschriebenen Art treten dann auf, wenn zum Zeitpunkt $t = 0$ eine Anfangsinvestition $c_0 < 0$ erforderlich ist, etwa zur Anschaffung von Maschinen. Die späteren Zahlungsströme c_1 bis c_T können dann Gewinne sein, die sich mit Hilfe der Anfangsinvestition erwirtschaften lassen.

Die Bedingung $\sum_{t=0}^{n} c_t > 0$ besagt, dass die Summe aller Zahlungen, also Anfangsinvestition und spätere Gewinne, in ihrer Summe positiv sind. In einem solchen Fall erweist sich der interne Zinssatz dann als positiv, was der Intuition entspricht.

4.13.3 Duration

Wir betrachten einen Zahlungsstrom mit zukünftigen Zahlungen $(c_1, \ldots, c_T)$. Wir unterstellen eine flache Zinsstruktur und legen einen Zinssatz r für alle Fristigkeiten zugrunde. Damit lautet der Barwert V_0 des Zahlungsstroms

$$V_0 = \sum_{t=1}^{n} \frac{c_t}{(1+r)^t}.$$

Die interne Rendite des Zahlungsstroms $(-V_0, c_1, \ldots, c_T)$ beträgt dann gerade r. Wir fragen uns, wie der Bondpreis auf eine Änderung des Zinsniveaus reagiert. Mit der **Modified Duration**

$$\begin{aligned} D_M &:= -\frac{1}{V_0}\frac{dV_0}{dr} \\ &= \frac{1}{V_0}\sum_{t=1}^{T} \frac{tc_t}{(1+r)^{t+1}} \end{aligned}$$

gilt

$$\frac{dV_0}{dr} = -D_M \cdot V_0,$$

und damit gilt näherungsweise

$$\frac{\Delta V_0}{V_0} \approx -D_M \cdot \Delta r.$$

Die Modified Duration gibt also die relative Änderung des Bondpreises an, wenn der interne Zins um Δr verschoben wird. Bezeichnen wir mit $c_{t,0} := \frac{c_t}{(1+r)^t}$ den Barwert der t-ten Zahlung c_t, so gilt

$$\begin{aligned} D_M &= \frac{1}{1+r}\sum_{t=1}^{T} t\frac{c_{t,0}}{V_0} \\ &= \frac{1}{1+r} D_{Mac}, \end{aligned}$$

wobei $D_{Mac} := \sum_{t=1}^{T} t\frac{c_{t,0}}{V_0}$ **Macaulay-Duration** genannt wird. Die Macaulay-Duration ist die laufzeitgewichtete Summe der Barwertanteile des betrachteten Zahlungsstroms und hat die Einheit Zeit.

Wir betrachten nun Zahlungsströme $c^1, \ldots, c^n$ mit Barwerten $V_0^1, \ldots, V_0^n$ und Durationen $D_M^1, \ldots, D_M^n$ bezüglich eines Zinsniveaus r. Sei $P = h_1 c^1 + \cdots + h_n c^n$ ein Portfolio bestehend aus diesen Zahlungsströmen. Dann ist $P_0 = h_1 V_0^1 + \cdots + h_n V_0^n$ der Barwert des Portfolios, und für die Duration des Portfolios gilt

$$\begin{aligned} D_M P_0 &= -\frac{dP_0}{dr} \\ &= -\sum_{i=1}^{n} h_i \frac{dV_0^i}{dr} \\ &= \sum_{i=1}^{n} D_M^i \cdot h_i V_0^i, \end{aligned}$$

also

$$D_M = \sum_{i=1}^{n} D_M^i \cdot w^i,$$

wobei $w^i := \frac{h_i V_0^i}{P_0}$ der Anteil des Barwerts des i-ten Zahlungsstroms am Gesamtbarwert des Portfolios ist. Die Duration D_M des Portfolios ist also eine gewichtete Summe der Durationen der Portfoliobestandteile. Dieser Zusammenhang ist analog zur Darstellung der Rendite eines Portfolios als gewichtete Summe der Renditen der Portfoliobestandteile.

In der Praxis wird häufig versucht, Zahlungsströme so zu Portfolios zu kombinieren, dass die Duration dieser Portfolios klein wird, und damit ein geringes Zinsänderungsrisiko vorliegt.

4.13.4 Konvexität

Bei der Duration werden nur Veränderungen des Bondpreises bis zur ersten Ordnung betrachtet. Eine bessere Approximation wird dann erhalten, wenn auch die Terme zweiter Ordnung berücksichtigt werden. Diese werden **Konvexität** genannt. Mit der Definition

$$C := \frac{1}{c_0} \frac{d^2 c_0}{dr^2}$$

gilt

$$C = \sum_{t=1}^{T} \frac{t\,(t+1)}{(1+r)^{t+2}} \frac{c_t}{c_0}.$$

Damit gilt näherungsweise

$$\frac{\Delta c_0}{c_0} \approx -D_{Mod} \cdot \Delta r + \frac{C}{2} \cdot (\Delta r)^2 .$$

Für zusätzliche Informationen zum Finanzinstrument Bond und seinen Eigenschaften siehe Luenberger [41] und Hull [23].

4.14 Forward-Start-Optionen

Eine Forward-Start-Option ist eine Option mit Underlying S, deren Basispreis erst zu einem zukünftigen Zeitpunkt festgelegt wird. Der Käufer des Derivats verfügt zu einem zukünftigen Zeitpunkt t_0 über eine Option auf S mit Basispreis S_{t_0} und Fälligkeit $T > t_0$. Da die Auszahlung der Option zum Zeitpunkt t_0 stets nicht negativ und für gewisse Zustände positiv ist, besitzt das Finanzprodukt zum Zeitpunkt 0, also zum Zeitpunkt des Kaufs, einen positiven Wert.

Wir betrachten zunächst europäische Optionen im Black-Scholes-Modell, deren Underlyings während des Zeitraums $[0,T]$ keine Dividenden zahlen. Dann hat eine Call-Option mit Basispreis K zum Zeitpunkt t_0, $0 < t_0 < T$, für eine Laufzeit $T - t_0$ nach (4.78) den Wert

$$C(S_{t_0}, T - t_0, K) := S_{t_0}\Phi(d_+) - e^{-r(T-t_0)}K\Phi(d_-).$$

Speziell für $K = S_{t_0}$ gilt

$$C(S_{t_0}, T - t_0, S_{t_0}) = S_{t_0}C(1, T - t_0, 1).$$

Der Wert $C(1, T - t_0, 1)$ hängt nicht vom eintretenden Zustand ab, also entspricht $S_{t_0}C(1, T - t_0, 1)$ einem Vielfachen der Aktie S zum Zeitpunkt t_0. Der Wert von $C(1, T - t_0, 1)$ Aktien S zum Zeitpunkt 0 beträgt aber

$$S_0C(1, T - t_0, 1) = C(S_0, T - t_0, S_0).$$

Der Preis des Forward-Start-Calls stimmt also mit dem eines gewöhnlichen Calls, der den Basispreis S_0 und den Fälligkeitszeitpunkt $T - t_0$ besitzt, überein. Für den Preis $C(S_0, T - t_0, S_0)$ können $C(1, T - t_0, 1)$ Aktien S zum Zeitpunkt 0 gekauft werden. Diese besitzen zum Zeitpunkt t_0 den Wert $S_{t_0}C(1, T - t_0, 1) = C(S_{t_0}, T - t_0, S_{t_0})$, und dies ist der Wert des Forward-Start-Calls zum Zeitpunkt t_0.

Entsprechend betrachten wir für eine Put-Option zum Zeitpunkt t_0 mit Laufzeit $T - t_0$ und Basispreis K die Black-Scholes-Formel

$$P(S_{t_0}, T - t_0, K) := e^{-r(T-t_0)}K\Phi(-d_-) - S_{t_0}\Phi(-d_+).$$

Analog zur Call-Option folgt

$$P(S_{t_0}, T - t_0, S_{t_0}) = S_{t_0}P(1, T - t_0, 1).$$

Der Forward-Start-Put besitzt daher zum Zeitpunkt 0 den Wert

$$S_0P(1, T - t_0, 1) = P(S_0, T - t_0, S_0).$$

Wird die Call-Option alternativ in einem Binomialbaum modelliert, so gilt mit (4.73)

$$c(S_{t_0}, n - n_0, K) := S_{n_0}B_{n-n_0,1-q'}(j_0) - \frac{K}{(1+r_n)^{n-n_0}}B_{n-n_0,1-q}(j_0),$$

wobei $\Delta t = \frac{T}{n}$, $n_0\Delta t = t_0$ und $e^{rT} = (1+r_n)^n$. Insbesondere gilt

$$\begin{aligned} c(S_{n_0}, n - n_0, S_{n_0}) &= S_{n_0}\left(B_{n-n_0,1-q'}(j_0) - \frac{1}{(1+r_n)^{n-n_0}}B_{n-n_0,1-q}(j_0)\right) \\ &= S_{n_0}c(1, n - n_0, 1). \end{aligned}$$

Wird dieser zustandsabhängige Wert $S_{t_0} c(1, n - n_0, 1)$ auf den Zeitpunkt 0 abdiskontiert, so erhalten wir

$$\begin{aligned}\boldsymbol{D}^{\phi}_{0,n_0}\left[S_{n_0} c(1, n - n_0, 1)\right] &= c(1, n - n_0, 1)\, \boldsymbol{D}^{\phi}_{0,n_0}\left[S_{n_0}\right] \\ &= S_0 c(1, n - n_0, 1) \\ &= c(S_0, n - n_0, S_0)\,.\end{aligned}$$

Wie oben entspricht dies dem Preis einer gewöhnlichen Call-Option mit Laufzeit $(n - n_0)\,\Delta t = T - t_0$ und Basispreis S_0. Entsprechendes gilt für eine Put-Option.

4.15 Forward-Start-Performance-Optionen

Für ein $\alpha > 0$ und für einen Kapitalbetrag $G > 0$ betrachten wir die Auszahlung

$$\alpha G R_T^+ = \alpha G \left(\frac{S_T - S_0}{S_0}\right)^+ = \frac{\alpha G}{S_0}\left(S_T - S_0\right)^+\,. \tag{4.116}$$

Ist die Rendite von S zwischen 0 und T positiv, so ist die Auszahlung $\alpha G R_T^+$ die α-fache Rendite eines eingesetzten Kapitalbetrags G. Ist die Rendite R_T dagegen in einem Zustand negativ, so liefert (4.116) für diesen Zustand den Wert 0. Der Preis dieses Rendite- oder Performance-Calls zum Zeitpunkt 0 lautet damit offenbar

$$\frac{\alpha G}{S_0} C(S_0, T, S_0) = \alpha G C(1, T, 1)\,.$$

Die Auszahlung eines Performance-Calls mit Laufzeit $T - t_0$, der zu einem zukünftigen Zeitpunkt t_0 beginnt, beträgt

$$\alpha G R_{t_0,T}^+ = \alpha G \left(\frac{S_T - S_{t_0}}{S_{t_0}}\right)^+ = \frac{\alpha G}{S_{t_0}}\left(S_T - S_{t_0}\right)^+\,.$$

Der Wert dieses Performance-Calls zum Zeitpunkt t_0 ergibt sich damit zu

$$\frac{\alpha G}{S_{t_0}} C(S_{t_0}, T - t_0, S_{t_0}) = \alpha G C(1, T - t_0, 1)\,.$$

Diese Auszahlung hat unabhängig vom eintretenden Zustand zum Zeitpunkt t_0 stets denselben Wert. Wir erhalten den Preis dieser Auszahlung zum Zeitpunkt 0 daher durch deterministisches Diskontieren, also

$$e^{-rt_0} \alpha G C(1, T - t_0, 1)\,. \tag{4.117}$$

Entsprechend hat ein Forward-Start-Performance-Put, der zum Zeitpunkt t_0 beginnt und zum Zeitpunkt $T > t_0$ die Auszahlung $\alpha G \left(\frac{S_{t_0} - S_T}{S_{t_0}}\right)^+$ besitzt, den Preis

$$e^{-rt_0}\alpha GP\left(1, T - t_0, 1\right).$$

Einer anderen Variante eines Forward-Start-Performance-Calls liegt eine Auszahlung

$$\alpha G\left(\frac{S_T}{S_0} - \beta\right)^+ = \frac{\alpha G}{S_0}\left(S_T - \beta S_0\right)^+$$

zugrunde. Der Wert dieses Calls zum Zeitpunkt 0 beträgt

$$\frac{\alpha G}{S_0} C\left(S_0, T, \beta S_0\right) = \alpha GC\left(1, T, \beta\right).$$

Entsprechend lautet die Auszahlung eines Performance-Calls mit Laufzeit $T - t_0$, der zu einem zukünftigen Zeitpunkt t_0 beginnt,

$$\alpha G\left(\frac{S_T}{S_{t_0}} - \beta\right)^+ = \frac{\alpha G}{S_{t_0}}\left(S_T - \beta S_{t_0}\right)^+.$$

Damit erhalten wir als Wert dieses Performance-Calls zum Zeitpunkt t_0 den Ausdruck

$$\frac{\alpha G}{S_{t_0}} C_0\left(S_{t_0}, T - t_0, \beta S_{t_0}\right) = \alpha GC\left(1, T - t_0, \beta\right).$$

Dies ist wiederum unabhängig vom eintretenden Zustand zum Zeitpunkt t_0, so dass der Wert des Calls zum Zeitpunkt 0 lautet

$$e^{-rt_0}\alpha GC\left(1, T - t_0, \beta\right).$$

4.16 Ein strukturiertes Produkt, der Index-Performance-Sparvertrag

Sei S ein Aktienindex, wie beispielsweise der DAX. Wir betrachten einen Sparvertrag mit folgenden Eigenschaften:

- Das Produkt kostet $N = 1000$ Euro zum Zeitpunkt 0.
- Die Laufzeit des Produkts beträgt n Jahre.
- Der Käufer des Produkts erhält eine Kapitalgarantie. Dies bedeutet, dass nach n Jahren garantiert $G \leq N$ Euro zurückgezahlt werden.
- Der Käufer partizipiert an positiven Renditen des Index S. Dies bedeutet, dass der Investor mit einem Faktor $0 < \alpha < 1$ an den Jahresrenditen des Index S beteiligt wird, wenn diese positiv sind. Ist eine Jahresrendite des Index negativ, so vermindert dies nicht das bislang angesparte Vermögen des Investors.
- Die Endauszahlung des Produktes besteht aus der Summe der Partizipationen an positiven Indexentwicklungen plus der Kapitalgarantie von G Euro.

Beispiel 4.31. Wir setzen $n = 5$, $G = 950$ und eine Partizipation von $\alpha = 85\%$ voraus und betrachten einen Index-Performance-Sparvertrag am Ende seiner Laufzeit. Die Indexkurse am Ende der 5 Jahre seien wie folgt:

Jahr	Indexkurs	Rendite	Partizipation
1	2376		
2	2567	8.04%	58.33
3	2779	8.26%	70.20
4	2503	-9.93%	0
5	2650	5.87%	49.92
		Summe	188.45

Zur Bestimmung der Partizipation wurde $N \cdot \alpha \cdot Jahresrendite$ gerechnet. Die Auszahlung nach 5 Jahren beträgt

$$\text{Kapitalgarantie} + \text{Partizipation},$$

also

$$950 + 188.45 = 1138.45 \text{ Euro}.$$

Dies entspricht mit $1138.45 = 1000 \cdot (1 + r)^5$ einer Jahresrendite r von

$$r = \sqrt[5]{\frac{1138.45}{1000}} - 1 = 2.63\%.$$

Mit 2.63% ist diese Rendite zwar nicht sehr hoch, aber sie ist höher als die durchschnittliche Jahresrendite des Index, die bei $\sqrt[5]{\frac{2650}{2376}} - 1 = 2.21\%$ liegt. Zudem sind die potentiellen Verluste, die Investoren bei Erwerb des Produktes hinnehmen müssen, begrenzt. △

Der Index-Performance-Sparvertrag kann durch den Erwerb eines Zerobonds realisiert werden, der nach n Jahren gerade den Garantiebetrag G als Rückzahlung besitzt. Für einen risikolosen Zinssatz r muss also zum Zeitpunkt 0 der Betrag $g = \frac{G}{(1+r)^n}$ angelegt werden. Wäre der risikolose Zinssatz r in obigem Beispiel $r = 2.5\%$, so wäre $g = \frac{950}{1.025^5} = 839.66$ Euro.

Mit dem verbleibenden Kapital $N - g = 140.34$ Euro werden nun $n - 1$ Forward-Start-Performance-Optionen mit Partizipation α gekauft. In der Praxis müssen der Garantiebetrag G und die Partizipation α so angepasst werden, dass der verbleibende Kapitalbetrag $N - g$ für die zu erwerbenden Forward-Start-Performance-Optionen ausreicht.

Finanzinstrumente, die sich wie im obigen Beispiel aus verschiedenen anderen Finanzinstrumenten zusammensetzen, werden **strukturierte Produkte** genannt.

4.17 Weitere Aufgaben

Aufgabe 4.4. Implementieren Sie mit folgenden Abkürzungen

Name	Abkürzung
Call	C
Put	P
Forward	F
Europäisch	E
Amerikanisch	A
Rekursiv	R
Direkt	D
Black-Scholes	BS

Bewertungsalgorithmen für Call- und Put-Optionen gemäß folgender Tabelle

Derivat	Typ	Dividenden	Verfahren
C, P	E	Nein	D, R, BS
C, P	E	Ja	D, R, BS
C	A	Nein	D, R, BS
P	A	Nein	R
C, P	A	Ja	R

in C++, Java oder in Excel-VBA.

5

Value at Risk und kohärente Risikomaße

Im Rahmen der Portfoliotheorie wurde das Risiko eines Portfolios als Standardabweichung der Portfoliorenditen definiert. Bei Banken, Versicherungen, Investment- und Vermögensverwaltungsgesellschaften ist dagegen die Kennzahl *Value at Risk* zur Messung von Marktrisiken weitverbreitet. Der *Value at Risk* ist eine Zahl, die den größten Verlust bezeichnet, den ein Portfolio innerhalb eines Zeitraums $[0, T]$ mit einer vorgegebenen Wahrscheinlichkeit, dem *Konfidenzniveau*, nicht überschreitet. Angenommen, es ließe sich folgende Aussage machen: Ein Portfolio h verliert innerhalb der nächsten zehn Tage mit einer Wahrscheinlichkeit von 99% nicht mehr als eine Million Euro, dann wäre dieser Betrag der *Value at Risk* von h.

Obwohl der Value at Risk in der Praxis weit verbreitet ist, ist er als Risikomaß nicht unumstritten. So macht diese Kennzahl keine Aussagen über die Verteilung der großen Verluste. Zudem ist der Value at Risk nicht subadditiv. Dies bedeutet, dass die Summe der Risiken von Teilportfolios geringer ausfallen kann als das Risiko des aggregierten Gesamtportfolios. Es wäre daher denkbar, dass das Gesamtrisiko durch eine geschickte Aufteilung in Teilportfolios „heruntergerechnet" werden kann. Risikomaße, die vom theoretischen Standpunkt aus über wünschenswerte Eigenschaften verfügen, werden *kohärente Risikomaße* genannt. Ein wichtiges Beispiel für ein kohärentes Risikomaß ist der *Expected Shortfall*, der gegen Ende des Kapitels vorgestellt wird.

Für weiterführende Informationen zu den Themen Value at Risk und Risikomaße siehe Acerbi/Tasche [2] und Föllmer/Schied [16]. Zu den Grundlagen der Maß- und Integrationstheorie, die im vorliegenden Kapitel verwendet werden, siehe Bauer [5] und Williams [59].

5.1 Verteilungsfunktionen

Wir betrachten in diesem Kapitel einen allgemeinen, nicht notwendigerweise endlichen, Wahrscheinlichkeitsraum. Für die Definition ist die Begriffsbildung einer σ-Algebra erforderlich.

J. Kremer, *Portfoliotheorie, Risikomanagement und die Bewertung von Derivaten*, 2. Aufl., Springer-Lehrbuch, DOI 10.1007/978-3-642-20868-3_5, © Springer-Verlag Berlin Heidelberg 2011

Definition 5.1. *Sei Ω eine beliebige Menge. Eine* ***σ-Algebra*** *über Ω ist eine Teilmenge $\mathcal{F}$ der Potenzmenge $\mathcal{P}(\Omega)$ von Ω, also ein System von Teilmengen von Ω, mit folgenden Eigenschaften*

1. $\Omega \in \mathcal{F}$
2. $A \in \mathcal{F} \Longrightarrow A^c \in \mathcal{F}$
3. $(A_n)_{n\in\mathbb{N}} \in \mathcal{F}$ *für alle* $n \in \mathbb{N} \Longrightarrow \bigcup_{n\in\mathbb{N}} A_n \in \mathcal{F}$.

Ein System $\mathcal{F}$ von Teilmengen einer Menge Ω ist genau dann eine σ-Algebra, wenn $\mathcal{F}$ abgeschlossen ist gegenüber allen endlichen und abzählbar unendlichen Mengenoperationen. So ist $\varnothing = \Omega^c \in \mathcal{F}$, und damit gilt für $A, B \in \mathcal{F}$ auch $A \cup B = A \cup B \cup \varnothing \cup \varnothing \cup \cdots \in \mathcal{F}$. Also ist $\mathcal{F}$ eine Algebra. Schließlich gilt für $(A_n)_{n\in\mathbb{N}} \in \mathcal{F}$, dass $\bigcap_{n\in\mathbb{N}} A_n = \left(\bigcup_{n\in\mathbb{N}} A_n^c\right)^c \in \mathcal{F}$. Für jedes Ω ist $\mathcal{P}(\Omega)$, die Potenzmenge von Ω, eine σ-Algebra über Ω.

Definition 5.2. *Sei Ω eine beliebige Menge, und sei $\mathcal{F}$ eine σ-Algebra über Ω. Ein Tripel $(\Omega, \mathcal{F}, P)$ heißt* ***Wahrscheinlichkeitsraum****, wobei $P : \mathcal{F} \to [0, 1]$ ein* ***Wahrscheinlichkeitsmaß*** *ist, also eine Abbildung mit den Eigenschaften*

1. $P(\Omega) = 1$
2. $(A_n)_{n\in\mathbb{N}} \in \mathcal{F}$ *für alle* $n \in \mathbb{N}$, $A_n \cap A_m = \varnothing$ *für* $n \neq m \Longrightarrow P\left(\bigcup_{n\in\mathbb{N}} A_n\right) = \sum_{n=1}^{\infty} P(A_n)$

Offenbar gilt $P(\varnothing) = 0$, denn aus 2. folgt mit $A_n = \varnothing$ für alle n der Zusammenhang $P(\varnothing) = \sum_{n=1}^{\infty} P(\varnothing)$.

Anmerkung 5.3. Definition 5.2 ist die übliche Definition eines Wahrscheinlichkeitsraums. Sie stimmt für $\mathcal{F} = \mathcal{P}(\Omega)$ mit der Definition 1.59 überein. Interpretieren wir $\mathcal{F}$ als spezielle, nur aus einer einzigen σ-Algebra bestehenden Filtration, so kann $(\Omega, \mathcal{F}, P)$ als gefilterter Wahrscheinlichkeitsraum gemäß Definition 3.20 aufgefaßt werden.[1]

Wir bezeichnen mit X eine reellwertige Zufallsvariable auf einem Wahrscheinlichkeitsraum $(\Omega, \mathcal{F}, P)$. In diesem Kapitel ist die Situation relevant, dass X den Gewinn bzw. Verlust eines Portfolios in einem gegebenen Zeitraum $[0, T]$ modelliert. Sei $h \in \mathbb{R}^N$ ein Portfolio in einem Marktmodell und sei

$$V_T = V_T(h) = h \cdot S_T$$

[1] Ein gefilterter Wahrscheinlichkeitsraum ist allgemein ein Tupel $\left(\Omega, \mathcal{F}, P, (\mathcal{F}_t)_{t\in I}\right)$, wobei $\mathcal{F}$ eine σ-Algebra über Ω bezeichnet, I eine beliebige geordnete Indexmenge ist, und wo $(\mathcal{F}_t)_{t\in I}$ eine Filtration mit der Eigenschaft $(\mathcal{F}_t)_{t\in I} \subset \mathcal{F}$ für alle $t \in I$ kennzeichnet.

der zustandsabhängige Wert des Portfolios zu einem zukünftigen Zeitpunkt $T > 0$. Dann definiert

$$X := V_T(h) - V_0(h)$$

die Wertänderung von h, wobei $V_0(h) = h \cdot S_0$ den aktuellen Portfoliowert bezeichnet.

Seien Ω eine Menge und $X : \Omega \to \mathbb{R}$ eine Funktion, dann vereinbaren wir

$$\{X \leq x\} := \{\omega \in \Omega \,|\, X(\omega) \leq x\},$$

und entsprechend für $\{X < x\}$, $\{X \geq x\}$ usw.

Definition 5.4. *Sei X eine reellwertige Zufallsvariable auf einem Wahrscheinlichkeitsraum $(\Omega, \mathcal{F}, P)$. Die* ***Verteilungsfunktion*** *$F_X : \mathbb{R} \to \mathbb{R}$ von X ist definiert als*

$$F_X(x) := P(\{X \leq x\}) =: P(X \leq x).$$

Wenn der Bezug zu X klar oder ohne Bedeutung ist, schreiben wir auch F an Stelle von F_X.

Satz 5.5. *Die Verteilungsfunktion F_X einer Zufallsvariablen X ist monoton wachsend und rechtsstetig. Weiter gilt*

$$\lim_{x \to -\infty} F_X(x) = 0 \text{ sowie } \lim_{x \to +\infty} F_X(x) = 1.$$

Beweis. Für $x < y$ gilt

$$\{X \leq x\} \subset \{X \leq y\},$$

und damit folgt $F_X(x) \leq F_X(y)$ aus der Monotonieeigenschaft von Maßen.

Sei $(x_n)_{n \in \mathbb{N}}$ eine monoton fallende Zahlenfolge mit $\lim_{n \to \infty} x_n = x$. Dann gilt

$$\{X \leq x_n\} \downarrow \{X \leq x\},$$

und mit der Stetigkeitseigenschaft von Maßen folgt daraus die Rechtsstetigkeit von F_X.

Weiter gilt für eine monoton wachsende Folge x_n mit $\lim_{n \to \infty} x_n = \infty$

$$\{X \leq x_n\} \uparrow \Omega,$$

und für eine monoton fallende Folge $(x_n)_{n \in \mathbb{N}}$ mit $\lim_{n \to \infty} x_n = -\infty$ gilt

$$\{X \leq x_n\} \downarrow \varnothing.$$

Daher folgen die restlichen Behauptungen des Satzes wiederum aus den Stetigkeitseigenschaften für Maße. □

Verteilungsfunktionen sind nicht notwendigerweise linksstetig, denn für eine streng monoton wachsende Zahlenfolge $(x_n)_{n\in\mathbb{N}}$ mit $\lim_{n\to\infty} x_n = x$ gilt

$$\{X \leq x_n\} \uparrow \{X < x\}.$$

Damit folgt, wiederum aus den Stetigkeitseigenschaften von Maßen,

$$\lim_{n\to\infty} F_X(x_n) = P(X < x).$$

F_X ist also in x genau dann linksstetig und damit stetig, wenn $F_X(x) = P(X < x)$, also wenn

$$P(X = x) = 0.$$

5.2 Konstruktion einer Zufallsvariablen mit vorgegebener Verteilungsfunktion

Die Ergebnisse dieses Abschnitts liefern einerseits eine Strategie für die Simulation von Zufallsvariablen mit vorgegebenen Verteilungen, sie bilden andererseits die Grundlage für die Definition von Quantilen, mit Hilfe derer wichtige Risikokonzepte, wie etwa der Value at Risk und der Expected Shortfall, definiert werden.

In diesem Abschnitt sei $F : \mathbb{R} \to [0,1]$ eine Funktion mit den in Satz 5.5 formulierten Eigenschaften einer Verteilungsfunktion. Im folgenden geben wir die Konstruktion einer numerischen Zufallsvariablen auf dem Wahrscheinlichkeitsraum $([0,1], \mathcal{B}([0,1]), \lambda)$ an, die F als Verteilungsfunktion besitzt. Dabei bezeichnet $\mathcal{B}([0,1])$ die σ-Algebra der Borelmengen auf $[0,1]$ und λ das Lebesgue-Maß. Für jedes Intervall $[a,b] \subset \mathbb{R}$ gilt nach Definition $\lambda([a,b]) = b - a$, das Maß eines Intervalls ist also seine Länge.

Wir definieren für $\omega \in [0,1]$

$$F_+^{-1}(\omega) := \inf\{x \in \mathbb{R} \,|\, F(x) > \omega\} \tag{5.1}$$

und

$$F_-^{-1}(\omega) := \inf\{x \in \mathbb{R} \,|\, F(x) \geq \omega\}. \tag{5.2}$$

Ist F in einer Umgebung von ω invertierbar mit Umkehrfunktion F^{-1}, so gilt offenbar $F_+^{-1}(\omega) = F_-^{-1}(\omega) = F^{-1}(\omega)$. Andernfalls sind für die Definition kritische Situationen in Abb. 5.1 dargestellt.

Lemma 5.6. *Sowohl F_+^{-1} als auch F_-^{-1} sind monoton wachsend. Ferner gilt für alle $\omega \in [0,1]$*

$$F_-^{-1}(\omega) \leq F_+^{-1}(\omega), \tag{5.3}$$

und für $\omega, \omega' \in [0,1]$, $\omega < \omega'$, gilt

$$F_+^{-1}(\omega) \leq F_-^{-1}(\omega'). \tag{5.4}$$

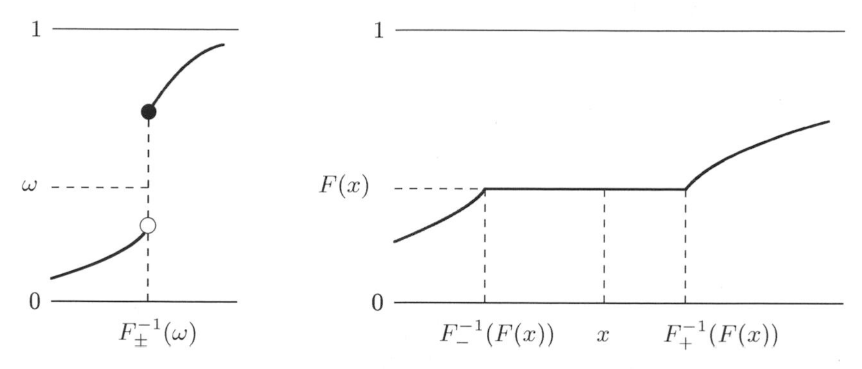

Abb. 5.1. Konstruktion der Zufallsvariablen $F_\pm^{-1}$ mit Hilfe einer Verteilungsfunktion F

Beweis. Für $0 \leq \omega \leq \omega' \leq 1$ gilt

$$\{F > \omega'\} \subset \{F > \omega\},$$

also

$$F_+^{-1}(\omega) \leq F_+^{-1}(\omega').$$

Analog wird für F_-^{-1} geschlossen. Wegen

$$\{F > \omega\} \subset \{F \geq \omega\}$$

folgt (5.3). Für $\omega < \omega'$ gilt

$$\{F \geq \omega'\} \subset \{F > \omega\},$$

und daraus folgt (5.4). □

Wir betrachten zunächst $F_-^{-1} : [0,1] \to [-\infty, \infty]$ und weisen nach, dass die Verteilungsfunktion $F_{F_-^{-1}}$ von F_-^{-1} gerade die vorgegebene Funktion F ist.

Satz 5.7. *Es gilt*

$$F_{F_-^{-1}} = F,$$

sowie

$$\omega \leq F(c) \iff F_-^{-1}(\omega) \leq c \tag{5.5}$$

und

$$F\left(F_-^{-1}(\omega)\right) \geq \omega \tag{5.6}$$

für alle $\omega \in [0,1]$.

Beweis. Zunächst gilt

$$F(c) \geq \omega \Longrightarrow c \geq F_{-}^{-1}(\omega), \tag{5.7}$$

denn $F(c) \geq \omega \Longrightarrow c \in \{x \in \mathbb{R} \,|\, F(x) \geq \omega\} \Longrightarrow c \geq \inf\{x \in \mathbb{R} \,|\, F(x) \geq \omega\} = F_{-}^{-1}(\omega)$. Weiter ist

$$c > F_{-}^{-1}(\omega) \Longrightarrow F(c) \geq \omega, \tag{5.8}$$

denn $F(c) < \omega \Longrightarrow c \notin \{x \in \mathbb{R} \,|\, F(x) \geq \omega\} \Longrightarrow c \leq \inf\{x \in \mathbb{R} \,|\, F(x) \geq \omega\} = F_{-}^{-1}(\omega)$.

Sei $(x_n)_{n\in\mathbb{N}}$ eine Zahlenfolge, die streng monoton fallend gegen $F_{-}^{-1}(\omega)$ konvergiert. Nach (5.8) gilt zunächst $F(x_n) \geq \omega$, und aus der Rechtsstetigkeit von F folgt $\lim_{n\to\infty} F(x_n) = F\left(F_{-}^{-1}(\omega)\right) \geq \omega$. Diese Abschätzung liefert zusammen mit der Monotonie von F die Folgerung

$$F_{-}^{-1}(\omega) \leq c \Longrightarrow \omega \leq F\left(F_{-}^{-1}(\omega)\right) \leq F(c). \tag{5.9}$$

(5.7) und (5.9) liefern zusammen die Äquivalenz (5.5), woraus

$$\lambda\left(F_{-}^{-1}(\omega) \leq c\right) = \lambda(\omega \leq F(c)) = \lambda[0, F(c)] = F(c). \tag{5.10}$$

folgt. Wir erhalten also $F_{F_{-}^{-1}} = F$. □

Satz 5.8. *Es gilt*

$$F_{F_{+}^{-1}} = F$$

und

$$\lambda\left(F_{+}^{-1} = F_{-}^{-1}\right) = 1.$$

Weiter gilt

$$\omega \leq F\left(F_{-}^{-1}(\omega)\right) \leq F\left(F_{+}^{-1}(\omega)\right) \tag{5.11}$$

für alle $\omega \in [0,1]$.

Beweis. Zunächst erhalten wir

$$\omega < F(c) \Longrightarrow F_{+}^{-1}(\omega) \leq c, \tag{5.12}$$

denn $F(c) > \omega \Longrightarrow c \in \{x \in \mathbb{R} \,|\, F(x) > \omega\} \Longrightarrow c \geq \inf\{x \in \mathbb{R} \,|\, F(x) > \omega\} = F_{+}^{-1}(\omega)$. Dies bedeutet aber

$$[0, F(c)) \subset \left\{\omega \in [0,1] \,\middle|\, F_{+}^{-1}(\omega) \leq c\right\},$$

also

$$F(c) = \lambda[0, F(c)) \leq \lambda\left(F_{+}^{-1}(\omega) \leq c\right) = F_{F_{+}^{-1}}(c).$$

Wegen (5.3) gilt

$$\left\{F_{-}^{-1} \neq F_{+}^{-1}\right\} = \bigcup_{c\in\mathbb{Q}} \left\{F_{-}^{-1} \leq c < F_{+}^{-1}\right\}.$$

Für jedes $c \in \mathbb{R}$ gilt jedoch

$$\lambda\left\{F_-^{-1} \leq c < F_+^{-1}\right\} = \lambda\left(\left\{F_-^{-1} \leq c\right\} \setminus \left\{F_+^{-1} \leq c\right\}\right) \leq F(c) - F(c) = 0.$$

Da $\mathbb{Q}$ abzählbar ist, folgt die Behauptung $\lambda\left(F_+^{-1} = F_-^{-1}\right) = 1$. Schließlich folgt (5.11) aus (5.3), (5.6) und aus der Monotonie von F. □

Lemma 5.9. *Es gilt auch*

$$F_+^{-1}(\omega) := \sup\{x \in \mathbb{R} \,|\, F(x) \leq \omega\} \tag{5.13}$$

und

$$F_-^{-1}(\omega) := \sup\{x \in \mathbb{R} \,|\, F(x) < \omega\}. \tag{5.14}$$

Beweis. Nach (5.5) gilt

$$\omega \leq F(x) \Longleftrightarrow F_-^{-1}(\omega) \leq x, \tag{5.15}$$

also folgt

$$F(x) < \omega \Longleftrightarrow x < F_-^{-1}(\omega). \tag{5.16}$$

Dies bedeutet aber

$$\begin{aligned} F_-^{-1}(\omega) &= \sup\left\{x \in \mathbb{R} \,\middle|\, x < F_-^{-1}(\omega)\right\} \\ &= \sup\{x \in \mathbb{R} \,|\, F(x) < \omega\}, \end{aligned}$$

und (5.14) ist bewiesen. Nach (5.12) gilt

$$\omega < F(x) \Longrightarrow F_+^{-1}(\omega) \leq x, \tag{5.17}$$

also

$$x < F_+^{-1}(\omega) \Longrightarrow F(x) \leq \omega. \tag{5.18}$$

Das bedeutet $\left\{x \in \mathbb{R} \,\middle|\, x < F_+^{-1}(\omega)\right\} \subset \{x \in \mathbb{R} \,|\, F(x) \leq \omega\}$, also

$$F_+^{-1}(\omega) = \sup\left\{x \in \mathbb{R} \,\middle|\, x < F_+^{-1}(\omega)\right\} \leq \sup\{x \in \mathbb{R} \,|\, F(x) \leq \omega\}.$$

Wegen der Monotonie von F folgt jedoch

$$\sup\{x \in \mathbb{R} \,|\, F(x) \leq \omega\} \leq \inf\{x \in \mathbb{R} \,|\, F(x) > \omega\} = F_+^{-1}(\omega),$$

und damit erhalten wir (5.13). □

Satz 5.10. *Sei X eine Zufallsvariable auf einem Wahrscheinlichkeitsraum $(\Omega, \mathcal{F}, P)$ mit Verteilungsfunktion F. Ist $U : [0,1] \to [0,1]$ eine gleichverteilte Zufallsvariable auf dem Wahrscheinlichkeitsraum $([0,1], \mathcal{B}([0,1]), \lambda)$, so hat die Zufallsvariable*

$$Z := F_-^{-1} \circ U : [0,1] \to \mathbb{R}$$

auf $([0,1], \mathcal{B}([0,1]), \lambda)$ dieselbe Verteilung wie X.

Beweis. Mit (5.5) gilt

$$\begin{aligned}F_Z(x) &= \lambda(Z \le x)\\ &= \lambda\left(\left\{y \in [0,1] \,\middle|\, F_-^{-1}(U(y)) \le x\right\}\right)\\ &= \lambda(\{y \in [0,1] \,|\, U(y) \le F(x)\})\\ &= \lambda\left(U^{-1}([0, F(x)])\right)\\ &= \lambda([0, F(x)])\\ &= F(x).\end{aligned}$$

□

Beispiel 5.11. Wir betrachten einen fairen Würfel und modellieren einen zugehörigen Wahrscheinlichkeitsraum $(\Omega, \mathcal{F}, P)$ durch $\Omega = \{\omega_1, \ldots, \omega_6\}$, $\mathcal{F} = \mathcal{P}(\Omega)$ und $P(\{\omega_i\}) = \frac{1}{|\Omega|} = \frac{1}{6}$. Wir definieren weiter die Zufallsvariable $X : \Omega \to \mathbb{R}$ durch $X(\omega_i) = i$. Dann ist die Verteilungsfunktion F von X gegeben durch

$$F = \frac{1}{6}\sum_{i=0}^{6} i 1_{A_i},$$

wobei $A_0 := (-\infty, 1)$, $A_i := [i, i+1)$ für $i = 1, \ldots, 5$ und $A_6 := [6, \infty)$. Nun bestimmen wir zunächst F_-^{-1}. Es gilt $F_-^{-1}(0) = \inf\{x \in \mathbb{R} \,|\, F(x) \ge 0\} = -\infty$. Für $0 < x \le \frac{1}{6}$ erhalten wir $F_-^{-1}(x) = 1$. Für $\frac{1}{6} < x \le \frac{2}{6}$ gilt weiter $F_-^{-1}(x) = 2$, usw. Allgemein folgt

$$F_-^{-1} = -\infty \cdot 1_{\{0\}} + \sum_{i=1}^{6} i 1_{B_i},$$

wobei $B_i := \frac{1}{6}(i-1, i]$ für $i = 1, \ldots, 6$. Entsprechend erhalten wir

$$F_+^{-1} = \infty \cdot 1_{\{1\}} + \sum_{i=1}^{6} i 1_{C_i},$$

wobei $C_i := \frac{1}{6}[i-1, i)$ für $i = 1, \ldots, 6$. Offenbar gilt $F_-^{-1} \le F_+^{-1}$, und eine leichte Rechnung zeigt $F_{F_-^{-1}} = F_{F_+^{-1}} = F$. △

Die Graphen von F_-^{-1} und F_+^{-1} im vorangegangenen Beispiel entstehen aus F durch Spiegelung an der ersten Winkelhalbierenden $f(x) = x$. Dies gilt allgemein, wie der folgende Satz zeigt.

Satz 5.12. *Sei $\omega \in [0,1]$. Ist F ist an der Stelle $F_-^{-1}(\omega)$ stetig, so folgt*

$$\omega = F\left(F_-^{-1}(\omega)\right). \tag{5.19}$$

Fall 1: F stückweise konstant. *Für $F_-^{-1}(\omega) < F_+^{-1}(\omega)$ gilt*

$$\{x \in \mathbb{R} \,|\, F(x) = \omega\} = \begin{cases} [F_-^{-1}(\omega), F_+^{-1}(\omega)), \text{ falls } F \text{ unstetig bei } F_+^{-1}(\omega) \text{ ist} \\ [F_-^{-1}(\omega), F_+^{-1}(\omega)], \text{ falls } F \text{ stetig bei } F_+^{-1}(\omega) \text{ ist.} \end{cases} \tag{5.20}$$

In diesem Fall besitzt F_-^{-1} an der Stelle ω eine Sprungstelle der Höhe

$$\lim_{\omega' \downarrow \omega} F_-^{-1}(\omega') - F_-^{-1}(\omega) > 0. \tag{5.21}$$

Fall 2: F hat eine Sprungstelle. *Angenommen, F hat an einer Stelle x_0 eine Sprungstelle. Dann gilt mit $\omega_u := F(x_0)$*

$$\lim_{x \downarrow x_0} F(x) = F(x_0) = \omega_u,$$
$$\lim_{x \uparrow x_0} F(x) = \omega_d < \omega_u$$

und es folgt

$$\{\omega \in [0,1] \,|\, F_-^{-1}(\omega) = x_0\} = \begin{cases} (\omega_d, \omega_u], \text{ falls } F \text{ in einer Umgebung } (x_0 - \varepsilon, x_0) \text{ konstant ist} \\ [\omega_d, \omega_u], \text{ falls } F(x) < \omega_d \text{ für } x < x_0. \end{cases} \tag{5.22}$$

Beweis. Sei F an einer Stelle $F_-^{-1}(\omega)$ stetig. Dann gilt für y mit $y < F_-^{-1}(\omega) = \inf\{x \in \mathbb{R} \,|\, F(x) \geq \omega\}$

$$F(y) < \omega.$$

Mit (5.6) folgt

$$\lim_{y \uparrow F_-^{-1}(\omega)} F(y) \leq \omega \leq F\left(F_-^{-1}(\omega)\right),$$

also (5.19).

Fall 1. Für $F_-^{-1}(\omega) \leq y < F_+^{-1}(\omega)$ folgt mit (5.6) und (5.18)

$$\omega \leq F\left(F_-^{-1}(\omega)\right) \leq F(y) \leq \omega,$$

also $F(y) = \omega$. Daraus folgt

$$\lim_{y \uparrow F_+^{-1}(\omega)} F(y) = \omega.$$

Ist F in $F_+^{-1}(\omega)$ stetig, so erhalten wir daraus unmittelbar $F\left(F_+^{-1}(\omega)\right) = \omega$. Ist dagegen F in $F_+^{-1}(\omega)$ nicht stetig, so ist F in diesem Punkt nicht linksstetig, also

$$\omega = \lim_{y \uparrow F_+^{-1}(\omega)} F(y) < F\left(F_+^{-1}(\omega)\right).$$

Damit ist (5.20) nachgewiesen. Aus der Voraussetzung und aus (5.4) folgt

$$F_-^{-1}(\omega) < F_+^{-1}(\omega) \leq F_-^{-1}(\omega')$$

für $\omega' > \omega$. Also besitzt F_{-}^{-1} an der Stelle ω eine Sprungstelle der Höhe

$$\lim_{\omega' \downarrow \omega} F_{-}^{-1}(\omega') - F_{-}^{-1}(\omega) > 0.$$

Fall 2. Wir nehmen nun an, dass F an einer Stelle x_0 eine Sprungstelle besitzt. In diesem Fall gilt wegen der Rechtsstetigkeit von F

$$\lim_{x \downarrow x_0} F(x) = F(x_0) =: \omega_u,$$
$$\lim_{x \uparrow x_0} F(x) = \omega_d < \omega_u.$$

Sei $\omega_d < \omega \leq \omega_u$. Dann gilt

$$\{x \in \mathbb{R} \,|\, F(x) \geq \omega\} = [x_0, \infty),$$

also

$$F_{-}^{-1}(\omega) = x_0.$$

Angenommen, F ist in einer Umgebung $(x_0 - \varepsilon, x_0)$ konstant. Dann gilt für alle $y \in (x_0 - \varepsilon, x_0)$

$$F(y) = \omega_d,$$

also $F_{-}^{-1}(\omega_d) < x_0$. Gilt dagegen $F(y) < \omega_d$ für alle $y < x_0$, so folgt

$$\{x \in \mathbb{R} \,|\, F(x) \geq \omega_d\} = [x_0, \infty),$$

also

$$F_{-}^{-1}(\omega_d) = x_0.$$

und (5.22) ist bewiesen. □

5.3 Quantile

Definition 5.13. ***(Quantile)*** *Sei X eine Zufallsvariable auf einem Wahrscheinlichkeitsraum $(\Omega, \mathcal{F}, P)$ mit Verteilungsfunktion F. Für $\alpha \in (0,1)$ sei*

$$x_{(\alpha)} := q_\alpha(X) := F_{-}^{-1}(\alpha) \text{ das } \textbf{untere } \alpha\textbf{-Quantil} \text{ von } X,$$
$$x^{(\alpha)} := q^\alpha(X) := F_{+}^{-1}(\alpha) \text{ das } \textbf{obere } \alpha\textbf{-Quantil} \text{ von } X.$$

Lemma 5.14. *Sei X eine Zufallsvariable auf einem Wahrscheinlichkeitsraum $(\Omega, \mathcal{F}, P)$ mit Verteilungsfunktion F. Für $0 < \alpha < \beta < 1$ gilt*

$$\begin{aligned} x_{(\alpha)} &\leq x^{(\alpha)} \\ x_{(\alpha)} &\leq x_{(\beta)} \\ x^{(\alpha)} &\leq x^{(\beta)} \\ x^{(\alpha)} &\leq x_{(\beta)} \\ \alpha &\leq F\left(x_{(\alpha)}\right). \end{aligned} \tag{5.23}$$

Sei $\alpha \in [0,1]$. Ist F ist an der Stelle $x_{(\alpha)}$ stetig, so folgt

$$\alpha = F\left(x_{(\alpha)}\right). \tag{5.24}$$

Fall 1: F stückweise konstant. *Für $x_{(\alpha)} < x^{(\alpha)}$ gilt*

$$\{x \in \mathbb{R} \,|\, F(x) = \alpha\} = \begin{cases} [x_{(\alpha)}, x^{(\alpha)}),\ P\left(X = x^{(\alpha)}\right) > 0 \\ [x_{(\alpha)}, x^{(\alpha)}],\ P\left(X = x^{(\alpha)}\right) = 0. \end{cases} \tag{5.25}$$

In diesem Fall besitzt $x_{(\cdot)}$ an der Stelle α eine Sprungstelle der Höhe

$$\lim_{\alpha' \downarrow \alpha} x_{(\alpha')} - x_{(\alpha)} > 0. \tag{5.26}$$

Fall 2: F hat eine Sprungstelle. *Angenommen, F hat an einer Stelle x_0 eine Sprungstelle. Dann gilt mit $\alpha_u := F(x_0)$*

$$\begin{aligned} \lim_{x \downarrow x_0} F(x) &= F(x_0) = \alpha_u, \\ \lim_{x \uparrow x_0} F(x) &= \alpha_d < \alpha_u \end{aligned}$$

und es folgt

$$\left\{\alpha \in [0,1] \,\middle|\, x_{(\alpha)} = x_0\right\} = \begin{cases} (\alpha_d, \alpha_u]\,, \text{ falls } F \text{ in einer Umgebung} \\ \qquad\qquad (x_0 - \varepsilon, x_0) \text{ konstant ist} \\ [\alpha_d, \alpha_u]\,, \text{ falls } F(x) < \alpha_d \text{ für } x < x_0. \end{cases} \tag{5.27}$$

Insbesondere gilt

$$\begin{aligned} \alpha_u &= F\left(x_{(\alpha)}\right) \\ \alpha_d &= \lim_{x \uparrow x_{(\alpha)}} F(x) \\ P\left(X = x_{(\alpha)}\right) &= \alpha_u - \alpha_d \end{aligned} \tag{5.28}$$

Beweis. Alle Aussagen folgen aus den Ergebnissen des vorangegangenen Abschnitts. Zum Nachweis von (5.28) beachte

$$\begin{aligned} \alpha_u &= F\left(x_{(\alpha)}\right) \\ &= P\left(X \leq x_{(\alpha)}\right) \\ &= P\left(X < x_{(\alpha)}\right) + P\left(X = x_{(\alpha)}\right) \\ &= \lim_{x \uparrow x_{(\alpha)}} F(x) + P\left(X = x_{(\alpha)}\right) \\ &= \alpha_d + P\left(X = x_{(\alpha)}\right) \end{aligned}$$

□

Lemma 5.15. *Für jede Zufallsvariable X, für jedes $c \in \mathbb{R}$ und für jedes $\lambda > 0$ gilt*

$$\begin{aligned} q_\alpha(c + \lambda X) &= c + \lambda q_\alpha(X) \\ q^\alpha(c + \lambda X) &= c + \lambda q^\alpha(X). \end{aligned}$$

Beweis. Wir verwenden für $M \subset \mathbb{R}$ die Notation $c + \lambda M = \{c + \lambda x \,|x \in M\}$ und berechnen zunächst

$$\begin{aligned} \{x \in \mathbb{R}|\, P(c + X \le x) \ge \alpha\} &= \{x \in \mathbb{R}|\, P(X \le x - c) \ge \alpha\} \\ &= \{y + c \in \mathbb{R}|\, P(X \le y) \ge \alpha\} \\ &= c + \{x \in \mathbb{R}|\, P(X \le x) \ge \alpha\}. \end{aligned}$$

Daraus folgt

$$q_\alpha(c + X) = c + q_\alpha(X).$$

Weiter gilt für $\lambda > 0$

$$\begin{aligned} \{x \in \mathbb{R}|\, P(\lambda X \le x) \ge \alpha\} &= \left\{x \in \mathbb{R}|\, P\left(X \le \frac{x}{\lambda}\right) \ge \alpha\right\} \\ &= \{\lambda y \in \mathbb{R}|\, P(X \le y) \ge \alpha\} \\ &= \lambda \{x \in \mathbb{R}|\, P(X \le x) \ge \alpha\}, \end{aligned}$$

also

$$q_\alpha(\lambda X) = \lambda q_\alpha(X).$$

Für q^α folgt die Behauptung analog. □

Lemma 5.16. *Für jede Zufallsvariable X gilt*

$$q_\alpha(-X) = -q^{1-\alpha}(X).$$

Beweis. Verwenden wir für $M \subset \mathbb{R}$ die Notation $-M = \{-x \,|x \in M\}$, so berechnen wir vorbereitend

$$\begin{aligned} \{x \in \mathbb{R}|\, P(-X \le x) \ge \alpha\} &= \{x \in \mathbb{R}|\, P(X \ge -x) \ge \alpha\} \\ &= \{-y \in \mathbb{R}|\, P(X \ge y) \ge \alpha\} \\ &= -\{x \in \mathbb{R}|\, P(X \ge x) \ge \alpha\} \\ &= -\{x \in \mathbb{R}|\, 1 - P(X < x) \ge \alpha\} \\ &= -\{x \in \mathbb{R}|\, P(X < x) \le 1 - \alpha\}. \end{aligned}$$

Daraus folgt mit Lemma 5.9

$$\begin{aligned} q_\alpha(-X) &= \inf\{x \in \mathbb{R}|\, P(-X \le x) \ge \alpha\} \\ &= -\sup\{x \in \mathbb{R}|\, P(X < x) \le 1 - \alpha\} \\ &= -\inf\{x \in \mathbb{R}|\, P(X \le x) > 1 - \alpha\} \\ &= -q^{1-\alpha}(X). \end{aligned}$$

□

5.4 Definition des Value at Risk

Definition 5.17. *Sei $T > 0$ ein vorgegebener zukünftiger Zeitpunkt, und sei $h \in \mathbb{R}^N$ ein Portfolio mit Anfangswert $V_0(h) = h \cdot S_0$ und mit Werteverteilung $V_T(h) = h \cdot S_T$ zum Zeitpunkt T. Sei $X(h) := V_T(h) - V_0(h)$ die Wertänderung des Portfolios im Zeitraum $[0, T]$. Sei weiter eine Wahrscheinlichkeit $\alpha \in (0, 1)$ vorgegeben. Dann wird die Zahl*

$$\mathbf{V@R}^{\alpha}(h) := -q^{\alpha}(X(h)) \tag{5.29}$$

Value at Risk *von h zum* ***Konfidenzniveau*** *$1 - \alpha$ genannt. Der Zeitraum $[0, T]$ wird als* ***Liquidationsperiode*** *bezeichnet. Häufig lassen wir den Index α in $\mathbf{V@R}^{\alpha}(h)$ weg und schreiben $\mathbf{V@R}(h)$. Anstelle von $\mathbf{V@R}(h)$ schreiben wir auch $\mathbf{V@R}(V(h))$ oder auch einfach $\mathbf{V@R}(V)$.*

Wir folgen hier Acerbi/Tasche [2] und verwenden in der Definition des Value at Risk das obere Quantil. Die Notation **V@R** wurde aus Föllmer/Schied [16] übernommen. Mit Lemma 5.15 und Lemma 5.16 erhalten wir die alternativen Darstellungen

$$\mathbf{V@R}^{\alpha}(h) = V_0(h) - q^{\alpha}(V_T(h)) \tag{5.30}$$

und

$$\mathbf{V@R}^{\alpha}(h) = q_{1-\alpha}(-X(h)). \tag{5.31}$$

Angenommen, die Verteilungsfunktion $F_{V_T(h)}(x) = P(V_T(h) \leq x)$ ist streng monoton steigend und stetig. Dann ist die Gleichung

$$F_{V_T(h)}(x) = \alpha$$

nach dem Zwischenwertsatz eindeutig lösbar, und die Lösung ist gegeben durch $v = q^{\alpha}(V_T(h)) = q_{\alpha}(V_T(h)) = F^{-1}_{V_T(h)}(\alpha)$, wobei $F^{-1}_{V_T(h)}$ die Umkehrfunktion von $F_{V_T(h)}$ bezeichnet. Die Gleichung $F_{V_T(h)}(v) = \alpha$ bedeutet, dass die Menge aller Zustände, für die der Portfoliowert V_T zum Zeitpunkt T kleiner gleich v ist, die Wahrscheinlichkeit α besitzt. Die Zahl

$$V_0 - v,$$

wobei $V_0 := V_0(h) = h \cdot S_0$ gilt, ist nach (5.30) der Value at Risk $\mathbf{V@R}(h)$ des Portfolios h und kennzeichnet den Betrag, den das Portfolio im Zeitraum $[0, T]$ mit einer Wahrscheinlichkeit von $1-\alpha$, dem Konfidenzniveau, höchstens an Wert verliert. Dies ist in Abb. 5.2 graphisch veranschaulicht. Der Zeitraum $[0, T]$, der Liquidationsperiode genannt wird, soll theoretisch so gewählt werden, dass innerhalb dieser Zeitspanne alle Portfoliopositionen aufgelöst werden können. In der Praxis wird dieser Zeitraum in der Regel auf 10 Tage festgelegt. Üblicherweise wird $\alpha = 1\%$ oder $\alpha = 5\%$ gesetzt.

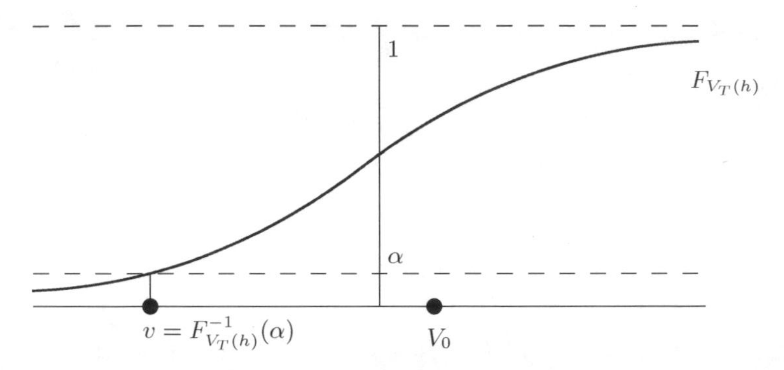

Abb. 5.2. Die Abbildung stellt die Verteilungsfunktion $F_{V_T(h)}(x) = P(V_T(h) \leq x)$ einer Verteilung $V_T(h)$ von Portfoliowerten zum Zeitpunkt T dar. In der Graphik wird die Verteilungsfunktion als streng monoton steigend und als stetig angenommen. In diesem Fall besitzt der Graph von $F_{V_T(h)}$ einen eindeutig bestimmten Schnittpunkt mit der durch λ verlaufenden Parallelen zur x-Achse. Dies bedeutet, dass die Gleichung $F_{V_T(h)}(x) = \lambda$ die eindeutig bestimmte Lösung $v = F^{-1}_{V_T(h)}(\lambda)$ besitzt. Der Value at Risk von h ist definiert als $V@R(h) = V_0 - v$, wobei $V_0 = V_0(h) = h \cdot S_0$ den Anfangswert des Portfolios bezeichnet.

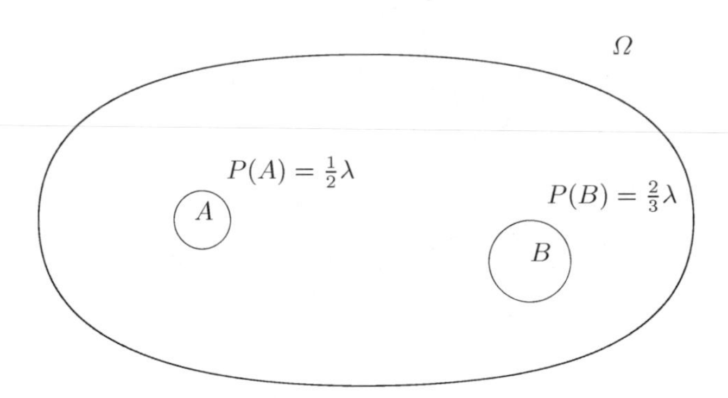

Abb. 5.3. Portfolio mit von Null verschiedenen Werten auf den zwei disjunkten Mengen A und B

Beispiel 5.18. Betrachten Sie einen Wahrscheinlichkeitsraum $(\Omega, \mathcal{F}, P)$. Seien $A, B \in \mathcal{F}$ gegeben mit $A \cap B = \varnothing$ und $P(A) = \frac{\alpha}{2}$ sowie $P(B) = \frac{2\alpha}{3}$ für ein $\alpha \in \left(0, \frac{1}{2}\right)$. Weiter seien zwei Zahlen $a < b < 0$ vorgegeben. Für ein Portfolio V gelte $V_0 = 0$ und

$$V_T(\omega) = \begin{cases} a, \text{ falls } \omega \in A, \\ b, \text{ falls } \omega \in B, \\ 0 \text{ sonst.} \end{cases}$$

Die Verteilungsfunktion F von V_T lautet dann

$$F(x) = \begin{cases} 0, & \text{falls } x < a, \\ \frac{1}{2}\alpha, & \text{falls } a \leq x < b, \\ \frac{7}{6}\alpha, & \text{falls } b \leq x < 0, \\ 1, & \text{falls } 0 \leq x. \end{cases}$$

Der Value at Risk zur Wahrscheinlichkeit α beträgt somit

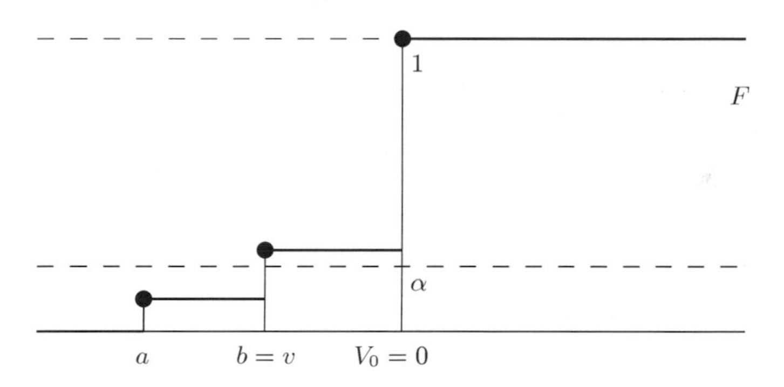

Abb. 5.4. Die Abbildung stellt die Verteilungsfunktion $F(x) = P(V_T \leq x)$ der im Beispiel vorgestellten Verteilung V_T dar. Der Value at Risk besitzt in diesem Beispiel den Wert $V@R(V) = -v = -b$.

$$\begin{aligned} \mathbf{V@R}(V) &= V_0 - v \\ &= -\inf\{x \in \mathbb{R} \,|\, F(x) > \alpha\} \\ &= -b > 0, \end{aligned}$$

siehe Abb. 5.4. Wir sehen, dass der Value at Risk unabhängig vom Verlust a ist, der theoretisch beliebig groß gewählt werden kann. Werden für ein Jahr 250 Handelstage zugrunde gelegt, so bedeutet eine Wahrscheinlichkeit von $\alpha = 1\%$, dass pro Jahr 2-3 Verluste auftreten können, die den Value at Risk überschreiten. Über die Höhe dieser Verluste sagt der Value at Risk jedoch nichts aus. Diese Unempfindlichkeit gegenüber der Verteilung der seltenen großen Verluste ist einer der methodischen Kritikpunkte am Konzept Value at Risk, wie später noch erläutert werden wird. △

Besitzt die Verteilungsfunktion F einer Zufallsvariablen X eine **Dichte** ϕ, so gilt nach Definition

$$F'(x) = \phi(x),$$

also

$$F(x) = \int_{-\infty}^{x} \phi(y)\, dy.$$

Bezeichnet also $V_T(h)$ die zukünftige Werteverteilung eines Portfolios, so entspricht die Wahrscheinlichkeit $F(x) = P(V_T(h) \leq x)$, mit der Portfoliowerte $\leq x$ auftreten werden, also der Fläche unter der Kurve der Dichtefunktion ϕ bis zum Wert x, siehe Abb. 5.5.

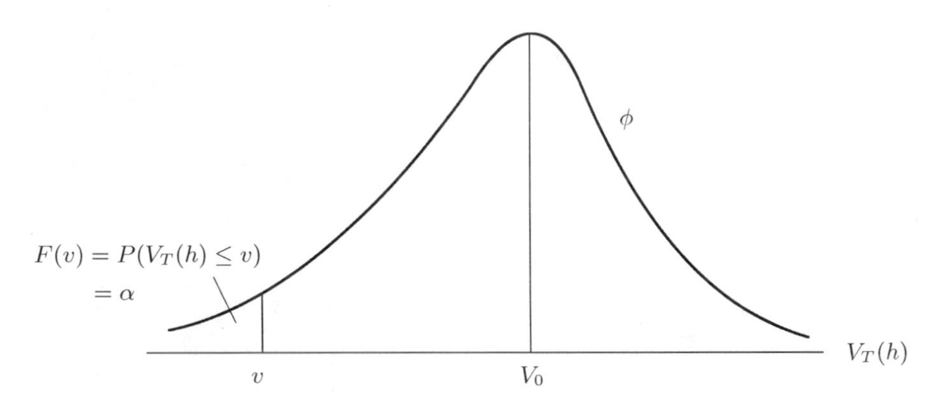

Abb. 5.5. Die Abbildung stellt die Dichtefunktion ϕ der Verteilung von $V_T(h)$ dar, also $\phi(x) = F'(x) = \frac{d}{dx}P(V_T \leq x)$. Der Value at Risk $\mathbf{V@R}(h) = V_0(h) - v$ ergibt sich als Differenz von aktuellem Portfoliowert V_0 und dem α-Quantil $q^{\alpha}(V_T(h)) = v$. Die Wahrscheinlichkeit $P(V_T(h) \leq v) = \alpha$ entspricht der Fläche unter der Kurve der Dichtefunktion ϕ von $-\infty$ bis zum Wert v.

Ist eine Zufallsvariable X beispielsweise normalverteilt mit Erwartungswert μ und Varianz σ^2, $X \sim \mathcal{N}(\mu, \sigma^2)$, so ist die Verteilungsfunktion von X gegeben durch

$$F(x) = \frac{1}{\sigma\sqrt{2\pi}} \int_{-\infty}^{x} \exp\left(-\frac{1}{2}\left(\frac{y-\mu}{\sigma}\right)^2\right) dy.$$

Die zugehörige Dichtefunktion lautet also

$$\phi(x) = \frac{1}{\sigma\sqrt{2\pi}} \exp\left(-\frac{1}{2}\left(\frac{x-\mu}{\sigma}\right)^2\right).$$

Insbesondere besitzt eine standardnormalverteilte Zufallsvariable $\varepsilon \sim \mathcal{N}(0,1)$ die Dichtefunktion

$$\phi(x) = \frac{1}{\sqrt{2\pi}} \exp\left(-\frac{1}{2}x^2\right).$$

Weiter gilt

$$\mathbf{E}[f(X)] = \int_{-\infty}^{\infty} f(x)\,\phi(x)\,dx,$$

wenn das Integral konvergiert. Beispielsweise folgt für $X \sim \mathcal{N}(0, \sigma^2)$ wegen $\frac{1}{\sqrt{2\pi}} \int_{-\infty}^{\infty} z^2 \exp\left(-\frac{1}{2}z^2\right) dz = 1$

$$\begin{aligned}\mathbf{E}\left[X^2\right] &= \frac{1}{\sigma\sqrt{2\pi}} \int_{-\infty}^{\infty} x^2 \exp\left(-\frac{1}{2}\frac{x^2}{\sigma^2}\right) dx \\ &= \sigma^2 \frac{1}{\sqrt{2\pi}} \int_{-\infty}^{\infty} z^2 \exp\left(-\frac{1}{2}z^2\right) dz \\ &= \sigma^2\end{aligned}$$

sowie

$$\begin{aligned}\mathbf{E}\left[X^4\right] &= \frac{1}{\sigma\sqrt{2\pi}} \int_{-\infty}^{\infty} x^4 \exp\left(-\frac{1}{2}\frac{x^2}{\sigma^2}\right) dx \\ &= \frac{\sigma^4}{\sqrt{2\pi}} \int_{-\infty}^{\infty} z^4 \exp\left(-\frac{1}{2}z^2\right) dz \\ &= \frac{\sigma^4}{\sqrt{2\pi}} \int_{-\infty}^{\infty} z^3 \left(-\exp\left(-\frac{1}{2}z^2\right)\right)' dz \\ &= -z^3 \exp\left(-\frac{1}{2}z^2\right)\Big|_{-\infty}^{\infty} + \frac{3\sigma^4}{\sqrt{2\pi}} \int_{-\infty}^{\infty} z^2 \exp\left(-\frac{1}{2}z^2\right) dz \\ &= 3\sigma^4.\end{aligned} \tag{5.32}$$

Aus Symmetriegründen folgt weiter $\mathbf{E}[X^n] = 0$ für alle ungeraden $n \in \mathbb{N}$.

5.4.1 Darstellung des Value at Risk mit Hilfe der Renditeverteilung eines Portfolios

Es ist in der Finanzmathematik üblich, nicht die Kurse, sondern die Renditeverteilungen der Kurse für die nahe Zukunft zu prognostizieren. Aus diesem Grund wird die Definition des Value at Risk nun mit Hilfe der Renditeverteilung eines Portfolios formuliert. Sei $V_0(h) > 0$. Nach Lemma 5.15 gilt für $R_h = \frac{V_T(h) - V_0(h)}{V_0(h)}$

$$q^\alpha(R_h) = \frac{1}{V_0(h)} q^\alpha(V_T(h)) - 1,$$

und damit

$$V_0(h) - q^\alpha(V_T(h)) = -V_0(h)\, q^\alpha(R_h).$$

Mit (5.30) besitzt der Value at Risk die Darstellung

$$\mathbf{V@R}(h) = -V_0(h)\, q^\alpha(R_h). \tag{5.33}$$

Der Value at Risk $\mathbf{V@R}(h)$ zum Konfidenzniveau $1 - \alpha$ ist also das Negative des aktuellen Portfoliowerts $V_0(h) > 0$ multipliziert mit dem α-Quantil der Renditeverteilung R_h des Portfolios h.

5.5 Normalverteilte Portfoliorenditen

Die Definition des Value at Risk gilt für beliebige Renditeverteilungen. Ist jedoch die Portfoliorendite R_h normalverteilt, so existiert in diesem Spezialfall eine Darstellung, die lediglich die Kenntnis des α-Quantils einer *standardnormalverteilten* Zufallsvariablen voraussetzt.

Satz 5.19. *Angenommen, für die Liquidationsperiode $[0,T]$ ist die Rendite eines Portfolios h normalverteilt mit Erwartungswert $\mu = \mathbf{E}[R_h]$ und Varianz $\sigma^2 = \mathbf{V}[R_h]$, also $R_h \sim \mathcal{N}(\mu, \sigma^2)$. Dann gilt*

$$\mathbf{V@R}(h) = -V_0(h)\, q^{\alpha}\left(\mu, \sigma^2\right) = -V_0(h)\left(\mu + \sigma\, q^{\alpha}(0,1)\right), \tag{5.34}$$

wobei $q^{\alpha}(a,b)$ das α-Quantil einer $\mathcal{N}(a,b)$-verteilten Zufallsvariablen bezeichnet.

Beweis. Angenommen, $\varepsilon \sim \mathcal{N}(0,1)$, dann gilt $\mu + \sigma\varepsilon \sim \mathcal{N}(\mu, \sigma^2)$. Aus Lemma 5.15 folgt

$$q^{\alpha}\left(\mu, \sigma^2\right) = \mu + \sigma\, q^{\alpha}(0,1), \tag{5.35}$$

also die Behauptung. □

Gemäß (5.35) können die Quantile beliebiger normalverteilter Zufallsvariable mit Hilfe der Kenntnis der Quantile standardnormalverteilter Zufallsvariable angegeben werden.

Beispiel 5.20. Sei h ein Portfolio, dessen Portfoliorendite R_h für die nächsten 10 Handelstage normalverteilt ist mit $\mu = 2\%$ und $\sigma = 8\%$. Für dieses Portfolio soll der Value at Risk zum Konfidenzniveau 99% bestimmen werden. Der aktuelle Portfoliowert betrage $V_0(h) = h \cdot S_0 = 1\,000\,000$ Euro. Das 1%-Quantil der Standard-Normalverteilung lautet

$$q^{1\%}(0,1) = -2.326.$$

Das 1%-Quantil $q^{1\%}\left(\mu, \sigma^2\right)$ besitzt damit nach (5.35) den Wert

$$\begin{aligned} q^{1\%}\left(\mu, \sigma^2\right) &= 2\% - 2.326 \cdot 8\% \\ &= -0.16608, \end{aligned}$$

und für den Value at Risk $\mathbf{V@R}(h)$ des Portfolios h erhalten wir

$$\begin{aligned} \mathbf{V@R}(h) &= -V_0\, q^{\alpha}\left(\mu, \sigma^2\right) \\ &= 166\,080 \text{ Euro.} \end{aligned}$$

Der Verlust des Portfolios h wird also innerhalb der nächsten 10 Handelstage mit einer Wahrscheinlichkeit von 99% einen Wert von 166 080 Euro nicht überschreiten. △

Anmerkung 5.21. Wir erinnern daran, dass im Rahmen unserer Modellierung alle zugrunde liegenden Zustandsräume Ω nur endlich viele Elemente enthalten. Daher können die Renditen beliebiger Portfolios grundsätzlich nicht exakt normalverteilt sein. Wir nehmen daher an, dass die Portfoliorenditen in guter Näherung durch eine Normalverteilung interpoliert werden können.

Der Value at Risk wurde als Verlustrisiko eines Portfolios eingeführt. Dass es sich bei dem betrachteten Finanzinstrument um ein Portfolio handelt, ist jedoch unerheblich. Das Konzept und die Definition des Value at Risk lassen sich wörtlich auf beliebige Auszahlungsprofile c übertragen. Bezeichnet etwa $c_0 > 0$ den Wert einer Auszahlung c zu einem Anfangszeitpunkt 0 und $c_T : \Omega \to \mathbb{R}$ den zustandsabhängigen Wert von c zu einem Zeitpunkt $T > 0$, so wird der Value at Risk von c analog zu (5.29) definiert, wobei $V_0(h)$ durch c_0 und $V_T(h)$ durch c_T ersetzt wird. Es gilt also

$$\begin{aligned} \mathbf{V@R}(c) &:= c_0 - q^\alpha(c_T) \\ &= -c_0\, q^\alpha(R_{c_T})\,. \end{aligned} \tag{5.36}$$

In Beispiel 5.20 ging die Liquidationsperiode nicht explizit in die Berechnung des Value at Risk ein. Sie tritt dagegen implizit im Erwartungswert μ und in der Varianz σ^2 der Renditeverteilung R_h von h auf, denn R_h war nach Voraussetzung die Renditeverteilung für die nächsten 10 Handelstage. Im nächsten Abschnitt untersuchen wir den Einfluss der Dauer der Liquidationsperiode auf die Parameter μ und σ.

5.5.1 Zeitliche Skalierung

In der Praxis wird die Schätzung der Renditeverteilung eines Finanzinstruments üblicherweise aus seinen Tagesrenditen gewonnen. Die Verteilung der Tagesrenditen ist dann auf die Renditeverteilung für die Liquidationsperiode hochzurechnen.

Lemma 5.22. *Sei S ein Finanzinstrument, dessen Kurse S_i an $n+1$ Handelstagen $i = 0, \ldots, n$ als Zufallsvariable gegeben sind. Angenommen, die Tagesrenditen von S sind für unterschiedliche Tage unabhängig und identisch verteilt. Sei*

$$R_i := \frac{S_i - S_{i-1}}{S_{i-1}} \tag{5.37}$$

die Tagesrendite des i-ten Handelstages für $i = 1, \ldots, n$, und seien

$$\begin{aligned} \mu_d &:= \mathbf{E}[R_i] \\ \sigma_d^2 &:= \mathbf{V}[R_i] \end{aligned} \tag{5.38}$$

die erwartete Rendite und die Varianz der Renditen für einen Handelstag. Sei weiter

$$R^{(n)} := \frac{S_n - S_0}{S_0} \tag{5.39}$$

die Rendite von S für einen Zeitraum von n Handelstagen mit erwarteter Rendite und Varianz

$$\begin{aligned} \mu_{nd} &:= \mathbf{E}\left[R^{(n)}\right], \\ \sigma_{nd}^2 &:= \mathbf{V}\left[R^{(n)}\right]. \end{aligned} \tag{5.40}$$

Angenommen, für alle $i = 1, \ldots, n$ gilt $R_i \ll 1$ sowie $R^{(n)} \ll 1$. Dann lassen sich der Erwartungswert μ_d und die Varianz σ_d^2 der Tagesrenditen in den Erwartungswert μ_{nd} und die Varianz σ_{nd}^2 für n Handelstage näherungsweise wie folgt umrechnen:

$$\begin{aligned} \mu_{nd} &\approx n\mu_d \\ \sigma_{nd}^2 &\approx n\,\sigma_d^2. \end{aligned} \tag{5.41}$$

Beweis. Zunächst betrachten wir für ein $n > 0$

$$\begin{aligned} \ln \frac{S_n}{S_0} &= \ln\left(1 + \left(\frac{S_n}{S_0} - 1\right)\right) \\ &= \ln\left(1 + R^{(n)}\right), \end{aligned}$$

mit $R^{(n)} := \frac{S_n - S_0}{S_0}$. Eine Taylorentwicklung bis zur ersten Ordnung von $\ln(1+x)$ um $x = 0$ liefert

$$\ln(1+x) = x + \mathcal{O}\left(x^2\right).$$

Daher erhalten wir mit (5.39) und (5.37) für Renditen $\ll 1$ näherungsweise

$$\begin{aligned} R^{(n)} &\approx \ln\left(1 + R^{(n)}\right) \\ &= \ln \frac{S_n}{S_0} \\ &= \sum_{i=1}^{n} \ln \frac{S_i}{S_{i-1}} \\ &= \sum_{i=1}^{n} \ln(1 + R_i) \\ &\approx \sum_{i=1}^{N} R_i. \end{aligned} \tag{5.42}$$

Daraus folgt

$$\mu_{nd} = \mathbf{E}\left[R^{(n)}\right] \approx \sum_{i=1}^{n} \mathbf{E}\left[R_i\right] = n\mu_d$$

und

$$\begin{aligned}\sigma_{nd}^2 &= \mathbf{V}\left[R^{(n)}\right] \\ &\approx \mathbf{V}\left[\sum_{i=1}^n R_i\right] \\ &= \sum_{i=1}^n \mathbf{V}[R_i] \\ &= n\sigma_d^2.\end{aligned}$$

Damit ist das Lemma bewiesen. □

Die folgenden Ergebnisse zeigen, wie sich der Value at Risk mit Hilfe von Lemma 5.22 umrechnen lässt.

Satz 5.23. ***(Value at Risk auf der Basis von Tagesrenditen)*** *Sei h ein Portfolio, dessen Tagesrenditen nach $\mathcal{N}\left(\mu_d, \sigma_d^2\right)$ normalverteilt sind. Sind diese Tagesrenditen $\ll 1$, unabhängig und identisch verteilt, so gilt für eine Liquidationsperiode von n Tagen näherungsweise*

$$\begin{aligned}\mathbf{V@R}(h) &= -V_0(h)\, q^{(\alpha)}\left(n\mu_d, n\sigma_d^2\right) \\ &= -V_0(h)\left(n\mu_d + \sqrt{n}\sigma_d\, q^{(\alpha)}(0,1)\right).\end{aligned} \tag{5.43}$$

Beweis. Nach Lemma 5.22 gelten für die Rendite μ und die Standardabweichung σ des Portfolios h nach n Handelstagen näherungsweise die Beziehungen

$$\begin{aligned}\mu &= \mu_{nd} \approx n\mu_d \\ \sigma^2 &= \sigma_{nd}^2 \approx n\sigma_d^2.\end{aligned}$$

Die Behauptung folgt durch Einsetzen in (5.34). □

Beispiel 5.24. Sei h ein Portfolio, dessen Tagesrenditen nach $\mathcal{N}(\mu_d, \sigma_d^2)$ normalverteilt sind. Wir möchten das Verlustrisiko von h für einen Zeitraum von 10 Handelstagen abschätzen. Nach (5.43) erhalten wir für den Value at Risk den Zusammenhang

$$\mathbf{V@R}(h) = -V_0(h)\left(10\mu_d + \sqrt{10}\sigma_d\, q^{\alpha}(0,1)\right).$$

△

Beispiel 5.25. Sei h Portfolio mit $V_0 = 1\,000\,000$ Euro, dessen erwartete Tagesrendite $\mu_d = 0.032\%$ und dessen Standardabweichung $\sigma_d = 1.9\%$ beträgt. Der Value at Risk zum Konfidenzniveau 99% beträgt bei einer Liquidationsperiode von 10 Tagen

$$\begin{aligned}\mathbf{V@R}(h) &= -V_0 \cdot \left(10\mu_d - \sqrt{10} \cdot 2.326 \cdot \sigma_d\right) \\ &= 136\,550 \text{ Euro.}\end{aligned}$$

Mit einer Wahrscheinlichkeit von 99% verliert das Portfolio h nach 10 Tagen also nicht mehr als 136 550 Euro. △

Überschlagsformel für den Value at Risk auf der Basis von Tagesrenditen

Wenn wir in obiger Formel den Erwartungswert μ_d der Renditen vernachlässigen und berücksichtigen, dass das 1% Quantil $q^{(1\%)}(0,1) = -2.326$ lautet, so erhalten wir für den Value at Risk mit $\sqrt{10} \cdot 2.326 = 7.3555 < 8$ näherungsweise die Faustformel

$$\mathbf{V@R}(h) \approx 8 \cdot V_0(h) \cdot \sigma_d. \tag{5.44}$$

Beispiel 5.26. Für die Daten des Beispiels 5.25 erhalten wir mit dieser Näherung

$$\begin{aligned}\mathbf{V@R}(h) &\approx 8 \cdot 1\,000\,000 \cdot 1.9\% \text{ Euro} \\ &= 152\,000 \text{ Euro.}\end{aligned} \tag{5.45}$$

△

Gleichung (5.44) ist einprägsam und ermöglicht eine rasche Abschätzung von Portfoliorisiken. Der Näherungswert des Value at Risk in (5.44) ist proportional zum Portfoliorisiko σ_d, so dass mit dieser Formel auch der Einfluss einer Änderung von σ_d auf den Value at Risk leicht überschlagen werden kann.

Satz 5.27. ***(Value at Risk auf der Basis von Jahresrenditen)*** *Sei h ein Portfolio, dessen Jahresrenditen nach $\mathcal{N}(\mu, \sigma^2)$ normalverteilt sind. Sind die Tagesrenditen des Portfolios $\ll 1$, unabhängig und identisch verteilt, so gilt für eine beliebige Liquidationsperiode $[0, T]$*

$$\begin{aligned}\mathbf{V@R}(h) &= -V_0(h)\, q^{(\alpha)}\left(T\mu, T\sigma^2\right) \\ &= -V_0(h)\left(T\mu + \sqrt{T}\sigma\, q^{\alpha}(0,1)\right),\end{aligned} \tag{5.46}$$

wobei T in die Einheit 1 Jahr besitzt.

Beweis. Sei n die Anzahl der Handelstage in einem Jahr und sei m die Anzahl der Handelstage der Liquidationsperiode T. Damit gilt $T = \frac{m}{n}$. Aus Lemma 5.22 folgt einerseits

$$\begin{aligned}\mu &= \mu_{nd} \approx n\mu_d \\ \sigma^2 &= \sigma_{nd}^2 \approx n\sigma_d^2\end{aligned}$$

sowie andererseits

$$\begin{aligned}\mu_T &= \mu_{md} \approx m\mu_d \\ \sigma_T^2 &= \sigma_{md}^2 \approx m\sigma_d^2.\end{aligned}$$

Daraus erhalten wir

$$\begin{aligned}\mu_T &\approx m\mu_d \approx \frac{m}{n}\mu = T\mu \\ \sigma_T^2 &\approx m\sigma_d^2 \approx \frac{m}{n}\sigma^2 = T\sigma^2.\end{aligned}$$

Für die Liquidationsperiode $[0, T]$ ist die Portfoliorendite daher näherungsweise verteilt nach $\mathcal{N}\left(\mu_T, \sigma_T^2\right) \approx \mathcal{N}\left(T\mu, T\sigma^2\right)$. Die Behauptung folgt nun mit (5.35). □

Beispiel 5.28. Sei h ein Portfolio, dessen Jahresrenditen nach $\mathcal{N}(\mu, \sigma^2)$ normalverteilt sind. Wir möchten das Verlustrisiko von h für einen Zeitraum von 10 Handelstagen abschätzen. Setzen wir pro Jahr 250 Handelstage voraus, so folgt $T = \frac{10}{250} = \frac{1}{25}$, also

$$\mu_{10\,d} = \frac{1}{25}\mu \text{ und } \sigma_{10\,d}^2 = \frac{1}{25}\sigma^2.$$

Für eine Liquidationsperiode von 10 Tagen erhalten wir damit für den Value at Risk

$$\mathbf{V@R}(h) = -V_0\,(h)\left(\frac{1}{25}\mu + \frac{1}{5}\sigma q^\alpha\,(0,1)\right). \tag{5.47}$$

△

Beispiel 5.29. Sei h Portfolio mit $V_0 = 1\,000\,000$ Euro, dessen erwartete Jahresrendite $\mu = 8\%$ und dessen jährliche Standardabweichung $\sigma = 40\%$ beträgt. Der Value at Risk zum Konfidenzniveau 99% beträgt bei einer Liquidationsperiode von 10 Tagen

$$\begin{aligned}\mathbf{V@R}(h) &= -1\,000\,000 \cdot \left(\frac{1}{25}\mu - \frac{2.326}{5}\sigma\right) \\ &= 182\,880.\end{aligned}$$

Mit einer Wahrscheinlichkeit von 99% verliert das Portfolio h nach 10 Tagen also nicht mehr als 182 880 Euro. △

Überschlagsformel für den Value at Risk auf der Basis von Jahresrenditen

Wenn wir in (5.47) den Erwartungswert der Renditen vernachlässigen, so gilt mit $q^{1\%}\,(0,1) = -2.326$ und $\frac{2.326}{5} = 0.4652 \approx \frac{1}{2}$ näherungsweise die Faustformel

$$\mathbf{V@R}(h) \approx \frac{1}{2} \cdot V_0\,(h) \cdot \sigma. \tag{5.48}$$

Beispiel 5.30. Für die Daten des Beispiels 5.29 erhalten wir mit dieser Näherung

$$\begin{aligned}\mathbf{V@R}(h) &\approx \frac{1}{2} \cdot 1\,000\,000 \cdot 40\% \\ &= 200\,000.\end{aligned}$$

△

Wie (5.44) ist auch (5.48) einprägsam und ermöglicht ein rasches Abschätzen von Portfoliorisiken auf der Basis von Jahresrenditen.

5.5.2 Die Portfoliorendite als Linearkombination normalverteilter Renditen

In den letzten Abschnitten wurde dargestellt, dass sich der Value at Risk für ein Portfolio h sehr leicht bestimmen lässt, wenn die Rendite R_h dieses Portfolios normalverteilt ist. Wir stellen uns nun die Frage, unter welchen Voraussetzungen dies der Fall ist.

In Lemma 2.6 aus Kapitel 2 wurde die Rendite R_h eines Portfolios als Linearkombination der Renditen $R_i = \frac{S_1^i - S_0^i}{S_0^i}$ der Portfoliobestandteile dargestellt,

$$R_h = \sum_{i=1}^{N} w_i R_i.$$

Bilden die Renditen $R = (R_1, \ldots, R_N)$ der Portfoliobestandteile eine Gaußsche Zufallsvariable, so folgt unmittelbar, dass die Portfoliorendite R_h normalverteilt ist.

Definition 5.31. *Seien X_i, $i = 1, \ldots, m$, Zufallsvariable auf einem Wahrscheinlichkeitsraum $(\Omega, \mathcal{F}, P)$. Dann wird die $\mathbb{R}^m$-wertige Zufallsvariable $X = (X_1, \ldots, X_m)$* ***Gaußsche Zufallsvariable*** *genannt, wenn jede Linearkombination der Komponenten $Z = w_1 X_1 + \cdots + w_m X_m$ eine eindimensional normalverteilte Zufallsvariable auf $(\Omega, \mathcal{F}, P)$ bildet. Dabei sind die entarteten Normalverteilungen $X_i \sim \mathcal{N}(\mu, 0)$ und $Z \sim \mathcal{N}(\mu, 0)$ zugelassen.*

In der Praxis werden die Renditen von Finanzinstrumenten häufig als normalverteilt vorausgesetzt. Ist eine Rendite verteilt nach $\mathcal{N}(\mu, 0)$, so entspricht dies einer festverzinslichen Kapitalanlage.

Sei $X = (X_1, \ldots, X_m)$ eine Gaußsche Zufallsvariable. Wählen wir ein i fest und setzen $w_i = 1$ sowie $w_j = 0$ für alle $j \neq i$, so folgt, dass jedes X_i normalverteilt ist.

Besteht also beispielsweise ein Marktmodell aus Aktien und aus einer festverzinslichen Kapitalanlage, sind weiter die Tagesrenditen aller Aktien normalverteilt und bilden gemeinsam eine Gaußsche Zufallsvariable, so besitzt auch jedes Portfolio in diesem Modell normalverteilte Renditen.

Anmerkung 5.32. Seien X_i, $i = 1, \ldots, m$, beliebige eindimensional normalverteilte Zufallsvariable auf $(\Omega, \mathcal{F}, P)$. Dann folgt **nicht** notwendigerweise, dass beliebige Linearkombinationen der X_i eindimensional normalverteilt sind. Für ein einfaches Gegenbeispiel siehe etwa Jacod/Protter [25].

Satz 5.33. *Angenommen, für jedes Finanzinstrument S^i, $i = 1, \ldots, N$, in einem Marktmodell gilt $S_0^i \neq 0$ und angenommen, die Tagesrenditen R_i aller Finanzinstrumente S^i im Modell bilden eine Gaußsche Zufallsvariable $R = (R_1, \ldots, R_N)$. Insbesondere ist dann jede Rendite R_i eindimensional normalverteilt. Für ein Portfolio $h \in \mathbb{R}^N$ mit $V_0(h) > 0$ und $R_h \ll 1$ besitzt der Value at Risk von h für eine Liquidationsperiode von n Tagen näherungsweise die Darstellung*

$$\mathbf{V@R}(h) = -V_0(h)\left(n\langle w, \mu\rangle + \sqrt{n}\sqrt{\langle w, Cw\rangle}\, q^{\alpha}(0,1)\right). \tag{5.49}$$

Dabei gilt $\mu = (\mu_1, \ldots, \mu_N)$, wobei

$$\mu_i = \mathbf{E}[R_i],$$

und $w = (w_1, \ldots, w_N)$,

$$w_i = \frac{h_i S_0^i}{V_0(h)}$$

für $i = 1, \ldots, N$, sowie

$$C_{ij} = \mathbf{Cov}(R_i, R_j)$$

für $i, j = 1, \ldots, N$.

Beweis. Sei $h \in \mathbb{R}^N$ ein Portfolio mit $V_0(h) = h \cdot S_0 > 0$. Dann gilt nach (2.6)

$$R_h = \sum_{i=1}^{N} w_i R_i$$

mit $w_i = \frac{h_i S_0^i}{V_0}$, wobei R_i die Tagesrendite des i-ten Finanzinstruments bezeichnet. Nach Voraussetzung bildet $R = (R_1, \ldots, R_N)$ eine Gaußsche Zufallsvariable. Damit ist die Tagesrendite R_h des Portfolios als Linearkombination der Renditen R_i selbst normalverteilt mit Erwartungswert $\mu_h = \mathbf{E}[R_h] = \sum_{i=1}^{N} w_i \mu_i = \langle w, \mu\rangle$ und mit Varianz $\sigma_h^2 = \sum_{i,j=1}^{N} w_i w_j C_{ij} = \langle w, Cw\rangle$.

Nach Voraussetzung gilt $R_h \ll 1$, und daher folgt (5.49) aus Satz 5.23. □

Anmerkung 5.34. Sind die Voraussetzungen von Satz 5.33 erfüllt, wobei aber μ und σ^2 den Erwartungswert und die Varianz der Jahresrenditen bezeichnen, so folgt entsprechend

$$\mathbf{V@R}(h) = -V_0(h)\left(T\langle w, \mu\rangle + \sqrt{T}\sqrt{\langle w, Cw\rangle}\, q^{\alpha}(0,1)\right), \tag{5.50}$$

mit $T = \frac{1}{25}$ für eine Liquidationsperiode von 10 Tagen.

Wir bezeichnen die i-te Portfolioposition $h_i S^i$ eines Portfolios $h \in \mathbb{R}^N$ mit $v_i(h)$, also

$$v_i(h) := h_i S^i$$

für $i = 1, \ldots, N$. Ferner fassen wir die Portfoliopositionen zu einem **Positionsvektor** v zusammen,

$$v(h) := (v_1(h), \ldots, v_N(h)).$$

Gelegentlich wird in der Notation die Abhängigkeit vom Portfolio h unterdrückt und einfach v_i bzw. v geschrieben. Der Wert V eines Portfolios h lässt sich als Summe der Positionen darstellen, $V = \sum_{i=1}^N v_i$.

Folgerung 5.35. *Seien die Voraussetzungen von Anmerkung 5.34 erfüllt. Sei ferner $h \in \mathbb{R}^N$ ein beliebiges Portfolio. Dann gilt*

$$v_{i0} = V_0 w_i \tag{5.51}$$

und damit

$$\mathbf{V@R}(h) = -\left(T\langle v_0, \mu\rangle + \sqrt{T}\sqrt{\langle v_0, Cv_0\rangle}q^\alpha(0,1)\right). \tag{5.52}$$

Beweis. (5.51) folgt aus (5.34), und dann folgt (5.52) durch Einsetzen von (5.51) in (5.50). □

Die Voraussetzung, dass die Renditen aller Finanzinstrumente eines Portfolios normalverteilt sind oder gar eine Gaußsche Zufallsvariable bilden, ist in der Praxis in der Regel nicht erfüllt. Denn Portfolios enthalten in der Regel nicht nur Aktien, sondern auch Bonds, Optionen oder strukturierte Produkte, deren Renditen nicht näherungsweise normalverteilt sind.

Aufgabe 5.1. Seien c_k, $k = 1, \ldots, m$, beliebige replizierbare Auszahlungsprofile in einem arbitragefreien Ein-Perioden-Marktmodell (S_0, S_1, P). Sei weiter $\eta = (\eta_1, \ldots, \eta_m) \in \mathbb{R}^m$ ein beliebiges Portfolio bestehend aus den c_k mit $V_0(\eta) \neq 0$, also

$$V_1(\eta) = \sum_{k=1}^m \eta_k c_k.$$

Zeigen Sie, dass

$$R_\eta = \sum_{i=1}^N w_i R_i,$$

wobei

$$w_i := \sum_{k=1}^m \frac{\eta_k h_{k,i} S_0^i}{V_0(\eta)}.$$

Weisen Sie weiter die Eigenschaft

$$\sum_{i=1}^{N} w_i = 1$$

nach.

In Ein-Perioden-Modellen ist also die Rendite jedes Portfolios replizierbarer Auszahlungsprofile eine Linearkombination der Renditen der im Marktmodell vorhandenen Finanzinstrumente. In Mehr-Perioden-Modellen ist diese Aussage in der Regel nicht mehr gültig, wie etwa ein Blick auf die Bewertungsformeln für europäische Call- und Put-Optionen in Binomialbäumen zeigt. Der lineare Zusammenhang gilt jedoch für eine Taylorentwicklung der Portfoliorenditen bis zur ersten Ordnung, wenn die Finanzinstrumente des Modells nach ihren Risikofaktoren entwickelt werden. Dies führt direkt zur Delta-Normal-Methode.

5.6 Die Delta-Normal-Methode

Unter der Voraussetzung, dass die Portfoliorenditen normalverteilt sind, konnten wir einen geschlossenen Ausdruck für den Value at Risk herleiten. Insbesondere ist diese Annahme dann erfüllt, wenn die Renditen aller Portfoliobestandteile normalverteilt sind und gemeinsam eine Gaußsche Zufallsvariable bilden. In der Praxis darf dies in der Regel jedoch nicht vorausgesetzt werden, da die Renditen von Finanzinstrumenten wie Optionen, Futures, Swaps und Bonds nichtlinear von den Renditen ihrer **Risikofaktoren** abhängen. Dabei sind Risikofaktoren stochastische Größen, die den Preis der Finanzinstrumente beeinflussen. Diese umfassen **Aktienkurse, Wechselkurse, Zinsen** und **implizite Volatilitäten**. Weitere mögliche Risikofaktoren sind **Betafaktoren**, mit Hilfe derer die Bewertung einer Aktie auf die Bewertung eines Index zurückgeführt werden kann.

Voraussetzung Wir nehmen an, dass für jedes Finanzinstrument c, das in unserem Marktmodell enthalten ist, eine differenzierbare Bewertungsfunktion existiert, die den Preis $c = c(F_1, \ldots, F_m)$ des Finanzinstrumentes als Funktion einer Anzahl m von Risikofaktoren F_i, $i = 1, \ldots, m$, ausdrückt.

Beispiel 5.36. Die Black-Scholes-Formeln (4.83) für einen europäischen Call oder für einen europäischen Put enthalten als Parameter den Aktienkurs S des Underlyings, den Zinssatz r und die Volatilität σ. Diese Größen bilden die Risikofaktoren für europäische Standard-Optionen. △

Um die Vorteile einer geschlossenen Formel bei der Berechnung des Value at Risk zu erhalten, wird eine Taylor-Entwicklung des Portfolios nach den Risikofaktoren bis zur ersten Ordnung vorgenommen. Diese Entwicklung ist nach Konstruktion linear in den Risikofaktoren. Der Value at Risk wird nun im Rahmen der Delta-Normal-Methode nicht für die Portfoliorendite selbst, sondern für ihre Linearisierung berechnet, auf die dann die oben hergeleitete Formel (5.52) angewendet wird. Es wird also zusätzlich unterstellt, dass die Renditen aller Risikofaktoren gemeinsam eine Gaußsche Zufallsvariable bilden.

5.6.1 Das Differential eines Finanzinstrumentes

Seien $x, v \in \mathbb{R}^m$ und sei $\gamma : (-\varepsilon, \varepsilon) \to \mathbb{R}^m$ eine Kurve mit den Eigenschaften $\gamma(0) = x$ und $\gamma'(0) = v$. Sei $f : \mathbb{R}^m \to \mathbb{R}$ eine differenzierbare Abbildung. Dann definieren wir das **Differential**

$$\mathbf{d}f : \mathbb{R}^m \times \mathbb{R}^m \to \mathbb{R}$$

von f durch

$$\mathbf{d}f(x, v) := (f \circ \gamma)'(0) = \langle \nabla f(\gamma(0)), \gamma'(0) \rangle = \langle \nabla f(x), v \rangle .$$

Diese Definition ist offenbar unabhängig von der speziellen Wahl der Kurve γ. Spezialisieren wir f auf eine Koordinatenabbildung[2]

$$x_j : \mathbb{R}^m \to \mathbb{R},\ x_j(v) = v_j,$$

so erhalten wir

$$\mathbf{d}x_j(x, v) = \langle \nabla x_j(x), v \rangle = \langle e_j, v \rangle = v_j,$$

wobei e_j den j-ten Standardbasisvektor bezeichnet. Damit gilt die Darstellung

$$\mathbf{d}f = \sum_{j=1}^{m} \frac{\partial f}{\partial x_j} \mathbf{d}x_j.$$

Im Rahmen des vorliegenden Kapitels wenden wir diese Definition auf Preisfunktionen c von Finanzinstrumenten an, deren Werte von m Risikofaktoren $F_1, \ldots, F_m$ stetig differenzierbar abhängen. Das Differential $\mathbf{d}c$ von c lautet dann

$$\mathbf{d}c = \sum_{j=1}^{m} \frac{\partial c}{\partial F_j} \mathbf{d}F_j.$$

Die partiellen Ableitungen $\frac{\partial c}{\partial F_j}$ werden **Sensitivitäten** genannt und im folgenden mit $\pi_{c,j}$ bezeichnet,

$$\pi_{c,j} := \frac{\partial c}{\partial F_j}.$$

[2] Hierbei ist zu beachten, dass für die j-te Komponente eines Vektors und für die j-te Koordinatenabbildung die gleiche Notation verwendet wird. Dies ist bedauerlich, aber üblich.

Wenn klar ist, um welches Finanzinstrument es sich handelt, wird auch π_j anstelle von $\pi_{c,j}$ geschrieben. Bei der Umschreibung der Differentiale $\mathbf{d}F_j$ auf die **differentiellen Renditen**

$$\boldsymbol{\delta}R_j := \frac{\mathbf{d}F_j}{F_j} = \mathbf{d}\ln F_j$$

der Risikofaktoren F_j erhalten wir die Darstellung

$$\begin{aligned}\mathbf{d}c &= \sum_{j=1}^{m} \left(\frac{\partial c}{\partial F_j} F_j\right) \boldsymbol{\delta}R_j \\ &= \sum_{j=1}^{m} \pi_{c,j}^{\text{mod}} \boldsymbol{\delta}R_j.\end{aligned} \tag{5.53}$$

Wir definieren

$$\begin{aligned}\pi_{c,j}^{\text{mod}} &:= \frac{\partial c}{\partial F_j} F_j \\ &= \pi_{c,j} F_j\end{aligned} \tag{5.54}$$

und nennen diese Größen **modifizierte Sensitivitäten**. Damit erhalten wir für die differentielle Rendite $\boldsymbol{\delta}R := \frac{\mathbf{d}c}{c} = \mathbf{d}\ln c$ den Ausdruck

$$\begin{aligned}\boldsymbol{\delta}R &= \frac{1}{c} \sum_{j=1}^{m} \pi_{c,j}^{\text{mod}} \boldsymbol{\delta}R_j \\ &= \sum_{j=1}^{m} w_j \boldsymbol{\delta}R_j,\end{aligned} \tag{5.55}$$

wobei wir in der letzten Gleichung

$$w_j := \frac{\pi_{c,j}^{\text{mod}}}{c} \tag{5.56}$$

definiert haben. Wir sehen, dass sich die *differentielle Portfoliorendite als gewichtete Summe der differentiellen Renditen der Risikofaktoren* darstellen lässt. Anders als in der Portfoliotheorie gilt hier jedoch nicht mehr notwendigerweise, dass sich die Gewichte w_j zu 1 addieren.

Wir betrachten nun ein weiteres Finanzinstrument g, z.B. ein Portfolio oder ein strukturiertes Produkt, dessen Wert von den Werten anderer Finanzinstrumente $c_1, \dots, c_k$ abhängt. Für das Differential von g gilt dann

$$\begin{aligned}\mathbf{d}g &= \sum_{j=1}^{k} \frac{\partial g}{\partial c_j} \mathbf{d}c_j \\ &= \sum_{j=1}^{k} \pi_{g,j} \mathbf{d}c_j.\end{aligned} \tag{5.57}$$

Setzen wir in (5.57) jeweils den zugehörigen Ausdruck (5.53) ein, so erhalten wir

$$\begin{aligned}\mathbf{d}g &= \sum_{j=1}^{k} \frac{\partial g}{\partial c_j} \left(\sum_{i=1}^{m} \frac{\partial c_j}{\partial F_i} F_i \boldsymbol{\delta} R_i \right) \\ &= \sum_{j=1}^{k} \pi_{g,j} \left(\sum_{i=1}^{m} \pi_{c_j,i}^{\text{mod}} \boldsymbol{\delta} R_i \right) \\ &= \sum_{i=1}^{m} \left(\sum_{j=1}^{k} \pi_{g,j}\, \pi_{c_j,i}^{\text{mod}} \right) \boldsymbol{\delta} R_i \\ &= \sum_{i=1}^{m} \pi_{g,i}^{\text{mod}} \boldsymbol{\delta} R_i,\end{aligned} \tag{5.58}$$

also

$$\begin{aligned}\pi_{g,i}^{\text{mod}} &= \sum_{j=1}^{k} \pi_{g,j}\, \pi_{c_j,i}^{\text{mod}} \\ &= \left(\sum_{j=1}^{k} \pi_{g,j} \pi_{c_j,i} \right) F_i.\end{aligned} \tag{5.59}$$

Mit Hilfe der Gleichungen (5.58) und (5.59) lässt sich die Berechnung der Sensitivitäten und modifizierten Sensitivitäten für komplexe Finanzinstrumente rekursiv auf die Berechnung dieser Größen für die zugehörigen Teilinstrumente zurückführen. Dieser Umstand ermöglicht ein effizientes Design bei der Implementierung der Delta-Normal-Methode in einer objektorientierten Programmiersprache.

5.6.2 Der Value at Risk nach der Delta-Normal-Methode

Wir erhalten eine Näherung erster Ordnung, indem wir in (5.55) die „infinitesimalen Inkremente“ $\mathbf{d}c$ und $\boldsymbol{\delta}R$ durch $\Delta c := c_t - c_0$ und $R_j := \frac{S_t^j - S_0^j}{S_0^j}$ ersetzen. Wir substituieren also

$$\mathbf{d}c = \sum_{j=1}^{m} \pi_j^{\text{mod}} \boldsymbol{\delta} R_j$$

durch

$$\Delta c \approx \sum_{j=1}^{m} \pi_j^{\text{mod}} R_j$$

bzw.

$$\frac{\Delta c}{c} = R_c \approx \frac{1}{c}\sum_{j=1}^{m} \pi_j^{\text{mod}} R_j = \sum_{j=1}^{m} w_j R_j =: \mathcal{R}_c.$$

Zur Definition des Delta-Normal-Value at Risk $\mathbf{V@R_{DN}}(c)$ wird die Näherung $\mathcal{R}_c = \frac{1}{c}\sum_{j=1}^{m} \pi_j^{\text{mod}} R_j$ für die Portfoliorendite $R_c = \frac{\Delta c}{c}$ verwendet. In der Praxis wird der Zeitraum $[0, t]$, für den die Wertänderungen und Renditen betrachtet werden, in der Regel als ein Handelstag gewählt, und die zugehörige Größe $\mathcal{R}_c$ wird Delta-Normal-Rendite von c genannt.

Definition 5.37. *Sei c ein Finanzinstrument, dessen Wert von m Risikofaktoren $F_1, \ldots, F_m$ differenzierbar abhängt, $c = c(F_1, \ldots, F_m)$. Für $j = 1, \ldots, m$ sei*

$$\pi_j^{\text{mod}} := \frac{\partial c}{\partial F_j} F_j = \pi_j F_j$$

und

$$w_j := \frac{\pi_j^{\text{mod}}}{c}.$$

Mit der Delta-Normal-Rendite

$$\mathcal{R}_c = \frac{1}{c}\sum_{j=1}^{m} \pi_j^{\text{mod}} R_j = \sum_{j=1}^{m} w_j R_j \tag{5.60}$$

*von c ist der **Delta-Normal-Value at Risk** $\mathbf{V@R_{DN}}(c)$ für eine Liquidationsperiode von n Tagen definiert durch*

$$\begin{aligned} \mathbf{V@R_{DN}}(c) &:= -cn\mathbf{E}[\mathcal{R}_c] - q^{\alpha}(0,1)\, c\sqrt{n}\sqrt{\mathbf{V}[\mathcal{R}_c]} \\ &= -cn\langle w, \mu\rangle - q^{\alpha}(0,1)\, c\sqrt{n}\sqrt{\langle w, Cw\rangle} \\ &= -n\left\langle \pi^{\text{mod}}, \mu\right\rangle - q^{\alpha}(0,1)\sqrt{n}\sqrt{\left\langle \pi^{\text{mod}}, C\pi^{\text{mod}}\right\rangle}. \end{aligned} \tag{5.61}$$

In der letzten Zeile von (5.61) bezeichnet $\mu = (\mu_1, \ldots, \mu_m)$ den Vektor der Erwartungswerte der Risikofaktorrenditen,

$$\mu_j = \mathbf{E}[R_j],$$

$j = 1, \ldots, m$, und C ist die Kovarianzmatrix der Renditen der Risikofaktoren,

$$C_{ij} = \mathbf{Cov}(R_i, R_j)$$

für $i, j = 1, \ldots, m$.

Entscheidend für die Berechnung des Delta-Normal-Value at Risk in (5.61) ist also die näherungsweise Darstellung der Portfoliorendite R_c als Linearkombination der Renditen der Risikofaktoren gemäß (5.60). Damit besteht das Problem der numerischen Bestimmung von $\mathbf{V@R_{DN}}(c)$ darin, den Erwartungswert und die Kovarianzmatrix der zu c gehörenden Risikofaktorrenditen zu schätzen sowie die modifizierten Sensitivitäten π_j^{mod} zu berechnen.

Näherungsformel

Vernachlässigen wir den Term mit den Erwartungswerten der Risikofaktoren, so gilt für das 1%-Quantil und für eine Liquidationsperiode von $n = 10$ Tagen die Näherungsformel

$$\begin{aligned}\mathbf{V@R_{DN}}(c) &\approx -\sqrt{n}q^{\alpha}(0,1)\sqrt{\mathbf{V}[\mathcal{R}_c]} \\ &\approx 8\sqrt{\langle \pi^{\mathrm{mod}}, C\pi^{\mathrm{mod}} \rangle}.\end{aligned} \tag{5.62}$$

5.6.3 Berechnung der modifizierten Sensitivitäten

Dieser Abschnitt ist insbesondere hinsichtlich einer numerischen Berechnung des Value at Risk nach der Delta-Normal-Methode und einer zugehörigen programmtechnischen Implementierung von Bedeutung. Wir betrachten für verschiedene Finanzinstrumente die Darstellung der Differentiale der Preisfunktionen als Linearkombination der differentiellen Renditen. Dies bezeichnen wir als *Zerlegung der Finanzinstrumente in Anteile der zugehörigen Risikofaktoren*. Insbesondere bestimmen wir für diese Finanzinstrumente die modifizierten Sensitivitäten, die für die Risikoberechnung nach der Delta-Normal-Methode benötigt werden.

Wir haben bereits in (5.58) und (5.59) ausgeführt, dass sich die Berechnung der modifizierten Sensitivitäten für komplexe Finanzinstrumente rekursiv auf die Bestimmung der modifizierten Sensitivitäten für die Bestandteile dieser Finanzinstrumente zurückführen lässt.

Zerlegung von Aktien

Für eine Aktie S ist der Aktienkurs der zugehörige Risikofaktor. Also gilt

$$\begin{aligned}\mathbf{d}S &= S\boldsymbol{\delta}R_S \\ &= \pi_S^{\mathrm{mod}}\boldsymbol{\delta}R_S,\end{aligned} \tag{5.63}$$

also

$$\pi_S^{\mathrm{mod}} = S. \tag{5.64}$$

Zerlegung von Summen

Wir betrachten den Fall

$$S = X + T.$$

Dies bedeutet

$$\mathbf{d}S = \mathbf{d}X + \mathbf{d}T.$$

Ist X selbst bereits ein Risikofaktor, T dagegen nicht, so wird $\mathbf{d}T$ weiter zerlegt, während $\mathbf{d}X$ mit Hilfe der differentiellen Rendite umgeschrieben wird zu

$$\begin{aligned}\mathbf{d}S &= \mathbf{d}X + \mathbf{d}T \\ &= X\boldsymbol{\delta}R_X + \mathbf{d}T.\end{aligned}$$

Beispiel für Summen

Wichtige Beispiele für Summen von Finanzinstrumenten sind Indizes, die anschließend besprochen werden. Weitere Beispiele stellen Compound-Instrumente dar, also Instrumente, die sich additiv aus einer Liste von anderen Instrumenten zusammensetzen. Zu dieser Kategorie gehören strukturierte Produkte ebenso wie spezielle Swaps und Bonds.

Zerlegung von Indizes

Ein Index entspricht zu einem bestimmten Zeitpunkt einem Portfolio I aus N Aktien S^i mit Stückzahlen h_i

$$I = \sum_{i=1}^{N} h_i S^i.$$

Daraus folgt mit (5.63) und (5.64)

$$\begin{aligned}\mathbf{d}I &= \sum_{i=1}^{N} h_i \mathbf{d}S^i \qquad (5.65)\\ &= \sum_{i=1}^{N} h_i S^i \boldsymbol{\delta}R_{S^i} \\ &= \sum_{i=1}^{N} \pi_i^{\text{mod}} \boldsymbol{\delta}R_{S^i},\end{aligned}$$

wobei π_i^{mod} die modifizierte Sensitivität der i-ten Portfolioposition bezeichnet. Also gilt mit (5.64)

$$\pi_i^{\text{mod}} = h_i S^i = h_i \pi_{S^i}^{\text{mod}}.$$

Zerlegung eines Zerobonds

Ein **Zerobond** ist ein Finanzinstrument, das an einem festgelegten zukünftigen Zeitpunkt T einen zu Beginn festgelegten Kapitalbetrag K, den Nominalbetrag, auszahlt. Ist r ein Jahreszins, so besitzt dieses Kapital zum Zeitpunkt 0 den Wert

$$B = (1 + r)^{-T} K.$$

Damit gilt

$$\begin{aligned}\mathbf{d}B &= \frac{\partial B}{\partial r}\mathbf{d}r \\ &= -T\frac{B}{1+r}\mathbf{d}r \\ &= -T\frac{B}{1+r}r\boldsymbol{\delta}R_r \\ &= \pi_r^{\text{mod}}\boldsymbol{\delta}R_r,\end{aligned}$$

wobei

$$\pi_r^{\text{mod}} = -\frac{rT}{1+r}B.$$

Zerlegung von Standard-Optionen

Als Beispiel betrachten wir die Black-Scholes-Formel $C(S, r, \sigma)$ für eine Call-Option auf eine Aktie S, deren Wert neben dem Aktienkurs vom Zinssatz r und von der Volatilität σ abhängt. Damit gilt

$$\begin{aligned}\mathbf{d}C &= \frac{\partial C}{\partial S}\mathbf{d}S + \frac{\partial C}{\partial r}\mathbf{d}r + \frac{\partial C}{\partial \sigma}\mathbf{d}\sigma \\ &= \pi_S\mathbf{d}S + \pi_r\mathbf{d}r + \pi_\sigma\mathbf{d}\sigma \\ &= (\Delta \cdot S)\ \boldsymbol{\delta}R_S + (\rho \cdot r)\ \boldsymbol{\delta}R_r + (\nu \cdot \sigma)\ \boldsymbol{\delta}R_\sigma \\ &= \pi_S^{\text{mod}}\boldsymbol{\delta}R_S + \pi_r^{\text{mod}}\boldsymbol{\delta}R_r + \pi_\sigma^{\text{mod}}\boldsymbol{\delta}R_\sigma,\end{aligned}$$

wobei

$$\begin{aligned}\pi_S^{\text{mod}} &= \Delta \cdot S \\ \pi_r^{\text{mod}} &= \rho \cdot r \\ \pi_\sigma^{\text{mod}} &= \nu \cdot \sigma.\end{aligned}$$

Für die Sensitivitäten sind folgende Bezeichnungen üblich. Es bezeichnen $\Delta := \frac{\partial C}{\partial S}$ das **Delta**, $\rho := \frac{\partial C}{\partial r}$ das **Rho** und $\nu := \frac{\partial C}{\partial \sigma}$ das **Vega** der Option.

Aufgabe 5.2. Zeigen Sie, dass für europäische Call- und Put-Optionen, deren Underlyings während der Laufzeit keine Dividenden auszahlen, gilt

	Call	**Put**
Δ	$\Phi(d_+)$	$\Phi(d_+) - 1 = -\Phi(-d_+)$
ρ	$KTe^{-rT}\Phi(d_-)$	$KTe^{-rT}(\Phi(d_-) - 1) = -KTe^{-rT}\Phi(-d_-)$
ν	$S\sqrt{T}\Phi'(d_+)$	$S_0\sqrt{T}\Phi'(d_+)$

Dabei ist $\phi'(x) = \frac{1}{\sqrt{2\pi}}\exp\left(-\frac{x^2}{2}\right)$ sowie $d_\pm = \frac{\ln\left(\frac{S}{K}\right)+\left(r\pm\frac{1}{2}\sigma^2\right)T}{\sigma\sqrt{T}}$.

Zerlegung eines Portfolios

Wir betrachten ein Portfolio, das aus Positionen mit verschiedenen Finanzinstrumenten c_i besteht, deren Preise wiederum differenzierbar von m Risikofaktoren $F_1, \ldots, F_m$ abhängen.

Zur Berechnung der modifizierten Sensitivitäten ist die Berechnung der partiellen Ableitungen des Portfolios nach den diversen Risikofaktoren erforderlich. Dies kann heruntergebrochen werden auf die Berechnung der partiellen Ableitung der Finanzinstrumente des Portfolios nach den Risikofaktoren. Dies eröffnet – wie in der Einleitung zu diesem Abschnitt bereits erwähnt – die Möglichkeit zu einer rekursiven Berechnung der Sensitivitäten im Rahmen eines Computerprogramms. Für ein Portfolio P gilt

$$P = \sum_{i=1}^{N} h_i c_i,$$

wobei jedes Finanzinstrument c_i als Funktion aller Risikofaktoren $F_1, \ldots, F_m$ aufgefasst wird. Damit gilt für das Differential $\mathbf{d}P$ des Portfolios

$$\begin{aligned}
\mathbf{d}P &= \sum_{j=1}^{m} \frac{\partial P}{\partial F_j} dF_j \\
&= \sum_{j=1}^{m} \left(\sum_{i=1}^{N} \frac{\partial P}{\partial S^i} \frac{\partial c_i}{\partial F_j} \right) \mathbf{d}F_j \\
&= \sum_{j=1}^{m} \left(\sum_{i=1}^{N} h_i \frac{\partial c_i}{\partial F_j} \right) \mathbf{d}F_j \\
&= \sum_{j=1}^{m} \left(\left(\sum_{i=1}^{N} h_i \frac{\partial c_i}{\partial F_j} \right) F_j \right) \boldsymbol{\delta} R_j \\
&= \sum_{j=1}^{m} \pi_j^{\text{mod}} \boldsymbol{\delta} R_j,
\end{aligned}$$

wobei

$$\begin{aligned}
\pi_j^{\text{mod}} &= \left(\sum_{i=1}^{N} h_i \frac{\partial c_i}{\partial F_j} \right) F_j \\
&= \sum_{i=1}^{N} h_i \pi_{c_i,j}^{\text{mod}}
\end{aligned}$$

mit

$$\pi_{c_i,j}^{\text{mod}} := \frac{\partial c_i}{\partial F_j} F_j.$$

Sollte ein Finanzinstrument S eine komplexe Struktur besitzen und sich aus anderen Finanzinstrumenten zusammensetzen, so kann die Berechnung der partiellen Ableitungen auf die Berechnung der partiellen Ableitungen der Bestandteile rekursiv zurückgeführt werden.

Beispiel 5.38. (Call-Option auf einen Index) Wir betrachten eine Call-Option $C(I, r, \sigma)$ auf einen Index $I = \sum_{i=1}^{m} h_i S^i$. Der Wert der Option hängt neben dem Wert I des Index vom Zinssatz r und von der Volatilität σ ab. Unter Verwendung der üblichen Symbole

$$\begin{aligned} \pi_S &=: \Delta \\ \pi_r &=: \rho \\ \pi_\sigma &=: \nu \end{aligned}$$

folgt

$$\begin{aligned} \mathbf{d}C &= \frac{\partial C}{\partial I}\mathbf{d}I + \frac{\partial C}{\partial r}\mathbf{d}r + \frac{\partial C}{\partial \sigma}\mathbf{d}\sigma \\ &= \Delta \mathbf{d}I + \rho\, \mathbf{d}r + \nu\, \mathbf{d}\sigma \\ &= \Delta \mathbf{d}I + \pi_r^{\mathrm{mod}}\, \boldsymbol{\delta} R_r + \pi_\sigma^{\mathrm{mod}}\, \boldsymbol{\delta} R_\sigma . \end{aligned}$$

Weiter gilt nach (5.65)

$$\mathbf{d}I = \sum_{i=1}^{m} \pi_i^{\mathrm{mod}} \boldsymbol{\delta} R^{S^i}$$

mit

$$\pi_i^{\mathrm{mod}} = h_i S^i = h_i \pi_{S^i}^{\mathrm{mod}},$$

so dass

$$\begin{aligned} \mathbf{d}C &= \Delta \cdot \sum_{i=1}^{m} \pi_{v_i}^{\mathrm{mod}} \boldsymbol{\delta} R^{S^i} + \pi_r^{\mathrm{mod}}\, \boldsymbol{\delta} R_r + \pi_\sigma^{\mathrm{mod}}\, \boldsymbol{\delta} R_\sigma \\ &= \Delta \cdot \sum_{i=1}^{m} n_i \pi_{S^i}^{\mathrm{mod}} \boldsymbol{\delta} R_{S^i} + \pi_r^{\mathrm{mod}}\, \boldsymbol{\delta} R_r + \pi_\sigma^{\mathrm{mod}}\, \boldsymbol{\delta} R_\sigma . \end{aligned}$$

Dabei wird also jede Aktie S^i im Index als Risikofaktor betrachtet, ebenso wie der Zinssatz r und die Volatilität σ. △

Zerlegung von Produkten

Wir betrachten den Fall, dass ein Finanzinstrument S das Produkt von zwei Größen X und T ist. Es gilt also

$$S = XT$$

und damit

$$\begin{aligned} \mathbf{d}S &= \mathbf{d}(XT) \\ &= T\mathbf{d}X + X\mathbf{d}T. \end{aligned}$$

Die Sensitivität bezüglich $\mathbf{d}X$ lautet also T, die Sensitivität bezüglich $\mathbf{d}T$ lautet X. Ist X selbst ein Risikofaktor, T dagegen nicht, so gilt

$$\begin{aligned} \mathbf{d}S &= XT \cdot \boldsymbol{\delta} R_X + X \cdot \mathbf{d}T \\ &= S \cdot \boldsymbol{\delta} R_X + X \cdot \mathbf{d}T. \end{aligned}$$

Beispiel 5.39. (Wechselkurse) Wir betrachten die Situation, dass eine Aktie T in einer anderen Währung ausgedrückt werden muss,

$$S = XT.$$

Dabei sei X der Wert von 1 Einheit von Währung B in Einheiten von A. Das Finanzinstrument T wird in Währung B quotiert und $S = XT$ drückt diesen Wert in Währung A aus. Damit gilt

$$\begin{aligned} \mathbf{d}S &= \mathbf{d}(XT) \\ &= S \cdot \boldsymbol{\delta} R_X + S \cdot \boldsymbol{\delta} R_T \end{aligned}$$

und

$$\pi_X^{\text{mod}} = \pi_T^{\text{mod}} = S.$$

△

Beispiel 5.40. Für zwei Aktien S und T seien folgende Daten gegeben:

	Gesamtzahl Aktien	Preis pro Aktie	Erwartete Rendite	Volatilität Rendite	Korrelation ρ zwischen Renditen von S und T
Aktie S	$h_S = 5$	120,00	4%	9%	
Aktie T	$h_T = 67$	6,00	10%	20%	$\rho = 0.2$

Die in obiger Tabelle angegebenen erwarteten Rendite, Volatilitäten und die Korrelation seien aus den Jahresrenditen von S und T berechnet worden. Die Preise der Aktien seien in einer beliebigen Währung angegeben.

1. Wir betrachten ein Portfolio P aus 5 Aktien vom Typ S und aus 67 Aktien vom Typ T und bestimmen den Value at Risk von P. Die Liquidationsperiode betrage 10 Tage, und das Konfidenzniveau betrage 99%.

   Das Anfangskapital des Portfolios beträgt $P_0 = h_S S_0 + h_T T_0 = 1002$. Dann gilt

$$\begin{aligned} R_P &= \alpha_S R_S + \alpha_T R_T \\ &= \frac{600}{1002} R_S + \frac{402}{1002} R_T. \end{aligned}$$

Da P linear in den Risikofaktoren S und T ist, gilt

$$\pi_S^{\text{mod}} = \frac{\partial P}{\partial S} S = h_S S \text{ und } \pi_T^{\text{mod}} = h_T T$$

und damit

$$\mathcal{R}_P = R_P.$$

Daraus folgt

$$\mathbf{V@R_{DN}}(P) = \mathbf{V@R}(P).$$

Weiter gilt

$$\mu_P = E\left(R_P\right) = 6.4072\%.$$

Die Kovarianzmatrix lautet

$$\begin{aligned} C &= \begin{pmatrix} \sigma_S^2 & \rho\sigma_S\sigma_T \\ \rho\sigma_S\sigma_T & \sigma_T^2 \end{pmatrix} \\ &= \begin{pmatrix} 0.0081 & 0.0036 \\ 0.0036 & 0.04 \end{pmatrix}, \end{aligned}$$

und daraus ergeben sich die Portfoliovarianz und das Risiko des Portfolios

$$\begin{aligned} V\left(R_P\right) &= \langle \alpha, C\alpha \rangle = 1.107\,2 \times 10^{-2} \\ \sigma_P &= \sqrt{V\left(R_P\right)} = 10.5\,23\%. \end{aligned}$$

Für den Value at Risk erhalten wir damit

$$\begin{aligned} V@R\left(P\right) &= -P_0 \left(\frac{1}{25} \cdot \langle \alpha, \mu_P \rangle + \frac{1}{5} \sigma_P q^{1\%}\left(0,1\right) \right) \\ &= -1002 \cdot \left(\frac{1}{25} \cdot 6.4072\% - \frac{1}{5} \cdot 10.5\,23\% \cdot 2.326 \right) \\ &= 46.48 \end{aligned}$$

2. Wir betrachten erneut das Portfolio P bestehend aus 5 Aktien vom Typ S und aus 67 Aktien vom Typ T. Dieses Portfolio werde ergänzt um 2 Stücke eines Derivats mit der Preisfunktion $X\left(S,T\right) = ST$. Es ist der Value at Risk dieses Portfolios $Q = P + 2X$ nach der Delta-Normal-Methode zu berechnen. Zunächst gilt

$$\begin{aligned} \mathbf{d}X\left(S,T\right) &= \frac{\partial X}{\partial S}\left(S_0,T_0\right) \mathbf{d}S + \frac{\partial X}{\partial T}\left(S_0,T_0\right) + \mathbf{d}T = T_0 \mathbf{d}S + S_0 \mathbf{d}T, \\ \mathcal{R}_X &= \frac{\mathbf{d}f}{X_0} = S_0 T_0 \frac{\mathbf{d}S}{X_0} + S_0 T_0 \frac{\mathbf{d}T}{X_0} = \mathbf{d}S + \mathbf{d}T. \end{aligned}$$

und die Rendite des Portfolios lautet mit $Q_0 = 5S_0 + 67T_0 + 2X_0 = 2442$ zusammengefasst

$$R_Q = \frac{2040}{2442} R_S + \frac{1842}{2442} R_T.$$

Damit erhalten wir

$$\begin{aligned} \mu_Q &= E(R_P) = 10.885\% \\ V(R_Q) &= \langle \alpha, C\alpha \rangle = 3.2948 \times 10^{-2} \\ \sigma_Q &= \sqrt{\langle \alpha, C\alpha \rangle} = 18.152\%, \end{aligned}$$

und der Delta-Normal-Value at Risk ergibt sich zu

$$\begin{aligned} \mathbf{V@R}_{\mathbf{DN}}(Q) &= -Q_0 \left(\frac{1}{25} \cdot \langle \alpha, \mu_Q \rangle + \frac{1}{5} \sigma_Q q^{1\%}(0,1) \right) \\ &= -2442 \cdot \left(\frac{1}{25} \cdot 10.885\% - \frac{1}{5} \cdot 18.152\% \cdot 2.326 \right) \\ &= 195.58. \end{aligned}$$

△

5.6.4 Component VaR

In der Praxis möchte man häufig das Risiko nach einzelnen Risikofaktoren oder nach Risikofaktortypen aufschlüsseln. So sind etwa Aussagen von Interesse, wie hoch der Anteil des Aktien-, Zins- Wechselkurs- oder Volatilitätsrisikos am Gesamtrisiko ist. Eine Antwort darauf gibt das im folgenden vorgestellte **Component Value at Risk** oder **Component-VaR**.

Sei c ein Finanzinstrument, etwa ein Portfolio, und sei

$$\mathcal{R}_c = \frac{1}{c} \sum_{j=1}^{n} \pi_j^{\text{mod}} R_j$$

eine Darstellung erster Ordnung der Rendite von c als Linearkombination der Renditen der Risikofaktoren R_j.

Sei I eine Teilmenge von $\{1, \ldots, n\}$ und sei P_I der Projektionsoperator auf den durch I definierten Unterraum des $\mathbb{R}^n$. Für $\pi \in \mathbb{R}^n$ gilt $P_I \pi \in \mathbb{R}^n$, wobei

$$(P_I \pi)_j = \begin{cases} \pi_j & \text{falls } j \in I \\ 0 & \text{falls } j \notin I. \end{cases}$$

Als das zu I gehörende Teilrisiko $V@R_I(c)$ bezeichnen wir den Ausdruck

$$\mathbf{V@R}_I(c) := -n \left\langle P_I \pi^{\text{mod}}, \mu \right\rangle - \sqrt{n} q^{\alpha}(0,1) \cdot \sqrt{\left\langle P_I \pi^{\text{mod}}, C P_I \pi^{\text{mod}} \right\rangle}.$$

Sinnvoll sind hier die beiden folgenden Spezialisierungen, die als **Component-VaR** bezeichnet werden.

- **Risiko für einen Risikofaktortyp.** Werden alle Risikofaktoren, die zu den Typen Aktie, Index, Zins, Wechselkurs und Volatilität gehören, jeweils zu einer Indexmenge I zusammengefasst, so ist das Aktien-, Zins-, Wechselkurs- und Volatilitätsrisiko definiert durch

$$\begin{aligned}\mathbf{V@R}_I(c) &= -n\left\langle P_I\pi^{\mathrm{mod}},\mu\right\rangle - \sqrt{n}q^{\alpha}(0,1)\cdot\sqrt{\left\langle P_I\pi^{\mathrm{mod}}, CP_I\pi^{\mathrm{mod}}\right\rangle}\\ &= -n\sum_{\substack{i=1\\ i\in I}}^{m}\pi_i^{\mathrm{mod}}\mu_i - \sqrt{n}q^{\alpha}(0,1)\cdot\sqrt{\sum_{\substack{i,j=1\\ i,j\in I}}^{m}\pi_i^{\mathrm{mod}}\pi_j^{\mathrm{mod}}\cdot\mathbf{Cov}(R_i,R_j)}.\end{aligned}$$

- **Risiko für einen einzelnen Risikofaktor.** Für jeden Risikofaktor i wird die einelementige Teilmenge $I=\{i\}$ betrachtet. Damit wird das Risiko $V@R_i(c) := \mathbf{V@R}_I(c)$ für diesen Risikofaktor definiert als

$$\begin{aligned}\mathbf{V@R}_i(c) &= -n\pi_i^{\mathrm{mod}}\mu_i - \sqrt{n}q^{\alpha}(0,1)\cdot\sqrt{\left\langle P_I\pi^{\mathrm{mod}}, CP_I\pi^{\mathrm{mod}}\right\rangle}\\ &= -n\pi_i^{\mathrm{mod}}\mu_i - \sqrt{n}q^{\alpha}(0,1)\cdot\sqrt{\left(\pi_i^{\mathrm{mod}}\right)^2\mathbf{Cov}(R_i,R_i)}\\ &= -n\pi_i^{\mathrm{mod}}\mu_i - \sqrt{n}q^{\alpha}(0,1)\cdot\left|\pi_i^{\mathrm{mod}}\right|\cdot\sigma_i.\end{aligned}$$

  Wird der Summand $-n\pi_i^{\mathrm{mod}}\mu_i$ vernachlässigt, so erhalten wir näherungsweise

$$\mathbf{V@R}_i(c) = -\sqrt{n}q^{\alpha}(0,1)\cdot\left|\pi_i^{\mathrm{mod}}\right|\cdot\sigma_i.$$

5.6.5 Directional VaR

Wie ändert sich das Portfoliorisiko, wenn der Anteil eines Risikofaktors verändert wird? Dazu setzen wir die Bewertungsfunktion $c = c(F_1,\ldots,F_m)$ als zweimal stetig differenzierbar voraus und betrachten für $j=1,\ldots,m$ die partiellen Ableitungen

$$\frac{\partial}{\partial F_j}\mathbf{V@R}_{\mathbf{DN}}(c) = -n\frac{\partial}{\partial F_j}\left\langle\pi^{\mathrm{mod}},\mu\right\rangle - q^{\alpha}(0,1)\sqrt{n}\frac{\partial}{\partial F_j}\sqrt{\left\langle\pi^{\mathrm{mod}}, C\pi^{\mathrm{mod}}\right\rangle}.$$

Mit $\pi_k = \frac{\partial c}{\partial F_k}$ berechnen wir

$$\begin{aligned}\frac{\partial}{\partial F_j}\pi_k^{\mathrm{mod}} &= \frac{\partial}{\partial F_j}(\pi_k F_k)\\ &= \frac{\partial^2 c}{\partial F_j\partial F_k}F_k + \pi_k\frac{\partial F_k}{\partial F_j}\\ &= \frac{\partial^2 c}{\partial F_j\partial F_k}F_k + \pi_k\delta_{kj}.\end{aligned}$$

Vernachlässigen wir die gemischten partiellen Ableitungen, so erhalten wir näherungsweise $\frac{\partial}{\partial F_j}\pi_k^{\mathrm{mod}} \approx \left(\frac{\partial^2 c}{\partial F_k^2}F_k + \pi_k\right)\delta_{kj} = \left(\frac{\partial}{\partial F_j}\pi_j^{\mathrm{mod}}\right)\delta_{kj}$. Zunächst folgt damit

$$\begin{aligned}\frac{\partial}{\partial F_j}\mathbf{V@R_{DN}}(c) &= -n\frac{\partial}{\partial F_j}\left\langle \pi^{\text{mod}},\mu\right\rangle - q^{\alpha}(0,1)\sqrt{n}\frac{\partial}{\partial F_j}\sqrt{\left\langle \pi^{\text{mod}},C\pi^{\text{mod}}\right\rangle} \\ &\approx -n\left(\frac{\partial}{\partial F_j}\pi_j^{\text{mod}}\right)\mu_j - q^{\alpha}(0,1)\sqrt{n}\frac{\frac{\partial}{\partial F_j}\left\langle \pi^{\text{mod}},C\pi^{\text{mod}}\right\rangle}{2\sqrt{\left\langle \pi^{\text{mod}},C\pi^{\text{mod}}\right\rangle}}.\end{aligned} \tag{5.66}$$

Weiter berechnen wir

$$\begin{aligned}&\frac{\partial}{\partial F_j}\left\langle \pi^{\text{mod}},C\pi^{\text{mod}}\right\rangle \\ &\quad= \frac{\partial}{\partial F_j}\sum_{k,l=1}^{m} C_{kl}\pi_k^{\text{mod}}\pi_l^{\text{mod}} \\ &\quad= \sum_{k,l=1}^{m} C_{kl}\left(\left(\frac{\partial}{\partial F_j}\pi_k^{\text{mod}}\right)\pi_l^{\text{mod}} + \pi_k^{\text{mod}}\left(\frac{\partial}{\partial F_j}\pi_l^{\text{mod}}\right)\right) \\ &\quad\approx \sum_{k,l=1}^{m} C_{kl}\left(\left(\frac{\partial}{\partial F_j}\pi_j^{\text{mod}}\right)\delta_{kj}\pi_l^{\text{mod}} + \pi_k^{\text{mod}}\left(\left(\frac{\partial}{\partial F_j}\pi_j^{\text{mod}}\right)\delta_{lj}\right)\right) \\ &\quad= \left(\frac{\partial}{\partial F_j}\pi_j^{\text{mod}}\right)\sum_{l=1}^{m} C_{jl}\pi_l^{\text{mod}} + \left(\frac{\partial}{\partial F_j}\pi_j^{\text{mod}}\right)\sum_{k=1}^{m} C_{kj}\pi_k^{\text{mod}} \\ &\quad= 2\left(\frac{\partial}{\partial F_j}\pi_j^{\text{mod}}\right)\left(C\pi^{\text{mod}}\right)_j.\end{aligned}$$

Setzen wir dies in (5.66) ein, so erhalten wir

$$\begin{aligned}&\frac{\partial}{\partial F_j}\mathbf{V@R_{DN}}(c) \\ &\quad\approx -n\left(\frac{\partial}{\partial F_j}\pi_j^{\text{mod}}\right)\mu_j - q^{\alpha}(0,1)\left(\frac{\partial}{\partial F_j}\pi_j^{\text{mod}}\right)\sqrt{n}\frac{\left(C\pi^{\text{mod}}\right)_j}{\sqrt{\left\langle \pi^{\text{mod}},C\pi^{\text{mod}}\right\rangle}} \\ &\quad= -\frac{1}{F_j}\left(F_j\frac{\partial}{\partial F_j}\pi_j^{\text{mod}}\right)\left(n\mu_j + q^{\alpha}(0,1)\sqrt{n}\frac{\left(C\pi^{\text{mod}}\right)_j}{\sqrt{\left\langle \pi^{\text{mod}},C\pi^{\text{mod}}\right\rangle}}\right).\end{aligned}$$

Das Gesamtrisiko verändert sich nach Änderung eines Risikofaktors F_j um ΔF_j näherungsweise um

$$\begin{aligned}\Delta\mathbf{V@R_{DN}}(c) &\approx \frac{\partial}{\partial F_j}\mathbf{V@R_{DN}}(c)\cdot\Delta F_j \\ &\approx -R_j\left(F_j\frac{\partial}{\partial F_j}\pi_j^{\text{mod}}\right)\left(n\mu_j + q^{\alpha}(0,1)\sqrt{n}\frac{\left(C\pi^{\text{mod}}\right)_j}{\sqrt{\left\langle \pi^{\text{mod}},C\pi^{\text{mod}}\right\rangle}}\right),\end{aligned}$$

wobei $R_j = \frac{\Delta F_j}{F_j}$ die durch die Änderung des j-ten Risikofaktors definierte Rendite bezeichnet.

Wir haben damit berechnet, wie sich lokal das Gesamtrisiko verändert, wenn der j-te Risikofaktor F_j modifiziert wird. Diese Größe wird **Directional-Value at Risk** oder **Directional-VaR** genannt und liefert Informationen darüber, auf die Änderung welcher Risikofaktoren das Gesamtrisiko lokal am empfindlichsten reagiert.

5.7 Diskussion: Value at Risk als Risikomaß

Das Konzept des Value at Risk fasst das Risiko eines beliebigen Portfolios in einer einzigen Zahl zusammen; es ist bis auf eine Konstante ein Quantil seiner Renditeverteilung. Vollkommen unterschiedliche Portfolioverteilungen können daher über denselben Value at Risk verfügen. Der Value at Risk macht insbesondere keine Aussagen darüber, wie die großen Verluste verteilt sind. Andererseits hat der Value at Risk den Vorteil einer anschaulichen und leicht kommunizierbaren Interpretation.

Eine Schätzung der tatsächlichen Renditeverteilung eines Portfolios ist grundsätzlich mit Hilfe von Monte-Carlo-Simulationen möglich. Allerdings ist dies bei größeren Portfolios mit erheblichem Implementierungs-, Rechen- und damit auch Zeitaufwand verbunden. Andererseits können die Ergebnisse erheblich aussagekräftiger sein, als die Bestimmung des Value at Risk allein.

Die Delta-Normal-Methode ist eine Näherung, die nur dann verlässliche Ergebnisse erwarten lässt, wenn die Renditeverteilung des untersuchten Portfolios näherungsweise normalverteilt ist. In der Praxis ist jedoch die Gestalt der Renditeverteilung in der Regel nicht bekannt. Dennoch ist die Delta-Normal-Methode in der Praxis weit verbreitet.

Wird eine Taylor-Entwicklung der Portfoliowerte bis zur zweiten Ordnung in den Risikofaktoren vorgenommen, so führt auch dies noch zu einer handhabbaren Näherung für den Value at Risk, der sogenannten **Delta-Gamma-Methode**. Eine umfassende Darstellung findet sich in Reiß [48] und in Reiß [49]. Doch auch die Delta-Gamma-Methode ist nur eine Näherung, und es lassen sich sogar Beispiele konstruieren, in denen die Delta-Gamma-Methode schlechtere Ergebnisse liefert als die Delta-Normal-Methode.

5.8 Kohärente Risikomaße

Wir betrachten nun einen Ansatz zur Bestimmung finanzieller Risiken, der in der Arbeit von Artzner/Delbaen/Eber/Heath [4] begründet wurde und der große Beachtung gefunden hat. In der genannten Arbeit werden abstrakt eine Reihe von Forderungen formuliert, die jedes sinnvolle Risikomaß erfüllen sollte. Risikomaße, die diese Eigenschaften besitzen, werden als *kohärent* bezeichnet. Ausgezeichnete und anspruchsvolle Darstellungen von Risikomaßen finden Sie in Föllmer/Schied [16] und Acerbi/Tasche [2]. Siehe auch Langmann [40].

Wir werden sehen, dass das Risikokonzept Value at Risk nicht kohärent ist und insbesondere eine zentrale Eigenschaft, nämlich die *Subadditivität*, nicht erfüllt. Siehe auch Studer [58].

Wir legen einen Wahrscheinlichkeitsraum $(\Omega, \mathcal{F}, P)$ zugrunde und interpretieren eine Zufallsvariable $X : \Omega \to \mathbb{R}$ als eine auf den aktuellen Zeitpunkt abdiskontierte zukünftige unsichere Auszahlung. Ein Risikomaß ρ ordnet jeder dieser Zahlungen X ein Kapital $\rho(X) \in \mathbb{R}$ zu, das bereitgehalten werden muss, damit X im Sinne einer Risikokontrolle oder einer regulatorischen Vorschrift *akzeptabel* ist. Ein Betrag $\rho(X) > 0$ entspricht dabei einer Sicherheitsleistung, die, wie auf einem Marginkonto, zur Absicherung von X hinterlegt werden muss. Gilt dagegen $\rho(X) < 0$, so ist die Auszahlung X auch nach Entnahme des Kapitalbetrags $-\rho(X)$ noch akzeptabel.

Definition 5.41. *Sei $(\Omega, \mathcal{F}, P)$ ein Wahrscheinlichkeitsraum und sei V die Menge aller reellwertigen Zufallsvariablen auf Ω mit der Eigenschaft $\mathbf{E}[X^-] < \infty$, wobei $X^- = \max(0, -X)$ den Negativteil von X bezeichnet. Ein* ***Risikomaß*** *ist eine Abbildung $\rho : V \to \mathbb{R}$.*

Definition 5.42. *Ein Risikomaß $\rho : V \to \mathbb{R}$ heißt* ***kohärent,*** *wenn es die folgenden Eigenschaften erfüllt:*

1. *$\rho(X) \leq 0$ falls $X \in V$ und $X \geq 0$* ***(Monotonie),***
2. *$\rho(X + Y) \leq \rho(X) + \rho(Y)$ für alle $X, Y \in V$* ***(Subadditivität),***
3. *$\rho(\lambda X) = \lambda \rho(X)$ für alle $\lambda \geq 0$ und für alle $X \in V$* ***(Positive Homogenität),***
4. *$\rho(X + a) = \rho(X) - a$ für alle $X \in V$ und für alle $a \in \mathbb{R}$* ***(Translationsinvarianz).***

Die Interpretation der Eigenschaft der *Monotonie* ist klar. Treten bei einer Auszahlung X keine Verluste auf, $X \geq 0$, so soll auch kein Sicherungskapital erforderlich sein, $\rho(X) \leq 0$.

Die *Subadditivitätseigenschaft* besagt, dass die Anforderungen an Sicherungskapital für die Kombination zweier Auszahlungen nicht größer sein sollten als die Summe aus den Anforderungen für jede einzelne Auszahlung. Dies formalisiert das grundlegende Ergebnis der Portfoliotheorie, wonach sich die Risiken bei Portfoliobildung durch Diversifikationseffekte verringern.

Umgekehrt sollte es nicht möglich sein, den Kapitalbedarf durch geschickte Aufspaltung des Gesamtportfolios in geeignete Teilportfolios „herunter zu rechnen", und eine Dezentralisierung der Risikomessung sollte gefahrlos möglich sein.

Ein schwerwiegender Einwand gegen das Konzept des Value at Risk als Risikomaß besteht nun gerade darin, dass der Value at Risk **nicht** subadditiv ist, wie später demonstriert werden wird. Demgegenüber ist jedoch der Delta-Normal-Value at Risk für Konfidenzniveaus > 0.5 subadditiv.

Ist für eine Auszahlung X ein Sicherungskapital $\rho(X)$ erforderlich, so wird unterstellt, dass für die Auszahlung eines Vielfachen von X das Vielfache des Sicherungskapitals benötigt wird. Die Eigenschaft *positive Homogenität* formalisiert diese Annahme.

Fügen wir zu einer Auszahlung X einen konstanten Betrag a hinzu, so sollte sich das erforderliche Sicherungskapital $\rho(X+a)$ von $X+a$ gegenüber $\rho(X)$ um a verringern. Dies wird durch die Eigenschaft der *Translationsinvarianz* formalisiert.

Aus der Translationsinvarianz folgt offenbar

$$\rho(X+\rho(X))=0.$$

Beispiel 5.43. Sei Ω ein endlicher Wahrscheinlichkeitsraum, und seien $X,Y:\Omega\to\mathbb{R}$. Wir betrachten das Risikomaß

$$\rho(X):=-\min\{X(\omega)\,|\omega\in\Omega\}$$

und prüfen es auf Kohärenz. Zunächst folgt aus $X\geq 0$ die Eigenschaft

$$0\leq\min\{X(\omega)\,|\omega\in\Omega\},$$

und dies bedeutet $\rho(X)\leq 0$, also ist ρ monoton. Weiter folgt

$$\{X(\omega)+Y(\omega)\,|\omega\in\Omega\}\subset\{X(\omega)+Y(\omega')\,|\omega,\omega'\in\Omega\}.$$

Daher gilt

$$\begin{aligned}\min\{X(\omega)+Y(\omega)\,|\omega\in\Omega\}&\geq\min\{X(\omega)+Y(\omega')\,|\omega,\omega'\in\Omega\}\\&=\min\{X(\omega)\,|\omega\in\Omega\}+\min\{Y(\omega')\,|\omega'\in\Omega\},\end{aligned}$$

also

$$\rho(X+Y)\leq\rho(X)+\rho(Y).$$

Somit ist ρ subadditiv. Wegen

$$\min\{\lambda X(\omega)\,|\omega\in\Omega\}=\lambda\min\{X(\omega)\,|\omega\in\Omega\}$$

für alle $\lambda>0$ ist ρ positiv homogen. Es gilt

$$\begin{aligned}\rho(X+a)&=-\min\{X(\omega)+a\,|\omega\in\Omega\}\\&=-\min\{X(\omega)\,|\omega\in\Omega\}-a\\&=\rho(X)-a,\end{aligned}$$

also ist ρ translationsinvariant. △

Der maximale Verlust einer zukünftigen unsicheren Auszahlung liefert zwar ein kohärentes Risikomaß, dennoch ist dieses für die Praxis vollkommen untauglich. Das Ziel der Risikomessung ist nicht, den theoretisch möglichen Maximalverlust zu bestimmen und für diesen Wert entsprechendes Risikokapital bereitzuhalten. Dies würde zu hohe Kapitalanforderungen stellen. Bei praxistauglichen Risikomaßen werden daher Verluste unter geeigneter Berücksichtigung ihrer Eintrittswahrscheinlichkeiten in ein zur Absicherung erforderliches Risikokapital umgesetzt.

Beispiel 5.44. Sei $(\Omega, \mathcal{F}, P)$ ein Wahrscheinlichkeitsraum, und sei V die Menge aller reellwertigen Zufallsvariablen auf Ω mit der Eigenschaft $\mathbf{E}[X^-] < \infty$. Wir definieren für alle $X \in V$

$$\rho(X) := \mathbf{E}\left[X^-\right],$$

und prüfen dieses Risikomaß auf Kohärenz. Für $X \geq 0$ gilt zunächst $X^- = 0$ und damit $\mathbf{E}[X^-] = 0$, also ist ρ monoton. Seien $X, Y \in V$ und $\omega \in \Omega$ beliebig. Wir betrachten folgende Fallunterscheidungen:

$X(\omega)$	$Y(\omega)$	$(X+Y)^-(\omega)$	$X^-(\omega)$	$Y^-(\omega)$
≤ 0	≤ 0	$-X(\omega) - Y(\omega)$	$-X(\omega)$	$-Y(\omega)$
≤ 0	≥ 0	$0 \leq (X+Y)^-(\omega) \leq -X(\omega)$	$-X(\omega)$	0
≥ 0	≤ 0	$0 \leq (X+Y)^-(\omega) \leq -Y(\omega)$	0	$-Y(\omega)$
≥ 0	≥ 0	0	0	0

In jedem Fall gilt also $(X+Y)^-(\omega) \leq X^-(\omega) + Y^-(\omega)$. Daraus folgt aber

$$\mathbf{E}\left[(X+Y)^-\right] \leq \mathbf{E}\left[X^-\right] + \mathbf{E}\left[Y^-\right],$$

also ist ρ subadditiv. Für $\lambda > 0$ gilt $(\lambda X)^- = \lambda X^-$, so dass aus der Linearität des Erwartungswerts die positive Homogenität von ρ folgt. Für $a > 0$ betrachten wir schließlich $X := a$. Dann gilt $X \in V$ sowie $\rho(X) = 0$ wegen der Monotonie von ρ. Dann gilt

$$\rho(X+a) = \mathbf{E}\left[(X+a)^-\right] = 0 \neq -a = \mathbf{E}\left[X^-\right] - a = \rho(X) - a,$$

und ρ ist nicht translationsinvariant, also nicht kohärent. △

Beispiel 5.45. Sei wieder $(\Omega, \mathcal{F}, P)$ ein Wahrscheinlichkeitsraum und sei V die Menge aller reellwertigen Zufallsvariablen auf Ω mit der Eigenschaft $\mathbf{E}[X^-] < \infty$. Dann definieren wir

$$\mathbf{E}[X] := \begin{cases} \mathbf{E}[X^+] - \mathbf{E}[X^-] & \text{falls } \mathbf{E}[X^+] < \infty \\ \infty & \text{falls } \mathbf{E}[X^+] = \infty, \end{cases}$$

wobei $X^+ = \max(X, 0)$ den Positivteil von X bezeichnet. Es ist leicht zu sehen, dass

$$\rho(X) := -\mathbf{E}[X]$$

alle Eigenschaften eines kohärenten Risikomaßes erfüllt, allerdings ist ρ nicht reellwertig, weil der Fall $\rho(X) = -\infty$ nicht ausgeschlossen ist. Ist Ω jedoch endlich oder schränken wir den Definitionsbereich von ρ auf die Menge aller integrierbaren reellwertigen Zufallsvariablen ein, so erhalten wir jeweils ein reellwertiges Risikomaß, das alle Kohärenzeigenschaften erfüllt. △

Wir ziehen nun einige Schlußfolgerungen aus Definition 5.42.

Lemma 5.46. *Wenn ρ kohärent ist, so gilt $\rho(0) = 0$ und für $X, Y \in V$ mit $X \leq Y$ folgt $\rho(X) \geq \rho(Y)$. Insbesondere gilt also*

$$\rho(X) \geq 0,$$

falls $X \leq 0$.

Beweis. Dies folgt unmittelbar aus der Eigenschaft der positiven Homogenität von Definition 5.42 mit der Wahl $\lambda = 0$. Aus der Subadditivitätseigenschaft folgt

$$\begin{aligned}\rho(Y) &= \rho((Y - X) + X) \\ &\leq \rho(Y - X) + \rho(X),\end{aligned}$$

und daher erhalten wir mit der Monotonieeigenschaft

$$\rho(Y) - \rho(X) \leq \rho(Y - X) \leq 0,$$

da $Y - X \geq 0$. □

Ein leeres Portfolio besitzt also erwartungsgemäß kein Risiko, und es ist umso mehr Sicherungskapital erforderlich ist, je höher die möglichen Verluste einer Auszahlung sind. Die Monotonieeigenschaft kann noch strenger formuliert werden:

Lemma 5.47. *Ist ρ kohärent und ist* $\sup X < 0$, *so gilt $\rho(X) > 0$.*

Beweis. Ist $\sup X < 0$, so existiert ein $a > 0$, so dass

$$X(\omega) + a \leq 0$$

für alle $\omega \in \Omega$. Aus der Translationsinvarianz von ρ und aus Lemma 5.46 folgt nun

$$\begin{aligned}\rho(X) - a &= \rho(X + a) \\ &\geq 0.\end{aligned}$$

□

Analog zum Beweis von Lemma 5.47 beweist man auch, dass aus $\sup X > 0$ folgt $\rho(X) < 0$.

Lemma 5.48. *Sei Ω ein endlicher Wahrscheinlichkeitsraum. Jedes kohärente Risikomaß ist Lipschitz-stetig bezüglich der Supremumsnorm $\|\cdot\|$. Für alle reellwertigen Zufallsvariablen X und Y gilt*

$$|\rho(X) - \rho(Y)| \leq \|X - Y\|. \tag{5.67}$$

Beweis. Die Behauptung basiert auf der Abschätzung

$$X \leq Y + \|X - Y\| .$$

Aus der Translationsinvarianz und aus Lemma 5.46 folgt

$$\rho(Y) - \|X - Y\| = \rho(Y + \|X - Y\|) \leq \rho(X),$$

und damit erhalten wir

$$\rho(Y) - \rho(X) \leq \|X - Y\| .$$

Die Vertauschung der Rollen von X und Y liefert die Behauptung (5.67). □

Lemma 5.49. *Jedes kohärente Risikomaß ρ ist konvex, d.h., es gilt*

$$\rho(\lambda X + (1 - \lambda) Y) \leq \lambda \rho(X) + (1 - \lambda) \rho(Y),$$

für $0 \leq \lambda \leq 1$.

Beweis. Dies folgt unmittelbar aus der Subadditivität und aus der positiven Homogenität. □

Wir untersuchen nun, welche Eigenschaften der Kohärenz vom Risikomaß Value at Risk erfüllt werden.

Lemma 5.50. *Der Value at Risk erfüllt die Eigenschaften Monotonie, positive Homogenität und Translationsinvarianz der Kohärenz. Im allgemeinen ist der Value at Risk als Risikomaß jedoch nicht subadditiv.*

Beweis. Die Eigenschaften Monotonie, positive Homogenität und Translationsinvarianz des Value at Risk folgen mit Hilfe von Lemma 5.15 aus der Darstellung (5.31), $\mathbf{V@R}^{\alpha}(X) = -q^{\alpha}(X)$, für den Value at Risk. Zum Nachweis, dass der Value at Risk im allgemeinen nicht subadditiv ist, geben wir ein einfaches Gegenbeispiel an. Wir betrachten erneut Beispiel 5.18, zerlegen aber die dort vorgestellte Auszahlung V_T in zwei Summanden, $V_T = V_A + V_B$, wobei

$$V_A(\omega) := \begin{cases} a, \text{ falls } \omega \in A, \\ 0 \text{ sonst} \end{cases}$$

und

$$V_B(\omega) := \begin{cases} b, \text{ falls } \omega \in B, \\ 0 \text{ sonst.} \end{cases}$$

Für die Anfangswerte setzen wir $V_{A0} = V_{B0} = 0$ voraus. Dann gilt für die Verteilungsfunktionen F_A und F_B von V_A und V_B:

$$F_A(x) = \begin{cases} 0, & \text{falls } x < a, \\ \frac{1}{2}\alpha, & \text{falls } a \leq x < 0, \\ 1, & \text{falls } 0 \leq x \end{cases}$$

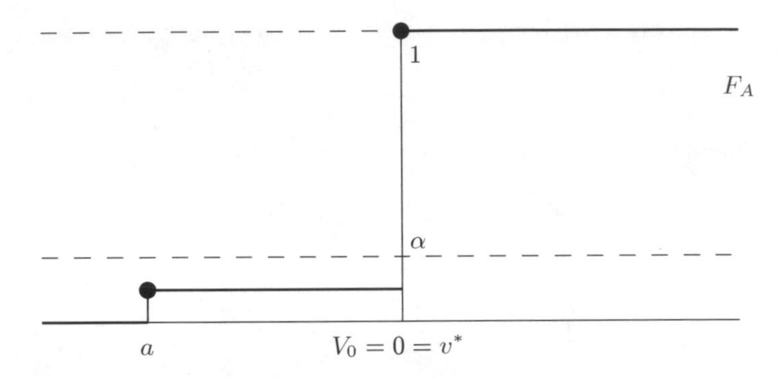

Abb. 5.6. Die Abbildung stellt die Verteilungsfunktion $F_A(x) = P(V_A \leq x)$ der im Beispiel vorgestellten Verteilung V_A dar.

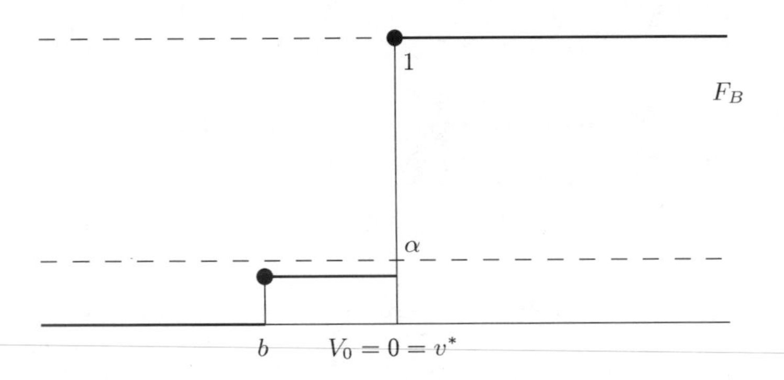

Abb. 5.7. Die Abbildung stellt die Verteilungsfunktion $F_B(x) = P(V_B \leq x)$ der im Beispiel vorgestellten Verteilung V_B dar.

und

$$F_B(x) = \begin{cases} 0, & \text{falls } x < b, \\ \frac{2}{3}\alpha, & \text{falls } b \leq x < 0, \\ 1, & \text{falls } 0 \leq x. \end{cases}$$

Die Verteilungsfunktionen F_A und F_B sind in den Abbildungen 5.6 und 5.7 graphisch dargestellt. Es folgt sofort

$$\mathbf{V@R}(V_A) = \mathbf{V@R}(V_B) = 0.$$

Wegen $V_T = V_A + V_B$ und $\mathbf{V@R}(V_T) = -b > 0$ erhalten wir daher

$$\mathbf{V@R}(V_A + V_B) > \mathbf{V@R}(V_A) + \mathbf{V@R}(V_B),$$

und die Behauptung ist bewiesen. □

Der Delta-Normal-Value at Risk für Konfidenzniveaus größer oder gleich 0.5 ist jedoch subadditiv, wie folgendes Ergebnis zeigt.

Satz 5.51. *Seien die Voraussetzungen von Definition 5.37 erfüllt. Dann ist der Delta-Normal-Value at Risk für $\alpha \leq 0.5$ subadditiv, d.h., für zwei beliebige Auszahlungsprofile X und Y mit Anfangswerten $X_0 > 0$ und $Y_0 > 0$ gilt*

$$\mathbf{V@R_{DN}}(X+Y) \leq \mathbf{V@R_{DN}}(X) + \mathbf{V@R_{DN}}(Y).$$

Beweis. Mit $Z := X + Y$ gilt nach Definition $\pi_Z^{\text{mod}} = \pi_X^{\text{mod}} + \pi_Y^{\text{mod}}$. Daraus folgt mit $Z_0 = X_0 + Y_0$ und (5.60)

$$\begin{aligned}
\mathcal{R}_Z &= \frac{1}{Z_0} \sum_{j=1}^{m} \pi_{Z,j}^{\text{mod}} R_j \\
&= \frac{1}{Z_0} \sum_{j=1}^{m} \left(\pi_{X,j}^{\text{mod}} + \pi_{Y,j}^{\text{mod}}\right) R_j \\
&= \frac{X_0}{Z_0} \left(\frac{1}{X_0} \sum_{j=1}^{m} \pi_{X,j}^{\text{mod}} R_j \right) + \frac{Y_0}{Z_0} \left(\frac{1}{Y_0} \sum_{j=1}^{m} \pi_{Y,j}^{\text{mod}} R_j \right) \\
&= w_X \mathcal{R}_X + w_Y \mathcal{R}_Y,
\end{aligned}$$

mit $w_X := \frac{X_0}{Z_0}$ und $w_Y := \frac{Y_0}{Z_0}$. Wegen $0 \leq w_X, w_Y \leq 1$ folgt nach Lemma 2.20

$$\sqrt{\mathbf{V}[\mathcal{R}_Z]} \leq \sqrt{\mathbf{V}[\mathcal{R}_X]} + \sqrt{\mathbf{V}[\mathcal{R}_Y]}.$$

Für $\alpha \leq 0.5$ gilt $-q^\alpha(0,1) \geq 0$, und daher erhalten wir mit $\mu = (\mu_1, \ldots, \mu_m)$ und (5.61)

$$\begin{aligned}
\mathbf{V@R_{DN}}(Z) &= -n \left\langle \pi_Z^{\text{mod}}, \mu \right\rangle - \sqrt{n}\sqrt{\mathbf{V}[\mathcal{R}_Z]}\, q^\alpha(0,1) \\
&\leq -n \left(\left\langle \pi_X^{\text{mod}}, \mu \right\rangle + \left\langle \pi_Y^{\text{mod}}, \mu \right\rangle \right) \\
&\qquad - \sqrt{n} \left(\sqrt{\mathbf{V}[\mathcal{R}_X]} + \sqrt{\mathbf{V}[\mathcal{R}_Y]} \right) q^\alpha(0,1) \\
&= \mathbf{V@R_{DN}}(X) + \mathbf{V@R_{DN}}(Y).
\end{aligned}$$

□

5.9 Expected Shortfall

Ein für Theorie und Praxis wichtiges Risikomaß, das alle Kohärenzeigenschaften besitzt, ist der Expected Shortfall.

Definition 5.52. *Angenommen,* $\mathbf{E}[X^-] < \infty$. *Für* $\alpha \in (0,1)$ *heißt*

$$\mathbf{TM}_\alpha(X) := \frac{1}{\alpha}\left(\mathbf{E}\left[X \cdot \mathbf{1}_{\{X \le x_{(\alpha)}\}}\right] + x_{(\alpha)}\left(\alpha - P\left(X \le x_{(\alpha)}\right)\right)\right) \tag{5.68}$$

*der α-**Tail Mean** zum Niveau α von X. Der **Expected Shortfall** $\mathbf{ES}_\alpha(X)$ zum Niveau α von X ist definiert als*

$$\mathbf{ES}_\alpha(X) := -\mathbf{TM}_\alpha(X). \tag{5.69}$$

Gelegentlich wird der Index α beim Tail Mean und beim Expected Shortfall weggelassen und einfach $\mathbf{TM}(X)$ bzw. $\mathbf{ES}(X)$ geschrieben.

Angenommen, es gilt

$$F\left(x_{(\alpha)}\right) = P\left(X \le x_{(\alpha)}\right) = \alpha,$$

dann vereinfacht sich (5.68) zu

$$\begin{aligned}\mathbf{TM}_\alpha(X) &= \frac{1}{\alpha}\mathbf{E}\left[X \cdot \mathbf{1}_{\{X \le x_{(\alpha)}\}}\right] \\ &= \mathbf{E}\left[X \left| X \le x_{(\alpha)}\right.\right],\end{aligned}$$

und damit erhalten wir

$$\mathbf{ES}_\alpha(X) = -\mathbf{E}\left[X \left| X \le x_{(\alpha)}\right.\right].$$

In diesem Fall ist der Expected Shortfall also das Negative des bedingten Erwartungswertes der Verluste von X, die größer als $x_{(\alpha)}$ sind. Ist darüber hinaus

$$x^{(\alpha)} = x_{(\alpha)},$$

so folgt wegen $-x^{(\alpha)} = \mathbf{V@R}^\alpha(X)$ die Darstellung

$$\mathbf{ES}_\alpha(X) = -\mathbf{E}\left[X \left| X \le -\mathbf{V@R}^\alpha(X)\right.\right].$$

5.9.1 Der Nachweis der Kohärenz des Expected Shortfall

Wir weisen zunächst die Subadditivität des Expected Shortfall nach. Dazu und zum Nachweis der Monotonie benötigen wir folgendes Lemma.

Lemma 5.53. *Für jedes $\alpha \in (0,1)$ gilt*

$$\mathbf{ES}_\alpha(X) = -\frac{1}{\alpha}\mathbf{E}\left[X \cdot \mathbf{1}^{(\alpha)}_{\{X \le x_{(\alpha)}\}}\right], \tag{5.70}$$

wobei

$$\mathbf{1}^{(\alpha)}_{\{X \le x\}} := \begin{cases} \mathbf{1}_{\{X \le x\}} & \text{falls } P(X = x) = 0 \\ \mathbf{1}_{\{X \le x\}} + \frac{\alpha - P(X \le x)}{P(X = x)}\mathbf{1}_{\{X = x\}} & \text{falls } P(X = x) > 0. \end{cases} \tag{5.71}$$

Weiter gilt

$$\mathbf{1}^{(\alpha)}_{\{X \le x_{(\alpha)}\}} \in [0,1] \tag{5.72}$$

und

$$\mathbf{E}\left[\mathbf{1}^{(\alpha)}_{\{X \le x_{(\alpha)}\}}\right] = \alpha. \tag{5.73}$$

Beweis. Sei $\alpha \in (0,1)$ fest gewählt.

1. Wir betrachten zunächst den Fall $P\left(X = x_{(\alpha)}\right) = 0$. Dies ist gleichbedeutend damit, dass F an der Stelle $x_{(\alpha)}$ stetig ist und dass $F\left(x_{(\alpha)}\right) = \alpha$ gilt. Nach Definition (5.71) ist $\mathbf{1}^{(\alpha)}_{\{X \leq x_{(\alpha)}\}} = \mathbf{1}_{\{X \leq x_{(\alpha)}\}}$, und damit erhalten wir (5.70) und (5.72). (5.73) folgt wegen $\mathbf{E}\left[\mathbf{1}_{\{X \leq x_{(\alpha)}\}}\right] = F\left(x_{(\alpha)}\right) = \alpha$.
2. Wir betrachten nun die Situation $P\left(X = x_{(\alpha)}\right) > 0$. In diesem Fall besitzt F an der Stelle $x_{(\alpha)}$ eine Sprungstelle mit Sprunghöhe $P\left(X = x_{(\alpha)}\right)$, und nach (5.23) und (5.28) ist

$$0 \leq F\left(x_{(\alpha)}\right) - \alpha \leq P\left(X = x_{(\alpha)}\right). \tag{5.74}$$

Nach Definition (5.71) gilt

$$\mathbf{1}^{(\alpha)}_{\{X \leq x_{(\alpha)}\}}(x) = \begin{cases} 1 & \text{falls } x < x_{(\alpha)} \\ 0 & \text{falls } x > x_{(\alpha)} \\ 1 - \frac{F\left(x_{(\alpha)}\right) - \alpha}{P\left(X = x_{(\alpha)}\right)} & \text{falls } x = x_{(\alpha)}. \end{cases} \tag{5.75}$$

Aus (5.74) und (5.75) folgt (5.72). Wir berechnen

$$\begin{aligned} \mathbf{E}\left[\mathbf{1}^{(\alpha)}_{\{X \leq x_{(\alpha)}\}}\right] &= \mathbf{E}\left[\mathbf{1}_{\{X \leq x_{(\alpha)}\}}\right] - \frac{P\left(X \leq x_{(\alpha)}\right) - \alpha}{P\left(X = x_{(\alpha)}\right)} \mathbf{E}\left[\mathbf{1}_{\{X = x_{(\alpha)}\}}\right] \\ &= P\left(X \leq x_{(\alpha)}\right) - \frac{P\left(X \leq x_{(\alpha)}\right) - \alpha}{P\left(X = x_{(\alpha)}\right)} P\left(X = x_{(\alpha)}\right) \\ &= \alpha, \end{aligned}$$

und damit ist (5.73) nachgewiesen. Schließlich gilt

$$\begin{aligned} &\mathbf{E}\left[X \cdot \mathbf{1}^{(\alpha)}_{\{X \leq x_{(\alpha)}\}}\right] \\ &\quad = \mathbf{E}\left[X \cdot \mathbf{1}_{\{X \leq x_{(\alpha)}\}}\right] - \frac{P\left(X \leq x_{(\alpha)}\right) - \alpha}{P\left(X = x_{(\alpha)}\right)} \mathbf{E}\left[X \cdot \mathbf{1}_{\{X = x_{(\alpha)}\}}\right] \\ &\quad = \mathbf{E}\left[X \cdot \mathbf{1}_{\{X \leq x_{(\alpha)}\}}\right] - x_{(\alpha)} \frac{P\left(X \leq x_{(\alpha)}\right) - \alpha}{P\left(X = x_{(\alpha)}\right)} P\left(X = x_{(\alpha)}\right), \end{aligned}$$

und damit folgt (5.70). □

Lemma 5.54. *Sei $\alpha \in (0,1]$ fest gewählt. Wieder sei V die Menge der reellwertigen Zufallsvariablen mit $\mathbf{E}\left[X^-\right] < \infty$ auf einem Wahrscheinlichkeitsraum $(\Omega, \mathcal{F}, P)$. Dann gilt für $X, Y \in V$*

$$\mathbf{ES}_\alpha(X + Y) \leq \mathbf{ES}_\alpha(X) + \mathbf{ES}_\alpha(Y).$$

Beweis. Aus (5.72) und (5.75) folgt

$$\begin{cases} \mathbf{1}^{(\alpha)}_{\{Z \leq z_{(\alpha)}\}} - \mathbf{1}^{(\alpha)}_{\{X \leq x_{(\alpha)}\}} \geq 0 \text{ falls } X > x_{(\alpha)} \\ \mathbf{1}^{(\alpha)}_{\{Z \leq z_{(\alpha)}\}} - \mathbf{1}^{(\alpha)}_{\{X \leq x_{(\alpha)}\}} \leq 0 \text{ falls } X < x_{(\alpha)}. \end{cases} \tag{5.76}$$

Daraus folgt

$$\left(X - x_{(\alpha)}\right) \cdot \left(\mathbf{1}^{(\alpha)}_{\{Z \leq z_{(\alpha)}\}} - \mathbf{1}^{(\alpha)}_{\{X \leq x_{(\alpha)}\}}\right) \geq 0. \tag{5.77}$$

Wir verwenden (5.77) zusammen mit (5.70) und schreiben mit $Z := X + Y$

$$\begin{aligned}
&\alpha \left(\mathbf{ES}_\alpha (X) + \mathbf{ES}_\alpha (Y) - \mathbf{ES}_\alpha (X + Y)\right) \\
&= \mathbf{E}\left[Z \cdot \mathbf{1}^{(\alpha)}_{\{Z \leq z_{(\alpha)}\}} - X \cdot \mathbf{1}^{(\alpha)}_{\{X \leq x_{(\alpha)}\}} - Y \cdot \mathbf{1}^{(\alpha)}_{\{Y \leq y_{(\alpha)}\}}\right] \\
&= \mathbf{E}\left[X \cdot \left(\mathbf{1}^{(\alpha)}_{\{Z \leq z_{(\alpha)}\}} - \mathbf{1}^{(\alpha)}_{\{X \leq x_{(\alpha)}\}}\right) + Y \cdot \left(\mathbf{1}^{(\alpha)}_{\{Z \leq z_{(\alpha)}\}} - \mathbf{1}^{(\alpha)}_{\{Y \leq y_{(\alpha)}\}}\right)\right] \\
&\geq x_{(\alpha)} \mathbf{E}\left[\mathbf{1}^{(\alpha)}_{\{Z \leq z_{(\alpha)}\}} - \mathbf{1}^{(\alpha)}_{\{X \leq x_{(\alpha)}\}}\right] + y_{(\alpha)} \mathbf{E}\left[\mathbf{1}^{(\alpha)}_{\{Z \leq z_{(\alpha)}\}} - \mathbf{1}^{(\alpha)}_{\{Y \leq y_{(\alpha)}\}}\right] \\
&= x_{(\alpha)} (\alpha - \alpha) + y_{(\alpha)} (\alpha - \alpha) \\
&= 0,
\end{aligned}$$

wobei (5.73) verwendet wurde. □

Satz 5.55. *Sei $\alpha \in (0, 1)$ fest gewählt. Wieder sei V die Menge der reellwertigen Zufallsvariablen mit $\mathbf{E}[X^-] < \infty$ auf einem Wahrscheinlichkeitsraum $(\Omega, \mathcal{F}, P)$. Dann ist der Expected Shortfall $\rho : V \to \mathbb{R}$,*

$$\rho (X) = \mathbf{ES}_\alpha (X),$$

$X \in V$, ein kohärentes Risikomaß.

Beweis. Wir weisen direkt die Eigenschaften für kohärente Risikomaße aus Definition 5.42 nach. Seien $X, Y \in V$. Zunächst gilt wegen (5.23) stets

$$P\left(X \leq x_{(\alpha)}\right) = F\left(x_{(\alpha)}\right) \geq \alpha. \tag{5.78}$$

1. **(Monotonie)** Für $X \geq 0$ gilt wegen (5.72) $\mathbf{E}\left[X \cdot \mathbf{1}^{(\alpha)}_{\{X \leq x_{(\alpha)}\}}\right] \geq 0$, und zusammen mit (5.70) folgt $\mathbf{ES}_\alpha (X) \leq 0$, also die Monotonie von ρ.
2. **(Subadditivität)** Dies folgt aus Lemma 5.54.
3. **(Positive Homogenität)** Für $\lambda > 0$ gilt nach Lemma 5.15

$$q_\alpha (\lambda X) = \lambda q_\alpha (X) = \lambda x_{(\alpha)}.$$

   Daher, wegen $P(\lambda X \leq q_\alpha (\lambda X)) = P(\lambda X \leq \lambda q_\alpha (X)) = P\left(X \leq x_{(\alpha)}\right)$ und wegen der Linearität des Erwartungswerts folgt die positive Homogenität aus der Darstellung (5.68).

4. **(Translationsinvarianz)** Sei $a \in \mathbb{R}$ beliebig. Dann gilt nach Lemma 5.15 $q_\alpha(X+a) = q_\alpha(X) + a$ und daher

$$\begin{aligned}\mathbf{E}\left[(X+a)\cdot \mathbf{1}_{\{X+a\leq q_\alpha(X+a)\}}\right] &= \mathbf{E}\left[X\cdot \mathbf{1}_{\{X\leq q_\alpha(X)\}}\right] + a\mathbf{E}\left[\mathbf{1}_{\{X\leq x_{(\alpha)}\}}\right]\\ &= \mathbf{E}\left[X\cdot \mathbf{1}_{\{X\leq x_{(\alpha)}\}}\right] + aP\left(X\leq x_{(\alpha)}\right).\end{aligned}$$

Weiter gilt

$$\begin{aligned}&q_\alpha(X+a)\left(\alpha - P\left(X+a\leq q_\alpha(X+a)\right)\right)\\ &= \left(x_{(\alpha)}+a\right)\left(\alpha - P\left(X\leq x_{(\alpha)}\right)\right)\\ &= x_{(\alpha)}\left(\alpha - P\left(X\leq x_{(\alpha)}\right)\right) + \alpha a - aP\left(X\leq x_{(\alpha)}\right).\end{aligned}$$

Zusammen erhalten wir in (5.68)

$$\mathbf{TM}_\alpha(X+a) = \mathbf{TM}_\alpha(X) + a,$$

und daraus folgt die Translationsinvarianz von ρ. □

5.9.2 Weitere Eigenschaften und Schätzung des Expected Shortfall

Je höher das Konfidenzniveau, desto näher liegt die in der Definition des Expected Shortfall auftretende Wahrscheinlichkeit α bei Null. Der Expected Shortfall $\mathbf{ES}_\alpha(X)$ für eine Zufallsvariable X ist monoton fallend in α, wie der folgende Satz zeigt. Das Sicherungskapital $\mathbf{ES}_\alpha(X)$ für ein Portfolio X nimmt also bei steigendem Konfidenzniveau, d.h. bei sinkendem α, tendenziell zu.

Satz 5.56. *Sei X eine reellwertige Zufallsvariable mit $\mathbf{E}[X^-] < \infty$ auf einem Wahrscheinlichkeitsraum $(\Omega, \mathcal{F}, P)$. Seien $0 < \alpha \leq \beta < 1$. Dann gilt*

$$\mathbf{ES}_\beta(X) \leq \mathbf{ES}_\alpha(X).$$

Beweis. Für $\alpha \leq \beta$ gilt nach (5.23) die Abschätzung $x_{(\alpha)} \leq x_{(\beta)}$. Daraus folgt $\{X \leq x_{(\alpha)}\} \subset \{X \leq x_{(\beta)}\}$ und

$$\alpha\mathbf{1}^{(\beta)}_{\{X\leq x_{(\beta)}\}} - \beta\mathbf{1}^{(\alpha)}_{\{X\leq x_{(\alpha)}\}} = \begin{cases}\alpha\mathbf{1}^{(\beta)}_{\{X\leq x_{(\beta)}\}} \geq 0 & \text{falls } X > x_{(\alpha)}\\ \alpha - \beta \leq 0 & \text{falls } X < x_{(\alpha)}.\end{cases}$$

Mit diesem Ergebnis erhalten wir

$$\left(X - x_{(\alpha)}\right)\cdot\left(\alpha\mathbf{1}^{(\beta)}_{\{X\leq x_{(\beta)}\}} - \beta\mathbf{1}^{(\alpha)}_{\{X\leq x_{(\alpha)}\}}\right) \geq 0,$$

und daher gilt mit Lemma 5.53

$$\begin{aligned}\mathbf{TM}_{\beta}(X)-\mathbf{TM}_{\alpha}(X)&=\mathbf{E}\left[X\cdot\left(\beta^{-1}\mathbf{1}^{(\beta)}_{\{X\leq x_{(\beta)}\}}-\alpha^{-1}\mathbf{1}^{(\alpha)}_{\{X\leq x_{(\alpha)}\}}\right)\right]\\&=\frac{1}{\alpha\beta}\mathbf{E}\left[X\cdot\left(\alpha\mathbf{1}^{(\beta)}_{\{X\leq x_{(\beta)}\}}-\beta\mathbf{1}^{(\alpha)}_{\{X\leq x_{(\alpha)}\}}\right)\right]\\&\geq\frac{1}{\alpha\beta}x_{(\alpha)}\mathbf{E}\left[\left(\alpha\mathbf{1}^{(\beta)}_{\{X\leq x_{(\beta)}\}}-\beta\mathbf{1}^{(\alpha)}_{\{X\leq x_{(\alpha)}\}}\right)\right]\\&=\frac{1}{\alpha\beta}x_{(\alpha)}\left(\alpha\beta-\beta\alpha\right)\\&=0.\end{aligned}$$

□

Für den Expected Shortfall lässt sich mit Hilfe des folgenden Satzes eine Darstellung als Integral über die Quantile ableiten.

Satz 5.57. *Sei X eine reellwertige Zufallsvariable mit $\mathbf{E}[X^-]<\infty$ auf einem Wahrscheinlichkeitsraum $(\Omega,\mathcal{F},P)$. Dann gilt für alle $\alpha\in(0,1)$*

$$\mathbf{ES}_{\alpha}(X)=-\frac{1}{\alpha}\int_0^{\alpha}x_{(u)}du. \tag{5.79}$$

Beweis. Sei $U:[0,1]\to[0,1]$ gleichverteilt. Nach Satz 5.10 besitzt die Zufallsvariable

$$Z:=x_{(U)}=(F_X)_-^{-1}\circ U,$$

auf dem Wahrscheinlichkeitsraum $([0,1],\mathcal{B}([0,1]),\lambda)$ dieselbe Verteilung wie X auf $(\Omega,\mathcal{F},P)$. Zunächst gilt

$$\{U\leq\alpha\}\subset\left\{Z\leq x_{(\alpha)}\right\}, \tag{5.80}$$

denn für $\omega\in[0,1]$ mit $U(\omega)=:\gamma\leq\alpha$ gilt $Z(\omega)=x_{(\gamma)}\leq x_{(\alpha)}$ wegen Lemma 5.6. Weiter gilt

$$A:=\{U>\alpha\}\cap\left\{Z\leq x_{(\alpha)}\right\}\subset\left\{Z=x_{(\alpha)}\right\}, \tag{5.81}$$

denn für $\omega\in[0,1]$ mit $U(\omega)=:\gamma>\alpha$ gilt $Z(\omega)=x_{(\gamma)}\geq x_{(\alpha)}$, wiederum wegen Lemma 5.6. Aus (5.80) und (5.81) schließen wir

$$\begin{aligned}\left\{Z\leq x_{(\alpha)}\right\}&=\left(\{U\leq\alpha\}\cap\left\{Z\leq x_{(\alpha)}\right\}\right)\cup\left(\{U>\alpha\}\cap\left\{Z\leq x_{(\alpha)}\right\}\right)\\&=\{U\leq\alpha\}\cup A.\end{aligned}$$

Daraus folgt

$$P\left\{X\leq x_{(\alpha)}\right\}=\lambda\left\{Z\leq x_{(\alpha)}\right\}=\alpha+\lambda(A)$$

und daher

$$\begin{aligned}\int_0^\alpha x_{(u)}du &= \mathbf{E}\left[Z \cdot \mathbf{1}_{\{U \leq \alpha\}}\right] \\ &= \mathbf{E}\left[Z \cdot \mathbf{1}_{\{Z \leq x_{(\alpha)}\}}\right] - \mathbf{E}\left[Z \cdot \mathbf{1}_A\right] \\ &= \mathbf{E}\left[X \cdot \mathbf{1}_{\{X \leq x_{(\alpha)}\}}\right] - x_{(\alpha)}\lambda(A) \\ &= \mathbf{E}\left[X \cdot \mathbf{1}_{\{X \leq x_{(\alpha)}\}}\right] + x_{(\alpha)}\left(\alpha - P\left\{X \leq x_{(\alpha)}\right\}\right).\end{aligned}$$

Die Behauptung folgt nun mit Lemma 5.53. □

Folgerung 5.58 *Die Abbildung*

$$\alpha \longmapsto \mathbf{ES}_\alpha(X)$$

ist stetig.

Beweis. Beachte, dass $x_{(u)}$ monoton in u ist, so dass für $0 < \alpha \leq \beta < 1$ gilt

$$\left|\int_\alpha^\beta x_{(u)}du\right| \leq (\beta - \alpha)\left|x_{(\beta)}\right|.$$

□

Zur Schätzung des Expected Shortfall fragen wir uns zunächst, wie das untere α-Quantil $x_{(\alpha)}$ einer Zufallsvariablen X geschätzt werden kann. Sei $(X_1, \ldots, X_n)$ eine Stichprobe von unabhängigen Realisierungen von X. Wir bezeichnen die aufsteigend sortierten Komponenten des Tupels mit $X_{1:n} \leq \cdots \leq X_{n:n}$. Schließlich bezeichnen wir mit $\lfloor x \rfloor$ den ganzzahligen Anteil einer Zahl $x \in \mathbb{R}$, also

$$\lfloor x \rfloor = \max\{n \in \mathbb{Z} \,|\, n \leq x\}.$$

Dann erscheint die Ordnungsstatistik $X_{\lfloor n\alpha \rfloor:n}$ als natürlicher Schätzer für $x_{(\alpha)}$. Obwohl bekannt ist, dass im Falle von $x_{(\alpha)} < x^{(\alpha)}$ keine Konvergenz der Ordnungsstatistik gegen $x_{(\alpha)}$ vorliegt, gilt dennoch folgendes Resultat:

Satz 5.59. *Sei $\alpha \in (0,1)$ fest gewählt. X sein eine Zufallsvariable mit $\mathbf{E}[X^-] < \infty$, und $(X_1, X_2, \ldots)$ sei eine Folge von unabhängigen Zufallsvariablen mit derselben Verteilung wie X. Dann gilt mit Wahrscheinlichkeit* 1

$$-\lim_{n\to\infty} \frac{\sum_{i=1}^{\lfloor n\alpha \rfloor} X_{i:n}}{\lfloor n\alpha \rfloor} = \mathbf{ES}_\alpha(X). \tag{5.82}$$

Wenn X integrierbar ist, dann liegt in (5.82) auch Konvergenz in L^1 vor.

Beweis. Siehe Acerbi/Tasche [2], Proposition 4.1. □

5.10 Weitere Aufgaben

Aufgabe 5.3. Die Jahresrenditen eines Portfolios seien näherungsweise normalverteilt mit $\mu = 6\%$ und $\sigma = 37\%$. Der aktuelle Wert des Portfolios betrage 457 452 Euro. Die Liquidationsperiode betrage 10 Handelstage, das Konfidenzniveau sei 99%. Legen Sie 250 Handelstage für ein Jahr zugrunde. Bestimmen Sie den Value at Risk für das gegebene Portfolio

1. mit Hilfe von Satz 5.27
2. sowie unter Verwendung der Faustformel (5.48).

Aufgabe 5.4. Berechnen Sie die modifizierten Sensitivitäten für den Index-Performance-Sparvertrag aus Abschnitt 4.16.

Teil II

6

Diskrete Stochastische Analysis

In diesem Kapitel werden einige grundlegende Begriffsbildungen der stochastischen Analysis, wie die bedingte Erwartung, Martingale, das stochastische Integral, die Doob-Zerlegung, die Itô-Formel, der Satz von Girsanov und Stoppzeiten im Rahmen endlicher Wahrscheinlichkeitsräume dargestellt.

Als Hintergrundliteratur für dieses Kapitel seien die Bücher von Dothan [14], Bauer [5], [6] und Williams [59], sowie die Veröffentlichung von Kallsen [26] empfohlen.

Sei Ω eine endliche Menge, $\mathcal{F}$ eine Algebra über Ω, und sei $P : \mathcal{F} \to [0,1]$ ein Wahrscheinlichkeitsmaß. Dann nennen wir das Tripel $(\Omega, \mathcal{F}, P)$ einen endlichen Wahrscheinlichkeitsraum. Da Ω nach Voraussetzung endlich ist, lässt sich die Algebra $\mathcal{F}$ durch eine Partition $\mathcal{Z}(\mathcal{F}) = \{A_1, \ldots, A_n\}$ eindeutig charakterisieren. Wir setzen ab jetzt stets voraus, dass $P(A_i) > 0$ für alle $i = 1, \ldots, n$ gilt.

Diese Situation kann stets erzielt werden. Sollte es in einem endlichen Wahrscheinlichkeitsraum $(\Omega_0, \mathcal{F}_0, P_0)$ eine Partitionsmenge $A \in \mathcal{Z}(\mathcal{F})$ geben mit $P_0(A) = 0$, so kann diese Menge aus Ω_0 und aus der zu $\mathcal{F}_0$ gehörenden Partition entfernt werden. Dieses Vorgehen kann so lange wiederholt werden, bis das Wahrscheinlichkeitsmaß $P = P_{0|\mathcal{F}}$ auf einer verkleinerten Algebra $\mathcal{F} \subset \mathcal{F}_0$ über einer kleineren Menge $\Omega \subset \Omega_0$ die Eigenschaft $P(A) > 0$ für alle $A \in \mathcal{Z}(\mathcal{F})$ besitzt. In diesem Fall werden also alle Ereignisse aus der Modellierung ausgenommen, deren Eintrittswahrscheinlichkeit Null ist, und es gibt in $\mathcal{F}$ keine nichtleeren Mengen mit Maß Null.

Diese Modifikation lässt sich jedoch in der Regel nur für endliche oder abzählbar unendliche Ereignismengen durchführen, denn σ-Algebren über nicht abzählbaren Mengen lassen sich im allgemeinen nicht mehr eindeutig durch ihre Partitionen charakterisieren[1].

[1] So besteht sowohl die Partition der σ-Algebra der reellen Borelmengen als auch die Partition der σ-Algebra der Potenzmenge von $\mathbb{R}$ aus den einelementigen reellen Teilmengen.

J. Kremer, *Portfoliotheorie, Risikomanagement und die Bewertung von Derivaten*, 2. Aufl., Springer-Lehrbuch, DOI 10.1007/978-3-642-20868-3_6, © Springer-Verlag Berlin Heidelberg 2011

6.1 Bedingte Erwartung und Martingale

Satz 6.1. *Sei $(\Omega, \mathcal{F}, P)$ ein endlicher Wahrscheinlichkeitsraum mit $P(A) > 0$ für alle $A \in \mathcal{F}$, $A \neq \varnothing$. Sei X eine $\mathcal{F}$-messbare Zufallsvariable. Sei weiter $\mathcal{G} \subset \mathcal{F}$ eine Unteralgebra von $\mathcal{F}$. Dann existiert eine eindeutig bestimmte $\mathcal{G}$-messbare Zufallsvariable Y mit der Eigenschaft*

$$\mathbf{E}[Y \cdot \mathbf{1}_A] = \mathbf{E}[X \cdot \mathbf{1}_A] \tag{6.1}$$

für alle $A \in \mathcal{G}$. Es gilt die Darstellung

$$Y := \sum_{A \in \mathcal{Z}(\mathcal{G})} Y(A) \cdot \mathbf{1}_A, \tag{6.2}$$

wobei

$$Y(A) := \frac{1}{P(A)} \sum_{\substack{B \in \mathcal{Z}(\mathcal{F}) \\ B \subset A}} X(B) P(B) = \frac{1}{P(A)} \sum_{B \in \mathcal{Z}(\mathcal{F})} X(B) P(A \cap B). \tag{6.3}$$

Beweis. Eindeutigkeit. Zunächst setzen wir die Existenz einer $\mathcal{G}$-messbaren Zufallsvariablen Y voraus, die (6.1) erfüllt. Sei nun $A \in \mathcal{Z}(\mathcal{G}) \subset \mathcal{G}$ beliebig. Als $\mathcal{G}$-messbare Funktion ist Y konstant auf A, und daher gilt

$$Y(A) P(A) = \mathbf{E}[Y \cdot \mathbf{1}_A].$$

Da $\mathcal{F}$ feiner als $\mathcal{G}$ ist, gilt für jedes $B \in \mathcal{Z}(\mathcal{F})$ entweder $B \subset A$, also $B \cap A = B$, oder $B \cap A = \varnothing$. Damit folgt aber

$$\begin{aligned} \mathbf{E}[X \cdot \mathbf{1}_A] &= \sum_{B \in \mathcal{Z}(\mathcal{F})} X(B) \mathbf{1}_A(B) P(B) \\ &= \sum_{\substack{B \in \mathcal{Z}(\mathcal{F}) \\ B \subset A}} X(B) P(B). \end{aligned}$$

Damit erhalten wir (6.3), denn nach Voraussetzung gilt $P(A) > 0$. Wenn also eine $\mathcal{G}$-messbare Zufallsvariable Y existiert, die (6.1) erfüllt, dann muss diese die Eigenschaft (6.3) besitzen und ist damit eindeutig bestimmt.

Existenz. Definieren wir umgekehrt Y durch (6.2) und (6.3), so ist Y offensichtlich $\mathcal{G}$-messbar, und es gilt für beliebiges $A \in \mathcal{Z}(\mathcal{G})$

$$\begin{aligned} \mathbf{E}[Y \cdot \mathbf{1}_A] &= Y(A) P(A) \\ &= \sum_{\substack{B \in \mathcal{Z}(\mathcal{F}) \\ B \subset A}} X(B) P(B) \\ &= \mathbf{E}[X \cdot \mathbf{1}_A]. \end{aligned}$$

Jedes $A \in \mathcal{G}$ lässt sich darstellen als $A = A_1 \cup \cdots \cup A_n$ mit $A_1, \ldots, A_n \in \mathcal{Z}(\mathcal{G})$. Wegen $A_i \cap A_j = \varnothing$ für $i \neq j$ gilt $\mathbf{1}_A = \sum_{i=1}^{n} \mathbf{1}_{A_i}$, und es folgt

$$\mathbf{E}[Y \cdot \mathbf{1}_A] = \sum_{i=1}^{n} \mathbf{E}[Y \cdot \mathbf{1}_{A_i}] = \sum_{i=1}^{n} \mathbf{E}[X \cdot \mathbf{1}_{A_i}] = \mathbf{E}[X \cdot \mathbf{1}_A].$$

Damit ist der Satz ist bewiesen. □

Die folgende Definition stellt das nach Williams [59] zentrale Konzept der modernen Wahrscheinlichkeitstheorie vor.

Definition 6.2. *Sei $(\Omega, \mathcal{F}, P)$ ein endlicher Wahrscheinlichkeitsraum mit $P(A) > 0$ für alle nicht leeren $A \in \mathcal{F}$ und sei $\mathcal{G} \subset \mathcal{F}$ eine Unteralgebra von $\mathcal{F}$. Sei weiter X eine $\mathcal{F}$-messbare Zufallsvariable. Die eindeutig bestimmte Zufallsvariable Y mit Eigenschaft (6.1) wird die* ***bedingte Erwartung*** *von X gegeben $\mathcal{G}$ genannt und als*

$$Y = \mathbf{E}[X \,|\mathcal{G}] = \mathbf{E}_{\mathcal{G}}[X]$$

notiert.

Gilt $P(A) > 0$ für alle nicht leeren $A \in \mathcal{F}$, so gilt insbesondere $P(A) > 0$ für alle nicht leeren $A \in \mathcal{G} \subset \mathcal{F}$. Beachte, dass die bedingte Erwartung einer Zufallsvariablen keine Zahl ist wie der Erwartungswert, sondern eine Zufallsvariable.

Anmerkung 6.3. Sei $(\Omega, \mathcal{F}, P)$ ein beliebiger Wahrscheinlichkeitsraum. Eine Menge $N \in \mathcal{F}$ heißt **Nullmenge**, wenn $P(N) = 0$ gilt. Sei $A(\omega)$ eine Eigenschaft, bei der für jedes $\omega \in \Omega$ bestimmt werden kann, ob sie zutrifft oder nicht, dann sagen wir, Eigenschaft A gilt **fast überall** oder **fast sicher**, wenn es eine Nullmenge $N \in \mathcal{F}$ gibt, so dass $A(\omega)$ zutrifft für alle $\omega \notin N$. Wir sagen dann, $A(\omega)$ trifft für **fast alle** $\omega \in \Omega$ zu. Seien X und Y zwei Zufallsvariablen auf Ω. Wir sagen, $X = Y$ fast überall, wenn $X(\omega) = Y(\omega)$ für fast alle $\omega \in \Omega$ gilt. Im Falle beliebiger Wahrscheinlichkeitsräume lassen sich die Existenz und die fast sichere Eindeutigkeit der bedingten Erwartung aus Bedingung (6.1) mit Hilfe des Satzes von Radon-Nikodym nachweisen, siehe Bauer [5].

Beispiel 6.4. Sei $\Omega = \{\omega_1, \ldots, \omega_4\}$ und $\mathcal{F} = \mathcal{P}(\Omega)$. Mit der Definition $P(\omega) = \frac{1}{4}$ wird ein Wahrscheinlichkeitsmaß auf Ω definiert. Sei weiter

$$\mathcal{Z}(\mathcal{G}) = \{\{\omega_1, \omega_2\}, \{\omega_3, \omega_4\}\}.$$

Wir definieren eine Zufallsvariable $X : \Omega \to \mathbb{R}$ durch

$$X(\omega_1) = -3$$
$$X(\omega_2) = 1$$
$$X(\omega_3) = 0$$
$$X(\omega_4) = 5$$

und berechnen die bedingte Erwartung $\mathbf{E}_{\mathcal{G}}[X]$. Mit (6.2) erhalten wir

$$\begin{aligned}\mathbf{E}_{\mathcal{G}}[X] &= \left(\frac{1}{P(\{\omega_1,\omega_2\})}\left(X(\omega_1)P(\omega_1)+X(\omega_2)P(\omega_2)\right)\right)\cdot\mathbf{1}_{\{\omega_1,\omega_2\}} \\ &\quad+\left(\frac{1}{P(\{\omega_3,\omega_4\})}\left(X(\omega_3)P(\omega_3)+X(\omega_4)P(\omega_4)\right)\right)\cdot\mathbf{1}_{\{\omega_3,\omega_4\}} \\ &= \left(2\left(\frac{-3}{4}+\frac{1}{4}\right)\right)\cdot\mathbf{1}_{\{\omega_1,\omega_2\}}+\left(2\left(\frac{5}{4}\right)\right)\cdot\mathbf{1}_{\{\omega_3,\omega_4\}} \\ &= -\mathbf{1}_{\{\omega_1,\omega_2\}}+\frac{5}{2}\cdot\mathbf{1}_{\{\omega_3,\omega_4\}}.\end{aligned}$$

△

Beispiel 6.5. Ein Vergleich von (6.2) und (6.3) mit (3.75) zeigt, dass die beiden Definitionen 3.75 und 6.2 übereinstimmen:

$$\begin{aligned}\mathbf{E}_s^Q[X] &= \mathbf{E}^Q[X\,|\mathcal{F}_s] \\ &= \sum_{A_s}\left(\sum_{A_t\subset A_s}X(A_t)\,Q_{A_s}(A_t)\right)\mathbf{1}_{A_s} \\ &= \sum_{A_s}\left(\frac{1}{Q(A_s)}\sum_{A_t\subset A_s}Q(A_t)\,X(A_t)\right)\mathbf{1}_{A_s},\end{aligned}$$

denn wegen $A_t \subset A_s$ gilt $Q_{A_s}(A_t) = \frac{Q(A_t\cap A_s)}{Q(A_s)} = \frac{Q(A_t)}{Q(A_s)}$. △

Wir formulieren nun einige grundlegende Eigenschaften der bedingten Erwartung.

Satz 6.6. *Sei $(\Omega, \mathcal{F}, P)$ ein endlicher Wahrscheinlichkeitsraum, $\mathcal{G} \subset \mathcal{F}$ eine Unteralgebra von $\mathcal{F}$, und sei X eine $\mathcal{F}$-messbare Zufallsvariable.*

1. *Für $Y = \mathbf{E}_{\mathcal{G}}[X]$ gilt $\mathbf{E}[Y] = \mathbf{E}[X]$.*
2. *Wenn X $\mathcal{G}$-messbar ist, so gilt $X = \mathbf{E}_{\mathcal{G}}[X]$.*
3. *Sind X_1 und X_2 $\mathcal{F}$-messbar, so gilt $\mathbf{E}_{\mathcal{G}}[\lambda_1 X_1 + \lambda_2 X_2] = \lambda_1 \mathbf{E}_{\mathcal{G}}[X_1] + \lambda_2 \mathbf{E}_{\mathcal{G}}[X_2]$ **(Linearität)**.*
4. *Wenn $X \geq 0$, so gilt $\mathbf{E}_{\mathcal{G}}[X] \geq 0$ **(Positivität)**.*
5. *Angenommen, $\mathcal{H}$ ist eine Unteralgebra von $\mathcal{G}$, so gilt $\mathbf{E}_{\mathcal{H}}[\mathbf{E}_{\mathcal{G}}[X]] = \mathbf{E}_{\mathcal{G}}[\mathbf{E}_{\mathcal{H}}[X]] = \mathbf{E}_{\mathcal{H}}[X]$ **(Iteration der bedingten Erwartung)**.*
6. *Ist Z $\mathcal{G}$-messbar, so gilt $\mathbf{E}_{\mathcal{G}}[ZX] = Z\mathbf{E}_{\mathcal{G}}[X]$.*

Beweis. **1.** Wird in (6.1), $\mathbf{E}[Y \cdot \mathbf{1}_A] = \mathbf{E}[X \cdot \mathbf{1}_A]$, speziell $A = \Omega$ gewählt, so folgt die Behauptung.

2. Wenn X $\mathcal{G}$-messbar ist, so ist X insbesondere auch $\mathcal{F}$-messbar. In (6.1) kann also als $\mathcal{G}$-messbare Funktion Y speziell X selbst gewählt werden. Da Y eindeutig bestimmt ist, gilt $\mathbf{E}_{\mathcal{G}}[X] = Y = X$.

3. Seien X und X' $\mathcal{F}$-messbar mit $Y = \mathbf{E}_{\mathcal{G}}[X]$ und $Y' = \mathbf{E}_{\mathcal{G}}[X']$. Dann gilt für beliebiges $A \in \mathcal{G}$

$$\begin{aligned}\mathbf{E}[(\lambda X + \mu X') \cdot \mathbf{1}_A] &= \lambda \mathbf{E}[X \cdot \mathbf{1}_A] + \mu \mathbf{E}[X' \cdot \mathbf{1}_A] \\ &= \lambda \mathbf{E}[Y \cdot \mathbf{1}_A] + \mu \mathbf{E}[Y' \cdot \mathbf{1}_A] \\ &= \mathbf{E}[(\lambda Y + \mu Y') \cdot \mathbf{1}_A].\end{aligned}$$

Dies bedeutet aber

$$\mathbf{E}_{\mathcal{G}}[\lambda X + \mu X'] = \lambda Y + \mu Y' = \lambda \mathbf{E}_{\mathcal{G}}[X] + \mu \mathbf{E}_{\mathcal{G}}[X'],$$

was zu zeigen war.

4. Die Positivität folgt unmittelbar aus der Darstellung (6.2) und (6.3) für die bedingte Erwartung.

5. Sei $Y := \mathbf{E}_{\mathcal{G}}[X]$. Dann gilt für alle $A \in \mathcal{G}$

$$\mathbf{E}[Y \cdot \mathbf{1}_A] = \mathbf{E}[X \cdot \mathbf{1}_A].$$

Insbesondere gilt diese Gleichung also für $H \in \mathcal{H} \subset \mathcal{G}$, also

$$\mathbf{E}[Y \cdot \mathbf{1}_H] = \mathbf{E}[X \cdot \mathbf{1}_H].$$

Daraus folgt aber bereits $\mathbf{E}_{\mathcal{H}}[\mathbf{E}_{\mathcal{G}}[X]] = \mathbf{E}_{\mathcal{H}}[X]$. Weiter ist $\mathbf{E}_{\mathcal{H}}[X]$ $\mathcal{H}$-messbar, und daher auch $\mathcal{G}$-messbar wegen $\mathcal{H} \subset \mathcal{G}$. Damit folgt $\mathbf{E}_{\mathcal{G}}[\mathbf{E}_{\mathcal{H}}[X]] = \mathbf{E}_{\mathcal{H}}[X]$ unmittelbar aus 2.

6. Aus der Darstellung (6.2) folgt für $A \in \mathcal{Z}(\mathcal{G})$

$$\begin{aligned}\mathbf{E}_{\mathcal{G}}[ZX](A) &= \frac{1}{P(A)} \sum_{\substack{B \in \mathcal{Z}(\mathcal{F}) \\ B \subset A}} Z(B) X(B) P(B) \\ &= Z(A) \left(\frac{1}{P(A)} \sum_{\substack{B \in \mathcal{Z}(\mathcal{F}) \\ B \subset A}} X(B) P(B) \right) \\ &= Z(A) \mathbf{E}_{\mathcal{G}}[X](A),\end{aligned}$$

denn $Z(B) = Z(A)$ für alle $B \subset A$. □

Sei $(\Omega, \mathcal{F}, P)$ ein endlicher Wahrscheinlichkeitsraum mit $P(A) > 0$ für alle $A \in \mathcal{Z}(\mathcal{F})$. Weiter sei $\mathcal{G} \subset \mathcal{F}$ eine Unteralgebra von $\mathcal{F}$, $A \in \mathcal{Z}(\mathcal{G})$ ein Partitions-Ereignis, und sei ferner X $\mathcal{F}$-messbar. Für $P(A) > 0$ wird der **bedingte Erwartungswert $\mathbf{E}[X|A]$ von X gegeben** A definiert durch

$$\mathbf{E}[X|A] := \frac{\mathbf{E}[X \cdot \mathbf{1}_A]}{P(A)} = \sum_{B \in \mathcal{Z}(\mathcal{F})} X(B) P_A(B),$$

wobei

$$P_A(B) := \frac{P(A \cap B)}{P(A)} = \frac{P(B)}{P(A)}.$$

Wir erhalten damit die Darstellung

$$\mathbf{E}_{\mathcal{G}}[X] = \sum_{A \in \mathcal{Z}(\mathcal{G})} \mathbf{E}[X\,|A] \cdot \mathbf{1}_A \tag{6.4}$$

für die bedingte Erwartung von X, also

$$\mathbf{E}_{\mathcal{G}}[X](A) = \mathbf{E}[X\,|A]$$

für $A \in \mathcal{Z}(\mathcal{G})$.

Beispiel 6.7. Sei $\Omega = \{\omega_1, \dots, \omega_8\}$ und $\mathcal{F} = \mathcal{P}(\Omega)$. Mit der Definition $P(\omega) = \frac{1}{8}$ wird ein Wahrscheinlichkeitsmaß auf $\mathcal{F}$ induziert. Sei weiter

$$\mathcal{Z}(\mathcal{G}) = \{\{\omega_1, \omega_8\}, \{\omega_2, \omega_3, \omega_6, \omega_7\}, \{\omega_4, \omega_5\}\}.$$

Wir definieren eine Zufallsvariable $X : \Omega \to \mathbb{R}$ durch $X(\omega_i) = i^2$ und berechnen die bedingte Erwartung $\mathbf{E}_{\mathcal{G}}[X]$. Mit

$$\begin{aligned} A_1 &:= \{\omega_1, \omega_8\} \\ A_2 &:= \{\omega_2, \omega_3, \omega_6, \omega_7\} \\ A_3 &:= \{\omega_4, \omega_5\} \end{aligned}$$

gilt

$$\begin{aligned} \mathbf{E}_{\mathcal{G}}[X] &= \sum_{A \in \mathcal{Z}(\mathcal{F})} \left(\frac{1}{P(A)} \sum_{\omega \in A} X(\omega) \cdot P(\omega) \right) \cdot 1_A \\ &= \sum_{i=1}^{3} \left(\frac{1}{P(A_i)} \sum_{\omega \in A_i} X(\omega) \cdot P(\omega) \right) \cdot 1_{A_i} \\ &= \frac{1}{2}(1 + 64) \cdot 1_{A_1} + \frac{1}{4}(4 + 9 + 36 + 49) \cdot 1_{A_2} + \frac{1}{2}(16 + 25) \cdot 1_{A_3} \\ &= \frac{65}{2} \cdot 1_{A_1} + \frac{49}{2} \cdot 1_{A_2} + \frac{41}{2} \cdot 1_{A_3}. \end{aligned}$$

Sei weiter eine Zufallsvariable Y auf Ω gegeben durch

$$\begin{aligned} &Y(\omega_1) = 1 \qquad && Y(\omega_5) = -5 \\ &Y(\omega_2) = 3 && Y(\omega_6) = 3 \\ &Y(\omega_3) = 3 && Y(\omega_7) = 3 \\ &Y(\omega_4) = -5 && Y(\omega_8) = 1. \end{aligned}$$

Dann ist Y $\mathcal{G}$-messbar und es gilt

$$
\begin{aligned}
\mathbf{E}_{\mathcal{G}}[Y] &= \sum_{i=1}^{3}\left(\frac{1}{P(A_i)}\sum_{\omega\in A_i} Y(\omega)\cdot P(\omega)\right)\cdot 1_{A_i} \\
&= \frac{1}{2}(2\cdot 1)\cdot 1_{A_1} + \frac{1}{4}(4\cdot 3)\cdot 1_{A_2} + \frac{1}{2}(2\cdot(-5))\cdot 1_{A_3} \\
&= 1\cdot 1_{A_1} + 3\cdot 1_{A_2} - 5\cdot 1_{A_3} \\
&= Y.
\end{aligned}
$$

△

Aufgabe 6.1. Berechnen Sie die bedingte Erwartung für folgendes Beispiel. Sei $\Omega = \{\omega_1, \dots, \omega_8\}$ und $\mathcal{F} = \mathcal{P}(\Omega)$. Durch

$$
\begin{array}{ll}
P(\omega_1) = \frac{1}{12} & P(\omega_5) = \frac{1}{12} \\
P(\omega_2) = \frac{2}{12} & P(\omega_6) = \frac{1}{12} \\
P(\omega_3) = \frac{3}{12} & P(\omega_7) = \frac{2}{12} \\
P(\omega_4) = \frac{1}{12} & P(\omega_8) = \frac{1}{12}
\end{array}
$$

wird ein Wahrscheinlichkeitsmaß P auf $\mathcal{P}(\Omega)$ induziert. Sei weiter

$$\mathcal{Z}(\mathcal{G}) = \{\{\omega_1, \omega_2\}, \{\omega_3, \omega_4\}, \{\omega_5, \omega_6\}, \{\omega_7, \omega_8\}\}.$$

Eine Zufallsvariable $X : \Omega \to \mathbb{R}$ sei durch $X(\omega_i) = 5 - i$ definiert.

1. Berechnen Sie die bedingte Erwartung $\mathbf{E}_{\mathcal{G}}[X]$.
2. Sei weiter $\mathcal{Z}(\mathcal{H}) = \{\{\omega_1, \omega_2, \omega_3, \omega_4\}, \{\omega_5, \omega_6, \omega_7, \omega_8\}\}$. Verifizieren Sie die Eigenschaft der iterierten bedingten Erwartung

$$\mathbf{E}_{\mathcal{H}}[\mathbf{E}_{\mathcal{G}}[X]] = \mathbf{E}_{\mathcal{G}}[\mathbf{E}_{\mathcal{H}}[X]] = \mathbf{E}_{\mathcal{H}}[X].$$

Aufgabe 6.2. Sei $(\Omega, \mathcal{F}, P)$ ein endlicher Wahrscheinlichkeitsraum, und sei $\mathcal{G} \subset \mathcal{F}$ eine Unteralgebra von $\mathcal{F}$. Sei X eine $\mathcal{G}$-messbare Zufallsvariable. Weisen Sie mit der Darstellung (6.2) und (6.3) die Gültigkeit von $\mathbf{E}_{\mathcal{G}}[X] = X$ nach.

Aufgabe 6.3. Sei $(\Omega, \mathcal{F}, P)$ ein endlicher Wahrscheinlichkeitsraum und sei X eine $\mathcal{F}$-messbare Zufallsvariable. Sei $\mathcal{G} \subset \mathcal{F}$ eine Unteralgebra von $\mathcal{F}$ und sei Z $\mathcal{G}$-messbar. Zeigen Sie mit (6.2) und (6.3), dass $\mathbf{E}_{\mathcal{F}}[ZX] = Z \cdot \mathbf{E}_{\mathcal{F}}[X]$

Aufgabe 6.4. Sei $(\Omega, \mathcal{F}, P)$ ein endlicher Wahrscheinlichkeitsraum und sei X eine $\mathcal{F}$-messbare Zufallsvariable. Sei weiter $\mathcal{G} \subset \mathcal{F}$ eine Unteralgebra von $\mathcal{F}$. Weisen Sie mit (6.2) und (6.3) die Gültigkeit von $\mathbf{E}[\mathbf{E}_{\mathcal{G}}[X]] = \mathbf{E}[X]$ nach.

Aufgabe 6.5. Sei $(\Omega, \mathcal{F}, P)$ ein endlicher Wahrscheinlichkeitsraum und sei X eine $\mathcal{F}$-messbare Zufallsvariable. Seien weiter $\mathcal{H} \subset \mathcal{G} \subset \mathcal{F}$ Unteralgebren von $\mathcal{F}$. Weisen Sie mit (6.2) und (6.3) die Eigenschaften 5. aus Satz 6.6 nach.

6.1.1 Die bedingte Erwartung als Projektion

Lemma 6.8. *Sei $(\Omega, \mathcal{F}, P)$ ein endlicher Wahrscheinlichkeitsraum mit $P(A) > 0$ für alle $A \in \mathcal{Z}(F)$ und sei $\mathcal{G} \subset \mathcal{F}$ eine Unteralgebra von $\mathcal{F}$. Sei X eine $\mathcal{F}$-messbare Zufallsvariable. Dann ist die bedingte Erwartung von X gegeben $\mathcal{G}$ die eindeutig bestimmte $\mathcal{G}$-messbare Zufallsvariable Y mit der Eigenschaft*

$$\mathbf{E}[YZ] = \mathbf{E}[XZ] \tag{6.5}$$

für alle $\mathcal{G}$-messbaren Zufallsvariablen Z.

Beweis. Angenommen, (6.5) ist erfüllt. Für beliebiges $A \in \mathcal{G}$ ist dann $Z = \mathbf{1}_A$ eine $\mathcal{G}$-messbare Zufallsvariable, und (6.5) spezialisiert sich in diesem Fall auf (6.1). Sei umgekehrt (6.1) erfüllt, wobei $Y := \mathbf{E}_{\mathcal{G}}[X]$. Da Z $\mathcal{G}$-messbar ist, folgt aus Eigenschaft 6. in Satz 6.6

$$ZY = Z\mathbf{E}_{\mathcal{G}}[X] = \mathbf{E}_{\mathcal{G}}[ZX] . \tag{6.6}$$

Bilden wir den Erwartungswert von (6.6), so erhalten wir

$$\mathbf{E}[YZ] = \mathbf{E}[Z\mathbf{E}_{\mathcal{G}}[X]] = \mathbf{E}[\mathbf{E}_{\mathcal{G}}[ZX]] = \mathbf{E}[ZX],$$

wobei Eigenschaft 1. in Satz 6.6 verwendet wurde. □

Definition 6.9. *Sei $(\Omega, \mathcal{F}, P)$ ein endlicher Wahrscheinlichkeitsraum mit $P(A) > 0$ für alle $A \in \mathcal{Z}(\mathcal{F})$. Der Vektorraum der $\mathcal{F}$-messbaren Zufallsvariablen mit dem durch*

$$\langle X, Z \rangle := \mathbf{E}[X \cdot Z] \tag{6.7}$$

definierten Skalarprodukt wird als $\mathcal{L}^2(\mathcal{F})$ bezeichnet,

$$\mathcal{L}^2(\mathcal{F}) := \{X \,| X : \Omega \to \mathbb{R},\ X\ \mathcal{F}\text{-messbar}\} .$$

Speziell für $\mathcal{F} = \mathcal{P}(\Omega)$ schreiben wir $\mathcal{L}^2(\mathcal{P}(\Omega)) =: \mathcal{L}^2(\Omega)$.

Das durch (6.7) definierte Skalarprodukt induziert auf $\mathcal{L}^2(\Omega)$ die Norm

$$\|X\| := \sqrt{\mathbf{E}[X^2]}.$$

Wir zeigen nun eine weitere wichtige Eigenschaft der bedingten Erwartung. Die $\mathcal{G}$-messbaren Zufallsvariablen bilden einen Untervektorraum $\mathcal{L}^2(\mathcal{G})$ des Vektorraums $\mathcal{L}^2(\mathcal{F})$ aller $\mathcal{F}$-messbaren Zufallsvariablen auf Ω, und die bedingte Erwartung $\mathbf{E}_{\mathcal{G}}[X]$ einer beliebigen $\mathcal{F}$-messbaren Zufallsvariablen X kann als orthogonale Projektion von $\mathcal{L}^2(\mathcal{F})$ auf $\mathcal{L}^2(\mathcal{G})$ bezüglich des Skalarproduktes (6.7) interpretiert werden.

Satz 6.10. *Sei $(\Omega, \mathcal{F}, P)$ ein endlicher Wahrscheinlichkeitsraum mit $P(A) > 0$ für alle $A \in \mathcal{Z}(F)$. Sei $\mathcal{G} \subset \mathcal{F}$ eine Unteralgebra und $X \in \mathcal{L}^2(\mathcal{F})$. Dann gilt:*

1. *Die bedingte Erwartung* $\mathbf{E}_{\mathcal{G}}[X]$ *ist die bezüglich des Skalarproduktes (6.7) orthogonale Projektion von* X *auf* $\mathcal{L}^2(\mathcal{G})$.
2. *Es gilt der Satz des Pythagoras*

$$\|X\|^2 = \|X - \mathbf{E}_{\mathcal{G}}[X]\|^2 + \|\mathbf{E}_{\mathcal{G}}[X]\|^2 . \tag{6.8}$$

3. *Für alle* $Z \in \mathcal{L}^2(\mathcal{G})$ *gilt*

$$\|X - \mathbf{E}_{\mathcal{G}}[X]\| \leq \|X - Z\| .$$

Beweis. 1. Sei Z eine beliebige $\mathcal{G}$-messbare Zufallsvariable. Setzen wir abkürzend $Y = \mathbf{E}_{\mathcal{G}}[X]$, so gilt nach (6.5)

$$\begin{aligned} \langle X - Y, Z\rangle &= \mathbf{E}[(X - Y) \cdot Z] \\ &= \mathbf{E}[XZ] - \mathbf{E}[YZ] \\ &= 0, \end{aligned} \tag{6.9}$$

d.h. $X - Y$ ist orthogonal zu $\mathcal{L}^2(\mathcal{G})$, also

$$X - \mathbf{E}_{\mathcal{G}}[X] \perp \mathcal{L}^2(\mathcal{G}), \tag{6.10}$$

und daher erhalten wir mit

$$X = (X - \mathbf{E}_{\mathcal{G}}[X]) + \mathbf{E}_{\mathcal{G}}[X] \tag{6.11}$$

eine Zerlegung von X in $X - \mathbf{E}_{\mathcal{G}}[X] \perp \mathcal{L}^2(\mathcal{G})$ und in $\mathbf{E}_{\mathcal{G}}[X] \in \mathcal{L}^2(\mathcal{G})$. Gäbe es eine weitere Zerlegung

$$X = X_\perp + X_\parallel$$

mit $X_\perp \perp \mathcal{L}^2(\mathcal{G})$ und $X_\parallel \in \mathcal{L}^2(\mathcal{G})$, so wäre $(X - \mathbf{E}_{\mathcal{G}}[X]) - X_\perp = X_\parallel - \mathbf{E}_{\mathcal{G}}[X] \in \left(\mathcal{L}^2(\mathcal{G})\right)^\perp \cap \mathcal{L}^2(\mathcal{G}) = \{0\}$. Daraus folgt die Eindeutigkeit.
2. Der Satz des Pythagoras folgt durch Verwendung von (6.11) und (6.10) in $\|X\|^2 = \mathbf{E}[X^2]$.
3. Nach (6.9) ist $X - Y$ orthogonal zu $Y - Z \in \mathcal{L}^2(\mathcal{G})$, so dass

$$\begin{aligned} \|X - Z\|^2 &= \|(X - Y) + (Y - Z)\|^2 \\ &= \|X - Y\|^2 + \|Y - Z\|^2 \\ &\geq \|X - Y\|^2 , \end{aligned}$$

was zu zeigen war. □

Damit ist $\mathbf{E}_{\mathcal{G}}[X]$ die Projektion von X auf den Unterraum $\mathcal{L}^2(\mathcal{G})$. Sei $\mathcal{Z}(\mathcal{G}) = \{A_1, \ldots, A_n\}$. Dann definiert $\left(\frac{1}{\sqrt{P(A_1)}}\mathbf{1}_{A_1}, \ldots, \frac{1}{\sqrt{P(A_n)}}\mathbf{1}_{A_n}\right)$ eine Orthonormalbasis von $\mathcal{L}^2(\mathcal{G})$, denn es gilt

$$\langle \mathbf{1}_{A_i}, \mathbf{1}_{A_j}\rangle = P(A_i) \cdot \delta_{ij}$$

für $i, j = 1, \ldots, n$, und jede $\mathcal{G}$-messbare Funktion lässt sich als Linearkombination der $(e_1, \ldots, e_n)$,

$$e_i := \frac{1}{\sqrt{P(A_i)}} \mathbf{1}_{A_i},$$

darstellen. Damit erhalten wir für die Projektion von X auf $\mathcal{L}^2(\mathcal{G})$ sowohl die aus der linearen Algebra vertraute Darstellung als auch die bereits bekannte Form (6.4) für die bedingte Erwartung zurück, denn es gilt

$$\begin{aligned} \mathbf{E}_{\mathcal{G}}[X] &= \sum_{i=1}^{n} \langle X, e_i \rangle e_i \\ &= \sum_{i=1}^{n} \frac{\mathbf{E}[X \cdot \mathbf{1}_{A_i}]}{P(A_i)} \mathbf{1}_{A_i}. \end{aligned}$$

Folgerung 6.11 *Für jede $\mathcal{F}$-messbare Zufallsvariable X gilt*

$$\mathbf{V}[\mathbf{E}_{\mathcal{G}}[X]] \leq \mathbf{V}[X].$$

Beweis. Aus dem Satz des Pythagoras,

$$\|X\|^2 = \|X - \mathbf{E}_{\mathcal{G}}[X]\|^2 + \|\mathbf{E}_{\mathcal{G}}[X]\|^2,$$

folgt

$$\mathbf{E}\left[X^2\right] = \|X\|^2 \geq \|\mathbf{E}_{\mathcal{G}}[X]\|^2 = \mathbf{E}\left[(\mathbf{E}_{\mathcal{G}}[X])^2\right]. \tag{6.12}$$

Ersetzen wir X in (6.12) durch $X - \mathbf{E}[X]$, so erhalten wir

$$\begin{aligned} \mathbf{V}[X] &= \mathbf{E}\left[(X - \mathbf{E}[X])^2\right] \\ &\geq \mathbf{E}\left[(\mathbf{E}_{\mathcal{G}}[X - \mathbf{E}[X]])^2\right] \\ &= \mathbf{E}\left[(\mathbf{E}_{\mathcal{G}}[X] - \mathbf{E}[\mathbf{E}_{\mathcal{G}}[X]])^2\right] \\ &= \mathbf{V}[\mathbf{E}_{\mathcal{G}}[X]], \end{aligned}$$

denn es gilt $\mathbf{E}_{\mathcal{G}}[\mathbf{E}[X]] = \mathbf{E}[\mathbf{E}_{\mathcal{G}}[X]] = \mathbf{E}[X]$. □

6.2 Unabhängigkeit

Definition 6.12. *Sei $(\Omega, \mathcal{F}, P)$ ein endlicher Wahrscheinlichkeitsraum und seien $\mathcal{G}_i \subset \mathcal{F}$, $i = 1, \ldots, m$, Unteralgebren von $\mathcal{F}$. Die Algebren $\mathcal{G}_i$ heißen* ***unabhängig****, wenn für jede Auswahl G_{i_j}, $j = 1, \ldots, k$, mit $G_{i_j} \in \mathcal{G}_{i_j}$ und $i_j \neq i_{j'}$ für alle $j \neq j'$ gilt*

$$P(G_{i_1} \cap \cdots \cap G_{i_k}) = P(G_{i_1}) \cdots P(G_{i_k}). \tag{6.13}$$

Insbesondere sind zwei Unteralgebren $\mathcal{G}_1$ und $\mathcal{G}_2$ von $\mathcal{F}$ unabhängig, wenn für alle $G_1 \in \mathcal{G}_1$ und $G_2 \in \mathcal{G}_2$ gilt

$$P(G_1 \cap G_2) = P(G_1)\, P(G_2)\,.$$

Definition 6.13. *Eine endliche Familie $\mathcal{A}_i \subset \mathcal{F}$ von Partitionen eines endlichen Wahrscheinlichkeitsraums $(\Omega, \mathcal{F}, P)$ heißt* ***unabhängig****, wenn die von diesen Partitionen erzeugten Algebren $\sigma(\mathcal{A}_i)$ unabhängig sind.*

Lemma 6.14. *Seien $\mathcal{A} \subset \mathcal{F}$ und $\mathcal{B} \subset \mathcal{F}$ zwei Partitionen eines endlichen Wahrscheinlichkeitsraums $(\Omega, \mathcal{F}, P)$. Die beiden Partitionen sind genau dann unabhängig, wenn für alle $A \in \mathcal{A}$ und $B \in \mathcal{B}$ die Eigenschaft*

$$P(A \cap B) = P(A)\, P(B) \tag{6.14}$$

gilt.

Beweis. Sind die von den beiden Partitionen erzeugten Algebren unabhängig, so gilt (6.14) für alle $A \in \sigma(\mathcal{A})$ und $B \in \sigma(\mathcal{B})$, insbesondere also für alle $A \in \mathcal{A}$ und $B \in \mathcal{B}$.

Sei umgekehrt die Gültigkeit von (6.14) vorausgesetzt. Zunächst gilt $\mathcal{A} = \{A_1, \ldots, A_n\}$, wobei die A_i paarweise disjunkt und nicht leer sind. Entsprechend gilt $\mathcal{B} = \{B_1, \ldots, B_m\}$ für paarweise disjunkte, nicht leere B_i. Nach Lemma 3.13 gibt es für beliebige $A \in \sigma(\mathcal{A})$ und $B \in \sigma(\mathcal{B})$ Darstellungen der Form

$$\begin{aligned} A &= A_{i_1} \cup \cdots \cup A_{i_k} \\ B &= B_{j_1} \cup \cdots \cup B_{j_l}\,. \end{aligned}$$

Damit erhalten wir

$$A \cap B = \bigcup_{\substack{r=1,\ldots,k \\ s=1,\ldots,l}} A_{i_r} \cap B_{j_s}$$

als disjunkte Vereinigung der $A_{i_r} \cap B_{j_s}$. Daraus folgt

$$P(A \cap B) = \sum_{\substack{r=1,\ldots,k \\ s=1,\ldots,l}} P(A_{i_r} \cap B_{j_s})\,.$$

Aus der Unabhängigkeit der Partitionen folgt schließlich

$$\begin{aligned} P(A \cap B) &= \sum_{\substack{r=1,\ldots,k \\ s=1,\ldots,l}} P(A_{i_r})\, P(B_{j_s}) \\ &= \left(\sum_{r=1,\ldots,k} P(A_{i_r}) \right) \cdot \left(\sum_{s=1,\ldots,l} P(B_{j_s}) \right) \\ &= P(A)\, P(B)\,. \end{aligned}$$

□

Beispiel 6.15. Wir betrachten zwei hintereinander ausgeführte Münzwürfe, die voneinander unabhängig sein sollen. Bezeichnet k das Ergebnis „Kopf" und z das Ergebnis „Zahl", so lautet die Menge aller möglichen Elementarereignisse

$$\Omega = \{(k,k),(k,z),(z,k),(z,z)\}.$$

Die zugehörige Algebra ist die Potenzmenge von Ω. Mit

$$A_1^k := \{(k,k),(k,z)\}, \; A_1^z := \{(z,k),(z,z)\},$$
$$A_2^k := \{(k,k),(z,k)\}, A_2^z := \{(k,z),(z,z)\}$$

lauten die Partitionen $\mathcal{Z}(\mathcal{G}_1)$ und $\mathcal{Z}(\mathcal{G}_2)$, welche die Algebren $\mathcal{G}_1$ und $\mathcal{G}_2$ für die beiden Münzwürfe erzeugen:

$$\mathcal{Z}(\mathcal{G}_1) = \{A_1^k, A_1^z\} \text{ und } \mathcal{Z}(\mathcal{G}_2) = \{A_2^k, A_2^z\}.$$

Für jedes Elementarereignis $\omega \in \Omega$ gilt bei einer fairen Münze $P(\omega) = \frac{1}{4}$. Wir erhalten so beispielsweise

$$P\left(A_1^k \cap A_2^z\right) = P(\{(k,z)\}) = \frac{1}{4} = P\left(A_1^k\right) P\left(A_2^z\right).$$

Da für alle $A_1 \in \mathcal{Z}(\mathcal{G}_1)$ und $A_2 \in \mathcal{Z}(\mathcal{G}_2)$ die Beziehung $P(A_1 \cap A_2) = P(A_1) P(A_2)$ gilt, sind die beiden Algebren $\mathcal{G}_1$ und $\mathcal{G}_2$ nach dem vorangegangenen Lemma unabhängig. △

Definition 6.16. *Sei $X : \Omega \to \mathbb{R}$ eine Zufallsvariable auf einem endlichen Wahrscheinlichkeitsraum $(\Omega, \mathcal{F}, P)$, und sei $\mathcal{G} \subset \mathcal{F}$ eine Unteralgebra von $\mathcal{F}$. Dann heißen X und $\mathcal{G}$* ***unabhängig****, wenn $\sigma(X)$ und $\mathcal{G}$ unabhängig sind.*

Dabei ist $\sigma(X)$ die von X erzeugte Algebra, also die kleinste Algebra, so dass X messbar ist, siehe Definition 3.12.

Definition 6.17. *Eine endliche Familie $X_i : \Omega \to \mathbb{R}$, $i = 1, \ldots, n$, von $\mathcal{F}$-messbaren Zufallsvariablen heißt* ***unabhängig****, wenn die zugehörigen Algebren $\sigma(X_i)$, $i = 1, \ldots, n$, unabhängig sind.*

Die Unabhängigkeit von Zufallsvariablen wird also auf die Unabhängigkeit von Algebren bzw. auf die Unabhängigkeit von Partitionen zurückgeführt.

Lemma 6.18. *Seien $X : \Omega \to \mathbb{R}$ und $Y : \Omega \to \mathbb{R}$ jeweils $\mathcal{F}$- und $\mathcal{G}$-messbar für zwei Algebren $\mathcal{F}$ und $\mathcal{G}$. Angenommen, X und Y sind unabhängig, dann gilt*

$$\mathbf{E}[XY] = \mathbf{E}[X]\,\mathbf{E}[Y].$$

Beweis. Sei zunächst $A \in \mathcal{Z}(\mathcal{F})$ und $B \in \mathcal{Z}(\mathcal{G})$, dann gilt

$$\mathbf{E}[\mathbf{1}_A \cdot \mathbf{1}_B] = \mathbf{E}[\mathbf{1}_{A\cap B}] = P(A \cap B) = P(A)\,P(B) = \mathbf{E}[\mathbf{1}_A]\,\mathbf{E}[\mathbf{1}_B].$$

Schreiben wir $X = \sum_{A\in\mathcal{Z}(\mathcal{F})} X(A)\cdot\mathbf{1}_A$ und $Y = \sum_{B\in\mathcal{Z}(\mathcal{G})} Y(B)\cdot\mathbf{1}_B$, so folgt mit $XY = \sum_{A\in\mathcal{Z}(\mathcal{F})}\sum_{B\in\mathcal{Z}(\mathcal{G})} X(A)Y(B)\cdot\mathbf{1}_A\cdot\mathbf{1}_B$

$$\begin{aligned}\mathbf{E}[XY] &= \sum_{A\in\mathcal{Z}(\mathcal{F})}\sum_{B\in\mathcal{Z}(\mathcal{G})} X(A)Y(B)\cdot\mathbf{E}[\mathbf{1}_A\cdot\mathbf{1}_B]\\ &= \left(\sum_{A\in\mathcal{Z}(\mathcal{F})} X(A)\,\mathbf{E}[\mathbf{1}_A]\right)\left(\sum_{B\in\mathcal{Z}(\mathcal{G})} Y(B)\,\mathbf{E}[\mathbf{1}_B]\right)\\ &= \mathbf{E}[X]\,\mathbf{E}[Y].\end{aligned}$$

□

Satz 6.19. *Sei $(\Omega,\mathcal{F},P)$ ein endlicher Wahrscheinlichkeitsraum mit $P(A)>0$ für alle $A\in\mathcal{Z}(\mathcal{G})$ und sei $\mathcal{G}\subset\mathcal{F}$ eine Unteralgebra von $\mathcal{F}$. Angenommen, eine $\mathcal{F}$-messbare Zufallsvariable $X:\Omega\to\mathbb{R}$ und die Algebra $\mathcal{G}$ sind unabhängig. Dann gilt*

$$\mathbf{E}_{\mathcal{G}}[X] = \mathbf{E}[X].$$

Beweis. Für $A\in\mathcal{Z}(\mathcal{G})$ ist X unabhängig von $\mathbf{1}_A$, also folgt

$$\begin{aligned}Y(A)\,P(A) &= \mathbf{E}[Y\cdot\mathbf{1}_A]\\ &= \mathbf{E}[X\cdot\mathbf{1}_A]\\ &= \mathbf{E}[X]\cdot\mathbf{E}[\mathbf{1}_A]\\ &= \mathbf{E}[X]\cdot P(A).\end{aligned}$$

□

Es ist üblich, konstante Funktionen nur mit Hilfe ihres Funktionswertes zu bezeichnen. Daher findet sich beispielsweise in der Regel die Formulierung $\mathbf{E}_{\mathcal{G}}[X]=\mathbf{E}[X]$ anstelle von $\mathbf{E}_{\mathcal{G}}[X]=\mathbf{E}[X]\cdot 1_\Omega$.

6.3 Martingale

Definition 6.20. *Sei $\left(\Omega,(\mathcal{F}_t)_{t\in\{0,\ldots,T\}},P\right)$ ein endlicher gefilterter Wahrscheinlichkeitsraum. Zwei an die Filtration $(\mathcal{F}_t)_{t\in\{0,\ldots,T\}}$ adaptierte stochastische Prozesse X und Y heißen* ***Modifikationen*** *voneinander, wenn für jedes $t=0,\ldots,T$ gilt*

$$P(X_t\neq Y_t)=0.$$

X und Y heißen ***ununterscheidbar****, wenn die Pfade dieser Prozesse, $t\to X_t(\omega)$ und $t\to Y_t(\omega)$, für fast alle $\omega\in\Omega$ übereinstimmen.*

Offenbar folgt aus der Tatsache, dass zwei stochastische Prozesse ununterscheidbar sind, insbesondere, dass sie Modifikationen voneinander sind. Definieren wir umgekehrt $N_t := \{X_t \neq Y_t\}$, so ist $N := \bigcup_{t=0}^{T} N_t$ eine Nullmenge und für alle $\omega \notin N$ gilt $X_t(\omega) = Y_t(\omega)$ für alle $t = 0, \ldots, T$. Im Kontext endlicher Wahrscheinlichkeitsräume sind zwei stochastische Prozesse also genau dann Modifikationen voneinander, wenn sie ununterscheidbar sind.

Setzen wir sogar $P(A) > 0$ für alle $A \in \mathcal{Z}(\mathcal{F})$ voraus, so sind zwei adaptierte stochastische Prozesse, die Modifikationen voneinander sind, nicht nur ununterscheidbar, sondern sogar identisch.

Definition 6.21. *Sei* $\left(\Omega, (\mathcal{F}_t)_{t\in\{0,\ldots,T\}}, P\right)$ *ein endlicher gefilterter Wahrscheinlichkeitsraum. Ein adaptierter stochastischer Prozess* $X : \{0, \ldots, T\} \times \Omega \to \mathbb{R}$ *heißt* ***Martingal****, wenn für alle* $t = 1, \ldots, T$ *gilt*

$$\mathbf{E}_{t-1}[X_t] = X_{t-1}.$$

Dabei schreiben wir $\mathbf{E}_{t-1}[X_t] := \mathbf{E}_{\mathcal{F}_{t-1}}[X_t] = \mathbf{E}[X_t \,|\mathcal{F}_{t-1}]$. *X heißt* ***Submartingal****, wenn*

$$\mathbf{E}_{t-1}[X_t] \geq X_{t-1}$$

und ***Supermartingal****, wenn*

$$\mathbf{E}_{t-1}[X_t] \leq X_{t-1}$$

für alle $1 \leq t \leq T$ *gilt.*

Ein vektorwertiger stochastischer Prozess $X : \{0, \ldots, T\} \times \Omega \to \mathbb{R}^N$ *heißt Martingal, wenn jede Komponente des Prozesses ein Martingal ist. Entsprechende Definitionen gelten für vektorwertige Sub- und Supermartingale.*

Voraussetzung. Für den Rest dieses Kapitels legen wir einen endlichen gefilterten Wahrscheinlichkeitsraum $\left(\Omega, (\mathcal{F}_t)_{t\in\{0,\ldots,T\}}, P\right)$ mit $P(A) > 0$ für alle $A \in \mathcal{Z}(\mathcal{G})$ zugrunde. Weiter setzen wir $\mathcal{F}_0 = \{\varnothing, \Omega\}$ und $\mathcal{F}_T = \mathcal{P}(\Omega)$ voraus.

Ein adaptierter stochastischer Prozess X ist genau dann ein Martingal, wenn X sowohl ein Sub- als auch ein Supermartingal ist. Ist X ein Submartingal, so ist $-X$ ein Supermartingal und umgekehrt. Weiter folgt aus Eigenschaft 5. von Satz 6.6, dass

$$\begin{aligned}
\mathbf{E}_{t-2}[X_t] &= \mathbf{E}_{t-2}[\mathbf{E}_{t-1}[X_t]] \\
&= \mathbf{E}_{t-2}[X_{t-1}] \\
&= X_{t-2},
\end{aligned}$$

also folgt induktiv für alle $0 \leq s \leq t$

$$\mathbf{E}_s\left[X_t\right] = X_s.$$

Insbesondere folgt daraus für $\mathcal{F}_0 = \{\varnothing, \Omega\}$

$$\mathbf{E}_0\left[X_t\right] = X_0 = \mathbf{E}\left[X_0\right].$$

Beispiel 6.22. Sei X_t eine endliche Folge von unabhängigen Zufallsvariablen für $t = 0, \ldots, T$ und angenommen, für alle t gilt $\mathbf{E}\left[X_t\right] = 0$. Sei $Y_n := \sum_{t=0}^{n} X_t$ und sei $\mathcal{F}_n := \sigma\left(X_1, \ldots, X_n\right)$. Dann gilt

$$\begin{aligned}
\mathbf{E}_{t-1}\left[Y_t\right] &= \mathbf{E}_{t-1}\left[Y_{t-1}\right] + \mathbf{E}_{t-1}\left[X_t\right] \\
&= Y_{t-1} + \mathbf{E}\left[X_t\right] \\
&= Y_{t-1},
\end{aligned}$$

denn nach Voraussetzung ist X_t unabhängig von $\mathcal{F}_{t-1} = \sigma\left(X_1, \ldots, X_{t-1}\right)$. Also ist Y ein Martingal. △

Beispiel 6.23. Sei X_t eine endliche Folge von unabhängigen Zufallsvariablen für $t = 0, \ldots, T$ und angenommen, für alle t gilt $\mathbf{E}\left[X_t\right] = 1$. Sei $\mathcal{F}_n := \sigma\left(X_1, \ldots, X_n\right)$. Mit $Y_n := \prod\limits_{t=0}^{n} X_t$ gilt dann

$$\begin{aligned}
\mathbf{E}_{t-1}\left[Y_t\right] &= \mathbf{E}_{t-1}\left[Y_{t-1} X_t\right] \\
&= Y_{t-1} \mathbf{E}_{t-1}\left[X_t\right] \\
&= Y_{t-1} \mathbf{E}\left[X_t\right] \\
&= Y_{t-1},
\end{aligned}$$

also ist Y ein Martingal. △

Wir nennen ein Martingal X vorhersehbar, wenn der stochastische Prozess $(X_t)_{t \in \{0,\ldots,T\}}$ vorhersehbar ist.

Lemma 6.24. *Sei X ein vorhersehbares Martingal mit $X_0 = 0$. Dann ist $X = 0$.*

Beweis. Nach Voraussetzung gilt $X_0 = 0$. Angenommen, für alle $0 < s < t \leq T$ wurde bereits $X_s = 0$ nachgewiesen. Dann folgt

$$X_t = \mathbf{E}_{t-1}\left[X_t\right] = X_{t-1} = 0.$$

Bei der ersten Gleichheit wurde die Vorhersehbarkeit von X verwendet, bei der zweiten die Martingaleigenschaft. □

Definition 6.25. *Sei X ein beliebiger stochastischer Prozess. Wir definieren den Prozess X_- durch*

$$\begin{aligned}
(X_-)_0 &:= X_{0-} := X_0, \\
(X_-)_t &:= X_{t-} := X_{t-1}
\end{aligned}$$

für $t = 1, \ldots, T$ *und*

$$\begin{aligned} \Delta X_t &:= X_t - X_{t-} \\ &= \begin{cases} 0 & \textit{für } t = 0 \\ X_t - X_{t-1} & \textit{sonst.} \end{cases} \end{aligned} \tag{6.15}$$

Für jeden adaptierten Prozess X ist X_- ein vorhersehbarer Prozess. Stets gilt

$$X_t = X_0 + \sum_{s=1}^{t} \Delta X_s. \tag{6.16}$$

Zwei Prozesse X und Y stimmen also genau dann überein, wenn $X_0 = Y_0$ und wenn $\Delta X_t = \Delta Y_t$ für alle $1 \leq t \leq T$ gilt.

Ein adaptierter Prozess X ist nach Definition 6.21 genau dann ein Martingal, wenn $\mathbf{E}_{t-1}[X_t] = X_{t-1}$ für alle $t = 1, \ldots, T$ gilt. Dies ist offenbar äquivalent zur Bedingung $\mathbf{E}_{t-1}[\Delta X_t] = 0$ für alle $t = 1, \ldots, T$.

Lemma 6.26. *Ein adaptierter Prozess* X *ist genau dann ein Martingal, wenn*

$$\mathbf{E}_{t-1}[\Delta X_t] = 0$$

für alle $t = 1, \ldots, T$. □

6.4 Die Doob-Zerlegung

Jeder adaptierte Prozess kann auf eindeutig bestimmte Weise in die Summe aus einem Martingal und einem vorhersehbaren Prozess mit Anfangswert Null zerlegt werden. Dies ist der *Satz von Doob*, der im vorliegenden Kontext leicht zu beweisen ist. Sein Pendant in der stetigen stochastischen Analysis, der Satz von *Doob-Meyer*, ist dagegen erheblich aufwendiger. Siehe etwa Karatzas/Shreve [28].

Satz 6.27. *Sei* X *ein beliebiger adaptierter stochastischer Prozess. Dann gibt es ein eindeutig bestimmtes Martingal* M *mit den Eigenschaften*

$$\begin{aligned} M_0 &= X_0 \\ \Delta M_t &= X_t - \mathbf{E}_{t-1}[X_t] \ \textit{ für } t = 1, \ldots, T \end{aligned} \tag{6.17}$$

Insbesondere besitzt X *die eindeutig bestimmte Darstellung*

$$X = \mu + \Delta M, \tag{6.18}$$

wobei $\mu_0 := X_0$ *und* $\mu_t := \mathbf{E}_{t-1}[X_t]$ *für alle* $t = 1, \ldots, T$.

Beweis. Ein Prozess M wird durch $M_0 := X_0$ und durch die Rekursion

$$M_t := X_t - \mathbf{E}_{t-1}[X_t] + M_{t-1},$$

$t = 1, \ldots, T$, eindeutig festgelegt. Daraus folgt wegen $\Delta M_t = X_t - \mathbf{E}_{t-1}[X_t]$ die Eigenschaft $\mathbf{E}_{t-1}[\Delta M_t] = 0$, woraus mit Lemma 6.26 die Martingaleigenschaft von M folgt. Nach Definition (6.15) gilt $\Delta M_0 = 0$, so dass aus (6.18) $\mu_0 = X_0$ folgt. □

Der Prozess μ in (6.18) ist also ein vorhersehbarer Prozess mit Anfangswert $\mu_0 = X_0$.

Satz 6.28. ***(Doob-Zerlegung)*** *Sei X ein beliebiger adaptierter stochastischer Prozess. Dann gibt es eine Zerlegung von X,*

$$X = M + A, \tag{6.19}$$

wobei M ein Martingal ist und wobei A vorhersehbar ist. Mit den Anfangsbedingungen $M_0 = X_0$ und $A_0 = 0$ ist diese Zerlegung eindeutig bestimmt. Sie wird als ***Doob-Zerlegung*** *von X bezeichnet.*

Beweis. Nach Satz 6.27 gibt es ein eindeutig bestimmtes Martingal M mit $M_0 = X_0$ und mit

$$X_t = M_t + \left(\mathbf{E}_{t-1}[X_t] - M_{t-1}\right),$$

für alle $t = 1, \ldots, T$. Mit der Definition

$$A_t := \begin{cases} 0 & \text{für } t = 0 \\ \mathbf{E}_{t-1}[X_t] - M_{t-1} & \text{für } t = 1, \ldots, T \end{cases}$$

folgt sowohl $A_0 = 0$ als auch die Vorhersehbarkeit von A.

Angenommen, es gäbe eine weitere Zerlegung $X = N + B$, N Martingal und B vorhersehbar, mit $N_0 = X_0$ und $B_0 = 0$. Dann wäre $C := B - A = M - N$ ein vorhersehbares Martingal mit $C_0 = 0$. Nach Lemma 6.24 folgt $C = 0$, also $A = B$ und $M = N$. □

Definition 6.29. *Sei $X = M + A$ die Doob-Zerlegung eines adaptierten Prozesses X. Dann heißt A der* ***vorhersehbare Teil*** *oder der* ***Kompensator*** *von X, und das Martingal M wird* ***Innovation*** *von X genannt.*

Lemma 6.30. *Sei $X = M + A$ die Doob-Zerlegung eines adaptierten Prozesses X. Dann gilt*

$$M_t = X_0 + \sum_{s=1}^{t} \left(\Delta X_s - \mathbf{E}_{s-1}[\Delta X_s]\right) \tag{6.20}$$

und

$$A_t = \sum_{s=1}^{t} \mathbf{E}_{s-1}[\Delta X_s]. \tag{6.21}$$

Beweis. Wir schreiben (6.17) als

$$\begin{aligned} \Delta M_t &= X_t - \mathbf{E}_{t-1}[X_t] \\ &= \Delta X_t + (X_{t-1} - \mathbf{E}_{t-1}[X_t]) \\ &= \Delta X_t - \mathbf{E}_{t-1}[\Delta X_t]. \end{aligned} \tag{6.22}$$

Wegen $M_t = M_0 + \sum_{s=1}^{t} \Delta M_s$ und $M_0 = X_0$ folgt (6.20). Wegen (6.19) gilt $\Delta X_t = \Delta M_t + \Delta A_t$, und der Vergleich mit (6.22) liefert $\Delta A_t = \mathbf{E}_{t-1}[\Delta X_t]$. Daraus folgt (6.21) mit $A_0 = 0$ durch Summation. □

Anmerkung 6.31. Ein alternativer Zugang zur Doob-Zerlegung besteht darin, den vorhersehbaren Prozess A durch

$$A_t := \sum_{s=1}^{t} \mathbf{E}_{s-1}[\Delta X_s]$$

festzulegen und anschließend $M := X - A$ zu definieren. Offensichtlich ist A vorhersehbar, und es gilt $A_0 = 0$. Ferner erhalten wir

$$\Delta M_t = \Delta X_t - \mathbf{E}_{t-1}[\Delta X_t],$$

so dass M adaptiert ist mit $M_0 = X_0$. Nach Konstruktion gilt $\mathbf{E}_{t-1}[\Delta M_t] = 0$, also ist M ein Martingal.

Lemma 6.32. *Sei X ein Submartingal. Dann ist der vorhersehbare Teil A der Doob-Zerlegung von X monoton wachsend, d.h. es gilt $A_t(\omega) \geq A_{t-1}(\omega)$ für alle $\omega \in \Omega$ und für alle $t = 1, \ldots, T$. Entsprechend ist der vorhersehbare Teil eines Supermartingals monoton fallend.*

Beweis. Ist X ein Submartingal ist, so gilt

$$\mathbf{E}_{t-1}[X_t] \geq X_{t-1},$$

also

$$\mathbf{E}_{t-1}[\Delta X_t] \geq 0.$$

Sei $X = M + A$ die Doob-Zerlegung von X. Dann folgt

$$A_t - A_{t-1} = \mathbf{E}_{t-1}[\Delta A_t] = \mathbf{E}_{t-1}[\Delta X_t] \geq 0,$$

also

$$A_t \geq A_{t-1}.$$

□

6.5 Kovariations-Prozesse

Definition 6.33. *Seien X und Y stochastische Prozesse. Der* ***Kovariations-Prozess*** $[X,Y]$ *ist definiert durch*

$$[X,Y]_0 := 0,$$

$$[X,Y]_t := \sum_{s=1}^{t} \Delta X_s \Delta Y_s$$

für $t = 1,\ldots,T$. *Der quadratische Kovariations-Prozess von X mit sich selbst wird* ***quadratischer Variations-Prozess*** *genannt.*

Jeder quadratische Variations-Prozess ist als Summe nicht-negativer Terme wachsend. Ferner gilt offenbar

$$\Delta [X,Y]_t = \Delta X_t \Delta Y_t \tag{6.23}$$

für $t = 0,\ldots,T$.

Definition 6.34. *Seien X und Y adaptierte stochastische Prozesse. Der* ***vorhersehbare Kovariations-Prozess*** *von X und Y ist gegeben durch*

$$\langle X,Y\rangle_0 := 0, \tag{6.24}$$

$$\langle X,Y\rangle_t := \sum_{s=1}^{t} \mathbf{E}_{s-1}\left[\Delta X_s \Delta Y_s\right].$$

Der vorhersehbare Kovariations-Prozess von X mit sich selbst wird ***vorhersehbarer quadratischer Variations-Prozess*** *genannt und mit*

$$\langle X\rangle_t := \langle X,X\rangle_t$$

bezeichnet.

Offenbar gilt

$$\Delta \langle X,Y\rangle_t = \mathbf{E}_{t-1}\left[\Delta X_t \Delta Y_t\right] = \mathbf{E}_{t-1}\left[\Delta [X,Y]_t\right] \tag{6.25}$$

und

$$\Delta \langle X\rangle_t = \mathbf{E}_{t-1}\left[(\Delta X_t)^2\right] \tag{6.26}$$

für $t = 0,\ldots,T$.

Lemma 6.35. *Seien X und Y beliebige adaptierte stochastische Prozesse. Dann ist* $\langle X,Y\rangle$ *der Kompensator von* $[X,Y]$.

Beweis. Aus Definition (6.24) folgt die $\mathcal{F}_{t-1}$-Messbarkeit von $\langle X,Y\rangle_t$. Also ist $\langle X,Y\rangle$ vorhersehbar. Weiter folgt aus (6.25)

$$\mathbf{E}_{t-1}\left[\Delta\left([X,Y] - \langle X,Y\rangle\right)_t\right] = 0$$

für alle $t = 1,\ldots,T$, also ist $[X,Y] - \langle X,Y\rangle$ ein Martingal. □

Beispiel 6.36. **(Unabhängige zentrierte Inkremente)** Sei Z ein adaptierter stochastischer Prozess und sei

$$X_t := \sum_{s=0}^{t} Z_s$$

für $0 \leq t \leq T$. Angenommen, für alle t gilt $\mathbf{E}[Z_t] = 0$, und für alle $1 \leq t \leq T$ sei Z_t unabhängig von $\mathcal{F}_{t-1}$. Dann gilt mit Satz 6.19

$$\begin{aligned}\Delta \langle X \rangle_t &= \Delta \langle X, X \rangle_t \\ &= \mathbf{E}_{t-1}\left[Z_t^2\right] \\ &= \mathbf{E}\left[Z_t^2\right] \\ &= \mathbf{V}[Z_t] \\ &= \mathbf{V}[\Delta X_t].\end{aligned}$$

Daraus folgt mit $\sigma_t^2 := \mathbf{V}[Z_t]$

$$\begin{aligned}\langle X \rangle_t &= \sum_{s=0}^{t} \Delta \langle X \rangle_t \\ &= \sum_{s=0}^{t} \sigma_s^2.\end{aligned}$$

△

Satz 6.37. *Sei X ein Martingal und sei*

$$X^2 = M + A$$

die Doob-Zerlegung von X^2. Dann ist $A = \langle X \rangle$ der vorhersehbare quadratische Variationsprozess von X.

Beweis. Die Behauptung folgt aus der Darstellung (6.21) von A,

$$A_t = \sum_{s=1}^{t} \mathbf{E}_{s-1}\left[\Delta X_s^2\right],$$

denn es gilt

$$\begin{aligned}\Delta \langle X \rangle_s &= \mathbf{E}_{s-1}\left[(\Delta X_s)^2\right] \\ &= \mathbf{E}_{s-1}\left[X_s^2 - 2X_s X_{s-1} + X_{s-1}^2\right] \\ &= \mathbf{E}_{s-1}\left[X_s^2\right] - 2X_{s-1}\mathbf{E}_{s-1}[X_s] + X_{s-1}^2 \\ &= \mathbf{E}_{s-1}\left[X_s^2\right] - X_{s-1}^2 \\ &= \mathbf{E}_{s-1}\left[X_s^2 - X_{s-1}^2\right] \\ &= \mathbf{E}_{s-1}\left[\Delta X_s^2\right].\end{aligned}$$

Daraus erhalten wir die Behauptung durch Summation. □

Folgerung 6.38. *Sei X ein Martingal. Dann ist der Prozess*

$$X^2 - \langle X \rangle$$

ein Martingal. □

Folgerung 6.39. *Seien X und Y Martingale. Dann sind sowohl die Prozesse*

$$(X+Y)^2 - \langle X+Y \rangle$$

und

$$(X-Y)^2 - \langle X-Y \rangle$$

als auch der Differenzprozess

$$4XY - (\langle X+Y \rangle - \langle X-Y \rangle)$$

Martingale. □

Satz 6.40. *Seien X und Y Martingale. Die Doob-Zerlegung von XY lautet*

$$XY = M + \langle X, Y \rangle, \tag{6.27}$$

wobei

$$M := XY - \frac{1}{4}(\langle X+Y \rangle - \langle X-Y \rangle)$$

und wobei

$$\langle X, Y \rangle = \frac{1}{4}(\langle X+Y \rangle - \langle X-Y \rangle)$$

der vorhersehbare Kovariations-Prozess von X und Y ist.

Beweis. Nach Folgerung 6.39 ist

$$M = XY - \frac{1}{4}(\langle X+Y \rangle - \langle X-Y \rangle)$$

ein Martingal. Wegen $\langle X+Y \rangle_0 = \langle X-Y \rangle_0 = 0$ gilt $M_0 = X_0 Y_0$. Daraus, sowie aus der Vorhersehbarkeit von $\langle X+Y \rangle$ und $\langle X-Y \rangle$ folgt bereits, dass

$$XY = M + \frac{1}{4}(\langle X+Y \rangle - \langle X-Y \rangle)$$

die Doob-Zerlegung von XY bildet. Es bleibt zu zeigen, dass der Ausdruck $\frac{1}{4}(\langle X+Y \rangle - \langle X-Y \rangle)$ tatsächlich mit dem vorhersehbaren Kovariations-Prozess $\langle X, Y \rangle$ übereinstimmt. Dazu berechnen wir mit (6.25)

$$\begin{aligned}
\Delta \langle X+Y, X+Y \rangle_t &= \mathbf{E}_{t-1}\left[(\Delta (X_t + Y_t))^2\right] \\
&= \mathbf{E}_{t-1}\left[(\Delta X_t)^2 + (\Delta Y_t)^2 + 2\Delta X_t \Delta Y_t\right]
\end{aligned}$$

und

$$\Delta \langle X-Y, X-Y \rangle_t = \mathbf{E}_{t-1}\left[(\Delta(X_t - Y_t))^2\right] \\ = \mathbf{E}_{t-1}\left[(\Delta X_t)^2 + (\Delta Y_t)^2 - 2\Delta X_t \Delta Y_t\right].$$

Durch Subtraktion folgt

$$\Delta \langle X+Y \rangle_t - \Delta \langle X-Y \rangle_t = 4\mathbf{E}_{t-1}\left[\Delta X_t \Delta Y_t\right]. \tag{6.28}$$

Die Summation der Differenzen (6.28) liefert wegen (6.24) die Behauptung

$$\frac{1}{4}\left(\langle X+Y \rangle_t - \langle X-Y \rangle_t\right) = \frac{1}{4}\sum_{s=1}^{t}\left(\Delta \langle X+Y \rangle_t - \Delta \langle X-Y \rangle_t\right) \\ = \sum_{s=1}^{t} \mathbf{E}_{s-1}\left[\Delta X_s \Delta Y_s\right] \\ = \langle X, Y \rangle_t .$$

Damit ist der Satz bewiesen. □

Aufgabe 6.6. Angenommen, X und Y sind Martingale.

1. Zeigen Sie, dass
$$XY - [X, Y]$$
ein Martingal ist.
2. Nach Satz 6.40 ist auch $XY - \langle X, Y \rangle$ ein Martingal. Warum liegt hier kein Widerspruch zur Eindeutigkeit der Doob-Zerlegung vor?

6.6 Orthogonale Martingale

Definition 6.41. *Zwei Martingale X und Y werden* ***orthogonal*** *genannt, wenn $\langle X, Y \rangle_t = 0$ für alle $0 \leq t \leq T$ gilt.*

Satz 6.42. *Zwei Martingale X und Y sind genau dann orthogonal, wenn der Prozess XY ein Martingal ist.*

Beweis. Die Doob-Zerlegung von XY lautet

$$XY = M + \langle X, Y \rangle ,$$

wobei M ein Martingal ist. Sind also X und Y orthogonal, so gilt $XY = M$, und XY ist ein Martingal. Ist XY dagegen ein Martingal, so auch $XY - M$, so dass $\langle X, Y \rangle$ ein vorhersehbares Martingal mit $\langle X, Y \rangle_0 = 0$ ist. Nach Lemma 6.24 gilt $\langle X, Y \rangle = 0$, was zu zeigen war. □

6.7 Das diskrete stochastische Integral

Definition 6.43. *Seien X und Y adaptierte stochastische Prozesse. Dann ist das* ***diskrete stochastische Integral*** *von Y bezüglich X definiert durch*

$$\int_0^t Y\ dX := \sum_{s=1}^t Y_s \Delta X_s. \tag{6.29}$$

Dabei heißt Y ***Integrand*** *und X* ***Integrator****. Das stochastische Integral wird auch als Transformation des Prozesses X durch den Prozess Y bezeichnet. Eine alternative Notation ist*

$$(Y \bullet X)_t := \int_0^t Y\ dX. \tag{6.30}$$

Das stochastische Integral von Y bezüglich X definiert einen adaptierten stochastischen Prozess. Für $t = 0$ gilt nach Definition $\int_0^0 Y\ dX = 0$. Weiter ist

$$\Delta (Y \bullet X)_t = Y_t \Delta X_t. \tag{6.31}$$

Ferner ist das stochastische Integral linear, d.h. es gilt für beliebige adaptierte Prozesse X, Y und Z und für beliebiges $\lambda \in \mathbb{R}$

$$\int_0^t (Y + Z)\ dX = \int_0^t Y\ dX + \int_0^t Z\ dX$$

$$\int_0^t \lambda Y\ dX = \lambda \int_0^t Y\ dX.$$

Ist der Prozess Y konstant, also $Y = c$, so gilt

$$(c \bullet X)_t = c \int_0^t dX = c\,(X_t - X_0)\,.$$

Im Falle von $X_0 = 0$ spezialisiert sich dies weiter zu

$$(c \bullet X)_t = cX_t.$$

Satz 6.44. *Sei H ein vorhersehbarer Prozess und sei X ein Martingal . Dann ist auch das stochastische Integral $(H \bullet X)_t = \int_0^t H\ dX$ ein Martingal. Angenommen, H ist ein vorhersehbarer Prozess mit $H_t(\omega) \geq 0$ für alle $\omega \in \Omega$ und für alle $t = 0, \ldots, T$, und X ist ein Super- oder Submartingal. Dann ist auch das stochastische Integral $H \bullet X$ ein Super- oder Submartingal.*

Beweis. Die erste Aussage folgt mit Lemma 6.26 wegen

$$\begin{aligned} \mathbf{E}_{t-1}\left[\Delta (H \bullet X)_t\right] &= \mathbf{E}_{t-1}\left[H_t \Delta X_t\right] \\ &= H_t \mathbf{E}_{t-1}\left[\Delta X_t\right] \\ &= 0. \end{aligned} \tag{6.32}$$

Ist X ein Super- oder Submartingal, so erfolgt der Beweis analog. Allerdings wird das Gleichheitszeichen in der letzten Zeile von (6.32) durch ein $\leq$ im Falle eines Supermartingals und durch ein $\geq$ im Falle eines Submartingals ersetzt. □

Satz 6.45. *Für beliebige reellwertige Prozesse X, Y und Z gilt*

$$X \bullet (Y \bullet Z) = (XY) \bullet Z.$$

Beweis. Mit $(Y \bullet X)_t = Y_t \Delta X_t$ folgt

$$\begin{aligned} \Delta (X \bullet (Y \bullet Z))_t &= X_t \Delta (Y \bullet Z)_t \\ &= X_t Y_t \Delta Z_t \\ &= \Delta ((XY) \bullet Z)_t , \end{aligned}$$

was zu zeigen war. □

6.8 Stochastische Integrale und Kovariations-Prozesse

Satz 6.46. *Es gilt für beliebige reellwertige Prozesse X, Y und Z*

$$[X \bullet Y, Z] = X \bullet [Y, Z] .$$

Wenn X vorhersehbar ist, dann gilt darüber hinaus

$$\langle X \bullet Y, Z \rangle = X \bullet \langle Y, Z \rangle .$$

Beweis. Wegen $\Delta [Y, Z]_s = \Delta Y_s \Delta Z_s$ gilt mit (6.31)

$$\begin{aligned} \Delta [X \bullet Y, Z]_t &= \Delta (X \bullet Y)_t \, \Delta Z_t \\ &= X_t \Delta Y_t \Delta Z_t \\ &= X_t \Delta [Y, Z]_t \\ &= \Delta (X \bullet [Y, Z])_t , \end{aligned}$$

und die erste behauptete Gleichung folgt durch Summation. Wegen $\Delta \langle Y, Z \rangle_t = \mathbf{E}_{t-1} [\Delta Y_t \Delta Z_t]$ folgt die zweite Aussage unter Verwendung der Vorhersehbarkeit von X aus

$$\begin{aligned} \Delta \langle X \bullet Y, Z \rangle_t &= \mathbf{E}_{t-1} [\Delta (X \bullet Y)_t \, \Delta Z_t] \\ &= \mathbf{E}_{t-1} [X_t \Delta Y_t \Delta Z_t] \\ &= X_t \mathbf{E}_{t-1} [\Delta Y_t \Delta Z_t] \\ &= X_t \Delta \langle Y, Z \rangle_t \\ &= \Delta (X \bullet \langle Y, Z \rangle)_t . \end{aligned}$$

□

Satz 6.47. *Es gilt*

$$\int_0^t X_- \, dX = \frac{1}{2}\left(X_t^2 - X_0^2 - [X,X]_t\right).$$

Ist X ein Martingal, so auch $\int_0^t X_- \, dX$.

Beweis. Wegen

$$\left(X_s^2 - X_{s-1}^2\right) - \left(X_s - X_{s-1}\right)^2 = 2X_{s-1}\left(X_s - X_{s-1}\right)$$

gilt die Identität

$$\begin{aligned} 2\int_0^t X_- \, dX &= 2\sum_{s=1}^t X_{s-1}\left(X_s - X_{s-1}\right) \\ &= \sum_{s=1}^t \left(X_s^2 - X_{s-1}^2\right) - \sum_{s=1}^t \left(X_s - X_{s-1}\right)^2 \\ &= X_t^2 - X_0^2 + \sum_{s=1}^t \left(\Delta X_s\right)^2 \\ &= X_t^2 - X_0^2 - [X,X]_t\,, \end{aligned}$$

und die erste Behauptung ist bewiesen. Mit $\int_0^t X_- \, dX = (X_- \bullet X)_t$ folgt

$$\Delta\left(X_- \bullet X\right)_t = X_{t-1}\Delta X_t,$$

und daher gilt

$$\mathbf{E}_{t-1}\left[\Delta\left(X_- \bullet X\right)_t\right] = X_{t-1}\mathbf{E}_{t-1}\left[\Delta X_t\right] = 0.$$

Mit Lemma 6.26 folgt daraus die Martingaleigenschaft von $X_- \bullet X$. □

Es ist möglich, die Definition des stochastischen Integrals so zu modifizieren, dass ein zu

$$\int_0^t x \, dx = \frac{1}{2}t^2$$

analoges Ergebnis erhalten wird. Setzen wir

$$\left(X \circ dX\right)_t := \sum_{s=1}^t \frac{X_{s-1} + X_s}{2}\left(X_s - X_{s-1}\right),$$

so folgt

$$\sum_{s=1}^t \frac{X_{s-1} + X_s}{2}\left(X_s - X_{s-1}\right) = \frac{1}{2}\sum_{s=1}^t \left(X_s^2 - X_{s-1}^2\right) = \frac{1}{2}\left(X_t^2 - X_0^2\right).$$

Mit dieser Definition geht jedoch die Martingaleigenschaft des stochastischen Integrals verloren, denn

$$\Delta \sum_{s=1}^{t} \frac{X_{s-1} + X_s}{2} (X_s - X_{s-1}) = \frac{1}{2} \left(X_t^2 - X_{t-1}^2 \right),$$

und es gilt im allgemeinen

$$\mathbf{E}_{t-1} \left[X_t^2 \right] \neq X_{t-1}^2.$$

Satz 6.48. ***(Partielle Integration)*** *Es gilt*

$$\int_0^t X_- \, dY = X_t Y_t - X_0 Y_0 - \int_0^t Y_- \, dX - [X, Y]_t \tag{6.33}$$

bzw.

$$X_{t-1} \Delta Y_t = X_t Y_t - X_{t-1} Y_{t-1} - Y_{t-1} \Delta X_t - \Delta [X, Y]_t . \tag{6.34}$$

Beweis. Wegen

$$X_s (Y_s - Y_{s-1}) = X_s Y_s - X_{s-1} Y_{s-1} - Y_{s-1} (X_s - X_{s-1})$$

folgt mit (6.23) die Identität (6.34), denn

$$\begin{aligned}
\Delta [X, Y]_s &= \Delta X_s \Delta Y_s \\
&= X_s (Y_s - Y_{s-1}) - X_{s-1} (Y_s - Y_{s-1}) \\
&= (X_s Y_s - Y_{s-1} X_{s-1}) - Y_{s-1} (X_s - X_{s-1}) - X_{s-1} (Y_s - Y_{s-1}) .
\end{aligned}$$

(6.33) folgt daraus durch Summation. □

6.9 Die Itô-Formel

Satz 6.49 (Itô-Formel). *Sei* $f : \mathbb{R} \to \mathbb{R}$ *eine differenzierbare Funktion. Dann gilt für alle* $1 \leq t \leq T$

$$f(X_t) = f(X_0) + \int_0^t f'(X_-) \, dX + \sum_{s=1}^{t} \Big(f(X_s) - f(X_{s-}) - f'(X_{s-}) \cdot \Delta X_s \Big). \tag{6.35}$$

Beweis. Dies ist klar wegen

$$f(X_t) - f(X_0) = \sum_{s=1}^{t} \Big(f(X_s) - f(X_{s-}) \Big)$$

und

$$\int_0^t f'(X_-) \, dX = \sum_{s=1}^{t} f'(X_{s-}) \Delta X_s .$$

□

Angenommen, $f : \mathbb{R} \to \mathbb{R}$ ist zweimal stetig differenzierbar. Dann gilt

$$f(X_s) \approx f(X_{s-}) + f'(X_{s-}) \cdot \Delta X_s + \frac{1}{2} f''(X_{s-}) \cdot (\Delta X_s)^2,$$

und mit (6.23) folgt näherungsweise

$$\begin{aligned} f(X_s) - f(X_{s-}) - f'(X_{s-}) \cdot \Delta X_s &\approx \frac{1}{2} f''(X_{s-}) \cdot (\Delta X_s)^2 \\ &= \frac{1}{2} f''(X_{s-}) \cdot \Delta [X,X]_s . \end{aligned}$$

Einsetzen in (6.35) liefert

$$\begin{aligned} f(X_t) &\approx f(X_0) + \int_0^t f'(X_-)\, dX + \frac{1}{2} \sum_{s=1}^t f''(X_{s-}) \cdot \Delta [X,X]_s \qquad (6.36) \\ &= f(X_0) + \int_0^t f'(X_-)\, dX + \frac{1}{2} \int_0^t f''(X_-)\, d[X,X] . \end{aligned}$$

6.10 Stochastische Exponentiale

Satz 6.50. *Sei W ein adaptierter Prozess und sei X_0 eine beliebige Konstante. Dann wird durch folgende äquivalente Aussagen ein eindeutig bestimmter adaptierter Prozess X definiert.*

1. *Es existiert ein eindeutig bestimmter adaptierter Prozess X, der die Integralgleichung*
$$X_t = X_0 + \int_0^t X_- \, dW \qquad (6.37)$$
löst.
2. *Für $1 \leq t \leq T$ ist X durch die Formel*
$$X_t = X_0 \prod_{s=1}^t (1 + \Delta W_s) \qquad (6.38)$$
gegeben.
3. *Der Prozess X ist rekursiv durch vorgegebenes $X_0 \in \mathbb{R}$ und durch*
$$\Delta X_t = X_{t-1} \Delta W_t \qquad (6.39)$$
für $t = 1, \ldots, T$ gegeben.

Ist darüber hinaus W ein Martingal ist, so ist auch X ein Martingal.

Beweis. Wir betrachten die Gleichung

$$X_t = X_0 + \int_0^t X_- \, dW.$$

Diese ist nach Definition des stochastischen Integrals äquivalent zu einem vorgegebenen $X_0 \in \mathbb{R}$ und zur Rekursion

$$\Delta X_t = X_{t-1} \Delta W_t$$

oder zu

$$X_t = X_{t-1} \left(1 + \Delta W_t\right)$$

für $t = 1, \ldots, T$. Daraus folgt die Äquivalenz der behaupteten Aussagen, insbesondere die Existenz und die Eindeutigkeit von X sowie die Eigenschaft von X, adaptiert zu sein. Falls W ein Martingal ist, so folgt die Martingaleigenschaft von X aus Satz 6.44. □

Definition 6.51. *Sei W ein adaptierter Prozess. Der eindeutig bestimmte adaptierte Prozess X, der die Integralgleichung*

$$X_t = 1 + \int_0^t X_- \, dW$$

löst, wird ***stochastisches Exponential*** *des Prozesses W genannt und mit*

$$X_t = \mathcal{E}_t \left(W\right)$$

bezeichnet. Es gilt also

$$\begin{aligned} \mathcal{E}_t \left(W\right) &= \prod_{s=1}^{t} \left(1 + \Delta W_s\right) \\ &= 1 + \int_0^t X_- \, dW \\ &= 1 + \int_0^t \mathcal{E}_- \left(W\right) \, dW. \end{aligned}$$

Damit ist die eindeutig bestimmte Lösung der Integralgleichung

$$X_t = X_0 + \int_0^t X_- \, dW$$

durch

$$X_t = X_0 \mathcal{E}_t \left(W\right) \tag{6.40}$$

gegeben. Die Bezeichnung stochastisches Exponential leitet sich ab von der klassischen Integralbeziehung

$$e^x = 1 + \int_0^x e^y \, dy.$$

Ist der Prozess W deterministisch mit $\Delta W_t = r \in \mathbb{R}$, d.h. $W_t = W_0 + tr$, so spezialisiert sich (6.38) zu

$$X_t = X_0 (1 + r)^t,$$

also gilt

$$\mathcal{E}_t (W) = (1 + r)^t.$$

Satz 6.52. *Sei W ein adaptierter und sei Y ein vorhersehbarer Prozess. Dann ist die Integralgleichung*

$$X_t = X_0 + \int_0^t Y X_- \, dW \tag{6.41}$$

eindeutig lösbar und die Lösung ist gegeben durch

$$X_t = X_0 \mathcal{E}_t (Y \bullet W) \tag{6.42}$$

bzw. durch

$$X_t = X_0 \prod_{s=1}^{t} (1 + Y_s \Delta W_s). \tag{6.43}$$

Insbesondere ist die Lösung X adaptiert.

Beweis. Analog zu (6.39) ist (6.41) gleichbedeutend mit vorgegebenem $X_0 \in \mathbb{R}$ und der Rekursion

$$\Delta X_t = X_{t-1} Y_t \Delta W_t$$

oder

$$X_t = X_{t-1} (1 + Y_t \Delta W_t)$$

für $t = 1, \ldots, T$. Daraus folgen aber bereits die Behauptungen. □

Satz 6.53. *Es gilt folgende Multiplikationsformel für das stochastische Exponential:*

$$\mathcal{E}_t (X) \mathcal{E}_t (Y) = \mathcal{E}_t (X + Y + [X, Y]).$$

Beweis. Mit den Abkürzungen $A_t := \mathcal{E}_t (X)$ und $B_t := \mathcal{E}_t (Y)$ gilt

$$\begin{aligned}
\Delta A_t &= A_{t-} \Delta X_t, \\
\Delta B_t &= B_{t-} \Delta Y_t, \\
\Delta [A, B]_t &= \Delta A_t \Delta B_t \\
&= A_{t-} B_{t-} \Delta X_t \Delta Y_t \\
&= A_{t-} B_{t-} \Delta [X, Y]_t.
\end{aligned}$$

Daraus folgt mit Hilfe der Formel (6.34) für die partielle Integration

$$\begin{aligned}
\Delta (A_t B_t) &= A_{t-} \Delta B_t + B_{t-} \Delta A_t + \Delta [A, B]_t \\
&= A_{t-} B_{t-} \Delta Y_t + B_{t-} A_{t-} \Delta X_t + A_{t-} B_{t-} \Delta [X, Y]_t \\
&= A_{t-} B_{t-} \Delta (X_t + Y_t + [X, Y]_t).
\end{aligned}$$

□

6.11 Der Martingal-Darstellungssatz

Definition 6.54. *Eine Filtration $(\mathcal{F}_t)_{t\in\{0,\dots,T\}} = \{\mathcal{F}_0,\dots,\mathcal{F}_T\}$ heißt* ***binomiale Filtration****, wenn jedes $A_{t-1} \in \mathcal{Z}(\mathcal{F}_{t-1})$ für $0 < t \leq T$ in genau zwei Mengen A_{t1} und A_{t2} aus $\mathcal{Z}(\mathcal{F}_t)$ zum nachfolgenden Zeitpunkt t zerfällt. In diesem Fall gilt also*

$$A_{t-1} = A_{t1} \cup A_{t2}, \; A_{t1} \cap A_{t2} = \varnothing.$$

Satz 6.55. ***(Martingal-Darstellungssatz)*** *Sei $\left(\Omega, (\mathcal{F}_t)_{t\in\{0,\dots,T\}}, P\right)$ ein endlicher gefilterter Wahrscheinlichkeitsraum mit einer binomialen Filtration $(\mathcal{F}_t)_{t\in\{0,\dots,T\}}$ und sei X ein Martingal mit der Eigenschaft, dass für jedes $A_{t-1} \in \mathcal{Z}(\mathcal{F}_{t-1})$ gilt*

$$\begin{pmatrix} \Delta X_t(A_{t1}) \\ \Delta X_t(A_{t2}) \end{pmatrix} \neq \begin{pmatrix} 0 \\ 0 \end{pmatrix}, \tag{6.44}$$

wobei

$$A_{t-1} = A_{t1} \cup A_{t2} \text{ für } A_{t1}, A_{t2} \in \mathcal{Z}(\mathcal{F}_t).$$

Sei Y ein beliebiges weiteres Martingal auf $\left(\Omega, (\mathcal{F}_t)_{t\in\{0,\dots,T\}}, P\right)$. Dann gibt es einen eindeutig bestimmten vorhersehbaren Prozess H mit der Eigenschaft

$$Y_t = Y_0 + \int_0^t H \, dX. \tag{6.45}$$

Beweis. (6.45) ist gleichbedeutend mit

$$\Delta Y_t = H_t \Delta X_t$$

für jedes $t = 1,\dots,T$. Sei $A_{t-1} \in \mathcal{Z}(\mathcal{F}_{t-1})$ beliebig und seien $A_{t1}, A_{t2} \in \mathcal{Z}(\mathcal{F}_t)$ die beiden Mengen, in die A_{t-1} zum Zeitpunkt t zerfällt. Da Y und X Martingale sind, gilt mit $p_1 := \frac{P(A_{t1})}{P(A_{t-1})}$ und $p_2 := \frac{P(A_{t2})}{P(A_{t-1})} = 1 - p_1$

$$0 = \mathbf{E}_{t-1}[\Delta Y_t](A_{t-1}) = p_1 \Delta Y_t(A_{t1}) + p_2 \Delta Y_t(A_{t2})$$

sowie

$$0 = \mathbf{E}_{t-1}[\Delta X_t](A_{t-1}) = p_1 \Delta X_t(A_{t1}) + p_2 \Delta X_t(A_{t2}).$$

Also sind die Vektoren $x, y \in \mathbb{R}^2$,

$$y := \begin{pmatrix} \Delta Y_t(A_{t1}) \\ \Delta Y_t(A_{t2}) \end{pmatrix} \text{ und } x := \begin{pmatrix} \Delta X_t(A_{t1}) \\ \Delta X_t(A_{t2}) \end{pmatrix} \neq 0,$$

jeweils orthogonal zu

$$p := \begin{pmatrix} p_1 \\ p_2 \end{pmatrix} \in \mathbb{R}^2,$$

und daher gibt es eine eindeutig bestimmte Zahl $h \in \mathbb{R}$ mit der Eigenschaft

$$y = h \cdot x.$$

Definieren wir schließlich $H_t(A_{t-1}) := h$ und $H_0 = 0$, so ist der auf diese Weise definierte Prozess H nach Konstruktion vorhersehbar und erfüllt (6.45). □

6.12 Der Satz von Girsanov

Wir betrachten nun ein spezielles Martingal, das vom Quotienten zweier Wahrscheinlichkeitsmaße P und Q auf $\mathcal{P}(\Omega)$ generiert wird. Wir bezeichnen den Erwartungswert einer Zufallsvariablen X bezüglich P mit $\mathbf{E}^P[X]$, während der Erwartungswert von X bezüglich Q als $\mathbf{E}^Q[X]$ geschrieben wird. Für den gesamten Abschnitt setzen wir voraus, dass P **äquivalent** zu Q ist, Schreibweise $P \sim Q$. Dies bedeutet in unserem Kontext endlicher Wahrscheinlichkeitsräume Ω gilt

$$P(\omega) > 0 \text{ für alle } \omega \in \Omega \text{ und}$$
$$Q(\omega) > 0 \text{ für alle } \omega \in \Omega.$$

6.12.1 Die bedingte Wahrscheinlichkeitsdichte

Definition 6.56. *Die **bedingte Wahrscheinlichkeitsdichte** (oder kürzer **bedingte Dichte**) ist definiert durch*

$$\mathcal{L}_t := \mathbf{E}_t^P\left[\frac{Q}{P}\right]. \tag{6.46}$$

Der bedingte Dichte-Prozess ist ein positives Martingal bezüglich des Wahrscheinlichkeitsmaßes P. Die Martingal-Eigenschaft folgt sofort aus der Iterationseigenschaft der bedingten Erwartung in Satz 6.6. Positiv ist das Martingal deshalb, weil $\frac{Q}{P}$ positiv ist. Aus der Definition folgt unmittelbar

$$\mathcal{L}_T = \mathbf{E}_T^P\left[\frac{Q}{P}\right] = \frac{Q}{P}$$

und

$$\mathcal{L}_0 = \mathbf{E}^P\left[\frac{Q}{P}\right] = 1.$$

Allgemeiner gilt folgender Zusammenhang:

Lemma 6.57. *Sei $A \in \mathcal{Z}(\mathcal{F}_t)$ beliebig. Dann gilt*

$$\mathcal{L}_t(A) = \frac{Q(A)}{P(A)}. \tag{6.47}$$

Beweis. Mit (6.46) und Satz 6.1 folgt die behauptete Darstellung

$$\mathcal{L}_t(A) = \mathbf{E}_t^P[\mathcal{L}_T](A) = \frac{1}{P(A)} \sum_{\omega \in A} \frac{Q(\omega)}{P(\omega)} P(\omega) = \frac{Q(A)}{P(A)}.$$

□

Satz 6.58. *Für jeden adaptierten Prozess X und für alle $0 \leq s \leq t \leq T$ gilt*

$$\mathbf{E}_s^Q [X_t] = \frac{\mathbf{E}_s^P [\mathcal{L}_t X_t]}{\mathcal{L}_s}. \tag{6.48}$$

Beweis. Sei $A_s \in \mathcal{Z}(\mathcal{F}_s)$ beliebig. Dann gilt mit (6.47)

$$\begin{aligned}
\mathbf{E}_s^P[\mathcal{L}_t X_t](A_s) &= \frac{1}{P(A_s)} \sum_{\substack{A_t \in \mathcal{Z}(\mathcal{F}_t) \\ A_t \subset A_s}} \mathcal{L}_t(A_t) X_t(A_t) P(A_t) \\
&= \frac{Q(A_s)}{P(A_s)} \left(\frac{1}{Q(A_s)} \sum_{\substack{A_t \in \mathcal{Z}(\mathcal{F}_t) \\ A_t \subset A_s}} X_t(A_t) Q(A_t) \right) \\
&= \mathcal{L}_s(A_s) \mathbf{E}_s^Q [X_t](A_s).
\end{aligned}$$

Da $A_s \in \mathcal{Z}(\mathcal{F}_s)$ beliebig war, ist die Behauptung bewiesen. □

Folgerung 6.59. *Ein adaptierter Prozess X ist genau dann ein Q-Martingal, wenn der Prozess $\mathcal{L}X$ ein P-Martingal ist.*

Beweis. Für $s \leq t$ schreiben wir (6.48) als

$$\mathbf{E}_s^P [\mathcal{L}_t X_t] = \mathcal{L}_s \mathbf{E}_s^Q [X_t].$$

Ist X ein Q-Martingal, so gilt

$$X_s = \mathbf{E}_s^Q [X_t],$$

und $\mathcal{L}X$ ist somit ein P-Martingal. Ist umgekehrt $\mathcal{L}X$ ein P-Martingal, so gilt

$$\mathbf{E}_s^P [\mathcal{L}_t X_t] = \mathcal{L}_s X_s,$$

und daraus folgt $X_s = \mathbf{E}_s^Q [X_t]$. Also ist X ein Q-Martingal. □

6.12.2 Der Satz von Girsanov

Lemma 6.60. *Sei X ein adaptierter Prozess. Dann gilt*

$$\begin{aligned}
\Delta \langle X, \mathcal{L} \rangle_t &= \mathcal{L}_{t-1} \left(\mathbf{E}_{t-1}^Q [\Delta X_t] - \mathbf{E}_{t-1}^P [\Delta X_t] \right) \\
&= \mathcal{L}_{t-1} \left(\mathbf{E}_{t-1}^Q [X_t] - \mathbf{E}_{t-1}^P [X_t] \right)
\end{aligned} \tag{6.49}$$

und

$$\begin{aligned}
\int_0^t \frac{d\langle X, \mathcal{L} \rangle}{\mathcal{L}_-} &= \sum_{s=1}^t \left(\mathbf{E}_{s-1}^Q [\Delta X_s] - \mathbf{E}_{s-1}^P [\Delta X_s] \right) \\
&= \sum_{s=1}^t \left(\mathbf{E}_{s-1}^Q [X_s] - \mathbf{E}_{s-1}^P [X_s] \right).
\end{aligned} \tag{6.50}$$

Ist X insbesondere ein P-Martingal, so spezialisieren sich (6.49) und (6.50) zu

$$\Delta \langle X, \mathcal{L} \rangle_t = \mathcal{L}_{t-1} \mathbf{E}_{t-1}^{Q} [\Delta X_t] \tag{6.51}$$

und

$$\begin{aligned} \int_0^t \frac{d \langle X, \mathcal{L} \rangle}{\mathcal{L}_-} &= \sum_{s=1}^{t} \mathbf{E}_{s-1}^{Q} [\Delta X_s] \\ &= \sum_{s=1}^{t} \left(\mathbf{E}_{s-1}^{Q} [X_s] - X_{s-1} \right). \end{aligned} \tag{6.52}$$

Beweis. Mit (6.25) folgt

$$\begin{aligned} \Delta \langle X, \mathcal{L} \rangle_t &= \mathbf{E}_{t-1}^{P} [\Delta X_t (\mathcal{L}_t - \mathcal{L}_{t-1})] \\ &= \mathbf{E}_{t-1}^{P} [\Delta X_t \mathcal{L}_t] - \mathcal{L}_{t-1} \mathbf{E}_{t-1}^{P} [\Delta X_t]. \end{aligned}$$

Daraus erhalten wir mit Satz 6.58 und mit $X_{t-1} = \mathbf{E}_{t-1}^{Q} [X_{t-1}] = \mathbf{E}_{t-1}^{P} [X_{t-1}]$ die beiden Gleichheiten in (6.49). (6.50) folgt aus (6.49) nach Division durch $\mathcal{L}_{t-1}$ und anschließender Summation. Die beiden Zusammenhänge (6.51) und (6.52) folgen daraus unmittelbar. □

Anmerkung 6.61. Vergleiche (6.49) mit Aussage 3 aus 2.23.

Satz 6.62 (Satz von Girsanov). *Sei X ein P-Martingal. Dann sind die Prozesse*

$$\left(X - \frac{1}{\mathcal{L}} \bullet [X, \mathcal{L}] \right)_t = X_t - \int_0^t \frac{d [X, \mathcal{L}]}{\mathcal{L}} \tag{6.53}$$

und

$$\left(X - \frac{1}{\mathcal{L}_-} \bullet \langle X, \mathcal{L} \rangle \right)_t = X_t - \int_0^t \frac{d \langle X, \mathcal{L} \rangle}{\mathcal{L}_-} \tag{6.54}$$

Q-Martingale.

Beweis. Wir betrachten zunächst den Prozess $X_t - \int_0^t \frac{d[X,\mathcal{L}]_s}{\mathcal{L}_s}$. Dann gilt mit (6.31) und (6.23)

$$\Delta \left(X_t - \int_0^t \frac{d [X, \mathcal{L}]_s}{\mathcal{L}_s} \right) = \Delta X_t - \frac{\Delta [X, \mathcal{L}]_t}{\mathcal{L}_t} = \Delta X_t - \frac{\Delta X_t \Delta \mathcal{L}_t}{\mathcal{L}_t}.$$

Nun berechnen wir mit (6.48)

$$\begin{aligned} \mathbf{E}_{t-1}^{Q} \left[\Delta \left(X_t - \int_0^t \frac{d [X, \mathcal{L}]_s}{\mathcal{L}_s} \right) \right] &= \mathbf{E}_{t-1}^{Q} [\Delta X_t] - \mathbf{E}_{t-1}^{Q} \left[\frac{\Delta X_t (\mathcal{L}_t - \mathcal{L}_{t-1})}{\mathcal{L}_t} \right] \\ &= \mathcal{L}_{t-1} \mathbf{E}_{t-1}^{Q} \left[\frac{\Delta X_t}{\mathcal{L}_t} \right] \\ &= \mathbf{E}_{t-1}^{P} \left[\mathcal{L}_t \left(\frac{\Delta X_t}{\mathcal{L}_t} \right) \right] \\ &= 0, \end{aligned}$$

denn X ist ein P-Martingal. Daraus folgt die erste Behauptung.

Zum Nachweis, dass (6.54) ein Q-Martingal definiert, berechnen wir mit (6.51)

$$\mathbf{E}_{t-1}^{Q}\left[\Delta\left(X_t - \int_0^t \frac{d\langle X,\mathcal{L}\rangle_s}{\mathcal{L}_{s-}}\right)\right] = \mathbf{E}_{t-1}^{Q}\left[\Delta X_t\right] - \mathbf{E}_{t-1}^{Q}\left[\frac{\Delta\langle X,\mathcal{L}\rangle_t}{\mathcal{L}_{t-1}}\right]$$
$$= 0.$$

Daraus folgt die zweite Behauptung. □

Folgerung 6.63. *Sei Q ein zu P äquivalentes Wahrscheinlichkeitsmaß, und sei X ein P-Martingal. Dann lautet die Doob-Zerlegung von X bezüglich Q*

$$X_t = \left(X_t - \int_0^t \frac{d\langle X,\mathcal{L}\rangle_s}{\mathcal{L}_{s-}}\right) + \int_0^t \frac{d\langle X,\mathcal{L}\rangle_s}{\mathcal{L}_{s-}}.$$

Beweis. Nach dem Satz von Girsanov, Satz 6.62, ist $X_t - \int_0^t \frac{d\langle X,\mathcal{L}\rangle_s}{\mathcal{L}_{s-}}$ ein Q-Martingal, und nach (6.52) ist der Prozess $\int_0^t \frac{d\langle X,\mathcal{L}\rangle}{\mathcal{L}_-}$ vorhersehbar. Die Behauptung folgt damit aus der Eindeutigkeit der Doob-Zerlegung, Satz 6.28. □

6.13 Martingalmaße und Maßwechsel

In diesem Abschnitt sei X ein adaptierter stochastischer Prozeß auf einem gefilterten Wahrscheinlichkeitsraum $\left(\Omega, (\mathcal{F}_t)_{t\in\{0,\dots,T\}}, P\right)$. Wir zeigen, dass es unter recht schwachen Voraussetzungen ein Wahrscheinlichkeitsmaß Q gibt, so dass der gegebene Prozess X ein Martingal bezüglich Q ist.

Satz 6.64. *Sei R ein adaptierter stochastischer Prozess auf einem gefilterten Wahrscheinlichkeitsraum $\left(\Omega, (\mathcal{F}_t)_{t\in\{0,\dots,T\}}, P\right)$ und sei $R = \mu + \Delta W$ die eindeutig bestimmte Zerlegung von R nach (6.18). Insbesondere ist μ vorhersehbar und W ist ein Martingal mit $W_0 = \mu_0 = R_0$. Wir nehmen an, dass für jedes $1 \le t \le T$ gilt*

$$0 < \Delta\langle W\rangle_t =: \sigma_t^2, \qquad (6.55)$$
$$\mu_t \Delta W_t < \sigma_t^2.$$

Die Abbildung

$$Q := P\mathcal{E}_T\left(-\frac{\mu}{\sigma^2}\bullet W\right) \qquad (6.56)$$

definiert dann ein zu P äquivalentes Wahrscheinlichkeitsmaß. Für $1 \le t \le T$ gilt

$$\mathbf{E}_{t-1}^{Q}\left[\Delta W_t\right] = -\mu_t. \qquad (6.57)$$

Der Dichteprozess $\mathcal{L}_0 = 1$ *und*

$$\mathcal{L}_t := \prod_{s=1}^{t} \left(1 - \frac{\mu_s}{\sigma_s^2} \Delta W_s\right) \tag{6.58}$$
$$= \mathcal{E}_t \left(-\frac{\mu}{\sigma^2} \bullet W\right)$$

ist ein P*-Martingal mit der Eigenschaft*

$$\mathcal{L}_t (A) = \frac{Q(A)}{P(A)} \tag{6.59}$$

für alle $A \in \mathcal{Z}(\mathcal{F}_t)$*. Für jeden adaptierten Prozess* Z *gilt*

$$\mathbf{E}_s^Q [Z_t] = \frac{\mathbf{E}_s^P [\mathcal{L}_t Z_t]}{\mathcal{L}_s} \tag{6.60}$$

für alle $0 \leq s \leq t \leq T$*.*

Beweis. Wir definieren Q durch (6.56), setzen also

$$Q(\omega) = P(\omega)\, \mathcal{E}_T \left(-\frac{\mu}{\sigma^2} \bullet W\right)(\omega)$$
$$= P(\omega) \prod_{s=1}^{T} \left(1 - \frac{\mu_s}{\sigma_s^2} \Delta W_s\right)(\omega)$$

für alle $\omega \in \Omega$. Nach den Voraussetzungen in (6.55) ist $Q \gg 0$. Weiter gilt

$$\prod_{s=1}^{T} \left(1 - \frac{\mu_s}{\sigma_s^2} \Delta W_s\right) = 1 + \lambda_1 \Delta W_1 + \cdots + \lambda_T \Delta W_T$$

für einen vorhersehbaren Prozess λ. Daraus folgt

$$\sum_{\omega \in \Omega} Q(\omega) = \sum_{\omega \in \Omega} P(\omega) + \sum_{\omega \in \Omega} \left(\sum_{s=1}^{T} (\lambda_s \Delta W_s)(\omega)\right) P(\omega)$$
$$= 1 + \sum_{s=1}^{T} \mathbf{E}_0^P [\lambda_s \Delta W_s]$$
$$= 1 + \sum_{s=1}^{T} \mathbf{E}_0^P \left[\mathbf{E}_{s-1}^P [\lambda_s \Delta W_s]\right]$$
$$= 1 + \sum_{s=1}^{T} \mathbf{E}_0^P \left[\lambda_s \mathbf{E}_{s-1}^P [\Delta W_s]\right]$$
$$= 1,$$

da λ_s $\mathcal{F}_{s-1}$-messbar ist und da W ein P-Martingal ist. Also ist Q ein zu P äquivalentes Wahrscheinlichkeitsmaß.

Definieren wir mit $\beta_s := -\frac{\mu_s}{\sigma_s^2}$ den Prozeß

$$\mathcal{L}_t(\omega) := \prod_{s=1}^{t} (1 + \beta_s \Delta W_s)(\omega),$$

so folgt aus Definition (6.56) zunächst

$$\mathcal{L}_T = \frac{Q}{P}$$

und weiter

$$\mathcal{L}_t = \mathcal{L}_{t-1}(1 + \beta_t \Delta W_t).$$

Da W ein P-Martingal ist und da β vorhersehbar ist, gilt für alle $0 < t \leq T$

$$\mathbf{E}_{t-1}^P[\mathcal{L}_t] = \mathcal{L}_{t-1}.$$

Also ist auch $\mathcal{L}$ ein P-Martingal, und für alle $A \in \mathcal{Z}(\mathcal{F}_t)$ erhalten wir

$$\mathcal{L}_t(A) = \mathbf{E}_t^P[\mathcal{L}_T](A) = \mathbf{E}_t^P\left[\frac{Q}{P}\right](A) = \frac{1}{P(A)} \sum_{\omega \in A} \frac{Q(\omega)}{P(\omega)} P(\omega) = \frac{Q(A)}{P(A)}.$$

Damit folgt (6.60) aus Satz 6.58. Wird in (6.60) speziell $Z_t = \Delta W_t$ gewählt, so gilt

$$\begin{aligned}
\mathbf{E}_{t-1}^Q[\Delta W_t] &= \frac{\mathbf{E}_{t-1}^P[\mathcal{L}_t \Delta W_t]}{\mathcal{L}_{t-1}} \\
&= \mathbf{E}_{t-1}^P[(1 + \beta_t \Delta W_t)\Delta W_t] \\
&= \beta_t \mathbf{E}_{t-1}^P\left[(\Delta W_t)^2\right] \\
&= -\mu_t,
\end{aligned}$$

und dies liefert (6.57). □

Die Aussage (6.57) bedeutet, dass der Prozess R bezüglich des Maßes Q zentriert oder ohne Drift ist im Sinne von

$$\mathbf{E}_{t-1}^Q[R_t] = 0$$

für alle $t = 1, \ldots, T$, während bezüglich P gilt

$$\mathbf{E}_{t-1}^P[R_t] = \mu_t.$$

6.13.1 Die Existenz von Martingalmaßen

Definition 6.65. *Sei X ein adaptierter stochastischer Prozess auf einem gefilterten Wahrscheinlichkeitsraum $\left(\Omega, (\mathcal{F}_t)_{t\in\{0,\dots,T\}}, P\right)$. Ein Wahrscheinlichkeitsmaß*

$$Q : \mathcal{P}(\Omega) \to [0,1]$$

heißt ***Martingalmaß*** *für X, wenn*

$$Q \sim P$$

und wenn X ein Martingal bezüglich Q ist, wenn also gilt

$$\mathbf{E}^Q_{t-1}[X_t] = X_{t-1} \tag{6.61}$$

für alle $t = 1, \dots, T$.

Angenommen, es gilt $X_t(\omega) \neq 0$ für alle $\omega \in \Omega$ und für alle $t = 0, \dots, T$. Dann ist Rendite

$$R_t := \frac{X_t - X_{t-1}}{X_{t-1}} = \frac{X_t}{X_{t-1}} - 1$$

von X für alle $t = 1, \dots, T$ wohldefiniert. Definieren wir noch $R_0 := 0$, so ist R ein adaptierter stochastischer Prozess, den wir **Renditeprozess** nennen. Es gilt also

$$R_0 = 0 \text{ und } R_t = \frac{X_t}{X_{t-1}} - 1 \text{ für } 1 \leq t \leq T. \tag{6.62}$$

Wenn die Voraussetzungen von Satz 6.58 für die Zerlegung $R = \mu + \Delta W$ von R erfüllt sind, dann definiert (6.56) ein Martingalmaß für X, denn für $t \geq 1$ gilt $X_t = X_{t-1}(1 + \mu_t + \Delta W_t)$ und daher

$$\mathbf{E}^Q_{t-1}[X_t] = X_{t-1}.$$

Q ist offenbar genau dann ein Martingalmaß für X, wenn

$$\mathbf{E}^Q_{t-1}[R_t] = 0$$

für alle $t = 1, \dots, T$ gilt. Wir fassen zusammen:

Satz 6.66. *Sei X ein adaptierter stochastischer Prozess auf einem gefilterten Wahrscheinlichkeitsraum $\left(\Omega, (\mathcal{F}_t)_{t\in\{0,\dots,T\}}, P\right)$. Sei weiter $X_t(\omega) \neq 0$ für alle $\omega \in \Omega$ und für alle $t = 0, \dots, T$. Dann ist der Renditeprozess R von X mit seiner Zerlegung (6.18), $R = \mu + \Delta W$, wohldefiniert und eindeutig bestimmt. Dabei ist W ein P-Martingal und μ ist vorhersehbar mit $W_0 = \mu_0 = R_0 = 0$. Angenommen, für jedes $1 \leq t \leq T$ gilt*

$$0 < \Delta \langle W \rangle_t =: \sigma_t^2,$$
$$\mu_t \Delta W_t < \sigma_t^2,$$

dann sind alle Voraussetzungen von Satz 6.64 erfüllt. Insbesondere definiert

$$Q := P\mathcal{E}_T\left(-\frac{\mu}{\sigma^2} \bullet W\right)$$

ein Martingalmaß für X. □

Lemma 6.67. *Sei X ein adaptierter stochastischer Prozess. Sei weiter $X_t(\omega) \neq 0$ für alle $\omega \in \Omega$ und für alle $t = 0, \ldots, T$. Dann existiert der Renditeprozess R von X mit seiner eindeutig bestimmten Zerlegung (6.18), $R = \mu + \Delta W$. Wir definieren für jedes $t = 0, \ldots, T$*

$$W_t^* := \mu_1 + \cdots + \mu_t + W_t. \tag{6.63}$$

Es gilt

$$\Delta W_t^* = R_t \tag{6.64}$$

für alle $t = 0, \ldots, T$. Sei Q ein Wahrscheinlichkeitsmaß. Dann ist Q genau dann ein Martingalmaß für X, wenn Q ein Martingalmaß für W^* ist.

Beweis. Aus (6.63) folgt unmittelbar

$$\Delta W_t^* = \mu_t + \Delta W_t = R_t$$

für alle $t = 0, \ldots, T$. Es gilt somit

$$\Delta X_t = X_{t-1} \Delta W_t^*, \tag{6.65}$$

also

$$\mathbf{E}_{t-1}^Q [\Delta X_t] = X_{t-1} \mathbf{E}_{t-1}^Q [\Delta W_t^*].$$

□

Mit der Zerlegung (6.18), $R = \mu + \Delta W$, für den Renditeprozess R von X erhalten wir die Darstellung

$$\begin{aligned} X_t &= X_{t-1}(1 + \mu_t + \Delta W_t) \\ &= X_0 \prod_{s=1}^{t} (1 + \Delta W_s^*) \\ &= X_0 \mathcal{E}_t(W). \end{aligned} \tag{6.66}$$

Anmerkung 6.68. Definieren wir $\Delta s := s - (s-1) = 1$ und

$$\int_0^t \mu_s ds := \sum_{s=1}^{t} \mu_s \Delta s = \mu_1 + \cdots + \mu_t,$$

so kann W^* auch geschrieben werden als

$$W_t^* = W_t + \int_0^t \mu_s ds. \tag{6.67}$$

Folgerung 6.69 *Unter den Voraussetzungen von Satz 6.64 besitzt der Prozess W^* aus (6.63) die alternative Darstellung*

$$W^* = W - \frac{1}{\mathcal{L}_-} \bullet \langle W, \mathcal{L} \rangle . \tag{6.68}$$

Beweis. Unter Verwendung von (6.57) und (6.51) schreiben wir

$$\begin{aligned} \Delta W_t^* &= \mu_t + \Delta W_t \\ &= \Delta W_t - \frac{\Delta \langle W, \mathcal{L} \rangle_t}{\mathcal{L}_{t-1}}. \end{aligned}$$

Die Behauptung folgt durch Summation. □

Für die Darstellung (6.68) zeigt nun alternativ der Satz von Girsanov 6.62, dass W^* ein Q-Martingal ist.

6.14 Stoppzeiten

Es sei ein Ein-Perioden-Modell nach Abb. 6.1 mit dem dort abgebildeten Kursprozess S gegeben. Wir betrachten das Ereignis $\mathcal{E}$, dass dieser Prozess zum ersten Mal den Wert 120 überschreitet oder den Wert 70 unterschreitet und fragen, ob und zu welchem Zeitpunkt dieses Ereignis eintritt. Jeder der vier Endzustände $\omega_1, \ldots, \omega_4$ bestimmt eindeutig einen Informationspfad. So entspricht beispielsweise ω_3 dem Pfad $(\Omega, \{\omega_3, \omega_4\}, \{\omega_3\})$. Wir definieren eine Abbildung $\tau : \Omega \to \{0, 1, 2, \infty\}$ so, dass $\tau(\omega)$ jedem durch ω bestimmten Informationspfad den Zeitpunkt zuordnet, an dem $\mathcal{E}$ eintritt. Es wird der Wert ∞ zugeordnet, wenn $\mathcal{E}$ längs des Pfades überhaupt nicht eintritt. Abb. 6.1 entnehmen wir

$$\begin{aligned} \tau(\omega_1) &= 1 \\ \tau(\omega_2) &= 1 \\ \tau(\omega_3) &= \infty \\ \tau(\omega_4) &= 2. \end{aligned} \tag{6.69}$$

Dies lässt sich auch schreiben als

$$\begin{aligned} \tau^{-1}(0) &= \varnothing && \in \mathcal{F}_0 \\ \tau^{-1}(1) &= \{\omega_1, \omega_2\} && \in \mathcal{F}_1 \\ \tau^{-1}(2) &= \{\omega_4\} && \in \mathcal{F}_2 \\ \tau^{-1}(\infty) &= \{\omega_3\} && \in \mathcal{F}_2. \end{aligned}$$

Definition 6.70. *Sei $\mathcal{F} = \{\mathcal{F}_t \,|\, t \in \{0, \ldots, T\}\}$ eine Filtration. Eine Abbildung $\tau : \Omega \to \{0, \ldots, T\} \cup \{\infty\}$ heißt* ***Stoppzeit*** *bezüglich $\mathcal{F}$, wenn gilt*

$$\{\tau = t\} \in \mathcal{F}_t \text{ für alle } t = 0, \ldots, T, \infty.$$

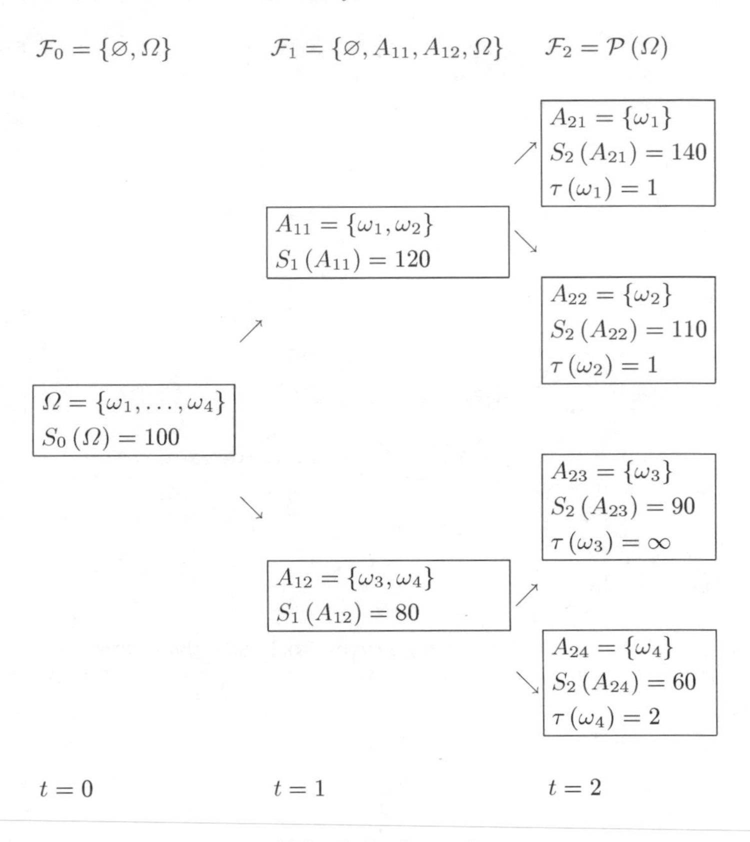

Abb. 6.1. Stopzeit

Dabei sei $\mathcal{F}_\infty := \mathcal{F}_T$ *und*

$$\{\tau = t\} := \{\omega \in \Omega \,|\, \tau(\omega) = t\}.$$

Eine Stoppzeit wird als Zeitpunkt interpretiert, zu dem ein bestimmtes Ereignis eintritt. Dieses Ereignis kann für verschiedene Pfade zu verschiedenen Zeitpunkten oder überhaupt nicht stattfinden. Tritt das betrachtete Ereignis für einen durch $\omega \in \Omega$ definierten Informationspfad zu keinem Zeitpunkt ein, so wird dies durch die Eigenschaft $\tau(\omega) = \infty$ ausgedrückt.

Die Bedingung $\{\tau = t\} \in \mathcal{F}_t$ besagt, dass es zu jedem Zeitpunkt möglich ist zu entscheiden, ob das Ereignis stattgefunden hat oder nicht, denn die Elemente von $\mathcal{F}_t$ bilden gerade die zum Zeitpunkt t beobachtbaren Ereignisse.

Beispiel 6.71. Die in (6.69) definierte Abbildung τ ist eine Stoppzeit. △

Aufgabe 6.7. Betrachten Sie für den in Abb. 6.1 dargestellten Kursprozess das Ereignis $\mathcal{E}$, dass der Kurs zum ersten Mal den Mittelwert der Kurse längs eines Pfades $\omega \in \Omega$ übersteigt. Zeigen Sie, dass die Zuordnung der Zeitpunkte $\tau(\omega)$ für den Eintritt von $\mathcal{E}$ keine Stoppzeit definiert.

Wegen $\mathcal{F}_s \subset \mathcal{F}_t$ für $s \leq t$ folgt, dass auch $\{\tau \leq t\} = \{\tau = 0\} \cup \cdots \cup \{\tau = t\} \in \mathcal{F}_t$. Gilt umgekehrt $\{\tau \leq t\} \in \mathcal{F}_t$, so folgt $\{\tau = t\} = \{\tau \leq t\} \backslash \{\tau \leq t-1\} \in \mathcal{F}_t$. Eine Stoppzeit kann also alternativ auch durch die Eigenschaft

$$\{\tau \leq t\} \in \mathcal{F}_t \text{ für alle } t = 0, \ldots, T, \infty$$

definiert werden.

Lemma 6.72. *Es gilt die Darstellung*

$$\tau = \sum_{t=0}^{T} t \cdot 1_{\{\tau=t\}} + \infty \cdot 1_{\Omega \backslash \{\tau \leq T\}}.$$

Beweis. Das ist klar, denn der Bildbereich von τ lautet $\{0, \ldots, T, \infty\}$ und die Mengen $\{\tau = t\}$ für $t = 0, \ldots, T$ und $\Omega \backslash \{\tau \leq T\}$ bilden eine Partition von Ω. □

Definition 6.73. *Sei X ein stochastischer Prozess und sei τ eine Stoppzeit. Dann heißt $X_{t\wedge\tau}$, definiert durch*

$$X_{t\wedge\tau}(\omega) = \begin{cases} X_{\tau(\omega)}(\omega) & \text{falls } \tau(\omega) \leq t \\ X_t(\omega) & \text{falls } \tau(\omega) > t, \end{cases}$$

der mit τ ***gestoppte Prozess****.*

Offenbar gilt

$$X_{t\wedge\tau} = \sum_{i=0}^{t-1} X_i \cdot 1_{\{\tau=i\}} + X_t \cdot 1_{\{\tau \geq t\}}. \tag{6.70}$$

Beispiel 6.74. Der mit der in (6.69) definierten Stoppzeit τ gestoppte Prozess S aus Abb. 6.1 besitzt die Werte

$$\begin{aligned}
S_{0\wedge\tau(\Omega)}(\Omega) &= S_0(\Omega) = 100, \\
S_{1\wedge\tau(A_{11})}(A_{11}) &= S_1(A_{11}) = 120, \\
S_{1\wedge\tau(A_{12})}(A_{12}) &= S_1(A_{12}) = 80, \\
S_{2\wedge\tau(\omega_1)}(\omega_1) &= S_1(\omega_1) = 120 \neq 140 = S_2(\omega_1), \\
S_{2\wedge\tau(\omega_2)}(\omega_2) &= S_1(\omega_2) = 120 \neq 110 = S_2(\omega_2), \\
S_{2\wedge\tau(\omega_3)}(\omega_3) &= S_2(\omega_3) = 90, \\
S_{2\wedge\tau(\omega_4)}(\omega_4) &= S_2(\omega_4) = 60.
\end{aligned}$$

△

Eine alternative Darstellung des gestoppten Prozesses lautet

$$X_{t\wedge\tau} = X_0 + \sum_{i=0}^{t} \mathbf{1}_{\{i\leq\tau\}} \cdot \Delta X_i, \tag{6.71}$$

denn für beliebiges $\omega \in \Omega$ und $\tau(\omega) =: k$ gilt

$$X_{t\wedge\tau}(\omega) = X_{t\wedge k}(\omega) = \begin{cases} X_t(\omega) \text{ für } 0 \leq t \leq k \\ X_k(\omega) \text{ für } k < t \leq T \end{cases}$$

und

$$\begin{aligned} X_0 + \sum_{i=0}^{t} \mathbf{1}_{\{i\leq\tau(\omega)\}}(\omega) \cdot \Delta X_i(\omega) &= X_0 + \sum_{i=0}^{t} \mathbf{1}_{\{i\leq k\}}(\omega) \cdot \Delta X_i(\omega) \\ &= \begin{cases} X_0 + \sum_{i=0}^{t} \Delta X_i(\omega) = X_t(\omega) \text{ für } 0 \leq t \leq k \\ X_0 + \sum_{i=0}^{k} \Delta X_i(\omega) = X_k(\omega) \text{ für } k < t \leq T. \end{cases} \end{aligned}$$

Wegen $\{i \leq \tau\} = \{i > \tau\}^c = \{\tau \leq i-1\}^c \in \mathcal{F}_{i-1}$ ist die Abbildung $\mathbf{1}_{\{i\leq\tau\}}$ $\mathcal{F}_{i-1}$-messbar. Damit ist der durch

$$Y_t := \mathbf{1}_{\{t\leq\tau\}}$$

definierte Prozess Y vorhersehbar und $X_{t\wedge\tau}$ lässt sich als diskretes stochastisches Integral schreiben,

$$X_{t\wedge\tau} = X_0 + \int_0^t Y\, dX. \tag{6.72}$$

Satz 6.75. ***(Stoppsatz)*** *Sei X ein Martingal und τ eine Stoppzeit. Dann ist auch der gestoppte Prozess $X_{t\wedge\tau}$ ein Martingal. Ist X ein Super- oder Submartingal, so ist auch der gestoppte Prozess $X_{t\wedge\tau}$ ein Super- oder Submartingal.*

Beweis. Die Behauptung folgt aus der Darstellung (6.72) und aus der Vorhersehbarkeit des Prozesses $Y_t = \mathbf{1}_{\{t\leq\tau\}}$ mit Satz 6.44. □

Definition 6.76. *Ist τ eine endliche Stoppzeit, gilt als $\tau(\omega) < \infty$ für alle $\omega \in \Omega$, so definieren wir*

$$X_\tau(\omega) := X_{\tau(\omega)}(\omega).$$

Ist τ eine endliche Stoppzeit, so gilt offenbar

$$X_{t\wedge\tau} = X_\tau \cdot 1_{\{\tau<t\}} + X_t \cdot 1_{\{\tau\geq t\}}.$$

Lemma 6.77. *Ein stochastischer Prozess X ist genau dann ein Martingal, wenn für jede endliche Stoppzeit $\tau \leq T$ gilt*

$$\mathbf{E}[X_\tau] = X_0.$$

Beweis. Wegen $\tau \leq T$ gilt $\tau = T \wedge \tau$. Ist X ein Martingal, so folgt aus dem Stoppsatz, dass auch $X_{t\wedge\tau}$ ein Martingal ist. Dann gilt aber

$$\begin{aligned}\mathbf{E}[X_\tau] &= \mathbf{E}[X_{T\wedge\tau}] \\ &= \mathbf{E}[X_0] \\ &= X_0.\end{aligned}$$

Dabei wurde die Abbildung X_0 mit ihrem Funktionswert identifiziert.

Sei umgekehrt angenommen, dass $\mathbf{E}[X_\tau] = X_0$ für jede endliche Stoppzeit τ gilt, und sei $A \in \mathcal{Z}(\mathcal{F}_t)$ beliebig. Definiere nun $\tau := t \cdot 1_{\Omega\setminus A} + (t+1) \cdot 1_A$. Dann ist τ eine endliche Stoppzeit und es gilt wegen (6.70)

$$\begin{aligned}X_{(t+1)\wedge\tau}(\omega) &= \left(X_{t+1} \cdot 1_{\{\tau \geq t+1\}} + X_\tau \cdot 1_{\{\tau < t+1\}}\right)(\omega) \\ &= \begin{cases} X_{t+1}(\omega) & \text{falls } \omega \in A \\ X_t(\omega) & \text{falls } \omega \notin A \end{cases},\end{aligned}$$

also

$$X_{(t+1)\wedge\tau} = X_{t+1} \cdot 1_A + X_t \cdot 1_{\Omega\setminus A}.$$

Daher folgt

$$\begin{aligned}X_0 &= \mathbf{E}[X_\tau] \\ &= \mathbf{E}[X_{t+1} \cdot 1_A] + \mathbf{E}[X_t \cdot 1_{\Omega\setminus A}].\end{aligned}$$

Andererseits ist auch $\tau' = t \cdot 1_\Omega = t \cdot 1_A + t \cdot 1_{\Omega\setminus A}$ eine Stoppzeit. Daher gilt

$$\begin{aligned}X_0 &= \mathbf{E}[X_{\tau'}] \\ &= \mathbf{E}[X_t \cdot 1_A] + \mathbf{E}[X_t \cdot 1_{\Omega\setminus A}].\end{aligned}$$

Durch Vergleich folgt

$$\mathbf{E}[X_{t+1} \cdot 1_A] = \mathbf{E}[X_t \cdot 1_A],$$

woraus die Martingaleigenschaft folgt. □

6.15 Weitere Aufgaben

Aufgabe 6.8. Geben Sie einen alternativen Beweis des Stoppsatzes mit Hilfe der Definition der bedingten Erwartung und der Darstellung (6.70).

7

Stochastische Finanzmathematik in diskreter Zeit

Die im vorangegangenen Kapitel vorgestellten Konzepte der stochastischen Analysis werden in diesem Kapitel verwendet, um einen gegenüber dem ersten Teil des Buches alternativen Zugang zu den Black-Scholes-Formeln herzuleiten, der sich an die Vorgehensweise in stetiger Zeit anlehnt. Außerdem werden einige Aussagen über amerikanische Optionen mit Hilfe von Stoppzeiten formuliert.

Als Hintergrundliteratur für dieses Kapitel seien die Bücher von Dothan [14], Williams [59], Föllmer/Schied [16] und Pliska [45] empfohlen.

Voraussetzung. Wir legen für das gesamte Kapitel einen endlichen gefilterten Wahrscheinlichkeitsraum $\left(\Omega, (\mathcal{F}_t)_{t\in\{0,\dots,T\}}, P\right)$ mit $\mathcal{F}_0 = \{\varnothing, \Omega\}$ und $\mathcal{F}_T = \mathcal{P}(\Omega)$ zugrunde. Weiter setzen wir $P(\omega) > 0$ für alle $\omega \in \Omega$ voraus.

7.1 Das Black-Scholes-Modell

Der im Rahmen der Ein- und Mehr-Perioden-Modelle dargestellte Zugang zur Bewertung zustandsabhängiger Zahlungsströme basierte auf den Trennungssätzen.

In diesem Kapitel stellen wir in diskretem Rahmen den schönen, von Michael Dothan in [14] entwickelten Zugang zur Bewertung von Auszahlungsprofilen, der analog zur Vorgehensweise in der stetigen Finanzmathematik ist, in überarbeiteter Form vor.

Die dabei eingeführten Begriffsbildungen und Konzepte lassen sich auf die Situation in stetiger Zeit übertragen – allerdings mit einem deutlich erhöhten technischen Aufwand. Der Rahmen der diskreten Finanzmathematik bietet dagegen die Möglichkeit, die Vorgehensweise und die Zusammenhänge zwischen verschiedenen Begriffsbildungen innerhalb der stetigen Finanzmathematik in einem elementareren Kontext zu studieren und anhand von konkreten Beispielen zu veranschaulichen.

J. Kremer, *Portfoliotheorie, Risikomanagement und die Bewertung von Derivaten*, 2. Aufl., Springer-Lehrbuch, DOI 10.1007/978-3-642-20868-3_7, © Springer-Verlag Berlin Heidelberg 2011

Wir betrachten im folgenden ein Mehr-Perioden-Modell $\left(\mathbf{S}, (\mathcal{F}_t)_{t\in\{0,\ldots,T\}}\right)$ bestehend aus zwei Wertpapieren $\mathbf{S} = (B, S)$. Das erste Wertpapier ist im Rahmen des klassischen Black-Scholes-Modells eine festverzinsliche Kapitalanlage B zum Zinssatz r, $B_t = (1+r)^t$, während das zweite Wertpapier eine Aktie S ist, die keine Dividenden auszahlt. Wir setzen weiter voraus, dass der Aktienkurs die Eigenschaft $S_t(\omega) > 0$ für alle $0 \leq t \leq T$ und für alle $\omega \in \Omega$ besitzt.

Wir betrachten im folgenden eine selbstfinanzierende Handelsstrategie $h = (\alpha, \gamma)$. In diesem Fall gilt mit

$$V_t = \alpha_t B_t + \gamma_t S_t$$

für $t = 0, \ldots, T$

$$\begin{aligned} V_t &= V_0 + \sum_{s=1}^{t} \Delta V_t \\ &= V_0 + \sum_{s=1}^{t} \alpha_t \Delta B_t + \gamma_t \Delta S_t. \end{aligned}$$

Nun gehen wir über zum diskontierten Marktmodell mit Numéraire B und erhalten mit $\tilde{V}_t := \frac{V_t}{B_t}$, $\tilde{S}_t := \frac{S_t}{B_t}$ und $\tilde{B}_t = 1$ die Darstellung

$$\tilde{V}_t(h) = V_0(h) + \sum_{j=1}^{t} \gamma_j \Delta \tilde{S}_j = V_0(h) + \int_0^t \gamma d\tilde{S}, \tag{7.1}$$

denn es gilt $B_0 = 1$, also $\tilde{V}_0(h) = V_0(h)$. Wir sehen, dass der diskontierte Wertprozess $\tilde{V}_t(h)$ nicht von der Handelsstrategie α für B, sondern nur vom Anfangskapital $V_0(h)$ und von der Handelsstrategie γ für die Aktie S abhängt. Im wesentlichen besteht die im folgenden darzustellende Bewertungsstrategie darin, ein Wahrscheinlichkeitsmaß Q so zu konstruieren, dass der diskontierte Aktienpreisprozess $\tilde{S}$ ein Martingal bezüglich Q ist. In diesem Fall ist $\tilde{V}$ ebenfalls ein Martingal bezüglich Q, und es gilt daher

$$V_0(h) = \mathbf{E}^Q\left[\tilde{V}_T(h)\right].$$

Ist nun c_T eine beliebige zustandsabhängige Auszahlung zum Endzeitpunkt T, dann ist mit $\tilde{c}_T := \frac{c_T}{B_T}$ der Prozess

$$\tilde{c}_t := \mathbf{E}_t^Q[\tilde{c}_T]$$

nach Definition ein Martingal. Handelt es sich bei $(\mathcal{F}_t)_{t\in\{0,\ldots,T\}}$ um eine binomiale Filtration, wie etwa im Falle von Binomialbaum-Modellen, so folgt aus dem Martingal-Darstellungssatz 6.55, dass es zu $\tilde{c}$ einen vorhersehbaren Prozess γ gibt, so dass gilt

$$\tilde{c}_t = \mathbf{E}_0^Q [\tilde{c}_T] + \int_0^t \gamma d\tilde{S}.$$

Wir werden sehen, dass sich γ zu einer selbstfinanzierenden Handelsstrategie $h = (\alpha, \gamma)$ ergänzen lässt. Daraus folgt

$$V_0(h) = \mathbf{E}_0^Q [\tilde{c}_T],$$

wobei $V_0(h)$ das Anfangskapital der die Endauszahlung c_T replizierenden Handelsstrategie h bezeichnet. Da c_T beliebig gewählt werden kann, ist das betrachtete Marktmodell vollständig, und die Anfangskosten für die replizierenden Handelsstrategien lassen sich als Erwartungswerte der diskontierten Endauszahlung bezüglich des Martingalmaßes Q formulieren.

7.1.1 Schritt 1: Modellierung der Dynamik der Wertpapiere, das Black-Scholes-Modell

Den Bondkurs definieren wir zunächst allgemein als vorhersehbaren stochastischen Prozess $B > 0$. Wir normieren den Anfangswert $B_0 := 1$ und definieren einen vorhersehbaren Prozess r durch $r_0 := 0$ und durch

$$\frac{\Delta B_t}{B_{t-1}} =: r_t$$

für alle $1 \leq t \leq T$. Mit der Definition

$$X_t := r_1 + \cdots + r_t$$

erhalten wir zunächst $\Delta X_t = r_t$ und daher mit Definition 6.51 die Darstellung

$$B_t = \mathcal{E}_t(X) = (1 + r_1) \cdot \cdots \cdot (1 + r_t).$$

Offenbar gilt $r_t(\omega) > -1$ für alle $1 \leq t \leq T$ und für alle $\omega \in \Omega$.

Den Aktienkurs modellieren wir als adaptierten stochastischen Prozess S mit der Eigenschaft $S_t(\omega) > 0$ für alle $\omega \in \Omega$ und für alle $t = 0, \ldots, T$. Dann ist die Zerlegung (6.18),

$$R_t = \frac{\Delta S_t}{S_{t-1}} = \mu_t + \Delta W_t \tag{7.2}$$

für alle $t = 1, \ldots, T$ wohldefiniert. Dabei gilt $\mu_t = \mathbf{E}_{t-1}[R_t]$, und $\Delta W_t = R_t - \mu_t$ ist ein P-Martingal. (7.2) kann umgeschrieben werden zu

$$S_t = S_{t-1}(1 + \mu_t + \Delta W_t). \tag{7.3}$$

Definieren wir

$$Y_t = \mu_1 + \cdots + \mu_t + W_t,$$

dann gilt

$$\Delta Y_t = \mu_t + \Delta W_t = R_t,$$

und wir erhalten für den Aktienkursprozess S die Rekursion

$$S_t = S_{t-1}(1 + \Delta Y_t),$$

also

$$S_t = \mathcal{E}_t(Y).$$

Das klassische **Black-Scholes-Modell** ist durch die Annahmen

$$\begin{aligned} r_t &= r \\ \mu_t &= \mu \\ \Delta \langle W \rangle_t &= \sigma^2 \end{aligned}$$

für alle $t = 1, \ldots, T$ gekennzeichnet, wobei $r > -1$, $\mu \geq 0$ und $\sigma > 0$ Konstanten sind.

7.1.2 Schritt 2: Konstruktion eines Martingalmaßes

Wie in der Einleitung zu diesem Kapitel beschrieben, gehen wir für die weiteren Überlegungen zum diskontierten Aktienpreisprozess $\tilde{S} := \frac{S}{B}$ über. Nun suchen wir für $\tilde{S}$ ein Martingalmaß, also ein Wahrscheinlichkeitsmaß, so dass der Prozess $\tilde{S}$ ein Martingal bezüglich dieses Maßes ist[1].

Sei $R = \mu + \Delta W$ die Zerlegung des Renditeprozesses von S nach (6.18). Wegen

$$\begin{aligned} \frac{\tilde{S}_t}{\tilde{S}_{t-1}} &= \frac{B_{t-1}}{S_{t-1}} \frac{S_t}{B_t} \\ &= \frac{1}{1 + r_t} \frac{S_t}{S_{t-1}} \end{aligned}$$

folgt

$$\begin{aligned} \tilde{R}_t &= \frac{\tilde{S}_t}{\tilde{S}_{t-1}} - 1 \\ &= \frac{1}{1 + r_t} (R_t - r_t) \\ &= \frac{1}{1 + r_t} ((\mu_t - r_t) + \Delta W_t). \end{aligned} \tag{7.4}$$

[1] Im Allgemeinen ist weder S noch $\tilde{S}$ ein Martingal bezüglich des gegebenen Wahrscheinlichkeitsmaßes P. Aus (7.3) folgt beispielsweise

$$\mathbf{E}_{t-1}^P[S_t] = S_{t-1}(1 + \mu_t).$$

Also ist S nur dann ein P-Martingal, wenn $\mu_t = 0$ gilt.

Satz 7.1. *Sei $(\mu - r) + \Delta W$ die eindeutig bestimmte Zerlegung von $(1 + r)\tilde{R}$ nach (6.18). Angenommen, für jedes $1 \leq t \leq T$ gilt*

$$\begin{aligned} 0 &< \Delta \langle W \rangle_t =: \sigma_t^2, \\ (\mu_t - r_t)\, \Delta W_t &< \sigma_t^2. \end{aligned} \tag{7.5}$$

Die Abbildung

$$Q := P\mathcal{E}_T \left(-\frac{\mu - r}{\sigma^2} \bullet W \right) \tag{7.6}$$

definiert dann ein zu P äquivalentes Wahrscheinlichkeitsmaß. Es gilt

$$\mathbf{E}_{t-1}^Q [\Delta W_t] = -(\mu_t - r_t)\,. \tag{7.7}$$

Für den Dichteprozess

$$\begin{aligned} \mathcal{L}_t &:= \prod_{s=1}^{t} \left(1 - \frac{\mu_s - r_s}{\sigma_s^2} \Delta W_s \right) \\ &= \mathcal{E}_t \left(-\frac{\mu - r}{\sigma^2} \bullet W \right) \end{aligned} \tag{7.8}$$

folgt

$$\mathcal{L}_t (A) = \frac{Q(A)}{P(A)} \tag{7.9}$$

für alle $A \in \mathcal{Z}(\mathcal{F}_t)$. Für jeden adaptierten Prozess Z gilt

$$\mathbf{E}_s^Q [Z_t] = \frac{\mathbf{E}_s^P [\mathcal{L}_t Z_t]}{\mathcal{L}_s} \tag{7.10}$$

für alle $0 \leq s \leq t \leq T$.

Beweis. Die Behauptungen folgen unmittelbar aus Satz 6.64. □

Folgerung 7.2 *Unter den Voraussetzungen von Satz 7.1 ist das Maß Q in (7.6) ein Martingalmaß für $\tilde{S}$. Es gilt*

$$\Delta \tilde{S}_t = \frac{1}{1 + r_t} \tilde{S}_{t-1} \left((\mu_t - r_t) + \Delta W_t \right) \tag{7.11}$$

für alle $t = 1, \ldots, T$.

Beweis. (7.11) folgt unmittelbar aus (7.4). Daraus erhalten wir mit (7.7)

$$\begin{aligned} \mathbf{E}_{t-1}^Q \left[\Delta \tilde{S}_t \right] &= \frac{1}{1 + r_t} \tilde{S}_{t-1} \left((\mu_t - r_t) + \mathbf{E}_{t-1}^Q [\Delta W_t] \right) \\ &= 0. \end{aligned}$$

□

Aus (7.11) folgt auch

$$\mathbf{E}_{t-1}^{Q}\left[\tilde{R}_t\right] = 0, \tag{7.12}$$

und daher erhalten wir wegen der Darstellung $(1 + r_t)\,\tilde{R}_t = R_t - r_t$ in (7.4) auch

$$\mathbf{E}_{t-1}^{Q}\left[R_t\right] = r_t. \tag{7.13}$$

Definieren wir

$$\begin{aligned} W_t^* &:= (\mu_1 - r_1) + \cdots + (\mu_t - r_t) + W_t = Y_t - X_t \\ &= W_t + \int_0^t (\mu_s - r_s)\, ds \end{aligned} \tag{7.14}$$

für $t = 0, \ldots, T$, so erhalten wir

$$\begin{aligned} \Delta W_t^* &= (\mu_t - r_t) + \Delta W_t \\ &= R_t - r_t \end{aligned} \tag{7.15}$$

und

$$\tilde{R}_t = \frac{1}{1 + r_t} \Delta W_t^*. \tag{7.16}$$

Analog zu Lemma 6.67 gilt:

Lemma 7.3. *Sei Q ein Wahrscheinlichkeitsmaß. Dann ist Q genau dann ein Martingalmaß für $\tilde{S}$, wenn Q ein Martingalmaß für W^* ist. Es gilt*

$$\Delta\tilde{S}_t = \frac{1}{1 + r_t} \tilde{S}_{t-1} \Delta W_t^*. \tag{7.17}$$

Beweis. (7.17) folgt unmittelbar aus (7.16). Wegen der Vorhersehbarkeit von r folgt die Behauptung aus

$$\mathbf{E}_{t-1}^{Q}\left[\Delta\tilde{S}_t\right] = \frac{1}{1 + r_t} \tilde{S}_{t-1} \mathbf{E}_{t-1}^{Q}\left[\Delta W_t^*\right].$$

□

Folgerung 7.4 *Für den diskontierten Preisprozess $\tilde{S}$ der Aktie gilt folgende Darstellung*

$$\tilde{S}_t = S_0 \mathcal{E}_t\left(\frac{1}{1 + r} \bullet W^*\right). \tag{7.18}$$

Beweis. (7.18) ist nach Satz 6.52 äquivalent zur Rekursion (7.17). □

Folgerung 7.5 *Sei Q ein Martingalmaß für $\tilde{S}$. Die Darstellung*

$$R_t = r_t + \Delta W_t^*. \tag{7.19}$$

ist die eindeutig bestimmte Zerlegung von R nach Satz 6.27 bezüglich des Maßes Q.

Beweis. Dies folgt mit Satz 6.27 unmittelbar aus (7.15). □

Satz 7.6. *Unter den Voraussetzungen von Satz 7.1 besitzt der Prozess* W^* *aus (7.14) die alternative Darstellung*

$$W^* = W - \frac{1}{\mathcal{L}_-} \bullet \langle W, \mathcal{L} \rangle . \tag{7.20}$$

Beweis. Nach dem Satz von Girsanov, Satz 6.62, ist der Prozeß $W - \frac{1}{\mathcal{L}_-} \bullet \langle W, \mathcal{L} \rangle$ ein Martingal bezüglich Q. Mit (7.10) angewendet auf $Z_t = \Delta W_t$, mit (7.7) und da W ein P-Martingal ist, erhalten wir

$$\begin{aligned}
\Delta \left(W - \frac{1}{\mathcal{L}_-} \bullet \langle W, \mathcal{L} \rangle \right)_t &= \Delta W_t - \frac{\Delta \langle W, \mathcal{L} \rangle_t}{\mathcal{L}_{t-1}} \\
&= \Delta W_t - \frac{\mathbf{E}^P_{t-1} \left[\Delta W_t \left(\mathcal{L}_t - \mathcal{L}_{t-1} \right) \right]}{\mathcal{L}_{t-1}} \\
&= \Delta W_t - \frac{\mathbf{E}^P_{t-1} \left[\Delta W_t \mathcal{L}_t \right]}{\mathcal{L}_{t-1}} + \mathbf{E}^P_{t-1} \left[\Delta W_t \right] \\
&= \Delta W_t - \mathbf{E}^Q_s \left[\Delta W_t \right] \\
&= \Delta W_t + \mu_t - r_t \\
&= \Delta W^*_t .
\end{aligned}$$

□

7.1.3 Schritt 3: Definition des Preises von c_T als Erwartungswert

Als Wert c_0 einer zustandsabhängigen Auszahlung c_T definieren wir

$$\begin{aligned}
c_0 &:= \mathbf{E}^Q \left[\tilde{c}_T \right] \\
&= \mathbf{E}^P \left[\tilde{c}_T \mathcal{E}_T \left(-\frac{\mu - r}{\sigma^2} \bullet W \right) \right] ,
\end{aligned} \tag{7.21}$$

wobei $\tilde{c}_T := \frac{c_T}{B_T}$ gilt. Im Black-Scholes-Modell spezialisiert sich dies zu

$$c_0 = \frac{1}{(1+r)^T} \mathbf{E}^Q \left[c_T \right] . \tag{7.22}$$

Die Definition (7.22) entspricht der in Kapitel 3 erhaltenen Darstellung (3.78). Allerdings ist hier das Martingalmaß Q mit Hilfe von (7.6) und nicht mit Hilfe der Trennungssätze konstruiert worden.

7.1.4 Schritt 4: Konstruktion einer die Endauszahlung c_T replizierenden selbstfinanzierenden Handelsstrategie

Es bleibt zu zeigen, dass der in (7.22) erhaltene Wert c_0 mit dem Anfangspreis einer die Auszahlung c_T replizierenden Handelsstrategie übereinstimmt.

Dieser Nachweis ist zwar für die Berechnung von (7.21) oder (7.22) nicht erforderlich, zeigt aber, dass der auf diese Weise erhaltene Wert c_0 der arbitragefreie Replikationspreis für c_T ist. Hierzu ist die Anwendung des Martingal-Darstellungssatzes erforderlich. Daher nehmen wir nun zusätzlich an, dass es sich bei der zugrunde liegenden Filtration $(\mathcal{F}_t)_{t\in\{0,\ldots,T\}}$ um eine binomiale Filtration handelt, wie das etwa in Binomialbaum-Modellen der Fall ist. Ein Marktmodell mit binomialer Filtration nennen wir auch *binomiales Marktmodell*.

Sei Q ein Martingalmaß. Zunächst definieren wir das Q-Martingal

$$\tilde{c}_t := \mathbf{E}_t^Q\left[\tilde{c}_T\right].$$

Wegen $B_0 = 1$ gilt $\tilde{c}_0 = \mathbf{E}_0^Q\left[\tilde{c}_T\right] = \mathbf{E}^Q\left[\tilde{c}_T\right] = c_0$. Da $\tilde{S}$ ebenfalls ein Q-Martingal ist, gibt es aufgrund des Martingal-Darstellungssatzes 6.55 einen vorhersehbaren Prozess γ mit der Eigenschaft

$$\tilde{c}_t = \tilde{c}_0 + \int_0^t \gamma \, d\tilde{S}. \tag{7.23}$$

Als Handelsstrategie betrachten wir nun Portfolios, die zum Zeitpunkt t zusammengesetzt sind aus

- γ_t Stücken der Aktie und aus
- $\alpha_t := \tilde{c}_t - \gamma_t\tilde{S}_t$ Einheiten der festverzinslichen Kapitalanlage.

Damit gilt für den Wert V_t des Portfolios $h_t := (\alpha_t, \gamma_t)$ zum Zeitpunkt t

$$V_t := \gamma_t S_t + \alpha_t B_t.$$

Daraus folgt

$$\begin{aligned}\tilde{V}_t &:= \frac{V_t}{B_t}\\ &= \gamma_t\tilde{S}_t + \alpha_t\\ &= \tilde{c}_t.\end{aligned}$$

Insbesondere gilt damit

$$V_0 = \tilde{V}_0 = \tilde{c}_0 = \mathbf{E}^Q\left[\tilde{c}_T\right]. \tag{7.24}$$

Der Anfangswert des Portfolios ist also gerade der Erwartungswert der diskontierten Endauszahlung $\tilde{c}_T$ bezüglich des Martingalmaßes Q. Wegen (7.23) gilt $\Delta\tilde{c}_t = \gamma_t\Delta\tilde{S}_t$, und daher folgt

$$\begin{aligned}\alpha_t &= \tilde{c}_t - \gamma_t\tilde{S}_t\\ &= \Delta\tilde{c}_t + \tilde{c}_{t-1} - \gamma_t\tilde{S}_t\\ &= \gamma_t\Delta\tilde{S}_t + \tilde{c}_{t-1} - \gamma_t\tilde{S}_t\\ &= \tilde{c}_{t-1} - \gamma_t\tilde{S}_{t-1}.\end{aligned}$$

Also ist α vorhersehbar. Ferner gilt wegen $\Delta\tilde{c}_{t+1} = \gamma_{t+1}\Delta\tilde{S}_{t+1}$ der Zusammenhang

$$\begin{aligned}\alpha_{t+1} + \gamma_{t+1}\tilde{S}_t &= \alpha_{t+1} - \gamma_{t+1}\Delta\tilde{S}_{t+1} + \gamma_{t+1}\tilde{S}_{t+1}\\ &= -\Delta\tilde{c}_{t+1} + \tilde{c}_{t+1}\\ &= \tilde{c}_t\\ &= \alpha_t + \gamma_t\tilde{S}_t,\end{aligned}$$

also

$$\alpha_{t+1}B_t + \gamma_{t+1}S_t = \alpha_t B_t + \gamma_t S_t.$$

Dies bedeutet mit $\mathbf{S}_t := (B_t, S_t)$ und $h_t := (\alpha_t, \gamma_t)$

$$h_t \cdot \mathbf{S}_t = h_{t+1} \cdot \mathbf{S}_t,$$

also ist der Prozess h selbstfinanzierend. Zusammengenommen ist also h eine vorhersehbare, selbstfinanzierende Handelsstrategie, die die Endauszahlung c_T repliziert.

7.1.5 Vollständigkeit und Arbitragefreiheit binomialer Marktmodelle

Satz 7.7. *Sei* $\left(\mathbf{S}, (\mathcal{F}_t)_{t\in\{0,\ldots,T\}}\right)$ *ein Marktmodell mit einer binomialen Filtration. Angenommen, die Voraussetzungen für die Existenz von Martingalmaßen in Satz 7.1 sind erfüllt. Dann ist das Marktmodell vollständig und arbitragefrei.*

Beweis. Sei Q ein Martingalmaß und sei $c_T : \Omega \to \mathbb{R}$ eine beliebige Auszahlung zum Endzeitpunkt T. Dann ist der Prozess $\tilde{c}$, definiert durch

$$\tilde{c}_t := \mathbf{E}_t^Q \left[\tilde{c}_T\right],$$

wobei $\tilde{c}_T := \frac{c_T}{B_T}$ die mit B_T diskontierte Auszahlung bezeichnet, ein Martingal. Aus der Voraussetzung $0 < \Delta \langle W \rangle_t$ in (7.5) folgt die Voraussetzung (6.44), $\Delta W_t \neq 0$, des Martingal-Darstellungssatzes 6.55. Daher gibt es einen vorhersehbaren Prozess γ, so dass

$$\tilde{c}_t = \tilde{c}_0 + \int_0^t \gamma \, d\tilde{S}.$$

Nach den vorangegangenen Überlegungen läßt sich γ zu einer selbstfinanzierenden, die Auszahlung c_T replizierenden Handelsstrategie $h = (\alpha, \gamma)$ ergänzen. Da c_T beliebig war, ist das Marktmodell vollständig. Sei weiter $c_T \geq 0$ und $c_T(\omega) > 0$ für wenigstens ein $\omega \in \Omega$. Da $Q \gg 0$ ist, folgt

$$c_0 = \mathbf{E}_0^Q \left[\tilde{c}_T\right] > 0.$$

Also ist der Replikationspreis c_0 von c_T positiv, und somit ist das Marktmodell arbitragefrei. □

7.2 Die Binomialbaum-Formeln

Wir betrachten nun das Black-Scholes-Modell mit

$$\begin{aligned} r_t &= r > -1 \\ \mu_t &= \mu \geq 0 \\ \sigma_t^2 &= \sigma^2 > 0 \end{aligned}$$

für alle $t = 1, \ldots, T$. Vergleichen Sie diesen Abschnitt mit Abschnitt 4.8.1. Wir legen einen Binomialbaum mit n Perioden zugrunde. Sei X eine binomialverteilte Zufallsvariable mit

$$P(X_t = t - 2j) = 2^{-t} \binom{t}{j}$$

für $0 \leq j \leq t$ und für $t = 0, \ldots, n$. Die Zufallsvariable X_t kann beispielsweise als Summe

$$X_t = \sum_{i=1}^{t} Y_i$$

von t unabhängigen Bernoulli-Zufallsvariablen $Y_t = \Delta X_t$ mit den Werten ± 1 dargestellt werden. Dann gilt $\mathbf{E}^P [X_t] = 0$ und $\mathbf{E}^P \left[X_t^2\right] = t$. Ferner ist X_t ein P-Martingal. Mit der Definition

$$W_t := \sigma X_t$$

folgt $\Delta \langle W \rangle_t = \sigma^2$ für alle $t = 1, \ldots, n$. Die Bedingungen (7.5) aus Satz 7.1 für die Existenz eines Martingalmaßes, und damit für die Arbitragefreiheit des Modells, lauten hier

$$(\mu - r) \Delta X_t < \sigma,$$

also, da $\Delta X_t = \pm 1$,

$$\begin{aligned} (\mu - r) < \sigma &\Longrightarrow \mu - \sigma < r \\ -(\mu - r) < \sigma &\Longrightarrow r < \mu + \sigma, \end{aligned}$$

also, da die modellierten Aktienkurse positiv sein sollen,

$$0 < 1 + \mu - \sigma < 1 + r < 1 + \mu + \sigma. \tag{7.25}$$

Anmerkung 7.8. Jedes Ein-Perioden-Teilmodell des Binomialbaums besitzt damit für jedes $A_t \in \mathcal{Z}(\mathcal{F}_t)$ die Struktur

$$(b, D, P)_{A_t} = \left(\begin{pmatrix} B \\ S \end{pmatrix}, \begin{pmatrix} (1+r)B & (1+r)B \\ (1+\mu+\sigma)S & (1+\mu-\sigma)S \end{pmatrix}, \begin{pmatrix} 0.5 \\ 0.5 \end{pmatrix} \right),$$

wobei $P(\omega_i) = 0.5$, $i = 1, 2$, die Wahrscheinlichkeit für das Eintreten des i-ten Zustands bezeichnet. In jedem Ein-Perioden-Teilmodell gilt damit

$$\begin{aligned} S_1 &= S(1 + \mu \pm \sigma), \\ R &= \frac{S_1 - S}{S} = \mu \pm \sigma, \\ \mathbf{E}[R] &= \mu, \\ \mathbf{V}[R] &= \sigma. \end{aligned}$$

Die Lösung von $D\psi = b$ lautet

$$\psi = \begin{pmatrix} \psi_1 \\ \psi_2 \end{pmatrix} = \frac{1}{2(1+r)\sigma} \begin{pmatrix} r - (\mu - \sigma) \\ (\mu + \sigma) - r \end{pmatrix}$$

und ist unter den Bedingungen (7.25) eindeutig bestimmt und strikt positiv, so dass jedes Ein-Perioden-Teilmodell, und damit das gesamte Mehr-Perioden-Modell, arbitragefrei ist.

Anmerkung 7.9. Mit $d := 1 + \mu - \sigma$ und $u := 1 + \mu + \sigma$ erhalten wir genau die Bedingungen (4.4) für die Arbitragefreiheit eines Binomialbaums aus Kapitel 4. Alternativ ist (7.25) äquivalent zu

$$-1 < \frac{\mu - r}{\sigma} < 1,$$

Das zugrunde liegende Marktmodell ist also genau dann arbitragefrei, wenn der Marktpreis des Risikos der Aktie zwischen -1 und 1 liegt.

Mit (7.8) erhalten wir die strikt positive Dichte

$$\frac{Q}{P} = \mathcal{L}_n = \prod_{t=1}^{n} \left(1 - \frac{\mu - r}{\sigma} \Delta X_t\right). \tag{7.26}$$

Für den Aktienkurs S_t gilt offenbar die Darstellung

$$S_t = S_0 \prod_{s=1}^{t} (1 + \mu + \sigma \Delta X_s)$$

bzw.

$$S_t = S_{t-1} (1 + \mu + \sigma)^{1-k} (1 + \mu - \sigma)^k$$

für $k = 0, 1$. Spezialisieren wir dies für $t = n$, so folgt

$$S_n = S_0 (1 + \mu + \sigma)^{T-j} (1 + \mu - \sigma)^j$$

für alle $0 \leq j \leq n$ und

$$P\left(S_n = S_0\left(1+\mu+\sigma\right)^{n-j}\left(1+\mu-\sigma\right)^j\right) = 2^{-n}\binom{n}{j}.$$

Mit

$$j_n := \arg\max\left\{j \,\middle|\, 0 \le j \le n \text{ und } S_0\left(1+\mu+\sigma\right)^{n-j}\left(1+\mu-\sigma\right)^j > K\right\}.$$

berechnen wir nun (7.21) für eine Call-Option mit Ausübungspreis K. Verwenden wir die Definition

$$\lambda := \frac{\mu - r}{\sigma^2}$$

in (7.26) und beachten $\Delta X_t = \pm 1$, so erhalten wir die Darstellung

$$\begin{aligned} c_0 = S_0 \frac{2^{-n}}{(1+r)^n} \sum_{j=0}^{j_n} \binom{n}{j} \left(1+\mu-\sigma\right)^j \left(1+\lambda\sigma\right)^j \left(1+\mu+\sigma\right)^{n-j} \left(1-\lambda\sigma\right)^{n-j} \\ - K \frac{2^{-n}}{(1+r)^n} \sum_{j=0}^{j_n} \binom{n}{j} \left(1-\lambda\sigma\right)^{n-j} \left(1+\lambda\sigma\right)^j. \end{aligned} \tag{7.27}$$

Nun schreiben wir

$$\begin{aligned} \frac{1+\lambda\sigma}{2} &= \frac{1}{2} + \frac{1}{2}\frac{\mu - r}{\sigma} =: q \\ \frac{1-\lambda\sigma}{2} &= \frac{1}{2} - \frac{1}{2}\frac{\mu - r}{\sigma} = 1 - q \end{aligned}$$

sowie

$$\begin{aligned} \frac{(1+\mu-\sigma)(1+\lambda\sigma)}{2(1+r)} &= \frac{((1+r)+(\mu-r)-\sigma)(\mu-r+\sigma)}{2\sigma(1+r)} \\ &= \frac{\mu-r+\sigma}{2\sigma} + \frac{((\mu-r)-\sigma)(\mu-r+\sigma)}{2\sigma(1+r)} \\ &= \frac{1}{2} + \frac{(1+r)(\mu-r)}{2\sigma(1+r)} + \frac{(\mu-r)^2-\sigma^2}{2\sigma(1+r)} \\ &= \frac{1}{2} + \frac{1}{2}\frac{(1+\mu)(\mu-r)-\sigma^2}{\sigma(1+r)} =: q'. \end{aligned}$$

und

$$\begin{aligned} \frac{(1+\mu+\sigma)(1-\lambda\sigma)}{2(1+r)} &= \frac{((1+r)+(\mu-r)+\sigma)(-(\mu-r)+\sigma)}{2\sigma(1+r)} \\ &= \frac{-(\mu-r)+\sigma}{2\sigma} + \frac{((\mu-r)+\sigma)(-(\mu-r)+\sigma)}{2\sigma(1+r)} \\ &= \frac{1}{2} - \frac{(1+r)(\mu-r)}{2\sigma(1+r)} - \frac{(\mu-r)^2-\sigma^2}{2\sigma(1+r)} \\ &= \frac{1}{2} - \frac{1}{2}\frac{(1+\mu)(\mu-r)-\sigma^2}{\sigma(1+r)} = 1 - q'. \end{aligned}$$

Damit und mit der Verteilungsfunktion $B_{n,q}$ der Binomialverteilung,

$$B_{n,q}(k) = \sum_{j=0}^{k} \binom{n}{j} q^j (1-q)^{n-j},$$

kann (7.27) dargestellt werden als

$$c_0 = S_0 B_{n,q'}(j_n) - \frac{K}{(1+r)^n} B_{n,q}(j_n). \tag{7.28}$$

Mit Hilfe der Put-Call-Parität ergibt sich daraus die Bewertungsformel für die Put-Option zu

$$\begin{aligned} p_0 &= c_0 + \frac{K}{(1+r)^n} - S_0 \qquad (7.29) \\ &= \frac{K}{(1+r)^n}(1 - B_{n,q}(j_n)) - S_0 (1 - B_{n,q'}(j_n)). \end{aligned}$$

7.3 Die Black-Scholes-Formeln

Analog zu Abschnitt 4.8.2 zeigen wir nun, dass die Formeln (7.28) und (7.29) gegen die entsprechenden Black-Scholes-Formeln (3.106) konvergieren. Mit den Definitionen

$$R := \frac{nr}{T}, \; M := \frac{n\mu}{T} \text{ und } \Sigma := \frac{\sqrt{n}\sigma}{\sqrt{T}}$$

folgt zunächst

$$r = \frac{TR}{n}, \; \mu = \frac{TM}{n} \text{ und } \sigma = \frac{\sqrt{T}\Sigma}{\sqrt{n}}.$$

Daher gilt

$$\frac{\mu - r}{\sigma} = \frac{\sqrt{T}}{\sqrt{n}} \frac{M-R}{\Sigma} \to 0 \text{ für } n \to \infty.$$

Weiter folgt

$$q_n = \frac{1}{2} + \frac{1}{2}\frac{\mu - r}{\sigma} = \frac{1}{2} + \frac{1}{2}\frac{M-R}{\Sigma}\frac{\sqrt{T}}{\sqrt{n}} \tag{7.30}$$

und damit

$$\lim_{n\to\infty} q_n = \frac{1}{2}. \tag{7.31}$$

Entsprechend erhalten wir

$$\begin{aligned} \frac{1+\mu}{1+r}\frac{\mu - r}{\sigma} &\to 0 \text{ für } n \to \infty \text{ und} \\ \frac{\sigma}{1+r} &\to 0 \text{ für } n \to \infty. \end{aligned}$$

Daraus folgt aber

$$q_n' = \frac{1}{2} + \frac{1}{2}\frac{1+\mu}{1+r}\frac{\mu-r}{\sigma} - \frac{1}{2}\frac{\sigma}{1+r} \tag{7.32}$$

und

$$\lim_{n\to\infty} q_n' = \lim_{n\to\infty}\left(\frac{1}{2} + \frac{1}{2}\frac{(1+\mu)(\mu-r)-\sigma^2}{\sigma(1+r)}\right) = \frac{1}{2}. \tag{7.33}$$

Weiter lässt sich q_n' mit Hilfe von q_n wie folgt ausdrücken[2].

$$q_n' = q_n + \frac{\sigma}{1+r}\left(\left(\frac{\mu-r}{\sigma}\right)^2 - \frac{1}{2}\right).$$

Aus dem Satz von De Moivre-Laplace folgt

$$B_{n,q}(j_n) \to \Phi\left(\frac{j_n - nq}{\sqrt{nq(1-q)}}\right) \text{ für } n\to\infty.$$

Daher untersuchen wir die Ausdrücke

$$\frac{j_n - nq_n}{\sqrt{nq_n(1-q_n)}} \text{ und } \frac{j_n - nq_n'}{\sqrt{nq_n'(1-q_n')}} \tag{7.34}$$

auf Konvergenz für $n\to\infty$. Zunächst gilt wegen (7.31) und (7.33) offenbar

$$\lim_{n\to\infty}\sqrt{q_n(1-q_n)} = \lim_{n\to\infty}\sqrt{q_n'(1-q_n')} = \frac{1}{2}.$$

Mit den Definitionen

$$x := \frac{\sqrt{T}}{\sqrt{n}}$$

und

$$u := 1+\mu+\sigma = 1 + \frac{TM}{n} + \frac{\sqrt{T}\Sigma}{\sqrt{n}} = 1 + Mx^2 + \Sigma x$$

$$d := 1+\mu-\sigma = 1 + \frac{TM}{n} - \frac{\sqrt{T}\Sigma}{\sqrt{n}} = 1 + Mx^2 - \Sigma x$$

---

[2] Denn

$$\begin{aligned} q_n' &= \frac{1}{2} + \frac{1}{2}\frac{1+r+\mu-r}{1+r}\frac{\mu-r}{\sigma} - \frac{1}{2}\frac{\sigma}{1+r} \\ &= \frac{1}{2} + \frac{1}{2}\left(1 + \frac{\mu-r}{1+r}\right)\frac{\mu-r}{\sigma} - \frac{1}{2}\frac{\sigma}{1+r} \\ &= \frac{1}{2} + \frac{1}{2}\frac{\mu-r}{\sigma} + \frac{1}{1+r}\left(\frac{(\mu-r)^2 - \frac{1}{2}\sigma^2}{\sigma}\right) \\ &= q_n + \frac{\sigma}{1+r}\left(\left(\frac{\mu-r}{\sigma}\right)^2 - \frac{1}{2}\right). \end{aligned}$$

folgt durch Taylorentwicklung weiter

$$\ln u = \ln\left(1 + Mx^2 + \Sigma x\right) = x\Sigma + x^2\left(M - \frac{1}{2}\Sigma^2\right) + O\left(x^3\right)$$

$$\ln d = \ln\left(1 + Mx^2 - \Sigma x\right) = -x\Sigma + x^2\left(M - \frac{1}{2}\Sigma^2\right) + O\left(x^3\right).$$

Wir bestimmen nun j_n durch die Bedingung

$$S_0 u^{n-j} d^j = K$$

also

$$j_n\left(\ln u - \ln d\right) = \ln\frac{S_0}{K} + n\ln u.$$

Wieder folgt durch Taylorentwicklung

$$j_n = \frac{1}{2}\frac{T}{x^2} + \frac{1}{2x\Sigma}\left(\ln\frac{S_0}{K} + T\left(M - \frac{1}{2}\Sigma^2\right)\right) + O(1). \tag{7.35}$$

Setzen wir dies und (7.30) in (7.34) ein, so erhalten wir[3]

$$\frac{j_n - nq_n}{\sqrt{nq_n\left(1 - q_n\right)}} \to \frac{\ln\frac{S_0}{K} + \left(R - \frac{1}{2}\Sigma^2\right)T}{\Sigma\sqrt{T}} =: d_- \text{ für } n \to \infty.$$

Neben aktuellem Aktienkurs S_0 und Ausübungspreis K hängt der Ausdruck d_- nur vom Fälligkeitszeitpunkt T, dem risikolosen Zinssatz R und der Volatilität Σ der Aktie ab. Die deterministische Rendite M der Aktie tritt dagegen nicht mehr auf.

Auf ähnliche Weise folgern wir[4]

$$\frac{j_n - nq_n'}{\sqrt{nq_n'\left(1 - q_n'\right)}} \to \frac{\ln\frac{S_0}{K} + \left(R + \frac{1}{2}\Sigma^2\right)T}{\Sigma\sqrt{T}} =: d_+ \text{ für } n \to \infty.$$

[3] Denn

$$\begin{aligned}
\frac{j_n - nq_n}{\sqrt{nq_n\left(1 - q_n\right)}} &= \frac{j_n - \frac{T}{x^2}q_n}{\frac{\sqrt{T}}{x}\sqrt{q_n\left(1 - q_n\right)}} \\
&= \frac{x\left(\frac{1}{2}\frac{T}{x^2} + \frac{1}{2x\Sigma}\left(\ln\frac{S_0}{K} + T\left(M - \frac{1}{2}\Sigma^2\right)\right) + O(1)\right) - \frac{T}{x}\left(\frac{1}{2} + \frac{1}{2}\frac{M-R}{\Sigma}x\right)}{\sqrt{T}\sqrt{q_n\left(1 - q_n\right)}} \\
&= \frac{\ln\frac{S_0}{K} + T\left(M - \frac{1}{2}\Sigma^2\right) - (M - R)T}{2\Sigma\sqrt{T}\sqrt{q_n\left(1 - q_n\right)}} + O(x) \\
&= \frac{\ln\frac{S_0}{K} + \left(R - \frac{1}{2}\Sigma^2\right)T}{2\Sigma\sqrt{T}\sqrt{q_n\left(1 - q_n\right)}} + O(x) \\
&\to \frac{\ln\frac{S_0}{K} + \left(R - \frac{1}{2}\Sigma^2\right)T}{\Sigma\sqrt{T}} \text{ für } x \to 0.
\end{aligned}$$

[4] Zunächst gilt

Für eine Call-Option C erhalten wir also asymptotisch die Bewertungsformel

$$C = S\Phi(d_+) - e^{-rT}K\Phi(d_-).$$

Mit Hilfe der Put-Call-Parität leiten wir daraus die Bewertungsformel

$$P = e^{-rT}K\Phi(-d_-) - S\Phi(-d_+)$$

für eine Put-Option P ab. Wir erhalten damit wiederum die **Black-Scholes Formeln** (4.78).

$$\begin{aligned} q_n' &= q_n + \frac{\sigma}{1+r}\left(\left(\frac{\mu - r}{\sigma}\right)^2 - \frac{1}{2}\right) \\ &= q_n + \frac{x\Sigma}{1+Rx^2}\left(x^2\left(\frac{M-R}{\Sigma}\right)^2 - \frac{1}{2}\right) \\ &= \frac{1}{2} + \frac{1}{2}\frac{M-R}{\Sigma}x + \frac{x\Sigma}{1+Rx^2}\left(x^2\left(\frac{M-R}{\Sigma}\right)^2 - \frac{1}{2}\right) \\ &= \frac{1}{2} + \frac{1}{2}\frac{M-R}{\Sigma}x - \frac{1}{2}\Sigma x + O\left(x^3\right). \end{aligned}$$

Damit folgt aber

$$\begin{aligned} \frac{j_0 - nq'}{\sqrt{n}\sqrt{q'(1-q')}} &= \frac{j_0 - \frac{T}{x^2}q'}{\frac{\sqrt{T}}{x}\sqrt{q'(1-q')}} = \frac{xj_0 - \frac{T}{x}q'}{\sqrt{T}\sqrt{q'(1-q')}} \\ &= \frac{x\left(\frac{1}{2\Sigma x}\ln\frac{S_0}{K} + \frac{1}{2}\frac{T}{x^2} + \frac{T}{2\Sigma x}\left(M - \frac{1}{2}\Sigma^2\right)\right) - \frac{T}{x}q'}{\sqrt{T}\sqrt{q'(1-q')}} \\ &= \frac{\frac{1}{2\Sigma}\ln\frac{S_0}{K} + \frac{1}{2}\frac{T}{x} + \frac{T}{2\Sigma}\left(M - \frac{1}{2}\Sigma^2\right) - \frac{T}{x}\left(\frac{1}{2} + \frac{1}{2}\frac{M-R}{\Sigma}x - \frac{1}{2}\Sigma x\right)}{\sqrt{T}\sqrt{q'(1-q')}} \\ &= \frac{\frac{1}{2\Sigma}\ln\frac{S_0}{K} + \frac{T}{2\Sigma}\left(M - \frac{1}{2}\Sigma^2\right) - \frac{T}{x}\frac{1}{2}\frac{M-R}{\Sigma}x + \frac{1}{2}\frac{T}{x}\Sigma x}{\sqrt{T}\sqrt{q'(1-q')}} \\ &= \frac{\frac{1}{2\Sigma}\ln\frac{S_0}{K} + \frac{T}{2\Sigma}\left(M - \frac{1}{2}\Sigma^2\right) - \frac{1}{2}\frac{M-R}{\Sigma}T + \frac{1}{2}T\Sigma}{\sqrt{T}\sqrt{q'(1-q')}} \\ &= \frac{\frac{1}{2}\ln\frac{S_0}{K} + \frac{T}{2}\left(M - \frac{1}{2}\Sigma^2\right) - \frac{1}{2}(M-R)T + \frac{1}{2}T\Sigma^2}{\Sigma\sqrt{T}\sqrt{q'(1-q')}} \\ &= \frac{\ln\frac{S_0}{K} + T\left(M - \frac{1}{2}\Sigma^2\right) - (M-R)T + T\Sigma^2}{\Sigma\sqrt{T}} \\ &= \frac{\ln\frac{S_0}{K} + T(R-M) + T\left(M - \frac{1}{2}\Sigma^2\right)}{\Sigma\sqrt{T}} \\ &= \frac{\ln\frac{S_0}{K} + T\left(R + \frac{1}{2}\Sigma^2\right)}{\Sigma\sqrt{T}} = d_+. \end{aligned}$$

7.4 Amerikanische Optionen

In Abschnitt 4.6 wurde gezeigt, dass für den Wert z_t einer amerikanischen Option die Rückwärts-Rekursionsbeziehung

$$\begin{aligned} z_T &:= f_T, \\ z_{t-1} &:= \max\left(f_{t-1}, \frac{d_t}{d_{t-1}} \mathbf{E}^Q_{t-1}\left[z_t\right]\right) \end{aligned} \tag{7.36}$$

gilt. Dabei ist $d_t = (1+r)^{-t}$ sowie

$$f_t = \begin{cases} (S_t - K)^+ & \text{für eine Call-Option} \\ (K - S_t)^+ & \text{für eine Put-Option.} \end{cases}$$

Mit den Definitionen

$$\begin{aligned} \tilde{z}_t &= d_t z_t \text{ und} \\ \tilde{f}_t &= d_t f_t \end{aligned}$$

lautet (7.36)

$$\begin{aligned} \tilde{z}_T &:= \tilde{f}_T, \\ \tilde{z}_{t-1} &:= \max\left(\tilde{f}_{t-1}, \mathbf{E}^Q_{t-1}\left[\tilde{z}_t\right]\right) \end{aligned} \tag{7.37}$$

für alle $t = 1, \ldots, T$.

Satz 7.10. *Die endliche Folge $\tilde{z}_t$, $t = 0, \ldots, T$, definiert ein Q-Supermartingal. Es ist das kleinste Supermartingal, das die Folge $\tilde{f}_t$ dominiert, d.h., für das*

$$\tilde{z}_t \geq \tilde{f}_t$$

gilt für alle $t = 0, \ldots, T$.

Beweis. Aus (7.37) folgt sofort

$$\begin{aligned} \tilde{z}_{t-1} &\geq \mathbf{E}^Q_{t-1}\left[\tilde{z}_t\right] \text{ und} \\ \tilde{z}_{t-1} &\geq \tilde{f}_t. \end{aligned}$$

Also definiert $\tilde{z}$ ein Supermartingal, welches $\tilde{f}$ dominiert.

Sei nun x ein beliebiges Supermartingal, das $\tilde{f}$ dominiert. Dann gilt

$$x_T > \tilde{f}_T = \tilde{z}_T.$$

Angenommen, für ein t gilt $x_t \geq \tilde{z}_t$. Dann folgt

$$x_{t-1} \geq \mathbf{E}^Q_{t-1}\left[x_t\right] \geq \mathbf{E}^Q_{t-1}\left[\tilde{z}_t\right],$$

und mit $x_{t-1} \geq \tilde{f}_{t-1}$ erhalten wir

$$x_{t-1} \geq \max\left(\tilde{f}_{t-1}, \mathbf{E}^Q_{t-1}\left[\tilde{z}_t\right]\right) = \tilde{z}_{t-1}.$$

Also dominiert x das Supermartingal $\tilde{z}$, was zu zeigen war. □

Definition 7.11. *Sei X ein adaptierter stochastischer Prozess. Das kleinste Supermartingal, das X dominiert, wird* ***Snell-Einhüllende*** *von X genannt.*

Nach Satz 7.10 ist der Prozess $\tilde{z}$ aus (7.37) die Snell-Einhüllende von $\tilde{f}$. Nach Definition gilt $\tilde{z}_t \geq \tilde{f}_t$. Ist diese Ungleichung strikt erfüllt, so folgt $\tilde{z}_{t-1} = \mathbf{E}_{t-1}^{Q}\left[\tilde{z}_t\right]$.

Sei X ein adaptierter stochastischer Prozess. Nach Satz 7.10 ist die Snell-Einhüllende Y von X gegeben durch

$$\begin{aligned} Y_T &= X_T \\ Y_t &= \max\left(X_t, \mathbf{E}_t\left[Y_{t+1}\right]\right) \text{ für } 0 \leq t < T. \end{aligned} \tag{7.38}$$

Satz 7.12. *Sei X ein adaptierter stochastischer Prozess, und sei Y die Snell-Einhüllende (7.38) von X. Sei weiter*

$$\tau\left(\omega\right) := \inf\left\{t \geq 0 \,|\, Y_t\left(\omega\right) = X_t\left(\omega\right)\right\} \text{ für } \omega \in \Omega.$$

Dann ist τ eine endliche Stoppzeit, und der gestoppte Prozess $(Y_{t\wedge\tau})_{0\leq t\leq T}$ ist ein Martingal.

Beweis. Wegen $X_T = Y_T$ ist $\tau\left(\omega\right) \in \{0, \ldots, T\}$. Also ist τ endlich. Nun ist

$$\begin{aligned} \{\tau = 0\} &= \left\{\omega \in \Omega \,|\, Y_0\left(\omega\right) = X_0\left(\omega\right)\right\} \\ &= \begin{cases} \varnothing \text{ falls } Y_0 \neq X_0 \\ \Omega \text{ sonst.} \end{cases} \end{aligned}$$

Daher gilt $\{\tau = 0\} \in \mathcal{F}_0$. Weiter folgt für $t = 1, \ldots, T$

$$\{\tau = t\} = \{Y_0 > X_0\} \cap \cdots \cap \{Y_{t-1} > X_{t-1}\} \cap \{Y_t = X_t\} \in \mathcal{F}_t.$$

Also ist τ eine Stoppzeit.

Nach (6.71) schreiben wir $Y_{t\wedge\tau}$ als

$$Y_{t\wedge\tau} = Y_0 + \sum_{i=0}^{t} \mathbf{1}_{\{i\leq\tau\}} \cdot \Delta Y_i.$$

Daher folgt

$$Y_{t+1\wedge\tau} - Y_{t\wedge\tau} = \mathbf{1}_{\{t+1\leq\tau\}}\left(Y_{t+1} - Y_t\right).$$

Nach Definition gilt

$$Y_t = \max\left(X_t, \mathbf{E}_t\left[Y_{t+1}\right]\right),$$

und auf der Menge $\{t+1 \leq \tau\} = \{t < \tau\}$ gilt nach Definition von τ

$$Y_t = \mathbf{E}_t\left[Y_{t+1}\right].$$

Dies aber bedeutet

$$Y_{t+1\wedge\tau} - Y_{t\wedge\tau} = \mathbf{1}_{\{t+1\leq\tau\}}\left(Y_{t+1} - \mathbf{E}_t\left[Y_{t+1}\right]\right).$$

Bilden wir auf beiden Seiten die bedingte Erwartung und verwenden die $\mathcal{F}_t$-Messbarkeit von $\mathbf{1}_{\{t+1\leq\tau\}}$, so erhalten wir

$$\mathbf{E}_t\left[Y_{t+1\wedge\tau} - Y_{t\wedge\tau}\right] = \mathbf{1}_{\{t+1\leq\tau\}}\mathbf{E}_t\left[Y_{t+1} - \mathbf{E}_t\left[Y_{t+1}\right]\right] = 0.$$

Daher ist der mit τ gestoppte Prozess $Y_{t\wedge\tau}$ ein Martingal, was zu zeigen war. □

Folgerung 7.13 *Für die in Satz 7.12 definierte endliche Stoppzeit τ gilt*

$$Y_0 = \mathbf{E}\left[X_\tau\right] = \sup_{\nu \text{ endliche Stoppzeit}} \mathbf{E}\left[X_\nu\right].$$

Beweis. Da $(Y_{t\wedge\tau})$ ein Martingal ist mit den Eigenschaften $Y_{T\wedge\tau} = Y_\tau$ und $Y_\tau = X_\tau$, gilt

$$Y_0 = \mathbf{E}\left[Y_{T\wedge\tau}\right] = \mathbf{E}\left[Y_\tau\right] = \mathbf{E}\left[X_\tau\right].$$

Nach Definition ist Y als Snell-Einhüllende ein Supermartingal. Ist nun ν eine beliebige endliche Stoppzeit, so ist der gestoppte Prozess $Y_{t\wedge\nu}$ nach dem Stoppsatz 6.75 ebenfalls ein Supermartingal. Dies bedeutet aber

$$Y_0 \geq \mathbf{E}\left[Y_{T\wedge\nu}\right] = \mathbf{E}\left[Y_\nu\right] \geq \mathbf{E}\left[X_\nu\right],$$

wobei Definition (7.38) verwendet wurde. Daraus folgt die Behauptung. □

Folgerung 7.14 *Wir betrachten den Wert z_0 einer amerikanischen Call- oder Put-Option. Es gilt*

$$z_0 = \mathbf{E}\left[\tilde{f}_\tau\right] = \sup_{\nu \text{ endliche Stoppzeit}} \mathbf{E}\left[\tilde{f}_\nu\right],$$

wobei

$$\tilde{f}_t = \begin{cases} \frac{(S_t-K)^+}{(1+r)^t} & \text{für eine Call-Option} \\ \frac{(K-S_t)^+}{(1+r)^t} & \text{für eine Put-Option.} \end{cases}$$

7.5 Aufgaben

Aufgabe 7.1. Zeigen Sie, dass mit den Bezeichnungen in Abschnitt 7.3 und mit $\mathbf{E}^P\left[j\right] = \frac{n}{2}$ sowie $S_n = S_0\left(1+\mu+\sigma\right)^{n-j}\left(1+\mu-\sigma\right)^j$ gilt

$$\mathbf{E}^P\left[\ln\frac{S_n}{S_0}\right] \rightarrow TM - \frac{1}{2}T\Sigma^2 \text{ für } n \rightarrow \infty.$$

Aufgabe 7.2. Betrachten Sie ein Zwei-Perioden-Binomialbaum-Modell mit zwei Finanzinstrumenten, einer festverzinslichen Kapitalanlage zum Zinssatz $r = 2\%$ und einer Aktie mit Anfangskurs S. Die beiden Renditefaktoren der Aktie seien $u = 1.1$ und $d = 0.9$. Verifizieren Sie Folgerung 7.14 für eine amerikanische Put-Option auf die Aktie mit Basispreis $K = S$.

8

Einführung in die stetige Finanzmathematik

In diesem Kapitel wird eine Vorgehensweise für die Bewertung von Call- und Put-Optionen im Rahmen der stetigen Finanzmathematik dargestellt. Der für eine vollständige Behandlung der Thematik benötigte mathematische Hintergrund ist erheblich und umfasst neben den Grundlagen der Maßtheorie auch den Itô-Kalkül der stochastischen Analysis. Wir beschränken uns im folgenden darauf, das Prinzip darzustellen. Allerdings ist der Aufbau dieses Kapitels analog zum Aufbau des Kapitels 7. Somit können alle Schritte, die im vorliegenden Kapitel nicht vollständig dargestellt werden, im diskreten Kontext mit vollständigen Beweisen nachgelesen werden.

Einführungen in die Maßtheorie bieten Bauer [5], Klenke [32] oder Williams [59]. Zum Itô-Kalkül und zu den Anwendungen der stochastischen Analysis in der Finanzmathematik existiert eine umfangreiche Literatur, siehe etwa Bauer [6], Bingham/Kiesel [8], Deck [13], Karatzas [27], Karatzas/Shreve [28], [29], Lamberton/Lapeyre [38] und Steele [55].

8.1 Das Black-Scholes-Modell

Wir betrachten die Wertentwicklung $V_t = \alpha_t B_t + \gamma_t S_t$ eines Portfolios, das aus zwei Wertpapieren B und S mit den Stückzahlen α_t für B und γ_t für S besteht. Zu einem Anfangszeitpunkt $t_0 = 0$ verfügt das Portfolio über die Zusammensetzung $V_{t_0} = \alpha_{t_0} B_{t_0} + \gamma_{t_0} S_{t_0}$, und zu einem Zeitpunkt $t_1 > t_0$ wird zum ersten Mal gehandelt. Unmittelbar vor dem Handeln lautet der Wert des Portfolios $V_{t_1} = \alpha_{t_0} B_{t_1} + \gamma_{t_0} S_{t_1}$. Wird der gesamte Portfoliowert reinvestiert, so besitzt das Portfolio nach dem Umschichten denselben Wert, aber mit der neuen Zusammensetzung $V_{t_1} = \alpha_{t_1} B_{t_1} + \gamma_{t_1} S_{t_1}$. Falls zu einem Zeitpunkt $t_2 > t_1$ erneut gehandelt wird, so beträgt der Wert des Portfolios unmittelbar vor dem Handeln $V_{t_2} = \alpha_{t_1} B_{t_2} + \gamma_{t_1} S_{t_2}$. Wird wieder der gesamte Portfoliowert reinvestiert, so gilt zum Zeitpunkt t_2 unmittelbar nach dem Handeln $V_{t_2} = \alpha_{t_2} B_{t_2} + \gamma_{t_2} S_{t_2}$. Nach n Handelszeitpunkten $t_0 < t_1 < \cdots < t_n$ erhalten wir auf diese Weise die Darstellung

J. Kremer, *Portfoliotheorie, Risikomanagement und die Bewertung von Derivaten*, 2. Aufl., Springer-Lehrbuch, DOI 10.1007/978-3-642-20868-3_8, © Springer-Verlag Berlin Heidelberg 2011

$$
\begin{aligned}
V_{t_n} - V_{t_0} &= \left(V_{t_n} - V_{t_{n-1}}\right) + \left(V_{t_{n-1}} - V_{t_{n-2}}\right) + \cdots + \left(V_{t_1} - V_{t_0}\right) \qquad (8.1)\\
&= \Big(\alpha_{t_{n-1}} B_{t_n} + \gamma_{t_{n-1}} S_{t_n} - \alpha_{t_{n-1}} B_{t_{n-1}} - \gamma_{t_{n-1}} S_{t_{n-1}}\Big)\\
&+ \Big(\alpha_{t_{n-2}} B_{t_{n-1}} + \gamma_{t_{n-2}} S_{t_{n-1}} - \alpha_{t_{n-2}} B_{t_{n-2}} - \gamma_{t_{n-2}} S_{t_{n-2}}\Big)\\
&+ \cdots + \left(\alpha_{t_0} B_{t_1} + \gamma_{t_0} S_{t_1} - \alpha_{t_0} B_{t_0} - \gamma_{t_0} S_{t_0}\right)\\
&= \sum_{i=1}^{n} \alpha_{t_{i-1}} \left(B_{t_i} - B_{t_{i-1}}\right) + \sum_{i=1}^{n} \gamma_{t_{i-1}} \left(S_{t_i} - S_{t_{i-1}}\right).
\end{aligned}
$$

Wird zu jedem Handelszeitpunkt der gesamte Portfoliowert reinvestiert, so heißt die zugehörige Handelsstrategie wie im diskreten Fall **selbstfinanzierend.** Für die Wertänderung der Handelsstrategie gilt dann

$$
\begin{aligned}
\Delta V_{t_i} &:= V_{t_i} - V_{t_{i-1}}\\
&= \alpha_{t_{i-1}} \Delta B_{t_i} + \gamma_{t_{i-1}} \Delta S_{t_i}
\end{aligned}
$$

mit $\Delta B_{t_i} := B_{t_i} - B_{t_{i-1}}$ und $\Delta S_{t_i} := S_{t_i} - S_{t_{i-1}}$. Selbstfinanzierend ist eine Handelsstrategie also genau dann, wenn sich der Wert des Portfolios ausschließlich durch die Änderung der Preise der im Portfolio enthaltenen Wertpapiere ändert, nicht aber dadurch, dass dem Portfolio Kapital hinzugefügt wird oder dass Kapital abgezogen wird.

Mit den Definitionen $\tilde{V}_t := \frac{V_t}{B_t}$ und $\tilde{S}_t := \frac{S_t}{B_t}$ erhalten wir aus (8.1) wegen $\tilde{B}_t := \frac{B_t}{B_t} = 1$

$$
\tilde{V}_{t_n} = \tilde{V}_0 + \sum_{i=1}^{n} \gamma_{t_{i-1}} \Delta \tilde{S}_{t_i}, \qquad (8.2)
$$

wobei $\Delta \tilde{S}_{t_i} := \tilde{S}_{t_i} - \tilde{S}_{t_{i-1}}$. Werden also alle Wertpapierpreise relativ zu B betrachtet, so ergibt sich für die relative Wertentwicklung $\tilde{V}$ analog zu (7.1) eine Darstellung, die neben dem relativen Anfangskapital $\tilde{V}_0$ nur noch Positionen in $\tilde{S}_t$ enthält. Wie in Kapitel 7 werden B Numéraire und $\tilde{S}$ *diskontierter Aktienpreisprozess* genannt.

Formal erhalten wir für gegen Null konvergierende Zeitintervalle $[t_{i-1}, t_i)$ einen Ausdruck der Form

$$
\tilde{V}_t = \tilde{V}_0 + \int_0^t \gamma_s d\tilde{S}_s. \qquad (8.3)
$$

Die Modellierung der Preise B_t und S_t wird nun so vorgenommen, dass dem Ausdruck (8.3) eine mathematisch präzise Bedeutung zugeordnet werden kann.

Wie in Kapitel 7 besteht der wesentliche Baustein der Bewertungsstrategie von Auszahlungsprofilen darin, ein Wahrscheinlichkeitsmaß Q so zu konstruieren, dass der diskontierte Aktienpreisprozess $\tilde{S}$ ein Martingal bezüglich Q wird. In diesem Fall ist der diskontierte Wertprozess $\tilde{V}$ wie in der diskreten stochastischen Finanzmathematik ein Martingal bezüglich Q, denn der Prozess $X_t := \int_0^t \gamma_s d\tilde{S}_s$ ist auch im allgemeinen Fall eine Martingaltransformation von $\tilde{S}$, und damit ist X analog zur Situation in der diskreten stochastischen Analysis selbst ein Martingal mit $X_0 = \mathbf{E}^Q[X_t | \mathcal{F}_0] = \mathbf{E}^Q[X_t] = 0$. Daraus folgt aber

$$\tilde{V}_0 = \mathbf{E}^Q\left[\tilde{V}_T\right].$$

Ist nun c_T eine beliebige $\mathcal{F}_T$-messbare, zustandsabhängige Auszahlung zum Endzeitpunkt T, dann ist mit $\tilde{c}_T := \frac{c_T}{B_T}$ der Prozess

$$\tilde{c}_t := \mathbf{E}_t^Q[\tilde{c}_T]$$

nach Definition ein Martingal. Aus der stetigen Version des Martingal-Darstellungssatzes, Satz 8.28, folgt, dass es unter geeigneten Voraussetzungen an den diskontierten Aktienpreisprozess $\tilde{S}$ einen adaptierten Prozess γ gibt, so dass gilt

$$\tilde{c}_t = \tilde{V}_0 + \int_0^t \gamma d\tilde{S}$$

sowie

$$\tilde{c}_0 := \mathbf{E}_0^Q[\tilde{c}_T] = \tilde{V}_0.$$

Weiter folgt für den Fall $B_t = e^{rt}$ zunächst $\tilde{c}_0 = c_0$ und dann

$$c_0 = \mathbf{E}_0^Q[\tilde{c}_T] = e^{-rT}\mathbf{E}_0^Q[c_T].$$

Wie im diskreten Fall lässt sich der Prozess γ zu einer selbstfinanzierenden Handelsstrategie $h = (\alpha, \gamma)$ für B und S ergänzen. Damit sind auch im stetigen Fall beliebige $\mathcal{F}_T$-messbare Auszahlungsprofile c_T replizierbar, und die Anfangskosten für die replizierenden Handelsstrategien lassen sich analog zum diskreten Fall als diskontierte Erwartungswerte der Endauszahlung bezüglich des Maßes Q formulieren.

Wir werden sehen, dass sich das Integral $\mathbf{E}_0^Q[c_T]$ für europäische Call- und Put-Optionen im Black-Scholes-Modell tatsächlich berechnen lässt und zu den Black-Scholes-Formeln führt.

8.1.1 Schritt 1: Modellierung der Dynamik der Wertpapiere, das Black-Scholes-Modell

Wir modellieren die Preise der beiden Wertpapiere B und S als stochastische Prozesse auf einem Zeitintervall $[0, T]$.

Im folgenden setzen wir voraus, dass es sich bei Wertpapier B um eine *festverzinsliche Kapitalanlage* mit stetigem Zinssatz r handelt. Damit gilt

$$B_t = \exp(rt). \tag{8.4}$$

Dies wird häufig in einer sogenannten „differentiellen Form" geschrieben

$$dB_t = rB_t dt. \tag{8.5}$$

Dies ist eine symbolische Schreibweise und steht für die Integralgleichung $B_t = 1 + r\int_0^t B_s ds$, die offenbar durch (8.4) gelöst wird. Das zweite Finanzinstrument S modelliert eine *Aktie*. Für die Dynamik des Aktienpreises wird der Ansatz

$$dS_t = \mu S_t dt + \sigma S_t dW_t \tag{8.6}$$

gewählt. Dabei sind μ und σ positive Konstanten, und W_t ist eine *Brownsche Bewegung*. Die Modellierung (8.6) für die Aktienkurse S wird *geometrische Brownsche Bewegung* genannt. Diese Festlegungen für B und S zusammen mit den konstanten Koeffizienten μ und σ für Drift und Diffusion definiert das klassische *Black-Scholes-Modell.*

Für kleine, endliche Zeitintervalle $\Delta t = h$ lässt sich (8.6) schreiben als

$$\frac{S_{t+h} - S_t}{S_t} \approx \mu\Delta t + \sigma\left(W_{t+h} - W_t\right), \tag{8.7}$$

so dass die Renditen kleiner Kursdifferenzen näherungsweise normalverteilt sind. Wir sehen, dass die Modellierung (8.7) die deterministische Komponente $\mu\Delta t$ enthält, wobei μ als *Drift* bezeichnet wird. Diesem Anteil wird die stochastische Fluktuation $\sigma\Delta W_t = \sigma\left(W_{t+h} - W_t\right)$ überlagert, die als *Diffusion* bezeichnet wird. Die Konstante σ wird auch *Volatilität* genannt. Die Aussage, dass historische Aktienrenditen näherungsweise normalverteilt sind, lässt sich empirisch recht gut bestätigen.

Ebenso wie (8.4) ist (8.6) als Kurzschreibweise für folgende Integralgleichung zu interpretieren

$$S_t = S_0 + \mu\int_0^t S_s ds + \sigma\int_0^t S_s dW_s. \tag{8.8}$$

Dabei ist das Integral $\int_0^t S_s ds$ in (8.8) ein gewöhnliches, pfadweise definiertes **Lebesgue-Integral**, während $\int_0^t S_s dW_s$ als **Itô-Integral** interpretiert wird. Die Integralgleichung (8.8) für S besitzt die fast sicher eindeutig bestimmte Lösung

$$S_t = S_0 \exp\left(\mu t - \frac{\sigma^2}{2}t + \sigma W_t\right), \tag{8.9}$$

wobei $S_0 \in \mathbb{R}$ den Anfangskurs zum Zeitpunkt $t = 0$ bezeichnet. Der in (8.9) auftretende Faktor $\exp\left(-\frac{\sigma^2}{2}t\right)$ ergibt sich aus dem *Itô-Kalkül*, siehe Satz 8.22.

8.1.2 Schritt 2: Konstruktion eines Martingalmaßes

Für den diskontierten Preisprozess $\tilde{S}_t := \frac{S_t}{B_t}$ gilt nach (8.4) und (8.9)

$$\tilde{S}_t = S_0 \exp\left(\left(\mu - r - \frac{\sigma^2}{2}\right)t + \sigma W_t\right). \tag{8.10}$$

Dieser Prozess erfüllt analog zu (8.8) die Integralgleichung

$$\tilde{S}_t = S_0 + (\mu - r) \int_0^t \tilde{S}_s ds + \sigma \int_0^t \tilde{S}_s dW_s,$$

bzw.

$$d\tilde{S}_t = (\mu - r)\, \tilde{S}_t dt + \sigma \tilde{S}_t dW_t.$$

Setzen wir

$$W_t^* := W_t + \frac{\mu - r}{\sigma} t, \tag{8.11}$$

so folgt

$$d\tilde{S}_t = \sigma \tilde{S}_t dW_t^*, \tag{8.12}$$

bzw.

$$\tilde{S}_t = S_0 + \sigma \int_0^t \tilde{S}_s dW_s^*. \tag{8.13}$$

Nach dem **Satz von Girsanov**, Satz 8.27, gibt es ein zu P äquivalentes Maß $Q(A) = \int_A \mathcal{L}_T dP$, $\mathcal{L}_T = \exp\left(-\frac{\mu-r}{\sigma} W_T - \frac{1}{2}\left(\frac{\mu-r}{\sigma}\right)^2 T\right)$, so dass W_t^* eine Brownsche Bewegung bezüglich Q ist. Dann ist die Darstellung (8.13) für $\tilde{S}$ aber eine Martingaltransformation des Martingals W^*. Daraus folgt, dass der diskontierte Preisprozess $\tilde{S}_t$ selbst ein Martingal bezüglich Q ist. Weiter gilt mit (8.10) und (8.11)

$$\tilde{S}_t = S_0 \exp\left(-\frac{\sigma^2}{2} t + \sigma W_t^*\right), \tag{8.14}$$

also

$$S_t = S_0 \exp\left(\left(r - \frac{\sigma^2}{2}\right) t + \sigma W_t^*\right). \tag{8.15}$$

8.1.3 Schritt 3: Definition des Preises von c_T als Erwartungswert

Sei c_T eine zustandsabhängige Auszahlung, also eine $\mathcal{F}_T$-messbare Funktion. Dann ist für $\tilde{c}_T := \frac{c_T}{B_T}$ der Prozess $\tilde{c}_t$, gegeben durch

$$\tilde{c}_t := \mathbf{E}_t^Q \left[\tilde{c}_T\right], \tag{8.16}$$

nach Definition ein Martingal. Als *Preis* von c_T definieren wir

$$c_0 := \tilde{c}_0 = \mathbf{E}_0^Q \left[\tilde{c}_T\right] = \mathbf{E}^Q \left[\tilde{c}_T\right]. \tag{8.17}$$

8.1.4 Schritt 4: Konstruktion einer die Endauszahlung c_T replizierenden selbstfinanzierenden Handelsstrategie

Wir zeigen nun, dass c_0 der Anfangswert einer selbstfinanzierenden Handelsstrategie $h = (\alpha, \gamma)$ ist, die zum Zeitpunkt T die Auszahlung c_T repliziert.

Nach dem **Martingal-Darstellungsatz**, Satz 8.28, gibt es zu $(\tilde{c}_t)_{0 \leq t \leq T}$ einen adaptierten Prozess $(\xi_t)_{0 \leq t \leq T}$ so dass

$$\tilde{c}_t = c_0 + \int_0^t \xi_t dW_t^*. \tag{8.18}$$

Nun setzen wir $\xi_t dW_t^* = \gamma_t d\tilde{S}_t$. Daraus folgt mit (8.12) der Zusammenhang

$$\gamma_t := \frac{\xi_t}{\sigma \tilde{S}_t}.$$

Offenbar gilt

$$\tilde{c}_t = c_0 + \int_0^t \gamma_s d\tilde{S}_s. \tag{8.19}$$

Definieren wir weiter

$$\alpha_t := \tilde{c}_t - \gamma_t \tilde{S}_t$$

und

$$c_t := \tilde{c}_t B_t,$$

so erhalten wir die Darstellung

$$c_t = \alpha_t B_t + \gamma_t S_t.$$

Interpretieren wir $h_t := (\alpha_t, \gamma_t)$ als Handelsstrategie, so erhalten wir

$$c_t = \alpha_t B_t + \gamma_t S_t =: V_t(h)$$

und

$$c_T = V_T(h).$$

Wir überzeugen uns nun davon, dass die Strategie $V_t(h)$ selbstfinanzierend ist. Dazu berechnen wir mit (8.3)

$$\begin{aligned} d\tilde{V}_t &= \gamma_t d\tilde{S}_t \\ &= \gamma_t \left(-re^{-rt} S_t dt + e^{-rt} dS_t\right) \\ &= -re^{-rt} (\alpha_t B_t + \gamma_t S_t) dt + e^{-rt} (\alpha_t dB_t + \gamma_t dS_t) \\ &= -re^{-rt} V_t dt + e^{-rt} (\alpha_t dB_t + \gamma_t dS_t). \end{aligned}$$

Andererseits gilt

$$\begin{aligned} d\tilde{V}_t &= d\left(e^{-rt} V_t\right) \\ &= -re^{-rt} V_t dt + e^{-rt} dV_t. \end{aligned}$$

Durch Vergleich folgt

$$dV_t = \alpha_t dB_t + \gamma_t dS_t,$$

also ist $h_t := (\alpha_t, \gamma_t)$ selbstfinanzierend.

8.2 Die Black-Scholes-Formeln

Nach (8.17) gilt für eine nur vom Kurs zum Endzeitpunkt T abhängige Auszahlung $c_T = f(S_T)$ mit (8.15)

$$\begin{aligned} c_0 = \tilde{c}_0 &= \mathbf{E}^Q[\tilde{c}_T] \\ &= e^{-rT}\mathbf{E}^Q[f(S_T)] \\ &= e^{-rT}\mathbf{E}^Q\left[f\left(S_0 \exp\left(\left(r - \frac{\sigma^2}{2}\right)T + \sigma W_T^*\right)\right)\right]. \end{aligned} \tag{8.20}$$

Nun ist W_T^* unter Q eine normalverteilte Zufallsvariable mit Erwartungswert 0 und mit Varianz T. Daraus folgt

$$c_0 = \frac{e^{-rT}}{\sqrt{2\pi}} \int_{-\infty}^{\infty} f\left(S_0 \exp\left(\left(r - \frac{\sigma^2}{2}\right)T + \sigma x\sqrt{T}\right)\right) e^{-\frac{x^2}{2}} dx. \tag{8.21}$$

Für $f(x) = (x - K)^+$ erhalten wir

$$c_0 = \frac{e^{-rT}}{\sqrt{2\pi}} \int_{-\infty}^{\infty} \left(S_0 \exp\left(\left(r - \frac{\sigma^2}{2}\right)T + \sigma x\sqrt{T}\right) - K\right)^+ e^{-\frac{x^2}{2}} dx. \tag{8.22}$$

Nun gilt

$$S_0 \exp\left(\left(r - \frac{\sigma^2}{2}\right)T + \sigma x\sqrt{T}\right) \geq K,$$

falls

$$\ln\left(\frac{S_0}{K}\right) + \left(r - \frac{\sigma^2}{2}\right)T + \sigma x\sqrt{T} \geq 0.$$

Dies ist erfüllt für

$$x \geq -\frac{\ln\left(\frac{S_0}{K}\right) + \left(r - \frac{\sigma^2}{2}\right)T}{\sigma\sqrt{T}}.$$

Mit den Definitionen

$$\begin{aligned} d_- &:= \frac{\ln\left(\frac{S_0}{K}\right) + \left(r - \frac{\sigma^2}{2}\right)T}{\sigma\sqrt{T}} \\ d_+ &:= \frac{\ln\left(\frac{S_0}{K}\right) + \left(r + \frac{\sigma^2}{2}\right)T}{\sigma\sqrt{T}} \end{aligned}$$

schreiben wir (8.22) als

$$\begin{aligned}
c_0 &= \frac{e^{-rT}}{\sqrt{2\pi}} \int_{-d_-}^{\infty} \left(S_0 \exp\left(\left(r - \frac{\sigma^2}{2} \right) T + \sigma x \sqrt{T} \right) - K \right) e^{-\frac{x^2}{2}} dx \\
&= S_0 \int_{-d_-}^{\infty} \exp\left(-\frac{\sigma^2}{2} T + \sigma x \sqrt{T} \right) \frac{e^{-\frac{x^2}{2}}}{\sqrt{2\pi}} dx - K e^{-rT} \int_{-d_-}^{\infty} \frac{e^{-\frac{x^2}{2}}}{\sqrt{2\pi}} dx \\
&= S_0 \frac{1}{\sqrt{2\pi}} \int_{-d_-}^{\infty} \exp\left(-\frac{1}{2} \left(\sigma \sqrt{T} - x \right)^2 \right) dx - K e^{-rT} \frac{1}{\sqrt{2\pi}} \int_{-d_-}^{\infty} e^{-\frac{x^2}{2}} dx \\
&= S_0 \left(\frac{1}{\sqrt{2\pi}} \int_{-\infty}^{d_+} e^{-\frac{x^2}{2}} dx \right) - K e^{-rT} \left(\frac{1}{\sqrt{2\pi}} \int_{-\infty}^{d_-} e^{-\frac{x^2}{2}} dx \right) \\
&= S_0 \Phi(d_+) - K e^{-rT} \Phi(d_-) .
\end{aligned}$$

Dabei bezeichnet

$$\Phi(d) = \frac{1}{\sqrt{2\pi}} \int_{-\infty}^{d} e^{-\frac{x^2}{2}} dx$$

wie üblich die Verteilungsfunktion der Standard-Normalverteilung. Für eine Put-Option p folgt mit Hilfe der Put-Call-Parität

$$p_0 = K e^{-rT} \Phi(-d_-) - S_0 \Phi(-d_+) ,$$

und wir erhalten erneut die aus den letzten Kapiteln bekannten Black-Scholes-Formeln.

8.3 Elemente der stochastischen Analysis

8.3.1 Bedingte Erwartung und Martingale

Sei $(\Omega, \mathcal{F}, P)$ ein Wahrscheinlichkeitsraum. Eine **Zufallsvariable** $X : \Omega \to \mathbb{R}$ ist eine $\mathcal{F}$-messbare reellwertige Funktion, d.h., es gilt $X^{-1}(B) \in \mathcal{F}$ für alle Borelmengen $B \in \mathcal{B}(\mathbb{R})$. Mit $\mathcal{L}^p(\Omega, \mathcal{F}, P)$, $p \in [1, \infty)$, bezeichnen wir den Raum aller p-fach integrierbaren Zufallsvariablen X, d.h., es gilt $\int_\Omega |X|^p \, dP = \mathbf{E}[|X|^p] < \infty$. Wir schreiben abkürzend auch $\mathcal{L}^p(P)$ oder $\mathcal{L}^p$ statt $\mathcal{L}^p(\Omega, \mathcal{F}, P)$. Mit $L^p(\Omega, \mathcal{F}, P)$ oder $L^p(P)$ bzw. L^p bezeichnen wir dagegen den Raum der Äquivalenzklassen der p-fach integrierbaren Zufallsvariablen unter der Äquivalenzrelation $f \sim g \iff f = g$ P-fast überall. Nach dem Satz von Riesz-Fischer ist $L^p(\Omega, \mathcal{F}, P)$ mit der Norm $\|f\|_p := \left(\int_\Omega |X|^p \, dP \right)^{\frac{1}{p}}$ vollständig, also ein Banachraum. Sprechen wir von einer Funktion $f \in L^p(\Omega, \mathcal{F}, P)$, so meinen wir den Repräsentanten f der Äquivalenzklasse $[f] := \{ g \in \mathcal{L}^p(\Omega, \mathcal{F}, P) \, | g \sim f \}$.

Definition 8.1. ***(bedingte Erwartung)*** *Sei* $X \in \mathcal{L}^1(\Omega, \mathcal{F}, P)$ *eine integrierbare Zufallsvariable auf einem Wahrscheinlichkeitsraum* $(\Omega, \mathcal{F}, P)$ *und sei* $\mathcal{G} \subset \mathcal{F}$ *eine Unter-*σ*-Algebra von* $\mathcal{F}$*. Eine Zufallsvariable* $Y \in \mathcal{L}^1(\Omega, \mathcal{F}, P)$ *heißt* ***bedingte Erwartung von*** X ***gegeben*** $\mathcal{G}$*, wenn gilt*

1. Y ist $\mathcal{G}$-messbar,
2. $\mathbf{E}[Y \cdot 1_A] = \mathbf{E}[X \cdot 1_A]$ für alle $A \in \mathcal{G}$.

Die Existenz der bedingten Erwartung folgt aus dem Satz von Radon-Nikodym. Sind weiter Y und Y' zwei bedingte Erwartungen von X gegeben $\mathcal{G}$, dann gilt $Y = Y'$ P-fast überall. Für die bedingte Erwartung Y schreiben wir in der Regel $Y =: \mathbf{E}[X \,|\mathcal{G}\,] =: \mathbf{E}_{\mathcal{G}}[X]$.

Analog zu den Sätzen 6.1 und 6.19 gilt:

Satz 8.2. *Seien $X, X_1, X_2 \in \mathcal{L}^1(\Omega, \mathcal{F}, P)$ integrierbare Zufallsvariablen auf einem Wahrscheinlichkeitsraum $(\Omega, \mathcal{F}, P)$. Sei weiter $\mathcal{G} \subset \mathcal{F}$ eine Unter-σ-Algebra von $\mathcal{F}$. Dann gilt:*

1. Ist X $\mathcal{G}$-messbar, so gilt $\mathbf{E}_{\mathcal{G}}[X] = X$
2. Ist X $\mathcal{G}$-messbar und ist $X \cdot X_1$ integrierbar, so gilt $\mathbf{E}_{\mathcal{G}}[X \cdot X_1] = X \cdot \mathbf{E}_{\mathcal{G}}[X_1]$.
3. $\mathbf{E}_{\mathcal{G}}[aX_1 + bX_2] = a\mathbf{E}_{\mathcal{G}}[X_1] + b\mathbf{E}_{\mathcal{G}}[X_2]$ für $a, b \in \mathbb{R}$.
4. $X_1 \leq X_2 \Longrightarrow \mathbf{E}_{\mathcal{G}}[X_1] \leq \mathbf{E}_{\mathcal{G}}[X_2]$.
5. $|\mathbf{E}_{\mathcal{G}}[X]| \leq \mathbf{E}_{\mathcal{G}}[|X|]$.
6. $\mathbf{E}[\mathbf{E}_{\mathcal{G}}[X]] = \mathbf{E}[X]$.
7. Ist $\mathcal{H}$ eine weitere σ-Algebra mit $\mathcal{H} \subset \mathcal{G} \subset \mathcal{F}$, so gilt
$$\mathbf{E}_{\mathcal{H}}[\mathbf{E}_{\mathcal{G}}[X]] = \mathbf{E}_{\mathcal{G}}[\mathbf{E}_{\mathcal{H}}[X]] = \mathbf{E}_{\mathcal{H}}[X].$$
8. Ist X unabhängig von $\mathcal{G}$, so gilt
$$\mathbf{E}_{\mathcal{G}}[X] = \mathbf{E}[X].$$

Definition 8.3. *Sei $(\Omega, \mathcal{F}, P)$ ein Wahrscheinlichkeitsraum. Eine Familie $(\mathcal{F}_t)_{t\geq 0}$ von σ-Algebren heißt **Filtration** in $(\Omega, \mathcal{F}, P)$, wenn $\mathcal{F}_s \subset \mathcal{F}_t \subset \mathcal{F}$ für alle $s < t$. Ein Wahrscheinlichkeitsraum mit einer Filtration heißt **gefilterter Wahrscheinlichkeitsraum**. Ein **stochastischer Prozess** $(X_t)_{t\geq 0}$ ist eine Familie X_t, $t \geq 0$, von Zufallsvariablen. Ein stochastischer Prozess $(X_t)_{t\geq 0}$ ist ein $\mathcal{L}^p(P)$-Prozess, wenn $X_t \in \mathcal{L}^p(P)$ für alle $t \geq 0$. $(X_t)_{t\geq 0}$ heißt an eine Filtration $(\mathcal{F}_t)_{t\geq 0}$ **adaptiert**, wenn jedes X_t $\mathcal{F}_t$-messbar ist. Ein **Martingal** ist ein adaptierter stochastischer $\mathcal{L}^1(P)$-Prozess, so dass $\mathbf{E}[X_t \,|\mathcal{F}_s\,] = X_s$ für alle $s \leq t$. Wir schreiben auch $\mathbf{E}_s[X_t] := \mathbf{E}[X_t \,|\mathcal{F}_s\,]$. **Sub-** und **Supermartingale** werden analog zu ihren diskreten Varianten definiert.*

8.3.2 Brownsche Bewegung und Wienermaße

Definition 8.4. *Sei $(\Omega, \mathcal{F}, P)$ ein Wahrscheinlichkeitsraum und sei $(\mathcal{F}_t)_{t\geq 0}$ eine Filtration mit $\mathcal{F}_t \subset \mathcal{F}$ für alle $t \geq 0$. Ein reellwertiger stochastischer Prozess $(W_t)_{t\geq 0}$ heißt **Brownsche Bewegung** bezüglich der Filtration $(\mathcal{F}_t)_{t\geq 0}$, falls gilt:*

- $W_0 = 0$.

- *Für P-fast alle $\omega \in \Omega$ ist der Pfad $t \to W_t(\omega)$ stetig in t.*
- *Für jedes $t \geq 0$ ist die Zufallsvariable W_t $\mathcal{F}_t$-messbar.*
- *Für alle $s < t$ ist $W_t - W_s$ unabhängig von der σ-Algebra $\mathcal{F}_s$.*
- *Für alle $s < t$ gilt $W_t - W_s \sim \mathcal{N}(0, t-s)$.*

Das in der Definition des Wahrscheinlichkeitsraums $(\Omega, \mathcal{F}, P)$ auftretende Wahrscheinlichkeitsmaß P wird ***Wiener-Maß*** *genannt.*

$W_t - W_s$ ist also für alle $0 \leq s < t$ eine normalverteilte Zufallsvariable mit Erwartungswert 0 und mit Varianz $t - s$. Seien weiter $0 \leq t_0 < \cdots < t_n$ beliebige Zeitpunkte. Dann sind $W_{t_n} - W_{t_{n-1}}, \ldots, W_{t_1} - W_{t_0}$ unabhängige, normalverteilte Zufallsvariablen.

8.3.3 Das Itô-Integral

Sei $(W_t)_{t\geq 0}$ eine Brownsche Bewegung. Das Ziel ist, in Ausdrücken der Form (8.3) die Längen der Zeitintervalle $[t_{i-1}, t_i)$ gegen Null konvergieren zu lassen, und auf diese Weise wohldefinierte Grenzwerte zu erhalten, die dann als

$$\int_0^T X_s \, dW_s$$

notiert werden.

Die von der Einführung des Riemann-Integrals her vertraute und daher zunächst naheliegende Strategie wäre, den zu definierenden Grenzwert pfadweise zu konstruieren, also etwa $\left(\int_0^T X_s \, dW_s\right)(\omega)$ durch $\int_0^T X_s(\omega) \, \frac{dW_s(\omega)}{ds} ds$ für $\omega \in \Omega$ zu erklären. Dies ist jedoch nicht möglich, denn die Pfade der Brownschen Bewegung sind zwar stetig, aber P-fast sicher nirgends differenzierbar. Zudem sind die Pfade der Brownschen Bewegung von unbeschränkter Variation, so dass es nicht einmal für stetige Integranden X möglich ist, den zu formulierenden Grenzwert als Stieltjes-Integral zu definieren.

Satz 8.5. ***(Quadratische Variation der Brownschen Bewegung)*** *Sei $(W_t)_{t\geq 0}$ eine Brownsche Bewegung auf $(\Omega, \mathcal{F}, P)$. Dann gilt für $0 \leq a < b$ und $t_k^{(n)} := a + (b-a)\frac{k}{2^n}$ für $k = 0, \ldots, 2^n$*

$$\lim_{n\to\infty} \sum_{k=1}^{2^n} \left(W_{t_k^{(n)}}(\omega) - W_{t_{k-1}^{(n)}}(\omega)\right)^2 = b - a \tag{8.23}$$

für fast alle $\omega \in \Omega$.

Beweis. Für die Zufallsvariablen

$$Y_n := \sum_{k=1}^{2^n} \left(W_{t_k^{(n)}} - W_{t_{k-1}^{(n)}}\right)^2 - (b-a)$$

gilt wegen der Unabhängigkeit, Zentriertheit und Normalverteilung der Brownschen Inkremente

$$\mathbf{E}[Y_n] = 2^n \frac{b-a}{2^n} - (b-a) = 0$$

und

$$\mathbf{E}\left[Y_n^2\right] = \mathbf{V}[Y_n] = 2^n \left(2\left(\frac{b-a}{2^n}\right)^2\right) = \frac{(b-a)^2}{2^{n-1}},$$

denn für $X \sim \mathcal{N}(0,\sigma^2)$ gilt nach (5.32) $\mathbf{V}\left[X^2\right] = \mathbf{E}\left[X^4\right] - \mathbf{E}\left[X^2\right]^2 = 3\sigma^4 - \sigma^4 = 2\sigma^4$.

Damit gilt aber $\sum_{n=1}^{\infty} \mathbf{E}\left[Y_n^2\right] < \infty$. Nach dem Satz von der monotonen Konvergenz ist $Z := \sum_{n=1}^{\infty} \left|Y_n^2\right|$ integrierbar, so dass $\sum_{n=1}^{\infty} \left|Y_n^2\right|$ insbesondere fast überall endlich ist. Also konvergiert Y_n fast überall gegen Null. □

Für festes $\omega \in \Omega$ können die Differenzen $W_{t_k^{(n)}}(\omega) - W_{t_{k-1}^{(n)}}(\omega)$ als Realisierungen unabhängiger $\mathcal{N}\left(0, \frac{b-a}{2^n}\right)$-verteilter Zufallsvariablen interpretiert werden. Dann ist aber der Ausdruck $\frac{1}{2^n}\sum_{k=1}^{2^n}\left(W_{t_k^{(n)}}(\omega) - W_{t_{k-1}^{(n)}}(\omega)\right)^2$ ein Schätzer für deren Varianz, was (8.23) nahelegt.

Folgerung 8.6 *Die Pfade der Brownschen Bewegung sind auf jedem Intervall* $[a,b]$ *von* ***unbeschränkter Variation****, d.h., es gilt*

$$\sup\left\{\sum_{k=1}^{2^n}\left|W_{t_k^{(n)}}(\omega) - W_{t_{k-1}^{(n)}}(\omega)\right|\right\} = \infty$$

für fast alle $\omega \in \Omega$*, wobei das Supremum über alle Zerlegungen von* $[a,b]$ *gebildet wird, bei denen die* $t_k^{(n)}$ *wie im vorangegangenen Satz definiert sind.*

Beweis. Die Aussage folgt aus

$$\sum_{k=1}^{2^n}\left(W_{t_k^{(n)}}(\omega) - W_{t_{k-1}^{(n)}}(\omega)\right)^2 \leq \left(\max_k\left|W_{t_k^{(n)}}(\omega) - W_{t_{k-1}^{(n)}}(\omega)\right|\right)\sum_{k=1}^{2^n}\left|W_{t_k^{(n)}}(\omega) - W_{t_{k-1}^{(n)}}(\omega)\right|,$$

denn es gilt $\max_k\left|W_{t_k^{(n)}}(\omega) - W_{t_{k-1}^{(n)}}(\omega)\right| \to 0$ für $n \to \infty$ wegen der gleichmäßigen Stetigkeit der Brownschen Pfade auf kompakten Zeitintervallen. □

Das Riemann-Integral

Wenn auch das Itô-Integral nicht als Riemann- oder als Stieltjes-Integral definiert werden kann, so basiert die Konstruktion des Riemann-Integrals dennoch auf folgendem funktionalanalytischen Prinzip, das auch beim Itô-Integral Verwendung findet.

Wir betrachten die Menge der reellwertigen Treppenfunktionen $\mathcal{T}[0,T]$ auf einem Intervall $[0,T]$,

$$\mathcal{T}[0,T] = \left\{ f \,\middle|\, f = \sum_{i=0}^{N-1} c_i \mathbf{1}_{[t_i,t_{i+1})} + c_N \mathbf{1}_{\{t_N\}},\ 0 = t_0 < \cdots < t_N = T,\ c_i \in \mathbb{R} \right\}.$$

Zunächst definieren wir das **Riemann-Integral**

$$\mathcal{R} : \mathcal{T}[0,T] \to \mathbb{R}$$

für Treppenfunktionen durch

$$\begin{aligned}\mathcal{R}(f) &:= \sum_{i=0}^{N-1} c_i (t_{i+1} - t_i) \\ &=: \int_0^T f(t)\,dt,\end{aligned}$$

wobei $f = \sum_{i=0}^{N-1} c_i \mathbf{1}_{[t_i,t_{i+1})} + c_N \mathbf{1}_{\{t_N\}} \in \mathcal{T}[0,T]$. $\mathcal{R}$ ist offensichtlich eine lineare Abbildung mit der Eigenschaft

$$|\mathcal{R}(f)| \leq T \|f\|_\infty,$$

wobei $\|f\|_\infty := \sup_{t\in[0,T]} |f(t)|$ die Supremumsnorm von f bezeichnet. $\mathcal{R}$ ist somit ein stetiger linearer Operator auf dem Vektorraum der Treppenfunktionen $\mathcal{T}[0,T]$, versehen mit der Supremumsnorm $\|\cdot\|_\infty$, mit Bildern im Banachraum $(\mathbb{R}, |\cdot|)$,

$$\mathcal{R} : (\mathcal{T}[0,T], \|\cdot\|_\infty) \to (\mathbb{R}, |\cdot|).$$

Bezeichnen wir mit $\mathcal{B}[0,T]$ die Menge aller beschränkten Funktionen auf $[0,T]$, so gilt $\mathcal{T}[0,T] \subset \mathcal{B}[0,T]$, und $\mathcal{R}$ kann auf den Abschluss von $\overline{\mathcal{T}[0,T]}$ bezüglich der Supremumsnorm in $\mathcal{B}[0,T]$ fortgesetzt werden. Denn ist $(f_n)_{n\in\mathbb{N}}$ eine Folge in $\mathcal{T}[0,T]$ mit Grenzwert $f \in \mathcal{B}[0,T]$ bezüglich der Supremumsnorm, so gilt aufgrund der Linearität und Stetigkeit von $\mathcal{R}$

$$|\mathcal{R}(f_n) - \mathcal{R}(f_m)| = |\mathcal{R}(f_n - f_m)| \leq T \|f_n - f_m\|_\infty.$$

Also ist $(\mathcal{R}(f_n))_{n\in\mathbb{N}}$ eine Cauchy-Folge reeller Zahlen, die aufgrund der Vollständigkeit des Bildraums $(\mathbb{R}, |\cdot|)$ gegen ein $c \in \mathbb{R}$ konvergiert. Es ist leicht zu sehen, dass dieser Grenzwert von der gegen f konvergierenden Folge $(f_n)_{n\in\mathbb{N}}$ aus $\mathcal{T}[0,T]$ unabhängig ist. Daher ist

$$\mathcal{R}(f) := \int_0^t f(t)\,dt := c$$

wohldefiniert. $\mathcal{R}(f) = \int_0^t f(t)\,dt = c$ wird als **Riemann-Integral** von f bezeichnet. Im Rahmen des weiteren Ausbaus der Riemannschen Integrationstheorie wird anschließend untersucht, welche Funktionenklassen $\overline{\mathcal{T}[0,T]}$ umfasst. Es zeigt sich, dass $\overline{\mathcal{T}[0,T]}$ alle stetigen und alle stückweise stetigen Funktionen auf $[0,T]$ enthält.

Das Wiener-Integral

Das Riemann-Integral ist also zunächst als stetige lineare Abbildung auf dem normierten Raum der Treppenfunktionen mit Bildern im Banachraum der reellen Zahlen definiert und wird dann auf den Abschluss der Treppenfunktionen in einem größeren, die Treppenfunktionen umfassenden Raum fortgesetzt. Dieses Prinzip wird auch beim Itô-Integral und bei seinem Vorgänger, dem **Wiener-Integral**, das wir zuvor betrachten, verwendet.

Für $f = \sum_{i=0}^{N-1} c_i \mathbf{1}_{[t_i,t_{i+1})} + c_N \mathbf{1}_{\{T\}} \in \mathcal{T}[0,T]$ definieren wir mit $\Delta W_i := W_{t_i} - W_{t_{i-1}}$

$$\begin{aligned} I(f) &:= \sum_{i=1}^{N} c_{i-1} \Delta W_i \\ &=: \int_0^T f(s)\,dW_s. \end{aligned} \tag{8.24}$$

I ist offensichtlich linear. Der Schlüssel für den weiteren Ausbau ist folgendes Resultat:

$$\begin{aligned} \int_\Omega |I(f)|^2\,dP &= \mathbf{E}\left[\left(\sum_{i=1}^{N} c_{i-1}\Delta W_i\right)^2\right] \\ &= \sum_{i=1}^{N}\sum_{j=1}^{N} c_{i-1}c_{j-1}\mathbf{E}[\Delta W_i \Delta W_j] \\ &= \sum_{i=1}^{N} c_{i-1}^2 \mathbf{E}\left[(\Delta W_i)^2\right] \\ &= \sum_{i=1}^{N} c_{i-1}^2 (t_i - t_{i-1}) \\ &= \int_0^T |f(t)|^2\,dt, \end{aligned} \tag{8.25}$$

denn $\mathbf{E}[\Delta W_i \Delta W_j] = \mathbf{E}[\Delta W_i]\,\mathbf{E}[\Delta W_j] = 0$ für $i \neq j$ wegen der Unabhängigkeit und Zentriertheit der Inkremente der Brownschen Bewegung, und für $i = j$ gilt $\mathbf{E}\left[(\Delta W_i)^2\right] = \mathbf{V}[\Delta W_i] = t_i - t_{i-1}$. Wir erhalten also die Gleichung

$$\|I(f)\|^2_{L^2(P)} = \int_\Omega |I(f)|^2 \, dP = \mathbf{E}\left[I(f)^2\right] = \int_0^T |f(t)|^2 \, dt = \|f\|^2_{L^2(\lambda)} \,. \tag{8.26}$$

Dabei bezeichnet $\|\cdot\|_{L^2(P)}$ die L^2-Norm der quadratintegrierbaren Funktionen auf Ω bezüglich des Wienermaßes P, während $\|\cdot\|_{L^2(\lambda)}$ die L^2-Norm der quadratintegrierbaren Funktionen auf dem Intervall $[0,T]$ bezüglich des **Lebesgue-Maßes** λ symbolisiert. Die Gleichung

$$\|I(f)\|_{L^2(P)} = \|f\|_{L^2(\lambda)} \tag{8.27}$$

wird **Itô-Isometrie** genannt und besagt, dass die Abbildung

$$I : \left(\mathcal{T}[0,T], \|\cdot\|_{L^2(\lambda)}\right) \to \left(L^2(P), \|\cdot\|_{L^2(P)}\right)$$

normerhaltend und damit stetig ist. Da der Bildraum $\left(L^2(P), \|\cdot\|_{L^2(P)}\right)$ der quadratintegrierbaren Funktionen auf $[0,T]$ vollständig ist, kann das Wiener-Integral I nun analog zur Vorgehensweise beim Riemann-Integral auf den Abschluss aller Treppenfunktionen $\overline{\mathcal{T}[0,T]} \subset L^2(\lambda)$ auf $[0,T]$ bezüglich der $\|\cdot\|_{L^2(\lambda)}$-Norm fortgesetzt werden. Es zeigt sich, dass die Treppenfunktionen in $\left(L^2(\lambda), \|\cdot\|_{L^2(\lambda)}\right)$ dicht liegen, so dass das Wiener-Integral auf den gesamten $L^2(\lambda)$ ausgedehnt werden kann:

Satz 8.7. $\overline{\mathcal{T}[0,T]} = L^2(\lambda)$.

Beweis. Siehe Deck [13], S. 31. □

Satz 8.8. *Für jedes $f \in L^2(\lambda)$ ist $I(f)$ eine normalverteilte und zentrierte Zufallsvariable mit Varianz $\|f\|^2_{L^2(\lambda)}$. Es gilt*

$$\mathbf{E}[I(f)] = 0$$
$$\mathbf{V}[I(f)] = \mathbf{E}\left[I(f)^2\right] = \|I(f)\|^2_{L^2(P)} = \|f\|^2_{L^2(\lambda)} \,.$$

Beweis. Siehe Deck [13], S. 33 f. □

Insbesondere gilt die Itô-Isometrie für jedes $f \in L^2(\lambda)$.

Das Itô-Integral

Die Vorgehensweise beim Itô-Integral ist in einem ersten Schritt analog zur Konstruktion des Wiener-Integrals, allerdings ist der Ausgangsraum allgemeiner.

Definition 8.9. *Wir betrachten ein endliches Intervall $[0,T]$. Der Raum $\mathcal{L}^2_a([0,T])$ der **quadratintegrierbaren, adaptierten stochastischen Prozesse** ist definiert durch*

1. $f \in \mathcal{L}^2([0,T] \times \Omega, \mathcal{B}[0,T] \otimes \mathcal{F}, \lambda \otimes P)$,
2. $f_t := f(t,\cdot)$ *ist* $\mathcal{F}_t$*-messbar für alle* $t \in [0,T]$.

Der Raum der **adaptierten Treppenprozesse** wird durch

$$\mathcal{T}_a[0,T] :=$$
$$\left\{ f \,\middle|\, f = \sum_{i=0}^{N-1} c_i \mathbf{1}_{[t_i,t_{i+1})} + c_N \mathbf{1}_{\{t_N\}},\ 0 = t_0 < \cdots < t_N = T,\ c_i\ \mathcal{F}_{t_i}\text{-messbar} \right\}.$$

definiert. Weiter definieren wir den Vektorraum der **quadratintegrierbaren, adaptierten Treppenprozesse** $\mathcal{T}_a^2[0,T] := \mathcal{T}_a[0,T] \cap \mathcal{L}_a^2([0,T])$.

Definition 8.10. *Für* $f \in \mathcal{T}_a^2[0,T]$ *wird das **Itô-Integral*** $I(f)$ *definiert durch*

$$I(f) := \int_0^T f_t\, dW_t := \sum_{i=1}^{N} c_{i-1} \Delta W_i.$$

Im Gegensatz zum Wiener-Integral sind die c_i hier keine Zahlen, sondern $\mathcal{F}_{t_i}$-messbare $\mathcal{L}^2(P)$-Zufallsvariablen. Dennoch gilt die Itô-Isometrie:

Lemma 8.11. ***(Itô-Isometrie)*** *Für* $f \in \mathcal{T}_a^2[0,T]$ *gilt*

$$\|I(f)\|_{L^2(P)}^2 = \int_\Omega |I(f)|^2\, dP = \mathbf{E}\left[I(f)^2\right] = \int_0^T |f_t|^2\, dt = \|f\|_{L^2(\lambda\otimes P)}^2.$$

Beweis. Der Beweis ist analog zu (8.25). Hier gilt jedoch, dass für $i < j$ mit $\Delta W_i = W_{t_i} - W_{t_{i-1}}$ und $\Delta W_j := W_{t_j} - W_{t_{j-1}}$

$$\mathbf{E}[c_{i-1}c_{j-1}\Delta W_i \Delta W_j] = \mathbf{E}[c_{i-1}c_{j-1}\Delta W_i]\,\mathbf{E}[\Delta W_j] = 0,$$

denn ΔW_j ist unabhängig von $c_{i-1}c_{j-1}\Delta W_i$. Für $i = j$ gilt dagegen mit $\Delta t_i = t_i - t_{i-1}$

$$\mathbf{E}\left[c_{i-1}^2 (\Delta W_i)^2\right] = \mathbf{E}\left[c_{i-1}^2\right] \mathbf{E}\left[(\Delta W_i)^2\right] = \mathbf{E}\left[c_{i-1}^2\right] \Delta t_i,$$

so dass

$$\begin{aligned}
\mathbf{E}\left[I(f)^2\right] &= \sum_{i=1}^{N} \mathbf{E}\left[c_{i-1}^2\right] \Delta t_i \qquad (8.28)\\
&= \mathbf{E}\left[\sum_{i=1}^{N} c_{i-1}^2 \Delta t_i\right]\\
&= \int_\Omega \int_0^T |f_t|^2\, dt\, dP\\
&= \|f\|_{L^2(\lambda\otimes P)}^2.
\end{aligned}$$

□

Das Itô-Integral $I : \mathcal{T}_a^2[0,T] \to \mathcal{L}^2(P)$ ist linear und wegen (8.28) stetig. I kann somit auf den Abschluss $\overline{\mathcal{T}_a^2[0,T]}$ der Treppenprozesse $\mathcal{T}_a^2[0,T]$ in $\mathcal{L}_a^2(\lambda \otimes P)$ fortgesetzt werden.

Satz 8.12. $\overline{\mathcal{T}_a^2[0,T]} = \mathcal{L}_a^2([0,T])$.

Beweis. Siehe Deck [13], S. 66 ff. □

Die Itô-Isometrie setzt sich auf $\mathcal{L}_a^2([0,T])$ fort, d.h., für alle $f \in \mathcal{L}_a^2([0,T])$ gilt

$$\|I(f)\|_{L^2(P)} = \|f\|_{L^2(\lambda\otimes P)}.$$

Stochastische Konvergenz

Für eine stetige Funktion $f : \mathbb{R} \to \mathbb{R}$ sollte eine zufriedenstellende Theorie der stochastischen Integration die Definition von Integralen des Typs

$$\int_0^T f(W_s)\, dW_s$$

ermöglichen. Dazu ist der bisherige Ausbau des Itô-Integrals noch nicht ausreichend, denn die Bedingung

$$\mathbf{E}\left[\int_0^T f^2(W_s)\, ds\right] < \infty$$

schließt beispielsweise die Funktion $f(x) = \exp\left(x^4\right)$ aus.

Daher ist es erforderlich, den Definitionsbereich des Itô-Integrals noch weiter auszudehnen. Dazu wird der Raum $\mathcal{L}_a^2([0,T])$ in einen größeren Raum $\mathcal{L}_\omega^2([0,T])$ eingebettet. Dieser größere Raum wird mit einer Halbmetrik so ausgestattet, dass $\mathcal{L}_a^2([0,T])$ in $\mathcal{L}_\omega^2([0,T])$ dicht liegt. Jedes $f \in \mathcal{L}_\omega^2([0,T])$ kann dann durch eine Folge $(f_n)_{n\in\mathbb{N}}$ aus $\mathcal{L}_a^2([0,T])$ approximiert werden. Für $f \notin \mathcal{L}_a^2([0,T])$ kann die Bildfolge $I(f_n)$ aufgrund der Itô-Isometrie nicht in $L^2(P)$ konvergieren. Der Bildraum kann aber ebenfalls mit einer Halbmetrik so ausgestattet werden, dass $I(f_n)$ bezüglich dieser Halbmetrik konvergiert.

Wir führen zunächst das Konzept der stochastischen Konvergenz ein und zeigen anschließend, dass sich dieser Konvergenzbegriff mit Hilfe einer Halbmetrik beschreiben lässt. Diese Halbmetrik stellt sich dann als geeignet heraus, um das Itô-Integral wie oben skizziert zu erweitern.

Definition 8.13. *Eine Folge $(X_n)_{n\in\mathbb{N}}$ von Zufallsvariablen* ***konvergiert stochastisch*** *gegen eine Zufallsvariable X, wenn für jedes $\varepsilon > 0$ gilt*

$$\lim_{n\to\infty} P(|X_n - X| > \varepsilon) = 0.$$

$(X_n)_{n\in\mathbb{N}}$ heißt ***stochastische Cauchy-Folge****, wenn für jedes $\varepsilon > 0$ gilt*

$$\lim_{n\to\infty} P(|X_n - X_m| > \varepsilon) = 0.$$

Konvergiert eine Folge $(X_n)_{n\in\mathbb{N}}$ von Zufallsvariablen stochastisch gegen eine Zufallsvariable X, so ist X fast sicher eindeutig bestimmt. Für stochastische Konvergenz schreiben wir auch

$$P - \lim_{n\to\infty} X_n = X.$$

Für $X \in \mathcal{L}^p(P)$ gilt die **Tschebyschevsche Ungleichung**

$$\mathbf{E}\left[|X|^p\right] = \int_\Omega |X|^p \, dP \geq \int_{\{X>\varepsilon\}} \varepsilon^p dP = \varepsilon^p P(\{X > \varepsilon\}).$$

Konvergiert also $(X_n)_{n\in\mathbb{N}}$ gegen X in $\mathcal{L}^p(P)$, so auch stochastisch. Umgekehrt konvergiert $X_n = n1_{[0,\frac{1}{n}]}$ in $(\Omega, \mathcal{F}, P) = ([0,1], \mathcal{B}([0,1]), \lambda)$ stochastisch gegen Null, jedoch nicht in $\mathcal{L}^1(\lambda)$.

Definition 8.14. *Bezeichnen wir mit $\mathcal{M}(\Omega, \mathcal{F}, P)$ den Vektorraum der Zufallsvariablen auf einem Wahrscheinlichkeitsraum $(\Omega, \mathcal{F}, P)$, dann definiert*

$$d(X,Y) := \mathbf{E}\left[\frac{|X-Y|}{1+|X-Y|}\right]$$

*für $X, Y \in \mathcal{M}(\Omega, \mathcal{F}, P)$ eine **Halbmetrik**[1] auf $\mathcal{M}(\Omega, \mathcal{F}, P)$.*

Satz 8.15. *Sei $(X_n)_{n\in\mathbb{N}}$ eine Folge aus $\mathcal{M}(\Omega, \mathcal{F}, P)$ und sei $X \in \mathcal{M}(\Omega, \mathcal{F}, P)$. Dann gilt*

1. $P - \lim_{n\to\infty} X_n = X \iff \lim_{n\to\infty} d(X_n, X) = 0$,
2. *$(X_n)_{n\in\mathbb{N}}$ ist eine stochastische Cauchy-Folge $\iff$ $(X_n)_{n\in\mathbb{N}}$ ist eine Cauchy-Folge bezüglich d.*

Beweis. Siehe Deck [13], S. 72. □

Stochastische Konvergenz ist also äquivalent zur Konvergenz bezüglich der Halbmetrik d.

Satz 8.16. *$(\mathcal{M}(\Omega, \mathcal{F}, P), d)$ ist ein vollständiger halbmetrischer Raum.*

Beweis. Siehe Deck [13], S. 74. □

[1] Es gilt

$$\begin{aligned} d(X,X) &= 0 \\ d(X,Y) &= d(Y,X) \\ d(X,Z) &\leq d(X,Y) + d(Y,Z) \end{aligned}$$

für alle $X, Y, Z \in \mathcal{M}(\Omega, \mathcal{F}, P)$. Aus $d(X,Y) = 0$ folgt jedoch lediglich $X = Y$ P-fast überall, nicht aber $X = Y$, wie es für eine Metrik erforderlich wäre.

Definition 8.17. *Sei* $(\Omega, \mathcal{F}, P)$ *ein Wahrscheinlichkeitsraum. Der Vektorraum der* ***pfadweise quadratintegrierbaren adaptierten stochastischen Prozesse*** $\mathcal{L}_\omega^2([0,T])$ *ist die Menge aller* $\mathcal{B}([0,T]) \otimes \mathcal{F}$*-messbaren Funktionen* $f : [0,T] \times \Omega \to \mathbb{R}$ *für die gilt*

1. $\int_0^T |f_t(\omega)|^2 \, dt < \infty$ *für fast alle* $\omega \in \Omega$,
2. f_t *ist* $\mathcal{F}_t$*-messbar für alle* $t \in [0,T]$.

Für $f, g \in \mathcal{L}_\omega^2([0,T])$ definiert

$$d_2(f,g) := \mathbf{E}\left[\frac{\left(\int_0^T |f_t - g_t|^2 \, dt\right)^{\frac{1}{2}}}{1 + \left(\int_0^T |f_t - g_t|^2 \, dt\right)^{\frac{1}{2}}}\right].$$

eine Halbmetrik auf $\mathcal{L}_\omega^2([0,T])$. Offenbar gilt $\mathcal{L}_a^2([0,T]) \subset \mathcal{L}_\omega^2([0,T])$.

Satz 8.18. $\mathcal{T}_a^2([0,T])$ *ist dicht in* $\mathcal{L}_\omega^2([0,T])$ *bezüglich der Halbmetrik* d_2.

Beweis. Siehe Deck [13], S. 76. □

Satz 8.19. *Sei* $(f_n)_{n \in \mathbb{N}}$ *eine Cauchy-Folge in* $\mathcal{T}_a^2([0,T])$ *bezüglich der Halbmetrik* d_2. *Dann bilden die*

$$I(f_n) = \int_0^T f_n(s) \, dW_s$$

eine stochastische Cauchy-Folge in $\mathcal{L}^2(P)$, *d.h., es gilt*

$$d(I(f_n), I(f_m)) \to 0$$

für $n, m \to \infty$.

Beweis. Siehe Deck [13], S. 80. □

Mit diesem Ergebnis lässt sich das Itô-Integral auf $\mathcal{L}_\omega^2([0,T])$ ausdehnen.

Definition 8.20. *Sei* $f \in \mathcal{L}_\omega^2([0,T])$ *und sei* $(f_n)_{n \in \mathbb{N}}$ *eine Folge in* $\mathcal{T}_a^2([0,T])$, *die gegen* f *in* $\mathcal{L}_\omega^2([0,T])$ *bezüglich der Halbmetrik* d_2 *konvergiert. Dann ist* $(I(f_n))_{n \in \mathbb{N}}$ *nach Satz 8.19 eine Cauchy-Folge in* $\mathcal{L}^2(P)$, *die gegen ein* $g \in \mathcal{L}^2(P)$ *konvergiert. Dann wird das* ***Itô-Integral*** *von* f *durch*

$$I(f) := g$$

definiert.

8.3.4 Itô-Prozesse und Itô-Formel

Definition 8.21. *Sei $(\Omega, \mathcal{F}, P)$ ein Wahrscheinlichkeitsraum, $(\mathcal{F}_t)_{t\geq 0}$ eine Filtration, und sei $(W_t)_{t\geq 0}$ eine Brownsche Bewegung bezüglich $\mathcal{F}_t$. Ein stochastischer Prozess $(X_t)_{t\geq 0}$ heißt **Itô-Prozeß**, wenn gilt*

$$X_t = X_0 + \int_0^t K_s ds + \int_0^t H_s dW_s. \tag{8.29}$$

Dabei gilt:

- *X_0 ist $\mathcal{F}_0$-messbar.*
- *$(K_t)_{0\leq t\leq T}$ und $(H_t)_{0\leq t\leq T}$ sind adaptiert an die Filtration $(\mathcal{F}_t)_{t\geq 0}$.*
- *Es gilt $\int_0^T |K_s|\, ds < \infty$ P-fast sicher.*
- *Es gilt $\int_0^T |H_s|^2\, ds < \infty$ P-fast sicher.*

Die Darstellung (8.29) eines Itô-Prozesses ist P-fast sicher eindeutig bestimmt. Es gilt folgende Analogie zum Hauptsatz der Differential- und Integralrechnung, der als Satz von Itô bekannt ist.

Satz 8.22 (Satz von Itô). *Sei $(X_t)_{0\leq t\leq T}$ ein Itô-Prozess,*

$$X_t = X_0 + \int_0^t K_s ds + \int_0^t H_s dW_s.$$

Dann gilt für jede zweimal stetig differenzierbare Funktion $f : \mathbb{R} \to \mathbb{R}$

$$f(X_t) = f(X_0) + \int_0^t f'(X_s)\, dX_s + \frac{1}{2}\int_0^t f''(X_s)\, d\langle X, X\rangle_s, \tag{8.30}$$

wobei

$$\int_0^t f'(X_s)\, dX_s = \int_0^t f'(X_s)\, K_s ds + \int_0^t f'(X_s)\, H_s dW_s \tag{8.31}$$

und

$$\langle X, X\rangle_t := \int_0^t H_s^2 ds. \tag{8.32}$$

Beweis. Siehe etwa Deck [13], Karatzas/Shreve [28], Lamberton/Lapeyre [38] oder Steele [55]. □

Mit (8.31) und (8.32) kann (8.30) also geschrieben werden als

$$f(X_t) = f(X_0) + \int_0^t f'(X_s)\, K_s ds + \int_0^t f'(X_s)\, H_s dW_s + \frac{1}{2}\int_0^t f''(X_s)\, H_s^2 ds. \tag{8.33}$$

Dabei sind das erste und das dritte Integral der rechten Seite von (8.33) gewöhnliche Lebesgue-Integrale, während das mittlere Integral ein Itô-Integral ist. In symbolischer differentieller Notation lautet (8.30)

$$df(X_t) = f'(X_t)\,dX_t + \frac{1}{2} f''(X_t)\,d\langle X, X\rangle_t \tag{8.34}$$

und (8.33)

$$df(X_t) = f'(X_t)\,K_t dt + f'(X_t)\,H_t dW_t + \frac{1}{2} f''(X_t)\,H_t^2 dt. \tag{8.35}$$

Beispiel 8.23. Die Brownsche Bewegung $(W_t)_{t\geq 0}$ ist selbst ein Itô-Prozess (8.29) mit $W_0 = 0$, $K_t = 0$ und $H_t = 1$, denn es gilt

$$W_t = \int_0^t dW_s.$$

Einsetzen von $f(x) = x^2$ in (8.33) liefert

$$\begin{aligned} W_t^2 &= \int_0^t f'(W_s)\,dW_s + \frac{1}{2}\int_0^t f''(W_s)\,ds \\ &= 2\int_0^t W_s dW_s + \int_0^t ds \\ &= 2\int_0^t W_s dW_s + t. \end{aligned}$$

Daraus folgt

$$\int_0^t W_s dW_s = \frac{1}{2}\left(W_t^2 - t\right).$$

△

Beispiel 8.24. Wir suchen eine Lösung der Integralgleichung

$$S_t = x_0 + \int_0^t S_s\,(\mu ds + \sigma dW_s). \tag{8.36}$$

Dies lautet formal in differentieller Form

$$dS_t = S_t\,(\mu dt + \sigma dW_t) \;\text{ mit } S_0 = x_0. \tag{8.37}$$

Um einen Hinweis zu erhalten, wie die Lösung aussehen könnte, nehmen wir an, dass S_t die Gleichung (8.37) erfüllt und berechnen mit (8.35) für $K_t = \mu S_t$ und $H_t = \sigma S_t$ formal

$$\begin{aligned} d\ln S_t &= \ln'(S_t)\,K_t dt + \ln'(S_t)\,H_t dW_t + \frac{1}{2}\ln''(S_t)\,H_t^2 dt \\ &= \frac{1}{S_t}\mu S_t dt + \frac{1}{S_t}\sigma S_t dW_t + \frac{1}{2}\left(\frac{-1}{S_t^2}\right)\sigma^2 S_t^2 dt \\ &= \mu dt + \sigma dW_t - \frac{1}{2}\sigma^2 dt. \end{aligned}$$

Dies bedeutet

$$\begin{aligned}\ln S_t &= \ln S_0 + \int_0^t \left(\mu - \frac{1}{2}\sigma^2\right) ds + \sigma \int_0^t dW_s \\ &= \ln S_0 + \left(\mu - \frac{1}{2}\sigma^2\right) t + \sigma W_t,\end{aligned}$$

also

$$S_t = S_0 \exp\left(\left(\mu - \frac{1}{2}\sigma^2\right) t + \sigma W_t\right). \tag{8.38}$$

Da ln nicht zweimal stetig differenzierbar ist, war die Anwendung der Itô-Formel (8.35) nur formal, und es bleibt zu prüfen, ob (8.38) tatsächlich eine Lösung von (8.36) ist. Dazu beachten wir, dass

$$\begin{aligned}X_t &:= \left(\mu - \frac{1}{2}\sigma^2\right) t + \sigma W_t \\ &= \int_0^t \left(\mu - \frac{1}{2}\sigma^2\right) ds + \int_0^t \sigma dW_t\end{aligned}$$

ein Itô-Prozess ist, und wir berechnen mit $f = \exp$, $K_t = \left(\mu - \frac{1}{2}\sigma^2\right)$ und $H_t = \sigma$

$$\begin{aligned}d\exp(X_t) &= \exp'(X_t) K_t dt + \exp'(X_t) H_t dW_t + \frac{1}{2}\exp''(X_t) H_t^2 dt \\ &= \exp(X_t)\left(\mu - \frac{1}{2}\sigma^2\right) dt + \exp(X_t)\sigma dW_t + \frac{1}{2}\exp(X_t)\sigma^2 dt \\ &= \exp(X_t)(\mu dt + \sigma dW_t).\end{aligned}$$

Die Behauptung folgt nun wegen $S_t = \exp(X_t)$. △

Folgerung 8.25. ***(Partielle Integration)*** *Seien X_t und Y_t zwei Itô-Prozesse,*

$$X_t = X_0 + \int_0^t K_s ds + \int_0^t H_s dW_s$$

und

$$Y_t = Y_0 + \int_0^t K_s' ds + \int_0^t H_s' dW_s.$$

Dann ist auch $X_t Y_t$ ein Itô-Prozess, und es gilt

$$X_t Y_t = X_0 Y_0 + \int_0^t X_s dY_s + \int_0^t Y_s dX_s + \langle X, Y\rangle_t, \tag{8.39}$$

wobei

$$\langle X, Y\rangle_t := \int_0^t H_s H_s' ds. \tag{8.40}$$

Beweis. Nach der Itô-Formel gilt

$$\begin{aligned}(X_t + Y_t)^2 &= (X_0 + Y_0)^2 + 2\int_0^t (X_s + Y_s)\, d(X_s + Y_s) \\ &\quad + \int_0^t (H_s + H'_s)^2\, ds, \\ X_t^2 &= X_0^2 + 2\int_0^t X_s dX_s + \int_0^t H_s^2 ds, \\ Y_t^2 &= Y_0^2 + 2\int_0^t Y_s dY_s + \int_0^t H_s'^2 ds.\end{aligned}$$

Die Behauptung folgt nun aus

$$X_t Y_t = \frac{1}{2}\left((X_t + Y_t)^2 - X_t^2 - Y_t^2\right).$$

□

Beispiel 8.26. Ist X_t ein Itô-Prozess, so auch $Z_t := g(t)\, X_t$ für eine differenzierbare Funktion g. Wegen

$$g(t) = g(0) + \int_0^t g'(s)\, ds$$

ist $g(t)$ ein Itô-Prozess mit $dg(t) = g'(t)\, dt$. Mit

$$X_t = X_0 + \int_0^t K_s ds + \int_0^t H_s dW_s$$

gilt $\langle g, X\rangle_t = 0$, sowie

$$\begin{aligned}g(t)\, X_t &= g(0)\, X_0 + \int_0^t g(s)\, dX_s + \int_0^t X_s dg(s) \qquad (8.41)\\ &= g(0)\, X_0 + \int_0^t g(s)\, dX_s + \int_0^t g'(s)\, X_s ds.\end{aligned}$$

Daraus folgt

$$d(g(t)\, X_t) = g(t)\, dX_t + g'(t)\, X_s ds. \qquad (8.42)$$

△

8.3.5 Der Satz von Girsanov

Satz 8.27 (Satz von Girsanov). *Sei $(\theta_t)_{0\le t\le T}$ ein adaptierter Prozess mit der Eigenschaft*

$$\int_0^T \theta_s^2 ds < \infty \; P\text{-fast überall.}$$

Ferner sei der Prozeß

$$\mathcal{L}_t := \exp\left(-\int_0^t \theta_s dW_s - \frac{1}{2}\int_0^t \theta_s^2 ds\right)$$

ein Martingal. Sei Q das Wahrscheinlichkeitsmaß, das durch

$$Q(A) := \int_A \mathcal{L}_T dP$$

definiert ist. Dann ist der Prozeß

$$W_t^* := W_t + \int_0^t \theta_s ds$$

eine Brownsche Bewegung.

Beweis. Siehe etwa Deck [13], Karatzas/Shreve [28], Lamberton/Lapeyre [38] oder Steele [55]. □

8.3.6 Der Martingal-Darstellungssatz

Satz 8.28 (Martingal-Darstellungssatz). *Sei $(M_t)_{0\leq t\leq T}$ ein quadratintegrierbares Martingal bezüglich der Filtration $(\mathcal{F}_t)_{0\leq t\leq T}$. Dann existiert ein adaptierter Prozess $(\xi_t)_{0\leq t\leq T}$ mit der Eigenschaft*

$$\mathbf{E}\left[\int_0^T \xi_s^2 ds\right] < \infty$$

und

$$M_t = M_0 + \int_0^t \xi_s dW_s \ \textit{P-fast sicher}$$

für alle $0 \leq t \leq T$.

Beweis. Siehe etwa Deck [13], Karatzas/Shreve [28], Lamberton/Lapeyre [38] oder Steele [55]. □

Literaturverzeichnis

1. Abramowitz, M., Stegun, I. (1972), Handbook of Mathematical Functions. New York, Dover Publications.
2. Acerbi, C., Tasche, D. (2002), On the coherence of Expected Shortfall. Deutsche Bundesbank.
3. Aigner, M. (2004), Diskrete Mathematik, 5. Auflage, Vieweg.
4. Artzner, P., Delbaen, F., Eber, J.-M., Heath, D. (1998), Coherent Measures of Risk.
5. Bauer, H. (1992), Maß- und Integrationstheorie, 2. Auflage, de Gruyter.
6. Bauer, H. (2001), Wahrscheinlichkeitstheorie, 5. Auflage, de Gruyter.
7. Baxter, M., Rennie, R. (1997), Financial Calculus, Cambridge University Press.
8. Bingham, N.H., Kiesel, R. (1998), Risk-Neutral Valuation, Springer.
9. Bröcker, T. (2003), Lineare Algebra und Analytische Geometrie, Birkhäuser.
10. Brzeźniak, Z., Zastawniak, T. (1999), Basic Stochastic Processes, Springer.
11. Capiński, M., Zastawniak, T. (2003), Mathematics for Finance, Springer.
12. Cox, J.C., Ross, S.A., Rubinstein, M. (1979), Option Pricing: A Simplified Approach, Journal of Financial Economics.
13. Deck, T. (2005), Der Itô-Kalkül, Springer.
14. Dothan, M. U. (1990), Prices in Financial Markets, Oxford University Press.
15. Duffie, D. (2001), Dynamic Asset Pricing Theory, 3. Edition, Princeton.
16. Föllmer, H., Schied, A. (2004), Stochastic Finance, 2. Edition, de Gruyter.
17. Grimmett, G.R., Stirzaker, D. R. (2003), Probability and Random Processes, 3. Edition, Oxford University Press.
18. Grimmett, G.R., Stirzaker, D. R. (2003), One Thousand Exercises in Probability, Oxford University Press.
19. Hausmann, W., Diener, K., Käsler, J. (2002), Derivate, Arbitrage und Portfolio-Selection. Vieweg.
20. Hildebrandt, S. (2002), Analysis 1, Springer.
21. Hildebrandt, S. (2003), Analysis 2, Springer.
22. Huang, C., Litzenberger, R. H. (1988), Foundations for Financial Economics, Prentice Hall.
23. Hull, J. C. (1999), 4. Edition, Options, Futures & Other Derivatives, Prentice Hall.
24. Irle, A. (1998), Finanzmathematik, Teubner.
25. Jacod, J., Protter P. (2003), Probability Essentials, 2. Edition, Springer.

J. Kremer, *Portfoliotheorie, Risikomanagement und die Bewertung von Derivaten*, 2. Aufl., Springer-Lehrbuch, DOI 10.1007/978-3-642-20868-3,

26. Kallsen, J. (2009), Eine Einführung in die zeitdiskrete Finanzmathematik, Vorlesungsskript.
27. Karatzas, I. (1996), Lectures on the Mathematics of Finance, CRM Monograph Series.
28. Karatzas, I., Shreve, S. (1991), Brownian Motion and Stochastic Calculus, 2. Edition, Springer.
29. Karatzas, I., Shreve, S. (1999), Methods of Mathematical Finance, Springer.
30. Karlin, S., Taylor H. E. (1975), A First Course in Stochastic Processes, 2. Edition, Academic Press.
31. Karlin, S., Taylor H. E. (1981), A Second Course in Stochastic Processes, 2. Edition, Academic Press.
32. Klenke, A. (2008), Wahrscheinlichkeitstheorie, 2. Auflage, Springer.
33. Kloeden, P. E., Platen, E. (1992), Numerical Solution of Stochastic Differential Equations, Springer.
34. Kloeden, P. E., Platen, E., Schurz, H. (1994), Numerical Solution of SDE Through Computer Experiments, Springer.
35. Koch Medina, P., Merino, S. (2003), Mathematical Finance and Probability, A Discrete Introduction, Birkhäuser.
36. Korn, R., Korn, E. (1999), Optionsbewertung und Portfolio-Optimierung, Vieweg.
37. Krengel, U. (2003), Einführung in die Wahrscheinlichkeitstheorie und Statistik, 7. Auflage, Vieweg.
38. Lamberton, D., Lapeyre, B. (1996), Introduction to Stochastic Calculus Applied to Finance, Chapman&Hall.
39. Lang, S. (2004), Linear Algebra, 3. Edition, Springer.
40. Langmann, M. (2005), Risikomaße in der Versicherungstechnik: Vom Value at Risk zu Spektralmaßen – Konzeption, Vergleich, Bewertung, Diplomarbeit, Universität Oldenburg.
41. Luenberger, D. G. (1998), Investment Science, Oxford University Press.
42. Luenberger, D. G. (2003), Linear and Nonlinear Programming, 2. Edition, Kluwer Academic Publishers.
43. Meintrup, D., Schäffler, S. (2005), Stochastik: Theorie und Anwendungen, Springer.
44. Musiela, M., Rutkowski, M. (1998), Martingale Methods in Financial Modelling, Springer.
45. Pliska, S. (1997), Introduction to Mathematical Finance, Blackwell Publishers.
46. Rau-Bredow, H. (2004), Value at Risk, Expected Shortfall, and Marginal Risk Contribution, in: Szego, G. (ed.): Risk Measures for the 21st Century, p. 61-68, Wiley.
47. Reed, M., Simon, B. (1980), Methods of Modern Mathematical Physics, I: Functional Analysis, Academic Press.
48. Reiß, O. (2002), A generalized non-square Cholesky Decomposition Algorithm with Applications to Finance, Preprint, Weierstraß Institut für Angewandte Analysis und Stochastik.
49. Reiß, O. (2003), Mathematical Methods for the efficient Assessment of Market and Credit Risk, Dissertation.
50. Rubinstein, M. (1991), Pay Now, Choose Later, in Risk Magazine 4 (February 1991).
51. Sandmann, K. (1999), Einführung in die Stochastik der Finanzmärkte, Springer.

52. Schmidt, K. (2002), Versicherungsmathematik, Springer.
53. Seydel, R. (2006), Tools for Computational Finance, 3. Edition, Springer.
54. Shiryaev, A. N. (1996), Probability, 2. Edition, Springer.
55. Steele, J. M. (2000), Stochastic Calculus and Financial Applications, Springer.
56. Studer, G. (1995), Value at Risk and Maximum Loss Optimization, RiskLab Technical Report, Zürich.
57. Studer, G. (1996), Quadratic Maximum Loss for Risk Measurement of Portfolios, RiskLab Technical Report, Zürich.
58. Studer, G. (1997), Maximum Loss for Measurement of Market Risk, Dissertation, ETH Zürich.
59. Williams, D. (1995), Probability with Martingales, Cambridge University Press.

Sachverzeichnis